中 国 国 家 标 准 汇 编

2013 年修订-22

中国标准出版社　编

中国标准出版社

北　京

图书在版编目(CIP)数据

中国国家标准汇编:2013年修订.22/中国标准出版社编.—北京:中国标准出版社,2014.9
ISBN 978-7-5066-7641-0

Ⅰ.①中… Ⅱ.①中… Ⅲ.①国家标准-汇编-中国-2013 Ⅳ.①T-652.1

中国版本图书馆CIP数据核字(2014)第187399号

中国标准出版社出版发行
北京市朝阳区和平里西街甲2号(100029)
北京市西城区三里河北街16号(100045)

网址 www.spc.net.cn
总编室:(010)64275323 发行中心:(010)51780235
读者服务部:(010)68523946

中国标准出版社秦皇岛印刷厂印刷
各地新华书店经销

*

开本 880×1230 1/16 印张 39 字数 1 206 千字
2014年9月第一版 2014年9月第一次印刷

*

定价 220.00 元

出 版 说 明

1.《中国国家标准汇编》是一部大型综合性国家标准全集。自1983年起，按国家标准顺序号以精装本、平装本两种装帧形式陆续分册汇编出版。它在一定程度上反映了我国建国以来标准化事业发展的基本情况和主要成就，是各级标准化管理机构，工矿企事业单位，农林牧副渔系统，科研、设计、教学等部门必不可少的工具书。

2.《中国国家标准汇编》收入我国每年正式发布的全部国家标准，分为"制定"卷和"修订"卷两种编辑版本。

"制定"卷收入上一年度我国发布的、新制定的国家标准，顺延前年度标准编号分成若干分册，封面和书脊上注明"20××年制定"字样及分册号，分册号一直连续。各分册中的标准是按照标准编号顺序连续排列的，如有标准顺序号缺号的，除特殊情况注明外，暂为空号。

"修订"卷收入上一年度我国发布的、被修订的国家标准，视篇幅分设若干分册，但与"制定"卷分册号无关联，仅在封面和书脊上注明"20××年修订-1，-2，-3，……"字样。"修订"卷各分册中的标准，仍按标准编号顺序排列(但不连续)；如有遗漏的，均在当年最后一分册中补齐。需提请读者注意的是，个别非顺延前年度标准编号的新制定的国家标准没有收入在"制定"卷中，而是收入在"修订"卷中。

读者配套购买《中国国家标准汇编》"制定"卷和"修订"卷则可收齐由我社出版的上一年度我国制定和修订的全部国家标准。

3. 由于读者需求的变化，自1996年起，《中国国家标准汇编》仅出版精装本。

4. 2013年我国制修订国家标准共1 979项。本分册为"2013年修订-22"，收入新制修订的国家标准33项。

中国标准出版社

2014年8月

目　　录

ICS 29.180
K 41

中华人民共和国国家标准

GB 19212.17—2013/IEC 61558-2-16:2009
代替 GB 19212.18—2006

电源电压为1 100 V及以下的变压器、电抗器、电源装置和类似产品的安全 第17部分:开关型电源装置和开关型电源装置用变压器的特殊要求和试验

Safety of transformers, reactors, power supply units and similar products for supply voltages up to 1 100 V—Part 17: Particular requirements and tests for switch mode power supply units and transformers for switch mode power supply units

(IEC 61558-2-16:2009, Safety of transformers, reactors, power supply units and similar products for supply voltages up to 1 100 V—Part 2-16: Particular requirements and tests for switch mode power supply units and transformers for switch mode power supply units, IDT)

2013-12-17 发布 2014-11-14 实施

中华人民共和国国家质量监督检验检疫总局
中国国家标准化管理委员会 发布

前　言

本部分的全部技术内容为强制性。

GB 19212《电力变压器、电源、电抗器和类似产品的安全》[1]分为以下若干部分：

第1部分：通用要求和试验；

第2部分：一般用途分离变压器和内装分离变压器的电源的特殊要求和试验；

第3部分：控制变压器和内装控制变压器的电源的特殊要求和试验；

第4部分：燃气和燃油燃烧器点火变压器的特殊要求；

第5部分：隔离变压器和内装隔离变压器的电源装置的特殊要求和试验；

第6部分：剃须刀用变压器、剃须刀用电源装置及剃须刀供电装置的特殊要求和试验；

第7部分：安全隔离变压器和内装安全隔离变压器的电源装置的特殊要求和试验；

第8部分：玩具用变压器和电源的特殊要求和试验；

第9部分：电铃和电钟变压器的特殊要求；

第10部分：Ⅲ类手提钨丝灯用变压器的特殊要求；

第13部分：恒压变压器的特殊要求；

第14部分：自耦变压器和内装自耦变压器的电源装置的特殊要求和试验；

第16部分：医疗场所供电用隔离变压器的特殊要求；

第17部分：开关型电源装置和开关型电源装置用变压器的特殊要求和试验；

第20部分：干扰衰减变压器的特殊要求；

第21部分：小型电抗器的特殊要求；

第24部分：建筑工地用变压器的特殊要求。

其他部分正在考虑中。

本部分为GB 19212的第17部分。

本部分是在GB 19212.1—2008的基础上制定的，本部分需与GB 19212.1—2008及其第1号修改单配合使用。本部分是对GB 19212.1—2008的相应章、条进行补充和修改，以便将GB 19212.1—2008的内容转化为本部分的内容。本部分针对GB 19212.1—2008新增加的条款从101开始编号，新增加的附录编号为AA、BB等。

本部分按照GB/T 1.1—2009给出的规则起草。

本部分代替GB 19212.18—2006《电力变压器、电源装置和类似产品的安全　第18部分：开关型电源用变压器的特殊要求》。

本部分与GB 19212.18—2006相比，主要技术变化如下：

——标准名称改为《电源电压为1 100 V及以下的变压器、电抗器、电源装置和类似产品的安全　第17部分：开关型电源装置和开关型电源装置用变压器的特殊要求和试验》；

——额定电源电压改为“不超过交流1 100 V”；

——范围中增加了本部分不适用的内容；

1）本系列标准中，有些部分是在《电力变压器、电源、电抗器和类似产品的安全》标题下，有些部分是在《电源电压为1 100 V及以下的变压器、电抗器、电源装置和类似产品的安全》标题下，有些部分是在《变压器、电抗器、电源装置及其组合的安全》标题下，未来发布的本系列标准的标题可能还会修改。

——增加了规范性引用文件;
——删除了“开关型电源”术语,增加了“工作电压”的术语和定义;
——第5章和第9章改为“GB 19212.1—2008的该章适用”;
——第6章增加了额定内部运行频率的要求;
——第8章增加了用来标记内装变压器的符号;
——第12章增加了对SMPS的输出电压偏差和具有高频输出额定值的SMPS的要求;
——第15章增加了对电子电路的设计及应用的要求;
——第18章增加了“拟串联或并联连接的绕组之间的功能绝缘”的介电强度试验电压值,并增加了对SMPS的冲击试验的要求;
——第19章按“内装自耦变压器的SMPS”、“内装分离变压器的SMPS”和“内装隔离变压器和安全隔离变压器的SMPS”三条重新进行了编写;
——第26章以图表的形式详细给出了频率大于30 kHz和频率不大于30 kHz的两种电气间隙的值、不同绝缘不同频率范围的爬电距离的值及贯通绝缘距离的确定;
——补充了“局部放电试验”和“内部频率大于500 Hz的用于开关型电源的配套用变压器的特殊要求”两个附录。

本部分使用翻译法等同采用IEC 61558-2-16:2009《电源电压为1 100 V以下的电力变压器、电抗器、电源装置和类似产品的安全　第2-16部分:开关型电源装置和开关型电源装置用变压器的特殊要求和试验》。

与本部分规范性引用的国际文件有一致性对应关系的我国标准如下:

GB 4943—2001　信息技术设备的安全(IEC 60950-1:1999,IDT)

GB 7260(所有部分)　不间断电源设备[IEC 62040(all parts)]

GB 16895.21—2011　低压电气装置　第4-41部分:安全防护　电击防护(IEC 60364-4-41:2005,IDT)

GB 19212.2—2012　电力变压器、电源、电抗器和类似产品的安全　第2部分:一般用途分离变压器和内装分离变压器的电源的特殊要求和试验(IEC 61558-2-1:2007,IDT)

GB 19212.5—2011　电源电压为1 100 V及以下的变压器、电抗器、电源装置和类似产品的安全　第5部分:隔离变压器和内装隔离变压器的电源装置的特殊要求和试验(IEC 61558-2-4:2009,IDT)

GB 19212.7—2012　电源电压为1 100 V及以下的变压器、电抗器、电源装置和类似产品的安全　第7部分:安全隔离变压器和内装安全隔离变压器的电源装置的特殊要求和试验(IEC 61558-2-6:2009,IDT)

GB 19212.14—2012　电源电压为1 100 V及以下的变压器、电抗器、电源装置和类似产品的安全　第14部分:自耦变压器和内装自耦变压器的电源装置的特殊要求和试验(IEC 61558-2-13:2009,IDT)

GB 19510(所有部分)　灯的控制装置[IEC 61347(all parts)]

本部分做了下列编辑性修改:
——标准名称改为“电源电压为1 100 V以下的电力变压器、电抗器、电源装置和类似产品的安全　第17部分:开关型电源装置和开关型电源装置用变压器的特殊要求和试验”;
——第2章“规范性引用文件”中用“GB 19212.1—2008第1号修改单”代替“IEC 61558-1:2005”。

请注意本文件的某些内容可能涉及专利。本文件的发布机构不承担识别这些专利的责任。

本部分由中国电器工业协会提出。

本部分由全国小型电力变压器、电抗器、电源装置及类似产品标准化技术委员会(SAC/TC 418)

归口。

本部分起草单位：沈阳变压器研究院股份有限公司、中国电子技术标准化研究院、国家广播电视产品质量监督检验中心、工业和信息化部电子第五研究所、中国质量认证中心、上海市质量监督检验技术研究院、中国家用电器研究院、宁波万吉电子科技有限公司。

本部分主要起草人：孙军、张力立、张雅芳、刘群兴、冯晓川、俞毅敏、孙轩、皮虎林、张红。

本部分所代替标准的历次版本发布情况为：

——GB 19212.18—2006。

电源电压为 1 100 V 及以下的变压器、电抗器、电源装置和类似产品的安全 第 17 部分：开关型电源装置和开关型电源装置用变压器的特殊要求和试验

1 范围

GB 19212.1—2008 的该章用下列内容来代替：

本部分规定了开关型电源装置和开关型电源装置用变压器的安全方面的要求。带有电子电路的变压器也包括在本部分中。

注 1：包括电气、温度和机械方面的安全。

本部分适用于：

a) 内装安全隔离变压器，提供符合 IEC 61140 和 IEC 60364-4-41 规定的交流或直流 SELV、PELV 或 FELV 输出电压或其中的某种组合的输出电压，用于家用和其他消费类产品的开关型电源装置，但 IEC 60065、IEC 61347 系列、IEC 61204-7 和 IEC 60950-1 包含的产品除外；

b) 最高输出电压不超过交流 1 000 V 或无纹波直流 1 414 V，用于家用和其他消费类产品的开关型电源装置，但在 a）中包含的产品和 IEC 60065、IEC 61347 系列、IEC 61204-7 和 IEC 60950-1 包含的产品除外；

c) 本部分可用于开关型电源装置内使用的变压器（见附录 BB）。

本部分包含的安全要求用于：

——对应于 IEC 61558-2-1 的一般用途分离 SMPS；

——对应于 IEC 61558-2-4 的一般用途隔离 SMPS；

——对应于 IEC 61558-2-6 的一般用途安全隔离 SMPS；

——对应于 IEC 61558-2-13 的一般用途自耦 SMPS。

对应于 IEC 61558 系列其他第 2 部分的特定应用的 SMPS，其相应第 2 部分的必需的要求适用。此外，本部分列出的要求也适用。如果这两个要求有冲突，优先考虑最严酷的要求。

注 2：由于内部变压器的最高额定电源电压为 1 000 V，因为整流方式的原因，开关型电源最高额定电源电压可能低一些。

本部分包含驻立式或移动式、单相或多相、空气冷却（自然冷却或强制冷却）、独立用或配套用开关型电源装置，其额定电源电压不超过交流 1 100 V，额定电源频率不超过 500 Hz，额定内部运行频率超过 500 Hz，但不超过 100 MHz，额定输出不超过 1 kVA 或 1 kW，内装包封绕组或非包封绕组的干式变压器。

本部分附录 BB 所包括的开关型电源装置的配套用变压器，其额定输出不应超过：

——对单相变压器，为 25 kVA；

——对多相变压器，为 40 kVA。

注 3：对更高的频率需要附加要求，但本部分可以作为导则使用。

开关型电源装置的空载输出电压或额定输出电压不应超过：

——当使用分离变压器或自耦变压器时，为交流 1 000 V 或无纹波直流 1 415 V；

——当使用隔离变压器时，为交流 500 V 或无纹波直流 708 V；

——当使用安全隔离变压器时，为交流 50 V 或无纹波直流 120 V。

独立用开关型电源装置的空载输出电压或额定输出电压不应低于：

——当使用分离变压器或自耦变压器时，为交流 50 V 或无纹波直流 120 V。

本部分也适用于额定输出不受限制的开关型电源装置、变换器和逆变器，但是这样的开关型电源装置是特殊应用，要按供需双方之间的协议。

注 4：本部分上下文中，将变换器和逆变器都视为开关型电源装置。

对于未包含在本部分的范围、IEC 61204-7 的范围或 IEC 61347 系列标准的范围内的产品，本部分也可以作为导则使用。

本部分不适用于：

——电动机发电机组；

——IEC 62040 规定的不间断电源(UPS)；

——IEC 61204-7(即低压电源装置、直流输出、性能参数)包含的开关型电源装置、直流电源、配电设备及 IEC 60950-1、IEC 61010-1、IEC 60601-1 和 IEC 60065 所适用的开关型电源装置；

——IEC 61347-1 包括的灯的控制装置；

——预定要与变压器的输入端子和输出端子连接的外部电路及其元器件。

注 5：IEC 61204-7 将由 SC 22E 更新。

注 6：注意下列说明：

——对预定要用在车辆、船舶或飞机上的变压器，可能需要一些附加的要求(按其他适用标准、国家规程等)；

——避免外壳和外壳内元器件受诸如霉菌、害虫、白蚁、日辐射和结冰等外界影响的防护措施也应当考虑；

——变压器运输、储存和工作的不同条件也应当考虑；

——对预定要用于特殊环境，例如用于热带环境的变压器，可以采用符合其他适用标准和国家规程规定的附加要求。

注 7：随着今后变压器技术的发展，可能需要提高频率的上限值，而到那时之前，可以将本部分作为导则使用。

除非另有规定，在此之后的术语 SMPS 包括开关型电源装置。

2 规范性引用文件

除下列引用文件外，GB 19212.1—2008 的该章适用：

该章增加下列引用文件：

GB 19212.1—2008 电力变压器、电源、电抗器和类似产品的安全 第 1 部分：通用要求和试验及第 1 号修改单(IEC 61558-1,Ed 2.0 AMENDEMENT 1,IDT)

GB/T 16935.4—2011 低压系统内设备的绝缘配合 第 4 部分：高频电压应力考虑事项(IEC 60664-4:2005,IDT)

GB/T 16935.5—2008 低压系统内设备的绝缘配合 第 5 部分：不超过 2 mm 的电气间隙和爬电距离的确定方法(IEC 60664-5:2007,IDT)

IEC 60227(all parts) 额定电压 450/750 V 及以下聚氯乙烯绝缘电缆(Polyvinyl chloride insulated cables of rated voltages up to and including 450/750 V)

IEC 60364-4-41 低压电气装置 第 4-41 部分：安全保护—电击防护(Low-voltage electrical installations —Part 4-41:Protection for safety—Protection against electric shock)

IEC 60950-1 电气设备信息 安全 第 1 部分：通用要求(Information technology equipment—Safety—Part 1:General requirements)

IEC 60601-1 医用电气设备 第 1 部分：基本安全和主要性能的通用要求(Medical electrical equipment—Part 1: General requirements for basic safety and essential performance)

IEC 61010-1 测量、控制和实验室用电气设备的安全要求(Safety requirements for electrical equipment for measurement, control, and laboratory use—Part 1:General requirements)

IEC 61204-7 低压电源，直流输出 第7部分：安全要求(Low voltage power supplies, d.c. output—Part 7: Safety requirements)

IEC 61347(all parts) 灯的控制装置(Lamp controlgear)

IEC 61558-2-1 电力变压器、电源装置、电抗器和类似产品的安全 第2-1部分：一般用途分离变压器和内装分离变压器的电源的特殊要求和试验(Safety of power transformers, power supplies, reactors and similar products—Part 2-1: Particular requirements and tests for separating transformers and power supplies incorporating separating transformers for general applications)

IEC 61558-2-4 电源电压为1 100 V及以下的电力变压器、电抗器、电源装置和类似产品的安全 第2-4部分：隔离变压器和内装隔离变压器的电源装置的特殊要求和试验(Safety of transformers, reactors, power supply units and similar products for supply voltages up to 1 100 V—Part 2-4: Particular requirements and tests for isolating transformers and power supply units incorporating isolating transformers)

IEC 61558-2-6 电源电压为1 100 V及以下的电力变压器、电抗器、电源装置和类似产品的安全 第2-6部分：安全隔离变压器和内装安全隔离变压器的电源装置的特殊要求和试验(Safety of transformers, reactors, power supply units and similar products for supply voltages up to 1 100 V—Part 2-6: Particular requirements and tests for safety isolating transformers and power supply units incorporating safety isolating transformers)

IEC 61558-2-13 电源电压为1 100 V及以下的电力变压器、电抗器、电源装置和类似产品的安全 第2-13部分：自耦变压器和内装自耦变压器的电源装置的特殊要求和试验(Safety of transformers, reactors, power supply units and similar products for supply voltages up to 1 100 V—Part 2-13: Particular requirements and tests for autotransformers and power supply units incorporating auto transformers)

IEC 62040(all parts) 不间断电源系统(UPS)(Uninterruptible power systems (UPS))

3 术语和定义

除下列规定外，GB 19212.1—2008的该章适用：

该章增加下列内容：

GB 19212.1—2008中的术语“变压器”也指本部分规定的SMPS。

本部分附录BB中，术语“变压器”也适用于SMPS用变压器。

本部分中，使用实际应用的术语。

GB 19212.1—2008的该条用下列内容来代替：

3.3.8

工作电压 working voltage

在额定电源电压下空载或正常工作条件时，可能出现(局部地出现)在任何绝缘上的最高交流方均根值或直流电压值，忽略瞬态值。由电网电源供电的电路中的任何一点和其他隔离的部件之间的工作电压应假设为：

——额定输入电压；或

——测量的工作电压。

取其中的较大值。

注1：当考虑不准备接到一起的绕组间的绝缘系统时，工作电压认为是任何这些绕组上产生的最高电压。

注2：三相系统中，工作电压与标称电压不同。

4 一般要求

GB 19212.1—2008 的该章适用。

5 试验的一般说明

GB 19212.1—2008 的该章适用。

6 额定值

除下列条款外，GB 19212.1—2008 的该章适用：

该章增加下列条款：

6.101 额定输出电压不应超过：

——对内装分离变压器或自耦变压器的 SMPS，为交流 1 000 V 或无纹波直流 1 415 V；

——对内装隔离变压器的 SMPS，为交流 500 V 或无纹波直流 708 V；

——对内装安全隔离变压器的 SMPS，为交流 50 V 或无纹波直流 120 V。

对于内装分离变压器或自耦变压器的独立用 SMPS，额定输出电压应超过交流 50 V 或无纹波直流 120 V，但不超过交流 1 000 V 或无纹波直流 1 415 V。

6.102 SMPS 的额定输出不应超过 1 kVA 或 1 kW。

注：装在 SMPS 中的变压器见附录 BB。

6.103 额定电源频率不应超过 500 Hz。

6.104 额定内部运行频率不应超过 100 MHz。

6.105 额定电源电压不应超过交流 1 100 V。

通过目视检查标志来检验是否符合 6.101～6.105 的要求。

7 分类

GB 19212.1—2008 的该章适用。

8 标志和其他信息

除下列条款外，GB 19212.1—2008 的该章适用：

8.1 h)项用下列内容来代替：

8.11 中所示的内容表示变压器类型的相关图形符号再加上 SMPS 用符号。如果 IP00 变压器或/和配套用变压器在同一结构中具有和 IEC 61558 不同的特殊要求部分相对应的电路(例如，对应于 IEC 61558-2-6 的 SELV 输出电路和对应于 IEC 61558-2-4 的 230 V 输出电路)，则必须使用相应的符号。除适用于内装变压器和内装 SMPS 的标记外，术语变压器应用 SMPS 来代替。

8.11 该条增加下列内容：

应使用以下符号来标记内装变压器的类型：

符号或图形符号	说明或名称	标识代号
	内装无危害式分离变压器的 SMPS	
	内装非耐短路分离变压器的 SMPS	IEC 60417-5223(2002-10)
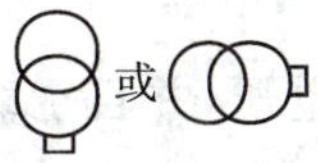	内装耐短路分离变压器的 SMPS(固有耐短路或非固有耐短路)	IEC 60417-5220(2002-10)
	内装无危害式隔离变压器的 SMPS	
	内装非耐短路隔离变压器的 SMPS	
	内装耐短路隔离变压器的 SMPS(固有耐短路或非固有耐短路)	
	内装无危害式安全隔离变压器的 SMPS	
	内装非耐短路安全隔离变压器的 SMPS	
	内装耐短路安全隔离变压器的 SMPS(固有耐短路或非固有耐短路)	
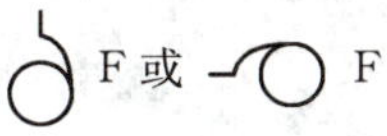	内装无危害式自耦变压器的 SMPS	
	内装非耐短路自耦变压器的 SMPS	
	内装耐短路自耦变压器的 SMPS(固有耐短路或非固有耐短路)	
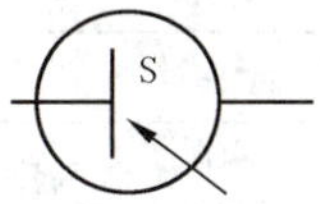	SMPS(开关型电源装置)	

9 电击防护

GB 19212.1—2008 的该章适用。

10 输入电压设定值的改变

除下列条款外,GB 19212.1—2008 的该章适用:

该章增加下列条款:

10.101 根据为相应输出电路供电的变压器类型,如果输出电压不超过额定输出电压,并且空载输出电压不超过输出电压偏差限值,那么允许较宽的电源电压范围(如交流 100 V～240 V)。

11 负载输出电压和输出电流

GB 19212.1—2008 的该章适用。

12 空载输出电压

除下列规定外,GB 19212.1—2008 的该章适用:

该章增加下列内容:

在环境温度下,当 SMPS 接上额定电源频率的额定电源电压时,测量空载输出电压。

12.101 空载输出电压不应超过:

——对内装分离变压器或自耦变压器的 SMPS,为交流 1 000 V 或无纹波直流 1 415 V;

——对内装隔离变压器的 SMPS,为交流 500 V 或无纹波直流 708 V;

——对内装安全隔离变压器的 SMPS,为交流 50 V 或无纹波直流 120 V。

对独立用变压器,此输出电压限值也适用于不拟互相连接的输出绕组呈串联连接的情况。

12.102 空载输出电压与负载输出电压之差不应过大。

按本条测得的空载输出电压与按第 11 章测得的负载输出电压之差,当表示为后者的百分数时,不应超过表 101 所示的值。

注 1:该比值定义如下:

$$\frac{U_{空载}-U_{负载}}{U_{负载}}\times 100\%$$

式中:

$U_{空载}$——空载输出电压;

$U_{负载}$——负载输出电压。

表 101 输出电压比

变压器类型 额定输出 VA	电压比值 %
≤63	20
＞63～≤250	15
＞250～≤630	10
＞630	5

是否满足12.101和12.102的要求，应在环境温度下将SMPS接至额定电源频率的额定电源电压，测量空载输出电压来检查。

差值不应超过表101中所列数值。

注2：表101中的数值以IEC 61558-2-4的值为依据，也适用于符合IEC 61558-2-6和IEC 61558-2-13的SMPS。

12.103 除非制造单位另有规定，对具有高频输出额定值的SMPS，应在最不利条件下用20 cm～200 cm长的导线连接至输出端子进行试验。可以使用标定为60227 IEC 53的双绞线或电缆。导体的横截面积应按SMPS的额定输出来确定，而且电流密度不应超过正常使用时的5 A/mm^2。

13 短路电压

GB 19212.1—2008的该章适用。

14 发热

除下列条款外，GB 19212.1—2008的该章适用：

该章增加下列条款：

14.101 对于内部频率高于1 kHz的内装变压器的SMPS，可以使用热电偶或等效方式测量温度，以确定绕组和绝缘材料的温度。

采用热电偶测量时，应将GB 19212.1—2008表1中绕组的最高温度值减去10 ℃。热电偶只应装在内装变压器易接触的表面上。

注：热电偶不应与绕组结合在一起。

15 短路和过载保护

除下列条款外，GB 19212.1—2008的该章适用：

该章增加下列条款：

15.101 电子电路的设计及应用应在SMPS范围内的故障情况下不能引起电击或火灾，对设备的非故意操作不能削弱安全性。

是否满足要求按GB 19212.1—2008附录H规定的故障条件的评估来检验。

16 机械强度

GB 19212.1—2008的该章适用。

17 防止灰尘、固体异物和潮湿有害进入的防护

GB 19212.1—2008的该章适用。

18 绝缘电阻、介电强度和漏电流

除下列条款外，GB 19212.1—2008的该章适用：

18.3 在表8a中增加新的5)一栏：

表 8a 介电强度试验电压值表

介电强度试验电压的施加部位	工作电压 V				
	<50	150	300	600	1 000
5） 拟串联或并联连接的绕组之间的功能绝缘	工作电压加上 500 V				

18.4 不适用。

该章增加下列内容：

如果适用，术语“变压器”应用“SMPS”代替。

18.101 SMPS 应满足 GB/T 16935.1—2008 表 F.5 规定的冲击试验，用 1.2/50 μs 进行试验，规定如下：

18.3 的试验结束后，SMPS 应连接到冲击试验设备上。冲击试验应在 SMPS 输入和输出端子之间每个极性进行 10 次冲击。如果在 SMPS 内部产生了冲击，则冲击间隔应至少为 1 s。

试验过程中，绕组匝间、输入电路与输出电路之间、相邻的输入电路或输出电路之间或绕组与任何铁心之间的绝缘不应击穿。

19 结构

除下列条款外，GB 19212.1—2008 的该章适用：

19.1 该条用下列内容来代替：

19.1.1 内装自耦变压器的 SMPS

19.1.1.1 额定输入电压高于额定输出电压的自耦变压器上的连接插头，输出插座上不应有任何高于额定输出电压的对地电位。

此要求应通过 19.1.1.2 或 19.1.1.3 的规定来满足。

19.1.1.2 对于有极性的输入和输出插头和插座系统，应给出这种变压器不允许使用无极性的插头和插座系统的说明。

19.1.1.3 对于极性探测装置（用于无极性的输入和输出插头和插座系统），当输出插座电极对地电压不超过额定输出电压时，极性探测装置应只对输出电路供电。断开装置每极间的触头开距应至少为 3 mm。

注：电磁继电器是极性探测装置的一个例子。

用下列试验来检验是否合格：

自耦变压器在最不利负载和输出电压条件下，以 1.06 倍额定输入电压接到电网电源上。试验在输入电压极性反转下重复进行。试验过程中，测得的每极对地电压不应超过负载下的最大输出电压（1.06 倍额定输出电压，考虑了第 11 章的允许偏差）。

通过测量来检验是否合格。

如果极性探测装置为了探测使用了对地电流，则此电流不应超过 0.75 mA，并且应只在测量期间流过，直至极性反转。

通过测量来检验是否合格。

所有的试验要在 GB 19212.1—2008 附录 H 的 H.2.3 规定的故障条件下重做一次。此时，每极对地电压不应超过负载条件下最大输出电压的 1.06 倍，持续时间超过 5 s。

通过测量来检验是否合格。

19.1.2 内装分离变压器的 SMPS

19.1.2.1 输入电路和输出电路在电气上应彼此隔离。其结构应当使这些电路之间不可能存在任何直接的或间接通过其他导电部件的连接,但有意采取时除外。

通过目视检查和测量,同时考虑第18章和第26章的规定来检验是否合格。

19.1.2.2 输入绕组与输出绕组之间的绝缘应至少由基本绝缘构成。

此外,还要符合下列要求:

——对Ⅰ类SMPS,输入绕组与壳体及输出绕组与壳体之间的绝缘应至少由基本绝缘构成(两种基本绝缘都与工作电压相对应);

——对Ⅱ类SMPS,输入绕组与壳体及输出绕组与壳体之间的绝缘应由双重绝缘或加强绝缘构成(双重绝缘或加强绝缘都与工作电压相对应)。

19.1.2.3 对带有不与壳体相连且位于输入绕组与输出绕组之间的中间导电部件(例如:铁心)或谐振电路的SMPS,中间导电部件(或谐振电路)与输入绕组之间的绝缘或中间导电部件(或谐振电路)与输出绕组之间的绝缘应至少由基本绝缘构成。

注:没有用至少为基本绝缘与输入绕组、输出绕组或壳体隔开的中间导电部件(或谐振电路),可认为是与有关部件相连。

此外,还要符合下列要求:

——对Ⅰ类SMPS,经过中间导电部件(或谐振电路)的输入绕组与输出绕组之间的绝缘,应至少由基本绝缘(与工作电压相对应)构成;

——对Ⅱ类SMPS,经过中间导电部件(或谐振电路)的输入绕组与壳体及输出绕组与壳体之间的绝缘,应由双重绝缘或加强绝缘(与输入电压和输出电压相对应)构成。

19.1.2.4 输出电路中的部件可以与保护接地相连。

19.1.2.5 输出电路与壳体之间应无直接的连接,但对配套用变压器,当与其相关的设备标准允许相连或满足GB 19212.1—2008的19.8时除外。不过,允许使用符合19.8的电容器。

通过目视检查来检验是否合格。

19.1.3 内装隔离变压器和安全隔离变压器的SMPS

19.1.3.1 输入电路和输出电路在电气上应彼此隔离。其结构应当使这些电路之间不可能存在任何直接的或间接通过其他导电部件的连接,但有意采取时除外。

通过目视检查和测量,同时考虑第18章、第19章和第26章的规定来检验是否合格。

19.1.3.2 输入绕组与输出绕组之间的绝缘应至少由双重绝缘或加强绝缘(与工作电压相对应)构成,但满足19.1.3.4的要求时除外。

此外还要符合下列要求:

——对不准备用插头连接到电网电源的Ⅰ类变压器,其输入绕组与接地的壳体之间的绝缘,应至少由基本绝缘(基本绝缘与输入电压相对应)构成;输出绕组与接地的壳体之间的绝缘,应至少由基本绝缘(基本绝缘与输出电压相对应)构成;

——对准备用插头连接到电网电源的Ⅰ类变压器,其输入绕组与壳体之间的绝缘,应至少由基本绝缘构成;输出绕组与壳体之间的绝缘,应至少由附加绝缘(基本绝缘和附加绝缘都与工作电压相对应)构成;

——对Ⅱ类变压器,其输入绕组与壳体之间的绝缘,应由双重绝缘或加强绝缘(与输入电压相对应)构成;输出绕组与壳体之间的绝缘,应由双重绝缘或加强绝缘(与输出电压相对应)构成。

19.1.3.3 对带有不接到壳体上且位于输入绕组和输出绕组之间的中间导电部件(如铁心)的变压器,下列要求适用:

19.1.3.3.1 对Ⅰ类和Ⅱ类变压器,输入绕组与输出绕组间的通过中间导电部件的绝缘,应由双重绝缘或加强绝缘(与工作电压相对应)构成。

——对Ⅱ类变压器,输入绕组与壳体间及输出绕组与壳体间,经过中间导电部件的绝缘应由双重绝缘或加强绝缘(与输入电压和输出电压相对应)构成,对SELV电路,只要求基本绝缘;

——对非独立用变压器(IP00),输入绕组与输出绕组间经过中间导电部件的绝缘应由双重绝缘或加强绝缘(与工作电压相对应)构成。

19.1.3.3.2 作为19.1.3.3.1的替代，对不准备用插头连接的Ⅰ类变压器及非独立用变压器(IP00)，如果结构上保证所有的铁心片都接地(例如通过锡焊/焊接)，并且如果数据表或说明书上清楚地规定变压器的安全性取决于接地连接，并且不可能用于Ⅱ类设备，那么以下要求适用：输入绕组和接地的中间导电部件间的绝缘以及输出绕组和接地的中间导电部件间的绝缘应至少由基本绝缘(与输入电压和输出电压相对应)构成。

19.1.3.3.3 除19.1.3.3.1和19.1.3.3.2外，中间导电部件与输入绕组间及中间导电部件与输出绕组间的绝缘应至少由基本绝缘(与输入电压和输出电压相对应)构成。不与输入绕组或输出绕组或壳体至少用基本绝缘分开的中间导电部件应认为是接到相应的部件上。

注：用双重绝缘或加强绝缘与其中一个绕组隔开的中间导电部件，认为是与另一个绕组相连。

19.1.3.4 对不准备用插头连接到电网电源的Ⅰ类变压器，输入绕组与输出绕组间的绝缘可以用基本绝缘加上保护屏蔽来替代双重绝缘或加强绝缘，但要符合下列条件：

——输入绕组与保护屏蔽之间的绝缘应满足基本绝缘(与输入电压相对应)的要求；
——输出绕组与保护屏蔽之间的绝缘应满足基本绝缘(与输出电压相对应)的要求；
——除非另有规定，保护屏蔽应由金属箔片或导线卷制成，屏蔽体至少应延伸到输入绕组的总宽度，不要留有空隙或空洞；
——当保护屏蔽不能覆盖输入绕组的总宽度时，应额外地使用粘带或类似材料，以便在该处构成双重绝缘；
——如果保护屏蔽是由金属箔片制成的，则各匝之间应彼此绝缘；如果只有一匝，其绝缘搭接至少应为3 mm；
——用于卷制屏蔽体的导线和保护屏蔽的引出线，其截面至少应与过载保护装置的额定电流相配合，以确保一旦绝缘发生击穿时，过载保护装置在引出线损坏前先将电路切断；
——引出线应焊接到保护屏蔽上或用具有同样可靠的其他方式固定在保护屏蔽上。

对用任何类型的插头(一体的或非一体的)接到电网电源上的变压器，用基本绝缘加保护屏蔽替代是不允许的。

注：本条所指的“绕组”不包括内部电路。

绕组结构示例见GB 19212.1—2008附录M。

19.1.3.5 输出电路和保护接地间应无连接，但对配套用变压器，当相关的设备标准允许时或当满足GB 19212.1—2008的19.8时除外。

19.1.3.6 输出电路和壳体间应无直接的连接，但对配套用变压器，当相关的设备标准允许时或当满足GB 19212.1—2008的19.8时除外。

通过目视检查来检验是否合格。

19.1.3.7 对内装隔离变压器和安全隔离变压器的SMPS，供外部接线用的输入和输出端子应这样布置，使得在输入和输出端子上导体接入点间的测量距离不小于25 mm。如果用隔板来保证此距离，则应跨过并绕过隔板进行测量，隔板应用绝缘材料制作并永久固定到变压器上。

通过目视检查和测量来检验是否合格，不考虑中间导电部件。

19.1.3.8 额定输出不超过630 VA的移动式变压器应是Ⅱ类变压器。

19.1.3.9 输出电路和壳体间应无连接，但对配套用变压器，当相关的设备标准允许时除外。

19.1.3.10 对用任何类型的插头(一体的或非一体的)接到电网电源上的变压器，用基本绝缘加保护屏蔽替代是不允许的。

20 元器件

GB 19212.1—2008的该章适用。

21 内部布线

GB 19212.1—2008 的该章适用。

22 电源连接和其他外部软电缆或软线

GB 19212.1—2008 的该章适用。

23 外部导线接线端子

GB 19212.1—2008 的该章适用。

24 保护接地装置

GB 19212.1—2008 的该章适用。

25 螺钉和连接

GB 19212.1—2008 的该章适用。

26 爬电距离、电气间隙和贯通绝缘距离

除下列规定外，GB 19212.1—2008 的该章适用：

该章增加下列内容：

是否满足要求，按 GB 19212.1—2008 中 H.3 的试验和以下要求来判断。

26.101 GB 19212.1—2008 的表 13、表 C.1 和表 D.1 规定的爬电距离、电气间隙和贯通绝缘距离一般适用。

26.102 按照 GB/T 16935.4—2011 的要求，以下要求适用于频率高于 30 kHz 的情况。在 GB/T 16935.4 中，规定的是频率直到 3 MHz 时的爬电距离、电气间隙和贯通绝缘距离。如果本部分中将使用高于 3 MHz 的频率，则要求进行 GB/T 16935.4—2011 第 7 章的试验—高频试验(高频高压和高频局部放电试验)。

26.103 电气间隙按下列规定：

a) 频率大于 30 kHz 时需要电气间隙的两种确定值(见图 101 给出的原则)：
   - 根据测得的峰值工作电压按表 104，对近似均匀电场条件选择按表 102 来确定；
   - 根据测得的方均根值工作电压，按 GB 19212.1—2008 的表 13、表 C.1 和表 D.1 来确定；

最小电气间隙为这两个值中的较大者。

b) 频率不大于 30 kHz 时需要电气间隙的两种确定值(见图 101 给出的原则)：
   - 根据测得的带重复峰值电压的峰值工作电压，按表 103 来确定；
   - 根据测得的方均根值工作电压，按 GB 19212.1—2008 的表 13、表 C.1 和表 D.1 来确定。

最小电气间隙为这两个值中的较大者。

图 101 和图 102 表明了影响绝缘配合用电气间隙和爬电距离尺寸的各因素之间的关系。这两图是要突出主要的因素，而不是要代替对相关条款的全面查阅。特别是这两图并未考虑均匀电场的情况(情况 B 的数值)、对频率介于 f_{crit} 和 f_{min} 之间更精确地确定的电气间隙的尺寸及为避免用高频电压进行试

验而确定的固体绝缘尺寸。

应该注意确定电气间隙和爬电距离尺寸的步骤是独立的。因此，只要电气间隙和爬电距离同时通过同一个绝缘表面，就应该使用较大的电气间隙或爬电距离。

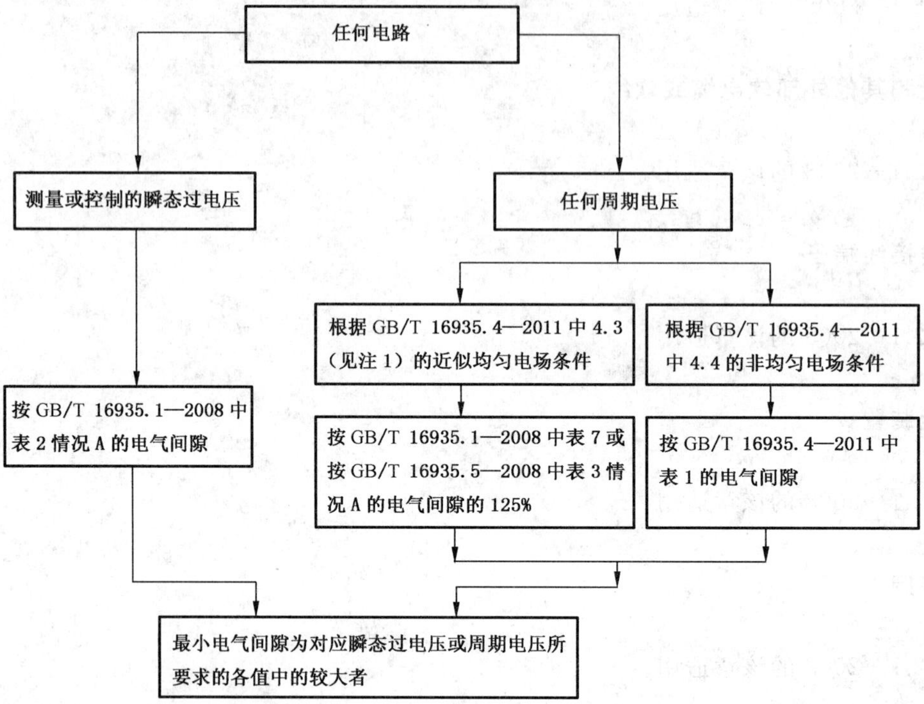

注 1：对超过 30 kHz 的频率，当导电部件的曲率半径等于或大于电气间隙的 20 %时，可认为存在一个近似均匀的电场。所需的曲率半径仅在确定尺寸步骤的最后才规定。

注 2：此尺寸确定图由 GB/T 16935.4—2011 中附录 F 复制而来。

图 101 电气间隙尺寸确定图

表 102 GB/T 16935.4—2011 中 4.3 规定的近似均匀电场条件下频率大于 30 kHz 时的电气间隙值

工作电压(峰值) V	近似均匀电场的电气间隙	
	基本绝缘 mm	双重绝缘或加强绝缘 mm
330	0.02	0.03
400	0.04	0.06
500	0.07	0.11
600	0.1	0.16
800	0.15	0.33
1 000	0.2	0.45
1 200	0.3	0.57
1 500	0.43	0.8
2 000	0.6	1.2
2 500	0.86	1.5
3 000	1.1	2.0

表 102（续）

工作电压(峰值) V	近似均匀电场的电气间隙	
	基本绝缘 mm	双重绝缘或加强绝缘 mm
4 000	1.5	3.0
5 000	2.1	3.5
6 000	3.1	4.5
8 000	3.5	6.0

注：表 102 的值是以 GB/T 16935.1—2008 中表 7a 为依据(表 7a 中峰值电压的 125%)。双重绝缘或加强绝缘的值按 GB/T 16935.1,用 1.6 倍峰值耐受电压系数计算。

如果表 102 中确定的电气间隙值低于 GB 19212.1—2008 中表 13(GB/T 16935.1—2008 中表 F.2)要求的值,则 GB 19212.1 中的值适用。

当导电部件的曲率半径等于或大于电气间隙的 20%,则可认为存在一个近似均匀的电场。

表 103　频率不大于 30 kHz 时 SMPS 一次侧电路产生瞬态过电压或重复峰值电压的电气间隙值

电压(峰值) V	非均匀电场的电气间隙	
	基本绝缘 mm	双重绝缘或加强绝缘 mm
330	0.01	0.04
400	0.02	0.07
500	0.04	0.13
600	0.06	0.2
800	0.13	0.5
1 000	0.26	0.87
1 200	0.42	1.18
1 500	0.76	1.7
2 000	1.27	2.7
2 500	1.8	3.8
3 000	2.4	5.4
4 000	3.8	8.5
5 000	5.7	11
6 000	7.9	14.4
8 000	11.0	20.6

注：表 103 的值是以 GB/T 16935.1—2008 中表 7a 为依据。双重绝缘或加强绝缘的值按 GB/T 16935.1,用 1.6 倍电压(峰值耐受电压)系数计算。

如果表 103 中确定的电气间隙值低于 GB 19212.1—2008 中表 13(GB/T 16935.1—2008 中表 F.2)要求的值,则要求使用 GB 19212.1 中的值。

表 104 频率大于 30 kHz 时非均匀电场条件下空气中电气间隙的最小值

工作电压 U_{peak} kV	基本绝缘或附加绝缘电气间隙 mm	双重绝缘或加强绝缘电气间隙 mm
≤0.6	0.06	0.12
0.8	0.18	0.36
1.0	0.5	1.0
1.2	1.4	2.8
1.4	2.35	4.7
1.6	4.0	8.0
1.8	6.7	13.4
2.0	11	22.0
注：表 104 的值是以 GB/T 16935.4—2011 中表 1 为依据。双重绝缘或加强绝缘的值按 109/58/CDV 是基本绝缘数值的两倍。		

允许使用内插法。

如果表 104 中确定的电气间隙值低于 GB 19212.1—2008 中表 13(GB/T 16935.1—2008 中表 F.2)要求的值，则要求使用 GB 19212.1 中的值。

26.104 表 102、表 103 和表 104 中用于确定电气间隙的工作电压均为峰值。

所有的峰值电压(包括如果有 μs 级尖峰)都应按表 102～表 104 确定。

测得的方均根值电压应按 GB 19212.1—2008 的表 13(GB/T 16935.1—2008 的表 F.2)来确定。如果结构满足 GB/T 16935.4—2011 中 4.3 对近似均匀电场条件的要求，则表 102 的值适用(GB/T 16935.1—2008 表 7 值的 125%)。

26.105 爬电距离

需要爬电距离的两种确定值(见图 102 给出的原则)：

——根据测得的峰值工作电压，按表 105～表 110 来确定；

——根据测得的方均根值，按 GB 19212.1—2008 的表 13、表 C.1 和表 D.1 来确定。

表 105～表 110 的值没有考虑频率高于 30 kHz 时电痕化现象的影响。所有的尖峰都包含在工作电压的峰值中。因此，如果本部分表 105～表 110 中频率高于 30 kHz 的值低于 GB 19212.1—2008 的表 13、表 C.1 或表 D.1 中相应的值，则较高的值适用。

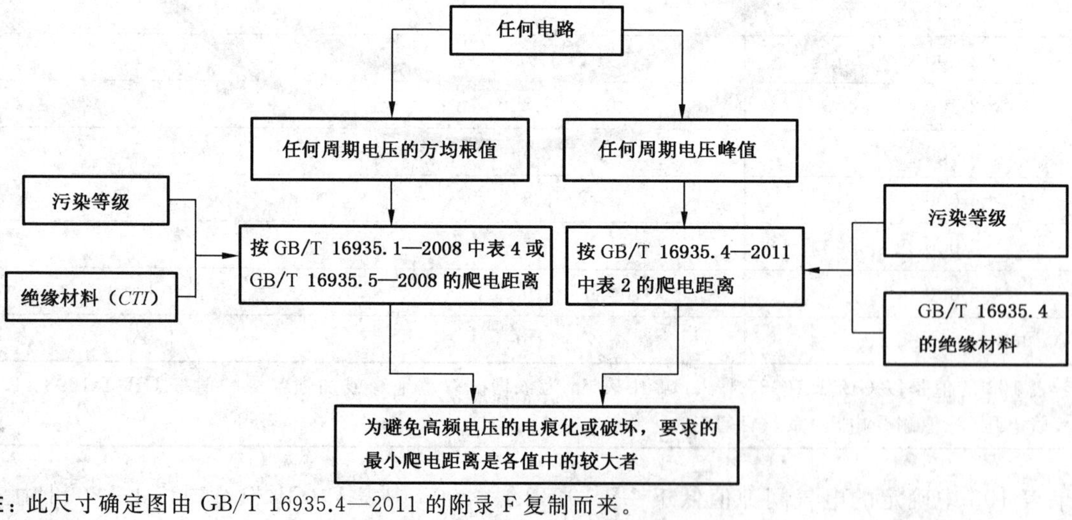

注：此尺寸确定图由 GB/T 16935.4—2011 的附录 F 复制而来。

图 102 爬电距离尺寸确定图

表 105 基本绝缘或附加绝缘——不同频率范围爬电距离的最小值(污染等级 1)

工作电压 kV	爬电距离 mm											
U_{peak}[a]	30 kHz<f<100 kHz	f<150 kHz	f<200 kHz	f<300 kHz	f<400 kHz	f<500 kHz	f<600 kHz	f<700 kHz	f<800 kHz	f<900 kHz	f<1 MHz	f<2 MHz	f<3 MHz
0.1	0.02	—	—	—	—	—	—	—	—	—	—	—	0.30
0.2	0.04	—	—	—	—	—	—	—	—	—	—	0.15	2.80
0.3	0.08	0.09	0.09	0.09	0.09	0.09	0.09	0.09	0.09	0.09	0.09	0.80	20.00
0.4	0.13	0.13	0.13	0.14	0.15	0.16	0.18	0.19	0.24	0.30	0.35	4.50	—
0.5	0.18	0.19	0.19	0.22	0.25	0.30	0.35	0.40	0.77	1.13	1.50	20.00	—
0.6	0.27	0.27	0.27	0.34	0.40	0.55	0.70	0.85	2.23	3.62	5.00	—	—
0.7	0.36	0.37	0.38	0.53	0.68	1.09	1.49	1.90	7.93	13.97	20.00	—	—
0.8	0.45	0.50	0.55	0.83	1.10	2.00	2.90	3.80	—	—	—	—	—
0.9	0.53	0.67	0.82	1.36	1.90	4.17	6.43	8.70	—	—	—	—	—
1.0	0.60	0.88	1.15	2.08	3.00	8.00	13.00	18.00	—	—	—	—	—
1.1	0.68	1.19	1.70	3.35	5.00	—	—	—	—	—	—	—	—
1.2	0.85	1.63	2.40	5.30	8.20	—	—	—	—	—	—	—	—
1.3	1.20	2.35	3.50	—	—	—	—	—	—	—	—	—	—
1.4	1.65	3.33	5.00	—	—	—	—	—	—	—	—	—	—
1.5	2.30	4.80	7.30	—	—	—	—	—	—	—	—	—	—
1.6	3.15	—	—	—	—	—	—	—	—	—	—	—	—
1.7	4.40	—	—	—	—	—	—	—	—	—	—	—	—
1.8	6.10	—	—	—	—	—	—	—	—	—	—	—	—

[a] 此栏中的电压是高频电压的最高峰值电压。此电压在额定电源电压和正常运行时可能发生在输入电路与输出电路间的绝缘两端。为测量此电压,输出电路要接地。瞬态值已包括在内。

允许使用内插法。

如果爬电距离的值小于电气间隙的值,则电气间隙的值适用于爬电距离。

峰值工作电压包括了小的尖峰,见 26.105。以方均根值为依据的测量也应进行,见 26.104 和表 105。

表中的一字线(—)表示此频率下的爬电距离未规定。这些值正在考虑中。

表 106 基本绝缘或附加绝缘——不同频率范围爬电距离的最小值(污染等级 2)

工作电压 kV	爬电距离 mm											
U_{peak} [a]	30 kHz<f<100 kHz	f<150 kHz	f<200 kHz	f<300 kHz	f<400 kHz	f<500 kHz	f<600 kHz	f<700 kHz	f<800 kHz	f<900 kHz	f<1 MHz	f<2 MHz	f<3 MHz
0.1	0.02	—	—	—	—	—	—	—	—	—	—	—	0.36
0.2	0.05	—	—	—	—	—	—	—	—	—	—	0.18	3.36
0.3	0.10	0.10	0.11	0.11	0.11	0.11	0.11	0.11	0.11	0.11	0.11	0.96	24.00
0.4	0.15	0.15	0.16	0.17	0.18	0.20	0.21	0.23	0.29	0.36	0.42	5.40	—
0.5	0.22	0.22	0.23	0.26	0.30	0.36	0.42	0.48	0.92	1.36	1.80	24.00	—
0.6	0.32	0.32	0.32	0.40	0.48	0.66	0.84	1.02	2.68	4.34	6.00	—	—
0.7	0.43	0.44	0.46	0.64	0.82	1.30	1.79	2.28	9.52	16.76	24.00	—	—
0.8	0.54	0.60	0.66	0.99	1.32	2.40	3.48	4.56	—	—	—	—	—
0.9	0.63	0.81	0.98	1.63	2.28	5.00	7.72	10.44	—	—	—	—	—
1.0	0.72	1.05	1.38	2.49	3.60	9.60	15.60	21.60	—	—	—	—	—
1.1	0.82	1.43	2.04	4.02	6.00	—	—	—	—	—	—	—	—
1.2	1.02	1.95	2.88	6.36	9.84	—	—	—	—	—	—	—	—
1.3	1.44	2.82	4.20	—	—	—	—	—	—	—	—	—	—
1.4	1.98	3.99	6.00	—	—	—	—	—	—	—	—	—	—
1.5	2.76	5.76	8.76	—	—	—	—	—	—	—	—	—	—
1.6	3.78	—	—	—	—	—	—	—	—	—	—	—	—
1.7	5.28	—	—	—	—	—	—	—	—	—	—	—	—
1.8	7.32	—	—	—	—	—	—	—	—	—	—	—	—

[a] 此栏中的电压是高频电压的最高峰值电压。此电压在额定电源电压和正常运行时可能发生在输入电路与输出电路间的绝缘两端。为测量此电压，输出电路要接地。瞬态值已包括在内。

允许使用内插法。

如果爬电距离的值小于电气间隙的值，则电气间隙的值适用于爬电距离。

峰值工作电压包括了小的尖峰，见 26.105。以方均根值为依据的测量也应进行，见 26.104 和表 105。

表中的一字线(—)表示此频率下的爬电距离未规定。这些值正在考虑中。

表 107　基本绝缘或附加绝缘——不同频率范围爬电距离的最小值(污染等级 3)

工作电压 kV	爬电距离 mm												
U_{peak} [a]	30 kHz<f<100 kHz	f<150 kHz	f<200 kHz	f<300 kHz	f<400 kHz	f<500 kHz	f<600 kHz	f<700 kHz	f<800 kHz	f<900 kHz	f<1 MHz	f<2 MHz	f<3 MHz
0.1	0.02	—	—	—	—	—	—	—	—	—	—	—	0.42
0.2	0.06	—	—	—	—	—	—	—	—	—	—	0.21	3.92
0.3	0.12	0.12	0.13	0.13	0.13	0.13	0.13	0.13	0.13	0.13	0.13	1.12	28.00
0.4	0.18	0.18	0.18	0.20	0.21	0.23	0.25	0.27	0.34	0.42	0.49	6.30	—
0.5	0.26	0.26	0.27	0.31	0.35	0.42	0.49	0.56	1.07	1.59	2.10	28.00	—
0.6	0.37	0.38	0.38	0.47	0.56	0.77	0.98	1.19	3.13	5.06	7.00	—	—
0.7	0.50	0.52	0.53	0.74	0.95	1.52	2.09	2.66	11.11	19.55	28.00	—	—
0.8	0.63	0.70	0.77	1.16	1.54	2.80	4.06	5.32	—	—	—	—	—
0.9	0.74	0.94	1.15	1.90	2.66	5.83	9.01	12.18	—	—	—	—	—
1.0	0.84	1.23	1.61	2.91	4.20	11.20	18.20	25.20	—	—	—	—	—
1.1	0.96	1.67	2.38	4.69	7.00	—	—	—	—	—	—	—	—
1.2	1.19	2.28	3.36	7.42	11.48	—	—	—	—	—	—	—	—
1.3	1.68	3.29	4.90	—	—	—	—	—	—	—	—	—	—
1.4	2.31	4.66	7.00	—	—	—	—	—	—	—	—	—	—
1.5	3.22	6.72	10.22	—	—	—	—	—	—	—	—	—	—
1.6	4.41	—	—	—	—	—	—	—	—	—	—	—	—
1.7	6.16	—	—	—	—	—	—	—	—	—	—	—	—
1.8	8.54	—	—	—	—	—	—	—	—	—	—	—	—

[a] 此栏中的电压是高频电压的最高峰值电压。此电压在额定电源电压和正常运行时可能发生在输入电路与输出电路间的绝缘两端。为测量此电压,输出电路要接地。瞬态值已包括在内。

允许使用内插法。

如果爬电距离的值小于电气间隙的值,则电气间隙的值适用于爬电距离。

峰值工作电压包括了小的尖峰,见 26.105。以方均根值为依据的测量也应进行,见 26.104 和表 105。

表中的一字线(—)表示此频率下的爬电距离未规定。这些值正在考虑中。

表 108 双重绝缘或加强绝缘——不同频率范围爬电距离的最小值(污染等级 1)

工作电压 kV	爬电距离 mm											
U_{peak} [a]	30 kHz<f<100 kHz	f<150 kHz	f<200 kHz	f<300 kHz	f<400 kHz	f<500 kHz	f<600 kHz	f<700 kHz	f<800 kHz	f<900 kHz	f<1 MHz	f<2 MHz	f<3 MHz
0.1	0.03	—	—	—	—	—	—	—	—	—	—	—	0.60
0.2	0.08	—	—	—	—	—	—	—	—	—	—	0.30	5.60
0.3	0.17	0.17	0.18	0.18	0.18	0.18	0.18	0.18	0.18	0.18	0.18	1.60	40.00
0.4	0.25	0.26	0.26	0.28	0.30	0.33	0.35	0.38	0.49	0.59	0.70	9.00	—
0.5	0.37	0.37	0.38	0.44	0.50	0.60	0.70	0.80	1.53	2.27	3.00	40.00	—
0.6	0.53	0.54	0.54	0.67	0.80	1.10	1.40	1.70	4.47	7.23	10.00	—	—
0.7	0.72	0.74	0.76	1.06	1.36	2.17	2.99	3.80	15.87	27.93	40.00	—	—
0.8	0.90	1.00	1.10	1.65	2.20	4.00	5.80	7.60	—	—	—	—	—
0.9	1.05	1.35	1.64	2.72	3.80	8.33	12.87	17.40	—	—	—	—	—
1.0	1.20	1.75	2.30	4.15	6.00	16.00	26.00	36.00	—	—	—	—	—
1.1	1.37	2.38	3.40	6.70	10.00	—	—	—	—	—	—	—	—
1.2	1.70	3.25	4.80	10.60	16.40	—	—	—	—	—	—	—	—
1.3	2.40	4.70	7.00	—	—	—	—	—	—	—	—	—	—
1.4	3.30	6.65	10.00	—	—	—	—	—	—	—	—	—	—
1.5	4.60	9.60	14.60	—	—	—	—	—	—	—	—	—	—
1.6	6.30	—	—	—	—	—	—	—	—	—	—	—	—
1.7	8.80	—	—	—	—	—	—	—	—	—	—	—	—
1.8	12.20	—	—	—	—	—	—	—	—	—	—	—	—

[a] 此栏中的电压是高频电压的最高峰值电压。此电压在额定电源电压和正常运行时可能发生在输入电路与输出电路间的绝缘两端。为测量此电压,输出电路要接地。瞬态值已包括在内。

允许使用内插法。

如果爬电距离的值小于电气间隙的值,则电气间隙的值适用于爬电距离。

峰值工作电压包括了小的尖峰,见 26.105。以方均根值为依据的测量也应进行,见 26.104 和表 105。

表中的一字线(—)表示此频率下的爬电距离未规定。这些值正在考虑中。

表 109 双重绝缘或加强绝缘——不同频率范围爬电距离的最小值(污染等级 2)

工作电压 kV	爬电距离 mm												
U_{peak} [a]	30 kHz<f<100 kHz	f<150 kHz	f<200 kHz	f<300 kHz	f<400 kHz	f<500 kHz	f<600 kHz	f<700 kHz	f<800 kHz	f<900 kHz	f<1 MHz	f<2 MHz	f<3 MHz
0.1	0.04	—	—	—	—	—	—	—	—	—	—	—	0.72
0.2	0.10	—	—	—	—	—	—	—	—	—	—	0.36	6.72
0.3	0.20	0.21	0.22	0.22	0.22	0.22	0.22	0.22	0.22	0.22	0.22	1.92	48.00
0.4	0.30	0.31	0.31	0.34	0.36	0.39	0.42	0.46	0.58	0.71	0.84	10.80	—
0.5	0.44	0.45	0.46	0.53	0.60	0.72	0.84	0.96	1.84	2.72	3.60	48.00	—
0.6	0.64	0.64	0.65	0.80	0.96	1.32	1.68	2.04	5.36	8.68	12.00	—	—
0.7	0.86	0.89	0.91	1.27	1.63	2.61	3.58	4.56	19.04	33.52	48.00	—	—
0.8	1.08	1.20	1.32	1.98	2.64	4.80	6.96	9.12	—	—	—	—	—
0.9	1.26	1.61	1.97	3.26	4.56	10.00	15.44	20.88	—	—	—	—	—
1.0	1.44	2.10	2.76	4.98	7.20	19.20	31.20	43.20	—	—	—	—	—
1.1	1.64	2.86	4.08	8.04	12.00	—	—	—	—	—	—	—	—
1.2	2.04	3.90	5.76	12.72	19.68	—	—	—	—	—	—	—	—
1.3	2.88	5.64	8.40	—	—	—	—	—	—	—	—	—	—
1.4	3.96	7.98	12.00	—	—	—	—	—	—	—	—	—	—
1.5	5.52	11.52	17.52	—	—	—	—	—	—	—	—	—	—
1.6	7.56	—	—	—	—	—	—	—	—	—	—	—	—
1.7	10.56	—	—	—	—	—	—	—	—	—	—	—	—
1.8	14.64	—	—	—	—	—	—	—	—	—	—	—	—

[a] 此栏中的电压是高频电压的最高峰值电压。此电压在额定电源电压和正常运行时可能发生在输入电路与输出电路间的绝缘两端。为测量此电压,输出电路要接地。瞬态值已包括在内。

允许使用内插法。

如果爬电距离的值小于电气间隙的值,则电气间隙的值适用于爬电距离。

峰值工作电压包括了小的尖峰,见 26.105。以方均根值为依据的测量也应进行,见 26.104 和表 105。

表中的一字线(—)表示此频率下的爬电距离未规定。这些值正在考虑中。

表 110 双重绝缘或加强绝缘——不同频率范围爬电距离的最小值(污染等级 3)

工作电压 kV	爬电距离 mm											
U_{peak} [a]	30 kHz<f<100 kHz	f<150 kHz	f<200 kHz	f<300 kHz	f<400 kHz	f<500 kHz	f<600 kHz	f<700 kHz	f<800 kHz	f<900 kHz	f<1 MHz	f<2 MHz	f<3 MHz
0.1	0.05	—	—	—	—	—	—	—	—	—	—	—	0.84
0.2	0.12	—	—	—	—	—	—	—	—	—	—	0.42	7.84
0.3	0.23	0.24	0.25	0.25	0.25	0.25	0.25	0.25	0.25	0.25	0.25	2.24	56.00
0.4	0.35	0.36	0.36	0.39	0.42	0.46	0.49	0.53	0.68	0.83	0.98	12.60	—
0.5	0.51	0.52	0.53	0.62	0.70	0.84	0.98	1.12	2.15	3.17	4.20	56.00	—
0.6	0.75	0.75	0.76	0.94	1.12	1.54	1.96	2.38	6.25	10.13	14.00	—	—
0.7	1.00	1.03	1.06	1.48	1.90	3.04	4.18	5.32	22.21	39.11	56.00	—	—
0.8	1.26	1.40	1.54	2.31	3.08	5.60	8.12	10.64	—	—	—	—	—
0.9	1.47	1.88	2.30	3.81	5.32	11.67	18.01	24.36	—	—	—	—	—
1.0	1.68	2.45	3.22	5.81	8.40	22.40	36.40	50.40	—	—	—	—	—
1.1	1.91	3.34	4.76	9.38	14.00	—	—	—	—	—	—	—	—
1.2	2.38	4.55	6.72	14.84	22.96	—	—	—	—	—	—	—	—
1.3	3.36	6.58	9.80	—	—	—	—	—	—	—	—	—	—
1.4	4.62	9.31	14.00	—	—	—	—	—	—	—	—	—	—
1.5	6.44	13.44	20.44	—	—	—	—	—	—	—	—	—	—
1.6	8.82	—	—	—	—	—	—	—	—	—	—	—	—
1.7	12.32	—	—	—	—	—	—	—	—	—	—	—	—
1.8	17.08	—	—	—	—	—	—	—	—	—	—	—	—

[a] 此栏中的电压是高频电压的最高峰值电压。此电压在额定电源电压和正常运行时可能发生在输入电路与输出电路间的绝缘两端。为测量此电压,输出电路要接地。瞬态值已包括在内。

允许使用内插法。

如果爬电距离的值小于电气间隙的值,则电气间隙的值适用于爬电距离。

峰值工作电压包括了小的尖峰,见 26.105。以方均根值为依据的测量也应进行,见 26.104 和表 105。

表中的一字线(—)表示此频率下的爬电距离未规定。这些值正在考虑中。

26.106 贯通绝缘距离

为了替代高频电压的局部放电试验(PD-试验),对要试验的贯通绝缘距离可以通过计算其电场强度并确保其低于下列限值来检验。只有满足下列条件时才可使用此方法:

——最高频率低于 10 MHz;

——电场强度近似相同,且不高于图 103 中规定的值;

——固体绝缘间无中断或间隙。

注 1:本条的下列内容和图表源自 GB/T 16935.4—2011 的 6.3。

对于 $d_1 \geqslant 0.75$ mm 的厚层固体绝缘,电场强度 E 的峰值不应大于 2 kV/mm 限值。

对于 $d_2 \leqslant 30$ μm 的薄层固体绝缘,电场强度的峰值不应大于 10 kV/mm 限值。

对于 $d_1 > d > d_2$,根据厚度 d 可以使用式(1)计算电场强度的峰值(也可见图 103)。计算出来的电场强度 E 不应大于式(1)给出的限值。

$$E = \frac{0.25}{d} + 1.667 \qquad (1)$$

式中:

E ——电场强度,单位为千伏每毫米(kV/mm);

d ——贯通绝缘距离,单位为毫米(mm)。

注 2:本部分上下文中,如果电场强度与平均电场强度相比,偏差低于±20%,则认为电场强度近似相同。

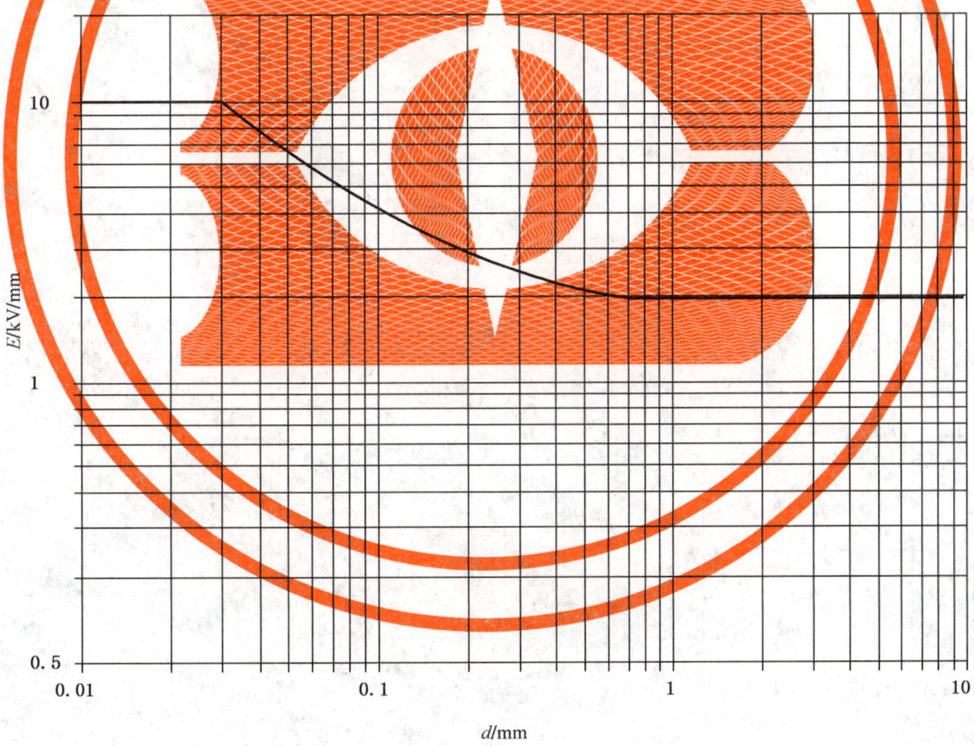

说明:

E——电场强度。

用电场强度确定固体绝缘的尺寸要求电场分配近似相同,其绝缘内部或绝缘之间无中断或空气间隙。如果电场强度不能计算(因为电场不相同),或者如果峰值分别比用式(1)计算出的值或图 103 中的值高,或者如果存在不能忽略的中断或空气间隙,或者是对高于 10 MHz 的较高频率,那么就需要用高频电压进行一次耐压试验或局部放电试验。根据 GB/T 16935.1—2008 中 5.3.2.2,前者适用于施加短时应力,后者适用于施加长时应力。

图 103 按式(1)确定固体绝缘尺寸的允许电场强度

27 耐热、耐燃和耐电痕化

除下列规定外，GB 19212.1—2008 的该章适用：

27.2 该条不适用。

28 防锈

GB 19212.1—2008 的该章适用。

附　录

除下列附录外，GB 19212.1—2008 的附录适用：

增加下列附录：

附　录　AA
（资料性附录）
局部放电（PD）试验

拟用于黑盒子试验的局部放电试验正在考虑中。

附 录 BB
（规范性附录）
内部频率大于500 Hz的用于开关型电源的配套用变压器的特殊要求

BB.0 概述

本附录仅适用于内部频率大于500 Hz的开关型电源的配套用变压器单独试验。

如果包含变压器的SMPS符合本部分，则不必使用本附录。

注：本附录代替IEC 61558-2-17：1997。

BB.1 范围

除下列规定外，本部分的该章适用。

该章增加下列内容：

附录BB适用于内部频率大于500 Hz、单相或多相、空气冷却的开关型电源的下列配套用变压器：

——分离变压器；

——隔离变压器；

——安全隔离变压器；

且额定电源电压不超过交流1 000 V、额定频率超过500 Hz但不超过100 MHz、额定输出不超过：

——单相变压器为25 kVA；

——多相变压器为40 kVA。

本部分适用于干式变压器，其绕组可以是包封式或非包封式。

BB.4 一般要求

除下列条款外，GB 19212.1—2008的该章适用。

BB.4.2 该条用下列内容来代替：

开关型电源用变压器应满足GB 19212.1和本部分相关部分的要求，而且这些开关型电源用变压器在电器或设备中的使用条件应与变压器的标记相符。但是，当开关型电源配套用变压器用于有相关电器或设备标准的电器或设备时，这些开关型电源配套用变压器可以按其预定配用的该电器或设备中所出现的条件来进行试验。

因此，这些开关型电源配套用变压器应满足下列各章、各条或其中各部分的要求：

1、2、3、4、5.1、5.2、5.3、5.4、5.5、5.6、5.7、5.15、7.2、7.5、8.2、8.11、14.2、14.3、18.1、18.2、18.3、19.1、19.12、26.1、26.2、26.3、26.101、26.102、26.103、26.104、26.105、26.106、附录A、附录C、附录D、附录E、附录G、附录K、附录L、附录M、附录N、附录P、附录R、附录W。

其余条款应当采用相关产品标准的规定。如果相关产品标准未全部包括其余条款，则应当使用本部分相应的未被包括的那些其余条款来代替。

BB.6 额定值

除下列条款外，GB 19212.1—2008的该章适用。

该章增加下列条款：

BB.6.101 空载输出电压不应超过：

——对分离变压器为交流 1 000 V。额定输出电压的交流优选值为 72 V、120 V、230 V、400 V、440 V 和 660 V；

——对隔离变压器为交流 500 V。额定输出电压的交流优选值为 72 V、120 V、230 V、400 V 和 440 V；

——对安全隔离变压器为交流 50 V。额定输出电压的交流优选值为 6 V、12 V、24 V、42 V 和 48 V。

BB.6.102 额定输出不应超过：

——对分离变压器，单相为 1 kVA，多相为 5 kVA；

——对隔离变压器，单相为 10 kVA，多相 16 kVA；

——对安全隔离变压器，单相为 25 kVA，多相为 40 kVA。

满足供需双方之间协议的开关型电源用的分离变压器、隔离变压器和安全隔离变压器除外。

BB.6.103 额定频率范围为 500 Hz～100 MHz。

BB.6.104 额定电源电压不应超过交流 1 000 V。

ICS 43.020
T 40

中华人民共和国国家标准

GB 19239—2013
代替 GB/T 19239—2003，GB/T 19240—2003

燃气汽车专用装置的安装要求

Mounting requirements of special equipment for gas vehicle

2013-09-18 发布 2014-07-01 实施

中华人民共和国国家质量监督检验检疫总局
中国国家标准化管理委员会 发布

前　言

本标准第4章、第5章、第6章为强制性的，其余为推荐性的。

本标准按照GB/T 1.1—2009给出的规则起草。

本标准代替GB/T 19239—2003《液化石油气汽车专用装置的安装要求》和GB/T 19240—2003《压缩天然气汽车专用装置的安装要求》，与GB/T 19239—2003和GB/T 19240—2003相比，主要技术变化如下：

——将GB/T 19239—2003和GB/T 19240—2003两个标准合并为一个标准，规定了燃气汽车专用装置的安装要求、安装方法及检验方法，包括压缩天然气汽车、液化石油气汽车；

——范围中取消了柴油-CNG双燃料及柴油-LPG双燃料汽车；

——修改了一般要求中的规定(见4.1.5,2003年版的4.1.4)；

——修改了加气口的安装要求(见4.3.1,2003年版的4.3)；

——修改了燃气汽车系统(包括CNG系统和LPG系统)泄露试验方法(见5.1,2003年版的6.3)；

——修改了气瓶安装强度试验方法(见5.3,2003年版的6.3)；

——增加了加气口的安装强度试验(见5.4)。

本标准参考了ECE R110《关于动力系统使用压缩天然气的机动车辆的专用装置及其安装批准的统一规定》法规第三修订版和ECE R67《关于动力系统使用液化石油气的机动车辆的专用装置及其安装批准的统一规定》法规第二修订版。

本标准由中华人民共和国工业和信息化部提出。

本标准由全国汽车标准化技术委员会(SAC/TC 114)归口。

本标准起草单位：中国汽车技术研究中心，神龙汽车有限公司。

本标准主要起草人：顾严平、刘桂彬、马宗华、冯屹、樊彬、黄炘、孙振东、周阳、王燚。

本标准所代替标准的历次版本发布情况为：

——GB/T 19239—2003；

——GB/T 19240—2003。

燃气汽车专用装置的安装要求

1 范围

本标准规定了燃气汽车专用装置的安装要求、安装方法及检验方法。

本标准适用于压缩天然气(以下简称 CNG)额定工作压力不大于 20 MPa 的 CNG 单燃料、汽油/CNG 两用燃料汽车及液化石油气(以下简称 LPG)额定工作压力不大于 2.2 MPa 的 LPG 单燃料、汽油/LPG 两用燃料汽车。其他相关类型燃气汽车参照执行。

2 规范性引用文件

下列文件对于本文件的应用是必不可少的。凡是注日期的引用文件,仅注日期的版本适用于本文件。凡是不注日期的引用文件,其最新版本(包括所有的修改单)适用于本文件。

GB/T 17676 天然气汽车和液化石油气汽车 标志

GB/T 17895 天然气汽车和液化石油气汽车 词汇

QC/T 245 压缩天然气汽车专用装置技术条件

QC/T 247 液化石油气汽车专用装置技术条件

QC/T 29009 汽车用电线接头技术条件

ISO 6487:2000 道路车辆 碰撞试验中的测量技术 设备(Road vehicles—Measurement techniques in impact tests—Instrumentation)

3 术语和定义

GB/T 17895 界定的术语和定义适用于本文件。

4 要求

4.1 一般要求

4.1.1 燃气汽车专用装置应符合 QC/T 245 或 QC/T 247 的有关规定。

4.1.2 燃气汽车专用装置的安装应满足整车设计要求,并按经规定程序批准的产品图样和技术文件装配。

4.1.3 燃气汽车专用装置的安装应考虑车辆承载件的强度和刚度及其他相关汽车安全部件的要求。

4.1.4 燃气汽车应在显著位置加施符合 GB/T 17676 规定的标识。

4.1.5 燃气汽车专用装置安装后应保证:

——气瓶无变形、磨损;

——各专用部件应安装牢固,不应因振动、颠簸而出现松动、脱落等现象;

——系统按 5.1 规定的方法进行试验后应无泄漏;

——各专用部件不应设置在距离排气管或类似热源 100 mm 的范围内,除非该部件有足够的隔热防护装置;

——系统中的压力表、气量显示仪应准确可靠,阀门、管路等便于维修。

4.2 车用气瓶(简称气瓶)

4.2.1 气瓶安装位置应远离热源,应与驾驶室或载人车厢有效分离,并用密封盒(气瓶附件周围的密封部件)、波纹管及通气接口等将可能泄漏的气体排出车外,通气接口排气方向应在与地面成45°圆锥的范围内,通气接口至发动机排气管和其他热源距离不得小于250 mm,通气总面积应不小于450 mm^2。密封盒、波纹管及通气接口安装后按5.2方法进行试验后,应无泄漏,且不得有永久变形。

4.2.2 气瓶阀和接头应有防止碰撞、倾覆等事故的保护装置;气瓶阀与汽车外轮廓边缘的距离不应小于200 mm。气瓶安装在汽车车架下时,气瓶下方应采取有效防护措施且气瓶附件不允许布置在汽车前轴之前。当气瓶安装在车辆的外露空间时,应采取有效的防护措施。

4.2.3 气瓶与固定座之间应装有非金属垫板,其紧固螺栓应有防松装置。

4.2.4 气瓶安装紧固后,应满足下列技术要求:

——按5.3.1规定方法进行试验后气瓶应仍固定在汽车上,紧固部件不应出现断裂、脱落等现象;

——按5.3.2规定的方法进行试验后,气瓶与其固定座的固定点相对位移不大于13 mm。

4.3 加气口

4.3.1 加气口应安装在有适当防护和易于充气操作的位置,当加气口安装在车身上时,其凸出车辆外轮廓边缘部分的尺寸应不大于10 mm。

4.3.2 加气口安装后,按5.4所述试验方法进行检验后,应无泄漏。

4.4 管路

4.4.1 高压管路一般采用刚性管,特殊部位可用柔性管,而在能产生相对位移的部件之间则必须采用柔性管连接。柔性高压管路应在每一弯曲前、后使用具有弹性的固定卡固定,固定卡间距不大于300 mm。

4.4.2 高压管路接头不得通过和安装在驾驶室和载人车厢内,不得安装在高热源、易磨损或易受冲击的位置。高压管接头应安装在能看得见或操作者易于操作的位置,高压管路和高压管接头不得重复使用。

4.4.3 刚性高压管路应排列整齐,布置合理,不应因摩擦和振动(如因发动机振动引起的共振)造成损害;刚性高压管路应用固定卡有效地固定在车架或车身上,固定卡的间距不应大于600 mm;如果管路与相邻部件接触或穿越孔板,应采用橡胶套管进行保护,两个部件之间的管路应采用能消除热胀冷缩影响和抗震的措施,如采用盘管或"U"型弯管等。管路中心线曲率半径不应小于管路外径的5倍。

4.5 气压(量)显示装置

压力表应安装在易于观察、防震和避免损坏的位置,确保安装牢固;不应安装在驾驶室内;当安装在裸露位置时,应加装压力表防护罩。气量显示器应安装在驾驶室内驾驶员易于观察的位置。

4.6 手动截止阀

手动截止阀应安装在易于操作的位置,阀体不得直接安装在驾驶室内。

4.7 减压调节器及蒸发调压器

4.7.1 减压调节器及蒸发调压器应安装在振动较小的位置。

4.7.2 减压调节器及蒸发调压器采用发动机循环水加热时,其安装高度应低于发动机散热器顶部或膨胀水箱的最低水位高度,水管接头处不得漏水。

4.8 燃料转换开关

执行燃料切换功能的燃料转换开关应安装在驾驶员操作方便的位置，燃料转换开关的档位标记应明显，安装后应能分别正确控制各种状态。

4.9 电器系统

4.9.1 所有线路连接应符合 QC/T 29009 的有关规定，线束应合理布置和走向，并卡固良好，不得与相邻部件摩擦。线路中应设置过电流保护装置。

4.9.2 气瓶到减压调节器之间应设置电磁阀，电磁阀的安装位置应尽量远离电器设备，安装板不得与导磁元件直接接触。

4.9.3 电子元件的安装，应按照电子元件安装技术规范进行。

5 试验方法

5.1 燃气汽车系统泄漏试验

5.1.1 CNG 系统泄漏试验

CNG 系统泄漏试验应按 5.1.3 或 5.1.4 规定方法，分别在压力为低压 0.9 MPa～1 MPa 及高压 18 MPa～20 MPa 的条件下进行。

5.1.2 LPG 系统泄漏试验

LPG 系统泄漏试验，应按 5.1.3 或 5.1.4 规定方法，在系统工作压力为 1.6 MPa～2.2 MPa 条件下进行。

5.1.3 检漏液检验

试验时应使用中性发泡液，将发泡液涂覆在整个被检测部位的表面上，观察至少 1 min，所检测的区域应无气泡产生。试验后，应将被检测部位的发泡液洗拭干净，以免对系统部件产生腐蚀。

5.1.4 检漏仪检验

检测前，将被检测部位的残余油污或密封剂清除干净，避免因为探测器可对几种可燃性气体产生反应（如油污或密封剂的蒸气），而导致其检测到的可能不是渗漏的天然气或示踪气体。检测时风速应小于 3 m/s。

应采用精度不低于±5%FS，报警点为 0.025‰的防爆数字显示检测仪表，检测各接口的连接处，应无泄漏报警，检测时间不应小于防爆仪反应时间。

5.2 气密盒密封性试验

将压缩空气通入被试件任一孔口，密封其他孔口，气体压力为 0.01 MPa，按 5.1.3 规定方法检查。

5.3 气瓶安装强度试验

5.3.1 动态试验

5.3.1.1 根据安装了气瓶的整个车身或部分车身的试件（以下简称被试件）尺寸结构及原车的实际安

装方式，按照试验要求，将被试件固定在试验台上，安装方法不应使气瓶固定加强。

5.3.1.2 试验应按如下方法完成：

a) 向气瓶或气瓶组中充入容量相当于温度为 15 ℃时，90％工作压力的氮气。

b) 试验车的减速度应按 ISO 6487:2000 中 CFC 60 频率等级特性进行测量。

c) 减速度应按如下 1)和 2)的规定保持至少 30 ms。

1) 对于 M_1 和 N_1 类汽车应承受：

——纵向向前 20 *g* 的加速度；

——纵向向后 20 *g* 的加速度；

——两个方向上 8 *g* 的侧向加速度。

2) 对于 M_2 和 M_3 类、N_2 和 N_3 类汽车应承受：

——纵向向前 10 *g* 的加速度；

——纵向向后 10 *g* 的加速度；

——两个方向上 5 *g* 的侧向加速度。

其中加速度以 *g* 为单位（$1\ g=9.81\ m/s^2$）

5.3.2 静态试验

5.3.2.1 对试验装置的要求

5.3.2.1.1 试验装置应具备有效控制施力的设施，同时水平施力机构在垂直方向的高度无级可调。

5.3.2.1.2 试验装置应适应不同车型及各种气瓶的不同安装形式。

5.3.2.1.3 试验装置应能记录并自动显示力及位移数据，且能自动绘制“力-位移”的关系曲线。

5.3.2.2 试验方法

5.3.2.2.1 根据被试件尺寸结构及原车的实际安装方式，按照试验要求，将被试件固定在试验台上，安装方法不应使气瓶固定加强。

5.3.2.2.2 调整施力机构，使施力点通过气瓶中心，加力方向分别为：汽车前进方向、垂直向上方向、汽车左右任选一方向。

5.3.2.2.3 对被试件施加 8 倍于充满额定工作压力的储气瓶重力的静力，当达到设定值时，自动停止施力，并实时记录力和位移数据，绘制“力-位移”的关系曲线。

5.4 加气口安装强度试验

检验加气口安装强度，应按以下步骤进行：

a) 将样件安装在汽车或相当于安装在汽车上的 CNG 或 LPG 燃料系统的试验台上，并充满额定工作压力；

b) 沿加气口纵轴方向对加气口施加 670 N 拉力；

c) 选取加气口安装薄弱方向对加气口施加 200 N · m 力矩；

d) 完成上述施力后，用检漏液检验样件的密封性。

6 检验规则

6.1 检验项目

检验项目如表 1 所示。

表 1　检验项目表

序号	试验(检验)项目名称	试验(检验)方法	判定依据	出厂检验	型式检验
1	燃气汽车系统泄漏试验	5.1	4.1.5	√	√
2	气密盒密封性试验	5.2	4.2.1	—	√
3	气瓶安装强度试验	5.3	4.2.4	—	√
4	加气口安装强度试验	5.4	4.3.2	—	√

6.2　型式检验

燃气汽车专用装置的安装应满足本标准技术要求中所有条款的规定。

6.3　出厂检验

燃气汽车专用装置的安装应满足本标准技术要求中除去 5.2、5.3 及 5.4 以外所有条款的规定。

ICS 91.120.30
Q 17

中华人民共和国国家标准

GB/T 19250—2013
代替 GB/T 19250—2003

聚氨酯防水涂料

Polyurethane waterproofing coating

2013-11-27 发布 2014-08-01 实施

中华人民共和国国家质量监督检验检疫总局
中国国家标准化管理委员会 发布

前 言

本标准按照 GB/T 1.1—2009 给出的规则起草。

本标准代替 GB/T 19250—2003《聚氨酯防水涂料》。本标准与 GB/T 19250—2003 相比，除编辑性修改外主要技术变化如下：

——修改了产品分类，将原标准中的Ⅰ类和Ⅱ类产品合并为Ⅰ型；新增了Ⅱ和Ⅲ型产品，Ⅱ型产品参考了高铁桥梁电缆沟防水层的要求，Ⅲ型产品参考了 JIS A6021 标准中高强度型的要求（见第 3 章，2003 年版的第 3 章）；

——修改了技术要求，将性能分为基本性能和可选性能，基本性能取消了原标准中潮湿基面粘结强度项目，增加了流平性、粘结强度、吸水率和燃烧性能检测项目，修改了技术指标（见表 1 和表 2，2003 年版的表 1 和表 2）；

——修改了人工气候老化试验的时间，将原标准中 720 h 延长至 1 000 h（见表 1，2003 年版的表 1）；

——增加了有害物质限量（见 5.3）；

——修改和增加了试验方法（见第 6 章，2003 年版的第 6 章）；

——增加了产品的应用领域的资料性附录（见附录 A）。

本标准由中国建筑材料联合会提出。

本标准由全国轻质装饰与装修建筑材料标准化技术委员会建筑防水材料分技术委员会（SAC/TC 195/SC 1）归口。

本标准负责起草单位：中国建材检验认证集团苏州有限公司、建材工业技术监督研究中心、北京东方雨虹防水技术股份有限公司、广东科顺化工实业有限公司、深圳市卓宝科技股份有限公司、江苏凯伦建材股份有限公司。

本标准参加起草单位：北京建筑材料科学研究总院有限公司、上海市建筑科学研究院（集团）有限公司、深圳市建筑科学研究院、胜利油田大明新型建筑防水材料有限责任公司、新乡市日月防水技术有限公司、盘锦禹王防水建材集团有限公司、潍坊市宏源防水材料有限公司、大连怿文新材料科技发展有限公司、广州秀珀化工股份有限公司、上海隧道建筑防水材料有限公司、潍坊市宇虹防水材料（集团）有限公司、吴江月星建筑防水材料有限公司、青岛大洋灯塔防水有限公司、辽宁大禹防水科技发展有限公司、北京建海中建国际防水材料有限公司、无锡市新区硕放特种防水建材厂、保定市北方防水工程公司、唐山德生防水材料有限公司、北京普石防水材料有限公司、四川蜀羊防水材料有限公司、北京市建国伟业防水材料有限公司、浙江鲁班建筑防水有限公司、徐州卧牛山新型防水材料有限公司、上海汇丽涂料有限公司、潍坊市正泰防水材料有限公司、潍坊市黄河防水材料有限公司、浙江金汤建筑防水材料有限公司、上海润庭建筑防水工程技术有限公司、湖北永阳防水材料股份有限公司、北京世纪洪雨科技有限公司、杭州金屋防水材料有限公司、海城亿嘉达防水材料有限公司、河北强凌防水材料开发有限公司、北京市大禹王防水工程集团有限公司、湖北蓝盾之星科技股份有限公司。

本标准主要起草人：朱志远、杨斌、朱晓华、陈斌、李文超、蒋勤逸、王莹、段文锋、陈伟忠、管彦民、钱林第、杜奎义、郑宪明、倪贵泉、卫向阳、史立彤、邓海燕、胡冲、姚双华。

本标准所代替标准的历次版本发布情况为：

——GB/T 19250—2003。

聚氨酯防水涂料

1 范围

本标准规定了聚氨酯防水涂料(简称PU防水涂料)的分类、一般要求、技术要求、试验方法、检验规则、标志、包装、运输和贮存。

本标准适用于工程防水用聚氨酯防水涂料。

2 规范性引用文件

下列文件对于本文件的应用是必不可少的。凡是注日期的引用文件,仅注日期的版本适用于本文件。凡是不注日期的引用文件,其最新版本(包括所有的修改单)适用于本文件。

GB/T 528 硫化橡胶或热塑性橡胶 拉伸应力应变性能的测定

GB/T 529—2008 硫化橡胶或热塑性橡胶撕裂强度的测定(裤形、直角形和新月形试样)

GB/T 531.1—2008 硫化橡胶或热塑性橡胶 压入硬度试验方法 第1部分:邵氏硬度计法(邵尔硬度)

GB/T 1768—2006 色漆和清漆 耐磨性的测定 旋转橡胶砂轮法

GB/T 8626—2007 建筑材料可燃性试验方法

GB/T 16777—2008 建筑防水涂料试验方法

GB/T 18244—2000 建筑防水材料老化试验方法

GB 18582 室内装饰装修材料 内墙涂料中有害物质限量

GB/T 20624.2—2006 色漆和清漆 快速变形(耐冲击性)试验 第2部分:落锤试验(小面积冲头)

JC/T 975—2005 道桥用防水涂料

JC 1066—2008 建筑防水涂料中有害物质限量

3 分类

3.1 分类

3.1.1 产品按组分分为单组分(S)和多组分(M)两种。

3.1.2 产品按基本性能分为Ⅰ型、Ⅱ型和Ⅲ型(参见附录A)。

3.1.3 产品按是否曝露使用分为外露(E)和非外露(N)。

3.1.4 产品按有害物质限量分为A类和B类。

3.2 标记

按产品名称、组分、基本性能、是否曝露、有害物质限量和标准号的顺序标记。

示例:

A类Ⅲ型外露单组分聚氨酯防水涂料标记为:PU防水涂料 S Ⅲ E A GB/T 19250—2013。

4 一般要求

产品的生产和应用不应对人体、生物与环境造成有害的影响,所涉及与使用有关的安全与环保要求，应符合我国的相关国家标准和规范的规定。

5 技术要求

5.1 外观

产品为均匀黏稠体，无凝胶、结块。

5.2 物理力学性能

5.2.1 基本性能

聚氨酯防水涂料基本性能应符合表1的规定。

表1 基本性能

序号	项目			技术指标		
				Ⅰ	Ⅱ	Ⅲ
1	固体含量/%	单组分	≥	85.0		
		多组分		92.0		
2	表干时间/h		≤	12		
3	实干时间/h		≤	24		
4	流平性[a]			20 min时，无明显齿痕		
5	拉伸强度/MPa		≥	2.00	6.00	12.0
6	断裂伸长率/%		≥	500	450	250
7	撕裂强度/(N/mm)		≥	15	30	40
8	低温弯折性			−35 ℃，无裂纹		
9	不透水性			0.3 MPa，120 min，不透水		
10	加热伸缩率/%			−4.0～+1.0		
11	粘结强度/MPa		≥	1.0		
12	吸水率/%		≤	5.0		
13	定伸时老化	加热老化		无裂纹及变形		
		人工气候老化[b]		无裂纹及变形		
14	热处理(80 ℃，168 h)	拉伸强度保持率/%		80～150		
		断裂伸长率/%	≥	450	400	200
		低温弯折性		−30 ℃，无裂纹		
15	碱处理[0.1% NaOH+饱和 $Ca(OH)_2$ 溶液，168 h]	拉伸强度保持率/%		80～150		
		断裂伸长率/%	≥	450	400	200
		低温弯折性		−30 ℃，无裂纹		
16	酸处理(2% H_2SO_4 溶液，168 h)	拉伸强度保持率/%		80～150		
		断裂伸长率/%	≥	450	400	200
		低温弯折性		−30 ℃，无裂纹		

表 1（续）

序号	项目		技术指标		
			Ⅰ	Ⅱ	Ⅲ
17	人工气候老化[b] （1 000 h）	拉伸强度保持率/%	80～150		
		断裂伸长率/% ≥	450	400	200
		低温弯折性	−30 ℃，无裂纹		
18	燃烧性能[b]		B_2-E（点火 15 s，燃烧 20 s，Fs≤150 mm， 无燃烧滴落物引燃滤纸）		

[a] 该项性能不适用于单组分和喷涂施工的产品。流平性时间也可根据工程要求和施工环境由供需双方商定并在订货合同与产品包装上明示。

[b] 仅外露产品要求测定。

5.2.2 可选性能

聚氨酯防水涂料可选性能应符合表 2 的规定，根据产品应用的工程或环境条件由供需双方商定选用，并在订货合同与产品包装上明示。

表 2 可选性能

序号	项目	技术指标	应用的工程条件
1	硬度（邵 AM） ≥	60	上人屋面、停车场等外露通行部位
2	耐磨性（750 g，500 r）/mg ≤	50	上人屋面、停车场等外露通行部位
3	耐冲击性/kg·m ≥	1.0	上人屋面、停车场等外露通行部位
4	接缝动态变形能力/10 000 次	无裂纹	桥梁、桥面等动态变形部位

5.3 有害物质限量

聚氨酯防水涂料中有害物质含量应符合表 3 的规定。

表 3 有害物质限量

序号	项目	有害物质限量	
		A 类	B 类
1	挥发性有机化合物（VOC）/（g/L） ≤	50	200
2	苯/（mg/kg） ≤	200	
3	甲苯＋乙苯＋二甲苯/（g/kg） ≤	1.0	5.0
4	苯酚/（mg/kg） ≤	100	100
5	蒽/（mg/kg） ≤	10	10
6	萘/（mg/kg） ≤	200	200
7	游离 TDI/（g/kg） ≤	3	7

表 3（续）

序号	项目			有害物质限量	
				A类	B类
8	可溶性重金属/(mg/kg)[a]	≤	铅 Pb	90	
			镉 Cd	75	
			铬 Cr	60	
			汞 Hg	60	
[a] 可选项目，由供需双方商定。					

6 试验方法

6.1 标准试验条件

标准试验条件为：温度 23 ℃±2 ℃，相对湿度(50±10)％。

6.2 试验设备

6.2.1 拉力试验机：测量值在量程 15％～85％之间，示值精度不低于 1％，伸长范围大于 500 mm。
6.2.2 天平：精度 0.1 mg。
6.2.3 梳齿刮刀：见图 1，宽 250 mm，齿深 5 mm、齿宽 5 mm。
6.2.4 低温冰柜：－40 ℃～0 ℃，精度±2 ℃。
6.2.5 电热鼓风干燥箱：不小于 200 ℃，精度±2 ℃。
6.2.6 冲片机及符合 GB/T 528 要求的哑铃 1 型裁刀、符合 GB/T 529—2008 要求的直角撕裂裁刀。
6.2.7 不透水仪：压力 0 MPa～0.4 MPa，精度 2.5 级，三个七孔透水盘，内径 92 mm。
6.2.8 厚度计：接触面直径 6 mm，单位面积压力 0.02 MPa，分度值 0.01 mm。
6.2.9 半导体温度计：量程－40 ℃～30 ℃，精度 0.1 ℃。
6.2.10 定伸保持器：能使试件标线间距离拉伸 100％以上。
6.2.11 氙弧灯老化试验箱：符合 GB/T 18244—2000 要求的氙弧灯老化试验箱。
6.2.12 硬度计：符合 GB/T 531.1—2008 要求的 AM 型硬度计。
6.2.13 磨耗仪：符合 GB/T 1768—2006 要求的旋转磨耗仪。
6.2.14 冲击仪：符合 GB/T 20624.2—2006 要求的落锤冲击仪。
6.2.15 燃烧试验箱：符合 GB/T 8626—2007 要求的燃烧试验箱。

6.3 试件制备

6.3.1 在试件制备前，试样及所用试验器具应在标准试验条件下放置至少 24 h。
6.3.2 在标准试验条件下称取所需的试样量，保证最终涂膜厚度 1.5 mm±0.2 mm。

将放置后的试样混合均匀，不得加入稀释剂。若试样为多组分涂料，则按产品生产企业要求的配合比混合后在不混入气泡的情况下充分搅拌 5 min，静置 2 min，倒入模框中；也可按生产企业要求使用喷涂设备制备涂膜。模框不得翘曲且表面平滑，为便于脱模，涂覆前可用脱模剂。多组分试样一次涂覆到规定厚度，单组分试样分三次涂覆到规定厚度，试样也可按生产企业的要求次数涂覆(最多三次，每次间隔不超过 24 h)，涂覆后间隔 5 min，轻轻刮去表面的气泡，最后一次将表面刮平。制备的涂膜在标准试验条件下养护 96 h，然后脱膜，涂膜翻面后继续在标准试验条件下养护 72 h。

6.3.3 试件形状及数量见表4。

表4 试件形状及数量

序号	项目		试件形状	数量 个
1	拉伸性能		符合 GB/T 528 规定的哑铃1型	5
2	撕裂强度		符合 GB/T 529—2008 规定的无割口直角形	5
3	低温弯折性		100 mm×25 mm	3
4	不透水性		150 mm×150 mm	3
5	加热伸缩率		300 mm×30 mm	3
6	吸水率		50 mm×50 mm	3
7	定伸时老化	热处理	符合 GB/T 528 规定的哑铃1型	3
		人工气候老化		3
8	热处理	拉伸性能	120 mm×30 mm，处理后取出再裁取符合 GB/T 528 规定的哑铃1型	5
		低温弯折性	100 mm×25 mm	3
9	碱处理	拉伸性能	120 mm×30 mm，处理后取出再裁取符合 GB/T 528 规定的哑铃1型	5
		低温弯折性	100 mm×25 mm	3
10	酸处理	拉伸性能	120 mm×30 mm，处理后取出再裁取符合 GB/T 528 规定的哑铃1型	5
		低温弯折性	100 mm×25 mm	3
11	人工气候老化	拉伸性能	120 mm×30 mm，处理后取出再裁取符合 GB/T 528 规定的哑铃1型	5
		低温弯折性	100 mm×25 mm	3
12	燃烧性能		250 mm×90 mm	5
13	硬度(邵 AM)		120 mm×30 mm	3
14	耐磨性		100 mm×100 mm 或 ϕ100 mm	3
15	耐冲击性		150 mm×150 mm	1

6.4 外观

涂料搅拌后目测检查。

6.5 固体含量

6.5.1 试验步骤

将试样充分搅匀后，取10 g±1 g的试样倒入已干燥称量的直径65 mm±5 mm的培养皿(m_0)中刮平，立即称量(m_1)，然后在标准试验条件下放置24 h。再放入到120 ℃±2 ℃烘箱中，恒温3 h，取出放入干燥器中冷却 2 h,然后称量(m_2)。

6.5.2 结果计算

固体含量按式(1)计算:

$$X=\frac{m_2-m_0}{m_1-m_0}\times 100\% \qquad \cdots\cdots(1)$$

式中:

X ——固体含量,%;

m_0——培养皿质量,单位为克(g);

m_1——干燥前试样和培养皿质量,单位为克(g);

m_2——干燥后试样和培养皿质量,单位为克(g)。

试验结果取两次平行试验的平均值,计算结果精确到 0.1%。

对于单组分水固化聚氨酯防水涂料,不加水直接试验,试验结果按单组分聚氨酯防水涂料固体含量规定判定。

对于多组分水固化聚氨酯防水涂料,按上述方法得到的 m_1 应减去采用 GB 18582 卡尔费休法或气相色谱法得到的水分计算试验结果。

6.6 表干时间

按 GB/T 16777—2008 第 16 章进行试验。湿膜厚度为 0.5 mm±0.1 mm。对于表面有组分渗出的试件,以实干时间作为表干时间的试验结果。表干时间不超过 2 h 的,精确到 0.5 h,表干时间大于 2 h 的,精确到 1 h。

6.7 实干时间

按 GB/T 16777—2008 第 16 章进行试验。湿膜厚度为 0.5 mm±0.1 mm。实干时间不超过 2 h 的,精确到 0.5 h,实干时间大于 2 h 的,精确到 1 h。

6.8 流平性

在标准试验条件下,将试样在 200 mL 烧杯中混合搅拌 3 min 后,静置,从开始混合计时,在 20 min 时,将静置的试样均匀涂覆在面积约 250 mm×250 mm 水平放置的玻璃板上,用量为约 2.0 kg/m^2,用图 1 梳齿刮刀垂直匀速刮过,5 min 后观察有无明显齿痕。

单位为毫米

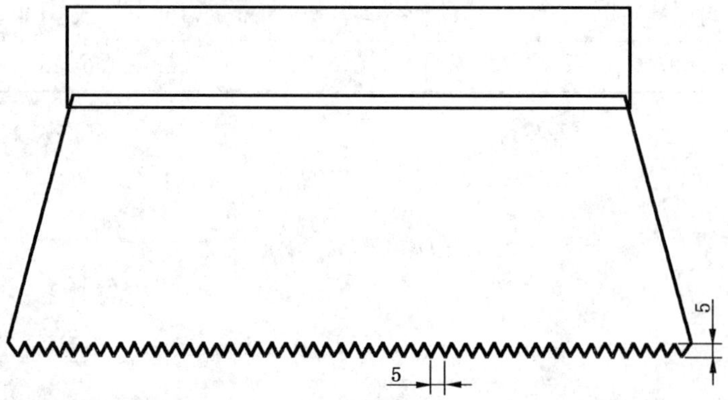

图 1 梳齿刮刀

6.9 拉伸性能

按 GB/T 16777—2008 第 9 章进行试验，拉伸速度为 500 mm/min±50 mm/min。

如果试件在狭窄部分以外断裂则舍弃该试验数据，试验结果取 5 个试件的平均值。若试验数据与平均值的偏差超过 15%，则剔除该数据，以剩下的至少 3 个试件的平均值作为试验结果。若有效试验数据少于 3 个，则需重新试验。

6.10 撕裂强度

按 GB/T 529—2008 中直角形试件进行试验，无割口，拉伸速度为 500 mm/min±50 mm/min。试验 5 个试件，试验结果取 5 个试件的平均值。若试验数据与平均值的偏差超过 15%，则剔除该数据，以剩下的至少 3 个试件的平均值作为试验结果。若有效试验数据少于 3 个，则需重新试验。

6.11 低温弯折性

按 GB/T 16777—2008 第 14 章进行试验。

6.12 不透水性

按 GB/T 16777—2008 第 15 章进行试验，金属网孔径 0.5 mm±0.1 mm。

6.13 加热伸缩率

按 GB/T 16777—2008 第 12 章进行试验。

6.14 粘结强度

按 GB/T 16777—2008 中 7.1 中 A 法进行试验。

6.15 吸水率

将 6.3 中在标准试验条件下放置的涂膜试件，称量试件 m_1。然后将试件浸入 23 ℃±2 ℃的水中 168 h±2 h，取出用滤纸吸干表面的水渍，立即称量 m_2，试件从水中取出到称量完毕应在 1 min 内完成。

吸水率按式(2)计算：

$$W_m = \frac{m_2 - m_1}{m_1} \times 100\% \qquad \cdots\cdots(2)$$

式中：

W_m ——吸水率，%；

m_1 ——浸水前试件质量，单位为克(g)；

m_2 ——浸水后试件质量，单位为克(g)。

试验结果取 3 个试件的算术平均值，结果计算精确到 0.1%。

6.16 定伸时老化

按 GB/T 16777—2008 第 11 章进行试验。

6.17 热处理

按 GB/T 16777—2008 中 9.2.2 进行试验，试验结果按 6.9 处理。

6.18 碱处理

按 GB/T 16777—2008 中 9.2.3 进行试验，试验结果按 6.9 处理。

6.19 酸处理

按 GB/T 16777—2008 中 9.2.4 进行试验，试验结果按 6.9 处理。

6.20 人工气候老化

按 GB/T 16777—2008 中 9.2.6 进行试验，累计辐照能量 2 000 MJ/m^2（暴露时间约 1 000 h），试验结果按 6.9 和 6.11 处理。

6.21 燃烧性能

按 GB/T 8626—2007 进行，采用垂直燃烧试验方法。

6.22 硬度（邵 AM）

按 6.3 制备涂膜试件，并按 GB/T 531.1—2008 规定进行试验。用邵 AM 橡胶硬度计测定，弹簧试验力保持时间为 15 s。

6.23 耐磨性

按 6.3 制备涂膜试件，将其满粘至玻璃基板上，并按 GB/T 1768—2006 规定进行试验。使用 $100^{\#}$ 石英砂轮测定。

6.24 耐冲击性

按 6.3 制备涂膜试件，放置在 0.50 mm±0.05 mm 马口铁板上，并按 GB/T 20624.2—2006 规定进行试验。试验时，冲击用的球形冲头直径为 12.7 mm，导管长 1 m～1.2 m，重锤质量为 1 kg。试验结果以 kg·m 表示。

6.25 接缝动态变形能力

按 6.3 制备涂膜试件，并按 JC/T 975—2005 中 6.20 试验。

6.26 有害物质限量

按 JC 1066—2008 中反应型防水涂料进行。对于苯酚、蒽、萘采用单组分或双组分的非预聚体组分直接进样方法检测。

7 检验规则

7.1 检验分类

按检验类型分为出厂检验和型式检验。

7.1.1 出厂检验

出厂检验项目包括：外观、固体含量、表干时间、实干时间、拉伸强度、断裂伸长率、撕裂强度、流平性、低温弯折性、不透水性。

7.1.2 型式检验

型式检验项目包括 5.1、表 1 和表 3，以及按表 2 选定的可选性能。在下列情况下进行型式检验：

a） 新产品投产或产品定型鉴定时；
b） 正常生产时，每年进行一次。人工气候加速老化（外露使用产品）每两年进行一次；
c） 原材料、工艺等发生较大变化，可能影响产品质量时；
d） 出厂检验结果与上次型式检验结果有较大差异时；
e） 产品停产6个月以上恢复生产时。

7.2 组批

以同一类型15 t为一批，不足15 t亦可作为一批（多组分产品按组分配套组批）。

7.3 抽样

在每批产品中随机抽取两组样品，一组样品用于检验，另一组样品封存备用。每组至少5 kg（多组分产品按配比抽取），抽样前产品应搅拌均匀。若采用喷涂方式取样量根据需要抽取。

7.4 判定规则

7.4.1 单项判定

7.4.1.1 外观

抽取的样品外观符合标准规定时，判该项合格。

7.4.1.2 物理力学性能

固体含量、拉伸强度、断裂伸长率、撕裂强度、处理后拉伸强度保持率、处理后断裂伸长率、加热伸缩率、粘结强度、吸水率、耐磨性以其平均值达到标准规定的指标判为该项合格。

硬度项目以其中值达到标准规定的指标判为该项合格。

不透水性、低温弯折性和定伸时老化项目以三个试件均达到标准规定判为该项合格。

流平性、表干时间、实干时间、燃烧性能、耐冲击性和接缝动态变形能力项目达到标准规定时判为该项合格。

各项试验结果均符合标准规定，则判该批产品性能合格。若有一项指标不符合标准规定，则用备用样对不合格项进行单项复验。若符合标准规定时，则判该批产品性能合格，否则判定为不合格。

7.4.1.3 有害物质限量

按产品标记和表3的A类或B类判定，符合则判相应类别合格。

7.4.2 总判定

外观、基本性能、按表2选定的可选性能和有害物质限量均符合标准规定的要求时，判该批产品合格。

8 标志、包装、运输和贮存

8.1 标志

产品外包装上应包括：
a） 生产厂名、地址；
b） 产品名称；
c） 商标；

d）产品标记；
e）产品配比(多组分)；
f）加水配比(水固化产品)；
g）产品净质量；
h）生产日期和批号；
i）使用说明；
j）可选性能(若有时)；
k）运输和贮存注意事项；
l）贮存期。

8.2 包装

产品用带盖的铁桶密闭包装，多组分产品按组分分别包装，不同组分的包装应有明显区别。

8.3 贮存和运输

贮存与运输时，不同分类的产品应分别堆放。禁止接近火源，避免日晒雨淋，防止碰撞，注意通风。贮存温度 5 ℃～40 ℃。

在正常贮存、运输条件下，贮存期自生产日起至少为 6 个月。

附 录 A
(资料性附录)
产品的应用领域

本次标准修订,产品的分类变化较大,为了便于建设、设计、施工、生产等选择产品,提出了以下建议应用的领域,但不表明该类产品仅限于以下的应用领域:

——Ⅰ型产品可用于工业与民用建筑工程;

——Ⅱ型产品可用于桥梁等非直接通行部位;

——Ⅲ型产品可用于桥梁、停车场、上人屋面等外露通行部位。

室内、隧道等密闭空间宜选用有害物质限量A类的产品,施工与使用时应注意通风。

ICS 29.035.10
K 15

中华人民共和国国家标准

GB/T 19264.2—2013

电气用压纸板和薄纸板 第2部分:试验方法

Pressboard and presspaper for electrical purposes—
Part 2: Methods of test

(IEC 60641-2:2004, MOD)

2013-07-19 发布 2013-12-02 实施

中华人民共和国国家质量监督检验检疫总局
中国国家标准化管理委员会 发布

前　言

GB/T 19264《电气用压纸板和薄纸板》由下列部分组成：

——第1部分：定义和一般要求；

——第2部分：试验方法；

——第3部分：压纸板；

……

本部分为GB/T 19264的第2部分。

本标准按照GB/T 1.1—2009给出的规则起草。

本部分使用重新起草法修改采用IEC 60641-2：2004《电气用压纸板和薄纸板　第2部分：试验方法》。

本部分与IEC 60641-2：2004相比在结构上有较多调整，附录A中列出了本部分与IEC 60641-2：2004的章条编号对照一览表。

本部分与IEC 60641-2：2004相比存在少量的技术性差异，这些差异涉及的条款已通过在其外侧页边空白位置用垂直单线进行了标示，附录B中给出了相应的技术性差异及其原因的一览表。

为便于使用，本部分还做了下列编辑性修改：

——删除了IEC 60641-2：2004的前言和引言；

——用小数点符号“.”代替小数点符号“,”；

——用“mL”代替“cm^3”；

——用“℃”代替“K”；

——用“d”代替“s”表示厚度。

本部分由中国电器工业协会提出。

本部分由全国绝缘材料标准化技术委员会(SAC/TC 51)归口。

本部分起草单位：桂林电器科学研究院、泰州新源电工器材有限公司、湖南广信电工科技股份有限公司。

本部分主要起草人：阎雪梅、马林泉、罗传勇、宣白云、郑小玲、温胜华、杨水英。

电气用压纸板和薄纸板
第2部分：试验方法

1 范围

GB/T 19264 的本部分规定了电气用压纸板和薄纸板的试验方法。

本部分适用于由纤维素材料制成的电气用压纸板和薄纸板。

本部分不适用于由粘结剂粘合的层合纸板。

2 规范性引用文件

下列文件对于本文件的应用是必不可少的。凡是注日期的引用文件，仅注日期的版本适用于本文件。凡是不注日期的引用文件，其最新版本(包括所有的修改单)适用于本文件。

GB/T 455—2002　纸和纸板撕裂度的测定（eqv ISO 1974:1990）

GB/T 462—2008　纸、纸板和纸浆 分析试样水分的测定（ISO 287:1985，ISO 638:1978,MOD）

GB/T 742—2008　造纸原料、纸浆、纸和纸板灰分的测定(ISO 2144:1997,MOD)

GB/T 1408.1—2006　绝缘材料电气强度试验方法　第1部分：工频下试验(IEC 60243-1:1998,IDT)

GB/T 5591.2—2002　电气绝缘用柔软复合材料　第2部分：试验方法(IEC 60626-2:1995,MOD)

GB/T 5654—2007　液体绝缘材料　工频相对介电常数、介质损耗因数和体积电阻率的试验(IEC 60247:2004,IDT)

GB/T 12914—2008　纸和纸板抗张强度的测定（ISO 1924-1:1992,ISO 1924-2:1994,MOD）

GB/T 20628.2—2006　电气用纤维素纸　第2部分：试验方法(IEC 60554-2:2001,MOD)

ISO 534:1988　纸和纸板　厚度、表观容积密度或表观薄片密度的测定(Paper and board—Determination of thickness and apparent bulk density or apparent sheet density)

IEC 60296:2003　电工流体　变压器及开关用未使用过的矿物绝缘油(Fluids for electrotechnical applications—Unused mineral insulating oils for transformers and switchgear)

3 术语和定义

下列术语和定义适用于本文件。

3.1

试样　specimen

在选定单元中抽取的薄片或卷中切割出规定尺寸的矩形纸或板。

3.2

试片　test piece

一些用于按试验方法进行每一次测定的纸或板。

注：试片可取自一个试样；在某些情况下，试片可能是试样本身。

4 有关试验的总体说明

4.1 条件处理

a) 对于厚度＜0.5 mm 的纸板：除非另有规定，切割出的试样应在温度为 23 ℃±2 ℃、相对湿度为(50±5)%的环境中条件处理不少于 16 h。试片应取自试样且在该环境中进行试验。

b) 对于厚度≥0.5mm 的纸板：除非另有规定，切割出的试样应在温度为 23 ℃±2 ℃、相对湿度为(50±5)%的环境中条件处理不少于 16 h。试片应取自试样且在温度为 20 ℃～30 ℃、相对湿度为 40%～60%的环境中进行试验。

在有争议的情况下，试样应在 23 ℃±2 ℃、相对湿度为(50±5)%环境中条件处理至水分含量达到 5.5%～8%。条件处理前试样应在 70 ℃±5 ℃下干燥足够的时间，以确保条件处理后试样的质量得以增加。

4.2 干燥处理

除非另有规定，应采用下述干燥步骤。

在温度为 105 ℃±5 ℃的通风烘箱中干燥试片。

最短干燥时间 t(h)与厚度 d(mm)的对应关系见表 1：

表 1

标称厚度 d/mm	≤0.5	0.5＜d≤1.5	1.5＜d≤5	＞5
时间 t/h	12	24	48	72

4.3 公差

在未规定试片尺寸公差的情况下，默认这些尺寸取值至毫米。

4.4 试验结果

一般情况下，报告中值作为试验结果。若相关方同意，也可报告平均值，但应在试验报告中注明。

5 厚度

5.1 总则

对定量小于 224 g/m^2 的材料，采用 ISO 534:1988 中所述的步骤，对定量大于或等于 224 g/m^2 的材料，采用下述步骤。

5.2 试验仪器

5.2.1 一般说明

应使用 5.2.2、5.2.3、5.2.4 所述试验仪器中的一种。

注：在有争议的情况下，应当使用 5.2.3 中所述的试验仪器。

5.2.2 螺旋型测微计

外螺旋型测微计，其测定面的直径为 6 mm～8 mm，两测定面的平面度应在 0.001 mm 以内，平行度应在 0.003 mm 以内。螺杆的螺距应为 0.5 mm，刻度应是 50 等分后的 0.01 mm，允许估读到

0.002 mm。施加在试片上的压力为 0.1 MPa～0.3 MPa。

注：对于薄且软的纸板(例如，1 mm 厚 B.5.1 型纸板)，由测微计的压力导致的误差可达到测定值的 2%。

5.2.3 静重测微计

静重表盘型测微计，其具有两个磨光且互相重合的同心圆测量面，其平面度在 0.001 mm 以内，平行度在 0.003 mm 以内，上测量面直径应为 6 mm～8 mm，下测量面应大于上测量面，上测量面应沿垂直于两测量面的轴移动，表盘上的刻度应可直接读出 0.002 mm。测微计的框架应有足够的强度，在既不与静重块接触也不与压脚轴接触的情况下，表盘外壳承受一个 15 N 的力时架子产生的形变在测微计表盘上的指示值不超过 0.002 mm。施加在试片上的压力应为 0.1 MPa～0.3 MPa。

5.2.4 指示表式测微计

作为 5.2.2 的替代者，可使用具有以下特征的指示表式测微计：

——上测量面直径：14.3 mm±0.5 mm；

——下测量面直径：大于上测量面直径；

——施加在试片上的压力：0.055 MPa±0.005 MPa；

——两测量面的平行度应在 0.005 mm 或者 1%之内。

注：此仪器记录的数值可能略不同于其他两种仪器记录的数值。

5.3 校正量规

标正量规，用于校对仪器，应准确至标称厚度的±0.001 mm 以内。仪器显示的厚度与量块之间的差值不应超过 0.005 mm。

5.4 试验步骤

在离边缘不少于 20 mm 处使用 5.2 中所述任一仪器测定收货状态下压纸板或薄纸板的厚度。

对于压纸板，应测定 8 次，每条边各两次。对成卷的薄纸板，应按 GB/T 20628.2—2006 中 5.1 的规定测定。当沿横向测定厚度时，每米宽应测定 5 点。

在有争议的情况下，沿材料的横向切下一段宽 40 mm 的整幅小条，在小条 8 等分处将其切成 8 个试片，每个试片长度不小于 40 mm。按 4.1 的要求对试片进行条件处理，并使用 5.2.2 所述仪器在每个试片的中心点附近测定每个试样的厚度。

5.5 试验结果

取中值作为试验结果，并报告最大值和最小值。

6 表观密度

试验应在 3 个经条件处理后的试片上进行，3 个试片各做一次测定。

采用面积不小于 100 mm^2 的矩形试片，测定其质量，并准确至试片质量 $1/10^4$。

在离各边角不少于 12 mm 处对每个试片的长度和宽度各做两次测定，准确至 0.1 mm。

通过按 5.4 的规定进行 8 次测量测定试片的厚度并计算出平均值。

用 g/cm^3 表示表观密度 ρ(质量与体积之比)，按式(1)计算：

$$\rho=\frac{m}{d\times l\times w}\times 10^3 \quad \cdots\cdots\cdots\cdots(1)$$

式中：

ρ ——表观密度，单位为克每立方厘米(g/cm^3)；

m ——质量,单位为克(g)；

d ——8 次厚度测定的平均值,单位为毫米(mm)；

l ——2 次长度测定的平均值,单位为毫米(mm)；

w ——2 次宽度测定的平均值,单位为毫米(mm)。

报告所有 3 个计算值,并取中值作为试验结果。

7 拉伸强度和伸长率

7.1 原理

在标准试验条件下,测定从材料纵横两个方向上切下的 15 mm×250 mm 的试片发生破坏时所需的拉力。

以 MPa 表示的拉伸强度按式(2)计算：

$$\sigma = \frac{F}{w \times d} \qquad \cdots\cdots(2)$$

式中：

σ ——拉伸强度,单位为兆帕(MPa)；

F ——拉力,单位为牛顿(N)；

w ——试片宽度,单位为毫米(mm)；

d ——试片厚度,单位为毫米(mm)。

7.2 非折叠试片的测定

按 GB/T 12914—2008 中所述的恒速拉伸法测定拉伸强度和伸长率,并作如下修改：

——沿纵向和横向各取 9 个试样进行测定；

——取中值作为试验结果,并报告最大值和最小值。

7.3 折叠试片的测定(仅适用于厚度≤0.5 mm 的薄纸板)

如图 1a)所示,用手在试片长度方向的中间处将其折成与试片长边成直角,然后把它们送入如图 2 所示的折叠器辊筒中,其长边贴着导轨,使试片通过折叠器的辊筒,接着用手把折过的试片如图 1b)所示反折,然后再次通过折叠器的辊筒。展开后,按 7.2 对试片进行试验。

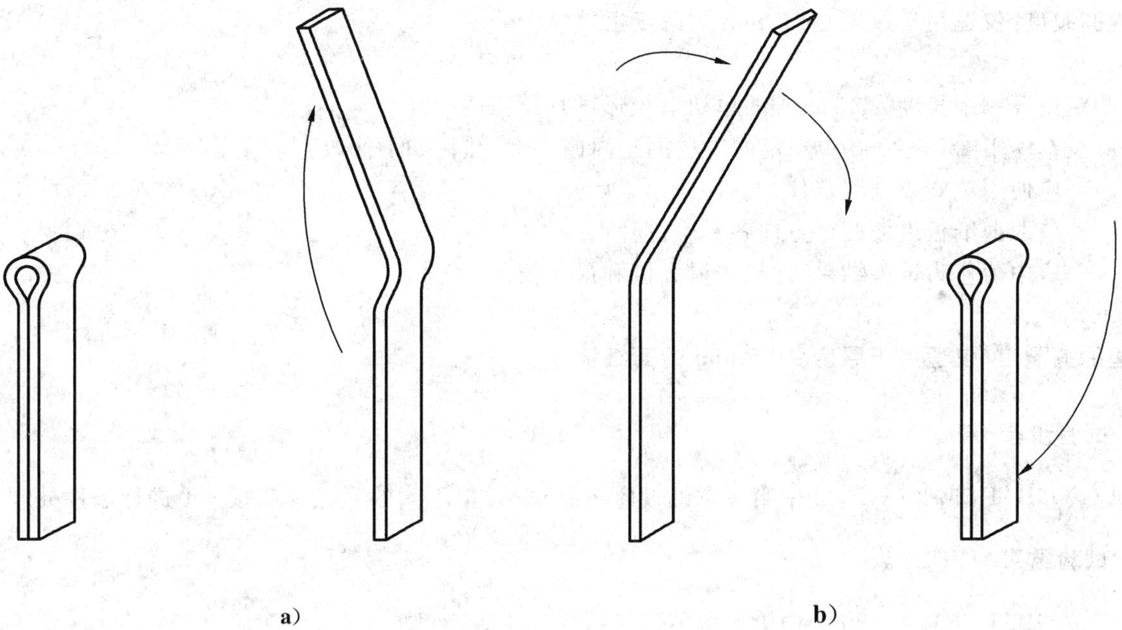

图 1　折叠顺序

单位为毫米

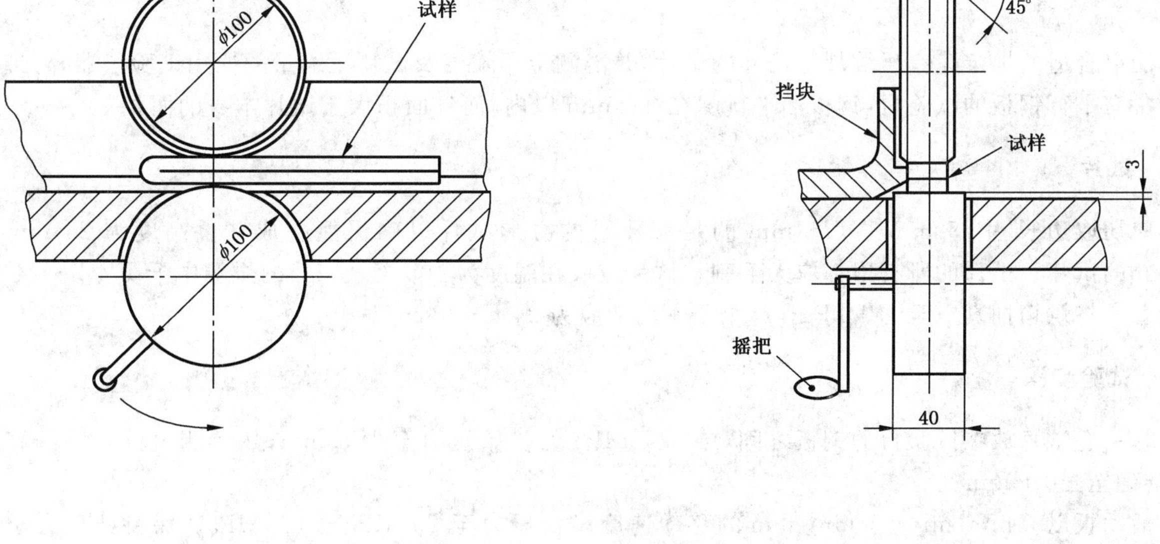

图 2　折叠设备

8 内撕裂度(仅适用于厚度≤0.5 mm 的薄纸板)

测定撕开剩余长度为 43 mm 的单切口矩形试片所需的力。

应按 GB/T 455—2002 中规定的方法测定内撕裂度,并作如下修改:

——应使用单撕裂度测定仪;

——应取薄纸板纵横两个方向各 9 个试片;

——取中值作为试验结果,并报告最大值和最小值。

9 边缘撕裂度(仅适用于厚度≤0.5 mm 的薄纸板)

9.1 试验步骤

应按 GB/T 5591.2—2002 中第 8 章的规定进行试验,但不同的是试片应按 4.1 进行条件处理。

9.2 试验结果

应按 GB/T 5591.2—2002 中第 8 章的规定报告结果。

10 压缩性(仅适用于厚度≥0.5 mm 的压纸板)

10.1 原理

为了测定压纸板的压缩性,用一叠试片使其承受低压(初始压力),接着增大至规定值(最终压力),试片叠层厚度变化的百分数称为该材料的压缩性。

紧接着,将压力减小到初始压力值。通过叠层厚度变化的百分率,即可计算出材料的压缩性可回复部分或残余部分。

10.2 试验仪器

能以合适的恒定速率压缩规定尺寸的试片,并能测定压缩力及试片压缩量的通用试验仪器,附带一个配备有平行钢板的试验台,钢板的平行度在 0.2 mm 以内,而且面积大于试片本身的面积。

10.3 试片

应切取边长为 25 mm± 0.5 mm 的足够数量的方形试片以确保能叠成三叠高度为 25 mm～50 mm的试片。试片的所有边都应无毛刺。试片应放在温度为 105 ℃± 2℃的烘箱中干燥 4 h～24 h,紧接着应将烘箱抽真空至约 1 kPa。整个干燥周期应为 24 h～48 h。

10.4 试验步骤

将一叠试片放在试验台的钢板之间,施加 1 MPa 的初始压力至少 5 min,然后测定试片叠的高度 h_0,准确至±0.1 mm。

活动板以 5 mm/min±1 mm/min 的移动速度增大压力至 20 MPa±0.1 MPa。保持此压力至少 5 min。测定此时试片叠对应于 h_0 的高度差 Δh_1,准确至±0.01 mm。

减小压力至 1 MPa,并保持此压力至少 5 min。在回复到初始压力后,测定此时试片叠对应于 h_0 的高度差 Δh_2,准确至±0.01 mm。

10.5 试验结果

报告以下计算值：

压缩性(%)：

$$C = \frac{\Delta h_1}{h_0} \times 100 \qquad \cdots\cdots (3)$$

压缩性残余部分(%)：

$$C_{res} = \frac{\Delta h_2}{\Delta h_1} \times 100 \qquad \cdots\cdots (4)$$

压缩性可回复部分(%)：

$$C_{rev} = \frac{\Delta h_1 - \Delta h_2}{\Delta h_1} \times 100 \qquad \cdots\cdots (5)$$

式中：

C ——压缩性，%；

Δh_1——初始压力 1 MPa 下的试片叠高度与最终压力 20 MPa±0.1 MPa 下的试片叠高度之差，单位为毫米(mm)；

h_0 ——初始压力 1 MPa 下的试片叠高度，单位为毫米(mm)；

C_{res}——压缩性残余部分，%；

Δh_2——初始压力 1 MPa 下的试片叠高度与从最终压力 20 MPa±0.1 MPa 恢复至初始压力 1 MPa后的试片叠高度之差，单位为毫米(mm)；

C_{rev}——压缩性可回复部分，%。

报告所有 3 个计算值，并取中值作为试验结果。

11 收缩性(仅适用于厚度≥0.5 mm 的压纸板)

11.1 试验仪器

使用下列试验仪器：

——厚度测定器具，同第 5 章所述；

——双头间距为 200 mm±1 mm 的双头冲孔凿，如图 3 所示；

——准确度为 0.01 mm 的测量卡规，如图 4 所示；

——孔距为 200 mm±1 mm 的校正量规；

——凿孔和测定时能使试片保持平整的夹紧装置。

单位为毫米

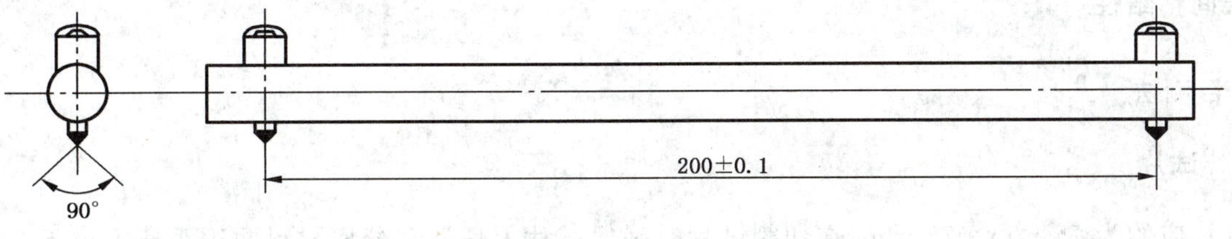

图 3 双头冲孔凿

单位为毫米

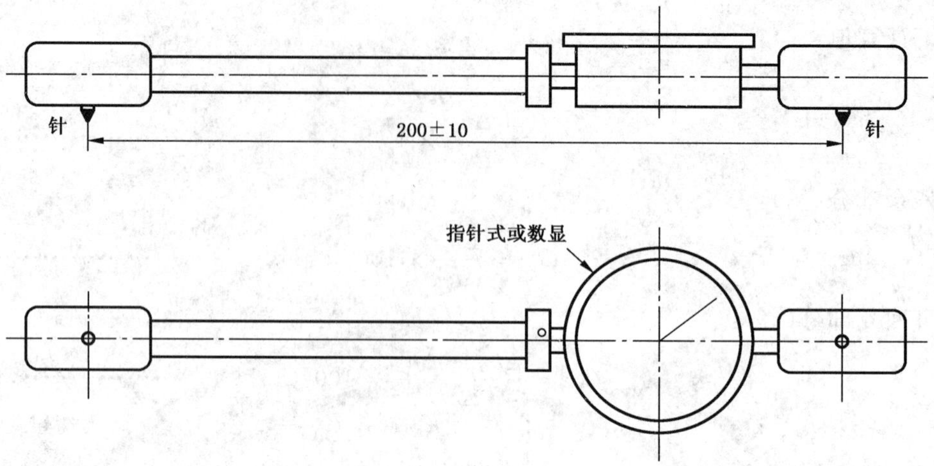

图4 测定卡规

11.2 试片

应切取六个 50 mm×300 mm 的试片，纵横向各 3 个。

11.3 试验步骤

按 4.1 的规定对试片进行条件处理。按第 13 章的规定测定试片的水分。

把试片放在夹紧装置中夹紧并利用双头冲孔凿沿试片中心线凿出双孔。用测量卡规测定双孔之间的距离，准确至 0.01 mm。

按第 5 章的规定测定试片 3 等分标记处的厚度。

按 4.2 的规定干燥试片。

在干燥器中将试片冷却至室温后，再次测定双孔之间的距离及厚度。

另外，可用测量卡规测定试片的总长度。

11.4 试验结果

通过计算条件处理后的试片干燥前后尺寸之差与干燥前尺寸的百分数，得出试片两个长度方向的收缩及厚度方向的收缩。

分别报告三个方向所有三个计算值，同时报告试片干燥前的水分含量，并取中值作为试验结果。

12 层间粘结性

12.1 目测法

12.1.1 试片

试片应约为 75 mm×75 mm，在切割试片时确保试片上任何部分离材料两边距离不小于 25 mm。

12.1.2 试验步骤

用适当的方法把试片一角剥成厚度相近的两个部分，然后用手将试片完全撕开。

检查撕开后是否有一层或多层破裂或撕裂，或者撕开的表面是否有发毛或成凸凹不平的现象。

12.2 仪器测定法——方法1

12.2.1 试验仪器

用层间粘结性试验机或拉力试验机(见第7章)作为试验仪器，但最好采用有效试验范围为0～10 N的动力驱动摆式试验机。夹具宽度应等于或大于50 mm。此处的特殊要求是试验开始时夹具间距不得大于30 mm。

12.2.2 试片

应切取5个50 mm×200 mm的试片，试片的长向为纸板的横向。按4.1的规定对试片进行条件处理。

12.2.3 试验步骤

首先用手沿50 mm宽的方向将试片剥开，剥开的两头厚度应尽可能相等。为此，可采用锋利的削笔刀。50 mm宽的方向全剥开后，继续沿试片200 mm长的方向剥开约20 mm长，然后把剥开的两头折成与试片长向垂直，将其装入试验机的夹具中，用手托住试片未剥开部分使其成直角状态，然后开机。

为了使试片在拉伸过程中剥开部分与未剥开部分一直保持成直角状态，有必要用手指在剥开点附近轻轻捏住未剥开部分。如果采用摆式试验机，应让摆自由摆动而不采用制动爪。试验机夹具的移动速度为300 mm/min。用机器剥开试片，剥开长度应至少75 mm，记录读数的最大值、最小值和平均值。

12.2.4 试验结果

报告所测得的5个平均值的中值作为试验结果，以N/10 mm宽表示，并报告最大值和最小值。

12.3 仪器测定法——方法2

12.3.1 原理

测定将试片撕成平行于层面的两部分所必需的垂直于层面的力。

12.3.2 试片

在距板边缘不少于25 mm处取出的试样中切下6个30 mm×30 mm的试片，准确至±0.3 mm。试片上应标注纵向和横向。

按4.1的规定对试片进行条件处理。

12.3.3 测试仪器

配备有图5所示专用试验装置的拉力试验机。

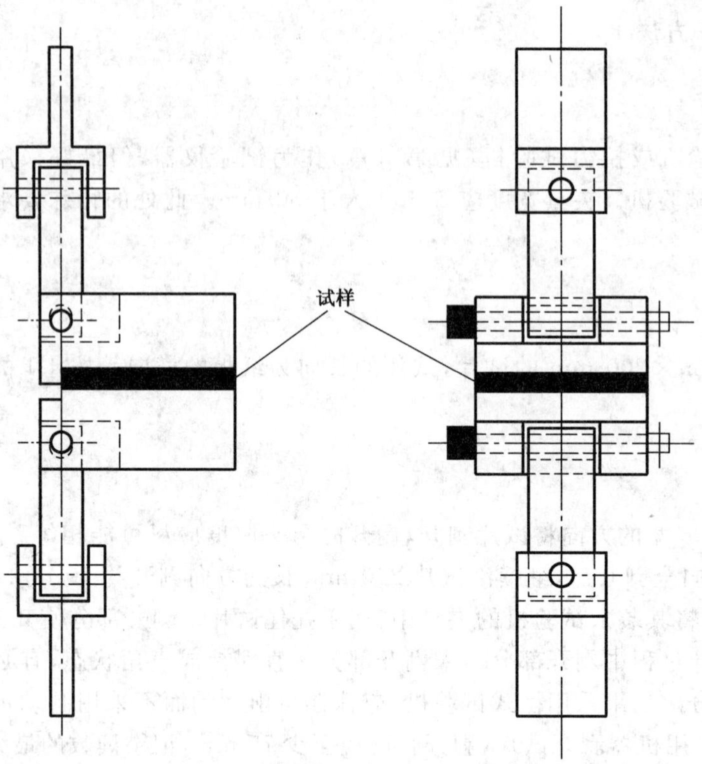

图 5 层间粘合性试验器具

12.3.4 试验步骤

条件处理后的试片从条件处理环境中移出后应立即进行测定。

将一种合适类型的双面胶带粘贴在专用试验装置的两卡爪上，然后将试片完全放入两卡爪中，使其前缘与卡爪的前缘相距 0.5 mm。

将两卡爪放入一压机的压板下，对厚度<0.5 mm 的材料，施加 10 kN 的压力，对厚度≥0.5 mm 的材料，施加 25 kN±1 kN 的压力，保压 3 min～4 min。应在垂直于试片表面的方向施加压力，以确保试片恰当地粘结在专用试验装置的两卡爪上。

在 30 s 内，将装有试片的专用试验装置放入拉力试验机的夹具中并立即启动试验机。试验机驱动夹具的速度应为 5 mm/min～10 mm/min。

三个试验应在试片横向与专用试验装置卡爪的前缘平行的试片上进行，另三个试验应在试片纵向与专用试验装置卡爪的前缘平行的试片上进行。

所施加的最大力值被定义为层间粘结性。

三个先做的试验给出纵向层间粘结性，另三个后做的试验给出横向层间粘结性。

注：双面胶带应当是这样的，即破裂发生试片的层与层之间。这可很容易通过确认裂开后是否至少有一层仍粘结在专用试验装置的任一卡爪上来查验。如果不是这种情况，则该双面胶带就不是所谓的合适类型。

12.3.5 试验结果

报告两个方向的中值作为试验结果，以 N/30 mm 宽表示，并报告全部测得的 3 个值。

13 水分

应按 GB/T 462—2008 测定材料收货状态的水分。

此方法包括称量试片取样时(即干燥前)的质量及干燥至恒量后的质量。干燥应按 4.2 规定进行。

应取 3 个试片,每个试片的质量至少为 20 g,面积至少为 100 cm^2。

报告所有 3 个测定值,并取中值作为试验结果。

在有争议的情况下,在交付材料的不同部分,任意抽取 10 个试片进行测试。

14 灰分

应按 GB/T 742—2008 中规定的方法测定材料煅烧后留下的残余量。试片的质量应约为 5 g。应测定 3 次,结果应以残余物占煅烧前干燥材料初始质量的百分数表示,干燥按 4.2 规定进行。

报告所有 3 个测定值,并取中值作为试验结果。

15 水萃取液电导率

15.1 试验仪器

应使用下列试验仪器:

——电导率仪,量程为(0～50)mS/m,准确度为相应量程的±1%;

——电导池,测定范围为(0～50)mS/m;

——带回流冷凝器的 250 mL 广口锥形瓶,由耐酸耐碱玻璃制成。

15.2 试验步骤

应对收货状态的材料进行测定。首先取已在待用锥形瓶中煮沸 60 min±5 min 的水进行空白试验。如果该水的电导率不超过 0.2 mS/m,则该锥形瓶可用。如果电导率超过此值,则该锥形瓶应换用新水重新煮沸。如果重新煮沸后再次试验的电导率仍超过 0.2 mS/m,则应使用另一只锥形瓶。

然后按下列步骤对材料进行试验:

将取自原厚度被试材料、质量约 20 g(但不小于 20 g)的试样切成约 10 mm×10 mm 的试片,并且每个试片的厚度不超过 1 mm。称取 5 g±0.1 g 的试片放入 250 mL 带回流冷凝器的玻璃锥形瓶中,加入 100 mL±0.75 mL 电导率不超过 0.2 mS/m 的水。应将该水缓缓煮沸(60±5)min,然后锥形瓶中冷却至室温。必需采取措施,防止其吸收空气中的二氧化碳。

然后将水萃取液倒入测定容器中,立即测定其电导率。测定容器应先用水萃取液清洗两次。应在 20 ℃±0.5 ℃的温度下测定其电导率。若测定仪器具备自动温度补偿的功能,那么测定可在 20 ℃～25 ℃下进行,然后应将该值补偿至 20 ℃下的值。

应制备并测定 3 份水萃取液。

注:在采样、存放和操作过程中,必需确保用于测定水萃取液电导率和 pH 值的试片和试验器具不被大气尤其是化学试验室的空气或裸手操作所污染。

15.3 试验结果

水萃取液电导率的计算按式(6):

$$\gamma = \gamma_1 - \gamma_0 \qquad (6)$$

式中:

γ ——水萃取液电导率的数值,单位为毫西门子每米(mS/m);

γ_1——测得的水萃取液电导率的数值,单位为毫西门子每米(mS/m);

γ_0——测得的空白液电导率的数值,单位为毫西门子每米(mS/m)。

报告所有三个计算值,并取中值作为试验结果。

16 水萃取液 pH 值

16.1 试验仪器

应使用下列试验仪器:

——pH 计,灵敏度至少为 0.05 pH 单位。

——pH 电极,能测定低离子浓度水的 pH 值。

——带回流冷凝器的 250 mL 广口锥形瓶,由耐酸耐碱玻璃制成。

16.2 试验步骤

按 15.2 所述制备 3 份水萃取液。

水萃取液倒出后应立即测定,以免过久地暴露在空气中。

用 pH 值在水萃取液 pH 值±2 pH 范围内的缓冲溶液校准 pH 计。将电极从缓冲溶液中取出,先用蒸馏水彻底冲洗数次,然后用少量水萃取液冲洗一次。

将电极浸入未经过滤的水萃取液中,在 20 ℃~25 ℃下测定水萃取液的 pH 值。

注 1:如果水萃取液还要用于测定电导率,则应当在测定 pH 值之前,先从水萃取液中取出测定电导率的试液。这是因为从复合玻璃电极中扩散出的氯化钾会影响测定结果。

注 2:见 15.2 中的注。

16.3 试验结果

报告所有 3 个测定值,并取中值作为试验结果。

17 吸油性

17.1 试片

从被试材料中切下 3 块矩形试片,每块面积不小于 100 cm^2。

17.2 试验步骤

将试片悬挂在压力为 1 kPa、温度为 105 ℃±5 ℃的真空箱中 24 h,然后缓慢解除真空,在干燥器中冷却试片并称量每块试片的质量 m_1,准确至 m_1 的 $1/10^4$。

称量之后,应再次将试片悬挂在真空箱内,将温度升至 70 ℃~90 ℃,压力降至 1 kPa 以下。应保持此温度和压力至少 1 h。然后应将符合 IEC 60296:2003 中变压器油要求并已预热至 70 ℃~90 ℃的油以足够慢的速度注入真空箱内的试片中,以确保证压力维持在 1.5 kPa 以内。

当试片被完全淹没时,缓慢解除真空并关闭加热。试片留在油中 6 h 后取出,并用吸油纸吸干余油。称量吸干余油后试片的质量 m_2,并准确至 m_2 的 $1/10^4$。

17.3 试验结果

以被试材料的质量分数表示的吸油性按式(7)计算:

$$w=\frac{m_2-m_1}{m_1}\times 100\% \qquad \cdots\cdots(7)$$

式中：

w ——以浸油前试片的质量分数表示的吸油性(%)；

m_1——浸油前试片的质量，单位为克(g)；

m_2——浸油后试片的质量，单位为克(g)。

18 导电点(仅适用于厚度<0.5 mm 的薄纸板)

按 GB/T 20628.2—2006 中第 26 章的规定进行试验。

19 金属粒子的存在

19.1 化学方法

19.1.1 一般说明

对 19.1.3、19.1.4、19.1.5 所述三种化学方法将仅仅显示黑色颗粒及铜、黄铜和青铜颗粒。

在三种方法中，化学品的纯度至关重要，其质量至少应当是分析纯。

19.1.2 试片

一块边长约 100 mm 的方形试片。

19.1.3 试验步骤——方法 1

将试片完全浸在浓度为 1%(体积)的乙酸溶液中至少 5 min。然后从溶液中取出试片并放在一片无灰滤纸上于无灰尘的空气中烘干。烘干后，将试片再次浸入每升含 1 mL 乙酸和 1 g 亚铁氰化钾的溶液中，5 min 后，取出试片，用蒸馏水冲洗，并在约 50 ℃的烘箱中烘干。

19.1.4 试验步骤——方法 2

用浓度为 10%的盐酸浸渍一薄棉纸垫并将试片放在该垫上，有规则地轻敲试片的两面，以便两面放盐酸均匀润湿。

在无强制空气循环、温度为 105 ℃±2 ℃的烘箱中干燥约 5 min，直至表面干燥。

用浸渍了亚铁氰化钾(50 g/L)的薄绵垫片重复上述操作。

注：本方法常用于快速测定材料表面的金属粒子。

19.1.5 试验步骤——方法 3

将一片约 300 mm×600 mm 或面积相当的试片悬挂在洁净无尘的空气中。

使用一个喷雾器，将已加有 5%高锰酸钾(每 100 mL 加一滴)的 10%硝酸溶液喷洒到试片上。

试片并以相同的方法进一步用 5%的亚铁氰化钾溶液喷洒。

19.1.6 试验结果

检查试片的染色污点情况，不考虑蓝色或红色的模糊区域。蓝点表示有铁存在，而红点则表示有铜、黄铜或青铜存在。

报告试片每面的染色点数量以及它们的颜色。

当检查试片的不同层面时，方法1可以检测嵌埋在材料中的金属粒子。应报告嵌埋粒子的数量和颜色。

注1：由于这些方法极其灵敏，故不易从试验中得出结论。仅切割试样就会使试片的边缘和每个曾与铁制工具相接触的点出现蓝色痕迹。

注2：用于干燥的烘箱应非常干净，否则通风时会将粒子带到试片的表面。

注3：试样干燥后应立即检测，因为即使在很短的时间内，氰化钾都会与空气中的氧气发生反应，整个试片将因此变成浅蓝色。

19.2 X射线法

19.2.1 试片

从交付材料上取下一块A4尺寸(210 mm×297 mm)或稍大的矩形试片，并用干燥空气吹其两面，以除去粘附在试片表面上的灰尘。

19.2.2 试验仪器

应使用下列器具：

——一台具备可调节辐照时间、电流、电压及放射源与底片间距的X射线仪(伦琴电子管)，能辐照规定尺寸的试片。

注：具有以下特性的X射线仪是合适的：

辐照时间：≥2 min；

电压：10 kV～110 kV；

放射源与底片间距离：>600 mm；

焦点：0.5 mm～0.7 mm；

极管电流：3 A～5 A。

X射线仪应符合当地辐射安全法规。

——适用于具有细致纹理和高分辨率的X光片。

——只拍摄X光照片的合适工具。

——一台能阅读X光片的仪器。

19.2.3 试验步骤

将试片直接放在X光底片上。调整伦琴电子管的设置(时间、电压、电流)，拍下试片的全图(比例1∶1)。

注：长时间辐照可获得足够高的分辨率。

拍片后，将照片放入阅片机中检查照片上的亮点。

重金属粒子将呈现发光亮点。其他嵌埋粒子(包括铝粒子)在灰白背景下呈现为微亮点。

19.2.4 试验结果

统计发光点的个数并按它们的表观直径分类列表：

——$\phi<0.1$ mm

——0.1 mm$\leqslant\phi\leqslant$0.25 mm

——$\phi\geqslant0.25$ mm

统计其他亮点的个数。

计算各个直径范围(dm^2)内发光亮点的个数并报告这些值。

计算每dm^2内其他微亮点的个数并报告这些值。

20 电气强度

20.1 总则

应按 GB/T 1408.1—2006 在 23 ℃±2 ℃的空气和油中进行试验。

20.2 试验仪器

仪器应符合 GB/T 1408.1—2006 中第 8 章的规定。电极应符合 GB/T 1408.1—2006 中 5.1.1.1 的规定，电极的端面应平行且无凹坑或其他缺陷。

20.3 空气中试验用试片

尺寸为 300 mm×300 mm 的试片应按 4.2 进行干燥处理。

干燥结束后，试片应放在干燥器中冷却，并应在取出后的 3 min 内进行试验。

20.4 油中试验用试片

尺寸为 300 mm×300 mm 的试片应悬挂在温度为 105 ℃±5 ℃、压力小于 100 Pa 的真空箱中 24 h。然后应将符合 IEC 60296:2003 中变压器油要求并已预热到 80℃±10 ℃的油，以足够慢的速率注入，以确保压力维持在 250 Pa 以内。

当试片完全浸入油中后，缓慢解除真空，让大气压力下、温度为 80 ℃±10 ℃的油中不少于 24 h。然后将试片冷却至 23 ℃±5 ℃，此时试片应完全浸在油中，且电极已就位。

注 1：厚度超过 3 mm 的材料应磨削至 3 mm。

注 2：浸油后的试片若暴露在空气中，会有气泡吸附在材料表面的风险。

20.5 折叠后试验用试片(仅适用于厚度≤0.5 mm 的薄纸板)

尺寸为 300 mm×300 mm 的试片应按 4.2 进行干燥处理。在距离边缘大约 40 mm 并且与四条边之一相平行的位置各折叠出一条折痕。

折叠方式如下：将试片插至图 6 所示折叠装置的缝隙最深处，用手一侧弯折 90°，然后取出再将另外一侧弯折 90°。

然后将折叠试片放在图 7 所示折叠器的辊筒中，折痕贴着导轨，使试片通过辊筒。接着用手将试片的折痕扳回 360°，再次使试片通过折叠器的辊筒。在试片的所有四个边完成进行上述双向折叠。

试验前将试片展开。

折叠及折叠后的试验应尽快进行。20.3 中“3 min 内”如有必要可以延长，但无论如何试验应在 10 min内完成。

单位为毫米

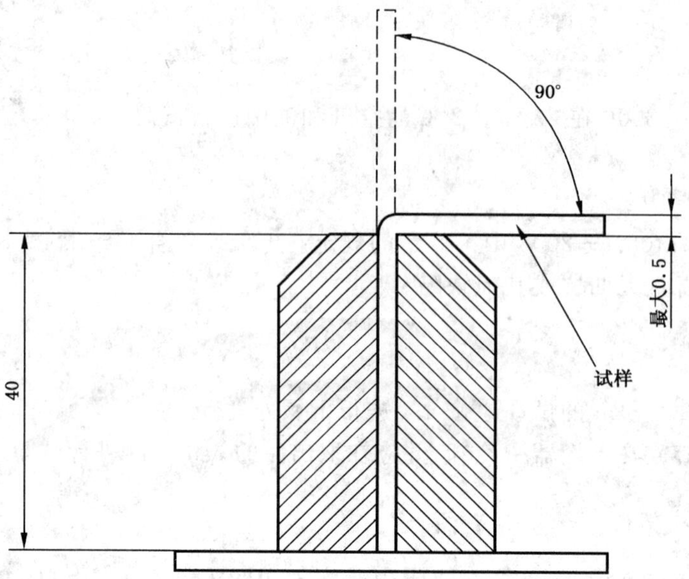

图 6 折叠装置

单位为毫米

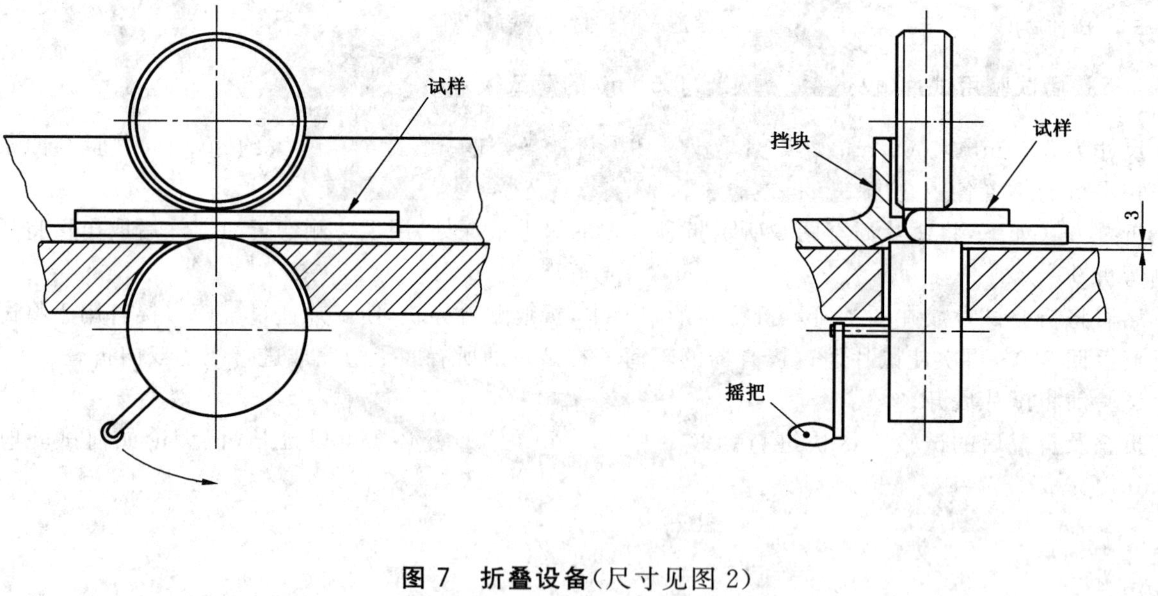

图 7 折叠设备(尺寸见图 2)

20.6 试验次数

空气中试验及油中试验均应进行 9 次。

对折叠后的试验,沿两条纵向折痕各进行 5 次,再沿两条横向各进行 5 次,但应避开纵横向折痕相交的 4 个点。

20.7 试验步骤

应按 GB/T 1408.1—2006 中 10.1 的规定施加电压。

击穿的判定标准见 GB/T 1408.1—2006 中第 11 章。

20.8 试验结果

应按 GB/T 1408.1—2006 中第 13 章的规定报告结果。

以 kV/mm 表示并以测厚度计算的中值作为每组测定的结果，同时报告每组的最小值。对空气中试验和油中试验，9 次测定为一组，对纵向折叠试验和横向折叠试验，10 次测定为一组。

21 对液体介质的污染

21.1 试验器材

应使用下列试验器材：

——电极杯，同 GB/T 5654—2007 中所述；

——存放油用容器，由中性玻璃或硼硅玻璃制成，容积约为 1 L，可在油面上充干燥氮气；

——鼓风烘箱，可控制在 105 ℃±1 ℃；

——干净的金属镊子；

——干燥油，符合 IEC 60296:2003 要求。

21.2 试片

把足量的材料切成厚度小于 1 mm 的小片，其表面积约 1 cm^2，并在 105±2 ℃的烘箱中干燥 16 h。应注意在整个操作过程中试片，不被烘箱内粉尘和裸手操作所污染。

21.3 试验步骤

在洁净的存放油用容器中，用干净的金属镊子把 75 cm^3 的试片浸入 750 mL 的油中，在油面上充以干燥氮气，然后把放有油和试片的容器与另一个作为空白试验用的仅仅放有同样油的相同容器一起在 100 ℃±2 ℃下加热 96 h。

加热结束后，降温至 90 ℃±2 ℃，然后在 48 Hz～62 Hz 下分别测定污染油和空白油的介质损耗因数。

21.4 试验结果

报告测得的污染油介质损耗因数与空白油介质损耗因数值之差作为试验结果，同时报告空白油的介质损耗因数值。

附　录　A
（规范性附录）
本部分与 IEC 60641-2:2004 相比的结构变化情况

本部分与 IEC 60641-2:2004 相比在结构上有较多调整，具体章条编号对照情况见表 A.1。

表 A.1　本部分与 IEC 60641-2:2004 的章条编号对照情况

本部分章条编号	对应 IEC 60641 章条编号
1～4	1～4
5	5
5.1	—
5.2	5.1
5.2.1～5.2.3	5.1.1～5.1.3
5.3～5.5	5.2～5.4
6～11	6～11
12	12
12.1～12.2	—
12.3	—
12.3.1～12.3.5	12.1～12.5
13～19	13～19
20	20
20.1	—
20.2～20.8	20.1～20.7
21	—

附　录　B
（规范性附录）
本部分与 IEC 60641-2:2004 技术性差异及其原因

表 B.1 给出了本部分与 IEC 60641-2:2004 的技术性差异及其原因。

表 B.1　本部分与 IEC 60641-2:2004 的技术差异及其原因

本部分章条编号	技术性差异	原因
2	增加了规范性引用文件 GB/T 5591.2—2002 和 GB/T 5654—2007	标准条文中引用了这些文件，按 GB/T 1.1 要求应在“规范性引用文件”一章中列出这些文件
12.1～12.2	增加了层间粘结性“目测法”及“仪器测定法——方法 1”这两种方法，将原有的方法改为“仪器测定法——方法 2”	考虑到我国的国情，增强可操作性
21	增加了“对液体介质的污染”一章	考虑到实际应用的需要，故增加了此项试验方法（与 IEC 60641-2:1979 中第 16 章一致）

ICS 29.035.10
K 15

中华人民共和国国家标准

GB/T 19264.3—2013
代替 GB/T 19264.3—2003

电气用压纸板和薄纸板 第3部分:压纸板

Pressboard and presspaper for electrical purposes—Part 3:Requirements for pressboard

(IEC 60641-3-1:2008,Pressboard and presspaper for electrical purposes—Part 3:Specifications for individual materials—Sheet 1:Requirements for pressboard,types B.0.1, B.0.3, B.2.1, B.2.3, B.3.1, B.3.3, B.4.1, B.4.3, B.5.1, B.5.3and B.6.1,MOD)

2013-07-19 发布 2013-12-02 实施

中华人民共和国国家质量监督检验检疫总局
中国国家标准化管理委员会 发布

前　言

GB/T 19264《电气用压纸板和薄纸板》由下列部分组成：

——第1部分：定义和一般要求；

——第2部分：试验方法；

——第3部分：压纸板；

……。

本部分为GB/T 19264的第3部分。

本部分按照GB/T 1.1—2009给出的规则起草。

本部分代替GB/T 19264.3—2003《电工用压纸板和薄纸板规范　第3部分：单项材料规范　第1篇：对B.0.1、B.2.1、B.2.3、B.3.1、B.3.3、B.4.1、B.4.3、B.5.1、B.6.1及B.7.1型纸板的要求》，与GB/T 19264.3—2003相比，除编辑性修改外主要技术变化如下：

——修改了标准名称；

——修改了规范性引用文件并增加了IEC 60450：2007及GB/T 1410—2006；

——修改了表1中的型号命名、说明及表注；

——按照表1中的型号命名将表2～表8修改合并成表2和表3，并修改了部分性能要求和/或试验方法，同时增加了"金属粒子""聚合度""体积电阻率"和"表面电阻率"四项性能要求和试验方法。

本部分使用重新起草法修改采用IEC 60641-3-1：2008《电气用压纸板和薄纸板　第3部分：单项材料规范　第1篇：对B.0.1、B.0.3、B.2.1、B.2.3、B.3.1、B.3.3、B.4.1、B.4.3、B.5.1、B.5.3及B.6.1型纸板的要求》。

本部分与IEC 60641-3-1：2008的技术性差异如下：

——修改了标准名称；

——增加了规范性引用文件：IEC 60450：2007及GB/T 1410—2006；

——修改了表的编号，即将无编号的型号命名表编为表1，将原表1、表2顺延为表2、表3；

——修改了型号命名表(即表1)的表注；

——修改了"层间粘结性"的要求和试验方法；

——增加了"金属粒子""聚合度""体积电阻率""表面电阻率"和"对液体电介质的污染"五项性能要求和试验方法。

本部分由中国电器工业协会提出。

本部分由全国绝缘材料标准化技术委员会(SAC/TC 51)归口。

本部分主要起草单位：桂林电器科学研究院、泰州新源电工器材有限公司。

本部分参加起草单位：常州市英中电气有限公司、湖南广信电工科技股份有限公司、潍坊汇胜绝缘技术有限公司、辽宁兴启电工材料有限责任公司、泰州魏德曼高压绝缘有限公司、南通中菱绝缘材料有限公司、鞍山顺电超高压绝缘材料有限公司。

本部分起草人：马林泉、阎雪梅、宋玉侠、罗传勇、卢国庆、俞英忠、陈佩伟、王兴军、李振环、庄志沂、闫传胪、卢春林。

本标准所代替标准的历次版本发布情况为：

——GB/T 19264.3—2003。

电气用压纸板和薄纸板 第3部分：压纸板

1 范围

GB/T 19264 的本部分规定了电气用压纸板的分类与命名、要求。

本部分适用于含有100%硫酸盐木浆或硫酸盐木浆和棉的混合物的电气用压纸板。

2 规范性引用文件

下列文件对于本文件的应用是必不可少的。凡是注日期的引用文件，仅注日期的版本适用于本文件。凡是不注日期的引用文件，其最新版本(包括所有的修改单)适用于本文件。

GB/T 1410—2006 固体绝缘材料体积电阻率和表面电阻率试验方法(IEC 60093:1980,IDT)

GB/T 19264.1—2011 电气用压纸板和薄纸板 第1部分:定义和一般要求(IEC 60641-1:2007,MOD)

GB/T 19264.2—2013 电气用压纸板和薄纸板 第2部分:试验方法(IEC 60641-2:2004,MOD)

IEC 60450:2007 新的和老化的纤维素电气绝缘材料粘均聚合度的测量(Measurement of the average viscometric degree of polymerization of new and aged cellulosic electrically insulating materials)

3 分类与命名

根据 GB/T 19264.1—2011,电气用压纸板的型号命名如表1所示。

表1 电气用压纸板的型号

型号	组成	说明
B.0.1 B.0.3	100%硫酸盐木浆 硫酸盐木浆和棉的混合物	特高化学纯的压纸板
B.2.1 B.2.3	100%硫酸盐木浆 硫酸盐木浆和棉的混合物	高化学纯的压纸板
B.3.1 B.3.3	100%硫酸盐木浆 硫酸盐木浆和棉的混合物	高化学纯、高机械强度、表面具有网纹的刚硬预压纸板
B.4.1 B.4.3	100%硫酸盐木浆 硫酸盐木浆和棉的混合物	高化学纯、高吸油性、具有成型能力的压纸板
B.5.1 B.5.3	100%硫酸盐木浆 硫酸盐木浆和棉的混合物	高化学纯和高吸油性的可模制纸板
B.6.1	100%硫酸盐木浆	干式用途的高密度压纸板
注1:特高密度纸板被列入 B.0.1B 栏(见表2)、B.2.1B 栏(见表2)和 B.6.1B 栏(见表3)。 注2:高刚性预压纸板被列入 B.3.1A 栏(见表2);中等刚性和较高挠性预压纸板被列入 B.3.1B 栏(见表2)。		

4 要求

电气用压纸板除了应符合 GB/T 19264.1—2011 中规定的一般要求外，还应符合表2和表3中规定的相应型号的性能要求。

表 2　对 B.0、B.2 和 B.3 型压纸板的要求

序号	性　能	单位	要求									试验方法（GB/T 19264.2—2013 中章条号）
			B.0 型			B.2 型			B.3 型			
			B.0.1A	B.0.1B	B.0.3	B.2.1A	B.2.1B	B.2.3	B.3.1A	B.3.1B	B.3.3	
1	厚度(个别测量值对标称值的最大偏差) ≤1.6 mm 1.6 mm<d≤3.0 mm >3.0 mm	%	 ±7.5 ±5.0 ±4.0	 ±7.5 ±5.0 ±4.0	 ±7.5 ±5.0 ±4.0	 ±7.5 ±5.0 ±4.0	 ±7.5 ±5.0 ±4.0	 ±7.5 ±5.0 ±4.0	 ±7.5 ±5.0 ±4.0	 ±7.5 ±5.0 ±4.0	 ±7.5 ±5.0 ±4.0	5
2	表观密度 ≤1.6 mm 1.6 mm<d≤3.0 mm >3.0 mm	g/cm^3	 1.00～1.20 1.00～1.20 1.00～1.20	 1.20～1.30 1.20～1.30 1.20～1.30	 1.00～1.20 1.00～1.20 1.00～1.20	 1.00～1.20 1.00～1.20 1.00～1.20	 1.20～1.30 1.20～1.30 1.20～1.30	 1.00～1.20 1.00～1.20 1.00～1.20	 1.00～1.20 1.10～1.25 1.15～1.30	 0.95～1.15 1.05～1.20 1.10～1.25	 0.95～1.15 1.05～1.20 1.10～1.25	6
3	拉伸强度 ——纵向 ≤1.6 mm 1.6 mm<d≤3.0 mm >3.0 mm ——横向 ≤1.6 mm 1.6 mm<d≤3.0 mm >3.0 mm	MPa	 ≥80 ≥80 ≥80 ≥55 ≥55 ≥55	 ≥90 ≥90 ≥90 ≥60 ≥60 ≥60	 ≥60 ≥60 ≥60 ≥40 ≥40 ≥40	 ≥80 ≥80 ≥80 ≥55 ≥55 ≥55	 ≥90 ≥90 ≥90 ≥60 ≥60 ≥60	 ≥60 ≥60 ≥60 ≥40 ≥40 ≥40	 ≥105 ≥110 ≥115 ≥80 ≥85 ≥90	 ≥80 ≥85 ≥90 ≥45 ≥50 ≥55	 ≥80 ≥85 ≥90 ≥45 ≥50 ≥55	7
4	伸长率 ——纵向 ——横向	%	 ≥6.0 ≥8.0	 ≥6.0 ≥8.0	 ≥6.0 ≥8.0	 ≥6.0 ≥8.0	 ≥6.0 ≥8.0	 ≥6.0 ≥8.0	 ≥3.0 ≥4.0	 ≥3.5 ≥4.5	 ≥2.0 ≥3.0	7

表 2（续）

序号	性　　能	单位	要　　求									试验方法（GB/T 19264.2—2013 中章条号）
			B.0 型			B.2 型			B.3 型			
			B.0.1A	B.0.1B	B.0.3	B.2.1A	B.2.1B	B.2.3	B.3.1A	B.3.1B	B.3.3	
5	压缩性 C ≤1.6 mm 1.6 mm<d≤3.0 mm 3.0mm<d≤6.0 mm >6.0 mm	%	—	—	—	—	—	—	≤10.0 ≤7.5 ≤5.0 ≤4.0	≤11.0 ≤7.5 ≤5.0 ≤4.5	≤11.0 ≤7.5 ≤5.0 ≤5.0	10
6	压缩性可回复部分 C_{rev} ≤1.6 mm 1.6 mm<d≤3.0 mm 3.0 mm<d≤6.0 mm >6.0 mm	%	—	—	—	—	—	—	≥45 ≥50 ≥50 ≥50	≥45 ≥50 ≥50 ≥55	≥45 ≥50 ≥50 ≥55	10
7	收缩率 ——纵向 ——横向 ——厚度	%	≤0.8 ≤1.2 ≤6.0	≤0.8 ≤1.2 ≤6.0	≤0.8 ≤1.2 ≤6.0	≤0.8 ≤1.2 ≤6.0	≤0.8 ≤1.2 ≤6.0	≤0.8 ≤1.2 ≤6.0	≤0.4 ≤0.6 ≤4.5	≤0.6 ≤0.8 ≤5.0	≤0.5 ≤0.7 ≤6.0	11
8	层间黏结性	—	撕开后应有一层或多层破裂并具有明显粗糙或发毛现象									12.1
9	水分	%	≤8	≤8	≤8	≤8	≤8	≤8	≤6	≤6	≤6	13
10	灰分	%	≤0.7	≤0.7	≤0.7	≤0.7	≤0.7	≤0.7	≤0.5	≤0.6	≤0.7	14
11	水萃取液电导率 ≤1.6 mm 1.6 mm<d≤3.0 mm 3.0 mm<d≤6.0 mm >6.0 mm	mS/m	≤6.0 ≤6.0 ≤6.0 ≤6.0	≤6.0 ≤6.0 ≤6.0 ≤6.0	≤5.0 ≤5.0 ≤5.0 ≤5.0	≤8.0 ≤8.0 ≤8.0 ≤8.0	≤8.0 ≤8.0 ≤8.0 ≤8.0	≤7.0 ≤7.0 ≤7.0 ≤7.0	≤4.5 ≤5.5 ≤7.5 ≤9.5	≤5.0 ≤6.0 ≤8.0 ≤10.0	4.0 5.0 7.0 9.0	15

表 2（续）

序号	性　　能	单位	要　　求									试验方法（GB/T 19264.2—2013 中章条号）
			B.0 型			B.2 型			B.3 型			
			B.0.1A	B.0.1B	B.0.3	B.2.1A	B.2.1B	B.2.3	B.3.1A	B.3.1B	B.3.3	
12	水萃取液 pH 值	—	6～9	6～9	6～9	6～9	6～9	6～9	6～9	6～9	6～9	16
13	吸油性 ≤1.6 mm 1.6 mm＜d≤3.0 mm 3.0 mm＜d≤6.0 mm ＞6.0 mm	%	 ≥13 ≥13 ≥13 ≥13	 ≥6 ≥6 ≥6 ≥6	 ≥13 ≥13 ≥13 ≥13	 ≥13 ≥13 ≥13 ≥13	 ≥6 ≥6 ≥6 ≥6	 ≥13 ≥13 ≥13 ≥13	 ≥11 ≥9 ≥7 ≥6	 ≥13 ≥11 ≥9 ≥8	 ≥15 ≥12 ≥10 ≥7	17
14	金属粒子 ＜0.10 mm 0.10 mm≤d≤0.25 mm d＞0.25 mm	个/dm^2	 — — —	 — — —	 — — —	 — — —	 — — —	 — — —	 ≤4 ≤1 0	 ≤4 ≤1 0	 ≤4 ≤1 0	19.2 （X 光机的分辨率≥48 Lp/cm）
15	电气强度 ——空气中 ——油中 ≤1.6 mm 1.6 mm＜d≤3.0 mm ＞3.0 mm	kV/mm	 ≥12 ≥40 ≥30 ≥30	 ≥12 ≥40 ≥30 ≥30	 ≥12 ≥40 ≥30 ≥30	 ≥12 ≥40 ≥30 ≥30	 ≥12 ≥40 ≥30 ≥30	 ≥12 ≥40 ≥30 ≥30	 ≥12 ≥45 ≥40 ≥35	 ≥12 ≥40 ≥38 ≥35	 ≥12 ≥45 ≥40 ≥35	20
16	对液体电介质的污染（损耗因数增加值）	—	—	—	—	—	—	—	≤1.0×10^{-4}	≤1.0×10^{-4}	≤1.0×10^{-4}	21

表 2（续）

序号	性　能	单位	要　求									试验方法（GB/T 19264.2—2013 中章条号）
			B.0 型			B.2 型			B.3 型			
			B.0.1A	B.0.1B	B.0.3	B.2.1A	B.2.1B	B.2.3	B.3.1A	B.3.1B	B.3.3	
17	聚合度	—	≥1 000	≥1 000	≥1 000	≥1 000	≥1 000	≥1 000	≥1 200	≥1 150	≥1 100	IEC 60450:2007
18	体积电阻率 ——空气中 ——油中	Ω·m	—	—	—	—	—	—	$\geqslant 1.0\times10^{12}$ $\geqslant 1.0\times10^{13}$	$\geqslant 1.0\times10^{12}$ $\geqslant 1.0\times10^{13}$	$\geqslant 1.0\times10^{12}$ $\geqslant 1.0\times10^{13}$	GB/T 1410—2006，试样不去网纹、不贴电极材料，干燥处理及真空浸油程序同第 15 项“电气强度”
19	表面电阻率 ——空气中 ——油中	Ω	—	—	—	—	—	—	$\geqslant 1.0\times10^{13}$ $\geqslant 1.0\times10^{14}$	$\geqslant 1.0\times10^{13}$ $\geqslant 1.0\times10^{14}$	$\geqslant 1.0\times10^{13}$ $\geqslant 1.0\times10^{14}$	

表 3 对 B.4、B.5 和 B.6 型压纸板的要求

序号	性能	单位	要求						试验方法（GB/T 19264.2—2013 中章条号）
			B.4 型		B.5 型		B.6 型		
			B.4.1	B.4.3	B.5.1	B.5.3	B.6.1A	B.6.1B	
1	厚度(个别测量值对标称值的最大偏差) ≤1.6 mm >1.6 mm	%	±7.5 ±5.0	≤±7.5 ≤±5.0	≤±7.5 ≤±5.0	≤±7.5 ≤±5.0	≤±7.5 ≤±5.0	≤±7.5 ≤±5.0	5
2	表观密度	g/cm^3	0.85～1.10	0.85～1.05	0.75～0.95	0.75～0.95	1.2～1.3	1.2～1.35	6
3	拉伸强度 ——纵向 ——横向	MPa	≥55 ≥40	≥50 ≥35	≥50 ≥40	≥45 ≥35	≥50 ≥40	≥90 ≥60	7
4	伸长率 ——纵向 ——横向	%	≥7.0 ≥8.0	≥5.5 ≥7.5	≥6.0 ≥8.0	≥5.5 ≥7.5	≥5.5 ≥8.0	≥6.0 ≥8.0	7
5	收缩率 ——纵向 ——横向 ——厚度	%	≤1.0 ≤1.5 ≤6.0	≤1.0 ≤1.5 ≤6.0	≤1.0 ≤1.5 ≤6.0	≤1.0 ≤1.5 ≤6.0	≤0.8 ≤1.2 ≤6.0	≤0.8 ≤1.2 ≤6.0	11
6	层间粘结性	—	撕开后应有一层或多层破裂并具有明显粗糙或发毛现象						12.1
7	水分	%	≤8	≤8	≤8	≤8	≤8	≤8	13
8	灰分	%	≤0.5	≤0.7	≤0.7	≤0.7	≤2.0	≤2.0	14
9	水萃取液电导率	mS/m	≤8	≤7	≤8	≤7	≤20	≤20	15

表 3（续）

序号	性　　能	单位	要　求						试验方法（GB/T 19264.2—2013 中章条号）
			B.4 型		B.5 型		B.6 型		
			B.4.1	B.4.3	B.5.1	B.5.3	B.6.1A	B.6.1B	
10	水萃取液 pH 值	—	6.0～9.0	6.0～9.0	6.0～9.0	6.0～9.0	6.0～9.0	6.0～9.0	16
11	吸油性	%	≥18	≥20	≥25	≥25	—	—	17
12	电气强度 ——空气中 ——油中 ≤1.6 mm >1.6 mm	kV/mm	 ≥9 ≥40 ≥35	 ≥9 ≥35 ≥30	 ≥9 ≥40 ≥35	 ≥9 ≥30 ≥25	 ≥11 — —	 ≥12 — —	20
13	聚合度	—	≥1 100	≥1 100	≥1 100	≥1 100	≥1 100	≥1 100	IEC 60450:2007

ICS 83.080.01
G 31

中华人民共和国国家标准

GB/T 19277.2—2013/ISO 14855-2:2007

受控堆肥条件下材料最终需氧生物分解能力的测定 采用测定释放的二氧化碳的方法 第2部分：用重量分析法测定实验室条件下二氧化碳的释放量

Determination of the ultimate aerobic biodegradability of plastic materials under controlled composting conditions—Method by analysis of evolved carbon dioxide—Part 2: Gravimetric measurement of carbon dioxide evolved in a laboratory-scale test

(ISO 14855-2:2007,IDT)

2013-09-06 发布　　2014-01-31 实施

中华人民共和国国家质量监督检验检疫总局
中国国家标准化管理委员会　发布

前　言

GB/T 19277《受控堆肥条件下材料最终需氧生物分解能力的测定　采用测定释放的二氧化碳的方法》分为以下部分：

——第1部分：通用方法；

——第2部分：用重量分析法测定实验室条件下二氧化碳的释放量。

本部分为GB/T 19277的第2部分。

本部分按照GB/T 1.1—2009给出的规则起草。

本部分使用翻译法等同采用ISO 14855-2:2007《受控堆肥条件下材料最终需氧生物分解能力的测定　采用测定释放的二氧化碳的方法　第2部分：用重量分析法测定实验室条件下二氧化碳的释放量》。

与本部分中规范性引用的国际文件有一致性对应关系的我国文件如下：

——GB/T 19277.1—2011 受控堆肥条件下材料最终需氧生物分解能力的测定　采用测定释放的二氧化碳的方法　第1部分：通用方法(ISO 14855-1:2005,IDT)。

本部分由全国生物基材料及降解制品标准化技术委员会(SAC/TC 380)归口。

本部分起草单位：苏州汉丰新材料有限公司、北京工商大学轻工业塑料加工应用研究所、深圳市万达杰塑料制品有限公司、国家塑料制品质量监督检验中心(北京)。

本部分主要起草人：靳玉娟、姜凯、黄祥秋、陈明兴、魏文昌、李宇义。

引 言

废旧塑料管理在全世界范围内是一个严重的问题。塑料回收技术包括材料回收(机械回收、化学或粗料回收、生物或有机回收)和能源回收(热能、蒸汽能或电能作为化石燃料和其他燃料资源的替代品)。生物分解塑料的使用是一种有价值的可进行回收的选择(生物或有机回收)。

一些测量塑料最终需氧/厌氧生物分解能力的国际标准已经公开发布。特别是,ISO 14855-1 通过使用连续红外分析、气相色谱或滴定等方法测定二氧化碳释放量,是一种通用的测试方法。ISO 14855-1:2005 已被等同采用为我国标准 GB/T 19277.1—2011。与 GB/T 19277.1—2011 相比,本部分中使用的堆肥接种物与试验样品的比例为 1∶10。为了确保堆肥接种物的活性,向接种物中混入惰性材料,以便使混合物具有与土壤相同的质地。通过二氧化碳吸收装置来测定实验容器释放的二氧化碳含量,然后对吸收剂做重量分析。ISO 14855 采用封闭系统收集释放的二氧化碳,可通过同位素标定方法来研究获取有用信息,包括共聚物分子结构分解的方式等。

警告:废水、活性污泥、土壤和堆肥中可能含有潜在致病菌,因此,处理时应采取适当的防护措施。处理毒性试验化合物或性质未知的化合物时须特别小心。

受控堆肥条件下材料最终需氧生物分解能力的测定　采用测定释放的二氧化碳的方法　第2部分：用重量分析法测定实验室条件下二氧化碳的释放量

1 范围

GB/T 19277 的本部分规定了一种测试方法，用于将材料在受控堆肥化条件下，通过测定其排放的二氧化碳量来确定其最终需氧生物分解能力。这种方法通过调节堆肥容器中的湿度、需氧浓度和温度等条件，达到最佳的生物分解速率。

本部分适用于以下材料：

——天然和/或合成聚合物，共聚物及它们的混合物；

——含有如增塑剂、颜料等添加物的塑料；

——水溶性聚合物；

——在实验条件下，不会抑制接种物中微生物活性的材料。

如果试验材料对接种物中微生物有抑制作用，可以使用其他类型的腐熟堆肥或预曝置堆肥。

2 规范性引用文件

下列文件对于本文件的应用是必不可少的。凡是注日期的引用文件，仅注日期的版本适用于本文件。凡是不注日期的引用文件，其最新版本（包括所有的修改单）适用于本文件。

ISO 5663　水质　凯氏定氮法　硒矿化作用法（Water quality—Determination of Kjeldahl nitrogen—Method after mineralization with selenium）

ISO 8245　水质　总有机碳（TOC）和溶解有机碳（DOC）的测定指南（Water quality—Guidelines for the determination of total organic carbon (TOC) and dissolved organic carbon (DOC)）

ISO 11721-1　纺织品　纤维素纺织品耐微生物性的测定　土埋试验　第1部分：防腐处理的评定（Textiles—Determination of resistance of cellulose-containing textiles to micro-organisms—Soil burial test—Part 1: Assessment of rot-retardant finishing）

ISO 14855-1　受控堆肥条件下材料最终需氧生物分解能力的测定　测定释放的二氧化碳的方法　第1部分：通用方法（Determination of the ultimate aerobic biodegradability of plastic materials under controlled composting conditions—Method by analysis of evolved carbon dioxide—Part 1: General method）

3 术语和定义

下列术语和定义适用于本文件。

3.1

堆肥　compost

混合物生物分解得到的有机土壤调节剂。该混合物主要由植物残余组成，有时也含有一些有机材料和一定的无机物。

3.2

堆肥化　composting

产生堆肥的一种需氧处理方法。

3.3

总干固体　total dry solids

将已知体积的材料或堆肥在105 ℃温度下干燥至恒量所得到的固体量。

3.4

挥发性固体　volatile solids

将已知体积的材料或堆肥的总干固体量减去在550 ℃温度下焚烧后得到的残留固体量所得的差。

注：挥发性固体含量用于表征材料的有机物含量。

3.5

最终需氧生物分解　ultimate aerobic biodegradation

在有氧条件下，有机化合物被微生物分解为二氧化碳（CO_2）、水（H_2O）及其所含元素的矿化无机盐以及新的生物质。

3.6

二氧化碳理论释放量　theoretical amount of evolved carbon dioxide

$m(ThCO_2)$

试验材料完全氧化时所能生成的二氧化碳理论最大值，可由分子式计算得到，以每克或每毫克试验材料释放出的二氧化碳的毫克数表示（mg/g 或 mg 试验材料）。

3.7

迟滞阶段　lag phase

从试验开始一直到微生物适应（或选定了）分解物，并且试验材料的生物分解程度已经增加至最大生物分解率10%时所需要的天数。

3.8

最大生物分解率　maximum level of biodegradation

试验中，试验材料不再发生生物分解时的生物分解程度，以百分率表示。

3.9

生物分解阶段　biodegradation phase

从迟滞阶段结束至达到最大生物分解率的90%时所需的天数。

3.10

平稳阶段　plateau phase

从生物分解阶段结束至试验结束时所需的天数。

3.11

预曝置　pre-exposure

为提高接种物通过适应（选定）微生物而生物分解试验材料的能力，试验中在试验材料存在下对接种物进行预培养。

3.12

预处理　pre-conditioning

为使微生物适应试验环境提高试验效果，后续试验中在无试验材料存在情况下对接种物进行预培养。

3.13

持水率　water-holding capacity;WHC

水饱和土壤蒸发出来的水质量,即土壤在105℃下恒温干燥至恒重时的水质量除以干燥土壤的质量。

4　原理

本方法通过控制堆肥容器的湿度、通氧率和温度,测定计算腐熟堆肥条件下试验材料的生物分解速率。本方法也旨在使用小型反应器测定试验材料的最终生物分解能力。通过称量装有钠石灰和钠滑石的吸收装置来测量二氧化碳的释放量,以定期测定计算分解率。

试验材料由来自腐熟堆肥的接种物和惰性材料如海沙混合而成。海沙在保湿和保持生物活性方面发挥积极作用。合适的试验方法示例见附录A和附录B。定期用电子天平称量二氧化碳释放量,用以下方法测定二氧化碳含量。由二氧化碳释放量计算生物分解率的推导公式参见附录C。在本方法中,通过比较二氧化碳释放量与二氧化碳理论释放量[$m(ThCO_2)$]得到材料的生物分解率(以百分率表示)。

当生物分解达到平稳阶段时结束试验。终止的标准时间为45 d,但试验也可持续达180 d。

5　试剂

使用分析级试剂。使用去离子水。

5.1　钠石灰,用于吸收二氧化碳,粒径在2 mm～4 mm。

5.2　无水氯化钙,用于吸收水,粒径在2 mm～3 mm。

5.3　滑石粉填充的氢氧化钠(通常叫做钠滑石),用于吸收二氧化碳,粒径在2 mm～3 mm。

5.4　硅胶(含湿度计),用于吸收水,粒径在2 mm～4 mm。

5.5　海沙,粒径在0.169 cm～0.224 cm(20目～35目)。

5.6　参比材料:使用薄层色谱级(TLC)微晶纤维素作为正控制参比材料,粒度小于20 μm。

6　仪器

确定所有的器皿完全清洗干净,尤其不能附着任何有机物或毒性物质。

6.1　供气系统

能够向每一个堆肥容器输送无二氧化碳、水饱和的空气。该空气由压缩空气通过装有钠石灰和水的二氧化碳吸收装置和加湿装置后获得(示例见附录A和附录B)。空气流量由流量计控制,以提供充分的需氧条件。

6.2　堆肥容器

采用瓶状或柱状容器,保证组分中饱和水、无二氧化碳空气的供应。最佳容积为500 mL。如果试验要求测定试验材料的质量损失,则应称取每一个堆肥容器的空重。

6.3　测定二氧化碳的分析仪器

本仪器能够根据二氧化碳吸收装置质量的变化,直接测定二氧化碳量。二氧化碳吸收装置由填充钠石灰、钠滑石和无水氯化钙的容器组成。填充氯化钙的容器最好与填充钠石灰以及钠滑石的容器分开(示例见附录A和附录B)。在堆肥容器与二氧化碳吸收装置之间,需要氨吸收装置(稀硫酸)和水吸收装置(硅胶和氯化钙)。

6.4 气密管

用于连接堆肥容器与空气系统和二氧化碳测量系统。

6.5 pH计

用于测定试验混合物的pH值。其精度不大于0.1。

6.6 分析设备

用于测定干固量(在105 ℃)、挥发性固体(在550 ℃)和总有机碳(TOC),用于材料的元素分析。必要时,还需要测定溶解无机碳(DIC)、挥发性脂肪酸、空气中氧含量、水含量和总氮含量。

6.7 天平

用于定期测定二氧化碳吸收装置的质量(目的是测定二氧化碳释放量),以及盛放堆肥和试验材料的堆肥容器的质量。推荐使用顶部加载显示精度为10 mg、量程为500 g的电子天平。

6.8 恒温控制单元

用于保证试验期间堆肥容器的温度可控(示例见附录A和附录B)。堆肥容器的温度应维持在恒定值±2 ℃。

6.9 堆肥生物反应器

可使用聚丙烯或其他材质的带盖箱子作为堆肥生物反应器,箱子尺寸应便于搅拌组分。使用带盖箱子避免水分过度蒸发。沿盖子中心线等间距打3个直径为10 mm的孔。通过这3个孔,可使箱体内外的气体得以交换,并且多余水分得以逐渐蒸发。

7 试验步骤

7.1 接种物制备

正常运行的需氧堆肥装置产生的充分曝气的堆肥可以用作接种物。接种物应均匀、没有大的惰性物质,比如玻璃、石块、金属件。手工去除这些杂质后用孔径3 mm的筛子将堆肥进行筛选。

堆肥可按如下步骤制得。将刨花、木屑、菇床、谷壳或稻草作为碳源。加入牲畜粪便作为堆肥微生物和矿化无机盐养分源。将以上材料置于体积约为1 m^3 的容器中并混合均匀。要求堆肥的碳氮比(C/N)为15,碳磷比(C/P)为30。当含磷量不足时,可用过磷酸钙来补充。加水使水分含量为65%。C/N、C/P和水分含量可以根据季节变化和气候差异,由经验调整为合适的数值。每周将堆肥从容器中取出,在重新将堆肥放入容器继续试验前,将堆肥进行翻转并在需要时补水。堆肥的最佳使用时间为60 d~120 d。

一般选用未经曝光的接种物,尤其是在真正的堆肥设备中模拟生物分解行为的标准试验情况下。有时根据试验目的,也可以使用预曝光堆肥,只要在试验报告中明确说明(比如:生物分解百分率=X%,使用预曝光堆肥),并且在试验报告中详细介绍预曝置的方法。

测定堆肥接种物中的总干固体和挥发性固体的总量。总干固体量应当是湿固体量的35%~55%,挥发性固体量超过干固体量的30%。必要时,在使用堆肥前通过加水,或进行适当的干燥(比如用干燥空气对堆肥进行曝气处理),从而对水分含量进行适当调节。

制备1份接种物与5份去离子水的混合液,将它们充分振荡均匀后立即测pH值,其值应在7.0～9.0。

为了进一步表征接种物,可以在试验开始和结束时另外再有选择地确定一些合适的参数,如总有机碳、总氮或脂肪酸含量。

在试验期间用生物分解参比材料,再测定空白容器释放的二氧化碳,从而来检验接种物活性。在试验结束时,参比材料应至少分解70%。在试验开始的10 d内,空白容器内的接种物相对每克挥发性固体产生的二氧化碳大约为50 mg～150 mg。如果二氧化碳释放量过高,则堆肥应当曝气几天,再用于新的试验。

7.2 准备海沙

将海沙浸泡在自来水中。通过沉淀的方式除去漂浮杂质,充分冲洗海沙,排干水分并在105 ℃左右将其烘干。

注:海沙是一种 SiO_2 含量超过90%的惰性物质。其在维持适当水分含量和支持微生物生长方面起重要作用。

7.3 准备试验材料和参比材料

按照ISO 8245测定试验材料和参比材料的总有机碳(TOC),以每克总干固体的总有机碳的克数来表示。或者,如果材料不含有无机碳,则可以用元素分析法测定其含碳量。试验材料应含有足够的有机碳,以便产生适合测定所需的二氧化碳。一般每个容器10 g总干固体至少含有4 g总有机碳。

试验材料最好为粉末状,但是也可以使用小片薄膜或成型制品的碎片。推荐的颗粒最大粒径为250 μm。

7.4 开始试验

至少准备下列数量的堆肥容器:

a) 2个装试验混合物的试验容器(V_T);

b) 2个空白容器(V_B);

c) 2个用参比材料检验接种物活性的容器(V_R)。

试验材料和接种物的试验混合物的量,取决于试验材料的性质和堆肥容器的尺寸。接种物的总干固体与试验材料的总干固体比大约为6∶1。如果加入惰性材料,则不考虑该比例。试验混合物应当具有与接种物相同的水分含量。试验混合物的水分含量应当设定在试验混合物持水量(WHC)的80%～90%。每个试验容器中应放置相同数量总干固体的接种物。

典型试验中,准备容积为500 mL的带盖容器,称取含60 g总干固体的接种物,加入足量水使水分含量为65%。混合均匀,将堆肥在室温下放置24 h。称取320 g海沙,加入水使其水分含量为15%,然后将堆肥与作为惰性材料的海沙混合均匀。向混合物中加入10 g(干重)试验材料,混合均匀。轻轻触碰有土壤的感觉。如有必要,根据ISO 11721-1测量试验混合物的WHC,可适当加水或用干燥空气进行曝气处理来调节混合物的水分含量约为WHC的90%。将混合物装入堆肥容器。如果将蛭石作为惰性材料,按照ISO 14855-1来准备。

当使用保存在冷库里的腐熟堆肥作为接种物时,使用前需要对堆肥进行预处理。典型试验中,将含60 g总干固体的腐熟堆肥装入堆肥生物反应器,通过加水使堆肥的水分含量约为持水率的110%。混合均匀后,在室温下放置24 h,然后再在58 ℃培养24 h。加入与腐熟堆肥相同体积的海沙(干重约320 g),混合均匀。加入前将海沙的水分含量调节为15%(海沙的持水量)。如有必要,加入10 g六水合磷酸镁铵作为氮源。将混合物装入堆肥生物反应器,58 ℃培养一周。为维持曝气条件,并使多余水分蒸发,每天将混合物搅拌数次,一次10 min。一周后,将混合物的水分含量调整到持水量的90%。混合物的最终质量应为550 g,但可能因使用堆肥的不同(不同堆肥的持水量不同)导致其最终质量有变化。向混合物中加入10 g试验材料(干重)并混合均匀,装入堆肥容器。

当执行ISO 14855-1生物分解试验时,应该按照ISO 14855-1使用水分含量约为50%的腐熟堆肥。每个堆肥容器中装入120 g腐熟堆肥,其中含60 g总干固体。向腐熟堆肥中加入10 g试验材料(干重)并混合均匀。将混合物装入堆肥容器。如果试验混合物干燥过快,将含水的惰性材料连同混合物一起装入容器。但是,含水材料不能与试验混合物进行混合。

从接种物和试验材料的总有机碳(TOC)可以计算出有机碳含量。用试验混合物的代表性试样可以测定总氮含量(采用ISO 5663规定的凯氏法测定)。

将堆肥容器放置在58 ℃±2 ℃的试验环境中,用水饱和、没有二氧化碳的空气进行曝气。这些条件可以通过将空气先后通入盛有钠石灰的二氧化碳吸收装置和盛有水的加湿器来满足(见附录A和附录B)。通过调节使通过每个堆肥容器的空气流量相同,并在10 mL/min～30 mL/min。

应当采用足够大的空气流量,以保证在整个试验期间每一个堆肥容器都能维持曝气条件。应当定期用洗瓶或皂泡流量计检查每一个出口的空气流量。

参比材料的处理方法与试验材料的处理方法相同。空白容器只含接种物和海沙。空白容器与试验材料容器中接种物和海沙的量应当相等。

7.5 二氧化碳释放量测定

将1 mol/L硫酸装入氨吸收瓶,以去除堆肥容器逸出气体中的氨。将硅胶和无水氯化钙分别装入两个除水装置中。将二氧化碳吸收剂和吸水剂分别装入二氧化碳吸收装置和除水装置中。二氧化碳吸收剂优选相同数量的钠石灰与钠滑石的混合物。吸水剂优选无水氯化钙。用精度为10 mg的电子天平测定吸收装置的质量(2个装置一起测定)。根据装置质量的增加测定二氧化碳释放量。

当二氧化碳吸收装置和吸水装置中试剂的吸收量达到其吸收能力的80%时,更换试剂。80 g等量的钠石灰和钠滑石的混合物有能力吸收大约15 g二氧化碳。

7.6 接种阶段

在试验期间用二氧化碳吸收装置质量的变化测量每个堆肥容器排放气中的二氧化碳的含量。在生物分解阶段每天至少测量一次。在平稳阶段,每两天至少测量一次。

堆肥容器每周振荡一次,防止板结,保证微生物与试验材料充分接触。

应经常进行直观检查,保证堆肥容器中试验混合物的湿度适当,没有任何游离水或料块。一般,堆肥容器顶部没有冷凝水说明系统处于干燥状态。可以用适当的仪器测量水分含量,并将其保持在大约试验混合物持水量的80%～90%。用湿空气或干空气可以调节系统至所需的水分含量。从进气口排水或加水可以使水分含量发生明显变化。

在堆肥容器每周振荡时及试验期结束时,应当记录堆肥性状直观观察结果,比如结构、水分含量、色泽、霉菌生成、排放气的气味以及试验材料的崩解程度。

堆肥周期不超过180 d,温度要保持58 ℃±2 ℃。如果180 d后还能观测到试验材料有明显的生物分解现象,则试验期应当延长到恒定平稳阶段为止。如果平稳阶段提前出现,则可以缩短试验周期。

试验期间,如有必要,可向每个试验容器加入等量的堆肥来对其进行再接种。试验报告中应明确堆肥来源和再接种日期。

试验开始后,应定期测量pH值。

如果pH值低于7.0,是因为容易分解的试验材料迅速分解使堆肥酸化,这会抑制材料的生物分解。此时,建议测量挥发性脂肪酸含量,检查堆肥容器中组分的酸化情况。如果每千克总干固体产生的挥发性脂肪酸含量超过2 g,则由于酸化及微生物活性受到抑制,该试验必须视作无效。要防止酸化,可增加所有堆肥容器中堆肥的量,或者减少试验材料、增加堆肥或预曝置堆肥,再重复试验。

7.7 试验终止

如果要测定试验材料的质量损失，则在试验结束时重新称重每一个盛放混合物(堆肥、试样以及惰性材料，如海沙)的堆肥容器。从每个容器取出混合物，并测定总干固体和挥发性固体。

8 计算

8.1 试验材料二氧化碳理论释放量

按式(1)计算每个堆肥容器中试验材料产生的二氧化碳理论释放量 $m(ThCO_2)$，以克(g)表示：

$$m(ThCO_2)=m\times w_C\times 44/12 \quad \cdots\cdots(1)$$

式中：

m ——试验容器中试验材料的质量，单位为克(g)；

w_C ——试验材料的碳含量，由化学式或元素分析得出，以质量分数表示；

44 和 12 ——分别表示二氧化碳的分子量和碳的原子量。

用同样方法计算每个容器中参比材料的理论二氧化碳释放量。

8.2 生物分解百分率

每个测量期间用式(2)根据累计放出的二氧化碳的量，计算每个试验容器 V_T 中试验材料生物分解百分率 $D_t(\%)$：

$$D_T=\frac{\sum m(CO_2)_T^t-\sum m(CO_2)_B^t}{m(ThCO_2)}\times 100 \quad \cdots\cdots(2)$$

式中：

$\sum m(CO_2)_T^t$ ——试验开始到时间 t 时，每个试验容器 V_T 累计放出的二氧化碳量，单位为克(g)；

$\sum m(CO_2)_B^t$ ——试验开始到时间 t 时，每个空白容器 V_B 累计放出的二氧化碳量平均值(两组空白容器的平均值)，单位为克(g)；

$m(ThCO_2)$ ——每个容器试验材料产生的二氧化碳理论释放量，单位为克(g)。

9 结果表示与解释

填好每天有关试验材料、参比材料和空白材料的测量值和计算值的表格。

将每一个含有试验材料和参比材料的堆肥容器及空白堆肥容器放出的累计二氧化碳释放量相对时间作曲线，作出试验材料和参比材料的生物分解曲线(生物分解百分率与时间的关系曲线)。如果各个测量值的偏差不超过 20%，则采用平均值，否则，作出每一个堆肥容器的生物分解曲线。

如果观察到平稳阶段，从生物分解曲线的平坦部分读取平均生物分解率值，将它标为最终试验结果。如果没有观察到平稳阶段，由试验结束时释放出的二氧化碳累积量来评估最终生物分解率值。

10 结果的有效性

只有试验符合下列事项，才可认为有效：

a) 45 d 后参比材料的生物分解率超过 70%；

b) 在试验结束时每个堆肥容器中参比材料生物分解百分率之间的相对偏差不超过 20%。

如果以上要求无法满足，用预处理或预曝置堆肥重新试验。

11 试验报告

试验报告应当列出所有有关资料，包括下列资料：

a) 引用的标准(即 GB/T 19277 的本部分)；

b) 所有标识和描述试验材料所需的资料，比如：干固体含量、挥发性固体含量、有机碳含量、形状或外观；

c) 标识和描述试验参比材料所需的任何资料及其有机碳含量；

d) 堆肥容器的容积、接种物的量、放置其中的试验材料和参比材料、试验混合物搅拌的次数、重新培养的详情(如有必要)；

e) 堆肥的资料，比如来源、肥龄、接种日期、储存、处理、稳定、总干固体、挥发性固体、悬浮液的 pH 值、总氮含量或挥发性脂肪酸；

f) 每一个堆肥容器测出的释放的二氧化碳和生物分解百分率及其平均值，可以采用图标形式，也可以采用曲线形式，以及试验材料和参比材料的最终生物分解程度和接种物的活性(空白容器 10 d 后产生的二氧化碳量)；

g) 在试验期间和试验结束后培养土和试验材料的直观的结果，如水分含量、霉菌生长、色泽、结构、气味、崩解程度以及物理测量值和/或照片；

h) 在试验开始和试验结束后每一个堆肥容器的质量。如测量质量损失，则注明详细的质量损失情况；

i) 试验结果不合格的理由；

j) 如使用海沙或蛭石等惰性材料，则标明来源、类型和用量。

附　录　A
（资料性附录）
试验基本原理

典型的试验装置如图 A.1 所示。它由 4 个基本部分组成：

a） 装有试验材料和接种物混合物的堆肥容器；

b） 保证能对试验材料进行精确曝气控制的供气系统（含二氧化碳吸收装置、流量计和加湿器）；

c） 用于去除堆肥容器排气中氨、硫化氢、挥发性有机酸以及水的气体吸收系统；

d） 用于重量分析的二氧化碳吸收系统。

将堆肥容器放置在 58 ℃±2 ℃的恒温培养器中。堆肥容器中的混合物应至少每周在另一容器中搅拌一次。补充水的相应质量损失并混合均匀，然后把混合物重新装入堆肥容器继续生物分解试验。将空气通过盛有钠石灰以及装有水的洗瓶得到的水饱和、没有二氧化碳的空气，通过流量计控制气体流速使其进入堆肥容器。堆肥容器排气中的氨、水以及挥发性有机酸分别用浓度为 1 mol/L 的硫酸、硅胶以及无水氯化钙去除。气体中的二氧化碳被含钠石灰、钠滑石以及无水氯化钙的吸收装置以碳酸钠和水（二氧化碳气体与氢氧化钠反应）的形式吸收。各种吸收装置的残余吸收能力可以通过指示剂颜色的变化或吸收剂质量的变化进行监测。

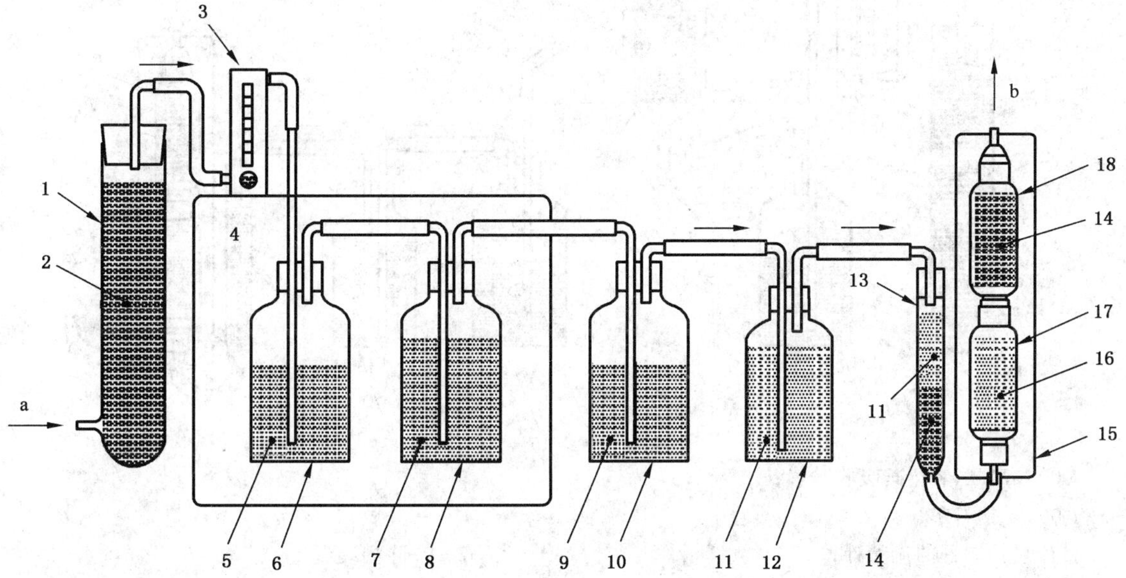

1——二氧化碳吸收装置；
2——钠石灰；
3——控制流量计；
4——恒温培养器；
5——水；
6——加湿器；
7——堆肥、试验材料和海沙的混合物；
8——堆肥容器；
9——浓度为 1 mol/L 的含甲基橙指示剂的硫酸；
10——氨吸收装置；
11——硅胶；
12——除湿装置 1；
13——除湿装置 2；
14——无水氯化钙；
15——释放的二氧化碳吸收装置；
16——钠石灰和钠滑石的混合物；
17——二氧化碳吸收塔；
18——水吸收塔；
a 气体入口；
b 气体出口。

图 A.1　采用培养器的试验系统示例

附 录 B
（资料性附录）
电加热堆肥容器仪器示例

试验装置(图 B.1)的操作原则与附录 A 相同，但堆肥容器的设计可以使试验比正常情况下的持续时间更长。电加热器的主要优点是它不需要在水浴中保持恒温。堆肥容器不在培养器内使得试验混合物的处理变得简单。除水装置 2(图 B.1 中 18)和水吸收装置(25)可以持续使用一年。除湿装置 1(17)和二氧化碳吸收塔(23)在 45 d 的正常试验周期中要更换若干次。

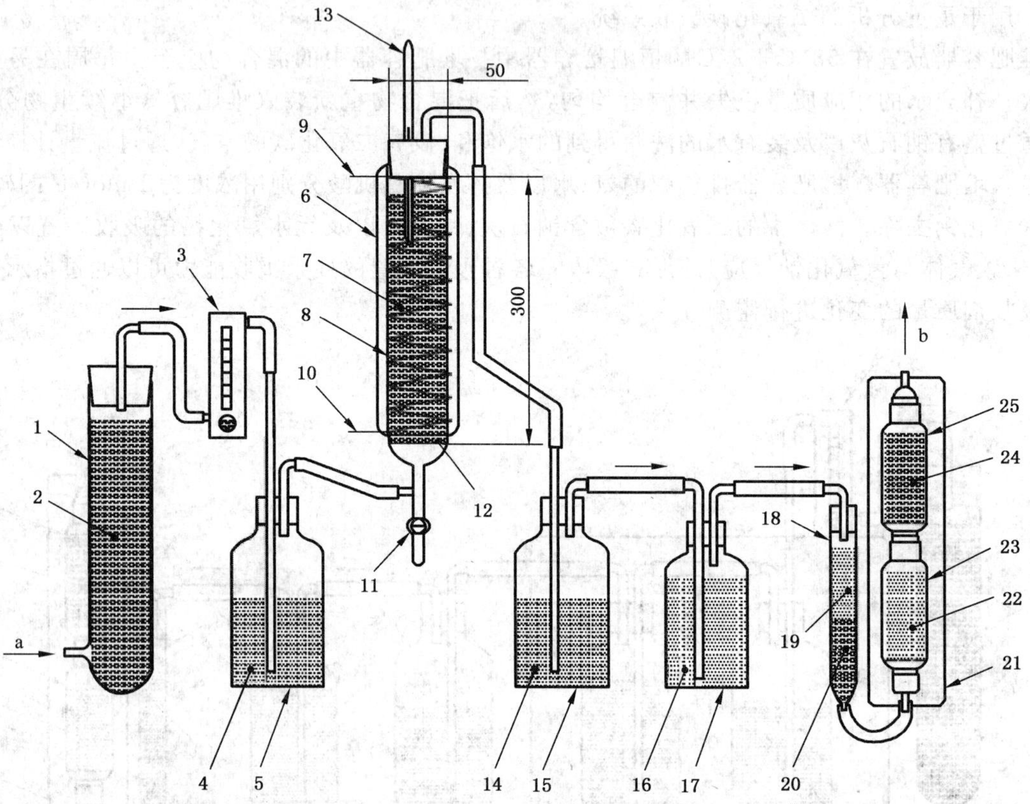

1——1 000 mL 二氧化碳吸收装置；
2——1 000 g 钠石灰；
3——带流量控制器的流量计；
4——300 mL 水；
5——500 mL 容积的加湿器；
6——500 mL 容积的玻璃堆肥容器；
7——堆肥、试验材料和海沙的混合物；
8——隔热材料；
9——电子加热器的顶部；
10——电子加热器的底部；
11——玻璃旋塞(用于堆肥容器排水)；
12——PTFE(聚四氟乙烯)过滤器的支撑物；
13——温度传感器；
14——300 mL 浓度为 1 mol/L 的含甲基橙指示剂的硫酸；
15——500 mL 氨吸收装置；
16——硅胶；
17——除湿装置 1；
18——除湿装置 2；
19——体积 20 mL 的硅胶；
20——体积 100 mL 的无水氯化钙；
21——释放的二氧化碳吸收装置；
22——80 g 钠石灰和钠滑石的混合物；
23——体积 120 mL 的二氧化碳吸收装置；
24——无水氯化钙；
25——体积 120 mL 的水吸收装置；
a 气体入口；
b 气体出口。

图 B.1 采用电热堆肥容器的试验系统示例

附 录 C
（资料性附录）
由二氧化碳释放量计算生物分解率值的推导公式

二氧化碳释放量可以通过测量二氧化碳捕获器的质量增加量来计算(见附录A)。释放的二氧化碳与捕获器中的氢氧化钠和氢氧化钙发生反应，反应方程式如下：

$$CO_2 + 2NaOH \rightarrow Na_2CO_3 + H_2O \quad \cdots\cdots (C.1)$$

$$CO_2 + Ca(OH)_2 \rightarrow CaCO_3 + H_2O \quad \cdots\cdots (C.2)$$

每个测量间隙用式(C.3)计算释放的二氧化碳量：

$$\sum m(CO_2)_T^t = m(CO_2)_T^{t=t} - m(CO_2)_T^{t=0} \quad \cdots\cdots (C.3)$$

式中：

$\sum m(CO_2)_T^t$——从试验开始到时间 t 时，试验容器 V_T 累计释放的二氧化碳量，单位为克(g)；

$m(CO_2)_T^{t=0}$ 与 $m(CO_2)_T^{t=t}$ 分别是试验开始和时间 t 时二氧化碳吸收装置的质量，单位为克(g)。

计算参比容器和空白容器的二氧化碳释放量时，分别用相同的方法计算 $\sum m(CO_2)_R^t$ 与 $\sum m(CO_2)_B^t$。

用式(C.4)，通过测量二氧化碳释放量计算每个试验容器 V_T 的生物分解百分率 D_t，以%表示：

$$D_t = \frac{\sum m(CO_2)_T^t - \sum m(CO_2)_B^t}{m(ThCO_2)} \times 100 \quad \cdots\cdots (C.4)$$

式中：

$\sum m(CO_2)_T^t$ ——从试验开始到时间 t 时，试验容器累计释放的二氧化碳量，单位为克(g)；

$\sum m(CO_2)_B^t$ ——从试验开始到时间 t 时，空白容器累计释放的二氧化碳量，单位为克(g)；

$m(ThCO_2)$ ——每个试验容器理论二氧化碳释放量，单位为克(g)。

使用同样方法计算每个容器 V_R 的生物分解百分率 D_t。

参 考 文 献

[1] UEMATSU, S., MURAKAMI, A., HIYOSHI, K., TSUKAMOTO, Y., SAIDA, H., TSUJI, M., and HOSHINO, A., Accurate and Easy Evaluation of Aerobic Microbial Degradability of Bio-degradable Plastics under Controlled Soil, Polymer Reprints, 2002, 43(2), pp. 930-931.

[2] HOSHINO, A., TSUJI, M., ITOH, M., MOMOCHI, M., MIZUTANI, A., TAKAKUWA, K., HIGO, S., SAWADA, H., and UEMATSU, S., Study of Aerobic Biodegradability of Plastic Materials under Controlled Compost, in Biodegradable Polymers and Plastics, Eds. Chielline, E., and Solaro, R., Kluwer Academic/Plenum Publishers, New York, 2003, pp. 47-54

[3] KUNIOKA, M., NINOMIYA, F., and FUNABASHI, M., Biodegradation of poly(lactic acid) powders proposed as the reference test materials for the international standard of biodegradation evaluation methods, Polymer Degradation and Stability, 2006, 91, pp. 1919-1928

[4] UEMATSU, S., KUNIOKA, M., FUNABASHI, M., WENG, Y., VERMA, S. K., SADOCCO, P., VERSTICHEL, S., EKENDAHL, S., NARAYAN, R., and HOSHINO, A., Determination of the Ultimate Aerobic Biodegradation of Plastic Materials by Gravimetric Analysis of Evolved Carbon Dioxide under Controlled Composting Conditions—Round—Robin Test for Confirmation of ISO/DIS 14855-2, in Preprints of the 2nd International Conference of Technology and Application of Biodegradable and Biobased Plastics, Hangzhou(China), ICTABP2, 2006, pp. 224-233

ICS 11.060.20
Y 89

中华人民共和国国家标准

GB 19342—2013
代替 GB 19342—2003

牙　　刷

Toothbrushes

2013-10-10 发布　　　　2014-12-01 实施

中华人民共和国国家质量监督检验检疫总局
中国国家标准化管理委员会　发布

前　言

本标准的4.1,4.2,表5中1、3、5项,4.6为强制性的,其余为推荐性的。

本标准按照GB/T 1.1—2009给出的规则起草。

本标准代替GB 19342—2003《牙刷》。

本标准与GB 19342—2003相比,主要技术变化如下:

——修改了标准的适用范围(见第1章,2003年版的第1章);

——修改了规格尺寸中单丝直径的要求(见表2,2003年版的表2);

——修改了牙刷毛束拉力(见表5,2003年版的表3);

——修改了单丝弯曲恢复率(见表5,2003年版的表3);

——修改了磨毛(见4.6,2003年版的4.6);

——修改了有害元素的测试方法(见附录A,2003年版的附录A);

——修改了牙刷毛束强度分类试验方法(见附录B,2003年版的附录B);

——修改了型式检验(见6.3,2003年版的6.3);

——将毛束强度由毛束弯曲力或公称丝径代替;

——将附录B中牙刷毛束强度的分类放入4.4中;

——增加了术语和定义;

——增加了公称丝径应明示在产品包装上;

——增加了以公称丝径评定牙刷毛束强度分类和试验方法;

——删除了产品分类;

——删除了儿童牙刷和幼儿牙刷的要求及测试方法;

——删除了附录B中的术语和定义。

本标准由中国轻工业联合会提出。

本标准由全国日用杂品标准化中心归口。

本标准起草单位:江苏五爱集团有限公司、北京市轻工产品质量监督检验一站、高露洁三笑有限公司、慈溪市洁达纳米复合材料有限公司、扬州明星牙刷有限公司、扬州金巴丽刷业有限公司、好来化工(中山)有限公司、杜邦兴达(无锡)单丝有限公司、武汉市今晨实业有限公司、江苏兴盛刷业有限公司、扬州今晨刷业有限公司、广东雪洁日化用品有限公司、宝洁(中国)有限公司、江苏晨洁日化有限公司、扬州市杰英特日化有限公司、两面针(扬州)酒店用品有限公司、扬州金霞塑胶有限公司、无锡市兴达尼龙有限公司、江苏三笑集团有限公司、国家轻工业日用杂品质量监督检测中心、广东三椒日化有限公司。

本标准主要起草人:李传和、杨兆金、肖清、马剑波、张文生、陈兴龙、顾明、邓小民、庞超、盛大放、王金燕、李端翌、黄怡康、尤松、李正林、韦日平、屠金祥、胡瑞莉、王宝勤、周晓梅、魏晓英、王昕瑶、程小虎、林创有。

本标准所代替标准的历次版本发布情况为:

——GB 19342—2003。

牙　　刷

1 范围

本标准规定了牙刷的术语和定义、要求、试验方法、检验规则、标志、包装、运输、贮存。

本标准适用于手动的成人植毛牙刷。

本标准不适用于特殊型、功能型牙刷(如:全注胶毛牙刷)和电动牙刷。

2 规范性引用文件

下列文件对于本文件的应用是必不可少的。凡是注日期的引用文件,仅注日期的版本适用于本文件。凡是不注日期的引用文件,其最新版本(包括所有的修改单)适用于本文件。

GB/T 191　包装储运图示标志

GB/T 2828.1—2012　计数抽样检验程序　第1部分:按接收质量限(AQL)检索的逐批检验抽样计划

GB/T 2829—2002　周期检验计数抽样程序及抽样表(适用于对过程稳定性的检验)

GB/T 6682—2008　分析实验室用水规格和试验方法

3 术语和定义

下列术语和定义适用于本文件。

3.1

单丝　filament

刷头中的单一细丝。

3.2

刷头　brush head

牙刷带有刷丝的一端。

3.3

毛束强度分类　tuft stiffness category

由毛束弯曲力或公称丝径得到的强度分类,软、中、硬。

3.4

毛束　tuft

由一组单丝聚集而成。

3.5

毛束弯曲力　tuft deflection force

F

毛束抵抗弯曲所产生的力。

4 要求

4.1 卫生要求

4.1.1 刷毛、刷柄、刷头不应脱色。

4.1.2　牙刷各部位应清洁,无污物,无异味。

4.1.3　销售产品应有包装,包装内外应干净整洁,无污物、开裂。

4.2　安全要求

4.2.1　牙刷头部外形应光滑,无锐边,无毛刺。刷柄尾部形状不应对人体造成伤害。

4.2.2　有害元素:产品中可溶性锑、砷、钡、镉、铬、铅、汞、硒或这些元素组成的任何可溶性化合物的元素含量不得超过表1中的数值。

表 1　　单位为毫克每千克

元素名称	锑 (Sb)	砷 (As)	钡 (Ba)	镉 (Cd)	铬 (Cr)	铅 (Pb)	汞 (Hg)	硒 (Se)
含量	60	25	1 000	75	60	90	60	500

4.3　规格尺寸

规格尺寸(见图1)应符合表2要求。

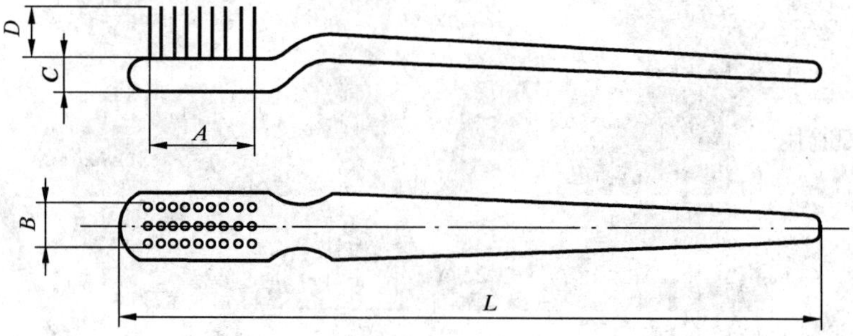

图 1

表 2　　单位为毫米

序　号	项　目		要　求
1	毛面长度(A)		≤42.0
2	毛面宽度(B)		≤14.0
3	刷头厚度(C)		≤7.0
4	刷毛高度(D)	平形毛型	8.0～13.0
		异形毛型	5.0～14.0
5	单丝直径(ϕ)		≤0.35
6	牙刷全长[a](L)		≥150.0
[a] 特殊用途牙刷除外。			

4.4 毛束强度分类

4.4.1 毛束强度分类及公称丝径应明示在产品包装上。

4.4.2 毛束强度分类应符合表 3 或表 4 的要求。

表 3

毛束强度分类	毛束弯曲力(F) N
软	$F<6$
中	$5<F<8$
硬	$F>7$
注：部分注胶毛牙刷的毛束弯曲力测试去掉注胶部分。	

表 4

毛束强度分类	公称丝径尺寸(ϕ) mm
软	$\phi\leqslant0.18$
中	$0.18\leqslant\phi\leqslant0.22$
硬	$0.22\leqslant\phi\leqslant0.35$

4.5 物理性能

物理性能应符合表 5 的要求。

表 5

序 号	项 目	要 求
1	毛束拉力/N	≥15
2	柄部抗弯力/N	≥80 或变形极限范围内不断
3	颈部抗弯力/N	≥43 或变形极限范围内不断
4	耐温性能	(50±2)℃水中浸泡 20 min 无异常
5	单丝弯曲恢复率/%	≥60

4.6 磨毛

牙刷刷毛单丝顶端轮廓经磨毛应去除锐角，且不应有毛刺。合格与不合格单丝顶端轮廓如图 2 中 a)、b)所示。平形毛型牙刷刷毛单丝顶端轮廓合格率应大于等于 60%，异形毛型牙刷刷毛单丝顶端轮廓合格率应大于等于 40%。

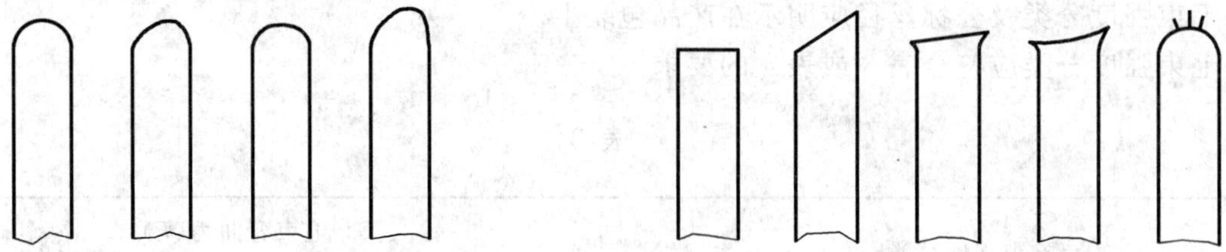

a） 合格的单丝顶端轮廓　　　　b） 不合格的单丝顶端轮廓

图 2

4.7 外观质量

外观质量应符合表 6 的规定。

表 6

序　号	项　目	要　求
1	刷毛	整齐、顺直，毛束空满适宜
2	毛孔裂纹	不允许裂纹向刷头边缘、背向裂穿
3	刷柄	表面清洁，外形光滑，不允许有可见杂质、裂纹及大于 1 mm^2 的气泡（气泡仅对透明柄而言，工艺气泡除外）等缺陷存在

5 试验方法

5.1 卫生要求

5.1.1 脱色试验：用充分浸透 65％乙醇的脱脂棉，在刷头、刷柄、刷毛上往返用力擦拭 100 次，目测观察脱脂棉上是否有颜色。

5.1.2 目测检查牙刷各部位是否清洁，无污物，用嗅觉判断有无异味。

5.1.3 目测销售产品是否有包装，包装是否有开裂，包装内外是否干净整洁，无污物。销售产品包装检查以刷毛不被手直接触摸到为合格。

5.2 安全要求

5.2.1 牙刷头部及刷柄尾部在自然光或 40 W 灯光下距离牙刷 300 mm 目测，并用手感检查。

5.2.2 有害元素按附录 A 方法测试。

5.3 规格尺寸

规格尺寸分别用最小分度值为 0.02 mm 的游标卡尺、0.01 mm 的外径千分尺、0.5 mm 的直尺进行测量。

5.4 毛束强度分类

5.4.1 目测是否明示在产品包装上。

5.4.2 毛束强度分类以毛束弯曲力评定，按附录 B 方法进行测试。

5.4.3 毛束强度分类按明示的公称丝径评定。

5.4.4 如对毛束强度分类评定结果有争议时，按附录 B 方法进行仲裁。

5.5 物理性能

5.5.1 毛束拉力

5.5.1.1 试验装置：拉力试验机（最小分度值为 0.1 N）、刷头夹具、刷毛夹。

5.5.1.2 试样制备：每支牙刷任留一束毛，其余刷毛去除。在温度（20±5）℃条件下，恒温 4 h。

5.5.1.3 试验条件：温度（20±5）℃，拉力试验机升降速度为匀速（90±10）mm/min。

5.5.1.4 试验步骤：将刷头通过刷头夹具连接在拉力试验机的下钳口上（刷毛向上），刷毛夹连接在拉力试验机的上钳口上，刷毛夹对准并夹住所留的毛束（见图 3）。开动拉力试验机，读取毛束脱落时拉力试验机的读数。

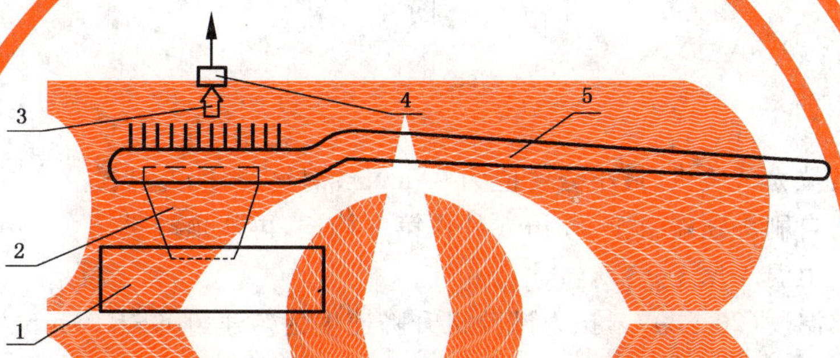

说明：

1——下钳口；

2——刷头夹具；

3——刷毛夹；

4——上钳口；

5——试样。

图 3

5.5.2 柄部抗弯力

5.5.2.1 试验装置：拉力试验机（最小分度值为 0.1 N）、反向器、专用夹具。

5.5.2.2 试验制备：自刷头顶端量至 80 mm 处作第一标记，从此标记往下 65 mm 处作第二标记，在温度（20±5）℃条件下，恒温 4 h。

5.5.2.3 试验条件：温度（20±5）℃，拉力试验机升降速度为匀速（100±10）mm/min，压头半径 6 mm，作用于跨距的中间部位。

5.5.2.4 试验步骤：将专用夹具放在反向器上，反向器安装在拉力试验机上，试样放在支座上，两标记分别对准左、右两支点，刷毛向下，压头垂直作用于试样的轴线（见图 4）。开动拉力试验机，读取试样断裂时的读数或从压头接触试样起，下降 33 mm，试样仍不断时停止加荷。

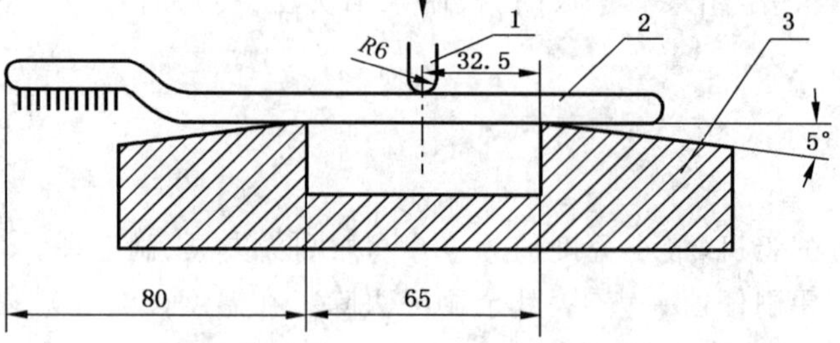

说明：

1——压头；

2——试样；

3——支座。

图 4

5.5.3 颈部抗弯力

5.5.3.1 试样装置：拉力试验机(最小分度值为 0.1 N)、钢丝、刷柄夹具。

5.5.3.2 试样制备：自刷头顶端量至 15 mm 处作第一标记，再从顶端量至 80 mm 处作第二标记，在温度(20±5)℃条件下，恒温 4 h。

5.5.3.3 试验条件：温度(20±5)℃，拉力试验机升降速度为匀速(100±10)mm/min。

5.5.3.4 试验步骤：将直径 2 mm，长约 250 mm 的钢丝对折放入拉力试验机的上钳口中夹住，刷柄夹具连接在拉力试验机的下钳口中，刷柄放入刷柄夹具中并固定在第二标记处(刷毛向下)，钢丝套在第一标记处(见图 5)，开动拉力试验机，读取试样断裂时的读数或弯曲至极限仍不断时停止加荷。

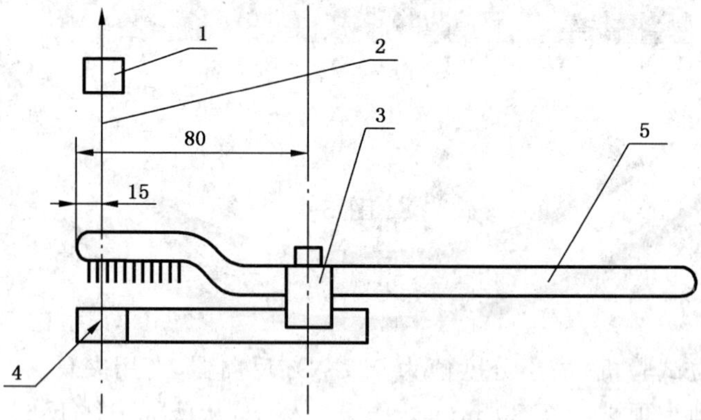

说明：

1——上钳口；

2——钢丝；

3——刷柄夹具；

4——下钳口；

5——试样。

图 5

5.5.4 耐温性能

5.5.4.1 试验装置:恒温水槽。

5.5.4.2 试验步骤:将试样浸入(50±2)℃的水中恒温 20 min,取出后检查刷柄、刷毛有无异常。

5.5.5 单丝弯曲恢复率

5.5.5.1 试验装置:恒温水槽、秒表、金属板一块,钻有直径(1.5±0.1)mm 的通孔五个(见图 6)。

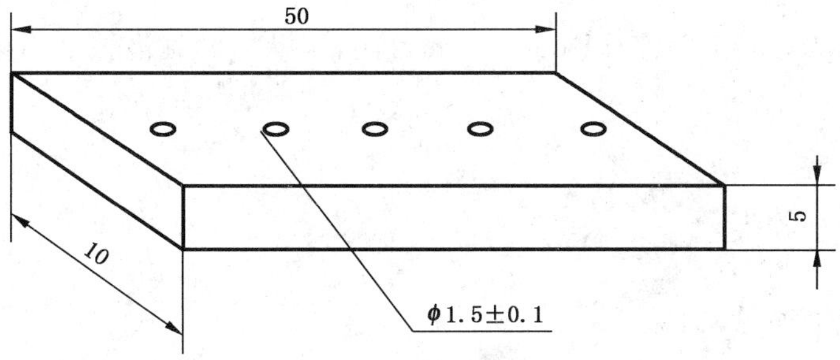

图 6

5.5.5.2 试样制备:从牙刷上任取单丝。

5.5.5.3 试样条件及步骤:每支牙刷取单丝五根(取平直部分),轻轻放入孔内,凸出部分不能大于孔的半径,单丝的放入方法见图 7a)。将金属板连同试样一起浸入(50±2)℃的水中 2 min,取出后再浸入(20±2)℃的水中浸泡 30 s 后取出,然后将试样轻轻从孔中取出,浸入(20±2)℃的水中 15 min,取出后立即将试样置于平滑的表面,用量角器分别测取五个 θ 角(见图 7b))。

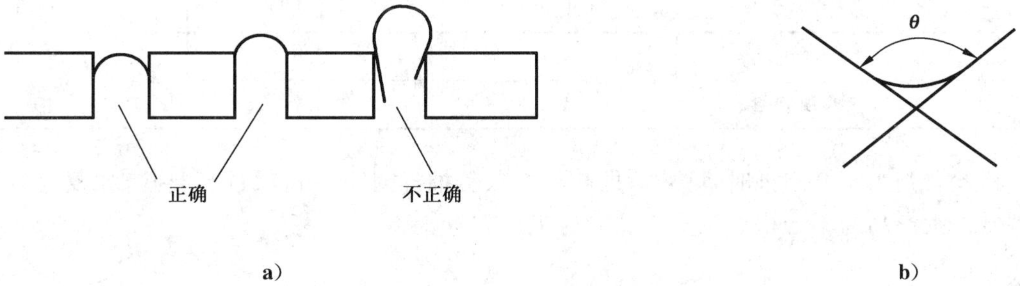

图 7

5.5.5.4 将所测得五个 θ 角取平均值(以度为单位),按式(1)进行计算。

$$\kappa(\%)=\frac{\theta}{180}\times 100 \qquad \cdots\cdots(1)$$

式中:

κ ——单丝弯曲恢复率,%。

5.6 磨毛

5.6.1 平形毛型牙刷在刷毛毛面上任取三束,然后将这三束毛取下,贴在纸面上,用 30 倍以上的显微镜观察,按式(2)进行合格率计算。

$$a(\%)=\frac{n}{m}\times 100 \qquad \cdots\cdots(2)$$

式中：

a ——磨毛合格率，%；

n ——单丝顶端轮廓合格数；

m ——单丝样本总数。

5.6.2 异形毛型牙刷在刷毛高、中、低毛束中各取一束，将这三束毛取下，贴在纸面上，用30倍以上的显微镜观察，按式(2)进行合格率计算。

5.7 外观质量

在自然光线或40 W灯光下距离牙刷300 mm目测，刷柄中的气泡缺陷用标准尘埃图对比检查。

6 检验规则

6.1 检验分类

检验分为出厂检验和型式检验。

6.2 出厂检验

6.2.1 凡提出交货的产品，均应进行出厂检验。产品应经生产厂质量检验部门按本标准检验合格后方能出厂，并附有使用说明和检验合格标识。

6.2.2 出厂检验按GB/T 2828.1—2012规定进行，采用特殊检查水平S-3的正常检查一次抽样方案，其检验项目、要求、试验方法、接收质量限AQL值见表7。

表7

序　号	检验项目	要求	试验方法	AQL值
1	磨毛	4.6	5.6	6.5
2	外观质量	4.7	5.7	

6.2.3 出厂检验若判为不合格批时，可从该批产品中双倍抽样对不合格项进行复检，如复检有一项仍不合格，则判定该批产品为不合格。该批产品应返工后方可交验。

6.3 型式检验

6.3.1 有下列情况之一时应进行型式检验：

a) 新产品或老产品转厂生产的试制定型鉴定时；

b) 正式生产后，如结构、材料、工艺有较大变动，可能影响产品性能时；

c) 正常生产后，对批量产品进行抽样检查，每年至少一次；

d) 产品停产半年后，恢复生产时；

e) 出厂检验结果与上次型式检验有较大差异时；

f) 国家产品质量监督机构提出进行型式检验要求时。

6.3.2 型式检验的样本应从经过出厂检验的合格批中抽取18支检验，型式检验的评定以不合格支数计算。

6.3.3 型式检验按GB/T 2829—2002规定进行，采用判别水平Ⅰ的一次抽样方案，检验项目、要求、试验方法、不合格分类、不合格质量水平(RQL 值)、样本数、判定数组见表 8。

表 8

序　号	检验项目	要　求	试验方法	不合格分类	RQL 值	样本数	判定数组	
							Ac	Re
1	卫生要求	4.1	5.1	A	30	3	0	1
2	安全要求	4.2.1	5.2.1		40	2		
3	磨毛	4.6	5.6					
4	物理性能	4.5	5.5	B	40	5	1	2
5	规格尺寸	4.3	5.3	C	65	3	1	2
6	外观质量	4.7	5.7					

6.3.4　有害元素应符合 4.2.2 的要求，否则判定为不合格。

6.3.5　毛束强度分类应符合 4.4.2 的要求，测试样品 5 支，3 个及以上数据与明示强度相符，判定为合格，否则判定为不合格。

6.3.6　有一项不合格判定为型式检验不合格。

7　标志、包装、运输和贮存

7.1　标志

7.1.1　产品销售单位包装上应标有以下中文内容：

a)　产品名称；

b)　生产厂厂名、厂址；

c)　产品执行标准编号；

d)　毛束强度分类；

e)　公称丝径；

f)　产品质量检验合格标识。

7.1.2　产品包装箱应有以下中文内容：

a)　产品名称；

b)　生产厂厂名、厂址；

c)　型号；

d)　数量；

e)　长×宽×高。

7.2　包装

产品包装箱应牢固，无破损，包装箱上的贮运标志应符合 GB/T 191 的规定。

7.3　运输

产品搬运时要轻取轻放，防止雨淋和重压。

7.4　贮存

产品应贮存在干燥、通风的仓库内。

附 录 A
（规范性附录）
有害元素的测试

A.1 原理

可溶性元素在下列模拟条件下从产品材料上提取，模拟材料在吞咽后与胃酸持续接触一段时间后的溶出物。采用检出限适当的分析方法定量测定可溶性元素的含量。

A.2 试剂和仪器

A.2.1 试剂

A.2.1.1 盐酸溶液 1：$c(HCl)=(0.070\pm0.005)$ mol/L。
A.2.1.2 盐酸溶液 2：$c(HCl)=2$ mol/L。
A.2.1.3 水：应符合 GB/T 6682—2008 规定的 3 级纯度。

A.2.2 仪器

A.2.2.1 pH 测试仪：最小分度值为 0.02。
A.2.2.2 恒温水浴振荡器：最小分度值为±2 ℃。
A.2.2.3 天平，最小分度值为 0.000 1 g。
A.2.2.4 化学容器：如具塞锥形瓶等，容量为盐酸溶液提取剂体积的 1.6～5.0 倍。

A.3 取样

在室温下采用机械刮削或剪取方法从测试样品上对不同材料和颜色分别取样。每个试样长度应不大于 6 mm。不足 10 mg 的材料免除测试。

A.4 提取程序

称取 1 g 试样，精确至 0.000 1 g，使用合适的化学容器，在保证样品不被污染的情况下，将相当于测试样质量 50 倍，温度为(37±2)℃的盐酸溶液 1 与测试试样混合。

摇动 1 min，检查混合液的酸度。如果 pH 大于 1.5，一边摇动混合物，一边逐滴加入盐酸溶液 2 直至 pH 达到 1.0～1.5。

将混合物避光，用恒温水浴振荡器温度为(37±2)℃振荡 1 h 后，在相同条件下放置 1 h。测试工作应在 24 h 内完成。

以上方法适用于测试锑、砷、钡、镉、铬、铅、汞、硒含量时样品的制备和提取。

A.5 样品中有害元素的测试

A.5.1 总则

测试方法见 A.5.2～A.5.9。此方法为典型性操作，也可采用其他检出限适当的仪器（如：电感耦合等离子发射光谱仪、原子荧光光度计等)按照相应操作方法完成测试。在测试结果有争议的情况下，A.5.2～A.5.9 方法应作为仲裁方法。

A.5.2 锑含量的测定——火焰原子吸收光谱法

A.5.2.1 原理

将试样溶液导入到乙炔-空气火焰中，在 217.6 nm 的波长下测量锑空心阴极灯发射的谱线吸收值。

A.5.2.2 试剂和材料

A.5.2.2.1 乙炔：高纯。
A.5.2.2.2 压缩空气。
A.5.2.2.3 锑标准母液：每升含锑 1 000 mg。
A.5.2.2.4 锑标准溶液：每升含锑 100 mg。用移液管吸取锑标准母液(A.5.2.2.3)10 mL 于一个 100 mL 单刻度容量瓶中，用盐酸溶液 1(A.2.1.1)稀释至刻度，并充分摇匀。此溶液应在使用的当天配制。

A.5.2.3 仪器

A.5.2.3.1 原子吸收分光光度计。
A.5.2.3.2 锑空心阴极灯。
A.5.2.3.3 滴定管：25 mL。
A.5.2.3.4 单刻度容量瓶：100 mL、1 000 mL。

A.5.2.4 操作步骤

A.5.2.4.1 标准曲线的绘制

由滴定管(A.5.2.3.3)按表 A.1 中锑标准溶液(A.5.2.2.4)的体积分别加入到一组 100 mL 单刻度容量瓶(A.5.2.3.4)中，用盐酸溶液 1(A.2.1.1)稀释至刻度，并充分摇匀。该溶液应在使用的当天配制。

表 A.1

标准对比溶液	锑标准溶液(A.5.2.2.4)的体积 mL	标准对比溶液中锑的浓度 μg/mL
0	0	0
1	2.0	2.0
2	5.0	5.0
3	8.0	8.0
4	10.0	10.0

将锑空心阴极灯(A.5.2.3.2)安装在光谱仪(A.5.2.3.1)上，调节单光源至 217.6 nm 处，调节仪器以取得最大的吸光度。

调节乙炔(A.5.2.2.1)和空气(A.5.2.2.2)的流量，点燃火焰。分别将各个标准对比溶液吸入火焰，进行测量。在每次测量之后，都要吸入水通过燃烧器，务必保持均匀的吸入率。

以标准对比溶液中所含锑的浓度(μg/mL)为横坐标，以相应的吸收值为纵坐标，绘制曲线。

A.5.2.4.2 试样溶液和空白试样溶液的测定

按照 A.4 步骤得到试样溶液。

取盐酸溶液1(A.2.1.1)作为空白试样溶液。

按照标准对比溶液测试方法测定试样溶液及空白试样溶液吸收值,并由标准曲线查得锑的浓度。

A.5.2.5 结果的表示

被测试样锑含量按式(A.1)计算。

$$X=\frac{c_1-c_0}{m}\times V\times K \qquad \cdots\cdots(A.1)$$

式中:

X ——试样锑含量,单位为毫克每千克(mg/kg);

c_1 ——试样溶液中锑的浓度,单位为微克每毫升(μg/mL);

c_0 ——空白试样溶液中锑的浓度,单位为微克每毫升(μg/mL);

m ——试样质量,单位为克(g);

V ——试样溶液的体积,单位为毫升(mL);

K ——稀释因子。

A.5.3 砷含量的测定——无焰原子吸收光谱法

A.5.3.1 原理

用强还原剂(如:KBH_4)在盐酸溶液中与样品的砷化物作用,生成气态氢化物,然后将此氢化物由氩气送入灼热的石英管中,在193.7 nm的波长处测量由砷空心阴极灯发射的谱线吸收值。

A.5.3.2 试剂和材料

A.5.3.2.1 氩气:高纯。

A.5.3.2.2 氢氧化钠溶液:5 g/L。

A.5.3.2.3 硼氢化钾溶液:取硼氢化钾(KBH_4)5 g用氢氧化钠溶液(A.5.3.2.2)溶解在500 mL容量瓶中。

A.5.3.2.4 盐酸溶液:5%(质量分数)。

A.5.3.2.5 砷标准母液:每升含砷1 000 mg。

A.5.3.2.6 砷标准溶液:每升含砷1 mg。用移液管(A.5.3.3.5)吸取标准母液(A.5.3.2.5)1 mL于一个1 000 mL单刻度容量瓶中,用盐酸溶液(A.5.3.2.4)稀释至刻度,并充分摇匀。此溶液应在使用当天配制。

A.5.3.3 仪器

A.5.3.3.1 原子吸收分光光度计。

A.5.3.3.2 氢化物发生器。

A.5.3.3.3 砷空心阴极灯。

A.5.3.3.4 滴定管:25 mL。

A.5.3.3.5 移液管:10 mL。

A.5.3.3.6 单刻度容量瓶:100 mL、500 mL、1 000 mL。

A.5.3.4 操作步骤

A.5.3.4.1 标准曲线的绘制

由滴定管(A.5.3.3.4)按表A.2中砷标准溶液(A.5.3.2.6)的体积分别加入到一组100 mL单刻

度容量瓶(A.5.3.3.6)中,用盐酸溶液(A.5.3.2.4)稀释至刻度,并充分摇匀。该溶液应在使用的当天配制。

表 A.2

标准对比溶液	砷标准溶液(A.5.3.2.6)的体积 mL	标准对比溶液中砷的浓度 μg/mL
0	0	0
1	2	0.02
2	4	0.04
3	6	0.06
4	8	0.08
5	10	0.10

将砷空心阴极灯(A.5.3.3.3)安装在原子吸收分光光度计(A.5.3.3.1)上,调节单光源至193.7 nm处,调节仪器以取得最大的吸光度。

将石英管加热,调节氢化物发生器的氩气(A.5.3.2.1)的流量,硼氢化钾溶液(A.5.3.2.3)及标准对比溶液的提升量,至适合时进行测量。

分别将各个标准对比溶液送入氢化物发生器(A.5.3.3.2)中进行测量。在每次测量之间,都要吸入水通过反应管,务必保持均匀的吸入率。

以标准对比溶液中砷的浓度(μg/mL)为横坐标,以相应的吸收值为纵坐标,绘制曲线。

A.5.3.4.2 试样溶液和空白试样溶液

按照A.4步骤得到的试样溶液。

取盐酸溶液1(A.2.1.1)作为空白试样溶液。

按照标准对比溶液方法测定试样溶液及空白试样溶液吸收值,并由标准曲线查得砷的浓度。

A.5.3.5 结果的表示

被测试样砷含量按式(A.2)计算。

$$X=\frac{c_1-c_0}{m}\times V\times K \qquad \cdots\cdots(A.2)$$

式中:

X ——试样中砷含量,单位为毫克每千克(mg/kg);

c_1 ——试样溶液中砷的浓度,单位为微克每毫升(μg/mL);

c_0 ——空白试样溶液中砷的浓度,单位为微克每毫升(μg/mL);

m ——称样质量,单位为克(g);

V ——试样溶液的体积,单位为毫升(mL);

K ——稀释因子。

A.5.4 钡含量的测定——火焰原子吸收光谱法

A.5.4.1 原理

将试样溶液导入到乙炔-氧化亚氮火焰中,在波长553.6 nm处测量钡空心阴极灯发射的谱线吸收值。

A.5.4.2 试剂和材料

A.5.4.2.1 乙炔:高纯。

A.5.4.2.2 氧化亚氮。

A.5.4.2.3 钡标准母液:每升含钡 1 000 mg。

A.5.4.2.4 钡标准溶液:每升含钡 100 mg。用移液管吸取钡标准母液(A.5.4.2.3)10 mL 于一个 100 mL 单刻度容量瓶中,用盐酸溶液 1(A.2.1.1)稀释至刻度,并充分摇匀。此溶液应在使用的当天配制。

A.5.4.3 仪器

A.5.4.3.1 原子吸收分光光度计。

A.5.4.3.2 钡空心阴极灯。

A.5.4.3.3 滴定管:25 mL。

A.5.4.3.4 单刻度容量瓶:100 mL、1 000 mL。

A.5.4.4 操作步骤

A.5.4.4.1 标准曲线的绘制

由滴定管(A.5.4.3.3)按表 A.3 中钡标准溶液(A.5.4.2.4)的体积分别加入到一组 100 mL 单刻度容量瓶(A.5.4.3.4)中,用盐酸溶液 1(A.2.1.1)稀释至刻度,并充分摇匀。该溶液应在使用的当天配制。

表 A.3

标准对比溶液	钡标准溶液(A.5.4.2.4)的体积 mL	标准对比溶液中钡的浓度 μg/mL
0	0	0
1	2.0	2.0
2	4.0	4.0
3	8.0	8.0
4	10.0	10.0

将钡空心阴极灯(A.5.4.3.2)安装在原子吸收分光光度计(A.5.4.3.1)上,调节单光源至 553.6 nm 处,调节仪器以取得最大的吸光度。

调节乙炔(A.5.4.2.1)和氧化亚氮(A.5.4.2.2)的流量,点燃火焰。分别将各个标准对比溶液吸入火焰,进行测量。在每次测量之后,都要吸入水通过燃烧器,务必保持均匀的吸入率。

以标准对比溶液中所含钡的浓度(μg/mL)为横坐标,以相应的吸收值为纵坐标,绘制曲线。

A.5.4.4.2 试样溶液和空白试样溶液的测定

按照 A.4 步骤得到试样溶液。

取盐酸溶液 1(A.2.1.1)作为空白试样溶液。

按照标准对比溶液测试方法测定试样溶液及空白试样溶液吸收值,并由标准曲线查得钡的浓度。

A.5.4.5 结果的表示

被测试样钡含量按式(A.3)计算。

$$X=\frac{c_1-c_0}{m}\times V\times K \qquad \cdots\cdots(A.3)$$

式中：

X ——试样钡含量，单位为毫克每千克(mg/kg)；

c_1 ——试样溶液中钡的浓度，单位为微克每毫升(μg/mL)；

c_0 ——空白试样溶液中钡的浓度，单位为微克每毫升(μg/mL)；

m ——试样质量，单位为克(g)；

V ——试样溶液的体积，单位为毫升(mL)；

K ——稀释因子。

A.5.5 镉含量的测定——火焰原子吸收光谱法

A.5.5.1 原理

将试样溶液导入到乙炔-空气火焰中，在波长 228.8 nm 处测量镉空心阴极灯发射的谱线吸收值。

A.5.5.2 试剂和材料

A.5.5.2.1 乙炔：高纯。

A.5.5.2.2 压缩空气。

A.5.5.2.3 镉标准母液：每升含镉 1 000 mg。

A.5.5.2.4 镉标准溶液：每升含镉 100 mg。用移液管吸取镉标准母液(A.5.5.2.3)10 mL 于一个 100 mL 单刻度容量瓶中，用盐酸溶液 1(A.2.1.1)稀释至刻度，并充分摇匀。此溶液应在使用的当天配制。

A.5.5.3 仪器

A.5.5.3.1 原子吸收分光光度计。

A.5.5.3.2 镉空心阴极灯。

A.5.5.3.3 滴定管：25 mL。

A.5.5.3.4 单刻度容量瓶：100 mL、1 000 mL。

A.5.5.4 操作步骤

A.5.5.4.1 标准曲线的绘制

由滴定管(A.5.5.3.3)按表 A.4 中镉标准溶液(A.5.5.2.4)的体积分别加入到一组 100 mL 单刻度容量瓶(A.5.5.3.4)中，用盐酸溶液 1(A.2.1.1)稀释至刻度，并充分摇匀。该溶液应在使用的当天配制。

表 A.4

标准对比溶液	镉标准溶液(A.5.5.2.4)的体积 mL	标准对比溶液中镉的浓度 μg/mL
0	0	0
1	2.5	2.5
2	5.0	5.0
3	10.0	10.0
4	15.0	15.0

A.5.5.4.2 将镉空心阴极灯(A.5.5.3.2)安装在原子吸收分光光度计(A.5.5.3.1)上，调节单光源至228.8 nm 处，调节仪器以取得最大的吸光度。

调节乙炔(A.5.5.2.1)和空气(A.5.5.2.2)的流量，点燃火焰。分别将各个标准对比溶液吸入火焰，进行测量。在每次测量之后，都要吸入水通过燃烧器，务必保持均匀的吸入率。

以标准对比溶液中所含镉的浓度(μg/mL)为横坐标，以相应的吸收值为纵坐标，绘制曲线。

A.5.5.4.3 试样溶液和空白试样溶液的测定

按照 A.4 步骤得到试样溶液。

取盐酸溶液 1(A.2.1.1)作为空白试样溶液。

按照标准对比溶液测试方法测定试样溶液及空白试样溶液吸收值，并由标准曲线查得镉的浓度。

A.5.5.5 结果的表示

被测试样镉含量按式(A.4)计算。

$$X=\frac{c_1-c_0}{m}\times V\times K \qquad \cdots\cdots(A.4)$$

式中：

X ——试样镉含量，单位为毫克每千克(mg/kg)；

c_1 ——试样溶液中镉的浓度，单位为微克每毫升(μg/mL)；

c_0 ——空白试样溶液中镉的浓度，单位为微克每毫升(μg/mL)；

m ——试样质量，单位为克(g)；

V ——试样溶液的体积，单位为毫升(mL)；

K ——稀释因子。

A.5.6 铬含量的测定——石墨炉原子吸收光谱法

A.5.6.1 原理

试样注入石墨管中，石墨管两端通电流升温，样品经干燥、灰化后原子化。原子化时产生的原子蒸气吸收特定的辐射能量，吸收量与金属元素含量成正比，样品含量与标准系列比较定量。

A.5.6.2 试剂和材料

A.5.6.2.1 氩气：高纯。

A.5.6.2.2 5%磷酸二氢铵溶液：称取磷酸二氢铵($NH_4H_2PO_4$，优级纯)5 g，加水溶解后，稀释至100 mL。

A.5.6.2.3 铬标准母液：每升相当于含铬 1 000 mg。

A.5.6.2.4 铬标准溶液：使用前把铬标准母液(A.5.6.2.3)逐步稀释成每毫升相当于 10 μg 铬的标准使用液。

A.5.6.3 仪器

A.5.6.3.1 原子吸收分光光度计，配备石墨炉。

A.5.6.3.2 热解石墨管。

A.5.6.3.3 微量取液器。

A.5.6.3.4 滴定管：25 mL。

A.5.6.3.5 单刻度容量瓶：100 mL、1 000 mL。

A.5.6.3.6 铬空心阴极灯。

A.5.6.4 操作步骤

A.5.6.4.1 标准对比溶液的配制

由滴定管按表 A.5 中铬标准溶液(A.5.6.2.4)的体积分别加入到一组 100 mL 单刻度容量瓶(A.5.6.3.5)中,再加入 5%磷酸二氢铵溶液 1.0 mL,用盐酸溶液 1(A.2.1.1)稀释至刻度,混匀。

表 A.5

标准对比溶液	铬标准溶液(A.5.6.2.3)的体积 mL	标准对比溶液中铬的浓度 μg/mL
0	0	0
1	0.20	0.02
2	0.40	0.04
3	0.60	0.06
4	0.80	0.08
5	1.00	0.10

A.5.6.4.2 试样溶液

吸取样品浸泡溶液(A.4)1.0 mL 于 10 mL 比色管中,加入 5 g/100 mL 磷酸二氢铵溶液(A.5.6.2.2)1.0 mL,用盐酸溶液 1(A.2.1.1)稀释至刻度。

A.5.6.4.3 空白试样溶液

吸取盐酸溶液 1(A.2.1.1)9.0 mL 于 10 mL 比色管中,加入 5 g/100 mL 磷酸二氢铵溶液(A.5.6.2.2)1.0 mL。

A.5.6.4.4 测定

开启原子吸收分光光度计及石墨炉,将铬空心阴极灯装在原子吸收分光光度计上,调节测量波长为 357.9 nm,根据设备情况调节其他仪器参数及测定条件。用微量取液器(A.5.6.3.3)分别吸取标准对比溶液、空白试样溶液、试样溶液注入石墨管进行测定,根据测量值绘制标准曲线及计算空白试样溶液、试样溶液中铬的浓度。

A.5.6.5 结果的表示

样品中铬含量按式(A.5)计算。

$$X=\frac{(c_1-c_0)\times V}{m}\times 10\times K \qquad \text{(A.5)}$$

式中:

X ——试样中铬含量,单位为毫克每千克(mg/kg);

c_1 ——试样溶液中铬的浓度,单位为微克每毫升(μg/mL);

c_0 ——空白试样溶液中铬的浓度,单位为微克每毫升(μg/mL);

V ——试样溶液的体积,单位为毫升(mL);

m ——称样质量,单位为克(g);

K ——稀释因子。

A.5.7 铅含量的测定——火焰原子吸收光谱法

A.5.7.1 原理

将试样放入到乙炔一空气火焰中，在波长 283.3 nm 处测量由铅空心阴极灯发射的谱线吸收值。

A.5.7.2 试剂和材料

A.5.7.2.1 乙炔：高纯。

A.5.7.2.2 压缩空气。

A.5.7.2.3 铅标准母液：每升含铅 1 000 mg。

A.5.7.2.4 铅标准溶液：每升含铅 100 mg。用移液管吸取铅标准母液(A.5.7.2.3)10 mL 移入 100 mL 单刻度容量瓶中，用盐酸溶液 1(A.2.1.1)稀释至刻度，并充分摇匀。此溶液应在使用的当天配制。

A.5.7.3 仪器

A.5.7.3.1 原子吸收分光光度计。

A.5.7.3.2 铅空心阴极灯。

A.5.7.3.3 滴定管：25 mL。

A.5.7.3.4 单刻度容量瓶：100 mL、1 000 mL。

A.5.7.4 操作步骤

A.5.7.4.1 标准曲线的绘制

由滴定管(A.5.7.3.3)按表 A.6 中铅标准溶液(A.5.7.2.4)的体积分数分别加入到一组 100 mL 单刻度容量瓶(A.5.7.3.4)中，用盐酸溶液 1(A.2.1.1)稀释至刻度，并充分摇匀。该溶液应在使用的当天配制。

表 A.6

标准对比溶液	铅标准溶液(A.5.7.2.4)的体积 mL	标准对比溶液中铅的浓度 μg/mL
0	0	0
1	2.5	2.5
2	5.0	5.0
3	10.0	10.0
4	15.0	15.0

将铅空心阴极灯(A.5.7.3.2)安装在原子吸收分光光度计(A.5.7.3.1)上，调节单光源至 283.3 nm 处，调节仪器以取得最大的吸光度。

调节乙炔(A.5.7.2.1)和空气(A.5.7.2.2)的流量，点燃火焰。分别将各个标准对比溶液吸入火焰，进行测量。在每次测量之间，都要吸入水通过燃烧器，务必保持均匀的吸入率。

以标准对比溶液中所含铅的浓度(μg/mg)为横坐标，以相应的吸收值为纵坐标，绘制曲线。

A.5.7.4.2 试样溶液和空白试样溶液的测定

按照 A.4 步骤得到试样溶液。

取盐酸溶液1(A.2.1.1)作为空白试样溶液。

按照标准对比溶液测试方法测定试样溶液及空白试样溶液吸收值,并由标准曲线查得铅的浓度。

A.5.7.5 结果的表示

被测试样铅含量按式(A.6)计算。

$$X=\frac{c_1-c_0}{m}\times V\times K \qquad \cdots\cdots(A.6)$$

式中:

X ——试样铅含量,单位为毫克每千克(mg/kg);

c_1 ——试样溶液中铅的浓度,单位为微克每毫升(μg/mL);

c_0 ——空白试样溶液中铅的浓度,单位为微克每毫升(μg/mL);

V ——试样溶液的体积,单位为毫升(mL);

m ——试样质量,单位为克(g);

K ——稀释因子。

A.5.8 汞含量的测定——无焰原子吸收光谱法

A.5.8.1 原理

用强还原剂(如:KBH_4)在硝酸溶液中与样品的汞化合物作用,生成挥发性金属汞,然后将此汞由氩气送入石英吸收管中,在波长253.7 nm处测量由汞空心阴极灯发射的谱线吸收值。

A.5.8.2 试剂和材料

A.5.8.2.1 氩气:高纯。

A.5.8.2.2 氢氧化钠溶液:5 g/L。

A.5.8.2.3 硼氢化钾:取硼氢化钾(KBH_4)5 g用氢氧化钠溶液(A.5.8.2.2)溶解在500 mL容量瓶中。

A.5.8.2.4 硝酸:1 mol/L。

A.5.8.2.5 高锰酸钾溶液:5 g/mL。

A.5.8.2.6 汞标准母液:每升含汞1 000 mg。

A.5.8.2.7 汞标准溶液:每升含汞1 mg。用移液管(A.5.8.3.5)吸取汞标准母液(A.5.8.2.6)1 mL于一个1 000 mL单刻度容量瓶中,用硝酸溶液(A.5.8.2.4)稀释至刻度,并充分摇匀。此溶液应在使用当天配制。

A.5.8.3 仪器

A.5.8.3.1 原子吸收分光光度计。

A.5.8.3.2 氢化物发生器。

A.5.8.3.3 汞空心阴极灯。

A.5.8.3.4 滴定管:25 mL。

A.5.8.3.5 移液管:10 mL。

A.5.8.3.6 单刻度容量瓶:100 mL、500 mL、1 000 mL。

A.5.8.4 操作步骤

A.5.8.4.1 标准曲线的绘制

由滴定管(A.5.8.3.4)按表A.7中汞标准溶液(A.5.8.2.7)的体积分别加入到一组100 mL单刻

度容量瓶(A.5.8.3.6)中,再加入高锰酸钾溶液(A.5.8.2.5)1 mL,用硝酸溶液(A.5.8.2.4)分别将每个容量瓶稀释至刻度,并充分摇匀。该溶液应在使用的当天配制。

表 A.7

标准对比溶液	汞标准溶液的体积(A.5.8.2.7) mL	标准对比溶液中汞的相应浓度 μg/mL
0	0	0
1	2	0.02
2	4	0.04
3	6	0.06
4	8	0.08
5	10	0.10

将汞空心阴极灯(A.5.8.3.3)安装在原子吸收分光光度计(A.5.8.3.1)上,调节单光源至253.7 nm处,调节仪器以取得最大的吸光度。

调节氢化物发生器的氩气(A.5.8.2.1)的流量,硼氢化钾溶液(A.5.8.2.3)及标准对比溶液的提升量,至适合进行测量。

分别将各个标准对比溶液送入氢化物发生器(A.5.8.3.2)中进行测量,在每次测量之间,都要吸入水通过反应管,务必保持均匀的吸入率。

以标准对比溶液中汞的浓度(μg/mL)为横坐标,以相应的吸收值为纵坐标,绘制曲线。

A.5.8.4.2 试样溶液和空白试样溶液的测定

A.5.8.4.2.1 按照A.4步骤得到的溶液∶高锰酸钾(A.5.8.2.5),99∶1(体积分数)充分混合得到试样溶液。

A.5.8.4.2.2 盐酸溶液1(A.2.1.1)∶高锰酸钾(A.5.8.2.5),99∶1(体积分数)充分混合得到空白试样溶液。

A.5.8.4.2.3 按照标准对比溶液测试方法测定试样溶液及空白试样溶液的吸收值,并由标准曲线查得汞的浓度。

A.5.8.5 结果的表示

被测试样汞含量按式(A.7)计算。

$$X=\frac{c_1-c_0}{m}\times\frac{100}{99}\times V\times K \qquad \cdots\cdots(A.7)$$

式中:

X ——试样中汞含量,单位为毫克每千克(mg/kg);

c_1 ——试样溶液中汞的浓度,单位为微克每毫升(μg/mL);

c_0 ——空白试样溶液中汞的浓度,单位为微克每毫升(μg/mL);

m ——称样质量,单位为克(g);

V ——试样溶液的体积,单位为毫升(mL);

K ——稀释因子。

A.5.9 硒含量的测定——无焰原子吸收光谱法

A.5.9.1 原理

用强还原剂(如:KBH_4)在盐酸溶液中与样品的硒化物作用,生成气态氢化物,然后将此氢化物由氩气送入灼热的石英管中,在波长 196.0 nm 处测量由硒空心阴极灯发射的谱线吸收值。

A.5.9.2 试剂和材料

A.5.9.2.1 氩气:高纯。

A.5.9.2.2 氢氧化钠溶液:5 g/L。

A.5.9.2.3 硼氢化钾溶液:取硼氢化钾(KBH_4)5 g 用氢氧化钠溶液(A.5.9.2.2)溶解在 500 mL 容量瓶中。

A.5.9.2.4 盐酸溶液:5%(质量分数)。

A.5.9.2.5 硒标准母液:每升含硒 1 000 mg。

A.5.9.2.6 硒标准溶液:每升含硒 1 mg。用移液管(A.5.9.3.5)吸取标准母液(A.5.9.2.5)1 mL 于一个 1 000 mL 单刻度容量瓶中,用盐酸溶液(A.5.9.2.4)稀释至刻度,并充分摇匀。此溶液应在使用当天配制。

A.5.9.3 仪器

A.5.9.3.1 原子吸收分光光度计。

A.5.9.3.2 氢化物发生器。

A.5.9.3.3 硒空心阴极灯。

A.5.9.3.4 滴定管:25 mL。

A.5.9.3.5 移液管:10 mL。

A.5.9.3.6 单刻度容量瓶:100 mL、500 mL、1 000 mL。

A.5.9.4 操作步骤

A.5.9.4.1 标准曲线的绘制

由滴定管(A.5.9.3.4)按表 A.8 中硒标准溶液(A.5.9.2.6)的体积分别加入到一组 100 mL 单刻度容量瓶(A.5.9.3.6)中,用盐酸溶液(A.5.9.2.4)稀释至刻度,并充分摇匀。该溶液应在使用的当天配制。

表 A.8

标准对比溶液	硒标准溶液(A.5.9.2.6)的体积 mL	标准对比溶液中硒的浓度 μg/mL
0	0	0
1	2	0.02
2	4	0.04
3	6	0.06
4	8	0.08
5	10	0.10

将硒空心阴极灯(A.5.9.3.3)安装在原子吸收分光光度计(A.5.9.3.1)上,调节单光源至 196.0 nm 处,调节仪器以取得最大的吸光度。

将石英管加热,调节氢化物发生器的氩气(A.5.9.2.1)的流量,硼氢化钾溶液(A.5.9.2.3)及标准对比溶液的提升量,至适合时进行测量。

分别将各个标准对比溶液送入氢化物发生器(A.5.9.3.2)中进行测量。在每次测量之间，都要吸入水通过反应管，务必保持均匀的吸入率。

以标准对比溶液中硒的浓度(μg/mL)为横坐标，以相应的吸收值为纵坐标，绘制曲线。

A.5.9.4.2　试样溶液和空白试样溶液

按照 A.4 步骤得到的试样溶液。

取盐酸溶液 1(A.2.1.1)作为空白试样溶液。

按照标准对比溶液方法测定试样溶液及空白试样溶液吸收值，并由标准曲线查得硒的浓度。

A.5.9.5　结果的表示

被测试样硒含量按式(A.8)计算。

$$X=\frac{c_1-c_0}{m}\times V\times K \qquad \text{(A.8)}$$

式中：

X ——试样中硒含量，单位为毫克每千克(mg/kg)；

c_1 ——试样溶液中硒的浓度，单位为微克每毫升(μg/mL)；

c_0 ——空白试样溶液中硒的浓度，单位为微克每毫升(μg/mL)；

m ——称样质量，单位为克(g)；

V ——试样溶液的体积，单位为毫升(mL)；

K ——稀释因子。

附　录　B
（规范性附录）
牙刷毛束弯曲力的测定

B.1　试验取样

试验用5支牙刷。

B.2　试验条件

室温：(23±2)℃。

B.3　仪器设备

B.3.1　牙刷毛束强度测定仪RB-2，见图B.1。
B.3.2　玻璃温度计（最小分度值为1℃）。
B.3.3　烧杯（500 mL）。
B.3.4　秒表。

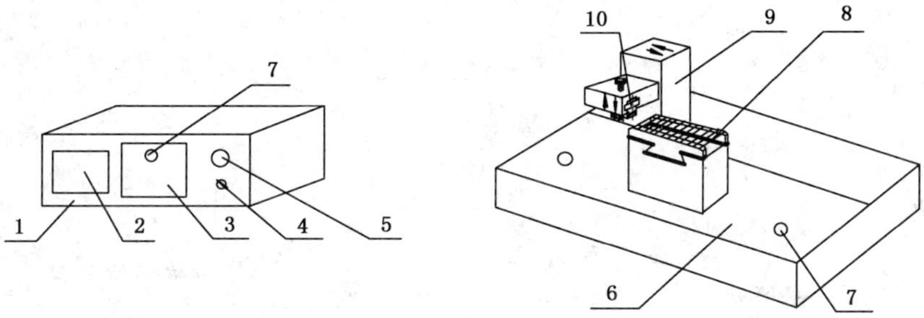

说明：
1——控制系统；
2——显示屏；
3——输入键；
4——电源开关；
5——电源指示灯；
6——工作台面；
7——确认键；
8——格栅；
9——垂直柱；
10——刷头夹具。

图 B.1

B.4　试样制备

在牙刷颈部切断刷头，将刷头在(23±4)℃水温浸泡90 s取出，待180 s±15 s后开始试验。

B.5 试验步骤

B.5.1 量取刷毛高度,对异型毛刷头全部刷毛高度取加权平均值。

B.5.2 将刷头固定在垂直柱的刷头夹具上,确保毛束平面与工作台面平行,打开电源开关,电源指示灯显示,预热 30 min 后,在控制系统中的输入键上输入毛束高度值,按确认键,主机运行至待测状态。再次按确认键,垂直柱的刷头夹具移动至格栅中央,此时刷毛高度的三分之一自动进入格栅,垂直柱继续向左移动,在显示屏中显示出正向毛束弯曲力值 F_1。此后垂直柱再返回格栅中央,此时刷毛高度的三分之一再次自动进入格栅,垂直柱继续向右移动,在显示屏中显示出反向毛束弯曲力值 F_2。

B.5.3 按上述步骤测试 5 支。

B.6 结果的计算

毛束弯曲力(F)按式(B.1)进行计算。

$$F=\frac{F_1+F_2}{2} \qquad \text{(B.1)}$$

式中:

F_1——正向毛束弯曲力,单位为牛顿(N);

F_2——反向毛束弯曲力,单位为牛顿(N)。

ICS 33.200
M 50

中华人民共和国国家标准

GB/T 19392—2013
代替 GB/T 19392—2003

车载卫星导航设备通用规范

General specification for in-vehicle satellite navigation equipment

2013-12-31 发布　　2014-07-15 实施

中华人民共和国国家质量监督检验检疫总局
中国国家标准化管理委员会 发布

前　言

本标准按照 GB/T 1.1—2009 给出的规则起草。

本标准代替 GB/T 19392—2003《汽车 GPS 导航系统通用规范》。

本标准与 GB/T 19392—2003 相比主要变化如下：

——标准名称由《汽车 GPS 导航系统通用规范》变更为《车载卫星导航设备通用规范》，将原标准中单纯的 GPS 导航系统，扩展为卫星导航系统（包括 GPS，GALILEO，GLONASS，北斗等）；

——修改了术语及定义（2003 年版的第 3 章；本版的第 3 章）；

——将定位精度由 50 m（2DRMS 量度）修订为 15 m（2DRMS 量度）（2003 年版的 4.2.1.1；本版的 4.2.1.1）；

——将路径规划时间由不大于 1 min 修订为 20 s[2003 年版的 4.2.1.4a)；本版的 4.2.1.4a)]；

——将目标检索规划时间由不大于 1 min 修订为 5 s[2003 年版的 4.2.1.4b)；本版的 4.2.1.4b)]；

——增加了接收实时交通信息进行动态导航的相关要求（见 4.2.1）；

——将高温工作温度由 55 ℃修订为 70 ℃（2003 年版的 4.3.1；本版的 4.3.1）；

——将高温贮存温度由 70 ℃修订为 85 ℃（2003 年版的 4.3.2；本版的 4.3.2）；

——修改了电磁兼容性要求及测试方法（2003 年版的 4.6 和 5.7；本版的 4.6 和 5.7）；

——修改了测试方法（2003 年版的第 5 章；本版的第 5 章）

——修改了环境适应性测试方法（2003 年版的 5.4；本版的 5.4）；

——取消了附录 B（资料性附录）兴趣点的类型。

请注意本文件的某些内容可能涉及专利。本文件的发布机构不承担识别这些专利的责任。

本标准由中华人民共和国工业和信息化部提出。

本标准由全国导航设备标准化技术委员会（SAC/TC 43）归口。

本标准起草单位：西安东强电子导航有限公司、中国电子科技集团公司第二十研究所、中国电子技术标准化研究院。

本标准起草人：王信群、陈倩、高峰、徐刚。

车载卫星导航设备通用规范

1 范围

本标准规定了车载卫星导航设备(以下简称设备)的要求、试验方法、检验规则、标志、包装、运输及贮存。

本标准适用于车载卫星导航设备的研制和生产。以无线通信和卫星导航相结合,并具备路径导航功能的其他车载电子产品可参照采用。

2 规范性引用文件

下列文件对于本文件的应用是必不可少的。凡是注日期的引用文件,仅注日期的版本适用于本文件。凡是不注日期的引用文件,其最新版本(包括所有的修改单)适用于本文件。

GB/T 191 包装储运图示标志

GB/T 2423.1 电工电子产品环境试验 第2部分:试验方法 试验A:低温

GB/T 2423.2 电工电子产品环境试验 第2部分:试验方法 试验B:高温

GB/T 2423.3 电工电子产品环境试验 第2部分:试验方法 试验Cab:恒定湿热试验

GB/T 2423.5 电工电子产品环境试验 第2部分:试验方法 试验Ea和导则:冲击

GB/T 2423.10 电工电子产品环境试验 第2部分:试验方法 试验Fc和导则:振动(正弦)

GB/T 2828.1—2012 计数抽样检验程序 第1部分:按接收质量限(AQL)检索的逐批检验抽样计划

GB/T 2829—2002 周期检验计数抽样程序及表(适用于过程稳定性检验)

GB/T 4857.5 包装 运输包装件 跌落试验方法

GB/T 5080.1—2012 可靠性试验 第1部分:试验条件和统计检验原理

GB/T 5080.7—1986 设备可靠性试验 恒定失效率假设下的失效率与平均无故障时间的验证试验方案

GB 5296.1 消费品使用说明 第1部分:总则

GB/T 6388 运输包装收发货标志

GB/T 8566 信息技术 软件生存周期过程

GB/T 8567 计算机软件产品开发文件编制指南

GB/T 12504 计算机软件质量保证计划规范

GB/T 13384—2008 机电产品包装通用技术条件

GB 15842—1995 移动通信设备安全性要求和试验方法

GB/T 17619—1998 机动车电子电器组件的电磁辐射抗扰性限值和测量方法

GB/T 18655—2010 车辆、船和内燃机 无线电骚扰特性 用于保护车载接收机的限值和测量方法

GB/T 19951—2005 道路车辆 静电放电产生的电骚扰试验方法

GB 20263—2006 导航电子地图安全处理技术基本要求

GB/T 20267—2006 车载导航电子地图产品规范

GB/T 21437.2—2008 道路车辆 由传导和耦合引起的电骚扰 第2部分:沿电源线的电瞬态

传导

GB/T 21437.3—2012 道路车辆 由传导和耦合引起的电骚扰 第3部分:除电源线外的导线通过容性和感性耦合的电瞬态发射

GB/T 28441—2012 车载导航电子地图数据质量规范

GB/T 28442—2012 导航电子地图数据分类与编码

GB/T 28443—2012 导航电子地图图形符号

SJ/Z 3216—1989 电子产品防护、包装和装箱等级

3 术语和定义

下列术语和定义适用于本文件。

3.1

车载卫星导航设备 in-vehicle satellite navigation equipment

以卫星定位为基础,结合其他定位手段获得车辆位置数据,并与导航地图数据库相匹配,实时获得车辆位置数据并进行引导的设备。

3.2

导航地图数据库 map database for navigation

按特定格式存储,并与导航信息有关的数字地图信息数据库。与地图有关的信息通常包括地理编码数据、路径规划数据、背景数据和参考数据等。

3.3

定位模块 positioning module

根据卫星定位信息并可融合其他传感器的输出信息,确定车辆位置的功能模块。

3.4

地图匹配 map matching

把从定位模块获取到的位置(轨迹)与导航地图数据库所提供的地图信息进行匹配来确定车辆在地图上位置的一种技术。

3.5

路径规划 route planning

利用导航地图数据库所提供的道路网等信息帮助驾驶者规划路径的过程。

3.6

路径引导 route guidance

引导驾驶者沿着已规划路径行驶的过程。

3.7

定位精度 positioning accuracy

设备经地图匹配所确定的车辆位置与实际位置的偏差(2DRMS量度)。

3.8

启动时间 start-up time

设备从加电开始到输出首个满足定位精度要求的位置数据的时间。

3.9

节点 node

道路的交叉点,或区分一条道路中属性不同部分的点。

3.10

路段 segment

两个节点之间的道路。

3.11

道路网 road network

由节点和路段构成的道路网络。

3.12

背景地物 cartographic background

在地图中反映位置关系的建筑群、铁路、水系、绿地、边界线等。

3.13

注记 cartographic text

作为地图要素显示的行政区划、道路名称、街道名称、国道和省道的标号，以及著名地点或地物的名称等类型的文本。

3.14

北向上 north up

一般的地图显示方式，即按照上北、下南、左西、右东的方式显示地图。

3.15

车头向上 head up

一种特殊的地图显示方式，该方式要求地图要随着车辆的车头方向而旋转，使地图上车辆图标的显示方向始终保持向上。

3.16

兴趣点 point of interest；POI

关注点

一个能描述特定地址的出入口位置，以作为设备导航的目标。

3.17

机动引导 maneuver guidance

在路径引导过程中遇到下列情况之一时应提前提供的引导：

a) 在路径中遇到交叉路口时，不是直行通过路口，或者需要驶入与当前道路等级不同的道路；

b) 在路径中遇到环岛。

3.18

黑盒测试 black box test

为功能测试，该方法将设备看作一个黑盒，并不考虑设备内部的逻辑结构和内部特性，只根据规定的需求、功能来设计测试用例，检查设备的功能是否符合规格说明的要求。

3.19

实时交通信息 real-time traffic information

表征道路交通实时运行状况的信息，包括道路拥堵状况、交通事件等。

3.20

动态导航功能 dynamic navigation

接收和分析实时交通信息，在导航过程中能够自动规避交通拥堵路段和封闭路段的导航功能。

3.21

车载卫星动态导航设备 in-vehicle satellite dynamic navigation equipment

具备动态导航功能的车载卫星导航设备。

4 要求

4.1 一般要求

4.1.1 设备组成

4.1.1.1 设备组成应至少包括下列装置或设备单元：

a) 计算控制单元；

b) 导航定位装置，包括卫星定位接收机，惯性导航装置；

c) 数据存储介质，包括导航地图数据库存储介质和用户数据存储介质；

d) 人机接口装置，包括显示装置，语音输出装置和用于信息输入及操作控制的装置；

e) 外部接口，包括数据通信接口或汽车信号接口，如：速度脉冲信号、手刹信号、车灯信号和倒车信号等。

注：数据通信接口可内置。

4.1.1.2 车载卫星动态导航设备至少还应包括实时交通信息的接收装置。

4.1.2 基本功能

4.1.2.1 应至少具有下列基本功能：

a) 在行程时间里实时确定车辆当前位置，并进行地图匹配的功能；

b) 提供地图显示功能的设备，具有将车辆当前位置和行驶方向显示在地图上的功能；

c) 目标检索功能；

d) 路径规划功能；

e) 对驾驶者进行实时路径引导的功能。

4.1.2.2 车载卫星动态导航设备还应具有对实时交通信息的接收、解析和处理功能。

4.1.3 软件设计

应符合下列要求：

a) 软件开发符合 GB/T 8566 规定；

b) 软件文档编制符合 GB/T 8567 规定；

c) 软件质量保证符合 GB/T 12504 规定。

4.1.4 显示

应符合下列要求：

a) 显示内容应至少包括道路特征、车辆位置、行驶方向，并准确、易懂、醒目；

b) 界面文字显示应基于文本顺序，从左至右，从上到下；界面颜色应清晰、易辨；

c) 显示器应配有调光功能，允许调节屏幕亮度；

d) 应具备日间显示模式和夜间显示模式。

4.1.5 语音输出

应符合下列要求：

a) 引导信息应配有相应的语音提示；

b) 语音输出语句应短小、清晰、频度适当；

c) 应提供语音输出开关及音量调节功能。

4.1.6 导航地图数据库

应符合下列要求：

a) 采用的导航地图符合 GB/T 20267—2006 规定；

b) 图形、符号符合 GB/T 28443—2012 规定；

c) 数据分类与编码符合 GB/T 28442—2012 规定；

d) 数据质量符合 GB/T 28441—2012 规定；

e) 安全处理符合 GB 20263—2006 规定。

4.1.7 操作与控制

应符合下列要求：

a) 操作应简单灵敏，符合正常使用习惯；

b) 误操作应不引起设备的功能异常及设备损坏；

c) 控制应灵敏便于正常调节；

d) 常用的操作应易完成。

4.1.8 外观质量

表面应无凹痕、划伤、裂缝、变形、锈蚀、霉斑、灌注物溢出等缺陷；涂(镀)层不应起泡、龟裂或脱落；文字符号及标志应清楚、美观。

4.1.9 外形尺寸、质量及安装

外形尺寸、质量及安装方法由产品标准规定，但设备的安装不应影响驾驶者安全驾驶。

4.2 性能与功能要求

4.2.1 性能

4.2.1.1 定位精度

卫星定位装置的定位精度应小于 15 m(2DRMS 量度)，车辆在地图上显示或语音提示的位置与车辆实际位置应一致，且错误概率应小于 5%。

4.2.1.2 位置更新率

应至少能每 1 s 产生、显示、输出一次新的车辆位置。

4.2.1.3 启动时间

设备在正常工作环境条件下的启动时间不应超过 2 min。

4.2.1.4 效率

应满足下列要求：

a) 路径规划时间：从开始路径规划到开始路径引导的时间不大于 20 s；

b) 目标检索时间：在目标检索过程中，设备对用户每次操作的响应时间不大于 5 s；

c) 地图缩放，地图移动时间不大于 3 s。

4.2.2 功能

4.2.2.1 车辆定位及地图匹配功能

应具有下列车辆定位及地图匹配功能：

a) 应具有推算导航功能，使车辆在卫星导航定位系统信号受到遮挡的情况下仍能导航；

b) 为其他功能提供与地图匹配后的车辆位置，并能提供车辆所在道路、位置等状态信息。

4.2.2.2 地图显示功能

提供地图显示功能的设备，应能直观地提供车辆的位置、前方道路或路径情况及目的地的相对方位。应具有下列功能：

a) 基本显示内容

道路网、背景地物、注记、兴趣点图标和能够表示车头方向的车辆位置图标。

b) 地图缩放

应提供在地图区域内的任意位置放大及缩小地图的功能。地图缩放的最大比例为每像素表示 1 m～2 m，最小比例为每像素表示 8 km～10 km，或者能够显示整个地图区域。

c) 地图旋转

应提供北向上和车头向上两种地图显示方式。其中采用车头向上显示方式时，应提供在地图区域内的任意位置旋转地图的功能。地图旋转与车头方向的角度差应在±6°范围内。

d) 地图漫游

应提供位置滚动和平滑滚动两种地图漫游功能。

e) 注记显示

——应避免注记的重叠显示；

——在地图旋转时，注记文本基于水平显示的旋转角度应在±90°范围内。

f) 兴趣点图标显示

——应避免兴趣点图标重叠显示；

——兴趣点图标的大小不应随地图的缩放而缩放，兴趣点图标的方向不应随地图的旋转而旋转。

g) 路径显示

在路径引导过程中显示地图时，应将路径突出显示，使驾驶员易于分辨路径的走向。

4.2.2.3 目标检索功能

应提供下列目标检索功能：

a) 地址检索功能；

b) 兴趣点名称检索功能；

c) 兴趣点分类检索功能；

d) 周边检索功能。

4.2.2.4 路径规划功能

应具有下列路径规划功能：

a) 能够在起始点和目的地之间计算出一条合法的、代价最小的路径；

b) 至少能提供最快路径和最短路径两种计算方法；

c) 在车辆偏离规划路径时，能自动地重新规划路径；

d) 车载卫星动态导航设备在规划路径时，能自动规避实时交通信息提供的拥堵路段和封闭路段；

e) 车载卫星动态导航设备在路径引导过程中接收到影响当前路径的实时交通信息时，能适时地自动重新规划路径，规避规划路径上新出现的拥堵路段和封闭路段。

4.2.2.5 路径引导功能

当车辆沿规划路径行驶时，应根据车辆在路径上的位置，提供引导信息和提示信息：

a) 一般引导信息

在整个路径引导过程中，应提供下列信息：

——沿路径行驶，从当前位置到目的地的距离；

——沿路径行驶，估计到达目的地的时间或估计的行驶时间；

——目的地相对当前位置的方位；

——沿路径行驶，从当前位置到前方下一个机动引导位置的距离。

b) 机动引导信息

应在机动引导过程中，应提供下列信息：

——在路径中遇到交叉路口时，如果不是直行通过路口，或者需要驶入与当前道路等级不同的道路，应提供在该交叉路口的转弯方向(左转、右转、调头)、转弯角度或急或缓等信息；

——在路径中遇到环岛时，应提供在环岛上第几个路口驶离环岛的信息。

c) 提示信息

应在下列情况下提供提示信息：

——驶入或驶出高速公路；

——接近目的地。

d) 提供机动引导信息和提示信息的时机

应在机动及提示位置之前提供相应的信息。在普通道路或街道上至少应提前 300 m，而在高速公路上则至少应提前 1 000 m；如果两个连续的机动或提示位置的距离在普通道路上小于 100 m，或在高速公路上小于 300 m，在为前一个机动或提示位置提供引导信息的同时，应说明下一个机动或提示非常接近。

e) 路径引导的方式

应具有下列路径引导方式：

——语音引导：提供机动引导信息和提示信息。在出现 4.2.2.5d) 所描述的情况时，应通过多次播放准确、简洁的语音来提供引导信息；

——机动引导画面：显示机动路口示意图，提供机动引导信息和一般引导信息。应在出现 4.2.2.5d) 所描述的情况时显示；

——地图引导画面：提供地图显示功能的设备应能够通过该画面显示地图并提供机动引导信息和一般引导信息。该画面应能够和机动引导画面相互切换。

4.2.3 电源与功耗

4.2.3.1 电源

由产品标准规定。

4.2.3.2 功耗

由产品标准规定。

4.2.4 接口

4.2.4.1 汽车信号接口

至少应具有一个汽车信号接口,以接收速度脉冲、倒车、手刹及车灯等信号。

4.3 环境适应性

4.3.1 高温工作

设备在温度为 70 ℃时,应能正常工作。

4.3.2 高温贮存

设备应能承受 85 ℃高温贮存试验。

4.3.3 低温工作

设备在温度为−10 ℃时,应能正常工作。

4.3.4 低温贮存

设备应能承受−30 ℃低温贮存试验。

4.3.5 湿热

设备应能承受温度为 40 ℃、相对湿度为 93%、试验周期为 48 h 的恒定湿热试验。

4.3.6 振动

设备在表 1 的振动条件下,应能正常工作。

表 1 振动条件

<table>
<tr><th>频率范围
Hz</th><th>振幅
mm</th><th>加速度
m/s^2</th><th>扫频速率
oct/min</th><th>每一方向试验时间
h</th></tr>
<tr><td>10～25</td><td>1.2</td><td>—</td><td rowspan="2">1</td><td rowspan="2">8</td></tr>
<tr><td>25～500</td><td>—</td><td>30</td></tr>
<tr><td colspan="5">振幅和加速度适用于“Z”,对于“X”和“Y”方向其振幅和加速度值可以除以 2。
振动试验时的“Z”方向规定为与汽车的垂直方向平行的方向。</td></tr>
</table>

4.3.7 冲击

处于工作状态的设备应能承受峰值加速度为 150 m/s^2、脉冲持续时间为 11 ms、每个轴向为连续 3 次的半正弦波冲击试验。

4.4 安全性

4.4.1 设备安全性

要求除应满足 GB 15842—1995 要求外,还应满足:

a） 设备电源应有防止过电流、过电压、电源瞬变和偶然极性错误的保护装置；

b） 各设备接口插座处应有明显标记和防插错装置。

4.4.2 使用安全性

设备的使用不应妨碍安全驾驶。

4.5 可靠性

由产品标准规定。

4.6 电磁兼容性

电磁兼容性要求见表2。

表2 电磁兼容性要求

序号	项目	要　求
1	辐射骚扰场强	应符合GB/T 18655—2010等级2所规定的限值要求
2	传导骚扰	应符合GB/T 18655—2010等级2所规定的限值要求
3	静电放电抗扰度	应符合GB/T 19951—2005规定的要求，通电状态，接触放电试验电压为±6 kV，空气放电试验电压为±8 kV；不通电状态，接触放电试验电压±6 kV，空气放电试验电压±15 kV
4	辐射抗扰度	应符合GB/T 17619—1998规定的要求，在20 MHz～1 000 MHz频率范围内，试验场强为24 V/m
5	电源线电瞬态传导	应符合GB/T 21437.2—2008中测试波形要求，在电源线分别测试脉冲1、脉冲2、脉冲3、脉冲4、脉冲5，推荐试验等级Ⅲ
6	信号线电瞬态传导	应符合GB/T 21437.3—2012中测试波形要求，在信号线分别测试快脉冲和慢脉冲，推荐试验等级Ⅱ

5 测试方法

5.1 测试条件

5.1.1 除另有规定外，所有测试应在如下测试用标准大气条件下进行：

a） 温度：15 ℃～35 ℃；

b） 相对湿度：25%～75%；

c） 大气压力：86 kPa～106 kPa。

5.1.2 测试场地应选择在交通便利、周围无显著电磁信号干扰且环视高度角10°以上无障碍物的地方。

5.1.3 测试期间施加于设备的电源电压应在额定电压的(100±5)%范围内。

5.1.4 除另有规定外，一般利用空中实际的卫星信号进行测试。当利用卫星信号模拟发生器来作为标准测试信号源时，其产生的信号应具有和卫星信号相同的特性。

5.1.5 所有测试设备应有足够的分辨率、准确度和稳定度，其性能应满足被测技术性能指标的要求。除另有规定外，其精度应优于被测指标精度一个数量级或三分之一。

5.1.6 所有测试设备应经过计量检定合格并在有效期内。

5.2 一般要求

5.2.1 概述

第4章中的要求,在本章中没有规定具体测试方法的可通过目测,图、文、物核对,操作演示或按产品标准中规定的方法进行。

5.2.2 外观质量

用目测和手感法进行检查,亦可借助放大倍数不超过10的放大镜进行。

5.2.3 外形尺寸、质量和安装

用量具和衡器检查尺寸和质量,用评审法检验安装要求。

5.3 性能与功能

5.3.1 定位精度

设备选用卫星定位装置的定位精度按产品标准中规定的方法进行测试;设备定位精度按以下方法测试:

将设备安装在车辆上,让其正常工作,选取包含高架桥、隧道、平行路、丁字路、环岛、高速路出入口、高速路匝道等典型路况的道路作为测试道路,其中每种典型路况不少于5个、总数不少于100个,测试道路总里程不少于200 km。使车辆以不低于20 km/h的速度在测试道路上行驶,记录车辆在典型路况机动点的道路匹配结果,统计错误概率,其中出现匹配错误后,纠错时间小于10 s的错误不作为错误进行统计。

5.3.2 位置更新率

在设备以不小于20 km/h的速度连续移动并保持定位的情况下,在5 min内,用秒表测量连续获取100组位置数据所需时间。

5.3.3 启动时间

用秒表测量设备的启动时间。

5.3.4 效率

试验程序如下:

a) 路径规划时间

任意选取从起点到终点距离在50 km～500 km范围内的路径,进行路径规划,用秒表测量从开始路径规划到开始路径引导的时间,连续获取并记录100组不同的测量数据。

b) 目标检索时间

用秒表测量目标检索过程中设备对用户操作的响应时间,连续获取并记录100组测量数据。

5.3.5 功能

应通过黑盒测试法按下列产品标准规定的方法进行。

表 3 地图显示功能检测

序号	检测项目	检测方法	合格判剧
1	地图缩放	按设备产品标准进行缩放地图操作	可以放大/缩小比例尺，地图画面显示正常
2	地图旋转	按设备产品标准进行地图方向设置	可以设置地图方向为北向上/车头向上，地图画面显示正常
3	地图漫游	按设备产品标准进行平移地图操作	地图可以平滑滚动，地图画面显示正常

表 4 目标检索功能检测

序号	检测项目	检测方法	合格判剧
1	地址检索功能	按设备产品标准随机选取地址进行检索	可通过地址检索功能检索省级、市县、街道、门牌号、交叉路口等；选择地址后，可以计算路线，地图画面显示正常
2	兴趣点分类检索	按设备产品标准随机选取兴趣点分类进行检索	可通过兴趣点类别检索兴趣点，选择兴趣点后，可以计算路线，地图画面显示正常
3	兴趣点名称检索	按设备产品标准随机选取兴趣点名称进行检索	可通过兴趣点名称检索到兴趣点，选择兴趣点后，可以计算路线，地图画面显示正常
4	周边检索	按设备产品标准随机选取目标进行检索	可进行周边检索，选择目标后，可以计算路线，地图画面显示正常

表 5 路径规划功能检测

序号	检测项目	检测方法	合格判剧
1	最快路径规划	按设备产品标准设置路径规划为最快模式，选取目的地	计算路线，不考虑交通拥挤按照行驶时间最短计算路线，地图画面显示正常
2	最短路径规划	按设备产品标准设置路径规划为最短模式，选取目的地	计算路线，按照可用的距离最短计算路线，地图画面显示正常

表 6 路径引导功能检测

序号	检测项目	检测方法	合格判剧
1	语音引导	按设备产品标准进入语音引导功能	通过语音提供引导信息
2	机动引导、地图引导	按设备产品标准进入机动引导及地图引导功能	通过机动或地图画面提供引导信息

5.3.6 电源与功耗

按产品标准规定的方法进行。

5.3.7 接口

5.3.7.1 数据通信接口

将设备数据通信接口按产品标准接入相应的通信设备，检查数据内容和格式。

5.3.7.2 汽车信号接口

将车辆信号按设备安装要求接入设备相应接口，检查设备相关引导、控制功能。

5.4 环境适应性

环境试验中的初始检测、中间检测和最后检测项目见表7。

表7 环境适应性检测项目

序号	检测项目	要求的章条号	检验方法章条号
1	显示	4.1.4	5.2.1
2	语音输出	4.1.5	5.2.1
3	操作与控制	4.1.7	5.2.1
4	外观质量	4.1.8	5.2.2
5	位置更新率	4.2.1.2	5.3.2
6	效率	4.2.1.4	5.3.4
7	接口	4.2.4	5.3.7

5.4.1 高温工作

高温工作试验方法按 GB/T 2423.2 的规定进行。其中温度稳定时间为 2 h，恢复时间为 2 h，中间检测项目按表 7 中序号 1、2、3 进行，初始检测和最后检测项目按表 3 中各项目进行。

5.4.2 高温贮存

高温贮存试验方法按 GB/T 2423.2 的规定进行。其中温度稳定时间为 2 h，恢复时间为 2 h，试验时间为 16 h，初始检测和最后检测项目按表 7 中各项目进行。

5.4.3 低温工作

低温工作试验方法按 GB/T 2423.1 的规定进行。其中温度稳定时间为 2 h，恢复时间为 2 h，中间检测项目按表 7 中序号 1、2、3 进行，恢复 2 h 后，初始检测和最后检测项目按表 3 中各项目进行。

5.4.4 低温贮存

低温贮存试验方法按 GB/T 2423.1 的规定进行。其中温度稳定时间为 2 h，恢复时间为 2 h，试验时间为 16 h，的初始检测和最后检测项目按表 7 中各项目进行。

5.4.5 湿热

湿热试验方法按 GB/T 2423.3 的规定进行。

在完成持续 48 h 的试验后，受试样品的初始检测和最后检测项目按表 7 中各项目进行。

5.4.6 振动

振动试验方法按 GB/T 2423.10 的规定进行。

受试样品的中间检测项目按表 3 中序号 1、2、3 进行，初始检测和最后检测项目按表 7 中各项目进行。

5.4.7 冲击

冲击试验方法按 GB/T 2423.5 的规定进行。

受试样品在试验过程中应处于工作状态，受试样品的初始和最后检测项目按表 7 中各项目进行。

5.5 安全性

5.5.1 设备安全性

设备安全性要求如下：

a) 向设备输入一个极性相反的电源电压，持续 5 min 后，更换保险丝后再接上正常电压，设备应能正常工作；

b) 用目测法检查连接器上的标记和防插错装置；

c) 其他安全性要求的试验方法按 GB 15842—1995 的规定进行。

5.5.2 使用安全性

用评审法检验。

5.6 可靠性

5.6.1 试验方案

设备的可靠性试验方案，根据生产批量的多少和生产方可能提供的试验条件，由生产方和使用方按照下述试验方案协商确定：

a) 在设备定型时，应进行可靠性鉴定试验，以验证设备是否达到规定的可靠性要求。鉴定方案可选用 GB/T 5080.7—1986 中标准型定时截尾试验方案；

b) 在设备批量生产验收且不需要估计 MTBF 的真值时，应以预定的判断风险率（α、β），对规定的 MTBF 值作合格与否的判决。方案可选用 GB/T 5080.7—1986 中序贯试验方案。

5.6.2 受试样本的数量

受试样本的数量要求如下：

a) 可靠性试验受试样本的数量应在有关合同中规定或由生产方和使用方商定；

b) 最佳受试样本的数量推荐如表 8 所示。

表 8 最佳样本数

批量大小	最佳样本数
1～3	全部
4～50	4
50～100	8

5.6.3 失效判决

失效判决准则按 GB/T 5080.1—2012 中规定执行。

5.7 电磁兼容性

5.7.1 辐射骚扰场强

按 GB/T 18655—2010 中第 6 章规定的方法进行。

5.7.2 传导骚扰

按 GB 18655—2010 中第 6 章规定的方法进行。

5.7.3 静电放电抗扰度

按 GB/T 19951—2005 中第 5 章和第 7 章规定的方法进行。

性能判据推荐采用附录 B 中功能状态 B 类，即设备或系统在暴露于干扰期间，能执行其预先设计的所有功能；然而，有一项或多项指标超出规定偏差。所有功能在移出直接暴露干扰之后自动恢复到正常允许范围内。

5.7.4 辐射抗扰度

按 GB/T 17619—1998 中第 9 章规定的方法进行。性能判据推荐采用如下功能状态，即装置或系统在施加骚扰期间，不执行其预先设计的一项或多项功能，但在停止施加骚扰之后能自动恢复到正常操作状态。

5.7.5 电源线电瞬态传导

按 GB/T 21437.2—2008 中第 4 章规定的方法进行。性能判据推荐采用附录 A 中的功能状态 C 类，即装置或系统在施加骚扰期间，不执行其预先设计的一项或多项功能，但在停止施加骚扰之后能自动恢复到正常操作状态。

5.7.6 信号线电瞬态传导

按 GB/T 21437.3—2012 中第 3 章规定的方法进行。性能判据推荐采用如下功能状态，即装置或系统在施加骚扰期间，不执行其预先设计的一项或多项功能，但在停止施加骚扰之后能自动恢复到正常操作状态。

5.8 包装检验

包装检验如下：

a) 用目测法检查和核对包装箱内的物品和包装标志；

b) 按 GB/T 4857.5 的规定进行垂直冲击跌落试验。

6 质量评定程序

6.1 检验分类

检验包括:鉴定检验、质量一致性检验。

6.2 鉴定检验

鉴定检验的目的是验证设备是否符合其规范要求。有下列情况之一时应进行鉴定检验:

a) 设计定型和生产定型时;

b) 在设计有重大改进、重要的原材料和元器件及工艺有重大变化使原来的鉴定结论不再有效时;

c) 长期停产后恢复生产时;

d) 易地生产时。

6.2.1 检验项目及顺序

鉴定检验项目及顺序见表 5。根据具体情况,使用方和生产方可协商剪裁检验项目或改变检验顺序。

6.2.2 样品数量

检验样品从鉴定批中随机抽出 2 套～4 套进行。亦允许根据不同的检验项目采用不同的样品数量进行,具体由产品标准规定。

6.2.3 合格判据

当规定的检验项目全部符合本标准时,判定鉴定检验合格,否则判为不合格。

若其中任何一项不符合规定要求时,生产方应对不合格项目进行分析,找出不合格原因,并采取纠正措施后再次检验,直至合格。

6.3 质量一致性检验

6.3.1 检验分类

质量一致性检验分为逐批检验和周期检验。

表 9 检验项目

序号	检验项目	鉴定检验	质量一致性检验			要求的章条号	检验方法章条号
			逐批检验		周期检验		
			全数检验	抽样检验			
1	设备组成	○	○	—	—	4.1.1	5.2.1
2	基本功能	○	○	—	—	4.1.2	5.3.5
3	软件设计	○	—	—	—	4.1.3	5.2.1
4	显示	○	○	—	—	4.1.4	5.2.1
5	语音输出	○	○	—	—	4.1.5	5.2.1

表 9（续）

序号	检验项目	鉴定检验	质量一致性检验			要求的章条号	检验方法章条号
			逐批检验		周期检验		
			全数检验	抽样检验			
6	导航地图数据库	○	—	—	—	4.1.6	5.2.1
7	操作与控制	○	○	—	—	4.1.7	5.2.1
8	外观质量	○	○	—	—	4.1.8	5.2.2
9	外形尺寸与质量	○	—	○	—	4.1.9	5.2.3
10	定位精度	○	—	○	—	4.2.1.1	5.3.1
11	位置更新率	○	—	○	—	4.2.1.2	5.3.2
12	启动时间	○	—	○	—	4.2.1.3	5.3.3
13	效率	○	—	○	—	4.2.1.4	5.3.4
14	车辆定位及地图匹配功能	○	—	○	—	4.2.2.1	5.3.5
15	地图显示功能	○	○	—	—	4.2.2.2	5.3.5
16	目标检索功能	○	—	○	—	4.2.2.3	5.3.5
17	路径规划功能	○	—	○	—	4.2.2.4	5.3.5
18	路径引导功能	○	—	○	—	4.2.2.5	5.3.5
19	电源与功耗	○	—	○	—	4.2.3	5.3.6
20	接口	○	○	—	—	4.2.4	5.3.7
21	高温工作	○	—	—	○	4.3.1	5.4.1
22	高温贮存	○	—	—	○	4.3.2	5.4.2
23	低温工作	○	—	—	○	4.3.3	5.4.3
24	低温贮存	○	—	—	○	4.3.4	5.4.4
25	湿热	○	—	—	○	4.3.5	5.4.5
26	振动	○	—	—	○	4.3.6	5.4.6
27	冲击	○	—	—	○	4.3.7	5.4.7
28	安全性	○	—	△	—	4.4	5.5
29	可靠性	△	—	—	△	4.5	5.6
30	电磁兼容性	○	—	—	△	4.6	5.7
31	包装	○	—	—	△	7.2	5.8
注：“○”表示必做项目；“—”表示不做项目；“△”表示按合同规定的选做项目。							

6.3.2 检验批的形成与提出

检验批的形成与提出应符合 GB/T 2828.1—2012 规定。

6.3.3 不合格的分类

按产品的质量特性及其不符合的严重程度分为A类、B类、C类不合格(见附录A)。当有一个或一个以上不合格项目的单位产品称为不合格品。按不合格类型可分为A类、B类、C类不合格品。

6.3.4 检验项目及顺序

检验项目及顺序见表5,根据实际情况,使用方和生产方可协商剪裁检验项目或改变检验顺序。

6.3.5 逐批检验

逐批检验其目的是为判断每个提交检查批的批质量是否符合规定的要求。

根据检查对象,逐批检验分全数检验和抽样检验。

6.3.5.1 全数检验

6.3.5.1.1 抽样方案

对生产方提交检验批的产品百分之百地进行检验。

6.3.5.1.2 合格判据

根据检验结果对全数检验作出如下判定:

a) 当发现A类不合格项时,应判该批产品检验不合格;

b) 当发现B类、C类不合格项小于或等于规定值,则判该批产品检验合格,否则不合格。具体数值由产品标准规定。

6.3.5.1.3 样品处理

经全数检验合格的批中,对发现有不合格的产品,生产方应负责修复并达到规定后,可作为合格品交付。

6.3.5.2 抽样检验

6.3.5.2.1 抽样方案

从交验的合格批中,随机抽取样本。除非另有规定,抽样方案按GB/T 2828.1—2012中规定的一般检验水平Ⅱ,一次正常检验抽样方案,其接收质量限(AQL)规定为:

A类不合格品:AQL为0.65;

B类不合格品:AQL为6.5;

C类不合格品:AQL为15。

6.3.5.2.2 合格判据

根据检验结果,若发现的三类不合格品数均不大于规定的合格判定数,则判检验合格,否则为不合格。

6.3.5.3 重新检验

若抽样检验不合格,生产方应对该批产品进行分析,找出不合格原因并采取纠正措施后,可重新提交检验。重新提交检验批的抽样检验应按GB/T 2828.1—2012中13.3转移规则进行处理。若重新检验合格,仍判抽样检验合格;若重新检验仍不合格,仍判该批产品抽样检验不合格,拒收。

6.3.5.4 样品处理

经逐批检验合格的批中，对发现有不合格的产品，生产方应负责修复并达到规定后，可作为合格品交付。

6.3.6 周期检验

周期检验是生产厂周期性地从全数检验和抽样检验合格的某个批或产品中随机抽取样本进行的检验，以判断在规定周期内生产过程的稳定性是否符合规定的质量指标。

有下列情况之一，应进行周期检验：

a) 连续生产的产品，每年不少于一次，具体要求由产品标准规定；
b) 产品主要设计、工艺及原材料、元器件发生重大更改的提交批；
c) 停产半年后，恢复生产时。

6.3.6.1 抽样方案

除非另有规定，抽样方案按 GB/T 2829—2002 判别水平Ⅲ的一次抽样方案进行，不合格质量水平(RQL)和判定数组见表 10。

表 10 不合格质量水平和判定数组

不合格品	样本大小	RQL	判定数组
A类	6	40	Ac=0,Re=1
B类	6	65	Ac=1,Re=2
C类	6	80	Ac=2,Re=3
注：Ac—合格判定数；Re—不合格判定数。			

6.3.6.2 合格判据

根据检验的不合格品数，按抽样方案中的判定数组要求，判定合格或不合格。若有一组不合格则应暂停交货，分析原因，采取改进措施，重新进行周期检查。合格后，产品方可交货。

当周期检验不合格，对已生产的产品和已交付的产品由生产方采取纠正措施。

6.3.6.3 样品处理

经周期检验的样品不能作为正品出厂。

7 标志、包装、运输及贮存

7.1 标志

产品标志应符合 GB/T 191 和 GB/T 6388 的规定。

在产品上应有以下标志：商标、企业名称与地址、产品型号、生产日期。

除使用方另有规定外，在包装箱上应有如下标志：收发货标志、包装储运图示标志、包装件尺寸及质量等。

7.2 包装

a) 产品包装应符合 GB/T 13384—2008 的规定；

b) 装箱等级按 SJ/Z 3216—1989 中的 B 级要求进行；

c) 包装件应能承受 GB/T 4857.5 的跌落试验，试验后不应有机械损伤或电性能指标不合格；

d) 除使用方另有规定外，包装箱内应备有：装箱单、合格证、使用说明(书)等。

7.3 运输

产品经包装后，可采用任何交通工具运输。但在运输过程中应采取防雨淋、防震以及安全措施。

7.4 贮存

包装后的设备应在环境温度 0 ℃～35 ℃，相对湿度 80%以下，周围无酸碱及其他腐蚀性气体及强磁场的库房中贮存。

若无其他规定，贮存期为 1 年，超过 1 年的产品应开箱检验，经复验合格后方可进入流通领域。

8 使用说明

使用说明(书)的编写应符合 GB 5296.1 的规定并提供下列有关信息：

a) 产品型号及组成；

b) 产品功能及操作；

c) 运输、装配和安装；

d) 保养、故障判断及修理；

e) 安全注意事项；

f) 其他。

附 录 A
（规范性附录）
产品不合格分类

产品不合格分类见表 A.1。

表 A.1 产品不合格分类

分类	检查项目	不合格内容	不合格分类		
			A类	B类	C类
一般要求	显示	● 显示内容不正确 ● 界面颜色不清晰 ● 适应不同光照条件差	○ 	 ○ 	 ○
	语音输出	● 语音输出失真 ● 语音不清晰 ● 音量调节失控		○ ○ ○	
	操作与控制	● 误操作引起设备损坏	○		
	外观质量	● 表面有局部轻微擦伤、起泡、龟裂 ● 结构件金属表面严重锈蚀、发霉		 ○	○
	外形尺寸、质量	● 不符合图样要求		○	
	其他	● 紧固件松动 ● 导线断裂 ● 标记印错		 ○ ○	○
性能与功能	定位精度 位置更新率 启动时间 效率	● 四项主要性能指标严重偏离技术要求 ● 四项重要性能指标虽有偏离，但仍可定位工作	○ 	 ○	
	车辆定位与地图匹配	● 车辆不能定位或不能与地图进行匹配 ● 车辆定位或地图匹配效果差，但仍可工作	○ 	 ○	
	地图显示	● 地图显示功能不符合 4.2.2.2 的要求 ● 地图文字、图标不清晰	○ 	 ○	
	目标检索	● 不能完成目标检索 ● 目标检索效率差	○ 	 ○	
	路径规划	● 路径规划错误 ● 路径规划效率差	○ 	 ○	
	路径引导	● 路径引导信息不正确	○		
	电源	● 在输入电压范围边缘，工作不正常 ● 功耗大于规定值		○ 	 ○

表 A.1（续）

分类	检查项目	不合格内容	不合格分类		
			A类	B类	C类
包装	内包装	● 备附件或随机文件不全		○	
	外包装	● 标记不全或不正确			○
		● 运输试验后发生较严重的机械损伤		○	

ICS 77.120.99
H 65

GB

中华人民共和国国家标准

GB/T 19395—2013
代替 GB/T 19395—2003

金属镨

Praseodymium metal

2013-12-31 发布　　2014-10-01 实施

中华人民共和国国家质量监督检验检疫总局
中国国家标准化管理委员会　发布

前　言

本标准按照 GB/T 1.1—2009 给出的规则起草。

本标准代替 GB/T 19395—2003《金属镨》。

本标准与 GB/T 19395—2003 相比，主要变化如下：

——增加了 034025A 产品牌号和相应的化学成分考核指标；

——增加了 Cd、Pb、Ni、Cr、Ti 元素考核指标；

——修改了 Al、O、C 元素的含量要求。

本标准由全国稀土标准化技术委员会(SAC/TC 229)归口。

本标准主要起草单位：赣州有色冶金研究所、江西南方稀土高技术股份有限公司。

本标准主要起草人：周爱国、陈冬英、温祥、杨新华、刘柏禄、潘建忠、张少夫。

本标准所代替标准的历次版本发布情况为：

——GB/T 19395—2003。

金　属　镨

1　范围

本标准规定了金属镨的要求、试验方法、检验规则和标志、包装、运输、贮存及质量证明书。

本标准适用于氟化物体系熔盐电解氧化镨方法生产的金属镨，用于磁性材料及储氢材料的原料等。

2　规范性引用文件

下列文件对于本文件的应用是必不可少的。凡是注日期的引用文件，仅注日期的版本适用于本文件。凡是不注日期的引用文件，其最新版本(包括所有的修改单)适用于本文件。

GB/T 8170　数值修约规则与极限数值的表示和判定

GB/T 12690(所有部分)　稀土金属及其氧化物中非稀土杂质的化学分析方法

GB/T 14635　稀土金属及其化合物化学分析方法　稀土总量的测定

GB/T 18115.3　稀土金属及其氧化物中稀土杂质化学分析方法　镨中镧、铈、钕、钐、铕、钆、铽、镝、钬、铒、铥、镱、镥和钇量的测定

3　要求

3.1　化学成分

产品化学成分应符合表1的规定。如需方对产品有特殊要求，供需双方可另行协商确定。

表 1

牌号				034030	034025A	034025B	034020A	034020B
化学成分(质量分数)/%	RE不小于			99.5	99.5	99.5	99	99
化学成分(质量分数)/%	Pr/RE不小于			99.9	99.5	99.5	99	99
化学成分(质量分数)/%	杂质含量，不大于	稀土杂质/RE		0.1	0.5	0.5	1	1
化学成分(质量分数)/%	杂质含量，不大于	非稀土杂质	Fe	0.08	0.12	0.12	0.15	0.30
化学成分(质量分数)/%	杂质含量，不大于	非稀土杂质	Si	0.03	0.03	0.05	0.05	0.05
化学成分(质量分数)/%	杂质含量，不大于	非稀土杂质	Ca	0.01	0.01	0.01	0.02	0.03
化学成分(质量分数)/%	杂质含量，不大于	非稀土杂质	Mg	0.01	0.01	0.01	0.02	0.03
化学成分(质量分数)/%	杂质含量，不大于	非稀土杂质	Al	0.03	0.03	0.05	0.08	0.10
化学成分(质量分数)/%	杂质含量，不大于	非稀土杂质	C	0.02	0.03	0.03	0.05	0.05
化学成分(质量分数)/%	杂质含量，不大于	非稀土杂质	O	0.03	0.03	0.04	0.05	0.05
化学成分(质量分数)/%	杂质含量，不大于	非稀土杂质	Mo+W	0.03	0.04	0.05	0.05	0.05
化学成分(质量分数)/%	杂质含量，不大于	非稀土杂质	Cl	0.01	0.01	0.01	0.03	0.03
化学成分(质量分数)/%	杂质含量，不大于	非稀土杂质	S	0.01	0.01	0.01	0.01	0.02
化学成分(质量分数)/%	杂质含量，不大于	非稀土杂质	P	0.02	0.02	0.03	0.05	0.05
化学成分(质量分数)/%	杂质含量，不大于	非稀土杂质	Cd+Pb+Ni+Cr+Ti	0.02	0.03	0.03	0.04	0.05
注：RE表示稀土元素。								

3.2 外观

3.2.1 产品为铸坯形式金属锭，新截面呈银灰色。

3.2.2 产品表面应洁净，无肉眼可见的夹杂物和氧化脱落粉末。

4 试验方法

4.1 化学成分

4.1.1 产品中稀土(RE)总量的分析方法按 GB/T 14635 的规定进行。

4.1.2 产品中稀土杂质含量的分析方法按 GB/T 18115.3 的规定进行。

4.1.3 产品中非稀土杂质元素含量的分析方法按 GB/T 12690 的规定进行。

4.2 数值修约

按 GB/T 8170 的规定进行。

4.3 外观质量

用目视检查。

5 检验规则

5.1 检查和验收

5.1.1 产品由供方质量检验部门进行检验，保证产品质量符合本标准的规定，并填写产品质量证明书。

5.1.2 需方可对收到的产品按本标准的规定进行检验，如检验结果与本标准的规定不符时，应在收到产品之日起 2 个月内向供方提出，由供需双方协商解决。如需仲裁，可委托双方认可的单位进行，并在需方共同取样。

5.2 组批

产品应成批提交验收，每批应由同一牌号的产品组成。

5.3 检验项目

每批产品应进行化学成分和外观的检验。

5.4 取样与制样

5.4.1 化学成分分析的仲裁取样件数按表 2 的规定进行。

表 2

每批质量/kg	≤50	>50～100	>100～200	>200～500	>500
取样数量/块	3	4	5	8	10

5.4.2 化学成分分析的仲裁取样方法按下述规定进行。

取样时，首先将试样打磨干净。分析氧含量，从合金锭中间位置锯切截取试样，取样量不少于 10 g，分析其他化学成分时，用直径 5 mm～10 mm 的钻头在合金锭上下两面等距离处各钻取 3 点，弃去距锭块表面 0.5 mm～1.0 mm 的钻屑，然后钻取试样，取样量不少于 10 g。将所得试样迅速混匀缩分至所需数量，将试样迅速密封保存。

5.4.3 外观质量的仲裁取样方法按下述规定进行。

表面颜色及尺寸检测直接取样。新截面检测，用剪板机把合金从中间剪断，及时察看截面。

5.5 检验结果判定

5.5.1 任一试样的化学成分仲裁分析结果与本标准规定不符时，则从该批产品中取双倍样锭对不合格项目进行重复试验，如仍有不合格项，则判该批产品为不合格。

5.5.2 任一产品外观质量检验与本标准规定不符时，则直接判定该批产品为不合格。

6 标志、包装、运输、贮存及质量证明书

6.1 标志、包装

6.1.1 包装桶(箱)外应有不褪色标志，注明：

a) 供方名称；

b) 产品名称；

c) 牌号、批号、净重、毛重；

d) 出厂日期；

e) “防潮”等标志或字样。

6.1.2 产品应采取防氧化措施密封装入铁桶中，如需方对包装有特殊要求，由供需双方协商确定。

6.2 运输、贮存

产品运输及贮存时严防受潮，需存放干燥处，不应露天放置。

6.3 质量证明书

每批产品应附质量证明书，注明：

a) 供方名称；

b) 产品名称；

c) 牌号、批号、净重、毛重、件数；

d) 各项分析检验结果和供方质量检验部门印记；

e) 本标准编号；

f) 检验日期；

g) 出厂日期。

ICS 27.200
J 73

中华人民共和国国家标准

GB/T 19409—2013
代替 GB/T 19409—2003

水(地)源热泵机组

Water-source(ground-source)heat pumps

2013-12-17 发布 2014-10-01 实施

中华人民共和国国家质量监督检验检疫总局
中国国家标准化管理委员会 发布

前　言

本标准按照 GB/T 1.1—2009 给出的规则起草。

本标准代替 GB/T 19409—2003《水源热泵机组》，与 GB/T 19409—2003 相比主要变化如下：

——型式中增加"地表水式"；

——地下环路式改称为"地埋管式"；

——冷热水机型的试验工况中热源侧进出水温差由 5 ℃改为出水温度和水流量的组合；

——将机组按冷量分类由 8 档改为 2 档；

——修改试验工况，将离心式机组和容积式机组的工况分开确定；

——增加全年综合性能系数(ACOP)作为热泵机组的能效指标。

本标准由中国机械工业联合会提出。

本标准由全国冷冻空调设备标准化技术委员会(SAC/TC 238)归口。

本标准负责起草单位：合肥通用机械研究院、深圳麦克维尔空调有限公司、美意(浙江)空调设备有限公司、山东宏力空调设备有限公司、宁波沃弗圣龙环境技术有限公司、合肥通用机电产品检测院有限公司、合肥通用环境控制技术有限责任公司。

本标准参加起草单位：珠海格力电器股份有限公司、劳特斯空调(江苏)有限公司、烟台蓝德空调工业有限责任公司、南京天加空调设备有限公司、江森自控楼宇设备科技(无锡)有限公司、特灵空调系统(中国)有限公司、青岛海尔空调电子有限公司、浙江盾安人工环境股份有限公司、江西清华泰豪三波电机有限公司、山东科灵空调设备有限公司、广东西屋康达空调有限公司、陕西四季春清洁热源股份有限公司。

本标准主要起草人：张明圣、周威、吴展豪、崔海成、董云达、钟瑜、王严杰、陈昭晖、陈金花、陈春蕾、胡祥华、张维加、国德防、潘祖栋、陈敏峰、葛建民、彭景华、李建峰、王汝金、蔡永坚、汪代杰。

本标准所代替标准的历次版本发布情况为：

——GB/T 19409—2003。

水(地)源热泵机组

1 范围

本标准规定了水(地)源热泵机组(以下简称"机组")的术语和定义、型式和基本参数、要求、试验方法、检验规则、标志、包装、运输和贮存。

本标准适用于以电动机械压缩式制冷系统,以循环流动于地埋管中的水或水井、湖泊、河流、海洋中的水或生活污水及工业废水或共用管路中的水为冷(热)源的水源热泵机组。

2 规范性引用文件

下列文件对于本文件的应用是必不可少的。凡是注日期的引用文件,仅注日期的版本适用于本文件。凡是不注日期的引用文件,其最新版本(包括所有的修改单)适用于本文件。

GB/T 191 包装储运图示标志

GB/T 3785—1983 声级计的电、声性能及测试方法

GB 4706.32 家用和类似用途电器的安全 热泵、空调机和除湿机的特殊要求

GB/T 5226.1 工业机械电气设备 第1部分:通用技术条件

GB/T 6388 运输包装收发货标志

GB/T 10870—2001 容积式和离心式冷水(热泵)机组 性能试验方法

GB/T 13306 标牌

GB/T 18430.1—2007 蒸气压缩循环冷水(热泵)机组 工商业用和类似用途的冷水(热泵)机组

GB/T 17758—2010 单元式空气调节机

GB/T 18836—2002 风管送风式空调(热泵)机组

GB 25131 蒸气压缩循环冷水(热泵)机组 安全要求

JB/T 4330—1999 制冷和空调设备噪声的测定

JB/T 7249 制冷设备术语

3 术语和定义

JB/T 7249 中界定的以及下列术语和定义适用于本文件。

3.1

水源热泵机组 water-source heat pumps

一种以循环流动于地埋管中的水或井水、湖水、河水、海水或生活污水及工业废水或共用管路中的水为冷(热)源,制取冷(热)风或冷(热)水的设备。

注:水源热泵的"水"还包括"盐水"或类似功能的流体(如"乙二醇水溶液"),根据机组所使用的热源流体而定。

3.1.1

冷热风型机组 water-to-air heat pump

使用侧换热设备为带送风设备的室内空气调节盘管的机组。

3.1.2

冷热水型机组　water-to-water heat pump

使用侧换热设备为制冷剂-水热交换器的机组。

3.1.3

水环式机组　water-loop heat pump

以在共用管路循环流动的水为冷(热)源的机组。

3.1.4

地下水式机组　ground-water heat pump

以从水井中抽取的地下水为冷(热)源的机组。

3.1.5

地埋管式机组　ground-loop heat pump

以埋在地表下的盘管中循环流动的水为冷(热)源的机组。

3.1.6

地表水式机组　surface-water heat pump

以湖水、河水、海水、生活污水及工业废水等地表水为冷(热)源的机组。

3.2

全年综合性能系数(ACOP)　Annual Coefficient Of Performance;ACOP

水(地)源热泵机组机组在额定制冷工况和额定制热工况下满负荷运行时的能效,与多个典型城市的办公建筑按制冷、制热时间比例进行综合加权而来的全年性能系数,用ACOP表示。

全年综合性能系数　$ACOP = 0.56EER + 0.44COP$

注1:EER为水(地)源热泵机组在额定制冷工况下满负荷运行时的能效;

注2:COP为水(地)源热泵机组在额定制热工况下满负荷运行时的能效;

注3:加权系数0.56和0.44为选择北京、哈尔滨、武汉,南京和广州五个典型城市的办公建筑制冷、制热时间分别占办公建筑总的空调时间的比例。

4　型式和基本参数

4.1　冷热风型机组的型式

4.1.1　机组按功能分为:

a)　热泵型;

b)　单冷型;

c)　单热型。

4.1.2　机组按结构型式分为:

a)　整体型;

b)　分体型。

4.1.3　机组按送风型式分为:

a)　直接吹出型;

b)　接风管型。

4.1.4　机组按冷(热)源类型分为:

a)　水环式;

b)　地下水式;

c） 地埋管式；

d） 地表水式。

4.2 冷热水型机组的型式

4.2.1 机组按功能分为：

a） 热泵型；

b） 单冷型；

c） 单热型。

4.2.2 机组按结构形式分为：

a） 整体型；

b） 分体型。

4.2.3 机组按冷(热)源类型分为：

a） 水环式；

b） 地下水式；

c） 地埋管式；

d） 地表水式。

4.3 基本参数

4.3.1 使用容积式制冷压缩机的机组正常工作的冷(热)源温度范围见表1。

表1 使用容积式制冷压缩机的机组正常工作的冷(热)源温度范围 单位为摄氏度

机组型式	制冷	制热
水环式机组	20～40	15～30
地下水式机组	10～25	10～25
地埋管式机组	10～40	5～25
地表水式(含污水)机组	10～40	5～30

4.3.2 使用离心式制冷压缩机的机组正常工作的冷(热)源温度范围见表2。

表2 使用离心式制冷压缩机的机组正常工作的冷(热)源温度范围 单位为摄氏度

机组型式	制冷	制热
水环式机组	20～35	15～30
地下水式机组	15～25	15～25
地埋管式机组	15～35	10～25
地表水式(含污水)机组	15～35	10～30

5 要求

5.1 一般要求

机组应按经规定程序批准的图样和技术文件制造。

5.2 零件及材料及制造要求

5.2.1 除配置所有制冷系统组件外，冷热风型机组应配置送风设备。

5.2.2 热泵型机组的电磁换向阀动作应灵敏、可靠，保证机组正常工作。

5.2.3 对地下水式机组和地埋管式机组，所有室外水侧的管路、换热设备应具有抗腐蚀的能力，使用过程中机组不应污染所使用的水源。

5.2.4 机组所有的零部件和材料应分别符合各有关标准的规定，满足使用性能要求，并保证安全。

5.2.5 机组热源侧水质应符合 GB/T 18430.1—2007 附录 D 的要求。不符合水质要求的水源应进行特殊处理或采用适宜的换热装置。

5.3 性能要求

5.3.1 制冷系统密封性

机组制冷系统各部分不应有制冷剂泄漏。

5.3.2 运转

机组在出厂前应进行运转试验，机组应无异常。若试验条件不完备或对于额定电压 3 000 V 及以上的机组，可在使用现场进行运转。

5.3.3 制冷量

机组实测制冷量不应小于名义制冷量的 95%。

5.3.4 制冷消耗功率

机组的实测制冷消耗功率不应大于名义制冷消耗功率的 110%。

5.3.5 热泵制热量

机组实测制热量不应小于名义制热量的 95%。

5.3.6 热泵制热消耗功率

机组的实测制热消耗功率不应大于名义制热消耗功率的 110%。

5.3.7 静压和风量

5.3.7.1 接风管的室内机组最小机外静压实测值应不低于名义静压值的 95%。

5.3.7.2 对冷热风型机组，机组的实测风量不应小于名义风量的 95%。

5.3.8 最大运行制冷

机组在最大运行制冷工况运行时，应满足以下条件：

a) 机组正常运行，没有任何故障；

b) 电机过载保护装置或其他保护装置不应动作；

c) 对冷热风型机组，当机组停机 3 min 后，再启动连续运行 1 h，但在启动运行的最初 5 min 内允许电机过载保护器跳开，其后不允许动作；在运行的最初 5 min 内跳开的电机过载保护器不复位时，在停机不超过 30 min 内复位的，应连续运行 1 h。

5.3.9 最大运行制热

机组在最大运行制热工况运行时，应满足以下条件：

a) 机组正常运行，没有任何故障。
b) 电机过载保护装置或其他保护装置不应动作。
c) 对冷热风型机组，当机组停机 3 min 后，再启动连续运行 1 h，但在启动运行的最初 5 min 内允许电机过载保护器跳开，其后不允许动作；在运行的最初 5 min 内跳开的电机过载保护器不复位时，在停机不超过 30 min 内复位的，应连续运行 1 h。

5.3.10 最小运行制冷

机组按最小制冷工况运行时，在 10 min 的启动期间后 4 h 运行中安全装置不应跳开。对冷风型机组蒸发器室内侧的迎风表面凝结的冰霜面积不应大于蒸发器迎风面积的 50%。

5.3.11 最小运行制热

机组按最小制热工况运行时，保护装置不允许跳开，机组不应损坏。

5.3.12 凝露

在凝露工况下运行时，机组壳体凝露不应滴下、流下或吹出。

5.3.13 凝结水排除能力

按凝露工况运行时，冷热风型机组应具有排除冷凝水的能力，并不应有水从机组中溢出或吹出。

5.3.14 噪声

机组的实测噪声值应不大于明示值。

5.3.15 部分负荷性能调节

带能量调节的机组，其调节装置应灵敏、可靠。

5.3.16 性能系数

5.3.16.1 全年综合性能系数(ACOP)

热泵型机组全年综合性能系数(ACOP)不应小于明示值的 92%，且不应小于表 3 的数值。

5.3.16.2 制冷能效比(EER)

单冷型机组的制冷能效比(EER)不应小于明示值的 92%，且不应小于表 3 的数值。

5.3.16.3 制热性能系数(COP)

单热型机组的制热性能系数(COP)不应小于明示值的 92%，且不应小于表 3 的数值。

表 3 性能系数

类型		额定制冷量 kW	热泵型机组 综合性能系数 ACOP	单冷型机组 EER	单热型 COP
冷热风型	水环式		3.5	3.3	—
	地下水式		3.8	4.1	
	地埋管式		3.5	3.8	
	地表水式		3.5	3.8	
冷热水型	水环式	CC≤150	3.8	4.1	4.6
		CC>150	4.0	4.3	4.4
	地下水式	CC≤150	3.9	4.3	4.0
		CC>150	4.4	4.8	4.4
	地埋管式	CC≤150	3.8	4.1	4.2
		CC>150	4.0	4.3	4.4
	地表水式	CC≤150	3.8	4.1	4.2
		CC>150	4.0	4.3	4.4
注：1 "—"表示不考核； 2 单热型机组以名义制热量 150 kW 作为分档界线。					

5.3.17 水系统压力损失试验

在名义制冷工况下，机组水侧的压力损失不应大于机组名义值的 115%。

5.3.18 变工况性能

按表 4 或表 5 规定的变工况运行，并绘制性能曲线图或表。

5.4 安全要求

5.4.1 机组的安全要求应符合 GB 25131 的规定。

5.4.2 冷热风型机组的电器元件的选择以及电器安装、布线应符合 GB 4706.32 的要求；冷热水型机组的电器元件的选择以及电器安装、布线应符合 GB/T 5226.1 的要求。

6 试验方法

6.1 试验条件

6.1.1 冷热风型机组的试验工况见表 4。

表 4　冷热风型机组的试验工况

单位为摄氏度

试验条件		使用侧入口空气状态		热源侧状态				
		干球温度	湿球温度	环境干球温度	进水温度/单位制冷(热)量水流量			
					水环式	地下水式	地埋管式和地表水	
制冷运行	名义制冷	27	19	27	30/0.215	18/0.103	25/0.215	25/0.215
	最大运行	32	23	32	40/—[a]	25/—[a]	40/—[a]	40/—[a]
	最小运行	21	15	21	20/—[a]	10/—[a]	10/—[a]	10/—[a]
	凝露	27	24	27	20/—[a]	10/—[a]	10/—[a]	10/—[a]
	凝结水排除							
	变工况运行	21～32	15～24	27	20～40/—[a]	10～25/—[a]	10～40/—[a]	10～40/—[a]
制热运行	名义制热	20	15	20	20/—[a]	15/—[a]	10[a]	10[a]
	最大运行	27	—	27	30/—[a]	25/—[a]	25/—[a]	25/—[a]
	最小运行	15	—	15	15/—[a]	10/—[a]	5/—[a]	5/—[a]
	变工况运行	15～27	—	27	15～30/—[a]	10～25/—[a]	5～25/—[a]	5～25/—[a]
风量		20	16	—	—	—	—	—

注：1 机组在标称的静压下进行试验。

2 单位制冷(热)量水流量单位为 $m^3/(h \cdot kW)$，温度单位为℃。

3 单冷型机组仅需进行制冷运行试验工况的测试，单热型机组仅需进行制热运行试验工况的测试。

[a] 采用名义制冷工况确定的单位制冷(热)量水流量。

6.1.2　冷热水型机组的各试验工况见表 5。

表 5　冷热水型机组的试验工况

单位为摄氏度

试验条件			使用侧出水温度/单位制冷(热)量水流量	进水温度/单位制冷(热)量水流量			
				水环式	地下水式	地埋管式	(地表水)
制冷运行	名义制冷		7/0.172	30/0.215	18/0.103	25/0.215	25/0.215
	最大运行	容积式	15/—[a]	40/—[a]	25/—[a]	40/—[a]	40/—[a]
		离心式	15/—[a]	35/—[a]	25/—[a]	35/—[a]	35/—[a]
	最小运行	容积式	5/—[a]	20/—[a]	10/—[a]	10/—[a]	10/—[a]
		离心式	5/—[a]	20/—[a]	15/—[a]	15/—[a]	15/—[a]
	变工况运行	容积式	5～15/—[a]	20～40/—[a]	10～25/—[a]	10～40/—[a]	10～40/—[a]
		离心式	5～15/—[c]	20～35/—[c]	15～25/—[c]	15～35/—[c]	15～35/—[c]

表 5（续）

单位为摄氏度

试验条件			使用侧出水温度/单位制冷(热)量水流量	进水温度/单位制冷(热)量水流量			
				水环式	地下水式	地埋管式	(地表水)
制热运行	名义制热[b]		45/—[a]	20/—[a]	15/—[a]	10/—[a]	10/—[a]
	最大运行	容积式	50/—[a]	30/—[a]	25/—[a]	25/—[a]	30/—[a]
		离心式	50/—[a]	30/—[a]	25/—[a]	25/—[a]	30/—[a]
	最小运行	容积式	40/—[a]	15/—[a]	10/—[a]	5/—[a]	5/—[a]
		离心式	40/—[a]	15/—[a]	15/—[a]	10/—[a]	10/—[a]
	变工况运行	容积式	40～50/—[a]	15～30/—[a]	10～25/—[a]	5～25/—[a]	5～30/—[a]
		离心式	40～50/—[c]	15～30/—[c]	15～25/—[c]	10～25/—[c]	10～30/—[c]

注：1 单位制冷(热)量水流量单位为 $m^3/(h \cdot kW)$，温度单位为℃。

2 单冷型机组仅需进行制冷运行试验工况的测试，单热型机组仅需进行制热运行试验工况的测试。

[a] 采用名义制冷工况确定的单位制冷(热)量水流量。

[b] 单热型的单位制冷(热)量水流量按设计温差(15℃/8℃)确定。

[c] 离心式机组的变工况运行范围见附录 B。

6.1.3　测试间的要求

6.1.3.1　使用侧测试间应能建立试验所需的工况。

6.1.3.2　试验过程中机组周围的风速建议不超过 2.5 m/s。

6.1.4　测量仪器仪表的型式及准确度

空气温度测量仪表的型式有玻璃温度计和电阻温度计，其准确度为±0.1 ℃；其他仪表的型式和准确度按 GB/T 10870—2001 附录 A 的规定。

6.1.5　在进行制冷量和热泵制热量试验时，试验工况各参数的读数允差应符合表 6 规定。

表 6　制冷量和热泵制热量试验的读数允差

读　数		读数的平均值对额定工况的偏差	各读数对额定工况的最大偏差
使用侧进口空气温度	干 球	±0.3 ℃	±1.0 ℃
	湿 球	±0.2 ℃	±0.5 ℃
水温	进 口	±0.3 ℃	±0.5 ℃
	出 口	±0.3 ℃	±0.5 ℃

6.1.6　在进行性能试验时(除制冷量、热泵制热量外)，试验工况各参数的读数允差应符合表 7 的规定。

表 7　性能试验的读数允差

试验工况	测 量 值	读数与规定值的最大允许偏差
最小运行试验	空气温度	+1.0 ℃
	水 温	+0.6 ℃

表 7（续）

试验工况	测 量 值	读数与规定值的最大允许偏差
最大运行试验	空气温度	−1.0 ℃
	水 温	−0.6 ℃
其他试验	空气温度	±1.0 ℃
	水 温	±0.6 ℃

6.1.7 除机组噪声试验外，带水泵的机组在试验时，水泵不应通电。

6.2 试验的一般要求

6.2.1 制冷量和制热量

制冷量和制热量应为净值，对冷热风机组其包含循环风扇热量，但不包含水泵热量和辅助热量。制冷(热)量由试验结果确定，在试验工况允许波动的范围之内不作修正，冷热风型机组，对试验时大气压的低于 101 kPa 时，大气压读数每低 3.5 kPa，实测的制冷(热)量可增加 0.8%。

6.2.2 被测机组的安装要求

6.2.2.1 应按制造厂的安装规定，使用所提供或推荐使用的附件、工具进行安装。

6.2.2.2 除按规定的方式进行试验所需要的装置和仪器的连接外，对机组不能进行更改和调整。

6.2.2.3 必要时，试验机组可以根据制造厂的指导抽真空和充注制冷剂。

6.2.2.4 分体式机组的安装要求

6.2.2.4.1 室内机组和室外机组的制冷剂连接管，应按照制造厂指定的最大长度或 7.5 m 为测试管长，两者中取其大值；若连接管作为机组的一个整体且没有被要求截短连接管，则按已安装好的连接管的完整长度进行测试。另外，连接管的管径、保温、抽空和充注制冷剂应与制造厂的要求相符。

6.2.2.4.2 连接管安装高度差应小于 2 m。

6.2.3 试验流体

6.2.3.1 水环式机组、地下水式机组、地表水式机组及地埋管式机组的热源侧测试流体使用当地生活用水。

6.2.3.2 冷热水式机组使用侧应使用当地生活用水。

6.2.3.3 试验液体中必须充分排尽空气，以保证试验结果不受存在的空气的影响。

6.3 性能试验

6.3.1 制冷系统密封性能试验

机组的制冷系统在正常的制冷剂充灌量下，用下列灵敏度的制冷剂检漏仪进行检验：名义制冷量(单热型机组为名义制热量)小于或等于 150 kW 的机组，灵敏度为 1×10^{-6} Pa·m^3/s；名义制冷量(单热型机组为名义制热量)大于 150 kW 的机组，灵敏度为 1×10^{-5} Pa·m^3/s。

6.3.2 运转试验

机组运转时，检查机组的运转状况、安全保护装置的灵敏度和可靠性，检验温度、电器等控制元件的动作是否正常。

6.3.3 制冷量试验

冷热风型机组在表4规定的名义制冷工况下,按GB/T 17758—2010中附录A规定的试验方法进行试验,并以空气焓差法为校准试验方法;冷热水型机组在表5规定的名义制冷工况下,按GB/T 10870中规定的试验方法进行试验,并以载冷剂法为校准试验方法。

6.3.4 制冷消耗功率

在进行制冷量试验时,测量机组的输入功率和电流。

6.3.5 制热量试验

冷热风型机组在表4规定的名义制热工况下,按GB/T 17758—2010中附录A规定的试验方法进行试验,并以空气焓差法为校准试验方法;冷热水型机组按表5规定的名义制热工况下,按GB/T 10870中规定的试验方法进行试验,并以载冷剂法为校准试验方法。

6.3.6 热泵制热消耗功率

在进行制热量试验时,测量机组的输入功率和电流。

6.3.7 冷热风型机组的风量试验

机组的名义风量由表4规定的风量测量工况确定。

使用时带风管的机组,在机组标称的静压下测试其风量。

使用时不带风管的机组,在机外静压为0 Pa的条件下进行测试。

6.3.8 最大运行制冷试验

6.3.8.1 冷热风型机组的最大运行制冷试验

试验电压为额定电压,按表4规定的最大运行制冷工况运行稳定后,连续运行1 h,然后停机3 min(此间电压上升不超过3%),再启动运行1h。

6.3.8.2 冷热水型机组的最大运行制冷试验

试验电压为额定电压,按表5规定的最大运行制冷工况运行稳定后,连续运行应不小于1 h。

6.3.9 热泵最大运行制热试验

6.3.9.1 冷热风型机组的最大运行制热试验

试验电压为额定电压,按表4规定的最大运行制热工况运行稳定后,连续运行1 h,然后停机3 min(此间电压上升不超过3%),再启动运行1 h。

6.3.9.2 冷热水型机组的最大运行制热试验

试验电压为额定电压,按表5规定的最大运行制热工况运行稳定后,机组连续运行1 h。

6.3.10 最小运行制冷试验

试验电压为额定电压,冷热风型机组按表4规定的最小运行制冷工况运行,冷热水型机组按表5规定的最小运行制冷工况运行，运行稳定后，再至少连续运行 30 min。

6.3.11 热泵最小运行制热试验

试验电压为额定电压，使用规定温度的液体流经盘管，浸湿盘管 10 min，冷热风型机组按表 4 规定的最小运行制热工况运行，冷热水型机组按表 5 规定的最小运行制热工况运行，机组应能连续运行至少 30 min。

6.3.12 凝露试验

试验电压为额定电压，机组在表 4 规定的凝露工况下作制冷运行。

所有的控制器、风机、风门和格栅在不违反制造厂对用户规定的情况下调到最易凝水的状态进行制冷运行。机组运行达到规定的工况后，再连续运行 4 h。

6.3.13 冷热风型机组的凝结水排除能力试验

将机组的温度控制器、风机速度、风门和导向格栅调到最易凝水的状态，在接水盘注满水即达到排水口流水后，按表 4 规定的凝露工况作制冷运行，当接水盘的水位稳定后，再连续运行 1h。

6.3.14 噪声试验

机组在额定电压和额定频率以及接近名义制冷工况（单热型机组：名义制热工况）下进行制冷（单热型机组：制热）运行，带水泵的机组，水泵应在接近铭牌规定的流量和扬程下进行运转，测试方法见附录 A。

6.3.15 水系统压力损失

水系统的压力损失测定按照 GB/T 18430.1—2007 附录 B 的要求进行，带水泵的机组允许拆除水泵。

6.3.16 变工况试验

冷热风型机组按表 3 规定的变工况运行中的某一条件改变，冷热水型机组按表 5 规定的变工况运行中的某一条件改变，其他条件按名义工况时的流量和温度条件。将试验结果绘制成曲线图或制成表格，每条曲线或每个表格应不少于 4 个测量点的值。

7 检验规则

7.1 分类

机组检验分为出厂检验、抽样检验和型式检验。

7.2 出厂检验

每台机组均应做出厂检验，检验项目、要求和试验方法按表 8 的规定。

表 8 检验项目

<table>
<tr><th>序号</th><th>项目</th><th>出厂检验</th><th>抽样检验</th><th>型式检验</th><th>要求</th><th>试验方法</th></tr>
<tr><td>1</td><td>一般要求</td><td rowspan="8">√</td><td rowspan="15">√</td><td rowspan="29">√</td><td>5.1</td><td>视检</td></tr>
<tr><td>2</td><td>标志</td><td>8.1</td><td>视检</td></tr>
<tr><td>3</td><td>包装</td><td>8.2</td><td>视检</td></tr>
<tr><td>4</td><td>泄漏电流</td><td rowspan="3">5.4</td><td rowspan="3">GB 25131</td></tr>
<tr><td>5</td><td>电气强度</td></tr>
<tr><td>6</td><td>接地电阻</td></tr>
<tr><td>7</td><td>制冷系统密封</td><td>5.3.1</td><td>6.3.1</td></tr>
<tr><td>8</td><td>运转</td><td>5.3.2</td><td>6.3.2</td></tr>
<tr><td>9</td><td>制冷量</td><td rowspan="21">—</td><td>5.3.3</td><td>6.3.3</td></tr>
<tr><td>10</td><td>制冷消耗功率</td><td>5.3.4</td><td>6.3.4</td></tr>
<tr><td>11</td><td>热泵制热量</td><td>5.3.5</td><td>6.3.5</td></tr>
<tr><td>12</td><td>热泵制热消耗功率</td><td>5.3.6</td><td>6.3.6</td></tr>
<tr><td>13</td><td>能效比(EER)</td><td>5.3.16</td><td>6.3.3、6.3.4</td></tr>
<tr><td>14</td><td>性能系数(COP)</td><td>5.3.17</td><td>6.3.5、6.3.6</td></tr>
<tr><td>15</td><td>噪声</td><td>5.3.14</td><td>6.3.14</td></tr>
<tr><td>16</td><td>最大运行制冷</td><td rowspan="14">—</td><td>5.3.8</td><td>6.3.8</td></tr>
<tr><td>17</td><td>热泵最大运行制热</td><td>5.3.9</td><td>6.3.9</td></tr>
<tr><td>18</td><td>最小运行制冷</td><td>5.3.10</td><td>6.3.10</td></tr>
<tr><td>19</td><td>热泵最小运行制热</td><td>5.3.11</td><td>6.3.11</td></tr>
<tr><td>20</td><td>凝露</td><td>5.3.12</td><td>6.3.12</td></tr>
<tr><td>21</td><td>凝结水排除能力[a]</td><td>5.3.13</td><td>6.3.13</td></tr>
<tr><td>22</td><td>风量[a]</td><td>5.3.7</td><td>6.3.7</td></tr>
<tr><td>23</td><td>水系统压力损失</td><td>5.3.18</td><td>6.3.15</td></tr>
<tr><td>24</td><td>变工况试验</td><td>5.3.19</td><td>6.3.16</td></tr>
<tr><td>25</td><td>耐潮湿性</td><td rowspan="5">5.4</td><td rowspan="5">GB 25131</td></tr>
<tr><td>26</td><td>防触电保护</td></tr>
<tr><td>27</td><td>温度限制</td></tr>
<tr><td>28</td><td>机械安全</td></tr>
<tr><td>29</td><td>电磁兼容性</td></tr>
<tr><td colspan="7">注:“√”应做试验;“—”不做试验。</td></tr>
<tr><td colspan="7">[a] 冷热风型机组需要试验,冷热水型机组没有此项试验。</td></tr>
</table>

7.3 抽样检验

7.3.1 机组应从出厂检验合格的产品中抽样，检验项目和试验方法按表7的规定。

7.3.2 抽检方法、批量、抽样方案、检查水平及合格质量水平等由制造厂检验部门自行决定。

7.4 型式检验

7.4.1 新产品或定型产品作重大改进，第一台产品应作型式检验，检验项目按表7的规定。

7.4.2 型式检验过程中如有故障，在排除故障后应重新检验。

8 标志、包装、运输和贮存

8.1 标志

8.1.1 每台机组应在显著的位置设置永久性铭牌，铭牌应符合GB/T 13306的规定。铭牌上应标示下列内容：

a) 制造厂名称和商标；

b) 产品名称和型号；

c) 主要技术性能参数(名义制冷量、名义制热量、制冷剂类型和充注量、额定电压、频率和相数、总输入功率、质量等，对冷热风型机组还应包含机组的静压和风量)；

d) 产品出厂编号；

e) 制造日期。

8.1.2 机组上应有标明运行状态的标志，如指示仪表和控制按钮的标志等。

8.1.3 在相应的地方(如铭牌、产品说明书等)标注执行标准的编号。

8.1.4 每台机组上应随带下列出厂文件：

a) 产品合格证，其内容包括：

——产品型号和名称；

——产品出厂编号；

——检验结论；

——检验员签字或印章；

——检验日期。

b) 产品使用说明书，其内容包括：

——产品型号和名称、适用范围、执行标准、噪声、水系统压力损失；

——产品的结构示意图、电气原理图及接线图；

——安装说明和要求；

——使用说明、维修和保养注意事项。

c) 装箱单。

8.2 包装

8.2.1 机组包装前应进行清洁处理。各部件应清洁、干燥，易锈部件应涂防锈剂。

8.2.2 机组应外套塑料袋或防潮纸并应固定在箱内，以免运输中受潮和发生机械损伤。

8.2.3 机组包装箱上应有下列标志：

a) 制造厂名称；

b) 产品型号和名称；

c) 净质量、毛质量；

d) 外形尺寸；

e) “向上”“怕雨”“禁止翻滚”和“堆码层数极限”等。有关包装、储运标志应符合 GB/T 6388 和 GB/T 191 的有关规定。

8.3 运输和贮存

8.3.1 机组在运输和贮存过程中不应碰撞、倾斜、雨雪淋袭。

8.3.2 产品应储存在干燥的通风良好的仓库中。

附　录　A
（规范性附录）
水（地）源热泵机组噪声试验方法

A.1　适用范围

本附录规定了水（地）源热泵机组的噪声试验方法。

A.2　测定场所

测定场所应为反射平面上的半自由声场，被测机组的噪声与背景噪声之差应为 8 dB 以上。

A.3　测量仪器

测试仪器应使用 GB/T 3785—1983 中规定的Ⅰ型或Ⅰ型以上的声级计，以及精度相当的其他测试仪器。

A.4　安装与运行条件

机器的安装与运行条件参照 JB/T 4330 的相应规定。

A.5　测点布置与测试方法

A.5.1　冷热风型

A.5.1.1　整体式机组

a)　接风管类型机组的噪声测试参照 GB/T 18836—2002 附录 B 相应规定。
b)　不接风管类型机组的噪声测试参照 JB/T 4330—1999 附录 D 相应规定。

A.5.1.2　分体式机组

a)　室内机
——接风管类型机组的噪声测试参照 GB/T 18836—2002 附录 B 相应规定。
——不接风管类型机组的噪声测试参照 JB/T 4330—1999 附录 D 相应规定。
b)　室外机
在机组四面距机组 1 m，其测点高度为机组高度加 1 m 的总高度的的 1/2 处 4 个测点，测试结果为按式（A.1）进行平均的平均声压级。在图 A.1 所示位置进行测量，噪声测试时机组应调至名义制冷工况并稳定运行。

$$\overline{L}_{p}=10\lg(1/4)\left(\sum_{i=1}^{4}10^{0.1L_{pi}}\right) \qquad \cdots\cdots(A.1)$$

式中：
$\overline{L}_{p}$ ——测量表面平均 A 计权或倍频程声压级，dB（基准值为 20 μPa）；

L_{pi} ——第 i 测点所测得的 A 计权或倍频程声压级按 JB/T 4330—1999 中 8.1.1 修正后的数据，dB(基准值为 20 μPa)。

A.5.2 冷热水型(含分体和整体)

A.5.2.1 落地式安装

在机组四面距机组 1 m，其测点高度为机组高度加 1 m 的总高度的的 1/2 处 4 个测点，测试结果为按式(A.1)进行平均的平均声压级。在图 A.1 所示位置进行测量，噪声测试时机组应调至名义制冷工况并稳定运行。

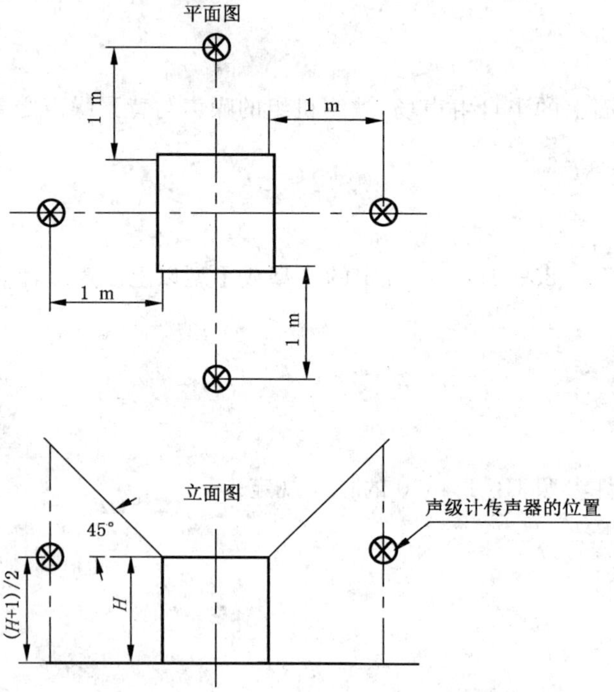

说明：

H— 机组高度，单位：m。

图 A.1 冷热风型分体式室外机 落地式安装

A.5.2.2 吊顶式安装

分体水(地)源热泵机组室外机吊装方法示意见图 A.2。在图 A.2 所示位置进行测量，机组应调至最大噪声点的工况。

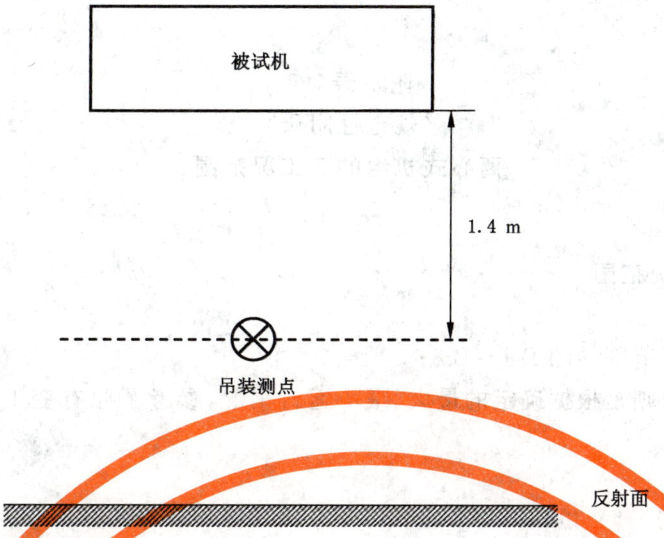

图 A.2 冷热风型分体式室外机 吊顶式安装

附　录　B
（规范性附录）
离心式机组的变工况范围

B.1　离心式机组的变工况范围

离心式机组的变工况范围如图 B.1～B.8。

确定离心式机组的原则是根据确定的最大、最小运行工况，参考了原有变工况范围，同时兼顾离心式机组的定压头特性。

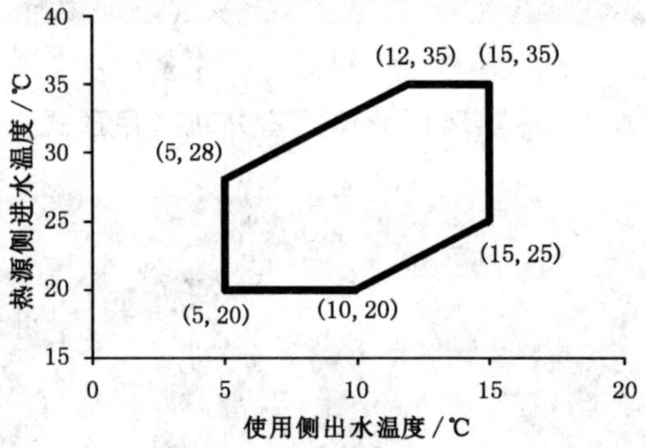

图 B.1　水环式机组制冷运行变工况范围

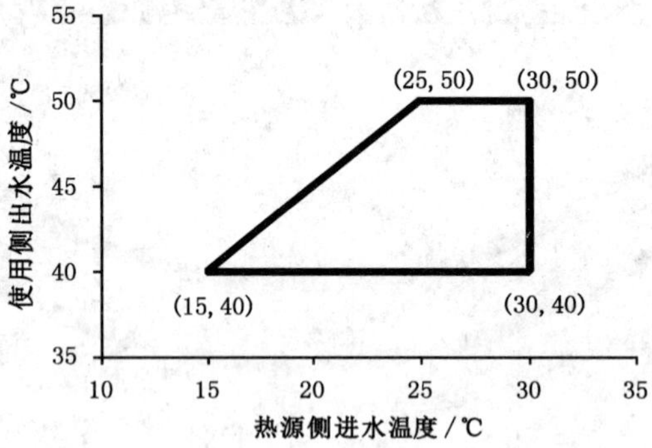

图 B.2　水环式机组制热运行变工况范围

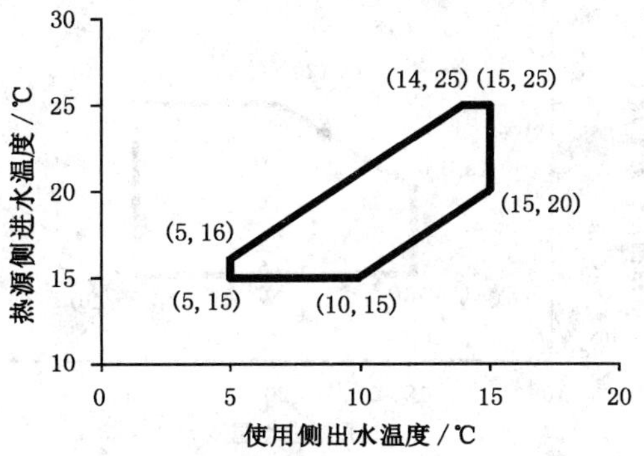

图 B.3　地下水式机组制冷运行变工况范围

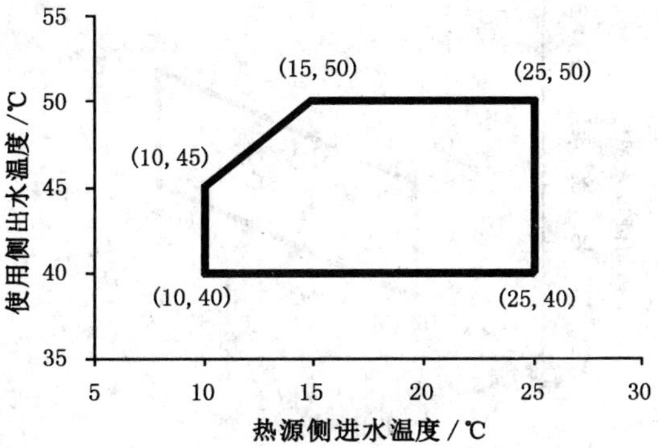

图 B.4　地下水式机组制热运行变工况范围

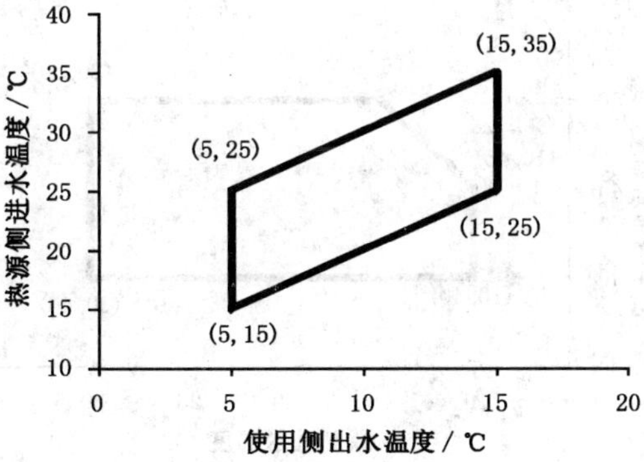

图 B.5　地埋管式机组制冷运行变工况范围

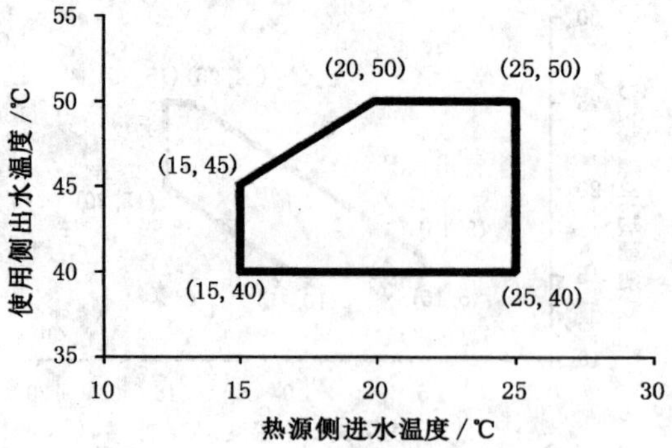

图 B.6　地埋管式机组制热运行变工况范围

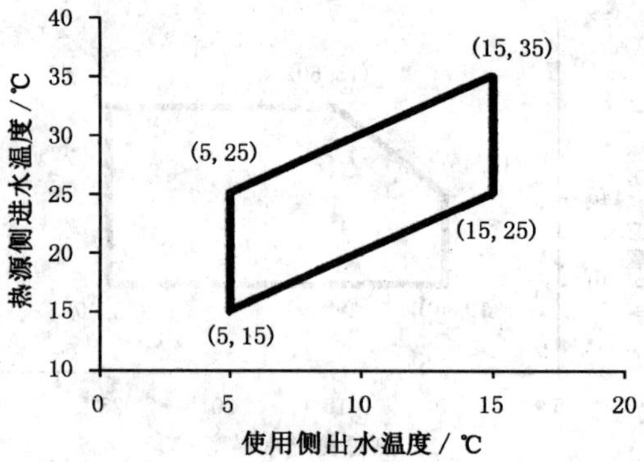

图 B.7　地表水式机组制冷运行变工况范围

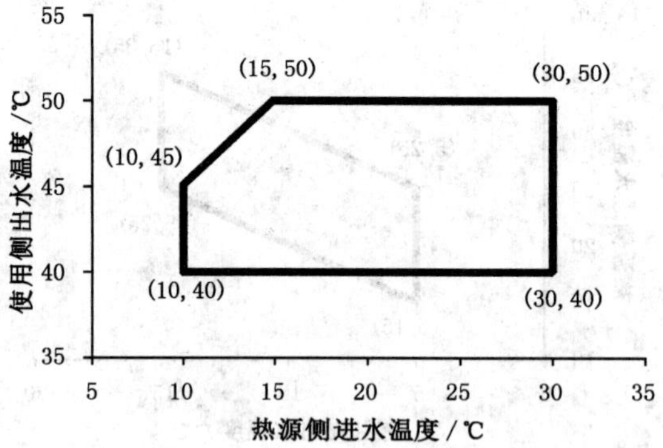

图 B.8　地表水式机组制热运行变工况范围

ICS 27.010
F 01

中华人民共和国国家标准

GB 19415—2013
代替 GB 19415—2003

单端荧光灯能效限定值及节能评价值

Minimum allowable values of energy efficiency and evaluating values of energy conservation for single-capped fluorescent lamps

2013-12-18 发布　　2014-09-01 实施

中华人民共和国国家质量监督检验检疫总局
中国国家标准化管理委员会　发布

前　言

本标准第 4.2 条为强制性的，其余为推荐性的。

本标准按照 GB/T 1.1—2009 给出的规则起草。

本标准代替 GB 19415—2003《单端荧光灯能效限定值及节能评价值》，与 GB 19415—2003 相比，主要技术变化如下：

——删除了原引用标准 GB/T 2828 和 GB/T 2829，增加 GB 16843 为引用标准；

——细化了单端荧光灯分类，并依次给出能效限定值和节能评价值；

——2 000 h 光通维持率从原 80％提高到 82％；

——删除了原第 5 章中色品坐标的测试方法；

——删除了原第 6 章检验规则。

本标准由国家发展和改革委员会资源节约和环境保护司、工业和信息化部节能与综合利用司提出。

本标准由全国能源基础与管理标准化技术委员会(SAC/TC 20)归口。

本标准起草单位：中国标准化研究院、佛山电器照明股份有限公司、惠州雷士光电科技有限公司、厦门通士达照明有限公司、浙江晨辉照明有限公司、浙江阳光照明电器集团股份有限公司、欧司朗(中国)照明有限公司、国家电光源质量监督检验中心(上海)、浙江山蒲照明电器有限公司。

本标准主要起草人：夏玉娟、魏彬、张铁黎、彭妍妍、秦碧芳、张俊斌、邓雪梅、郭朋鑫、陈颖、陈海红、韦珍娣、赵跃进。

本标准所代替标准的历次版本发布情况为：

——GB 19415—2003。

单端荧光灯能效限定值及节能评价值

1 范围

本标准规定了单端荧光灯的能效限定值、节能评价值和试验方法。

本标准适用于具有预热式阴极的装有内启动装置或使用外启动装置的单端荧光灯。

2 规范性引用文件

下列文件对于本文件的应用是必不可少的。凡是注日期的引用文件，仅注日期的版本适用于本文件。凡是不注日期的引用文件，其最新版本(包括所有的修改单)适用于本文件。

GB 16843 单端荧光灯的安全要求

GB/T 17262 单端荧光灯 性能要求

3 术语和定义

GB/T 17262 界定的以及下列术语和定义适用于本文件。

3.1

单端荧光灯初始光效 initial luminous efficacy for single-capped fluorescent lamps

根据标准规定试验方法，单端荧光灯实测初始光通量与功率的比值。

3.2

单端荧光灯能效限定值 minimum allowable values of energy efficiency for single-capped fluorescent lamps

根据标准规定试验方法，单端荧光灯初始光效的最低限值。

3.3

单端荧光灯节能评价值 evaluating values of energy conservation for single-capped fluorescent lamps

根据标准规定试验方法，单端荧光灯初始光效达到节能要求的最低限值。

4 技术要求

4.1 基本要求

本标准所适用的单端荧光灯，其安全应符合 GB 16843 的要求，性能应符合 GB/T 17262 的要求。

4.2 能效限定值

单端荧光灯能效限定值应符合表 1 的规定。

表 1 单端荧光灯能效限定值及节能评价值

灯的类型	标称功率/W	单端荧光灯初始光效/(lm/W)			
		色调：RR，RZ		色调：RL，RB，RN，RD	
		能效限定值	节能评价值	能效限定值	节能评价值
双管类	5	42	51	44	54
	7	46	53	50	57
	9	55	62	59	67
	11	69	75	74	80
	18	57	63	62	67
	24	62	70	65	75
	27	60	64	63	68
	28	63	69	67	73
	30	63	69	67	73
	36	67	76	70	81
	40	67	79	70	83
	55	67	77	70	82
	80	69	75	72	78
四管类	10	52	60	55	64
	13	60	65	63	69
	18	57	63	62	67
	26	60	64	63	67
	27	52	56	54	59
多管类	13	60	61	63	65
	18	57	63	62	67
	26	60	64	63	67
	32	55	68	60	75
	42	55	67	60	74
	57	59	68	62	75
	60	59	65	62	69
	62	59	65	62	69
	70	59	68	62	74
	82	59	69	62	75
	85	59	66	62	71
	120	59	68	62	75
方形	10	54	60	58	65
	16	56	63	61	67

表 1（续）

灯的类型		标称功率/W	单端荧光灯初始光效/(lm/W)			
			色调:RR,RZ		色调:RL,RB,RN,RD	
			能效限定值	节能评价值	能效限定值	节能评价值
方形		21	56	61	61	65
		24	57	63	62	67
		28	62	69	66	73
		36	62	69	66	73
		38	63	69	66	73
环形	Φ29(卤粉)	22	44	—	51	—
		32	48	—	57	—
		40	52	—	60	—
	Φ29(三基色粉)	22	55	62	59	64
		32	64	70	68	74
		40	64	72	68	76
	Φ16	20	72	76	75	81
		22	72	74	75	78
		27	72	79	75	84
		34	72	81	75	87
		40	69	75	74	80
		41	69	81	74	87
		55	63	70	66	75
		60	63	75	66	80

4.3 节能评价值

单端荧光灯节能评价值应符合表 1 的规定。

4.4 光通维持率

单端荧光灯在燃点 2 000 h 后，其光通维持率不应低于 82%。

5 试验方法

初始光效和光通维持率按照 GB/T 17262 的要求进行测试和计算。

ICS 21.010
J 09

中华人民共和国国家标准

GB/T 19436.1—2013/IEC 61496-1:2008
代替 GB/T 19436.1—2004

机械电气安全　电敏保护设备
第1部分：一般要求和试验

**Electrical safety of machinery—
Electro-sensitive protective equipment—
Part 1:General requirements and tests**

(IEC 61496-1:2008,Safety of machinery—
Electro-sensitive protective equipment—
Part 1:General requirements and tests,IDT)

2013-10-10 发布　　2014-02-01 实施

中华人民共和国国家质量监督检验检疫总局
中国国家标准化管理委员会　发布

前言

GB/T 19436《机械电气安全　电敏保护设备》分为4个部分：

——第1部分：一般要求和试验；

——第2部分：使用有源光电保护装置(AOPDs)设备的特殊要求；

——第3部分：响应漫反射有源光电保护装置(AOPDDR)的特殊要求；

——第4部分：视觉保护装置设备的特殊要求。

本部分为GB/T 19436的第1部分。

本部分按照GB/T 1.1—2009给出的规则起草。

本部分代替GB/T 19436.1—2004《机械电气安全　电敏防护装置　第1部分：一般要求和试验》。

本部分与GB/T 19436.1—2004相比主要技术变化如下：

——标准名称改为《机械电气安全　电敏保护设备　第1部分：一般要求和试验》；

——技术内容有增补，表述用词有改动；

——将附录C(资料性附录)的内容由"参考资料"更改为"符合性评估"；

——增加了参考资料。

本部分使用翻译法等同采用IEC 61496-1:2008《机械安全　电敏保护设备　第1部分：一般要求和试验》。

与本部分中规范性引用的国际文件有一致性对应关系的我国文件如下：

——GB/T 2900.13—2008　电工术语　可信性与服务质量[IEC 60050(191):1990,IDT]

——GB 4943(所有部分)　信息技术设备的安全 [IEC 60950(所有部分)]

——GB 14048.5—2008　低压开关设备和控制设备　第5-1部分：控制电路电器和开关元件　机电式控制电路电器(IEC 60947-5-1:2003,MOD)

——GB/T 20438(所有部分)　电气/电子/可编程电子安全相关系统的功能安全[IEC 61508(所有部分)]

本部分做了下列编辑性修改：

——删除了国际标准前言；

——根据4.2.4.3注1的引用，将IEC 60204-1:1997增加到参考文献中。

本部分由中国机械工业联合会提出。

本部分由全国工业机械电气系统标准化技术委员会(SAC/TC 231)归口。

本部分起草单位：济宁科力光电产业有限责任公司、厦门市华测检测技术有限公司、北京机床研究所、北京凯恩帝数控技术有限责任公司、山东省科学院激光研究所、济南二机床集团有限公司、天津市天锻压力机有限公司、江苏扬力集团有限公司、九川集团有限公司。

本部分主要起草人：于俊贤、黄祖广、王学军、郭勇、黄麟、刘统玉、李海明、李岸然、贺庆、刘春平、陈春童、陈建国。

本部分所代替标准的历次版本发布情况为：

——GB/T 19436.1—2004。

引　言

电敏保护设备(ESPE)适用于对人体存在伤害风险的机械。它能在人处于危险状态前,使机械回复到安全状态,从而提供保护。

本部分对可广泛应用的电敏保护设备(ESPE)的一般设计和性能要求做出了规定。符合本部分要求的设备的基本特点是具有适当的安全相关性能等级和规定用于确保此性能等级得以保持的内置式周期性功能检查或自检。

每种类型的机械都有自己特定的危险,本部分的目的并不是推荐电敏保护设备(ESPE)在任何特定机械上使用的方法。电敏保护设备的应用应该是此类设备的供方、机械的用户和强制机构之间协商的事,并且关于这一点,需要注意国内外已经制定的相关指导,例如GB/T 15706。

本部分涉及ESPE的技术适用性。除非采取足够的预防措施,否则此应用所要求使用的物质和试验方法可能对人体健康有害。按照本系列标准,在使用本系列标准所涉及的设备期间,决不免除供方或用户承担关于安全和人身健康的法定责任。

机械电气安全 电敏保护设备
第1部分:一般要求和试验

1 范围

GB/T 19436 的本部分规定了作为安全相关系统的组成部分专门用于检测人体的非接触型电敏保护设备(ESPE)的设计、制造和试验的一般要求。需要特别注意的是针对其功能和设计要求,要确保达到适宜的安全相关性能。电敏保护设备(ESPE)可以包括可选择的安全相关功能,这些要求在附录 A 中给出。

敏感功能的具体类型的特殊要求,在 GB/T 19436 其他部分给出。

本部分没有规定检测区的尺寸或形状以及它在任何特殊应用中涉及危险的布置,也没有规定由什么构成任何机械的危险状态,只限于 ESPE 的功能及其怎样与机械连接。

当数据接口用于控制可选择的 ESPE 的安全相关功能时(附录 A),本部分没有规定特殊的要求。对于这些安全相关功能的要求,可以通过查阅其他标准(如 GB/T 16855.1、IEC 61508、IEC/TS 62046 和 IEC 62061)来确定。

本部分可能与那些对非人体保护的应用有关,例如,保护机械或产品免于机械损坏。在这些应用中,可能需要附加的要求,例如必须由敏感功能辨认的材料,具有不同于人的一些特性。

本部分不涉及电磁兼容性(EMC)的发射要求。

2 规范性引用文件

下列文件对于本文件的应用是必不可少的。凡是注日期的引用文件,仅注日期的版本适用于本文件。凡是不注日期的引用文件,其最新版本(包括所有的修改单)适用于本文件。

GB/T 2423.6—1995 电工电子产品环境试验 第2部分:试验方法 试验 Eb 和导则:碰撞(idt IEC 60068-2-29:1987)

GB/T 2423.10—2008 电工电子产品环境试验 第2部分:试验方法 试验 Fc:振动(正弦)(IEC 60068-2-6:1995,IDT)

GB/T 4026—2010 人机界面标志标识的基本和安全规则 设备端子和导体终端的标识(IEC 60445:2006,IDT)

GB/T 4205—2010 人机界面标志标识的基本和安全规则 操作规则(IEC 60447:2004,IDT)

GB 4208—2008 外壳防护等级(IP 代码)(IEC 60529:2001,IDT)

GB 5226.1—2008 机械电气安全 机械电气设备 第1部分:通用技术条件(IEC 60204-1:2005,IDT)

GB 7251.1—2005 低压成套开关设备和控制设备 第1部分:型式试验和部分型式试验成套设备(IEC 60439-1:1999,IDT)

GB/T 15706.1—2007 机械安全 基本概念与设计通则 第1部分:基本术语和方法(ISO 12100-1:2003,IDT)

GB/T 15706.2—2007 机械安全 基本概念与设计通则 第2部分:技术原则(ISO 12100-2:2003,IDT)

GB/T 15969.2—2008 可编程序控制器 第2部分:设备要求和测试(IEC 61131-2:2007,IDT)

GB/T 16855.1—2008 机械安全 控制系统有关安全部件 第1部分:设计通则(ISO 13849-1:2006,IDT)

GB/T 16935.1—2008 低压系统内设备的绝缘配合 第1部分:原理、要求和试验(IEC 60664-1:2007,IDT)

GB/T 17626.2—2006 电磁兼容 试验和测量技术 静电放电抗扰度试验(IEC 61000-4-2:2001,IDT)

GB/T 17626.3—2006 电磁兼容 试验和测量技术 射频电磁场辐射抗扰度试验(IEC 61000-4-3:2002,IDT)

GB/T 17626.4—2008 电磁兼容 试验和测量技术 电快速瞬变脉冲群抗扰度试验(IEC 61000-4-4:2004,IDT)

GB/T 17626.5—2008 电磁兼容 试验和测量技术 浪涌(冲击)抗扰度试验(IEC 61000-4-5:2005,IDT)

GB/T 17626.6—2008 电磁兼容 试验和测量技术 射频场感应的传导骚扰抗扰度(IEC 61000-4-6:2006,IDT)

GB/T 17799.2—2003 电磁兼容 通用标准 工业环境中的抗扰度试验(IEC 61000-6-2:1999,IDT)

GB/T 19001—2008 质量管理体系 要求(ISO 9001:2008,IDT)

IEC 60050-191:1990 国际电工词汇(电工技术词汇)(IEV) 第191章:可靠性和服务质量(International Electrotechnical Vocabulary (IEV)—Chapter 191:Dependability and quality of service)

IEC 60249-2 印刷电路板基材 第2部分:技术规范(Base materials for printed circuits—Part 2:Specifications)

IEC 60947-5-1:1997,低压开关设备和控制设备 第5-1部分:控制电路电器和开关元件 机电式控制电路电器(Low-voltage switchgear and controlgear—Part 5-1:Control circuit devices and switching elements—Electromechanical control circuit devices)

IEC 60950(所有部分) 信息技术设备的安全(Information technology equipment—Safety)

IEC 61508(所有部分) 电气/电子/可编程电子安全相关系统的功能安全(Functional safety of electrical/electronic/programmable electronic safety-related systems)

IEC 62061 机械安全 关系安全的电气、电子和可编程电子控制系统的功能安全(Safety of machinery—Functional safety of safety-related electrical, electronic and programmable electronic control systems)

3 术语和定义

下列术语和定义适用于本文件。

3.1

屏蔽 blanking

此功能为可选择功能,即允许大于ESPE检测能力的物体,在当位于检测区内被屏蔽的位置时,而不导致输出信号开关电器[OSSD(s)]进入断开状态的功能。

注1:固定屏蔽是指检测区的屏蔽区的位置在运行过程中不发生变动。检测区其他部分的检测能力保持不变。

注2:浮动屏蔽是指检测区的屏蔽区的位置在运行过程中随着运动物体的位置而变动。检测区其他部分的检测能力保持不变。

3.2

控制/监控装置 controlling/monitoring device

电敏保护设备(ESPE)的组成部分,执行下列功能:

——接收和处理来自敏感装置的信息,并为 OSSD(s)提供信号;

——监控敏感装置和 OSSD(s)。

3.3

检测能力　detection capability

引起 ESPE 动作的敏感功能参数极限值(由供方规定)。

3.4

检测区 detection zone

电敏保护设备(ESPE)对位于其中的规定试件进行检测的区域。

3.5

电敏保护设备　electro-sensitive protective equipment;ESPE

作为整体工作的装置和/或部件的组合,为了达到制动保护或物体出现在检测区时引发感应的目的,至少包括:

——敏感装置;

——控制/监控装置;

——输出信号开关电器[OSSD(s)]和/或安全相关数据接口。

注 1:与 ESPE 相联系的安全相关控制系统,或 ESPE 本身,可以进一步包括副开关电器、抑制功能、停止性能监控器等(见附录 A)。

注 2:安全相关通信接口可以被集成在 ESPE 的整体内。

3.6

外部装置监控　external device monitoring;EDM

电敏保护设备(ESPE)用以监控 ESPE 外部控制装置状态的措施。

3.7

失效　failure

执行某项规定能力的终结。

注 1:失效后,该功能项有故障。

注 2:“失效”是一个事件,而区别于作为一种状态的“故障”。

注 3:本概念作为定义,不适用于仅由软件组成的项目。

注 4:实际上,故障和失效这两个术语经常作同义语使用。

[GB 5226.1—2008,定义 3.25]

3.8

危险失效　failure to danger

对正常工作状况的响应是使所有输出信号开关电器(OSSD)进入和/或保持断开状态,而危险失效则是阻止或延迟这种断开状态。

3.9

故障　fault

不能执行规定功能的特征状态。它不包括在预防性维护或其他有计划的活动期间,或缺乏外部资源条件下不能执行规定功能。

注 1:故障经常作为功能项本身失效的结果,但也许在失效前就已经存在。

注 2:英语用术语“fault”及其定义与 IEV 191-05-01 给出的等同。在机械领域,这一术语法语用“defaut”,德语用“Fehler”,而不用术语“Panne”和“Fehlzustand”。

[GB 5226.1—2008,定义 3.26]

3.10

最终开关电器　final switching device;FSD

当输出信号开关电器(OSSD)进入断开状态时,切断机械主控制元件(MPCE)电路的机械中安全相关控制系统的元件。

3.11

复杂或可编程集成电路　integrated circuit-complex or programmable

能满足下列一条或一条以上准则的单片、混合或模块电路：

a) 在数字方式中，使用 1 000 个门以上；

b) 可以使用 24 种以上功能不同的外部电气连接；

c) 功能可编程。

注 1：包括 ASICs、ROMs、PROMs、EPROMs、PALs、CPUs、PLAs 和 PLDs。

注 2：电路可以按数字、模拟或二者结合的方式工作。

3.12

简单集成电路　integrated circuit-simple

不能满足 3.11 中各条准则的单片、混合或模块电路。

注 1：例如 SSI 或 MSI 的逻辑 ICs、比较器。

注 2：电路可以按模拟、数字或二者结合的方式工作。

3.13

锁定状态　lock-out condition

由某个故障引起的阻止 ESPE 正常工作的状态，此时其所有的输出信号开关电器(OSSDs)，以及所有的副开关电器(SSDs)(当配备时)都同时进入断开状态。

3.14

机械主控制元件　machine primary control element；MPCE

直接控制机械正常运行的电力元件，当起动或停止机械运行时，它是最后(按时间顺序)的功能元件。

注：例如，该元件可以是主接触器、电磁离合器或电液阀。

3.15

机械副控制元件　machine secondary control element；MSCE

机械控制元件，独立于机械主控制元件，它能够切除有关危险部件的原动机的动力源。

注 1：适合时，MSCE 通常由副开关电器(SSD)控制。

注 2：例如，该元件可以是主接触器、电磁离合器或电液阀。

3.16

抑制　muting

由控制系统中安全相关部件对于安全功能的临时自动暂停。

注：ESPE 的抑制见 A.7。

3.17

断开状态　OFF-state

致使受控的机械停止运行并无法启动的 ESPE 的输出状态(例如，输出电路被断开且不允许有电流通过的状态)。

3.18

接通状态　ON-state

允许受控机械运行的 ESPE 的输出状态(例如，输出电路闭合并能使电流通过)。

3.19

输出信号开关电器　output signal switching device；OSSD

连接机械控制系统的电敏保护设备(ESPE)的元件，当正常工作期间敏感装置被触发时，做出的响应是进入断开状态。

3.20

全系统停止性能　overall system stopping performance

由电敏保护设备(ESPE)响应时间和中止危险机械运行时间之和构成的时间间隔。

3.21

响应时间　response time

从引起敏感装置触发事件的出现到输出信号开关电器(OSSDs)进入断开状态之间的最长时间。

注1：当ESPE包含安全相关数据接口时，响应时间所涉及的输出信号则是指安全相关数据接口的输出。

注2：当安全相关通信接口被包含在ESPE的整体内时，响应时间所涉及的输出信号则是指安全相关通信接口的输出。此种情况下，响应时间还取决于通信网络的协议和结构。

注3：如果ESPE同时含有安全相关数据接口和输出信号开关电器(OSSDs)时，那么ESPE对于安全相关数据接口和输出信号开关电器(OSSDs)可能具有不同的响应时间。

3.22

重新起动联锁　restart interlock

在机械工作循环的危险部分持续期间敏感装置触发后，在机械工作模式改变后和机械起动控制方法改变后，防止机械自动重新起动的措施。

注：工作模式包括缓动、单行程、自动。起动控制方法包括脚踏开关、双手控制和对电敏保护设备(ESPE)的敏感装置的单一或双重触发。

3.23

控制系统安全相关部件　safety-related part of a control system;SRCS

控制系统中响应输入信号并产生安全相关输出信号的部件或分部件。

注1：这也包括监控系统。

注2：控制系统中安全相关部件的组合，起始于安全相关信号的开启点，结束于动力控制元件的输出点(见GB/T 15706.1—2007的附录A)。

3.24

副开关电器　secondary switching device;SSD

在锁定状态进入断开状态的装置。它可用于引发适当的机械控制作用，例如断开机械副控制元件(MSCE)。

3.25

敏感装置 sensing device

电敏保护设备(ESPE)的部件，使用电敏方法确定ESPE预期检测的事件或状态。

例如，光电敏感装置将检测进入检测区的不透明物体。

3.26

起动联锁　start interlock

当电敏保护设备(ESPE)的电源接通时或中断后再恢复时，防止机械自动起动的方法。

3.27

停止性能监控器　stopping performance monitor;SPM

确定全系统的停止性能是否在预置限值范围内的监控装置。

3.28

供方　supplier

提供与机械设备相关的设备或服务的实体(例如，制造商、承包商、安装商、集成商)。

注：用户本身可以以供方的资格采取行动。

3.29

安全相关数据接口 safety-related data interface

位于ESPE的输出接口和安全相关通信接口之间的能够使其直接(即对等)相连的接口,它被用来表示输出信号开关电器[OSSD(s)]的状况。

注1:这种数据接口没有寻址功能。

注2:安全相关数据接口可以是双向的。

3.30

安全相关通信接口 safety-related communication interface

与标准通信网络进行安全地连接,以实现安全相关控制功能的连接接口。

4 功能、设计和环境要求

4.1 功能要求

4.1.1 正常工作

在正常工作情况下,当不小于检测能力(依据GB/T 19436相关部分的规定)的人体部位进入或位于检测区内时,ESPE通过发出适当的输出信号做出响应。

ESPE的响应时间应不超过供方的规定。如果不使用钥匙、关键字或工具,则应无法调整响应时间。

4.1.2 敏感功能

检测能力在供方规定的整个检测区内应是有效的。如果不使用钥匙、关键字或工具,则对于检测区,或检测能力,或屏蔽功能(包括监控的、非监控的、固定的或浮动的)的调整应是不可能的。

4.1.3 ESPE的类型

本部分考虑了三种类型的ESPE。这些类型的差别在于其出现故障时和在环境条件影响下所表现出的性能存在差异。本部分考虑了电气的和电动机械的故障的影响(这些故障列述于附录B中)。所考虑的由使用的特殊感应技术而产生的故障的补充要求,在该系列标准的其他部分给出。至于对于特殊应用,具体选用哪种类型的ESPE,则是机械设备制造商或用户的责任。

注:本部分此次未考虑对于1型ESPE的要求。

2型ESPE应满足4.2.2.3规定的故障检测要求。

2型ESPE,在正常工作中,当其敏感功能被触发时,或其电源被切断时,应至少有一个OSSD的输出电路进入断开状态。

2型ESPE应当具有周期检测的手段。

3型ESPE应满足4.2.2.4规定的故障检测要求。

4型ESPE应满足4.2.2.5规定的故障检测要求。

3型和4型ESPE,在正常工作中,当其敏感功能被触发时,或其电源被切断时,应至少有两个OSSDs的输出电路进入断开状态。

当使用单一的安全相关数据接口来实现OSSD的功能时,则该数据接口和相关的安全相关通信接口应满足4.2.4.4规定的要求。在此种情况下,单一的安全相关数据接口可以代替3型或4型ESPE的两个OSSDs。

4.2 设计要求

4.2.1 电源

ESPE 的设计应使其在下列规定的电源条件下正常运行,用户另有约定的除外。

交流电源:

电压:0.85~1.1 倍的额定电压。

频率:0.99~1.01 倍的额定频率(连续);

0.98~1.02 倍的额定频率(短时)。

谐波:2 次~5 次畸变谐波的总和不超过线电压方均根值的 10%;6 次~30 次畸变谐波的总和允许附加线电压方均根值的 2%。

直流电源:

a) 由电池供电

电压:0.85~1.15 倍的额定电压;

0.7~1.2 倍的额定电压(这种情况适用于由电池组供电的车辆)。

b) 由转换设备供电

电压:0.9~1.1 倍的额定电压。

纹波(峰-峰值):应不超过额定电压的 0.05 倍。

对于电击的防护,见 4.2.3.2。

注:对于电气干扰的防护,电源应满足 GB/T 17799.2—2003 的要求。

4.2.2 故障检测要求

4.2.2.1 一般要求

根据 4.2.2.3~4.2.2.5 的相应要求,ESPE 应当对罗列在附录 B 中的故障做出反应。当导致锁定状态的故障依然存在时,ESPE 应不可能通过中断和恢复主电源从锁定状态中复位。在上电时并在 OSSD(s)进入接通状态之前,应对 ESPE 进行检测,以证实其内部不存在故障。

当 ESPE 使用安全相关通信接口来执行 OSSD 的功能时,可能需要对 4.2.2.3~4.2.2.5 中的故障检测要求加以修改,以使其符合 IEC 61508 或 IEC 62061 中相应的安全完整性等级(SIL,例如,4 型对应 SIL3,3 型对应 SIL2,2 型对应 SIL1)的要求。

4.2.2.2 1 型 ESPE 的特殊要求

注:1 型 ESPE 的特殊要求此次未做考虑。

4.2.2.3 2 型 ESPE 的特殊要求

2 型 ESPE 应具有周期检测的手段用来显示危险失效(如检测能力丧失,或响应时间超过规定值)。

导致检测能力丧失,或响应时间延长超过规定值,或阻止一个或多个 OSSDs 进入断开状态的单一故障,作为下一个周期检测的结果,应导致锁定状态。

在预期使用外部的(如机械设备)安全相关控制系统来开启周期检测的场合,ESPE 应配备适当的输入设施(如端子)。

周期检测的持续时间应确保预期的安全功能不受影响。

注:如果把 2 型 ESPE 作为制动装置来使用(例如用做边界防护),并且当周期检测的持续时间超过 150 ms 时,那么就有可能出现有人通过检测区而不被检测的情况。在这种情况下,ESPE 应具有重新起动联锁功能。

如果电敏保护设备的周期检测是自动进行的,那么周期检测的正确运行应当被监控,并且执行监控功能的部件的单一故障也应当实时被监控。在这种情况下如果发生故障，则 OSSDs 应当被显示并进入断开状态。

一旦 ESPE 的一个或多个 OSSDs 不能进入断开状态，则应引发锁定状态。

对于只有一个 OSSD 的 ESPE，至少还应有一个 SSD（见 A.4）。

4.2.2.4 3 型 ESPE 的特殊要求

导致检测能力丧失，或响应时间延长超过规定值，或阻止一个或多个 OSSD 进入断开状态的单一故障，应使 ESPE 在 GB/T 19436 相关部分规定的时间内，或在下列需要改变状态才能对故障进行检测的任何情况下立即进入锁定状态：

——触发敏感功能时；

——若配备，起动联锁或重新起动联锁（见 A.5 和 A.6）复位时。

本身不会导致危险失效的单一故障不能被检测出的情况下，另一个其他故障的发生也不应导致危险失效。此要求的验证见 5.3.4。

4.2.2.5 4 型 ESPE 的特殊要求

导致检测能力丧失的单一故障，应使 ESPE 在响应时间内进入锁定状态。

导致响应时间延长超过规定值的单一故障，或阻止一个或多个 OSSD 进入断开状态的单一故障，应使 ESPE 立即——即在响应时间内，或在下列需要改变状态才能对故障进行检测的任何情况下立即进入锁定状态：

——触发敏感功能时；

——若配备，起动联锁或重新起动联锁（见 A.5 和 A.6）复位时。

本身不会导致危险失效的单一故障不能被检测出的情况下，进一步发生的叠加故障也不应导致危险失效。此要求的验证见 5.3.5。

注 1：4 型 ESPE 的设计方法可以包括：

——使用动态故障检测方法的单通道技术；或

——带有内部生成的自动检测的单通道技术，频繁执行使自动检查故障的检测时间间隔包含在安全装置的响应时间内；和

——通道之间的任何差异都会导致锁定状态的多通道技术。

注 2：复杂或可编程集成电路的附加要求见 4.2.10。

4.2.3 ESPE 的电气设备

4.2.3.1 总则

ESPE 的电气设备（部件）应：

——符合有关现行国家标准和/或 IEC 标准的规定；

——适合预期的用途；

——在规定的额定范围内工作。

4.2.3.2 电击的防护

应按照 GB 5226.1—2008 中 6.1 的规定提供防止电击的保护。

4.2.3.3 电气设备的保护

应根据 GB 5226.1—2008 中 7.2.1、7.2.3、7.2.7、7.2.8 和 7.2.9 的规定配置过电流保护设施。

注：有必要向 ESPE 的用户提供信息，例如连接至 OSSD(s)输出连接点的电路所用熔断器的最大额定值或过流保护器件的整定值。

4.2.3.4 污染等级

电气设备应符合污染等级 2 的规定(见 GB 7251.1—2005 中的 6.1.2.3)。

4.2.3.5 电气间隙、爬电距离和隔离距离

电气设备有关电气间隙、爬电距离和隔离距离的设计和制造应符合 GB 7251.1—2005 中 7.1.2 的规定。

4.2.3.6 布线

电气设备的布线应符合 GB 7251.1—2005 中 7.8.3 的规定。

4.2.4 输出信号开关电器(OSSD)

4.2.4.1 总则

对每一个 OSSD 均应提供单独的输出接点(端子)。

OSSD 的额定值应被规定为即使不使用灭弧装置,负载也能被转换。

注:为了增加可靠性,强烈建议配备开关电压抑制器,应将其并联在负载两端而不是跨接在触点两端。

OSSD 的输出电路应被充分地保护,以防止其发生危险失效,例如在过电流条件下触点被焊接(见 GB 5226.1—2008 中的 7.2.9)。

应采取措施将由共因失效而导致危险失效的可能性降至最低。

ESPE 可以执行机械设备的安全相关控制系统的一些功能,例如它的 OSSD 可以执行 FSD 的功能。

3 型和 4 型 ESPE 都应至少包含两个独立运行的 OSSDs。

OSSD 的动作(例如进入断开状态)也意味着安全相关数据接口的相应动作。一个单独的安全相关数据接口可以满足具有两个 OSSDs 的要求。

4.2.4.2 继电器形式的 OSSDs

如果采用继电器形式的 OSSDs,则触点的状态(即位置)应被监控。可以通过监控带有机械式连接(强制导向)触点的继电器的辅助触点来实现。机械式连接确保被监控触点随 OSSD 触点的状态而变化。

特殊的设计和机械结构应当确保继电器的动合(即常开)触点与动断(即常闭)触点不可能同时处于闭合状态。

注 1:机械式连接确保被监控触点随 OSSD 触点的状态而变化。

注 2:重要的是在标称的寿命周期内,继电器的释放电压和触点之间的间隔距离,都要保持在一个适当的水平上。

4.2.4.3 固态形式的 OSSDs

固态形式的 OSSD 分为拉电流型和灌电流型两种类型。当使用拉电流型输出时,应满足该条款的要求。

注 1:本部分没有对可以在某种应用场合需用的灌电流型输出的要求做出规定。使用时应特别谨慎(例如,当使用灌电流型输出时,对基准电压的短路或开路,会被输入和负载视为接通状态)。IEC 60204-1:1997 中 9.1.4 的要求也应予以考虑。

注2：对于24 V(d.c.)的额定电源电压，接通状态和断开状态的输出电压和电流值应符合表1的规定。

注3：对于24 V(d.c.)的额定电源电压，表1中的值满足GB/T 15969.2—2008（见GB/T 15969.2—2008中的5.2）的要求。当使用其他电源电压时，本部分可以作为指导，GB/T 15969.2—2008可以提供其他信息。

表1 固态OSSDs接通和断开状态的输出

额定电源电压	断开状态下的输出电压范围	接通状态下的输出电压范围	断开状态下的输出电流（最大漏电流）	接通状态下的输出电流
24 V(d.c.)	−3 V～+2 V方均根值（5 V峰值）	+11 V～+30 V	<2 mA	>6 mA

输出电路应当具有对过压、过流和短路的保护。

最大漏电流不应超过2 mA，包括故障情况下（例如开路）。

使用一个以上的OSSD时，OSSDs之间的短路应被检测。

ESPE供方应在随机文件中提供以下信息：

——阻性负载和感性负载在接通状态时的额定输出电流和最大输出电流；

——断开状态的最高电压；

——断开状态的最大输出电流（漏电流）；

——最大容性负载；

——OSSD(s)与负载之间连接的最大阻抗。

4.2.4.4 安全相关数据接口和安全相关通信接口

正常工作中敏感装置被触发时，ESPE应通过安全相关数据接口发送表明敏感装置或ESPE状态的信息做出响应。此状态信息通过安全相关通信接口转换为数据报文。

安全相关数据接口应具有相应于ESPE类型的同等故障防护能力。

根据ESPE的设计，安全相关通信接口可以作为一个分离的部件被设置在ESPE之外[如图1a)]，也可以被集成在ESPE的整体系统之内[如图1b)]。

安全相关通信接口在满足本部分（GB/T 19436.1）要求的同时，还应当满足IEC 61508或IEC 62061中适当的安全完整性等级（SIL，例如，4型对应SIL3，3型对应SIL2，2型对应SIL1）的相关要求。

安全相关通信接口与ESPE集成为一体时，整体的ESPE应满足IEC 61508或IEC 62061的相关要求。

注：由于通信接口的特殊技术，GB/T 19436.1适合引用不同的标准。为避免与其他标准的重叠，本部分没有规定安全相关通信接口的功能要求。

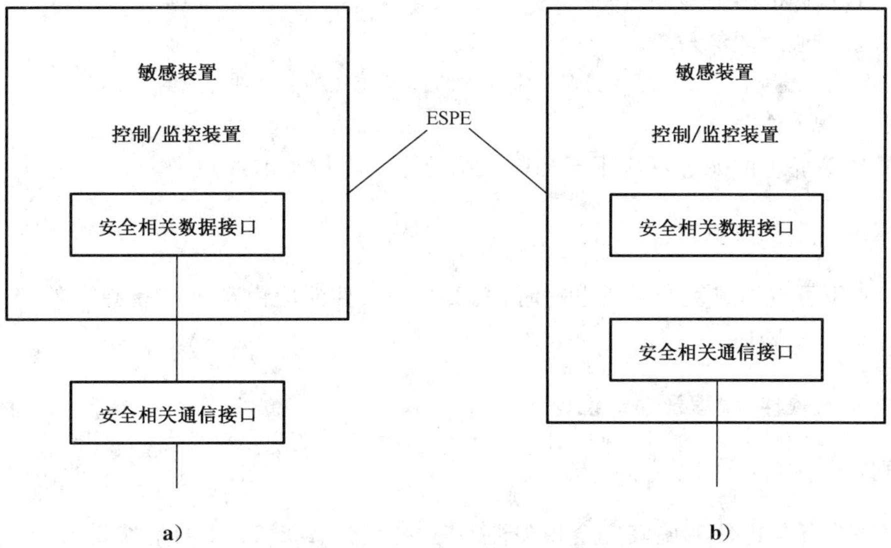

图 1　使用安全相关通信接口的 ESPE 的示例

4.2.5　指示灯和显示器

ESPE 制造商应提供指示灯和显示器：

a)　指示敏感装置的触发状态。从触发敏感装置到指示灯达到 50%最终亮度(冷光)的时间，以及从取消对敏感装置的触发到指示灯亮度减弱到最初亮度 50%的时间，都不应超过 100 ms。

b)　指示 OSSD 的输出状态。用绿色指示灯表示接通状态，用红色指示灯表示断开状态。两个或多个 OSSDs 配合工作时，可以使用单独的一套指示灯。

使用两个或多个相同颜色的指示灯时，每个指示灯所指示的功能应明确标识。

注：对于某些工作模式，用于 a)的同一套指示灯也可用于 b)。

指示灯是为机械设备的操作者设计的。因此，在安装这类保护设备时，指示灯应放置在接近检测区且可以看得到的位置。指示灯可以与传感器部件集成在一起，也可以作为一个外围设备安装在检测区附近。

4.2.6　调整方法

所有调整方法的设计都应满足：调整范围内的任何点都不可能产生危险失效，调整方法的失效不应引起 ESPE 的配置发生意外的变化。

4.2.7　子系统的脱开

当提供有允许任何子系统、子系统的部件或任何插接式组件脱开的方法时，按照 4.2.2 的规定，这类脱开应导致至少一个 OSSD 进入断开状态。

4.2.8　非电元件

非电元件应适合于预期的使用要求。

4.2.9　共因失效

设计应使由下列因素引起共因失效而导致危险失效的可能性降至最低：

——环境影响；

——使用公共基底的多通道系统；

——多通道系统通道间的短路。

注 1：共因失效，也可能是由于使用了因为误操作、误加工等而降级的元器件造成的。

注 2：共因失效被视为单一失效。

同一块半导体基底上的元件不应用于多通道系统中一个以上的通道中。

4.2.10 可编程或复杂集成电路

4 型 ESPE 使用可编程或复杂集成电路时，其安全相关性能应由至少 2 条独立的控制/监控通道保持。此要求应按照 5.5 验证。

4.2.11 集成电路的软件、编程及功能设计

4.2.11.1 总则

ESPE 通过下列任何方法实施其安全相关性能时，应使用 4.2.11.2 的附加要求：

a) 工作期间执行的软件程序；

b) 程序化的器件，其功能是在初始制造后经过程序化处理设置的，如 PAL、PLA、PLD、PROM；

c) 按用户特定的功能要求制造的器件，例如 ASIC、掩膜程序微处理器、ROM。

上述要求应按 5.5 确认。

4.2.11.2 要求

a) 软件、装置程序和装置功能设计，应当按照 IEC 61508-3 中适当的安全完整性等级(SIL，例如，4 型对应 SIL3，3 型对应 SIL2，2 型对应 SIL1)的要求进行开发。

b) 应按照质量管理体系程序提供证明文件，表明已达到所要求的安全相关性能等级。

c) 应形成文件化的质量计划，清楚地识别开发的各个阶段，并明确每个阶段的验收准则。例如开发阶段是要求规范制定阶段、设计规范阶段、验证阶段和确认阶段。

d) 在任何开发之前，为确定安全规范中 ESPE 的安全相关功能，应对 ESPE 的概念设计进行基于危险和失效模式识别的分析。然后 ESPE 的部分或全部安全相关功能应被分配到 4.2.11 的措施中，对每种元件所要求的安全相关性能应加以确定。为了达到安全相关性能的要求，应采用适合于规范、设计、使用和维修的工程技术。

e) 每一部分与 4.2.11.1 有关的软件、程序设计和功能设计的要求，应当完整和明确。每个要求规范应使审核人员或验证人员(即设计者之外的人)能够容易地追溯到安全要求规范，以证实所要求的安全相关功能被充分地处理。

f) 为了证明该项设计正确地实现了安全要求规范所要求的安全相关功能，应制订一项综合性测试计划。软件、程序和功能规范的试验，应在项目记录中加以记录，以证明设计满足安全要求规范。

g) 软件、程序设计和功能规范设计，应受控于有效的配置管理和更改控制。在开发期间，有效的程序应确保关于要求、规范、设计等方面的更改均被充分地记录，并对所有更改的影响进行分析，以确保安全要求规范在设计过程的所有阶段保持可追溯性。应保护设计免于未经授权的更改，并应准确地记录其精确的配置(如模块表、版本号)。

h) ESPE 运行中使用软件程序时，应将整个操作指令软件保存在处理器无法重写的只读存储器中。应采用适当的技术监控正确的程序流程，确保软件的完整性。

此类技术可包括监视器、RAM/ROM 检查、CPU 测试等。

i) 使用软件工具诸如编码器或译码器(而不是组译器)开发软件时,除下列情况外,软件的多样性都应予以考虑:
——用于不同程序的软件工具是完全不相关的;或
——软件工具拥有认可的国家标准或国际标准的“验证证书”;或
——测试方案包含充分的措施,以检测因软件工具而导致的共因错误。

j) 作为设计原则,就实用而言,安全相关软件应尽可能与安全无关软件相隔离,这是为了使安全功能被破坏的可能性降至最低,并有助于安全性能评估。

4.3 环境要求

4.3.1 环境空气温度范围和湿度

当环境温度变化范围为0 ℃～50 ℃时,ESPE应符合本部分的要求。超出该范围使用时,供方应规定系统仍能继续正常运行的温度范围。在温度为20 ℃和5.4.2所规定的最高环境温度之间,无凝露湿度为95%时,此项要求应用5.4.2规定的试验进行验证。

4.3.2 电骚扰

4.3.2.1 电源电压波动

当外部电源电压在10 s～20 s内从标称电压平滑地降到零电压,然后以同样的方式从零电压上升到标称电压时,ESPE应不发生危险失效。

当各内部获得的电源电压在10 s～20 s期间,依次从标称电压平滑地降到零电压,然后以同样的方式,从零电压上升到标称电压时,ESPE应不发生危险失效。

4.3.2.2 电源电压中断

电源电压中断(暂降)如表2所示。

表2 电源电压中断

试验编号	额定电压下降值/%	下降时间/ms	下降重复频率/Hz
1)	100	10	10
2)	50	20	5
3)	50	500	0.2

ESPE应对试验1)和2)的响应是连续正常工作,对试验3)的响应是不发生危险失效。

ESPE采用特定类型的电源电压供电(例如,直接由安全相关通信接口供电)时,本条款中的电源中断则可以施加于特定电源的主输入电源,而不是直接对ESPE供电的输入电源。

4.3.2.3 电压快速瞬变脉冲群

4.3.2.3.1 一般要求

当经受GB/T 17626.4—2008规定的电快速瞬变脉冲群试验时,ESPE应继续正常工作,试验要求如表3所示。

表 3　脉冲试验要求

试验项目	试验要求
d.c.或电压＜50 V(a.c.)的电源线端口	1 kV(峰值),按照 GB/T 17626.4—2008 的 2 级试验等级规定
长度＞1 m 的信号线端口	
电压≥50 V(a.c.)的电源线端口	2 kV(峰值),按照 GB/T 17626.4—2008 的 3 级试验等级规定

4.3.2.3.2　附加要求

当经受 GB/T 17626.4—2008 规定的电快速瞬变脉冲群试验时,3 型和 4 型的 ESPE 应不发生危险失效,附加要求如表 4 所示。

表 4　3 型和 4 型 ESPE 脉冲试验附加要求

试验项目	试验要求
d.c.和＜50 V(a.c.)的电源线端口	2 kV(峰值),按照 GB/T 17626.4—2008 的 3 级试验等级规定
长度＞1 m 的信号线端口	
电压≥50 V(a.c.)的电源线端口	4 kV(峰值),按照 GB/T 17626.4—2008 的 4 级试验等级规定

4.3.2.4　电压快速瞬变浪涌

4.3.2.4.1　一般要求

当经受 GB/T 17626.5—2008 规定的浪涌(冲击)试验时,ESPE 应继续正常工作,试验要求如表 5 所示。

表 5　浪涌试验要求

试验项目	试验要求
长度＞1 m 的信号线端口	共模 1 kV(峰值),按照 GB/T 17626.5—2008 的 2 级试验等级规定
d.c.和电压＜50 V(a.c.)的电源线端口	
电压≥50 V(a.c.)的电源线端口	共模 2 kV(峰值)和差模 1 kV(峰值),按照 GB/T 17626.5—2008 的 3 级试验等级规定

4.3.2.4.2　附加要求

当经受 GB/T 17626.5—2008 规定的浪涌(冲击)试验时,3 型和 4 型 ESPE 应不发生危险失效,附加要求如表 6 所示。

表 6　3 型和 4 型 ESPE 浪涌试验附加要求

试验项目	试验要求
长度＞1 m 的信号线端口	共模 2 kV(峰值),按照 GB/T 17626.5—2008 的 3 级试验等级规定
d.c.和电压＜50 V(a.c.)的电源线端口	
电压≥50 V(a.c.)的电源线端口	共模 4 kV(峰值)和差模 2 kV(峰值),按照 GB/T 17626.5—2008 的 4 级试验等级规定

4.3.2.5 电磁场

4.3.2.5.1 一般要求

当经受 GB/T 17626.3—2006 中 5.1 规定的第 3 级电磁场试验时(试验场强为 10 V/m),ESPE 应继续正常工作。

4.3.2.5.2 附加要求

当经受 GB/T 17626.3—2006 中 5.2 规定的第 4 级电磁场试验时(试验场强为 30 V/m),3 型和 4 型的 ESPE 应不发生危险失效。

4.3.2.6 射频场感应的传导骚扰

4.3.2.6.1 一般要求

当经受 GB/T 17626.6—2008 规定的传导射频骚扰试验时,ESPE 应继续正常工作,试验要求如表 7 所示。

表 7 射频场感应的传导骚扰试验要求

试验项目	试验要求
长度 1 m~10 m 的信号线端口	3 V(方均根值),按照 GB/T 17626.6—2008 的 2 级试验等级规定
长度>10 m 的信号线端口	10 V(方均根值),按照 GB/T 17626.6—2008 的 3 级的试验等级规定
电源端口	
接地端口	

4.3.2.6.2 附加要求

当经受 GB/T 17626.6—2008 规定的传导射频骚扰试验时,3 型和 4 型的 ESPE 应不发生危险失效,附加试验要求如表 8 所示。

表 8 3 型和 4 型 ESPE 射频场感应的传导骚扰试验要求

试验项目	试验要求
长度 1 m~10 m 的信号线端口	10 V(方均根值),按照 GB/T 17626.6—2008 的 3 级试验等级规定
长度>10 m 的信号线端口	30 V(方均根值),按照 GB/T 17626.6—2008 的 X 级试验等级规定
电源端口	
接地端口	

4.3.2.7 静电放电

4.3.2.7.1 一般要求

当经受 GB/T 17626.2—2006 中第 3 级规定的静电放电试验时(接触放电为 6 kV 或空气放电 8 kV),ESPE 应继续正常工作。

4.3.2.7.2 附加要求

当经受 GB/T 17626.2—2006 中第 4 级规定的静电放电试验时(接触放电为 8 kV 或空气放电 15 kV),3 型和 4 型的 ESPE 应不发生危险失效。

4.3.3 机械环境

4.3.3.1 振动

在 5.4.4.1 的振动试验期间,ESPE 应能继续正常工作。

4.3.3.2 碰撞

在 5.4.4.2 的碰撞试验期间,ESPE 应能继续正常工作。

4.3.4 外壳

ESPE 应有自身的外壳。

当 ESPE 的所有外壳,包括远程安装的外壳,按照供方的规定被安装时,应至少具有 IP54 的防护等级(见 GB 4208—2008)。然而当其部件被安装在具有至少 IP54 防护等级的机械设备控制装置外壳内时,ESPE 部件外壳的防护等级应至少达到 IP20。

注:机械损坏的防护可以通过下列措施实现:

——合适的定位;

——使用适当的材料并提供足够强度的结构形式;或

——使用防护屏障。

引入电缆的进入方式应不降低防护等级。

粘接两个结合表面之间的密封剂,不应用来密封维修时需拆去的盖子,因为当连接的表面被分离时,会降低对环境的防护等级。

外壳应没有可损坏电缆绝缘的锐边或棱角,应通过检查确认。

外壳应具有足够的检修口,以便安全有效地执行必要的调整和维修工作。这类检修口的盖子应采用系留紧固件。

5 试验

5.1 总则

5.1.1 型式试验

5.1.1.1 试验样品

如果可行,ESPE 所有部件(做为一个整体)应一起进行试验。如果不可行,ESPE 的部件可以分开试验。就环境试验情况来说,这种情况就需包含整体的 ESPEs(ESPEs 集成于机械装置时,通常不能与机械装置分开)。在这种情况下:

——ESPE 工作所需的任何输入信号都应加以模拟;

——试验中的任何例外和遗漏都应在试验报告中阐述。

在某一特殊试验具有破坏性,但通过隔离测试 ESPE 的部件可得到相同结果的情况下,可以使用部件样品代替整个设备样品,以得到试验结果。

当 ESPE 设计成可用于多种电源电压时(例如适于不同用途),可能需要多个样品。

当 ESPE 设计成由外部专用电源供电时，ESPE 应使用规定的专用电源进行试验(见 6.2)。

5.1.1.2 工作条件

除非在试验程序中另有规定，试验应对试验样品按随机文件所规定的条件进行。

关于电骚扰抗扰度试验，设备应尽可能接近其最终工作配置(如外围设备和附带的罩盖，连接到电源上，可行时，连接外部保护导体和/或外部的功能连接导体，见 GB 5226.1—2008)。

当规定几个安装位置时，应使用最不利的安装位置。

当使用安全相关数据接口代替 OSSD 时，ESPE 应按照供方的具有监控 ESPE 状态方法的说明书与通信系统相连接。

5.1.1.3 进入检测区的模拟

在后面的测试中，如果模拟的方法能够表明是等效的，试件(依据 GB/T 19436 相关部分的定义)进入检测区可以被模拟。

5.1.2 试验条件

5.1.2.1 试验环境

除 5.4 另有规定外，ESPE 应在下列条件下工作时进行试验：

——额定电压(或额定电压范围内的电压)；

——额定频率(或额定频率范围内的频率)；

——周围温度：20 ℃±5 ℃；

——相对湿度：25%～75%；

——空气压力：86 kPa～106 kPa。

注：在标志和随机文件中规定的数值视为额定值。

5.1.2.2 测量精度

测量的误差应不超过：

——ESPE 响应时间测量：±1 ms；

——温度测量：±3 ℃；

——电气测量：±1%，技术上可能和/或适当时；

——相对湿度(RH)测量：±3%RH；

——线性测量：±1 mm 或±1%，取其中的较大值。

所有的测量应在恒温条件下进行。当温度的上升率或下降率小于 2 K/h 时，则认为测量条件满足。

5.1.2.3 ESPE 与安全相关通信接口一起测试的环境条件

ESPE 和安全相关通信接口应一起测试(见图 2)。由于安全相关通信接口不显示静态的输出信号，因此需要使用数据接收器。测试设置包括受试设备和显示 ESPE 或敏感装置状态的数据接收器(如 PLC 或监控装置)。

测试电骚扰的敏感性可能需要使用合适的测试适配器，以隔离受试 ESPE 与通信总线。

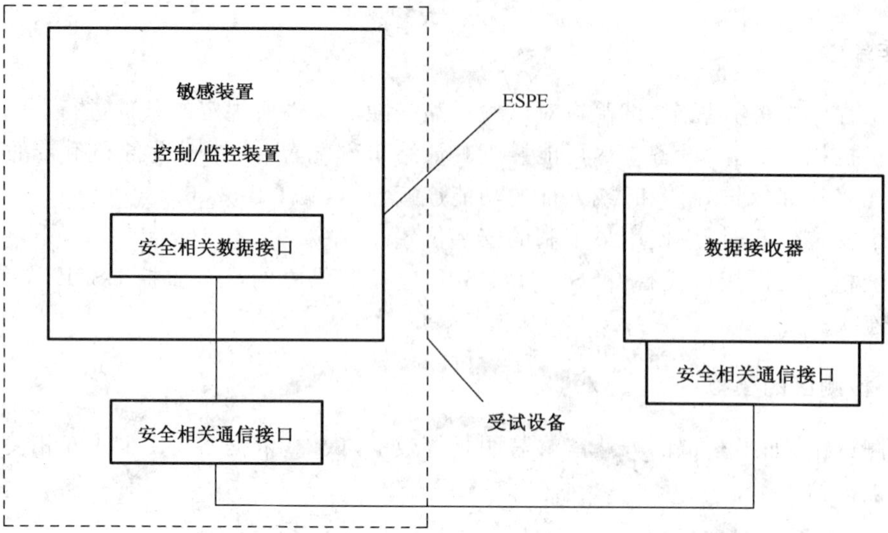

图 2 使用安全相关通信接口的 ESPE 的 EMC 测试设置

5.1.3 试验结果

本章所列试验和分析的结果,应形成文件。试验结果应采用表格展示各项单独试验及其效果的详情。任何特殊试验过程的详情,都应包括在测试报告中。

注:建议按照附录 C 验证试验结果。

5.2 功能试验

5.2.1 敏感功能

ESPE 的敏感功能及其检测能力和检测区(例如大小、形状和位置)的完整性,应按 GB/T 19436 相关部分的规定验证。

5.2.2 响应时间

响应时间应通过系统分析和测试来验证。

如果响应时间包括触发敏感装置的动作事件和此动作之间的最长时间,则响应时间可由动作的电模拟来确定。

ESPE 响应时间测量的附加要求,可在 GB/T 19436 的相关部分给出。

5.2.3 限定功能的试验

5.2.3.1 总则

应进行下列限定功能试验 A、B 和 C,以验证在正常环境条件下 ESPE 应连续正常工作,在非正常环境条件下或故障情况下,ESPE 应不发生危险失效。

如果 ESPE 配置有重新起动联锁功能,在试验期间,此功能应被旁路或不选择。重新起动联锁功能应单独试验(见附录 A)。

使用安全相关通信接口时,在下列的限定功能试验中,OSSDs 的接通或断开状态,将由显示 ESPE 或敏感装置相应状态的安全相关信息(如数据报文)代替。

5.2.3.2 限定功能试验 A(A 试验)

在没有物体进入检测区的情况下,应观察至少 5 s,除非另有规定,此期间 OSSD(s)应处于接通状态,而不应进入断开状态。

5.2.3.3 限定功能试验 B(B 试验)

在没有物体进入检测区的情况下,应观察至少 5 s,除非另有规定,此期间 OSSD(s)应处于接通状态,而不应进入断开状态。

将试件放入检测区,OSSD(s)应通过从接通状态进入断开状态做出响应。应观察至少 5 s,除非另有规定,此期间 OSSD(s)在试件存在于检测区时保持断开状态,或保持其他触发状态。

将试件从检测区撤出,或使样品处于其他非触发状态,OSSD(s)应通过从断开状态进入接通状态做出响应。应观察至少 5 s,除非另有规定,此期间 OSSD(s)在试件不存在于检测区时保持接通状态,或保持其他物理上的非触发状态。

根据试验的要求,以上试验可能需要连续地重复进行。

5.2.3.4 限定功能试验 C(C 试验)

这项试验和限定功能试验 B 一样,只不过 B 试验中 OSSD(s)应处在接通状态,而本试验中 OSSD(s)允许处于断开状态,但不应发生危险失效。在 5.4 各相关试验结束时,ESPE 应继续正常工作或从锁定状态中恢复。

如果 ESPE 因元件永久失效不能恢复正常工作,经验证仅是通信接口的元件失效,并且 OSSD(s)仍保持在断开状态,这种情况可以接受。

注:在极端的电骚扰(如危险失效测试)情况下,通信接口的某些元件可能发生永久失效并使 ESPE 无法恢复正常工作。

5.2.4 周期检测

对于 2 型的 ESPE,4.2.2.3 的要求应通过分析和检测进行验证。

5.2.5 指示灯和显示器

应按照 4.2.5 的要求,通过 B 试验验证指示灯和显示器的功能和颜色。

5.2.6 调整方法

4.1.1 和 4.1.2 的要求应通过检查予以验证,4.2.6 的要求应通过检查和进行必要的 C 试验予以验证。

5.2.7 元件的额定值

应通过分析和/或检查来验证遍及 ESPE 的整个工作范围的各元件,在其规定的额定值范围内工作。

5.2.8 输出信号开关电器(OSSD)

5.2.8.1 总则

应验证为各 OSSD 配备了单独的输出接点(端子)。

提供两个 OSSDs 时,通过检查或试验验证两个 OSSDs 相互独立工作。

检查验证 OSSD(s)具有限流装置保护,或限流装置的安装信息已在使用说明书中给出。

应验证可预见的故障不会导致OSSD(s)进入或保持接通状态，所有试验应在制造商规定的最大感性负载和最长连接电缆的条件下进行。

可预见的故障包括：

——OSSD与电源电压短路；

——OSSD与接地线短路；

——OSSD(s)之间短路；

——电源回路的电缆开路；

——功能连接线开路；

——屏蔽电缆的屏蔽线开路；

——错误的接线。

5.2.8.2 继电器形式的OSSDs

通过检查和测试验证继电器符合4.2.4.2的要求。

5.2.8.3 固态形式的OSSDs

应验证输出电压和电流的值符合4.2.4.3的规定。

5.2.8.4 安全相关数据接口和安全相关通信接口

应通过试验验证元件的断开不会导致危险失效。

5.2.8.1中规定的适用于OSSD的电气试验(短路、开路和错误的负载)，如不适用，可不进行。

整体通信接口的安全完整性，应通过试验、系统分析、考察数据表和测试报告，验证满足4.2.4.4的要求。

5.3 故障条件下的性能试验

5.3.1 总则

ESPE所有有关元件都应对按照4.2.2选择的单一故障的效果进行试验。如果进一步出现的故障是由第一个单一故障导致的，则第一个和所有接着发生的故障应视为单一故障。

应准备包含所有元件的故障目录，以记录附录B中所考虑故障的结果。为了减少不必要的试验，对于5.3.3、5.3.4和5.3.5中的能够理论预测出单一故障或组合故障结果的情况，分析报告应作为测试报告的一部分。该报告应按照5.5.4进行验证。此时，只需进行选择性(样品)试验，以确认这些分析报告。

注1：用于故障评估的典型方法包括IEC 60812的故障模式分析以及IEC 61025的故障树分析。

注2：在复杂电路结构或元件情况下(例如，微处理器、完全冗余)，故障的检查一般是在结构层次上进行。装配电路板上短路的排除见B.1.2。用于外部连接的相邻端子之间的短路的排除见B.1.3和B.1.4。

5.3.2 1型ESPE

注：该版本未对1型ESPE的要求进行考虑。

5.3.3 2型ESPE

根据4.2.2.3，ESPE应承受单一故障，以确定导致危险状况(如检测能力丧失或响应时间延长)的故障能够通过周期检测功能被检出，并导致锁定状态。

配备有内部开启的周期检测功能时，应验证监控功能的故障受到检测，并导致锁定状态或引起至少一个OSSD(s)进入断开状态。

5.3.4 3型ESPE

根据4.2.2.4,ESPE应承受单一故障,以确定故障通过ESPE进入锁定状态而受到检测,并且不发生危险失效。

当单一故障不能受到检测且又不能进行5.3.1规定的分析时,利用该故障作为初始故障,并依次叠加和撤销所有其他故障,对ESPE进入锁定状态并且没有危险失效发生的试验应继续进行。所有不能受到检测的单一故障都应进行试验。

多于两种故障的累积不需要进行试验。

5.3.5 4型ESPE

根据4.2.2.5,ESPE应承受单一故障,以确定故障通过ESPE进入锁定状态而受到检测,并且不发生危险失效。

当单一故障不能受到检测且又不能进行5.3.1规定的分析时,利用该故障作为初始故障,并依次叠加和撤销所有其他故障,对ESPE进入锁定状态并且没有危险失效发生的试验应继续进行。所有不能受到检测的单一故障都应进行试验。

当连续的两个故障不能被检测出且又不能进行5.3.1规定的分析时,应依次对这些连续的两个故障继续进行试验,并依次叠加和撤销其他所有单一故障,不应发生危险失效。所有不能被检测出的双重故障都应进行试验。

当多于3个的故障通常互相独立,并且按照特定的时间顺序出现的可能性很低时,则3个以上故障累积的试验不需要进行。

5.4 环境试验

5.4.1 额定电源电压

4.2.1规定的设计措施,应通过检测予以验证。

用4.2.1规定的相关值,ESPE应承受下列顺序的试验:

a) ESPE应配备最低额定电源电压,应进行A、B试验;

b) 电压应在10 s～20 s时段内,增加到最高额定电压,此时应进行A试验;

c) 达到最高试验电源电压后,应进行B试验。

对频率变化和谐波畸变的要求应通过试验或分析方法进行验证。

5.4.2 环境温度变化和湿度

标志或随机文件中应规定不低于50 ℃的最高环境试验温度和不高于0 ℃的最低环境试验温度。

对于ESPE应依照下列顺序进行试验:

a) 使ESPE在5.1.2.1规定的条件下运行工作,应进行A试验,持续时间至少2 h。A试验结束时,应进行B试验。

b) 应使环境温度以不大于0.3 ℃/min的速率上升到最高环境温度,在此期间应进行A试验。

c) 在最高环境温度下应进行A试验,持续时间至少2 h。在此期间,应使湿度上升到95%,并保持此湿度至少1 h。A试验之后,应进行B试验。

d) 应使环境温度以不大于0.3 ℃/min的速率下降,同时使湿度保持在95%,直到降至20 ℃为止。在此过程中应进行A试验。

e) 应使环境温度以不大于0.3 ℃/min的速率下降,但没有凝露发生,至降到最低环境温度为止。在此过程中应进行A试验。

f) 应在最低环境温度下进行 A 试验，持续时间至少 2 h。A 试验结束时应进行 B 试验。

g) 应使环境温度以不大于 0.3 ℃/min 的速率上升到 5.1.2.1 所规定的温度，在此期间应进行 A 试验。

h) A 试验应在 5.1.2.1 所规定的温度下进行，持续时间至少 2 h。在 A 试验结束时应进行 B 试验。

5.4.3 电骚扰的影响

注：对于使用通信总线接口的 ESPE 测试的修订，尚在考虑中。

5.4.3.1 电源电压波动

外部的电源电压和内部派生的各电源电压应按 4.3.2.1 的要求依次变动。在每项试验期间，必要时应进行 C 试验，以确认在降低电压时没有出现危险失效。

5.4.3.2 电源电压中断

应进行 4.3.2.2 和表 2 规定的试验。每项试验持续的时间应足够长，以覆盖至少 10 次暂降，并应使试验 1)及 2)进行 B 试验，试验 3)进行 C 试验。

5.4.3.3 电压快速瞬变脉冲群

5.4.3.3.1 一般要求

ESPE 应经受 4.3.2.3.1 规定等级的电快速瞬变脉冲群试验，依照 GB/T 17626.4—2008 的规定(对于直流电源端口、50 V 以下的交流电源端口和信号端口的耦合试验配置如 GB/T 17626.4—2008 中图 10 所示；其他交流电源端口的耦合如 GB/T 17626.4—2008 中图 9 所示)。

在各暴露期间，应进行 B 试验。

5.4.3.3.2 附加试验

3 型或 4 型 ESPE 还应经受 4.3.2.3.2 规定等级的电快速瞬变脉冲群试验，依照 GB/T 17626.4—2008 的规定(对于直流电源端口、50 V 以下的交流电源端口和信号端口的耦合试验配置如 GB/T 17626.4—2008 中图 10 所示；其他交流电源端口的耦合如 GB/T 17626.4—2008 中图 9 所示)。

在各暴露期间，应进行 C 试验。

5.4.3.4 电压快速瞬变浪涌

5.4.3.4.1 一般要求

ESPE 应经受 4.3.2.4.1 规定等级的浪涌(冲击)试验，依照 GB/T 17626.5—2008 的规定(信号端口的耦合试验配置如 GB/T 17626.5—2008 中图 11 或图 14 所示；直流电源和 50 V 以下的交流电源端口的耦合试验配置如 GB/T 17626.5—2008 中图 8 所示；其他交流电源端口如 GB/T 17626.5—2008 中图 7 和图 8 所示)。

在各暴露期间，应进行 B 试验。

5.4.3.4.2 附加试验

3 型或 4 型 ESPE 还应经受 4.3.2.4.2 规定等级的浪涌(冲击)试验，依照 GB/T 17626.5—2008 的规定(信号端口的耦合试验配置如 GB/T 17626.5—2008 中图 11 或图 14 所示；直流电源和 50 V 以下的交流电源端口的藕合试验配置如 GB/T 17626.5—2008 中图 8 所示；其他交流电源端口如

GB/T 17626.5—2008 中图 7 和图 8 所示)。

在各暴露期间,应进行 C 试验。

5.4.3.5 电磁场

5.4.3.5.1 一般试验

ESPE 应经受 4.3.2.5.1 规定等级的电磁场试验,依照 GB/T 17626.3—2006 中 5.1 的规定。在置于严厉等级为 3 的测试期间,应进行 B 试验。

注:此试验结果取决于环境结构,与 ESPE 安装在机械上所得结果可能有差异。

5.4.3.5.2 附加试验

3 型和 4 型的 ESPE 还应经受 4.3.2.5.2 规定等级的电磁场试验,依照 GB/T 17626.3—2006 中 5.2 的规定。在置于严厉等级为 4 级的测试期间,应进行 C 试验。

注:此检验结果取决于环境结构,与 ESPE 安装在机械上所得结果可能有差异。

5.4.3.6 射频场感应的传导骚扰

5.4.3.6.1 一般试验

ESPE 应经受 4.3.2.6.1 规定等级的传导性射频骚扰试验,依照 GB/T 17626.6—2008 的规定。在各暴露期间,应进行 B 试验。

5.4.3.6.2 附加试验

3 型或 4 型 ESPE 还应经受 4.3.2.6.2 规定等级的传导射频骚扰试验,依照 GB/T 17626.6—2008 的规定。

在各暴露期间,应进行 C 试验。

5.4.3.7 静电放电

5.4.3.7.1 一般试验

ESPE 应经受 4.3.2.7.1 规定等级的静电放电试验,依照 GB/T 17626.2—2006 的规定。在各暴露期间,应进行 B 试验。

5.4.3.7.2 附加试验

3 型或 4 型 ESPE 还应经受 4.3.2.7.2 规定等级的静电放电试验,依照 GB/T 17626.2—2006 的规定。在各暴露期间,应进行 C 试验。

5.4.4 机械影响

5.4.4.1 振动

试验样品应经受 GB/T 2423.10—2008 规定的振动试验。

试验条件如下:

频率范围	10 Hz~55 Hz;
扫描速度	1 倍频程/min;
振幅	(0.35±0.05)mm,试验应在无减振装置的情况下进行;
扫描次数	每轴为 20,三轴(没有因共振频率产生延迟)。

每轴都应进行以下限定功能试验：

——A试验应在最初和最后的扫描期间进行；

——进行B试验，试件应在第二次扫描开始时进入检测区，并在第19次扫描结束时移开。

5.4.4.2 碰撞

试验样品应经受GB/T 2423.6—1995规定的碰撞试验。

试验条件如下：

加速度	10 g；
脉冲持续时间	16 ms；
碰撞次数	3轴的每轴各为1 000±10。

各轴应进行下列试验：

——在最初的和最后的(100±10)次的每次碰撞期间，应进行A试验；

——应在最初的(100±10)次碰撞之后，把试件放入检测区，进行B试验。

5.4.5 外壳

5.4.4的试验完成后，4.3.4对于防护等级的要求应按照GB 4208—2008的规定进行试验。其余的要求应通过检查予以核实。

5.5 复杂或可编程集成电路的确认

5.5.1 总则

本条款用于验证4.2.10和4.2.11的要求，以及5.3.1要求的试验结果报告，包括分析报告。

复杂或可编程集成电路的确认工作，应由独立于负责系统设计、硬件设计和软件设计之外的具备专业资格的检验人员承担。确认后，应出具书面确认报告。

注：该确认提供特殊要求已经达到的独立证明。此过程是为了确认系统的故障在设计上已经予以避免，为了确认安装的程序能够保持产品在生命周期内的安全性能(包括，例如以后的更改)，为了确认ESPE的设计满足适应其类型的故障检测要求。

5.5.2 复杂的或可编程的集成电路

对于采用复杂的或可编程的集成电路的4型ESPE，应通过分析确认下列要求：

a) 至少有两条独立的决策通道；

b) 检测通道间的差异和引发锁定状态应在所有适用的故障状态下进行。

5.5.3 集成电路的软件、编程及功能设计

应当验证系统设计和软件开发所依据的质量体系规定的程序和支持性文件符合质量管理体系(如GB/T 19001—2008)的要求。

质量体系的运行，应通过审核关于开发此类设备所形成的文件记录和为保持产品在生命周期内的质量所建立的程序进行验证。

项目开发文件的适合性、完整性及可追溯性应通过审查得到验证。

应分析安全要求规范，以确认未在其中提到的关于软件、程序设计及功能设计的要求已在系统设计的其他地方提到。

应分析试验计划，以确认能够通过成功地完成试验来验证安全要求规范中的全部要求。

当运行中使用专门的故障检测软件时，应分析测试计划，以确认B.4.4中考虑的所有不能被直接的硬件故障模拟所检测到的故障，都通过此软件被检测到。

最新设计版本的测试结果，应当经历过审查。为了确认，应随机选择样品测试项进行重复，并且测试结果应与项目记录中的结果完全一致。

当运行中使用专门的故障检测软件时，模拟故障的测试结果应当证实所规定的覆盖范围被满足，并且应与试验结果报告中所包含的任何分析报告进行比较。

对于运行中使用的软件，应证实全部操作指令程序都储存在处理器不能改写的只读存储器中。

对于可编程装置，验证装置执行其全部可编程功能的方法应被确认。

注 1：错误的或不完整的可编程装置，可能允许此类设备正确执行主要的保护功能而无法执行故障检测功能，尤其是在设计中使用多个相似的可编程装置，且故障检测又是依靠交叉监控时。

用于监控程序流程和/或复杂/可编程装置运行的方法应被确认。此方法应适合于供方声称的安全相关性能等级和使用的系统结构。

注 2：进一步的指导可参见 IEC 61508-3。

5.5.4 试验结果分析报告

当使用分析去判定由 5.3 所要求的任何试验结果时，应对所使用技术的充分性、适用性和有效性进行验证。应通过对随机选定的部分分析进行重复分析的方式对所用方法被执行的正确性进行验证。

6 识别标志和安全使用标志

6.1 总则

按照 GB/T 15706.2—2007 中 6.4 的规定，ESPE 的所有部件应带有下列必要的标志：

——用于明确识别的；

——为了安全使用的。

并应适当提供补充信息：

——永久地标志于 ESPE 上；

——在随机文件如指导手册中；

——在包装上。

ESPE 最适宜部件的外壳上应具有下列永久性标志：

a) 产品标志，包括供方的名称和地址、系列名称或类型、序列编号及制造年份；

b) 检测区的参数，如尺寸；

c) 检测能力；

d) 响应时间；

e) 额定电压，包括相数及有关的频率；

f) 额定输入功率(若大于 25 W 时)或额定电流；

g) IP 代码；

h) 仅对Ⅱ类设备，防止触电保护的分类符号；

i) 危险电压引起危险的警告标志；

j) 符合 4.1.3 规定的 ESPE 的类型。

6.2 专用电源供电的 ESPE

当 ESPE 设计成由外部专用电源供电时，专用电源的型号或类型及与其一起已经测试过的一些详细情况，应永久性地标记在 ESPE 最适宜部件的外壳上，和/或包含在使用说明书中。

6.3 内部电源供电的 ESPE

从内部电源获得供电的 ESPE，若可行时，应在其最适宜部件的外壳上，标记电源保险丝的额定电流的详细情况。

6.4 调整

当 ESPE 为适应不同的额定电压或不同输入而能调整时，表明对 ESPE 进行调整的电压或输入的标志，应清楚地和容易识别地标注于调整点处。

6.5 外壳

包含有电气装置的外壳都应标上符合 GB 5226.1—2008 中 16.2 规定的警告标志。

6.6 控制装置

6.6.1 开关、指示灯及其他控制器件的标志应标注在其邻近处，而不应标注在可拆卸的部件上，以免由于更换这些部件而使人误解。

6.6.2 控制和指示器件的功能性标识应符合 GB 5226.1—2008 中 16.3 的规定。

6.6.3 任何电源开关的通/断位置应按照 GB 5226.1—2008 中 5.3.1 标记。

6.6.4 在安装期间或之后，预期调整特性的装置应具有调整的方向标志，以明示特性值的增加或减小。亦见 GB/T 4205—2010。

6.7 端子标志

6.7.1 在安装时连接电缆，或在 ESPE 维修后被重新设置的端子，应做标志并附相关示图。

6.7.2 为外部连接所提供的，与 ESPE 相关的且带有用户可更换零部件的端子，应做标志并附相关示图。

6.7.3 所有引入电源的端子应按 GB/T 4026—2010 做标志。

6.7.4 保护性导线的连接点应按照 GB 5226.1—2008 中 8.2.6 的规定做标志。该标志不应放置在螺钉、可拆除的垫圈上及在导线连接或拆开时有可能被拆除的其他零部件上。

6.7.5 当 ESPE 需被连接到两条以上的供电导线上时，应在 ESPE 上固定标志接线图，除非正确的连接方式非常明显。

6.7.6 如 ESPE 采用的电源不止一种，则标志应包括警告内容：在端子罩盖可能被拆开之前，必须切断所有电源。

6.8 标志的耐久性

标志应能承受本部分规定的温度和湿度以及液体如水、肥皂水、机油、汽油等工业环境的影响。

标志应能承受用汽油浸渍的织物和用水浸渍的湿布分别轻擦 15 s。

7 随机文件

ESPE 供方应提供以供方和用户双方同意的语言书写的文件。

随机文件应包含 ESPE 的安装、使用和后续处理所需要的资料，适当时包含下列信息：

a) ESPE 内部生成的电源上不应连接其他装置的说明；

b) 附录 A 中所描述的 ESPE 已经包含的选择性功能的详细情况；

c) 用于连接停止性能监控器(若配备时)的设施的说明；

d) 需要时，2 型 ESPE 使用外部测试信号方法的信息(见 4.2.2.3)；

e) 若配备了调整、操作或进入的安全钥匙或特殊工具，建议由担负责任的或经过授权的人管理控制；

f) 试件的尺寸和类型及测试方法,或检查检测能力和可见指示灯工作的其他方法的说明;
g) 响应时间。
当使用安全相关通信接口时,应对确定整个系统响应时间的方法予以说明;
h) ESPE 额定工作条件包括:
——温度范围;
——湿度;
——电压范围;
——各分部件之间的间隔距离范围和相互连接电缆的最大长度。
i) 防止敏感功能相互干扰的建议;
j) 表明继电器开关动作顺序的框图、功能图表;
k) 所有输入/输出端子的位置;
l) 所有输入/输出端子的额定值和特性;
m) OSSDs(和 SSDs,若配备时)能够对阻性、容性或感性负载转换的最小与最大的电压和电流,及在带有该负载时的最大转换速率,和取决于负载的预期寿命;
n) 用户使用供方推荐的零部件进行维修的资料;
o) 如果适用,有关输入电缆和终端连接的特殊要求;
p) ESPE 总负载/功率的要求;
q) 移动和维修此类设备所需周围空间的详细情况;
r) 由供方规定的用户可替换的零部件一览表;
s) 颜色和编码系统的列表(见 GB 5226.1—2008);
t) 该设备的外形尺寸;
u) 使用说明书;
v) 检测区的位置和尺寸,和其他功能界限的定义;
w) 为使此类装置正确运行,提供在安装后、维修后或周期性的检查时间表;
x) 确保维持正确运行的常规测试方法和频次;
y) 外壳 IP 等级的说明,或当 ESPE 预期安装在机械控制装置的外壳内时,按照 4.3.4 要求的外壳最低 IP 等级;
z) ESPE 预期特殊应用的清楚说明;
aa) 所推荐的 2 型 ESPE 周期检测之间的最大间隔周期;
bb) 远离 ESPE 安装并与 ESPE 相连的开关、控制装置和指示灯的安装和装配说明;
cc) 重新起动联锁部件应设置于有关危险区的说明;
dd) 敏感功能部件应设置于有关危险区,以及这些部件与危险区之间的安全距离的确定方法(如计算公式)的说明;
ee) 有关 ESPE 怎样与机械控制系统相连接的说明;
ff) 任何必需考虑的特别预防措施的详细情况;
gg) ESPE 所需的空间尺寸;
hh) 支撑和固定 ESPE 的支架的尺寸和定位;
ii) ESPE 的各部件和相邻设施的部件之间的最小间距;
jj) ESPE 至电源的连接方法,和各分立部件之间相互连接的方法,若存在时;
kk) 若使用时,4.2.4.3 规定的固态输出的适当连接信息;
通信接口(4.2.4.4)集成于 ESPE 时,应当提供适当整合所需的工作极限和时序特性;
ll) 提供屏蔽功能(监控的、非监控的、固定的或浮动的)或检测能力的调整功能时,应对这些功能的预期使用做出说明。

附　录　A
（规范性附录）
ESPE 的选择性功能

A.1　总则

ESPE 可能包含附加的功能，或在安全相关控制系统中安排执行功能的装置。ESPE 和专门用来执行这些可选择功能的任何分立装置都应符合本部分的要求。

注：当这些可选择功能不是专门作为 ESPE 的组成部分而是由分立的装置执行时，这些分立的装置应符合其他适当标准（例如，GB/T 16855.1、IEC 61508、IEC 62061）的有关要求。此种情况下，本附录的要求连同其他标准可以作为使用指南。

可选择的装置或功能如下：

——外部装置监控（见 A.2）；

——停止性能监控器（见 A.3）；

——副开关电器（见 A.4）；

——起动联锁（见 A.5）；

——重新起动联锁（见 A.6）；

——抑制（见 A.7）；

——用于重新起动机械的 ESPE（见 A.8）。

下列要求是最低要求，可能不满足所有的应用。作为风险评估的结果，这些要求需要与其他标准（如 GB 5226.1、GB/T 16855.1）的相关要求结合使用。

在由安全相关数据接口为选择性功能提供信号的场合，如果相同的功能由具有适应 ESPE 类型或安全相关功能的安全完整性等级（SIL）要求限度的安全相关通信系统实现，可不考虑 ESPE 硬连接的要求。其他的要求不变。

注：安全完整性等级要求限度 SIL3 适合于 4 型 ESPE，SIL2 适合于 3 型 ESPE，SIL1 适合于 2 型 ESPE。

A.2　外部装置监控（EDM）

A.2.1　功能要求

EDM 应提供对外部触点（如 FSDs 或 MPCEs）状态监控的方法。

当正受 EDM 监控中的某个装置被检测为错误状态时，ESPE 应进入锁定状态。

A.2.2　故障状态的要求

ESPE 应按照 4.2.2 对 EDM 的故障做出响应。

A.2.3　验证

应通过检查及试验进行如下验证：

——对于预期使用 EDM 的装置的监控，ESPE 中应提供必要的措施；

——当任何一个被监控的装置正处于错误状态时，ESPE 应进入锁定状态；

——ESPE 应根据 4.2.2 对 EDM 出现的故障做出响应。

A.2.4 使用信息

ESPE 供方应提供用于 EDM 连接到适当装置上的说明，同时也应规定需安装 EDM 要使用的任何装置的类型。有些场合对受监控的装置要求特殊性能(如机械地连接的触头，复式输入、N/O、N/C)，对这些应做出规定。

除非外部触点的响应时间受到监控，否则，使用信息应提示需要采取监控触点响应时间的外部措施。

A.3 停止性能监控器(SPM)

A.3.1 功能要求

SPM 应对 ESPE 提供有关机械危险部件进入停止状态或恢复到安全状态所用时间或运行量的信号。当 SPM 的信号显示预置的停止性能极限已被超出时，ESPE 应进入锁定状态。

对 4 型 ESPE，SPM 应提供至少两个信道至 ESPE。每个信道都应能够引发 ESPE 的锁定状态。

SPM 应使用自动的停止性能测试，以监控整套系统的停止性能。

当敏感装置实际地或模拟地触发时，SPM 应能立即响应来自 ESPE 的信号，开启自动的停止性能测试。

SPM 的预置极限可进行调整的任何方法，应要求使用钥匙、关键字或专用工具。

A.3.2 故障状态的要求

在下列任何条件下，ESPE 都应进入锁定状态：

——当不能进行或不能完成自动测试时；

——当到达停止性能监控器的运动传递失效时，或当复式传递装置中的任一装置失效时；

——当停止性能监控器与 ESPE 分离时。

A.3.3 验证

通过检查进行下列验证：

——当停止性能预置极限被超出时，SPM 输出的信号将使 ESPE 进入锁定状态；

——使用 4 型 ESPE 时，从 SPM 到 ESPE 应至少拥有两个独立的信号源，且任一信号源失效均导致 ESPE 进入锁定状态；

——作为对 ESPE 信号的响应，SPM 开启自动测试；

——敏感功能实际地或模拟地触发，ESPE 开启自动的 SPM 测试；

——任何调整方法都要求使用钥匙、关键字或专用工具；

——当自动测试不能进行或没有完成时，ESPE 进入锁定状态；

——当任何一种运动装置的传递出现失效时，ESPE 进入锁定状态；

——当 SPM 从 ESPE 或从安全相关的控制系统中分离时，ESPE 进入锁定状态；

——标志符合 A.3.4 的规定并正确无误。

A.3.4 标志

供方应将 SPM 贴上永久性标志。标志包含下列信息：

——供方的名称和地址；

——型号和系列号；

——SPM 配用的 ESPE 的型号；

——装置的精度。

A.4 副开关电器(SSD)

A.4.1 功能要求

当ESPE的电源被切断或当ESPE处于锁定状态时,SSD应处于断开状态。

SSD执行安全相关功能的能力应通过自动地测试进行检查,此测试应在ESPE接通电源且在OSSD(s)进入接通状态之前进行。

A.4.2 故障状态的要求

如果A.4.1所说的自动测试表明SSD无法进入断开状态时,OSSD(s)应仍保持断开状态。

A.4.3 验证

通过检查和试验,进行下列验证:

——故障情况下,如当SSD被约束在保持导通状态且当ESPE通电时,OSSD(s)应保持在断开状态,即使进行复位时;

——ESPE在锁定条件下,SSD处于断开状态。

A.5 起动联锁

A.5.1 功能要求

当电源接通,或被中断后再恢复时,起动联锁应阻止OSSD(s)进入接通状态。

OSSD(s)的断开状态,应一直保持到起动联锁被人工(如通过开关操作,或通过对敏感装置的触发和撤销触发)复位到接通时。

在锁定状态下,起动联锁的复位不应使OSSD(s)恢复到接通状态。

A.5.2 故障状态的要求

引起起动联锁进入或永久保持接通状态的起动联锁的失效,应使ESPE进入或保持锁定状态。

A.5.3 验证

通过检查和试验进行下列验证:

——起动联锁装置处于断开状态时,OSSD(s)处于断开状态;

——当电源接通时,OSSD(s)的断开状态一直持续到人工操作此起动联锁装置时;

——当电源的中断时间足以使OSSD(s)进入断开状态后,再当恢复供电时,OSSD(s)应保持断开状态,直到对起动联锁装置进行人工操作时;

——在锁定状态下,对起动联锁的复位不允许OSSD(s)进入接通状态;

——起动联锁装置出现故障时,开启锁定状态。

A.5.4 指示

起动联锁装置阻止OSSD(s)进入接通状态时,配备的黄色指示灯应点亮。

A.6 重新起动联锁

A.6.1 功能要求

下列情况下，重新起动联锁装置应阻止 OSSD(s)进入接通状态：

——当机械运行正处于其工作循环的危险阶段时，检测区被中断；

——当机械处于自动或半自动方式时，检测区被中断；

——当机械的工作模式或操作方式改变时。

这种联锁状态应一直持续到重新起动联锁装置被人工复位时。然而，当敏感装置被触发时，重新起动联锁装置应不可能复位。

A.6.2 故障状态的要求

不能满足 A.6.1 的功能要求时，应导致 ESPE 进入锁定状态。

A.6.3 验证

通过检查和试验进行下列验证：

——当重新起动联锁装置处于断开状态时，OSSD(s)处于断开状态；

——当敏感装置被触发期间，重新起动联锁装置将不能复位到接通状态；

——危险机械运行期间敏感装置触发时，重新起动联锁装置进入断开状态；

——当机械的工作模式或操作方式改变时，重新起动联锁装置进入断开状态；

——当重新起动联锁装置失效时，则开启锁定状态。

A.6.4 指示

重新起动联锁装置阻止 OSSD(s)进入接通状态时，配备的黄色指示灯应点亮。

A.7 抑制

A.7.1 功能要求

A.7.1.1 当 ESPE 处于抑制状态，对敏感装置触发时，OSSD(s)应保持接通状态。

A.7.1.2 应提供至少两个独立的硬连接的信号源来用以开启抑制功能。OSSD(s)已处于断开状态时，抑制功能应不能被开启。

A.7.1.3 抑制功能仅应通过抑制信号的正确顺序和/或时序才能被开启。抑制信号出现冲突时，ESPE 应不允许抑制发生。

A.7.1.4 应提供至少两个独立硬连接抑制信号源用以终止该功能。一旦任意一个抑制信号改变状态时，抑制功能则应终止。抑制功能的终止不应仅依赖于 ESPE 检测区的无遮挡状态。

注：开启和停止抑制功能的信号源可以是同一个。

A.7.1.5 在抑制发生期间，抑制信号应连续地存在。当抑制信号不能连续存在，顺序出错或/和预定时限超出时，应导致进入锁定状态或重新起动联锁状态。

注：对于某些应用场合(例如传送机械和包装机械)，抑制能够通过旁路(覆盖)功能予以提供。为了清除机械设备上抑制传感器所在区域的堵塞物，该功能允许抑制功能被进一步使用。只有当至少有一个抑制传感器被触发时，才应有可能触发该旁路功能。出现单一故障时应不能开启该旁路功能。该旁路功能在正确的抑制信号顺序被识别，预定时限超出时，或者当确定的抑制区域是畅通的和正常运行能恢复时，应立即自动被取消。对于旁路功能的触发应使用持续作用式装置，该装置应被放置在操作者能够看得到危险点的位置处。

A.7.2 故障状态的要求

按照4.2.2的规定,抑制功能中的故障应当被检测,至少不允许有另外的抑制状况发生。

A.7.3 验证

通过检查和测试验证:

——在抑制状态下,触发敏感装置时,OSSD(s)保持接通状态。

——有两个独立的硬连接的抑制信号源来开启和终止抑制功能,并且无论何时,无效的信号组合出现时,抑制状态被阻止。

——对于2型ESPE,任何能够导致抑制状态一直持续的失效,能够通过周期检测被显示。这类失效被检测到时,抑制状态的持续状况被阻止。

——当两个“停止抑制”信号中的任意一个改变状态时,抑制功能即终止。

A.7.4 指示

应提供抑制状态的信号或指示灯(某些应用中,抑制的指示信号是必需的,见GB/T 16855.1—2008的5.2.5)。

A.8 用于重新起动机械的ESPE

A.8.1 总则

除了作为保护装置使用之外,ESPE还能用于起动机械设备运行。可使用的起动操作方式如下:

——对敏感装置一次触发和撤销触发重新起动机械设备运行,被称为单次中断;

——对敏感装置两次连续地触发和撤销触发重新起动机械设备运行,被称为双重中断。

这一选择功能作为ESPE的组成部分被提供时,还应对ESPE提供A.5规定的起动联锁功能和A.6规定的重新起动联锁功能。

A.8.2 功能要求

a) 当ESPE的电源接通或中断后再恢复时,在起动联锁装置复位之前,应不可能使用A.8.1所述的任何一种操作方式;

b) 在危险运行期间敏感装置触发后,在重新起动联锁装置复位之前,应不可能使用A.8.1所述的任何一种操作方式;

c) 对于机械设备运行的连续重新起动,只应在限定的时间内方可使用A.8.1所述的任何一种操作方式;

d) 当选择双重中断方式执行重新起动时,在任何顺序的事件或动作情况下,都应不可能通过单次中断方式实现重新起动;

e) 如果超出了c)中所述的限定时间,在重新起动联锁装置复位之前,机械下一步的重新起动应是不可能的;

f) 当重新起动方式改变之后,在重新起动联锁装置复位之前,使用A.8.1所述的任何一种操作方式重新起动机械应是不可能的;

g) 应提供通过外部方式对控制c)所述限定周期的定时器进行复位的装置;

h) 对于定时器的调整方法,应要求使用钥匙、关键字或专用工具。

注:连续的重新起动所允许的时间长度,对于循环时间小于5 s的机械设备,不应超过30 s。

A.8.3　故障状态的要求

附录B所列的任何导致机械重新起动方式改变的故障，应至少导致起动联锁或重新起动联锁起作用。

A.8.4　验证

通过检查和试验进行下列验证：

——ESPE的电源接通或中断了再恢复后，在起动联锁装置复位之前，不可能使用A.8.1所述的任何一种操作方式；

——在危险运行期间敏感装置触发后，在重新起动联锁装置复位之前，不可能使用A.8.1所述的任何一种操作方式；

——只应在限定的时间内使用A.8.1所述的任一操作方式才能连续重新起动机械；

——当选择双重中断方式执行重新起动时，在任何顺序的事件或动作情况下，都不能通过单次中断方式实现重新起动；

——当重新起动方式改变之后，在重新起动联锁装置复位之前，不可能通过A.8.1所述的任何一种操作方式使机械重新起动；

——提供了由外部方式对控制上述限定周期的定时器进行复位的装置；

——定时器的调整应在需要使用工具才能进入的外壳中；

——附录B所列的导致机械重新起动方式改变的故障，应至少引起起动联锁或重新起动联锁起作用。

附 录 B
(规范性附录)
影响ESPE的电气设备的单一故障一览表

本附录中的各表根据5.3的规定运用。

B.1 导线和连接器

B.1.1 导线/电缆故障及排除方法见表B.1。

表B.1 导线/电缆故障及排除方法

考虑到的故障	排除方法
任何两导线间短路	导线使用永久式连接(例如不使用插头插座组合)并保护导线防止外部损坏,例如通过电缆套管、铠装
	使用独立多芯电缆中的导线
任一导线开路	无
任一导线与外露可导电部分或保护导线之间短路	无
任何导线与带电部分之间短路	导线通过多接点端子集支撑和/或端接,以防止来自例如由于靠近导线端接点的机械失效而发生的故障

B.1.2 印刷电路板和印刷电路部件故障及排除方法见表B.2。

表B.2 印刷电路板和印刷电路部件故障及排除方法

考虑到的故障	排除方法
两邻近导线间短路	——基本材料应符合IEC 60249-2的规定,爬电距离和电气间隙至少应符合GB/T 16935.1—2008规定的污染等级2/安装类别3;和 ——组装的电路板应安装在防护等级至少为IP54的外壳中,印刷板上所有导体路径均应覆盖抗老化清漆或保护层
任何导体的路径开路	无

B.1.3 接线座故障及排除方法见表B.3。

表B.3 接线座故障及排除方法

考虑到的故障	排除方法
邻近端子间短路	使用的端子应符合相关的IEC标准,并满足GB 5226.1—2008中的13.1.1和13.1.2的要求
个别端子的开路	无

B.1.4 多插脚连接器(如电缆、继电器、集成电路用的插头和插座)故障及排除方法见表B.4。

表B.4 多插脚连接器(如电缆、继电器、集成电路用的插头和插座)故障及排除方法

考虑到的故障	排除方法
两邻近插脚间短路	邻近的插脚满足B.1.2的要求
通过机械方法不能防止连接器互换和误插	无
个别连接器插脚开路	无

B.2 开关

B.2.1 机电式开关、手动操作开关和按钮(如复位操动器、自锁开关)故障及排除方法见表B.5。

表B.5 机电式开关、手动操作开关和按钮故障及排除方法

考虑到的故障	排除方法
触头不闭合	无
触头不断开	无
彼此绝缘的邻近触头短路	此处所用开关应符合IEC 60947-5-1:1997(见K.7.1.4.6.1)的规定,变得松动的导电部件不能跨越触头之间的绝缘体
转换触头间的3个端子间同时短路	此处所用开关应符合IEC 60947-5-1:1997(见K.7.1.4.6.1)的规定,变得松动的导电部件不能跨越触头之间的绝缘体

B.2.2 机电式电器(如继电器、接触器)故障及排除方法见表B.6。

表B.6 机电式电器(如继电器、接触器)故障及排除方法

考虑到的故障	排除方法
不释放(例如由于机械故障,所有触头保持通电状态)	无
不导通(例如由于机械故障、线圈断路,所有触头保持断开状态)	无
个别触头不断开	无
个别触点不闭合	无
3个转换触头的端子之间同时短路	此处爬电距离和电气间隙至少应符合GB/T 16935.1—2008规定的污染等级2/安装类别3,变得松动的导电部件不能跨越触头之间的绝缘体
在触头电路之间、触头与线圈端子之间发生短路	此处爬电距离和电气间隙至少应符合GB/T 16935.1—2008规定的污染等级2/安装类别3,变得松动的导电部件不能跨越触头之间及触头与线圈之间的绝缘体
常开和常闭触点同时闭合	使用强制驱动(或机械地连接)的触头,可以排除常开和常闭触头的同时闭合

B.3 分立电气元件

B.3.1 变压器故障及排除方法见表 B.7。

表 B.7 变压器故障及排除方法

考虑到的故障	排除方法
单个绕组开路	无
绕组之间短路	绕组按照 GB 4943 的要求隔离

B.3.2 固定或可调电感器故障及排除方法见表 B.8。

表 B.8 固定或可调电感器故障及排除方法

考虑到的故障	排除方法
断路	无
短路	扼流线圈是单层的、涂瓷漆的或密封的，并采用轴向线连接和轴向安装
变值：$0.5L_N<L<L_N$＋公差 其中 L_N 是标称电感值 或者，对于可调电感器 变值：$L_{min}<L<L_{max}$	无

B.3.3 电阻器故障及排除方法见表 B.9。

表 B.9 电阻器故障及排除方法

考虑到的故障	排除方法
开路	无
短路	具有防止破损绕线松散保护的薄膜型或线绕型电阻器，采用轴向线连接、轴向安装并涂漆； 使用表面贴装技术的无引线电阻器
变值：$0.5R_N<R<2R_N$ 其中 R_N 是标称电阻值	无

B.3.4 电阻器网络故障及排除方法见表 B.10。

表 B.10 电阻器网络故障及排除方法

考虑到的故障	排除方法
单个电阻器开路	无
任何两个接点之间短路	无
单个电阻器变值：$0.5R_N<R<2R_N$ 其中 R_N 是标称电阻值	无

B.3.5 电位器故障及排除方法见表B.11。

表B.11 电位器故障及排除方法

考虑到的故障	排除方法
每个单独的连接线开路	无
所有连接线之间同时短路	无
任何两个连接线之间的阻值变值：$0.5R_p<R<2R_p$ 其中 R_p 是标称值	无

B.3.6 固定或可调电容器故障及排除方法见表B.12。

表B.12 固定或可调电容器故障及排除方法

考虑到的故障	排除方法
开路	无
变值：$0.5C_N<C<C_N$+公差 其中 C_N 是标称值或设定值	无

B.4 固态电气元件

B.4.1 分立半导体元件[如二极管、晶体管、三端双向晶闸管、稳压器、光电晶体管和发光二极管(LED)]故障及排除方法见表B.13。

表B.13 分立半导体元件故障及排除方法

考虑到的故障	排除方法
任何连接的开路	无
任何两个连接之间短路	无
所有连接之间短路	无
变化的电气特性导致安全相关的输出信号超出额定信号范围上限值或下限值的25%	无

B.4.2 光耦合器故障及排除方法见表B.14。

表B.14 光电耦合器故障及排除方法

考虑到的故障	排除方法
单个连接的开路	无
任何两个连接之间短路： ——输入连接线(发射器)； ——输出连接线(接收器)； ——在输入和输出之间	 无 无 元件应具有承受GB/T 16935.1—2008表F.1规定的过电压类别Ⅲ冲击电压能力

表 B.14（续）

考虑到的故障	排除方法
变化的电气特性导致安全相关的输出信号超出额定信号范围上限值或下限值的25%	无

B.4.3 简单集成电路故障及排除方法见表B.15。

表 B.15 简单集成电路故障及排除方法

考虑到的故障	排除方法
每个单独的连接开路	无
任何两个连接之间短路	无
在所有的输入端和输出端，或者个别地或者同时地存在持久不变的"0"或"1"信号(即负极或正极与分离的输入端或非连接的输出端相连短路)	无
输出的寄生振荡 注：测试频率和脉冲占空比的选择取决于转换技术和外部电路。测试时，激励级存在的问题是被隔离的。	无
变化的电气特性导致安全相关的输出信号超出规定信号范围上限值或下限值的25%	无

B.4.4 复杂集成电路或可编程集成电路故障及排除方法见表B.16。

表 B.16 复杂集成电路或可编程集成电路故障及排除方法

考虑到的故障	排除方法
部分或全部功能(见4.2.10和4.2.11)中的缺陷可能是： ——处于静态； ——改变逻辑； ——依赖于比特顺序	无
由于集成电路的复杂性(见4.2.10和4.2.11)，硬件中未被检测到的失效未被注意到	无
存储和处理元件中的缺陷未能通过完全执行程序显露出来	无
B.4.3所列的各种故障	见B.4.3

B.5 电动机

电动机故障及排除方法见表B.17。

表 B.17　电动机故障及排除方法

考虑到的故障	排除方法
电动机停止	无
速度高于额定值	无
速度低于额定值	无

附 录 C
（资料性附录）
符合性评估

本标准(GB/T 19436)包含了产品与标准的符合性评价条件，然而这些要求却是高度地依赖于测试设备和专家的分析。为了对电敏保护设备(ESPE)相对本标准和至少是本标准的某一部分的符合性进行恰当地评定，应该实施由第三方依据本标准的要求进行测试和评价的过程。第三方应是经过认证的具有检测这些类型设备资质的实验室。该测试和评价过程独立于本标准的规范性要求，并且可能需要通过法律或法规规定进行实施，或通过合同约定进行实施。

参 考 文 献

[1] ISO 9000-3:1997 Quality management and quality assurance standards—Part 3:Guidelines for the application of ISO 9001:1994 to the development, supply, installation and maintenance of software

[2] IEC 60204-1:1997 Safety of machinery—Electrical equipment of machines—Part 1:General requirement

[3] IEC 60812:1985 Analysis techniques for system reliability—Procedure for failure mode and effects analysis (FMEA)

[4] IEC 61025:1990 Fault tree analysis (FTA)

[5] IEC/TS 62046 Safety of machinery—Application of protective equipment to detect the presence of persons

ICS 21.010
J 09

中华人民共和国国家标准

GB/T 19436.2—2013/IEC 61496-2:2006
代替 GB/T 19436.2—2004

机械电气安全　电敏保护设备 第2部分:使用有源光电保护装置(AOPDs)设备的特殊要求

Electrical safety of machinery—Electro-sensitive protective equipment—Part 2:Particular requirements for equipment using active opto-electronic protective devices (AOPDs)

(IEC 61496-2:2006,Safety of machinery—Electro-sensitive protective equipment—Part 2:Particular requirements for equipment using active opto-electronic protective devices (AOPDs),IDT)

2013-10-10 发布　　　　2014-02-01 实施

中华人民共和国国家质量监督检验检疫总局
中国国家标准化管理委员会　发布

前　言

GB/T 19436《机械电气安全　电敏保护设备》分为4个部分：

——第1部分：一般要求和试验；

——第2部分：使用有源光电保护装置(AOPDs)设备的特殊要求；

——第3部分：响应漫反射有源光电保护装置(AOPDDR)的特殊要求；

——第4部分：视觉保护装置设备的特殊要求。

本部分为GB/T 19436的第2部分。

本部分按照GB/T 1.1—2009给出的规则起草。

本部分代替GB/T 19436.2—2004《机械电气安全　电敏防护装置　第2部分：使用有源光电防护器件(AOPDs)设备的特殊要求》。

本部分与GB/T 19436.2—2004相比主要技术变化如下：

——标准名称改为《机械电气安全　电敏保护设备　第2部分：使用有源光电保护装置(AOPDs)设备的特殊要求》；

——在第4章中增加了"光学性能"要求和"发射器和接收器在同一装置中的AOPD的补充要求"；

——将5.2.9的内容由"外部反射和偏离"调整为"光学性能的验证"，并增加了对第4章增加要求的验证要求；

——增加了附录A、附录B、附录C、附录D、附录E和附录F；

——技术内容有增补，表述用词有改动。

本部分使用翻译法等同采用IEC 61496-2:2006《机械安全　电敏保护设备　第2部分：使用有源光电保护装置(AOPDs)设备的特殊要求》。

与本部分中规范性引用的国际文件及国外文件有一致性对应关系的我国文件如下：

——包含GB/T 19436.1—2013的相应文件

——GB/T 19876—2005　机械安全　与人体部位接近速度相关防护设施的定位(ISO 13855:2002,MOD)

——GB 20653—2006　职业用高可视性警示服(EN 471:2003,MOD)。

本部分由中国机械工业联合会提出。

本部分由全国工业机械电气系统标准化技术委员会(SAC/TC 231)归口。

本部分起草单位：济宁科力光电产业有限责任公司、天津津滨华测产品检测中心有限公司、北京机床研究所、北京凯恩帝数控技术有限责任公司、山东省科学院激光研究所、合肥合锻机床股份有限公司、江苏国力锻压机床有限公司、九川集团有限公司、东风汽车有限公司商用车车身厂。

本部分主要起草人：于俊贤、黄祖广、邵光存、万峰、黄麟、刘统玉、王辉、甄冒发、乔礼惠、陈建国、邹勤。

本部分所代替标准的历次版本发布情况为：

——GB/T 19436.2—2004。

引　言

电敏保护设备(ESPE)适用于对人体存在伤害风险的机械。它能在人处于危险状态前,使机械回复到安全状态,从而提供保护。

GB/T 19436 的本部分规定了作为机械防护设备的电敏保护设备(ESPE)的设计、制造和试验的特殊要求,该要求只针对使用有源光电保护装置(AOPDs)执行敏感功能的 ESPE。

本部分是对 GB/T 19436.1—2013 相应条款的补充和修改。

至于第 1 部分中的特殊条款在第 2 部分中并未提到也是合理的。本部分所述的"补充"、"修改"或"替换"即是补充、修改或替代第 1 部分的有关内容。

每种类型的机械都有自己特定的危险,本部分的目的不是推荐 ESPE 在任何特定机械上使用的方法。ESPE 的应用应当是此类设备的供方、机械的用户和强制机构之间协商的事,关于这一点,需要注意国内、外已经制定的相关指导,例如 GB/T 15706。

机械电气安全　电敏保护设备
第2部分：使用有源光电保护装置(AOPDs)设备的特殊要求

1　范围

第1部分的本章内容做如下替换：

GB/T 19436的本部分规定了作为特殊设计的安全相关系统的组成部分，敏感功能使用有源光电保护装置(AOPDs)，用于检测人体的电敏保护设备(ESPE)的设计、制造和试验的特殊要求。需要特别注意的是针对其特性，要确保达到适宜的安全相关性能。ESPE可能包括一些可供选择的安全功能，对此类功能的要求在GB/T 19436.1—2013和本部分的附录A给出。

本部分没有规定检测区的尺寸或形状以及它在任何特殊应用中涉及危险部件的布置，也未说明由什么构成任何机械的危险状态。本部分只限于ESPE的功能及如何与机械进行连接。

本部分不包括使用辐射波长在400 nm～1 500 nm范围以外的AOPDs。

本部分可能与那些对非人体保护的应用有关，例如：保护机械或产品免于机械损坏。在这些应用中，可能需要附加的要求，例如必须由敏感功能辨认的材料，具有不同于人的一些特性。

本标准不涉及电磁兼容性(EMC)的发射要求。

2　规范性引用文件

除了第1部分的本章引用文件适用外，还包括：

补充的引用文件：

GB/T 19436.1—2013　机械电气安全　电敏保护设备　第1部分：一般要求和试验(IEC 61496-1:2008,IDT)

ISO 13855:2002　机械安全　与人体部位接近速度相关防护设施的定位(Safety of machinery—Positioning of protective equipment with respect to the approach speeds of parts of the human body)

IEC 60825-1:2001　激光产品的安全　第1部分：设备分类、要求和用户指南(Safety of laser products—Part 1:Equipment classification,requirements and user's guide)

IEC/TS 62046:2008　机械安全　检测人体存在的保护设备应用(Safety of machinery—Application of protective equipment to detect the presence of persons)

EN 471:2003　职业用高可视性警示服　检测方法和要求(High-visibility warning clothing for professional use—Test methods and requirements)

3　术语和定义

下列术语和定义适用于本文件。

补充的定义：

3.201

有源光电保护装置　active opto-electronic protective device;AOPD

这种装置的敏感功能是通过光电发射和接收元件，对由存在于规定检测区(或对于光束装置，是在光束的光轴上)内的不透明物体致使装置内生成的光辐射的中断，进行检测实现的。

3.202

光束中心线 beam center-line

连接发射元件光心和相对应的(即被设计为在正常运行中响应发射元件之光的)接收元件光心的光路。

注1:光束的光轴不总是在光束中心线上。

注2:作为正常工作的情况可能出现光束中心线的物理位移(例如通过使用电动机驱动的反射镜)。

注3:对于采用反射技术的AOPD,光路是由目标反射器和发射、接收元件共同确定的。

3.203

有效孔径角 effective aperture angle;EAA

发射元件(部件)和接收元件(部件)偏离其光学对正中心线的最大角度。在该角度内,有源光电保护装置(AOPD)保持连续正常工作。

3.204

光束装置 light beam device

单光束装置或多光束装置:

——单光束装置:由一个发射元件和一个接收元件组成的AOPD,供方不规定检测区。

——多光束装置:由多个发射元件和对应的接收元件组成的AOPD,供方不规定检测区。

3.205

光幕(光帘) light curtain

有源光电保护装置(AOPD)包含一个或多个发射元件和一个或多个接收元件的集成组合,形成具有检测能力的检测区,由供方规定。

注:具有较大检测能力的光幕有时被称为光栅。

3.206

试件 test piece

不透明圆柱形元件,用于验证有源光电保护装置(AOPD)的检测能力。

3.207

监控屏蔽 monitored blanking

对检测能力和/或检测区进行如此设置:当物体存在于检测区的规定区域时,不会引起OSSDs进入断开状态,而当此物体不在该区域(或在某些情况下,大小或位置发生变化)时,将引起OSSDs进入断开状态。

替换:

3.3

检测能力 detection capability

其尺寸表现为试件的直径,该试件:

——对于光幕,置于检测区内时,将触发敏感装置;

——对于单光束装置,置于光束中心线上时,将触发敏感装置;

——对于多光束装置,置于任意一条光束中心线上时,将触发敏感装置。

注:检测能力也可以表示检测规定直径试件的能力。

4 功能、设计和环境要求

GB/T 19436.1—2013此章内容按下列替换和补充后适用于本部分。

4.1 功能要求

4.1.2 敏感功能

替换:

4.1.2.1 总则

敏感功能应在供方规定的整个检测区内有效。应使用钥匙、关键字或工具,方可对检测区、检测能力或屏蔽功能进行调整。

当符合4.2.13要求的试件放置在检测区的任意位置时,无论静止(任意角度)还是以0 m/s~1.6 m/s之间的任意速度运动(圆柱体的轴线垂直于检测区平面),光幕的敏感装置应被触发,并且OSSD(s)应进入断开状态。

当符合4.2.13要求的试件垂直于光轴出现在工作距离范围内光束中心线上的任意一点时,光束装置的敏感装置应被触发,并且OSSD(s)应进入断开状态。

注:此要求的目的是确保当人体或人体的某部分穿过检测区或光束时,OSSD(s)进入断开状态。基于尺寸为150 mm和步行速度为1.6 m/s的考虑,确定最小断开时间为80 ms是合适的。

当OSSD(s)进入断开状态时,在试件存在于检测区(或光束)内时,OSSD(s)应保持断开状态,或保持至少80 ms,取较大者。

供方注明的AOPD能用来检测移动速度大于上述规定值的物体时,以任何速度直至规定的最高速度移动,都应符合上述要求。

4.1.2.2 光学性能

AOPD应按以下要求进行设计和制造:

a) 限制因外部反射引起危险失效的可能性(例如,工作范围达到3 m的情况,见图1);
b) 限制可正常工作的偏离;
c) 限制处于400 nm~1500 nm外部光照下危险失效的可能性;
d) 控制发射光束的尺寸使其对其他电敏设备的影响最小。

达到上述要求的一种方法是确保每一个发射和接收元件的有效孔径角(EAA)不大于图2所示的值。采用该方法时,AOPD依据5.2.9.2和附录D进行测试,要满足上述要求。

还有其他限制EAA的技术方法可供选择以实现上述a)、b)、c)、d)规定特性的同等性能。在此种情况下,AOPD依据5.2.9.2和附录E进行测试,要满足上述要求。

合适的光学性能应通过5.2.9和5.4中适用的测试进行验证。

如果AOPD安装在与反射面十分接近的位置(即在图1所示的阴影区内)提供保护,AOPD应按如下方式设计:光线不能通过反射面发生旁路。对于这种装置,EAA远小于2.5°(例如小于0.1°)可能是必需的。此种情况下,图1和图2不适用,防止光旁路的保护极限应由制造商规定。

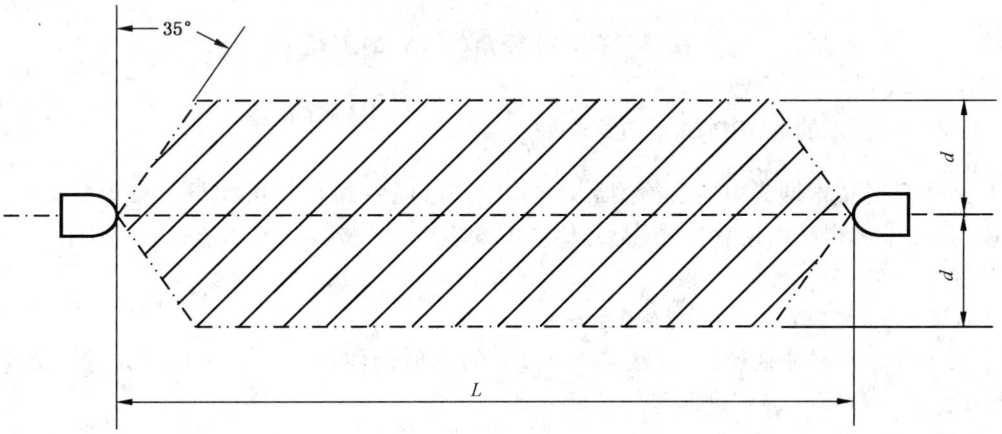

说明:

4型:d=131 mm,L=250 mm~3 000 mm;

2型:d=262 mm,L=500 mm~3 000 mm。

图1 防止光旁路风险的限定区域

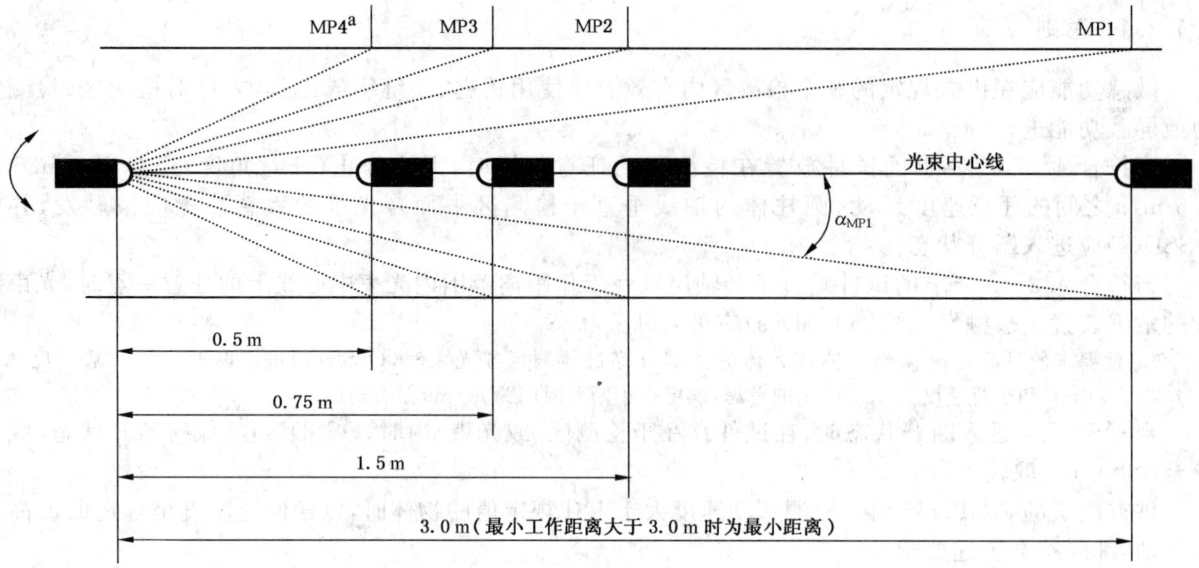

2 型 AOPD	MP1	MP2	MP3	MP4	4 型 AOPD	MP1	MP2	MP3	MP4
α 限定值 (°)	5	10	19.3	27.7	α 限定值 (°)	2.5	5	10	14.7
[a] MP 表示测量点									

注 1：有效孔径角应根据 5.2.9.2 确定。

注 2：应在 MP1～MP4 的每个测量点上进行测量(或当最小工作距离大于 3 m 时，仅在 MP1 处测量)。

注 3：其他距离下的限定值由下面的公式计算：

$$\alpha = \arctan\ (d/L)$$

其中：

d=262(2 型)或 d=131(4 型)，

L 为发射器到接收器之间的距离(或受试装置 DUT 到目标反射器之间的距离)。

注 4：对于反射式系统，α 的值为上表所列值的一半。

图 2 有效孔径角(EAA)的测量

4.1.2.3 运用反射技术的 AOPD 的补充要求

AOPD 运用反射技术即光束穿过检测区一次以上(沿同一路径)时，如果有反射物体(如能够产生反射的衣服)存在于检测区内任意位置，AOPD 应不发生危险失效，并且不能通过易于得到的反射物体(例如镜子)发生旁路。

注：使用镜子反射光束的情况不作为反射技术看待。

当尺寸大于或等于试件直径和长度(见 4.2.13)的反射物体按 5.2.1.1 的规定置于光束上任意位置时，单光束装置的 OSSD(s)应进入并保持断开状态。

所考虑的反射物体应包括：

——目标反射器；

——符合 EN 471:2003 中 2 级或同等级别反射要求的反射材料；

注：EN 471:2003 表 5 规定，在入射角为 5°，观察角为 0.2°(12′)时，2 级材料的最小反射系数为 330 cd lx m^{-2}。

——对工作波长的光的反射率大于或等于 90% 的镜面反射面，例如抛光镀铬板或抛光铝板；

——漫反射面,例如白纸。

在正常工作条件下,当把相同的反射器放置在尽可能靠近发射或接收元件(一个、多个或全部)的敏感表面之前时,使用反射技术的光幕或多光束装置的OSSD(s)应进入并保持断开状态。

4.1.2.4 发射器和接收器在同一装置中的AOPD的补充要求

在正常工作条件下,当尺寸大于或等于试件直径和长度的反射物体垂直光轴置于检测区内任意位置时,AOPD的OSSD(s)应进入并保持断开状态。

注:本条款不适用于运用反射技术的AOPD。

所考虑的反射物体应包括:

——符合EN 471:2003的2级或同等级别反射要求的反射材料;

注:EN 471:2003表5规定,在入射角为5°,观察角为0.2°(12′)时,2级材料的最小反射系数为330 cd lx m^{-2}。

——对工作波长的光的反射率大于或等于90%的镜面反射面,例如抛光镀铬板或抛光铝板;

——漫反射面,例如白纸。

4.2 设计要求

4.2.2 故障检测要求

4.2.2.3 2型ESPE的特殊要求

替换第一段:

2型ESPE应有周期检测措施以显示危险失效(如敏感装置失去检测能力,响应时间超过规定值)。该检测应验证每一光束均按供方规定的方式运行。预期采用外部(如机械)安全相关控制系统开启周期检测的地方,ESPE应配备适当的输入设施(如端子)。

补充的设计要求:

4.2.12 AOPD检测能力的完整性

当AOPD在下列条件的任意和全部组合情况下工作时,AOPD的设计应使AOPD的检测能力(试件直径)保持小于或等于供方规定的值:

——供方说明书里的任何条件;

——在4.3(GB/T 19436.1—2013和本部分)中规定的环境条件;

——在校准和/或调整的极限处。

如果单一故障(依照GB/T 19436.1—2013附录B的规定),在正常工作情况下(见GB/T 19436.1—2013的5.1.2.1)不会导致AOPD丧失检测能力,但是当上面规定条件的组合出现时将会导致丧失检测能力,则该故障与该条件的组合应被视为是单一故障,并且AOPD应对这样的单一故障按照4.2.2的要求做出响应。确定检测能力方法的一个示例在附录F中给出。

4.2.13 试件

试件应是圆柱形和不透明的,最短有效长度为150 mm。试件直径应不超过供方规定的AOPD检测能力。

对检测能力不超过40 mm的AOPD,光幕所用试件应由供方提供,并应有如下标志:

——以毫米(mm)为单位标明直径;

——试件所配用的AOPD的类型和说明。

当AOPD可以设置一种以上的检测能力时,供方应提供每种检测能力的试件。

应通过检查进行验证。

4.2.14 波长

AOPDs应工作在波长为400 nm～1 500 nm的范围内。

4.2.15 辐射强度

由AOPD产生和发射的辐射强度在任何时候都不应超过IEC 60825-1:2001中8.2规定的1M类激光器的最大功率或能量等级。

注：2M类激光器的使用尚在考虑中。

4.3 环境要求

补充：

4.3.5 光干扰

ESPE经受下列光干扰时，应能继续正常工作：

——白炽光；

——闪光灯；

——用高频电子电源激发的荧光。

ESPE经受下列光干扰时，不应发生危险失效：

——白炽光(用石英灯模拟的日光)；

——频闪光；

——用高频电子电源激发的荧光；

——对于4型ESPE，来自相同设计的发射元件的辐射。

注：对2型ESPE来自相同设计发射元件辐射的保护要求尚在考虑中。

当ESPE按照5.4.6试验时，这些要求应被满足。

没有对可能引起异常工作或危险失效的其他外来光源的抗干扰能力做出要求。供方向用户提供潜在问题的要求见第7章的ff)(GB/T 19436.1—2013和本部分)。

5 试验

GB/T 19436.1—2013此章内容按下列补充和替换后适用于本部分。

5.1 总则

补充：

在下列试验中，应验证当OSSD(s)进入断开状态时，在试件存在于检测区(或光束)内时OSSD(s)保持断开状态，或保持至少80 ms，取较大者。如果AOPD包含有重新起动联锁，在本条款试验期间应关闭该功能。

5.1.1 型式试验

5.1.1.2 工作条件

补充：

为了进行这些试验和便于试验，光幕检测区的平面可以是垂直的或者是水平的。

如果能够证明试验结果是相同的，可以通过使用中性密度滤光片模拟在长工作距离处的试验。

5.1.2 试验条件

5.1.2.2 测量精度

对第一段补充：

——角度测量：±0.1°；

——光强度测量：±10%。

5.2 功能试验

替换：

5.2.1 敏感功能和检测能力

5.2.1.1 敏感功能

应验证在本条款所描述的情况下敏感装置被连续地触发，并且 OSSD(s)适时进入断开状态，并应考虑 AOPD 的工作原理，以及尤其是所使用的耐受环境干扰的技术。

对于光幕：

——以 45°角和 90°角(见图 3 和图 4)在检测区的两端[尽可能靠近发射器和接收器(或反射器)]和中间(见图 5)，在检测区内缓慢移动试件横行通过每个光束；

——把试件静止地放在检测区内依 5.2.9.1 分析结果认为是关键的任何位置和/或角度；

——以 4.1.2.1 规定速度范围内的最大速度，和该速度范围内依 5.2.9.1 分析结果认为是关键的任何其他速度，在检测区内移动试件横行通过每个光束；

——在检测区的边界处(如在每个角)和依 5.2.9.1 分析结果认为是关键的任何其他位置，移动方向和试件的轴线垂直于检测平面，以 1.6 m/s 的速度移动试件(长度 150 mm)通过检测区。

对于光束装置：

——把试件放在光束内的光束两端和光束中间位置，试件的轴线与光束中心线垂直；

——在光束两端、光束中间位置，和全部工作距离内依 5.2.9.1 分析结果认为是关键的任意位置，移动方向和试件的轴线与光束轴线垂直，以 1.6 m/s 的速度移动试件(长度 150 mm)通过光束。

上述试验应在 AOPD 工作于最小标称工作距离或 0.5 m(取较大者)和最大标称工作距离处进行。

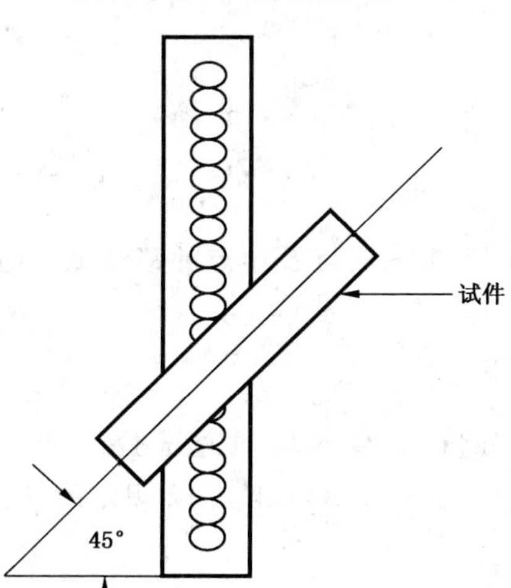

图 3 试件 45°

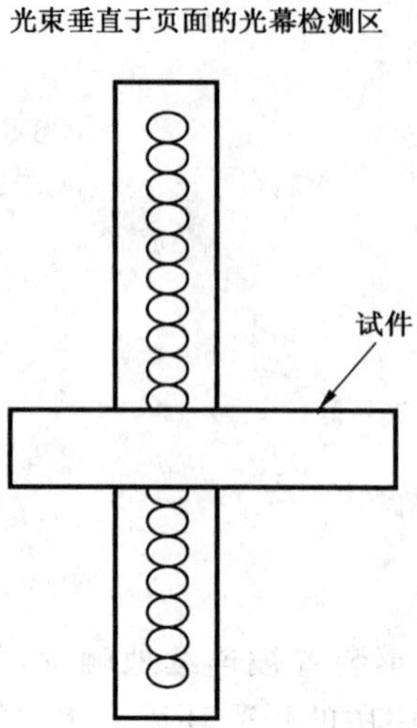

图 4 试件 90°

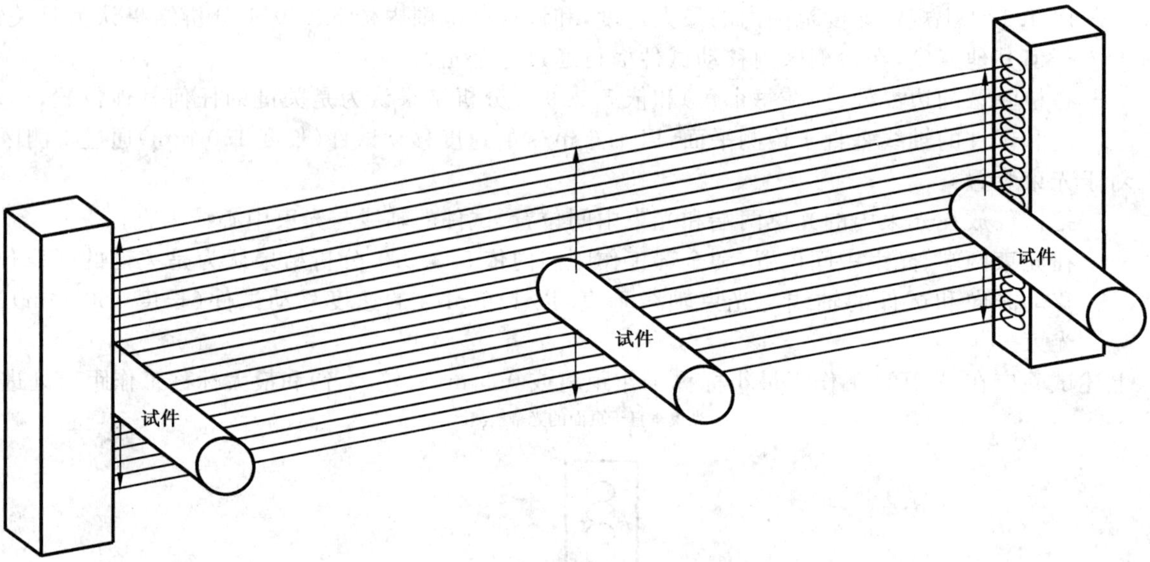

图 5 在发射器、接收器/反射器附近及中点处移动试件通过检测区验证敏感功能

5.2.1.2 AOPD 检测能力的完整性

应通过对 AOPD 设计的系统分析，必要时应通过试验，验证 AOPD 的检测能力被持续保持或 ESPE 不会发生危险失效，分析时应考虑 4.1.2 和 4.2.12 规定的各种条件的全部组合以及 5.3 规定的故障。

如果 AOPD 的检测能力，是通过基于检测区内任意位置的至少一个光束被完全遮挡的光学的几何结构实现的（如附录 F 所示），则没有必要做进一步的分析和试验。如果 AOPD 的检测能力不是通过完全遮挡实现的，则至少应进行以下附加试验：

a) 按照供方的使用说明书布置 AOPD。

b) 在检测区内放置一个穿透率为 30%，大小为检测能力两倍的中性滤光片。

c) 给 AOPD 上电并等待 30 s(或更长时间，若依据 5.2.9.1 的分析认为有必要时)，验证 OSSD(s)处于接通状态。如果 OSSD(s)处于断开状态，则应减小工作距离并重新开始试验。

d) 将试件置于滤光片前面，验证 OSSD(s)在响应时间内进入断开状态。

e) 移开滤光片并验证 OSSD(s)继续保持在断开状态。

f) 在 5.2.9.1 分析确定的几个位置重复试验。

系统分析的结果应与 5.4 中要求的试验结果相同，另外还与响应时间的测量结果相同。

5.2.1.3 使用反射技术的 AOPD 的补充试验

应在制造商规定的最小和最大工作距离处分别进行以下试验。

对于单光束装置，应验证，当尺寸大于或等于试件直径和长度的反射物体(依据 4.1.2.3 规定)放置于光束装置的光轴上并与光轴垂直时，敏感装置应被触发。该试验应在发射器-接收器附近、目标反射器之前 200 mm 处和光束中间位置处进行。

对于使用反射技术的光幕和多光束装置，应验证，当与目标反射器相同的反射器与发射或接收元件(一个、多个或全部)的敏感表面接触时，OSSD(s)应进入断开状态。

对于光幕，应验证敏感装置在以下情况下被触发，当：

a) 尺寸大于或等于试件直径和长度的高反射圆柱体被放置在光幕的检测区内时；和

b) 反射物体(依据 4.1.2.3 规定)被放入光幕的检测区内时。

以上试验应在发射器-接收器附近、目标反射器附近和沿光束中间位置处进行。

5.2.1.4 发射器和接收器被混合在同一装置中的 AOPD 的补充试验

应验证当反射物体(依据 4.1.2.4 规定)被放入到 AOPD 的检测区内时，敏感装置被触发。该反射物体应放置于发射器-接收器附近和检测区的中间位置。

补充的功能试验：

5.2.9 光学性能的验证

5.2.9.1 光电的子系统分析

5.2.9.1.1 分析

应对光电的子系统进行系统分析以确定：

a) 光束中心线以及发射和接收元件的光轴；

b) 发射和接收元件在所有方向上离轴的相对强度/敏感度；

c) 所使用的任何过滤技术及其特性的证据；

d) 确定敏感功能的状态所使用的准则；

e) 多光束装置中光束的相对强度/敏感度；

f) 根据 4.2.2，不能检测出的故障对光电特性的影响；

g) 最差情况下的响应时间；

h) 4.3 规定的环境因素对光电特性影响的结果。

应使用分析的结果来确定能否满足 4.1.2.2 的要求。

如果能满足 4.1.2.2 的要求，那么上述分析结果应被用于确定哪一个试验方法适用于验证(见图 6)。

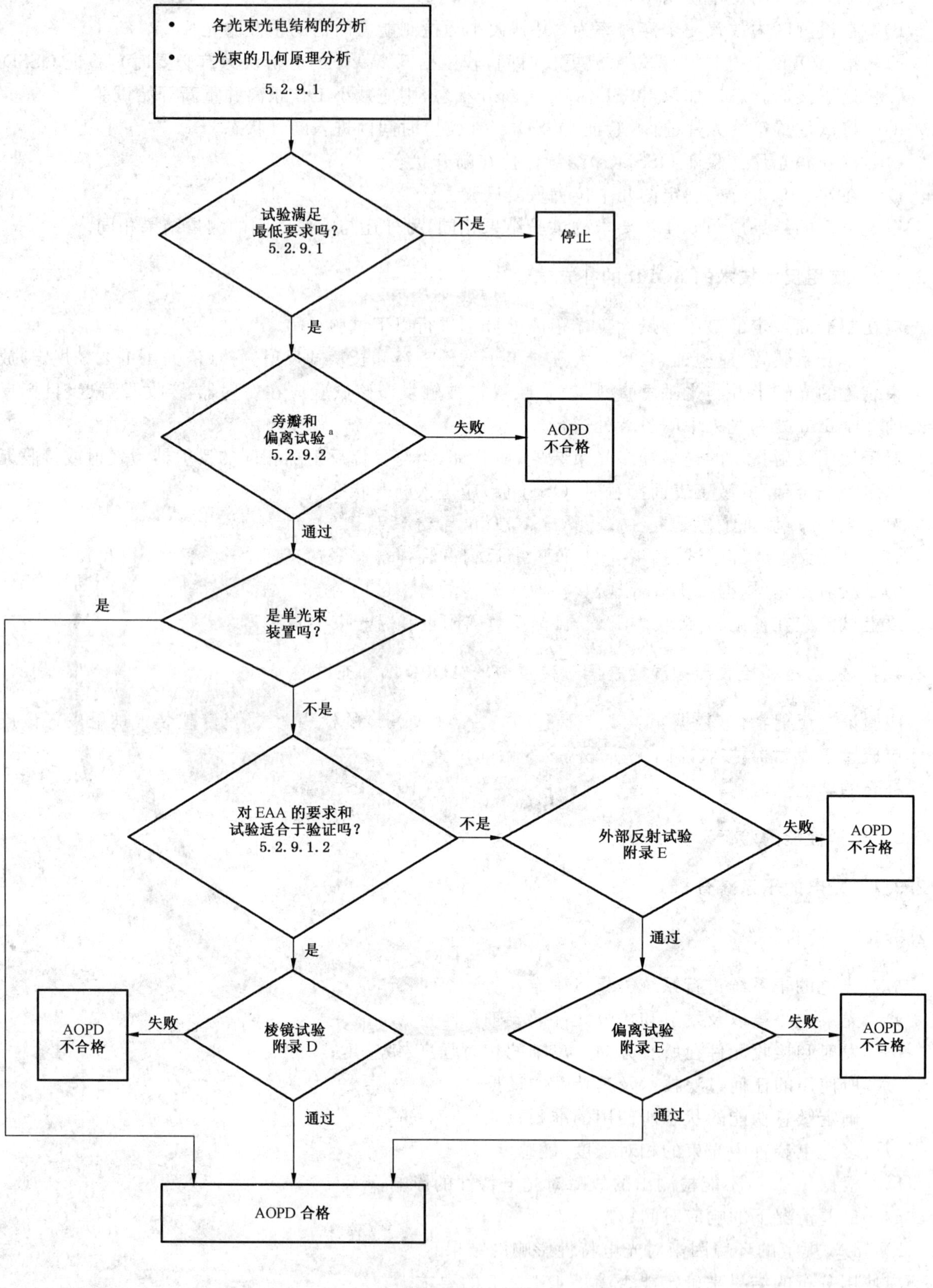

[a] 当完全完成 5.2.9.2 的试验程序时，则证实旁瓣不存在。

图 6　AOPDs 的分析和试验流程图

5.2.9.1.2 试验方法的选择

根据 AOPD 的设计，可以使用不同的方法对 4.1.2.2 要求的光学性能进行验证。

选择验证方法应考虑的因素：

——光束轴上及离轴的强度；

——接收器轴上及离轴的敏感度；

——相似部件之间光束的方向和定位（即一个发射的布置和另一个发射的布置之间，或一个接收的布置和另一个接收的布置之间）。

所有 AOPDs 都必须通过 5.2.9.2 所述的限制旁瓣和过分偏离的试验。

对于多于一个光束的 AOPDs，应验证所有的光束都符合要求。本部分的附录 D 和附录 E 给出了两种验证方法。除了附录 D 和附录 E 的那些验证方法之外，可能存在更适宜的其他方法，这取决于 AOPD 的设计（和 5.2.9.1.1 的分析），并且如果它们能够表明是等效的，则可以使用。

注：这些方法可以包括，例如使用其他的或替代的发射器或接收器。

如果达到 4.1.2.2 的要求取决于对 EAA 的控制，则应验证多光束装置的每一个光束都满足这些要求。一种验证每个光束性能的方法是将一楔形棱镜放置于各单光束的前面。精确的楔形棱镜能使受测光束的 EAA 发生精确偏移，因此能够用来评价单个光束的性能。附录 D 阐述了使用楔形棱镜进行试验的过程。通过了楔形棱镜的试验则表明满足 4.1.2.2 中 a）项和 b）项的要求。

当使用其他技术达到 4.1.2.2 的要求时，AOPD 的光学性能可以直接通过反射试验和对正试验进行测量。在反射试验中，应在每一光束附近安放小反光镜来评价其个体性能。这些试验过程在附录 E 中做了描述。通过了附录 E 的试验则表明满足 4.1.2.2 中 a）项和 b）项的要求。

5.2.9.2 旁瓣试验和偏离试验

把发射器或发射器-接收器固定在与接收器或目标反射器对正的光束中心线上，应测量接收器或目标反射器的偏离角度。把接收器或目标反射器固定在与发射器或发射器-接收器对正的光束中心线上，应测量发射器或发射器-接收器的偏离角度。应在图 2 所示的所有位置按照下面的方法进行这些测量。

AOPD 应按供方的规定处于最佳对正状态。AOPD 应安装在具有角度刻度的旋转台上。应按图 7 所示的旋转轴进行试验。

给 AOPD 上电并按以下步骤进行：

a） 发射器或发射器-接收器应按顺时针方向旋转到 90°的位置，OSSD(s)应进入断开状态。

b） 断开整个 AOPD 的供电电源，然后再重新接通。

注：根据 5.2.9.1 的分析，在该过程的两步骤之间可能需要等待一些时间（如增益控制电路的稳定时间）。

c） 将发射器或发射器-接收器向对正位置回转，直到到达 OSSD(s)进入接通状态的位置。应将转过的角度和距离值做以记录。继续按逆时针方向旋转该装置直到到达相反的 90°位置，并记录 OSSD(s)从接通状态转为断开状态的最终位置。

d） 按逆时针方向重新进行步骤 a）到 c）的过程。

e） 对另一端的装置（接收器或接收器-发射器）重新进行步骤 a）到 d）的过程。

当规定的最小工作距离超过 3 m 时，应在最小工作距离处进行相似的试验以确定 EAA（见图 2）。

当在步骤 c）记录的角度值（EAA）小于图 2 所示的值时，试验通过。

注 1：对于制造商规定的长距离工作的 AOPD，当能够表明在使用滤光片时的短距离处所获得的结果与在所规定的工作距离处获得的结果相同时，可以采用中性滤光片进行短距离试验。

注 2：当光束横截面(对于发射器)或接收锥体的横截面(对于接收器)，被设计成卵形、椭圆形、长方形或是一种既不在垂直方向又不在水平方向延伸的其他瘦长形状时，建议应特别注意其设计。

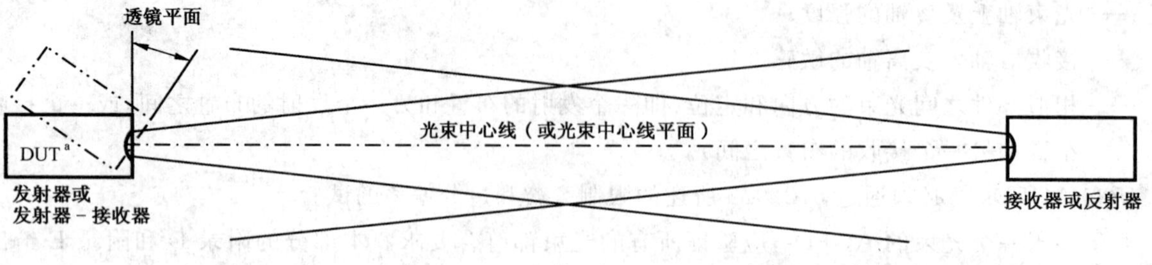

a)　发射器旋转接收器固定

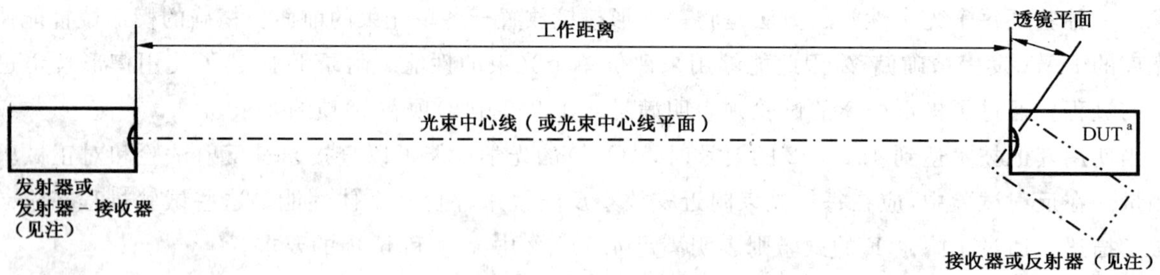

b)　接收器旋转发射器固定

说明：

旋转轴在所有透镜平面上。

注：对于采用反射技术的光幕，此试验应仅在固定目标反射器的情况下对敏感装置进行。

[a] DUT——受试装置

图 7　EAA 的测量方法(指南)

5.2.10　波长

传输波长应通过检查装置数据表或通过测量进行验证。

5.2.11　辐射强度

辐射强度应通过依据 IEC 60825-1:2001 的测量和对供方提供技术文件的检查进行验证。

注：验证此要求的简化试验方法正在开发中。

5.4　环境试验

补充环境试验：

5.4.6 光干扰

5.4.6.1 总则

每项试验应在 3 m 工作距离(或供方规定的最接近于 3 m 的正常工作距离)处,并在作为最低要求的规定条件下进行。当在下列情况下,补充试验应在工作距离和环境条件的各种不同组合情况下进行:

——供方规定有较高抗扰度等级时,应利用适当的光源通过这些等级的试验进行验证;和/或

——5.2.1.2 或 5.2.9.1 的分析表明这样的试验是必要的。

在 B 试验和 C 试验期间,试件应以干涉光不被中断的方式进入检测区。

对于 5.4.6.4 的试验,应根据制造商的使用说明使系统处于最佳对光状态。5.4.6.5、5.4.6.6 和 5.4.6.7 的试验要求干涉光沿着(或尽可能接近)接收元件的光轴方向,同时使发射部件处于正常连续工作下的最大偏离角位置(最差对正状态)。所使用的试验配置应与试验中的 AOPD 的特性相适应,并通过 5.2.9.1 和 5.2.9.2 的分析和试验,以及证明是必需的任何进一步的分析和特性描述来确定(例如,见图 8、图 9、图 10、图 11 和图 12)。

注 1:由于设计的多样性,没有适合所有类型 AOPD 的单一试验配置。图 8 列举了试验配置的一个示例。

注 2:在试验期间,只要结果不受影响,长距离的工作状态可以通过加密度滤光片进行模拟,如图 8 所示。

注 3:如果使用密度滤光片,则所有试验都应在安装滤光片后进行。

试验配置不应以任何影响 AOPD 工作的方式,改变到达 AOPD 接收元件的光的特性。在使用反射器、反光镜、滤光片、分光镜、窗口等的场合,应验证光特性的任何改变(如光谱分布或偏振)没有受到严重影响。

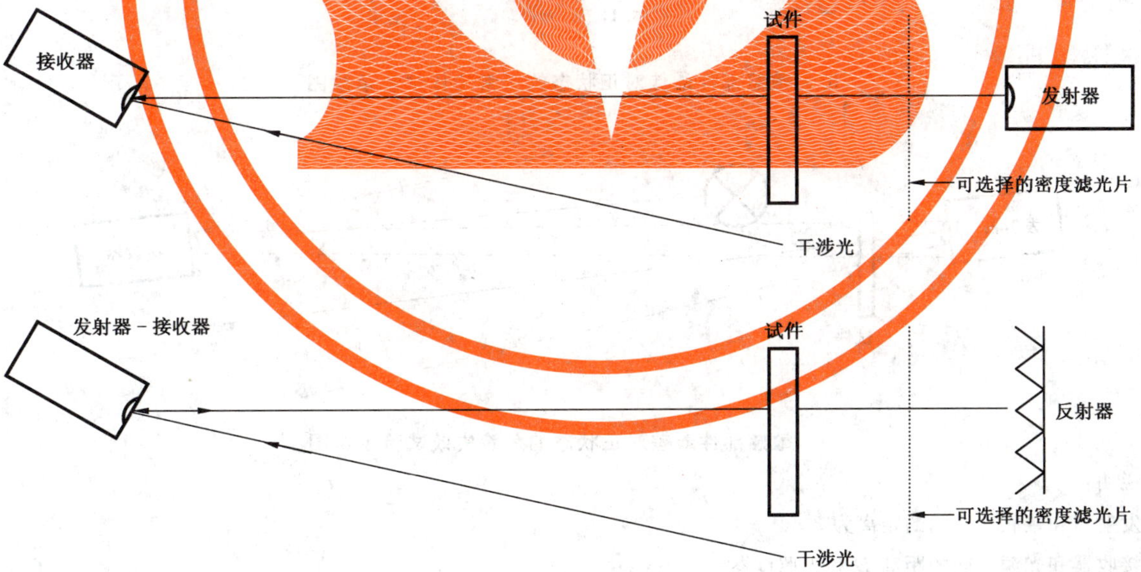

注 1:对于危险失效试验,接收器或发射器-接收器工作在最大可能偏离的条件下。

注 2:密度滤光片可能导致偏振。

图 8 光干扰试验——直接式

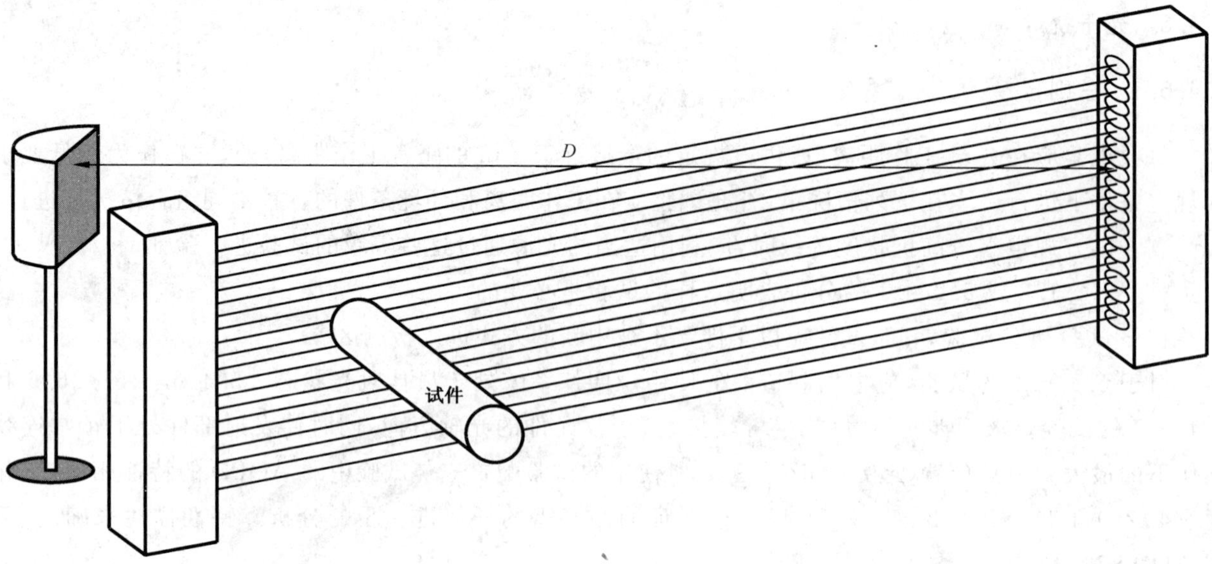

a） 光干扰试验的立体示意图

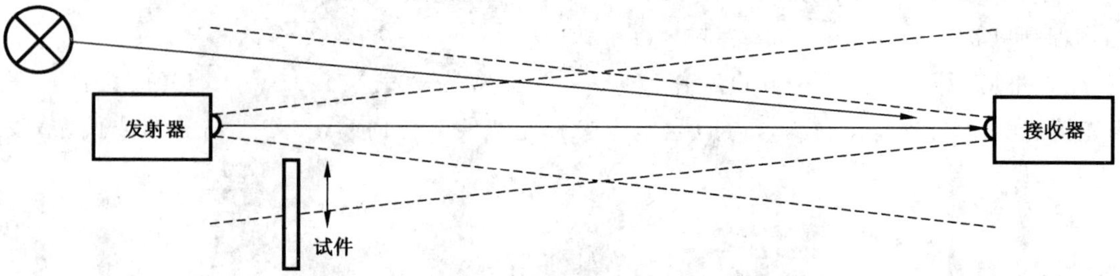

b） 敏感部件最佳对正状态的正常工作试验示意图

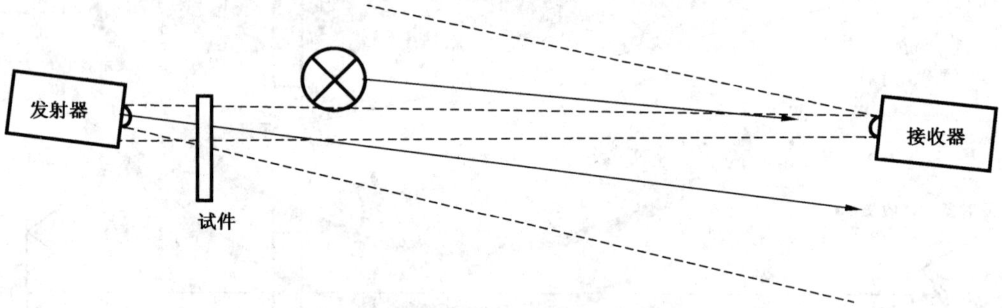

c） 敏感部件最差对正状态的危险失效试验示意图

说明：

发射器和接收器之间的距离为 3 m。

接收器和光源之间的距离 D 和光照度参数如下：

距离 D	光照度/lx	说明
2 m[a]	3 000	危险失效试验的距离
3 m[a]	1 500	正常工作试验的距离
[a] 准确的距离取决于灯的类型。		

图 9 光干扰试验——使用卤素光源的试验设置

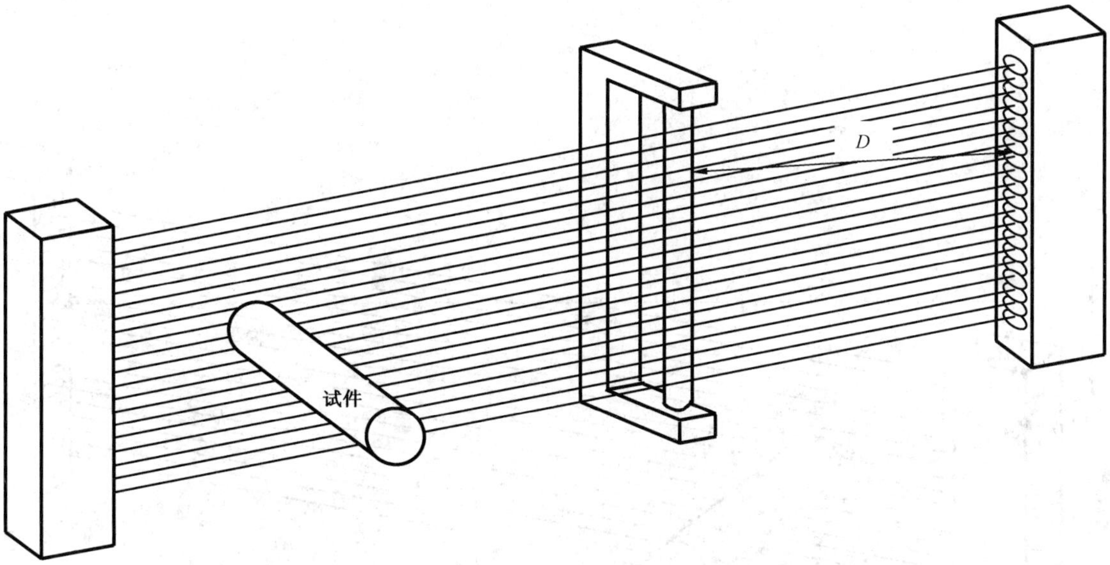

a） 光干扰试验的立体示意图

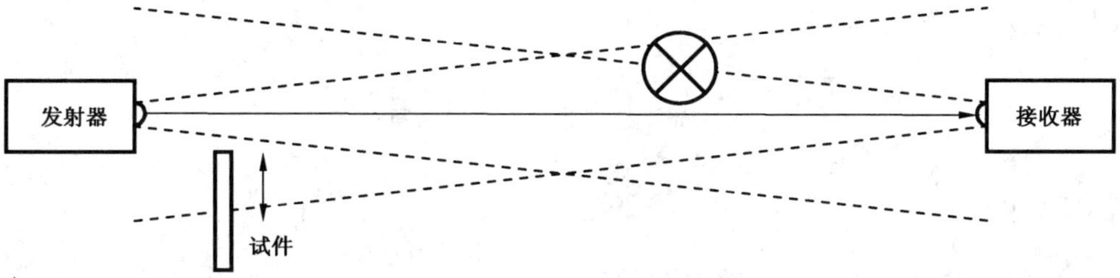

b） 敏感部件最佳对正状态的正常工作试验示意图

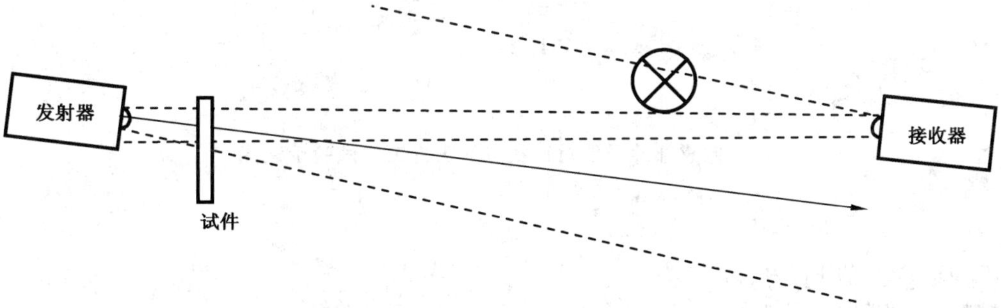

c） 敏感部件最差对正状态的危险失效试验示意图

说明：

发射器和接收器之间的距离为 3 m。

接收器和光源之间的距离 D 和光照度参数如下：

距离 D	光照度/lx	说明
12 cm[a]	3 000	危险失效试验的距离
21 cm[a]	1 500	正常工作试验的距离
[a] 准确的距离取决于灯的类型。		

图 10 光干扰试验——使用荧光光源的试验设置

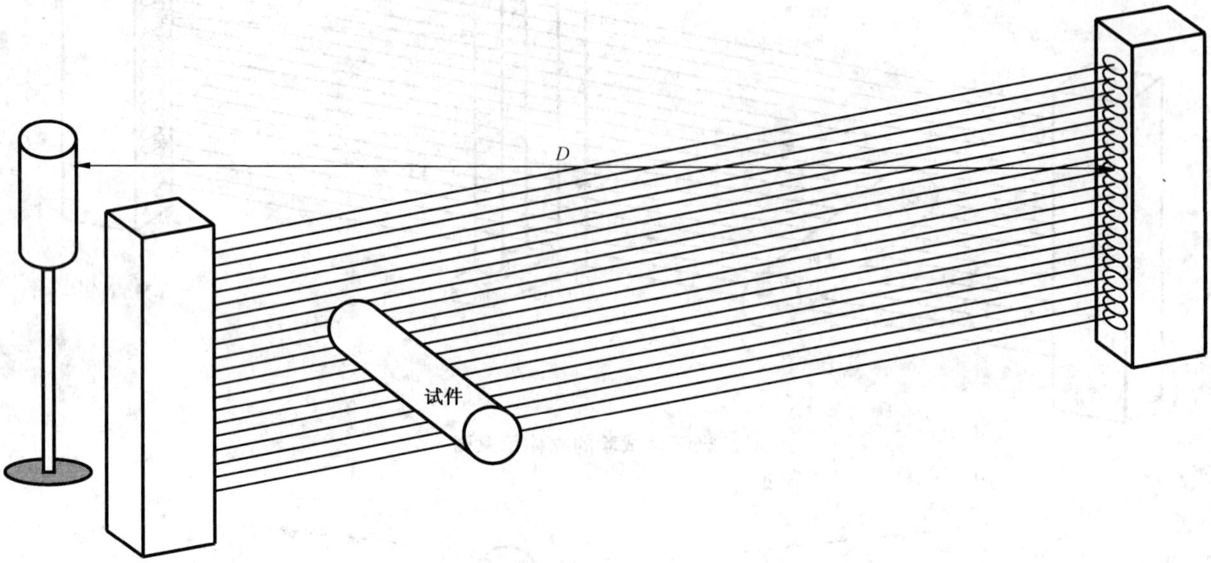

a） 光干扰试验的立体示意图

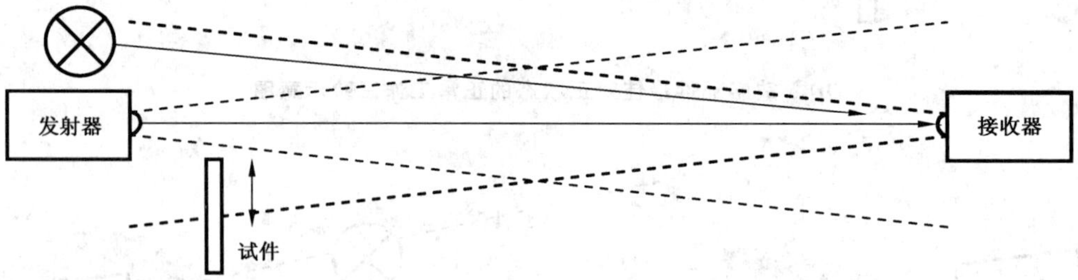

b） 敏感部件最佳对正状态的正常工作试验示意图

说明：

发射器和接收器之间的距离为 3 m。

接收器和光源之间的距离 D 如下：

距离 D	说明
3.0 m	正常工作试验的距离

图 11 光干扰试验——使用氙气闪光灯的试验设置

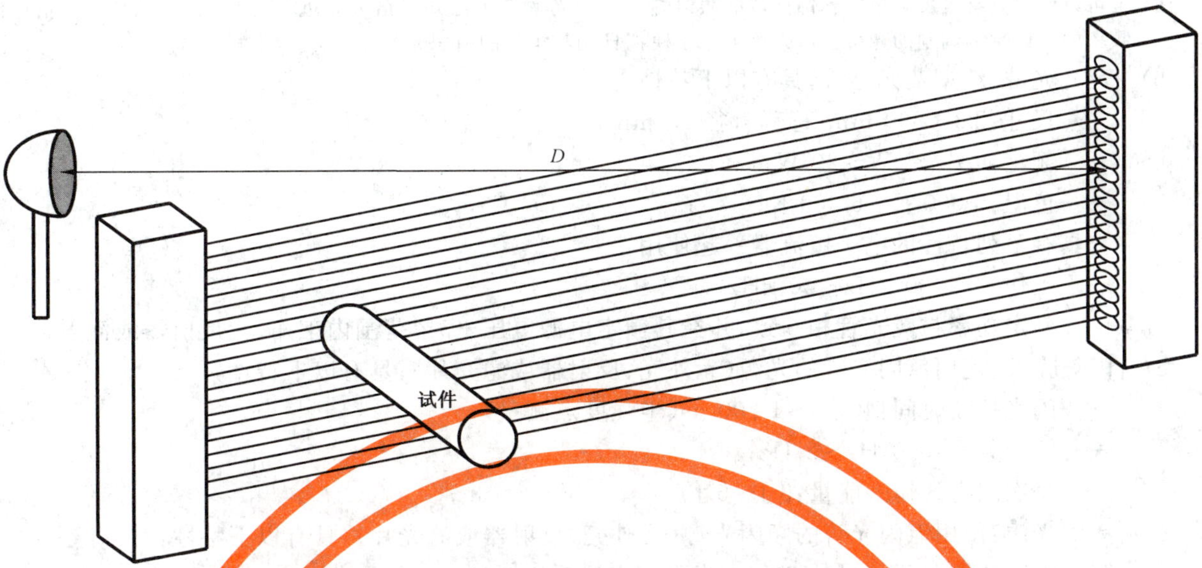

a) 光干扰试验的立体示意图

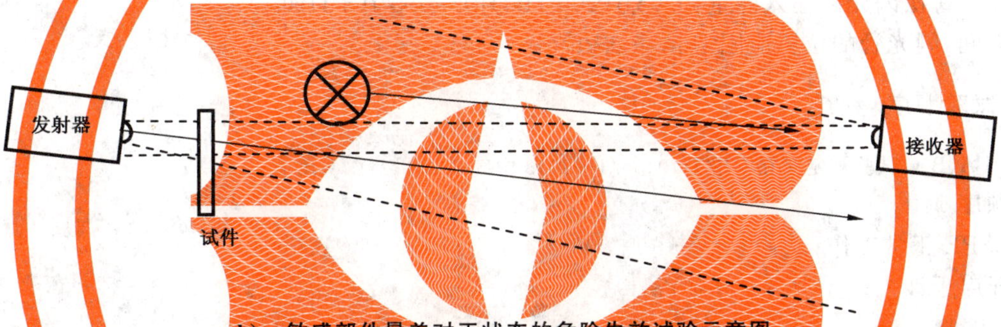

b) 敏感部件最差对正状态的危险失效试验示意图

说明：

发射器和接收器之间的距离为 3 m。

接收器和光源之间的距离 D 如下：

距离 D	说明
1.0 m	危险失效试验的距离

图 12 光干扰试验——使用频闪光的试验设置

5.4.6.2 光源

光源应是下列几种：

a) 白炽光源：线型的钨卤素（石英）灯，具有以下特性：

——色温：3 000 K～3 200 K；

——输入功率：额定功率 500 W～1 kW；

——额定电压：100 V～250 V 范围内的任何值；

——电源电压：额定电压±5％，48 Hz～62 Hz 正弦交流；

——长度：标称 150 mm～250 mm。

此灯应安装在抛物面反射器中。该反射器最小尺寸为 150 mm×200 mm，具有漫反射精细整饰面，并且对于波长在 400 nm～1 500 nm 范围内的光具有±5％偏差之内的均匀反射率。

注：也可以使用具有漫反射精细整饰前窗的照射灯。这种光源产生已知光谱分布近于均匀强度的，且在两倍电源频率内可做预测调制的光束。该光源可用于模拟日光和车间的白炽光。

b） 荧光光源：线型荧光灯管，具有以下特性：

——尺寸：T8×600 mm（标称直径 25 mm）；

——额定功率：18 W～20 W；

——色温：5 000 K～6 000 K；

与具有下列特性的电子镇流器一起使用：

——工作频率：30 kHz～40 kHz；

——额定功率与荧光管相一致，并在其额定电源电压±5％范围内工作，无反射器或漫射器。

c） 闪烁光源：使用氙闪光管的光源（无外壳、反射器或滤光片），具有以下特性：

——闪光持续时间：40 μs～1 200 μs（半强度点测量）；

——闪光频率：0.5 Hz～2 Hz；

——每次闪光的输入能量：3 J～5 J。

d） 频闪光源：使用氙闪光管的频闪光源（无外壳、反射器或滤光片），具有以下特性：

——闪光持续时间：5 μs～30 μs（半强度点测量）；

——闪光频率：5 Hz～200 Hz（可调范围）；

——每次闪光的输入能量：0.05 J（200 Hz 时）～0.5 J（5 Hz 时）。

试验期间，闪光管的位置应固定。

5.4.6.3 试验顺序

注：下列 A、B、C 试验被定义在 GB/T 19436.1—2013 中 5.2.3。

试验顺序 1：

a） ESPE 正常工作；

b） 开启干涉光；

c） B 试验；

d） 断开 ESPE 的电源 5 s，恢复供电，若配备时，复位起动联锁功能；

e） B 试验；

f） 断开干涉光；

g） B 试验。

试验顺序 2：

a） ESPE 正常工作；

b） 开启干涉光；

c） C 试验重复进行 1 min；

d） 断开 ESPE 的电源 5 s，恢复供电，若配备时，复位起动联锁功能；

e） C 试验重复进行 1 min；

f） 断开干涉光；

g） C 试验重复进行 1 min。

试验顺序 3：

a） ESPE 正常工作；

b） 开启干涉光；

c） C 试验重复进行 3 min。

5.4.6.4 正常工作（最佳对正）

使用下列各种类型的干涉光，使方向沿着一个或多个接收元件的光轴，按 5.4.6.3 的试验顺序 1 测试时应连续正常工作：

——5.4.6.2 的白炽光源，在接收部件平面上测得此光源产生的光强度为 1 500 lx(见图 9)；

——5.4.6.2 的闪烁光源，放置在距离接收部件 3 m 处的孔径角内 1 min(见图 11)；

——5.4.6.2 的荧光光源，在接收部件平面上产生的光强度为 1 500 lx(见图 10)。这项试验应使用三处不同的光，即使用荧光灯管中间的光和两端(阳极和阴极区域)的光进行。

注：使用荧光光源试验的一个目的是检查 AOPD 对于高频调制光辐射的敏感性。

5.4.6.5 危险失效——白炽光(3 000 lx 和最差对正)

试验使用 5.4.6.2 的白炽光源沿着一个或多个接收元件的光轴方向，光源产生的光强度在接收部件平面上测量值为 3 000 lx±300 lx(图 9)，在依 5.4.6.3 试验顺序 2 进行期间，不应发生危险失效。

5.4.6.6 危险失效——频闪光(最差对正)

试验使用 5.4.6.2 的频闪光源沿着一个或多个接收元件的光轴方向(图 12)，在依 5.3.6.3 试验顺序 3 进行期间，不应发生危险失效。频闪速率应在 3 min 内从 5 Hz 线性地增加到 200 Hz，此期间 C 试验应连续不断地重复进行。

5.4.6.7 危险失效——荧光(3 000 lx 和最差对正)

当使用 5.4.6.2 规定的荧光光源在接收部件表面上产生的光强度为 3 000 lx 时，不应发生危险失效(见图 10)。该试验应使用来自荧光灯管 3 个不同位置的光，即中间的光和两端(阳极和阴极区域)的光，应按 5.4.6.3 的试验顺序 2 进行。

5.4.6.8 危险失效——相同设计的发射部件的干涉光

当相同设计的 AOPD 的发射部件的辐射直接或通过目标反射器射向试验中的 AOPD 的接收部件时，4 型 ESPE 应不产生危险失效。依据 5.2.1.2 和 5.2.9.1 的分析确定的最差状况，应选择至少 6 个具有代表性的位置。AOPD 应工作在供方规定的最大工作距离。应使用 5.4.6.3 的试验顺序 3。试件应被检测到或 OSSD(s)应进入断开状态。当可能存在不同的编码、尺寸和配置时，应对此进行分析。为防止危险失效，应对最危险的条件组合下的情况进行试验。

6 识别标志和安全使用标志

GB/T 19436.1—2013 的此章内容按下列补充后适用于本部分。

6.1 总则

补充：

加到 b)：

——当 AOPD 的分立部件具有不同的检测能力时，应在 AOPD 的外面标明那些部件及其检测能力。当不可行时(如缺少空间)，此信息应包含在随机文件中。

——应标明最小和最大工作距离。

——如果当接收部件和发射部件被错误安装，即偏离 180°时 OSSD 能够进入接通状态，则 AOPD 应被标志，以便清晰地识别其彼此相关的正确安装位置。

——对于光幕，应清晰地标明检测区的范围界限。

——应提供指示光束中心线的标志。

注：光束中心线是用于确定 AOPD 位置的要素之一。

7 随机文件

GB/T 19436.1—2013 的此章内容按下列补充后适用于本部分。

补充：

加到 f)：

当 AOPD 的不同部件具有不同的检测能力时，应一同提供所涉及的不同检测能力和各不同部件的试件尺寸，及用于检查这些检测能力和可见指示灯工作状态的相应方法。还应提供不能被检测到的物体的尺寸信息。

加到 i)：

应提供在安装 AOPD 时所采取的任何预防措施的细节，包括指定装置的 EAA，以及任何其他的相关安装图。图中当详细说明机械上或机械附近或被加工材料上的任何反射面是如何影响 AOPD 的检测能力的。

加到 v)：

应提供从所有可能的趋近方向试件不可避免地进入检测区时以确保敏感装置触发的详细信息，以及有关对 AOPD 可辨识的资料(如光束中心线)。

应给出试件的最大运动速度或相当于使检测能力得以保持的速度。

当 AOPD 配备了调整光幕空间位置的方法时，调整范围和检测区的相应位置应以图表的形式表明在随机文件中。对于光幕，应提供清楚易读的示图以确保发射部件和接收部件相互间的正确安装，尤其是避免 180°的偏离。

加到 ff)：

应包括类似下述的声明：“可能需要附加的措施，以确保在某种特殊应用中存在的其他形式的光辐射(例如用于起重机上的无线控制装置、焊接飞溅的辐射或频闪光的影响)不会导致 ESPE 发生危险失效”。

增加：

mm) 使用屏蔽功能时，应提供按照 ISO 13855:2002 如何计算最小距离的信息，应说明最小距离总是与最小(最差情况)物体检测能力相关。

nn) 描述可能需要用于阻止人员从检测区的被屏蔽区把手伸进危险区的附加措施，可以在 IEC/TS 62046:2008 中找到。

oo) 给出建议：在配置完成后，责任人要利用适当的试件验证检测区。

附 录 A
(规范性附录)
ESPE 的选择性功能

第 1 部分附录 A 的内容适用于本部分。

补充:

A.9 屏蔽

功能要求

使用屏蔽时,检测能力和检测区部分应如 AOPD 的所有其他安全相关功能一样具有相同的故障检测要求。

AOPDs 可提供监控被屏蔽的光束持续中断的性能(监控屏蔽)。具有屏蔽功能的 AOPDs 在启用屏蔽功能的情况下,应可靠地通过 5.4.6 的所有光干扰试验。这些要求应适用于所有的屏蔽模式。

应提供表明屏蔽功能当处于运行状态时的指示。

注:对于屏蔽的其他附加要求尚在考虑中。

附　录　B
（规范性附录）
影响 ESPE 电气设备的单一故障一览表

第 1 部分附录 B 的内容适用于本部分。

附　录　C
（资料性附录）
符合性评估

第1部分附录C的内容适用于本部分。

附　录　D
（规范性附录）
使用棱镜方法验证有效孔径角

D.1　总则

该试验应施用于多光束装置和光幕系统。该方法是基于对每个光束进行隔离以验证其个体特性（见图 D.1）。

注：对于发射器和接收器具有不同 EAAs 的系统，该方法可以作为开发相同测试的指南。然而，根据被评估系统设计的具体情况，需要确定不同的角度极限。

AOPD 应安装在转盘装置上并应位于最佳对正状态（零度位置）。试验应使用具有图 2 中 MP1 位置光束偏离角的楔形棱镜。楔形棱镜的高度（图 D.2 中的 H）应足够大，至少覆盖一个光束但不应超过检测能力的尺寸。D.2（涉及图 D.2）中的试验应在 3 m 处或在装置的工作范围内尽可能接近 3 m 的位置进行（试验在除 3 m 之外的其他的距离进行时，应使用图 2 中的公式计算适当的偏离角）。

注：基于 5.2.9.1 的分析，试验有可能必需在其他距离处进行。

棱镜的角度 β 可以通过图 D.3 所示的公式计算。

D.2　棱镜试验步骤

给 AOPD 上电并按以下步骤进行：

a）　OSSD(s)应处于接通状态。

b）　将棱镜中心对中心放到所测试的接收或发射元件前面。

c）　OSSD(s)应变为并保持断开状态。如果 OSSD(s)保持接通状态，向光束偏离的方向转动转盘，直到 OSSD(s)变为断开状态。移开棱镜并验证 OSSD(s)恢复到接通状态。

d）　将棱镜调转 180°并插入到同一个受试光束的前面。验证 OSSD(s)变为并保持断开状态。如果 OSSD(s)保持接通状态，向光束偏离的方向转动转盘，直到 OSSD(s)变为断开状态。移开棱镜并验证 OSSD(s)恢复到接通状态。

e）　重复步骤 c)和 d)，将棱镜从相反的方向插入，直到 OSSD(s)在不改变转盘位置的情况下变为断开状态。如果不能找到这样的位置，那么所测试光束的 EAA 就超过了所要求的角度。

注：按以上顺序进行试验的目的是找到转盘的一个唯一的位置，在该位置处，从两侧任一方向插入棱镜都会使 OSSD(s)变为断开状态。这样可以验证两个方向上的角度是相同的。

f）　将转盘转到零度位置并对每一光束重复进行步骤 a)～e)的试验。当对棱镜重新定位时，允许 OSSD(s)改变状态。

上述试验过程应至少对第一光束和最后一光束重复进行，使受试系统旋转 90°并沿受试系统 Y 轴插入棱镜。如果根据 5.2.9.1 的分析表明其他位置很关键，则应在这些位置进行重复试验。

上述试验应在发射器前面和接收器前面分别进行。

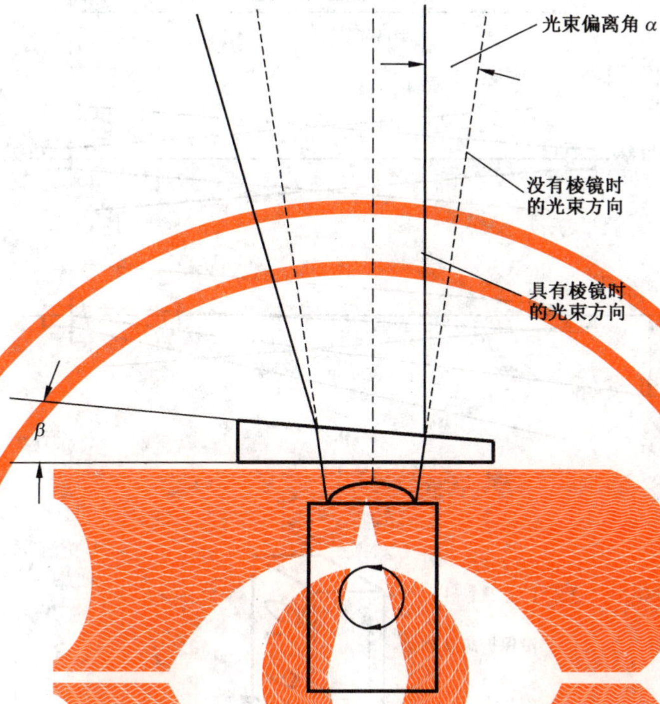

注 1：棱镜应放在尽可能靠近光学镜头的前面。

注 2：为得到较大的偏离角，可能需要使用组合棱镜。

图 D.1　测量每一光束 EAA 的棱镜试验

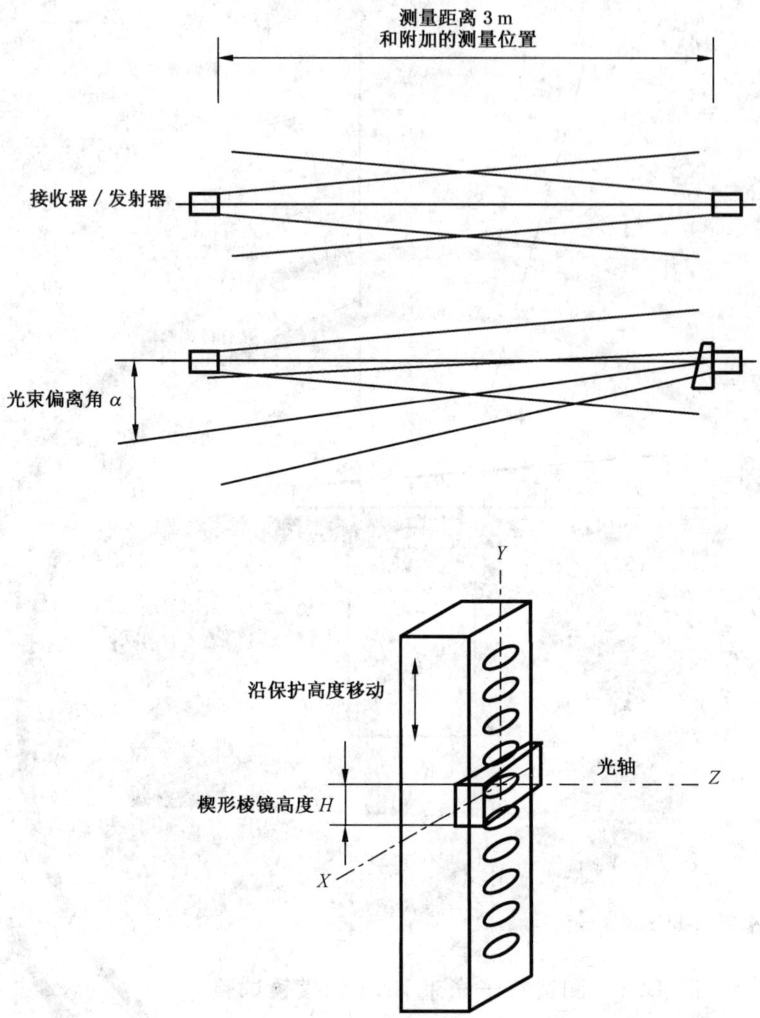

说明：

为了分析单个光束，H 只应完全覆盖一个受测试的光束。

图 D.2　使用棱镜的 EAA 测试

楔形棱镜角度的计算，见图 D.3。

使用楔形棱镜的光束偏离角取决于所用棱镜的几何角度、透光材料的折射率和光的波长。

楔形棱镜的角度能够通过以下关系式计算：

$$\beta = \alpha/(n-1)$$

其中：

β——棱镜角度；

α——偏离角；

n——折射率。

当使用折射率为 1.51 的玻璃和 880 nm 的波长时，对偏离角为 2.5°的计算结果为：

$$\beta = 2.5/(1.51-1)$$

即：

$$\beta = 4.9^\circ$$

对于不同波长和恒定 β 的偏离角为：$\alpha=\beta\times(n-1)$

折射率(n)=1.5　波长为 400 nm 时，$\alpha=\beta\times(n-1)=4.9\times(1.5-1)=2.45^\circ$

=1.51　波长为 880 nm 时，$\alpha=\beta\times(n-1)=4.9\times(1.51-1)=2.5^\circ$

=1.53　波长为 1 500 nm 时，$\alpha=\beta\times(n-1)=4.9\times(1.53-1)=2.6^\circ$

注：由不同波长引起的测量误差，波长 400 nm 的为−0.05°，波长 1 500 nm 的为+0.1°。

图 D.3　楔形棱镜的设计计算

附 录 E
（规范性附录）
使用反光镜方法和偏离试验验证光学性能

E.1 不适当对正和外部反射的防护

当AOPD不使用限制EAA的方法达到4.1.2.2中规定的光学性能要求时，并考虑到5.2.9.1的分析结果，4.1.2.2至4.1.2.4的要求的实现应通过设计的综合分析和本附录中可接受的性能试验进行验证。

由于并非所有的设计技术都可预见，所以这些试验方法可能不适合于特殊的设计技术，并且可能需要修改。

E.2 出现偏离时进入断开状态的验证

应验证当偏离（见图E.1）超出表E.1和表E.2列出的角度或由图E.1的公式计算出的角度时，OSSD(s)保持在断开状态。

表E.1 取决于光幕尺寸的2型ESPE的最大允许偏离角

光幕的工作范围（纵向尺寸）m	最外两束光束中心线之间的距离（横向尺寸）mm									
	300	450	600	750	900	1 050	1 200	1 350	1 500	1 800
	最大允许偏离角（γ）(°)									
达到3.0	51.8	33.8	25.2	20.1	16.7	14.3	12.5	11.1	10.0	8.3
4.0	71.4	45.8	33.9	27.0	22.4	19.2	16.8	14.9	13.4	11.2
5.0	93.6	58.2	42.8	33.9	28.1	24.0	21.0	18.6	16.8	14.0
6.0	122.1	71.4	51.9	41.0	33.9	29.0	25.3	22.4	20.2	16.8

表E.2 取决于光幕尺寸的4型ESPE的最大允许偏离角

光幕的工作范围（纵向尺寸）m	最外两束光束中心线之间的距离（横向尺寸）mm									
	300	450	600	750	900	1 050	1 200	1 350	1 500	1 800
	最大允许偏离角（γ）(°)									
达到3.0	25.2	16.7	12.5	10.0	8.3	7.2	6.3	5.6	5.0	4.2
4.0	33.8	22.4	16.7	13.4	11.1	9.5	8.3	7.4	6.7	5.6
5.0	42.7	28.1	21.0	16.7	13.9	11.9	10.4	9.3	8.3	7.0
6.0	51.8	33.8	25.2	20.1	16.7	14.3	12.5	11.1	10.0	8.3

E.2.1　偏离试验方法

应按供方的使用说明使 AOPD 处于最佳对光状态，并且 OSSDs 应处于接通状态。

如图 E.1 所示，偏离角应从 0°增加到 OSSD(s)变为并保持断开状态的角度。依具体情况，OSSD(s)状态发生变化的角度不应超过表 E.1 或表 E.2 给出的角度值。然后继续将该角度慢慢地增至 180°，在此期间 OSSD(s)应保持断开状态。当 γ(见图 E.1)大于 160°时，此试验可以终止。

注：根据 5.2.9.1 的分析结果，可能需要修改上述方法或增加补充试验(例如，允许自动增益控制时)。

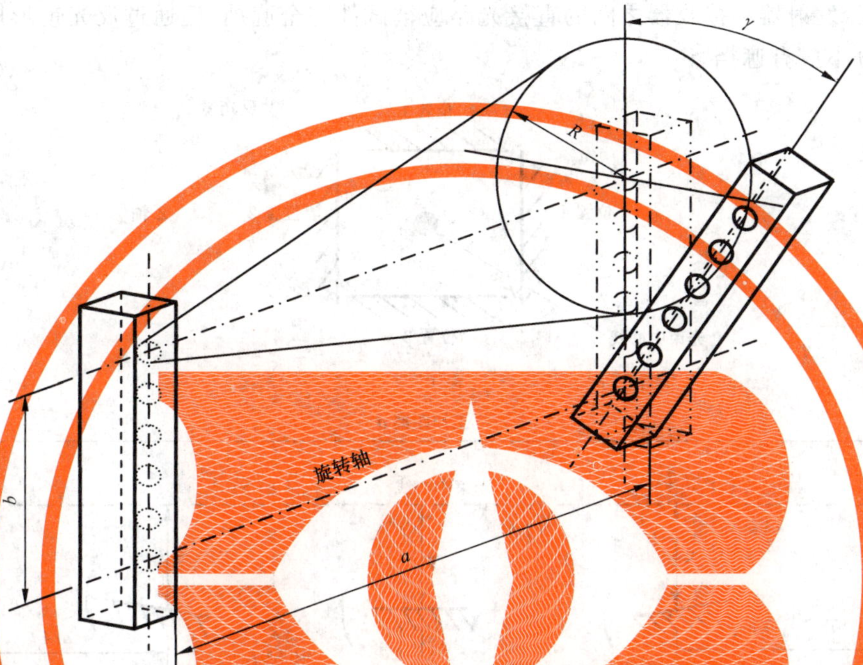

说明：

$\gamma = 2\arcsin(R/2b)$

2 型 AOPD：$a \leqslant 3$ m　$R = 260$ mm

　　　　　$a > 3$ m　$R = a \times \tan 5.0°$

4 型 AOPD：$a \leqslant 3$ m　$R = 130$ mm

　　　　　$a > 3$ m　$R = a \times \tan 2.5°$

a ——工作范围；

b ——最外两束光束中心线之间的距离；

R ——光斑半径；

γ ——旋转角度。

图 E.1　AOPD 的偏离

E.3　外部反射防护的验证

使 AOPD 处于最差对正状态，应验证在 AOPD 附近放置反射面时不会发生危险失效。在供方说明书载明的所有其他情况下，该验证应施行于每一光束。

E.3.1　外部反射影响的试验方法

此试验应在供方规定的工作距离范围内的每一工作距离(0.5 m、0.75 m、1.5 m 和 3 m)处分别进行。当规定的最小工作距离超过 3 m 时,试验应在最小工作距离处进行。试验应对每一光束中心线重复进行。

将 AOPD 布置到最差对正位置后,应断开受试装置的电源然后再重新供电。

注:在试验开始之前,在接通电源后可能有必要等待一段时间(例如,增益控制电路的稳定时间)。

将反光镜放在沿光束中心线的任意位置(如图 E.2 所示的适当距离处),尽量使从发射器到接收器的光传输达到最大,用试件在光束中心线的中点处进行 C 试验。反光镜的平面面积至少应为 200 mm×200 mm,对发射光波长的最小反射率为 0.90。

C 试验期间,发射器和接收器之间的直接光路应被试件完全遮挡,但通过反光镜形成的间接光路横截面的任何部分不应有遮挡。

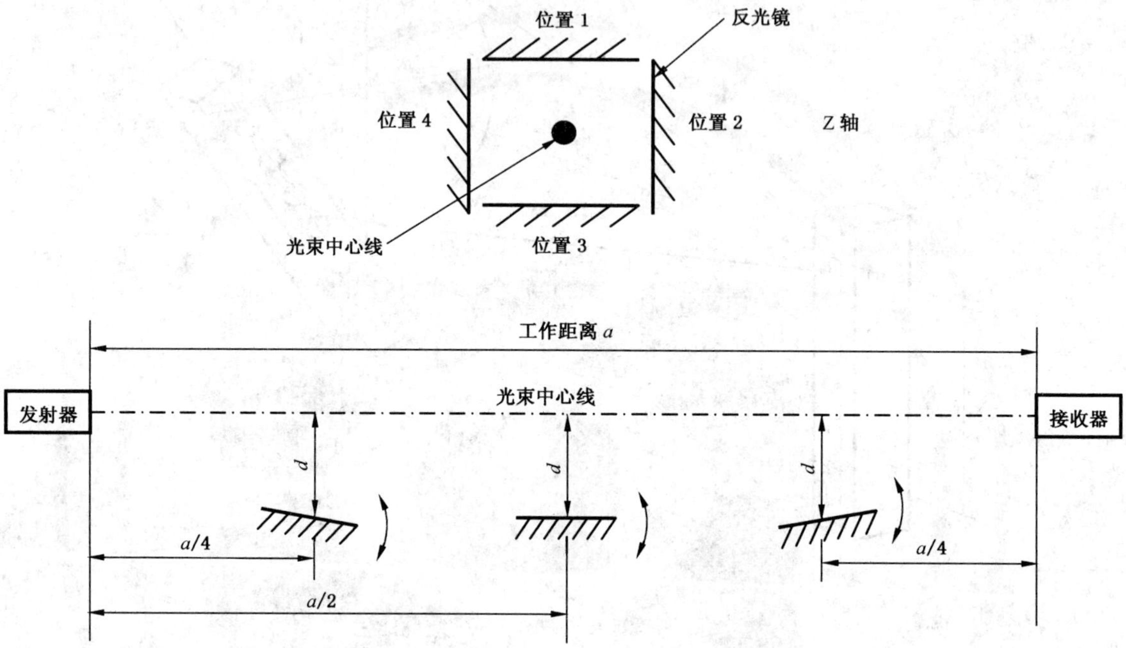

说明:

要求镜子在检测区内的试验除外。

反光镜的位置如下:

工作距离 a m	2 型 ESPE d mm	4 型 ESPE d mm
0.5～3.0 ＞3.0	262 $a\times\tan5°$	131 $a\times\tan2.5°$

图 E.2　外部反射

附 录 F
(规范性附录)
基于完全遮挡的 AOPD 检测能力

对于光幕,供方标称的检测能力的数值可能是基于试件在检测区内任意位置完全遮挡至少一个光束获得的,如图 F.1 所示。

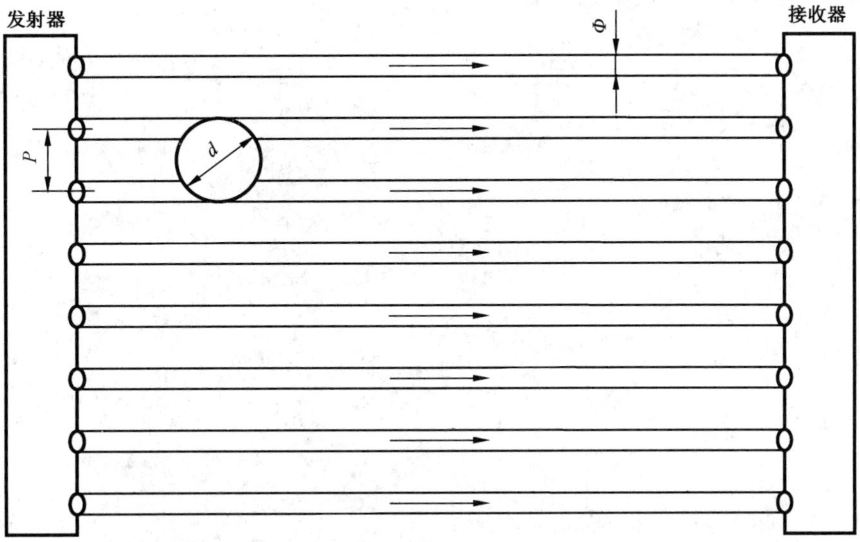

图 F.1 最小检测能力的确定

根据光幕设计的物理特征,用公式($d=P+\Phi$)来计算最小检测能力(d)。

示例:

透镜直径(Φ)=6 mm

光轴间距(P)=8 mm

$d=P+\Phi=8\ \text{mm}+6\ \text{mm}=14\ \text{mm}$

因此,在上例中,检测能力=14 mm。

注:根据上述公式计算检测能力时,要求光束中心线的间距一致并且发射器和接收器的光学元件的直径相同。直径不同时,应在计算时使用最大的直径。

参 考 文 献

第1部分的参考文献适用于本部分。

ICS 77.150.30
H 62

中华人民共和国国家标准

GB/T 19447—2013
代替 GB/T 19447—2004

热交换器用铜及铜合金无缝翅片管

Copper and copper-alloys seamless tubes with integral fins for heat exchanger

2013-11-27 发布　　　　2014-08-01 实施

中华人民共和国国家质量监督检验检疫总局
中国国家标准化管理委员会　发布

前　言

本标准是按照 GB/T 1.1—2009 给出的规则起草的。

本标准修改采用 ASTM B359/B359M:2002(2006)《冷凝器及热交换器用铜与铜合金无缝翅片管》。

本标准的主要技术内容与 ASTM B359/B359M:2002(2006)《冷凝器及热交换器用铜与铜合金无缝翅片管》的差异:

——在 ASTM B359/B359M:2002(2006)的基础上,增加了硬状态要求;

——在 ASTM B359/B359M:2002(2006)的基础上,增加了硬度试验要求;

——在 ASTM B359/B359M:2002(2006)的基础上,增加了清洁度试验要求;

——在 ASTM B359/B359M:2002(2006)的基础上,增加了热工性能的指标要求及检测方法。

本标准代替 GB/T 19447—2004《热交换器用铜及铜合金无缝翅片管》,本标准与 GB/T 19447—2004 相比做了如下修改:

——增加 HSn72-1(C44300)牌号;

——壁厚范围由“0.60 mm～2.0 mm”修改为“0.60 mm～3.0 mm”;

——增加常用规格及参数;

——对管材交货状态的要求重新作了修订;

——尺寸参数要求增加了“外翅翅片数(FPI)”和“内齿条数(N)”;

——在力学性能方面增加硬度(HV1)的测试项目及要求和硬状态(H04)的要求;

——加严了探伤标准孔的要求(标准孔由 1.07 mm 改为 0.8 mm;1.17 mm 改为 1.1 mm);

——晶粒度由“0.025 mm～0.060 mm”修改为“0.010 mm～0.050 mm”;

——增加了清洁度的测试标准及要求;

——每批次重量由“2 000 kg”修改为 4 500 kg;

——对取样规定做了重新修订;

——部分试验标准的引用重新作了修订。

本标准由全国有色金属标准化技术委员会(SAC/TC 243)归口。

本标准负责起草单位:金龙铜管集团江苏仓环铜业股份有限公司、江苏萃隆精密铜管股份有限公司。

本标准参加起草单位:浙江宏磊铜业股份有限公司、无锡隆达金属材料有限公司。

本标准主要起草人:李长杰、陆明华、李剑平、张春明、张震宇、浦益龙、孙新春、时明华、魏浙强、翁祥金、于传富、周浩平、王向东。

本标准所代替标准的历次版本发布情况为:

——GB/T 19447—2004。

热交换器用铜及铜合金无缝翅片管

1 范围

本标准规定了铜及铜合金无缝翅片管的要求、试验方法、检验规则及标志、包装、运输、贮存、质量证明书和合同(或订货单)等内容。

本标准适用于热交换器用翅片高度不大于4 mm整体外螺旋形翅片及内肋的铜及铜合金无缝管。

2 规范性引用文件

下列文件对于本文件的应用是必不可少的。凡是注日期的引用文件,仅注日期的版本适用于本文件。凡是不注日期的引用文件,其最新版本(包括所有的修改单)适用于本文件。

GB/T 228.1—2010 金属材料 拉伸试验 第1部分:室温试验方法(ISO 6892-1:2009,MOD)

GB/T 241 金属管 液压试验方法

GB/T 242 金属管 扩口试验方法(ISO 8493:1998,IDT)

GB/T 246 金属管 压扁试验方法(ISO 8492:1998,IDT)

GB/T 4340.1 金属材料 维氏硬度试验 第1部分:试验方法(ISO 6507-1:2005,MOD)

GB/T 5121(所有部分) 铜及铜合金化学分析方法

GB/T 5231 加工铜及铜合金化学成分和产品形状

GB/T 5248 铜及铜合金无缝管涡流探伤方法

GB/T 8888 重有色金属加工产品的包装、标志、运输和贮存

GB/T 8890 热交换器用铜合金无缝管

GB/T 10567.2 铜及铜合金加工材残余应力检验方法 氨熏试验法

GB/T 16866 铜及铜合金无缝管材外形尺寸和允许偏差

GB/T 17791—2007 空调与制冷设备用铜管

GB/T 26303.1 铜及铜合金加工材外形尺寸检验方法 第1部分:管材

YS/T 347 单相铜合金晶粒度测定方法

YS/T 482 铜及铜合金分析方法 光电发射光谱法

3 要求

3.1 产品分类

3.1.1 牌号、成翅前状态、规格

3.1.1.1 管材的牌号、成翅前状态、规格范围应符合表1的规定。

表 1 管材的牌号、状态、规格

牌 号	代 号	成翅前状态	规格/mm	
			无翅段 (外径 D×壁厚 T)	成翅段 (翅高 H_f×翅片数 FPI (条/英寸)×底壁厚 T_f)
TU00 TU1 TU2 TP1 TP2	C10100 T10150 T10180 C12000 C12200	软化退火态(O60) 轻拉态(H55) 拉拔态(H80)	(7～30)×(0.6～3.0)	(0.3～3.8)×(11～56) ×(0.4～2.5)
BFe5-1.5-0.5 BFe10-1-1 BFe30-1-1	C70400 T70590 T71510	软化退火态(O60)	(10～26)×(0.75～3.0)	
HA177-2 HSn72-1 HSn70-1 HAs85-0.05	C68700 C44300 T45000 T23030	软化退火态(O60)	(10～26)×(0.75～3.0)	
注 1：经供、需双方协商，可供应其他牌号及规格的管材。 **注 2**：管材成翅后可根据客户要求进行退火。				

3.1.1.2 推荐常用的规格、主要参数见表 2 。翅片管各部位名称示意图见图 1。

表 2 推荐常用规格、主要参数

公称规格 mm	无翅段		成 翅 段						
	外径 D mm	壁厚 T mm	外径 D_f mm	外翅高 H_f mm	外翅翅片数 FPI 条/英寸	内齿高 R_h mm	内齿条数 N 条	内齿螺旋角 β (°)	底壁厚 T_f mm
25.32×1.18	25.32	1.18	25.32	0.9	46	0.36	45	35	0.64
25.32×1.18	25.32	1.18	25.32	0.6	46	0.36	52	35	0.64
18.92×1.13	18.92	1.13	18.92	0.6	46	0.36	45	42	0.64
18.92×1.13	18.92	1.13	18.92	0.9	46	0.36	45	42	0.64
16×0.65	16	0.65	16	0.3	26	0.15	8	43	≥0.5
15.88×1.1	15.88	1.1	15.88	0.9	40	0.25	38	40	0.55
19.05×1.15	19.05	1.15	19.05	1.45	26	—	—	—	≥0.55
15.88×0.6	15.88	0.6	15.88	—	—	0.3	60	25	0.5
12.7×0.6	12.7	0.6	12.7	—	—	0.25	60	42	0.4
23.4×2.5	23.4	2.5	26	2.8	12	—	—	—	1.5
23×2.6	23	2.6	26	3.0	11	—	—	—	1.5
22×2.45	22	2.45	27	3.5	11	—	—	—	0.95
17×2.8	17	2.8	19	2.5	12	—	—	—	1.5
注：经供、需双方协商，可供应其他规格、参数的管材。									

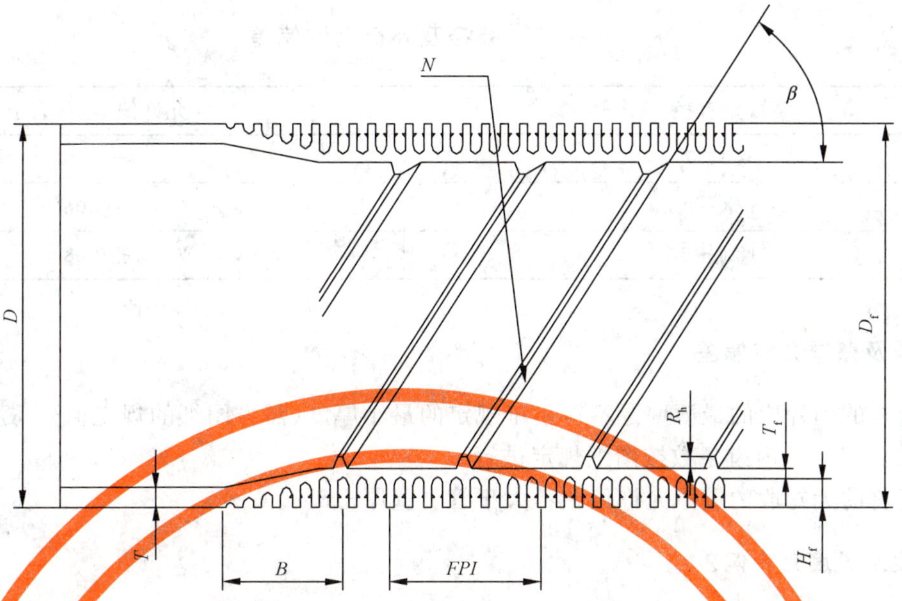

说明：

T ——无翅段壁厚；
B ——过渡锥长度；
FPI ——外翅翅片数(条/英寸)；
H_f ——外翅高；
D ——无翅段外径；
N ——内齿条数；
β ——内齿螺旋角；
R_h ——内齿高 ；
T_f ——成翅段底壁厚 ；
D_f ——成翅段外径。

图 1 翅片管各部位名称示意图

3.1.2 标记示例

产品标记按产品名称、标准编号、牌号、成翅前状态、图纸编号、规格的顺序表示。标记示例如下：

用 TP2 制造的、成翅前状态为软化退火态、无翅段外径为 19 mm、壁厚为 1.25 mm、长度为 4 750 mm、产品图纸编号为 K500B7-015 的管材标记为：

翅片管 GB/T 19447-TP2O60 K500B7-015-ϕ19×1.25×4 750

3.2 化学成分

管材的化学成分应符合 GB/T 5231 中相应牌号的规定。

3.3 尺寸及其允许偏差

3.3.1 外径及外径允许偏差

管材的无翅段外径及外径允许偏差应符合表 3 的规定。

表 3 外径及外径允许偏差

单位为毫米

规定直径	允许偏差,不大于
≤12.0	±0.05
＞12.0～18.0	±0.06
＞18.0～30.0	±0.08

3.3.2 壁厚及壁厚允许偏差

3.3.2.1 管材的翅片段的最薄壁厚不得小于规定的最小厚度(需方图纸的规定值)。翅片高度、翅片数、内齿螺旋角、内齿高、内齿条数按图纸规定进行。

3.3.2.2 管材的无翅段的壁厚允许偏差不大于管材壁厚±8%。

3.3.3 长度及长度允许偏差

3.3.3.1 管材的长度及长度允许偏差应符合表4的规定。

表 4 管材的长度及长度允许偏差

单位为毫米

规定长度	允许偏差,不大于
≤6 000	+3
＞6 000～10 000	+4
＞10 000～18 000	+6

3.3.3.2 从管端至第一个翅片压痕测得的长度由供需双方协商确定。

3.3.4 切斜度

管材的切斜度应符合表5的规定。

表 5 管材切斜度要求

单位为毫米

外径	允许偏差,不大于
≤16.0	0.25
＞16.0	0.016 ×D

3.3.5 直度、圆度

管材的直度、圆度应符合GB/T 16866中的相应规定。

3.3.6 除另有规定外,管材剪切端面应倒角。

3.4 力学性能

成翅前,在室温条件下,管坯的抗拉强度(R_m)应符合表6的规定。用户有要求时,规定总延伸强度($R_{t0.5}$)、维氏硬度(HV1)应符合表6的规定。

表 6 管坯的室温力学性能

牌号	状态	抗拉强度 R_m MPa	规定总延伸强度 $R_{t0.5}$ MPa	维氏硬度(HV1)
		最小值	最小值	
TU00 TU1 TU2 TP1 TP2	软化退火态(O60)	205	62	40～75
	轻拉态(H55)	250	205	70～110
	拉拔态(H80)	290	—	90～120
BFe5-1.5-0.5	软化退火态(O60)	260	85	<110
BFe10-1-1		275	105	75～110
BFe30-1-1		360	125	<135
HAl77-2	软化退火态(O60)	345	125	60～90
HSn72-1 HSn70-1		310	105	60～100
H As 85-0.05		275	85	45～80
注：维氏硬度总试验力的大小可由供、需双方协商确定。				

3.5 工艺性能

3.5.1 扩口试验

管材无翅段或管坯的扩口试验应符合表 7 的规定。

表 7 管材无翅段或管坯的扩口试验

牌号	状态	扩口率(采用 60°冲锥) %	结果
TU00 TU1 TU2 TP1 TP2	软化退火态(O60)	35	管材扩口试验后试样不应产生肉眼可见的裂纹或裂口
	轻拉态(H55)	20	
BFe5-1.5-0.5 BFe10-1-1 BFe30-1-1	软化退火态(O60)	25	
HAl77-2 HSn72-1 HSn70-1 HAs85-0.05	软化退火态(O60)	25	

3.5.2 压扁试验

退火态管材无翅段或管坯段应进行压扁试验，压扁后两壁间的距离等于壁厚，试样不应产生肉眼可见的裂纹或断裂。

3.6 非破坏性试验

管材应在成翅后进行非破坏性试验，可以任选3.6.1、3.6.2、3.6.3三种方法的一种方法进行。

3.6.1 静水压试验

管材均应经受静水内压而无渗漏现象。试验压力按式(1)计算，试验持续时间为：10 s～15 s。除非另有规定，管材不必在大于6.9 MPa的静水压力下进行试验。

$$p = 2ST/(D - 0.8T) \qquad \cdots\cdots(1)$$

式中：

p——最大试验压力，单位为兆帕(MPa)；

T——管材无翅段壁厚，单位为毫米(mm)；

D——管材无翅段外径，单位为毫米(mm)；

S——材料许用应力，单位为兆帕(MPa)。

铜及铜合金管材的材料许用应力值的选取，应符合表8的规定。

表8 铜及铜合金管材的材料许用应力

牌号	状态	不同温度下的许用应力/MPa					
		20 ℃	50 ℃	75 ℃	100 ℃	125 ℃	150 ℃
TU00、TU1、TU2、TP1、TP2	H55	62	62	62	62	62	60
	O60	41	38	34	33	33	32
BFe10-1-1	O60	69	68	66	65	62	60
BFe30-1-1	O60	83	81	79	77	76	74
HAl77-2	O60	83	82	82	82	82	80
HSn72-1、HSn70-1	O60	69	69	69	69	69	69
HAs85-0.05	O60	55	55	55	55	55	49

3.6.2 气压试验

管材应能承受至少1.7 MPa的内气压试验，并保持5 s不应有渗漏现象。

3.6.3 涡流探伤

3.6.3.1 涡流探伤检验时，人工标准缺陷(钻孔直径)应符合表9的规定。

表9 人工标准缺陷孔径尺寸

单位为毫米

外径	通孔直径
6.0～16.0	0.8
＞16.0～30.0	1.1

3.6.3.2 按GB/T 5248并以表9规定的孔径调节设备灵敏度。在涡流探伤设备装置上不引起报警反应的管材，应认为符合本标准要求。

3.6.3.3 由于可看到的压痕产生不相关信号的管材可以按3.6.1进行静水试验或按3.6.2进行气压试验。

3.7 热工性能

管材热工性能由供、需双方协商确定，需方要求时提供。

3.8 残余应力

黄铜管材应进行残余应力检测。

3.9 晶粒度

成翅前管坯的晶粒度应不超出0.01 mm～0.05 mm的范围。

3.10 清洁度

未退火管材内、外表面残留污物总量由供需双方协商确定；退火管材内、外表面残留污物总量应符合表10的规定。用户有需求时也可分别进行内、外表面残留物的测定。

表10 退火管材清洁度

外径/mm	内、外表面残留污物总量/(g/m^2)
≤16	≤0.25
＞16	≤0.32

3.11 表面质量

3.11.1 管材的内、外表面应清洁。允许有不造成管材外径和壁厚超出允许偏差的划伤、凹坑、压入物、环状痕等缺陷。

3.11.2 管材表面上允许有轻微加工润滑油膜、轻微的氧化色、发暗。

4 试验方法

4.1 化学成分分析方法

管材的化学成分的分析按GB/T 5121或YS/T 482的规定进行，仲裁时按GB/T 5121的规定进行。

4.2 尺寸测量方法

管材的外形尺寸按GB/T 26303.1的规定进行；内表面螺纹尺寸的测量方法按照GB/T 26303.1的规定进行，仲裁方法采用剖面放映仪测量方法。

4.3 室温力学性能试验方法

管材的拉伸试验方法按GB/T 228.1的规定进行，其拉伸试样按照GB/T 228.1中S7试样规定进行；硬度试验按照GB/T 4340.1的规定进行。

4.4 工艺性能检验方法

4.4.1 管材的扩口检验方法按GB/T 242的规定进行。

4.4.2 管材的压扁检验方法按 GB/T 246 的规定进行。

4.5 非破坏性试验方法

4.5.1 管材的静水压检验方法按 GB/T 241 的规定进行。
4.5.2 气压检验方法可采用简易目视(或设备自动测试)法观察渗漏,比如将管材置于水中或采用压差方法。
4.5.3 管材的涡流探伤检验方法 GB/T 5248 的规定进行。

4.6 热工性能检验方法

管材的传热系数检测方法可参考附录 A 的规定进行。

4.7 残余应力检验方法

管材残余应力检验方法按照 GB/T 10567.2 的规定进行。

4.8 晶粒度检验方法

管材的晶粒度检验方法按 YS/T 347 的规定进行。

4.9 表面清洁度检验方法

管材内、外表面残留污物总量的检验方法按照附录 B 的方法进行。管材内表面清洁度的检验方法按照 GB/T 17791—2007 附录 A 的方法进行,外表面残留物的测定为内、外表面残留污物总量减去内表面残留物量。

4.10 表面质量检查方法

管材表面质量用目视进行检查。

5 检验规则

5.1 检查和验收

5.1.1 管材应由供方技术监督部门进行检验,保证产品质量符合本标准及合同(或订货单)的规定,并填写质量证明书。
5.1.2 需方应对收到的产品按本标准及合同(或订货单)的规定进行复验,复验结果与本标准或合同(或订货单)的规定不符时,应以书面形式向供方提出,由供需双方协商解决。属于表面质量及尺寸偏差的异议,应在收到产品之日起一个月内提出,属于其他性能的异议,应在收到产品之日起三个月内提出。如需仲裁,仲裁取样应由供需双方共同进行。

5.2 组批

管材应成批提交验收。每批应由同一牌号、状态和规格产品组成,每批质量不大于 4 500 kg 或 600 根。

5.3 检验项目

5.3.1 出厂检验

5.3.1.1 每批管材应进行化学成分、外形尺寸、抗拉强度、晶粒度、工艺性能、非破坏性试验(静水压试验、气压试验或涡流探伤检验三种试验方法中任选一种)及表面质量的检验。需方有要求时,还应进行规定总延伸强度、维氏硬度、残余应力、清洁度的检测。

5.3.1.2 每批管材的翅型参数均应进行以下项目的检验:

a) 内齿条数、高度、螺旋角;

b) 外翅高度、外翅翅片数。

5.3.2 型式检验

有下列情况之一者,产品应进行的型式检验。型式检验项目见表 11。

a) 新产品或老产品转厂的试制定型鉴定;

b) 正常生产时,每年进行一次型式检验;

c) 产品的原料、工艺有较大改变,可能影响产品性能时;

d) 产品的结构有较大改变时;

e) 产品停产后,恢复生产时;

f) 出厂检验结果与上次型式检验有较大差异时;

g) 需方要求时;

h) 国家质量监督机构提出进行型式检验的要求时。

表 11 检验项目

检验项目	出厂检验项目	型式检验项目
化学成分	√	√
外形尺寸	√	√
抗拉强度	√	√
规定总延伸强度	△	√
维氏硬度	△	√
工艺性能	√	√
非破坏性试验	√	√
晶粒度	√	√
表面质量	√	√
残余应力	△	√
清洁度	△	√
热工性能	—	√
注:表中“√”表示“检验项目”;“—” 表示“非检验项目”;“△”表示“需方有要求时进行的检验项目”。		

5.4 取样

产品取样应符合表 12 的规定。

表 12 取样

检验项目	取样规定	要求的章节条号	试验方法的章条号
化学成分	供方在熔铸时，每炉取一个试样，需方在每批管材中任取一个试样	3.2	4.1
外形尺寸偏差	按照 GB/T 2828.1 规定取样，一般检验水平Ⅱ或供需双方协商，接收质量限 AQL＝2.5	3.3	4.2
静水压试验 气压试验 涡流探伤	供方逐根检测，需方每批取两根，每根任取一个试样	3.6.1 3.6.2 3.6.3	4.4.3 4.4.4 4.6
表面质量	供方逐根检测，需方每批任取一个试样	3.11	4.10
扩口试验 压扁试验 残余应力	每批取两根，每根在管材的无翅段任取一个试样	3.5.1 3.5.2 3.8	4.4.1 4.4.2 4.7
力学性能	每批取两根，每根任取一个全截面管段试样（无翅部分）	3.4	4. 3
晶粒度	每批取两根，每根任取一个全截面管段（无翅部分）试样	3.9	4.8
清洁度	每批任取一个试样	3.10	4.9
热工性能	任取两根，每根任取一个试样	3.7	4.5

5.5 检验结果的判定

5.5.1 化学成分不合格时，判该批产品不合格

5.5.2 表面质量、静水压、气压试验、涡流探伤检验不合格时，判该根产品不合格；外形尺寸不合格时，判该根管材不合格。每批中不合格根数超出接收质量限时，判整批不合格或由供方逐根检验，合格后交货。

5.5.3 力学性能、扩口试验、压扁试验、晶粒度、清洁度、残余应力、热工性能试验结果中有试样不合格时，应从该批产品中（包括原检验不合格的那根产品或该不合格试样代表的那根产品上）另取双倍数量的试样进行重复试验。重复试验结果全部合格，则判整批产品合格。若重复试验结果仍有试样不合格，则判该批产品不合格。其中清洁度、残余应力不合格时允许重新处理后再复检。

6 标志、包装、运输和贮存

6.1 标志

6.1.1 在检验合格的每件管材的标签上应有如下标志（如用户有特殊要求，必须在合同中注明）：

a） 供方技术监督部门的检印；

b） 生产厂名称、商标；

c） 合金牌号；

d） 状态；

e） 批号。

6.1.2 管材的包装箱标志应符合 GB/T 8888 的规定。

6.2 包装、运输、贮存及质量证明书

管材的包装、运输、贮存及质量证明书应符合 GB/T 8888 的规定。

7 合同（或订货单）内容

订购本标准所列材料的合同（或订货单）内应包括下列内容：

a） 产品名称；

b） 牌号；

c） 状态；

d） 规格（无翅段外径、无翅段壁厚、成翅段的翅片高度、外翅翅片数、内齿高度、内齿条数、底壁厚、管材总长）或图纸；

e） 根数或重量；

f） 规定总延伸强度（用户要求时）；

g） 维氏硬度（用户要求时）；

h） 残余应力（用户要求时）；

i） 清洁度（用户要求时）；

j） 传热性能（用户要求时）；

k） 本标准编号；

l） 其他。

附 录 A
（资料性附录）
翅片管传热系数和流体阻力特性的测定方法

A.1 范围

A.1.1 本标准规定了翅片管的传热系数和流体阻力特性的测定方法。
A.1.2 本标准适用于试验流体为液体-液体的传热系数和阻力特性的测定。
A.1.3 本标准仅考虑翅片管的管壁热阻，未考虑污垢热阻。
A.1.4 按本标准测定的翅片管为单管。

A.2 方法原理

在热平衡条件下，流经翅片管内的流体换热量等于翅片管对外的传热量。通过测量流经翅片管内液体流量与进出口温度，经过计算得到流体换热量，即得翅片管对外的传热量。与此同时，测得翅片管外制冷剂的饱和温度，就可以计算出对数温差，于是求得总传热系数。

当流体流经翅片管内时，需要克服阻力，造成流体的压力损失。不同结构的翅片管内的阻力不同，因此，测量流体进出翅片管压力降，就反映了翅片管的阻力特性。

A.3 测定系统

测定系统由冷源、热源、试验腔体（内有制冷剂液体、被测翅片管）、冷、热流体循环系统测定仪表等组成。

测定系统图如图 A.1 和图 A.2 中所示。

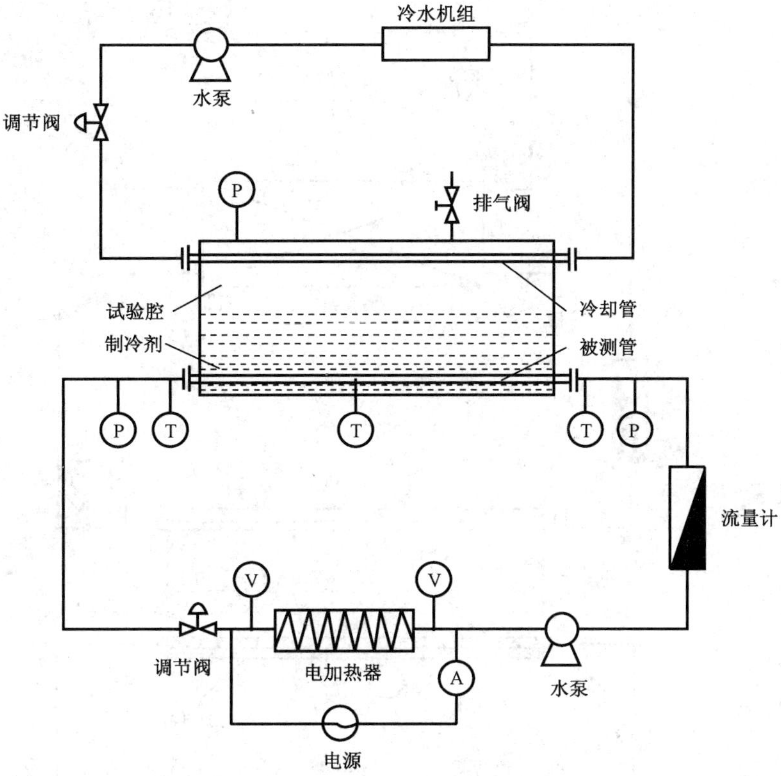

说明：

Ⓣ——测温点；

Ⓥ——电压测定；

Ⓟ——测压点；

Ⓐ——电流测定。

图 A.1　满液式蒸发管测定系统示意图

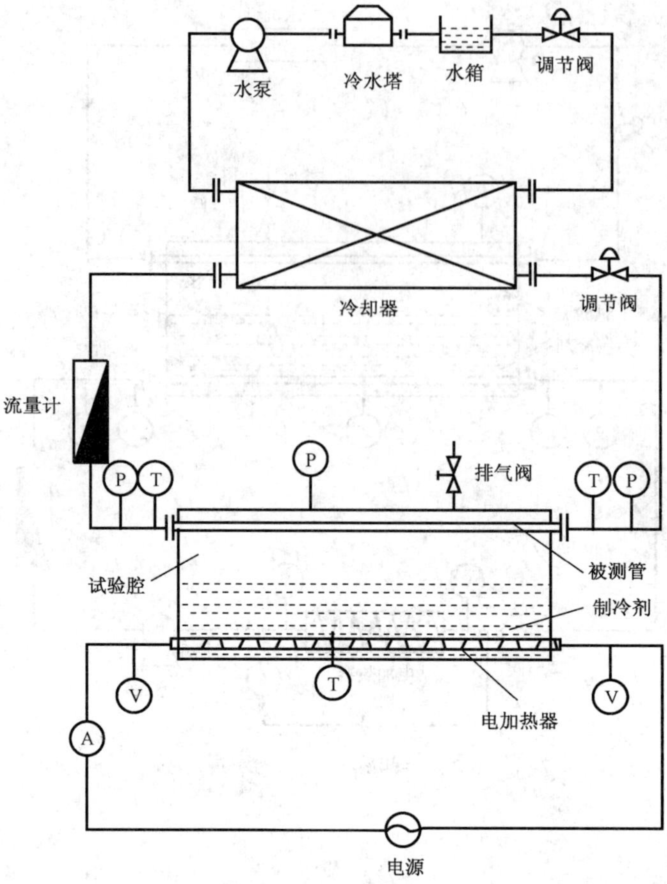

说明：

(T)——测温点；

(V)——电压测定；

(P)——测压点；

(A)——电流测定。

图 A.2　外冷凝管测定系统示意图

A.3.1　测量仪表

A.3.1.1　流量、温度、压力测量仪表应符合表 A.1 中的规定。

表 A.1　流量、温度、压力测量仪表精度要求

项 目	流 量	温 度	压 力
精度/%	±0.5	±0.25	±0.25

A.3.1.2　仪表检定

测定用的流量、温度、压力等测量仪表均应按有关规定送法定计量机构检定，并在规定的有效期内使用。

A.3.2 测定系统的测量

被测管内热流体应进行流量、温度和压力降的测量，同时进行加热功率的测量。试验腔内制冷剂液体应进行温度测量。试验腔体可加装压力表，以校核腔内制冷剂的饱和温度。

A.3.2.1 流量测量

使用转子流量计或其他测量计应按相应说明进行安装和操作。在循环管路上应安装过滤器。流量测量应精确到1%。

A.3.2.2 温度测量

温度测量如下：

a) 温度测量探头应尽量安装靠近被测翅片管的进出口，能准确测量试件进、出口流体温度的位置；
b) 在测温点的上下游各300 mm范围内，保温层应尽可能加厚，进、出口管路必须隔热；
c) 管路中液体流动出现层流时，温度测量探头安装处的管路上游应安装混合装置；
d) 温度测量探头必须置于管道的中心位置；其保护管的插入深度应按说明书的规定；
e) 温度测量应精确到1%。

A.3.2.3 压力差测量

压力差测量如下：

a) 压力测量应设置在离扰动件(弯径、弯头、阀门等)下游5倍管径、上游2倍管径处；
b) 测压孔应与管内壁面垂直；
c) 压力测量处至试件之间不得有任何扰动件；
d) 压力测量应精确到1%。

A.4 测定方法

A.4.1 测量项目

测量项目如下：

a) 被测管内流体的流量；
b) 被测管内流体的进、出口温度或管内流体的进口温度和进出口温差；
c) 被测管内流体的进、出口压力差；
d) 试验腔内制冷剂的饱和温度；
e) 电加热器的加热功率。

A.4.2 测定前，应检查管线、测量仪表及整个测定装置的可靠性。

A.4.3 保证被测管水平放置。测定蒸发管时，被测管应完全为管外制冷剂液体淹没，不得有裸露。测定冷凝管时，试验腔内应安装汽-液体分离装置，不得有液体飞溅到被测管上。

A.4.4 开始运行后，应先排净试验腔内和被测管循环管路中的空气，再注入制冷剂液体，使试验腔和管路设备在完全充满制冷剂液体和蒸汽的条件下运行，不得有混合空气，并调节至测试工况(或指定工况)。

A.4 .5 在每个测定工况(或指定工况)下，均应稳定运行20 min后，方可测定数据。热平衡的相对误差均不得大于5%。

A.5 测定结果

A.5.1 热工性能

确定总传热系数 U_0 与被测管表面热流密度 q 之间的关系。(应固定并表明管内热流体的流速及管外制冷剂的饱和温度)。

A.5.2 流动阻力特性

A.5.2.1 确定被测管压力差 Δp 与管内流体速度 v 之间的关系。

A.5.2.2 建立被测管内流动摩擦阻力系数 § 与雷诺数 Re 的关系式。建议整理成 $§ = C_f Re^{-n}$ 的形式。

A.6 测定数据的计算及整理

A.6.1 测定数据的计算应按表 A.2 进行。

A.6.2 测定数据的整理

A.6.2.1 在同一坐标中,做出确定总传热系数 U_0 与被测管表面热流密度 q 之间的关系曲线。被测管内流体的流速和管外制冷剂的饱和温度应作为参数注明在同一图上。

A.6.2.2 在同一坐标中,做被测管的压力差 Δp 与管内流速 v 之间的关系曲线。

A.6.2.3 建立摩擦阻力系数 § 与雷诺数 Re 的关系式曲线。建议整理成 $§ = C_f Re^{-n}$ 的形式。

A.7 误差

按本标准测定的总传热系数 U_0,其误差不应超过 10%。

A.8 测定报告

A.8.1 任务来源。

A.8.2 测定目的。

A.8.3 测定工况

A.8.3.1 试样材料和制造方法以及试样的几何尺寸,包括长度、管径。

A.8.3.2 测定仪表及其精度。

A.8.3.3 被测管的试验方位(垂直、水平或倾斜)。

A.8.3.4 环境条件。

A.8.4 测定起止时间及人员。

A.8.5 测定数据的处理

A.8.5.1 原始数据:

a) 管内、外流体的名称及管内流体的流速;

b) 管内流体的进、出口温度和管外流体的温度;

c) 管内流体的进、出口压力或压力差。

A.8.5.2 计算方法见表 A.2,符号和说明见表 A.3。

A.8.6 结论及分析

A.8.6.1 热工性能确定。

A.8.6.2　流体阻力特性确定。

A.8.6.3　对测定结果进行误差分析，结果分析及必要说明。

表 A.2　计算方法

序号	名称	表示方法	计算公式
1	管内流速	v	$V=G/A_0$
2	传热量	Q	$Q=G\cdot\rho(t_1-t_2)\cdot C_p$
3	电功率	Q_e	$Q_e=I\cdot V_e$
4	热平衡相对误差	ΔQ	$\Delta Q=(Q-Q_e)/Q_e\times100\%$
5	对数平均温差	Δt_m	$\Delta t_m=(t_1-t_2)/\ln[(t_1-t_\Gamma/(t_2-t_\Gamma)]$
6	热流密度	q	$q=Q/A$
7	总传热系数	U_0	$U_0=Q/(A\cdot\Delta t_m)$
8	摩擦阻力系数	§	$\S=C_fRe^{-n}$

注：表中各公式中的符号表示如下：

A ——翅片管外标称管径下换热面积，单位为平方米(m^2)；
A_0 ——翅片管内标称管径下横截面积，单位为平方米(m^2)；
C_p ——定压比热，单位为焦每千克开尔[J/(kg·K)]；
G ——体积流量，单位为立方米每秒(M^3/s)；
I ——电流，单位为安培(A)；
Q ——传热量，单位为瓦(W)；
ΔQ ——热平衡相对误差，无量纲；
Q_e ——电功率，单位为瓦(W)；
T_1 ——管内流体入口温度，单位为摄氏度(℃)；
T_2 ——管内流体出口温度，单位为摄氏度(℃)；
Δt_m ——对数平均温差，单位为摄氏度(℃)；
t_Γ ——制冷剂饱和温度，单位为摄氏度(℃)；
U_0 ——总传热系数，单位为瓦每平方米开尔文[W/(m^2·K)]；
V_e ——电压，单位为伏(V)；
V ——管内流速，单位为米每秒(m/s)；
ρ ——密度，单位为千克每立方米(kg/m^3)；
§ ——摩擦阻力系数；
q ——热流密度，单位为瓦每平方米(W/m^2)；
Re ——雷诺数，无量纲；
C_f ——公式中的系数，无量纲；
n ——公式中的指数，无量纲。

附 录 B
（资料性附录）
翅片管内、外表面残留污物总量测定方法

B.1 范围

本附录规定了翅片管内、外表面残留污物总量的测定方法。本附录适用于测定翅片管内、外部残留的油及固体残留物总和。

B.2 方法原理

用四氯化碳等有机溶剂清洗铜管材内外表面，将管材内部杂质提取到溶剂中，有机溶剂在烧杯中加热蒸发后，烧杯的质量增加就是管材内的残留物。

B.3 仪器、试剂

B.3.1 超声波振荡器：功率不小于 2 kW；
B.3.2 分析天平（分度值 0.1 mg）；
B.3.3 溶剂（分析纯四氯化碳或三氯乙烯）；

B.4 试验步骤

B.4.1 将烧杯清洗干净，在 105 ℃±5 ℃烘箱中烘干 60 min，取出后放入干燥器中，60 min 后称重使用。
B.4.2 截取试样：长度为 2 英寸，共取 3 段（分别在铜管中心及两端距管端 100 mm 以上翅片部分取样）。截取时，避免产生铜屑及污染外表面。
B.4.3 取一个 B.4.1 所处理质量为 m_1 的干净烧杯，将三段试样放入，并注入溶剂，使之淹没铜管。
B.4.4 将烧杯放入超声波振荡器（B.3.1）中，振荡 10 min。
B.4.5 取出铜管，烧杯在电热板上加热，温度为 105 ℃±5 ℃，直至烧杯中溶剂完全蒸发。
B.4.6 溶剂烘干后，将烧杯放入 105 ℃±5 ℃烘箱中，30 min 后取出放入干燥器中，60 min 后称其质量 m_2。
B.4.7 同时用相同量溶剂（B.3.3）进行空白试验，测定空白值 G_0。

B.5 计算

$$Q=(m_2-m_1-m_0)\times 1\,000/S \qquad \cdots\cdots(\text{B.1})$$

式中：

Q ——杂质含量，单位为毫克每平方米（mg/m^2）。
m_2 ——含杂质烧杯质量，单位为克（g）；
m_1 ——干净烧杯质量，单位为克（g）；
m_0 ——空白值，单位为克（g）；

S ——铜管内、外表面积之和，单位为平方米(m^2)；

推荐翅片管表面积见表 B.1。

表 B.1 推荐规格翅片管表面积估算值

序号	标称规格	应用类型	翅片管表面积/(m^2/m)
01	25.32×1.18	冷凝管	0.528
02	25.32×1.18	蒸发管	0.432
03	18.92×1.13	蒸发管	0.325
04	18.92×1.13	冷凝管	0.397
05	16×0.65	滚花管	0.140
06	15.88×1.1	冷凝管	0.333
07	19.05×1.15	翅片管	0.272
08	15.88×0.6	内螺纹管	0.146
09	12.7×0.6	内螺纹管	0.118
10	23.4×2.5	翅片管	0.331
11	23×2.6	翅片管	0.325
12	22×2.45	翅片管	0.394
13	17×2.8	翅片管	0.216

注：翅片管表面积为推荐估算值，供需双方可以依据实际参数进行测算后协商确定。

ICS 25.100.01
J 41

中华人民共和国国家标准

GB/T 19449.3—2013/ISO 12164-3:2008

带有法兰接触面的空心圆锥接口
第3部分:用于非旋转类工具　柄的尺寸

Hollow taper interface with flange contact surface—
Part 3:Dimensions of shanks for stationary tools

(ISO 12164-3:2008,IDT)

2013-12-31 发布　　　　2014-10-01 实施

中华人民共和国国家质量监督检验检疫总局
中国国家标准化管理委员会　发布

前　言

GB/T 19449《带有法兰接触面的空心圆锥接口》分为四个部分：

——第1部分：柄部　尺寸；

——第2部分：安装孔　尺寸；

——第3部分：用于非旋转类工具　柄的尺寸；

——第4部分：用于非旋转类工具　安装孔的尺寸。

本部分为GB/T 19449的第3部分。

本部分按照GB/T 1.1—2009给出的规则起草。

本部分使用翻译法等同采用ISO 12164-3:2008《带有法兰接触面的空心圆锥接口　第3部分：用于非旋转类工具　柄的尺寸》(英文版)。

本部分与ISO 12164-3:2008相比做了下列编辑性修改：

——删除图1中印刷性错误 d_1。

与本部分中规范性引用的国际文件有一致性对应关系的我国文件如下：

——GB/T 1182—2008　产品几何技术规范(GPS)　几何公差　形状、方向、位置和跳动公差标注(ISO 1101:2004,IDT)

——GB/T 1804—2000　一般公差　未注公差的线性和角度尺寸公差(eqv ISO 2768-1:1989)

——GB/T 15754—1995　技术制图　圆锥的尺寸和公差注法(eqv ISO 3040:1990)

本部分由中国机械工业联合会提出。

本部分由全国刀具标准化技术委员会(SAC/TC 91)归口。

本部分起草单位：成都工具研究所有限公司、哈尔滨量具刃具集团有限责任公司、成都成量工具集团有限公司、森泰英格(成都)数控刀具有限公司。

本部分主要起草人：沈士昌、魏华亮、陈莉、赵庆军、王志刚。

带有法兰接触面的空心圆锥接口 第3部分:用于非旋转类工具 柄的尺寸

1 范围

GB/T 19449 的本部分规定了适用于机床(如:车床、车铣床)的带有法兰接触面的空心工具柄(HSK)的尺寸。

本部分规定的 T 型柄,法兰上带有一个环形槽用于自动换刀,这种工具同样可以通过锥柄上孔进行手动换刀。

扭矩的传递是通过锥柄尾端的键以及摩擦来完成。

2 规范性引用文件

下列文件对于本文件的应用是必不可少的。凡是注日期的引用文件,仅注日期的版本适用于本文件。凡是不注日期的引用文件,其最新版本(包括所有的修改单)适用于本文件。

ISO 1101 产品几何技术规范(GPS)几何公差 形状、方向、位置和跳动公差标注[Geometrical Product Specifications(GPS)—Geometrical tolerancing—Tolerances of form, orientation, location and run-out]

ISO 2768-1 一般公差 未注公差的线性和角度尺寸公差(General tolerances—Part 1: Tolerances for linear and angular dimensions without individual tolerance indications)

ISO 3040 技术制图 圆锥的尺寸和公差注法(Technical drawings—Dimensioning and tolerancing—Cones)

3 尺寸

3.1 一般规定

带有法兰接触面的非旋转空心工具柄(T 型柄)的尺寸按图 1、表 1、附录 A 和附录 B 的规定,图 1 中没有规定的细节可适当地选取。

形状、位置和圆跳动公差的标注按 ISO 1101 的规定,圆锥公差的标注按 ISO 3040 的规定,未注公差按 ISO 2768-1 中的"m"级规定。

3.2 T 型空心锥柄

T 型空心锥柄的尺寸按图 1、表 1、附录 A 的规定。

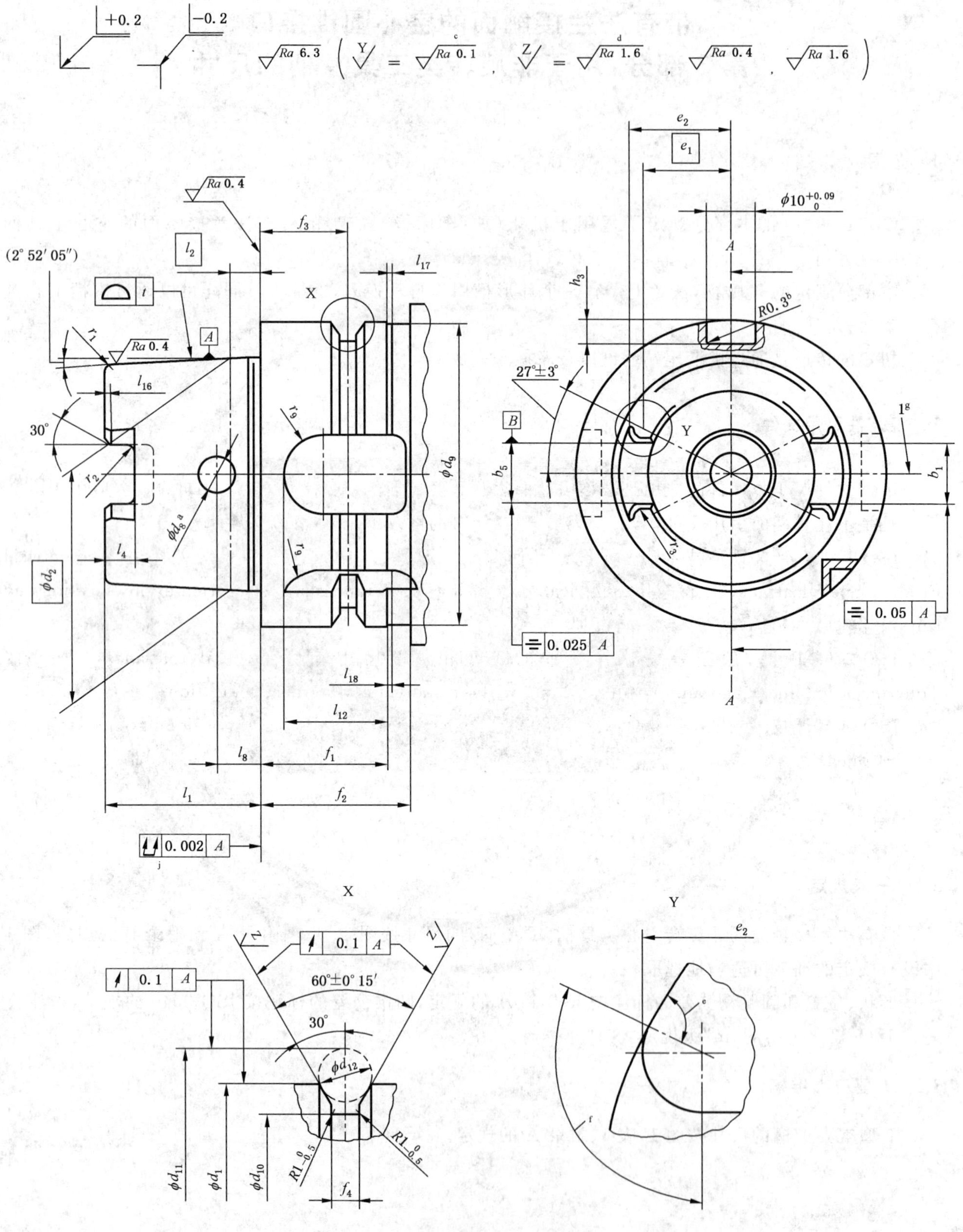

图 1 带有法兰接触面的空心工具柄尺寸

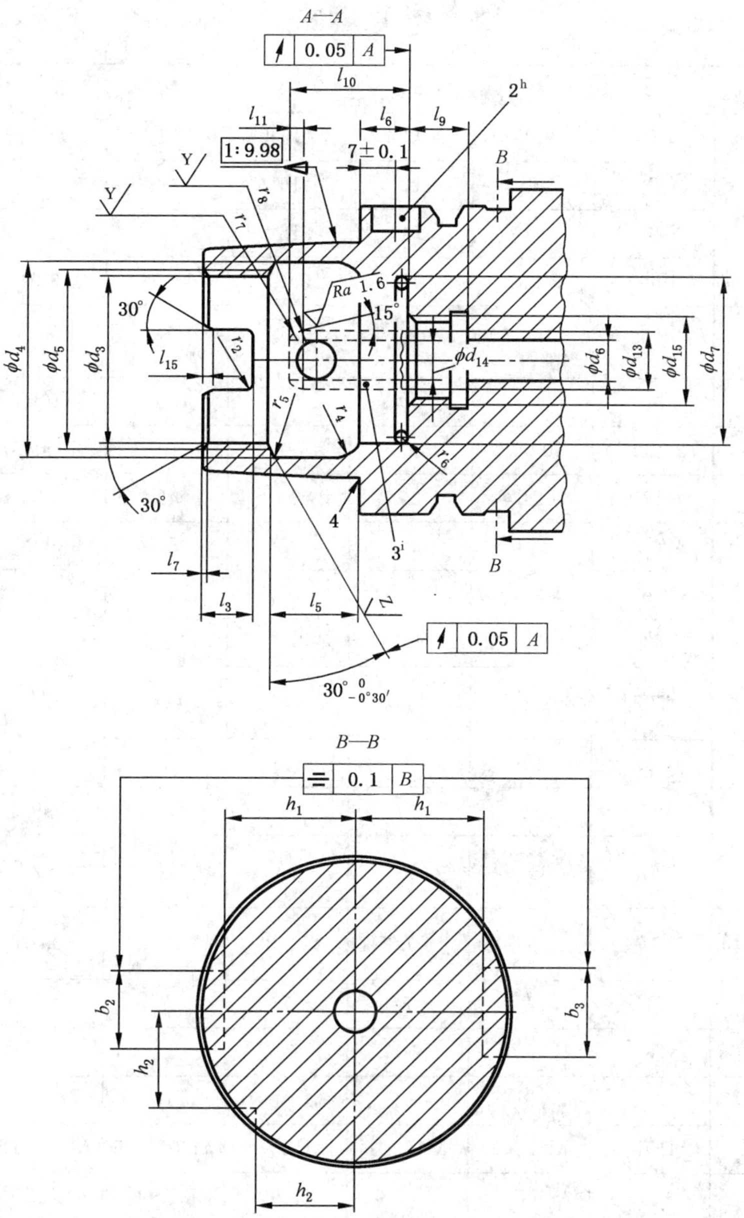

说明：

1——切削刃；

2——数据载体孔；

3——润滑管；

4——沟槽（见附录 A）。

[a] 外圆最小倒角 0.5×45°；

[b] 或 0.3×45°；

[c] 抛光；

[d] 精车；

[e] 90°=空刀；

[f] r_3 的范围；

[g] 右旋单刃切削刃的位置；

[h] 任选；

[i] 润滑管应封闭，自对中且用较小的移动力，允许有±1°的角度偏移；

[j] 不允许凸。

图 1（续）

表 1　尺寸

单位为毫米

规　格		32	40	50	63	80	100	125	160
b_1	±0.04	7.05	8.05	10.54	12.54	16.04	20.02	25.02	30.02
b_2	H10	7	9	12	16	18	20	25	32
b_3	H10	9	11	14	18	20	22	28	36
b_5	尺寸	6.932	7.932	10.425	12.425	15.93	19.91	24.915	29.915
	公差	$^{+0.03}_{0}$		$^{+0.035}_{0}$				$^{+0.04}_{0}$	
d_1	h10	32	40	50	63	80	100	125	160
d_2		24.007	30.007	38.009	48.010	60.012	75.013	95.016	120.016
d_3	H10	17	21	26	34	42	53	67	85
d_4	H11	20.5	25.5	32	40	50	63	80	100
d_5		19	23	29	37	46	58	73	92
d_6	最大	4.2	5	6.8	8.4	10.2	12	14	16
d_7	$^{0}_{-0.1}$	17.4	21.8	26.6	34.5	42.5	53.8	—	—
d_8		4	4.6	6	7.5	8.5	12	—	—
d_9	最大	31	39	49	62	79	99	124	159
d_{10}	$^{0}_{-0.1}$	26.5	34.8	43	55	70	92	117	152
d_{11}	$^{0}_{-0.1}$	37	45	59.3	72.3	88.8	109.75	134.75	169.75
d_{12}		4	4	7	7	7	7	7	7
d_{13}	f8	6	8	10	12	14	16	18	20
d_{14}		3.5	5	6.4	8	10	12	14	16
d_{15}		M10×1	M12×1	M16×1	M18×1	M20×1.5	M24×1.5	M30×1.5	M35×1.5
e_1		8.82	11	13.88	17.99	21.94	27.37	35.37	44.32
e_2	$^{0}_{-0.05}$	10.2	12.88	16.26	20.87	25.82	32.25	41.25	52.2
f_1	$^{0}_{-0.1}$	20	20	26	26	26	29	29	31
f_2	最小	23	23	30	30	30	34	34	36
f_3	± 0.1	16	16	18	18	18	20	20	22
f_4	$^{+0.15}_{0}$	2	2	3.75	3.75	3.75	3.75	3.75	3.75
h_1	$^{0}_{-0.2}$	13	17	21	26.5	34	44	55.5	72
h_2	$^{0}_{-0.3}$	9.5	12	15.5	20	25	31.5	39.5	50
h_3	$^{+0.2}_{0}$	5.4	5.2	5.1	5.0	4.9	4.9	4.8	4.8

表 1（续）

规格		32	40	50	63	80	100	125	160
l_1	$^{0}_{-0.2}$	16	20	25	32	40	50	63	80
l_2		3.2	4	5	6.3	8	10	12.5	16
l_3	$^{+0.2}_{0}$	5	6	7.5	10	12	15	19	23
l_4	$^{+0.2}_{0}$	3	3.5	4.5	6	8	10	12	16
l_5	JS10	8.92	11.42	14.13	18.13	22.85	28.56	36.27	45.98
l_6	$^{0}_{-0.1}$	8	8	10	10	12.5	12.5	16	16
l_7	$^{+0.3}_{0}$	0.8	0.8	1	1	1.5	1.5	2	2
l_8	±0.1	5	6	7.5	9	12	15	—	—
l_9	$^{0}_{-0.3}$	6	8	10	12	14	16	18	20
l_{10}		20	21.5	23	24.5	26	28	30	32
l_{11}		2.5	2.5	3	3	3	3	3.5	3.5
l_{12}		12	12	19	21	22	24	24	24
l_{15}	$^{+0.3}_{0}$	1.5	1.5	2	2	2.5	2.5	3.5	3.5
l_{16}	$^{+0.3}_{0}$	0.8	0.8	1	1	1.5	1.5	2	2
l_{17}	最小	1	1	1	1	1	1	1	1
l_{18}	最小	1	1	1	1	1	1	1	1
r_1		0.6	0.8	1	1.2	1.6	2	2.5	3.2
r_2	$^{0}_{-0.2}$	1	1	1.5	1.5	2	2	2.5	2.5
r_3^{a}	±0.05	1.38	1.88	2.38	2.88	3.88	4.88	5.88	7.88
r_4		4	5	6	8	10	12	16	20
r_5		0.4	0.4	0.5	0.6	0.8	1	1.2	1.6
r_6		0.5	1	1.5	1.5	2	2	—	—
r_7		1	1	1	1.5	1.5	1.5	1.5	1.5
r_8		2	2	2	3	3	3	3	3
r_9^{b}		3.5	4.5	6	8	9	10	5	5
t		0.002	0.002	0.0025	0.003	0.004	0.004	0.005	0.005
沟槽[c]		0.2×0.1	0.4×0.2	0.6×0.2	0.6×0.2	1×0.2	1×0.2	1.6×0.3	1.6×0.3
O 型圈[d]		16×1	18.77×1.78	21.89×2.62	29.82×2.62	36.09×3.53	47.6×3.53	—	—

[a] r_3 相切于 b_1 或 b_5。

[b] r_9 对应于 b_2 和 b_3。

[c] 见附录 A。

[d] O 型圈的使用取决于使用的夹紧系统（不是本部分内容）。

4 设计

4.1 数据载体孔

不带数据载体孔的设计为标准的；

带数据载体孔的设计为任选的。

4.2 方位标志

带方位标志的设计是标准的；

不带方位标志的设计是任选的。

4.3 夹紧力

夹紧系统应提供足够的夹紧力来保证柄部法兰与安装孔端面的接触，并通过弹性变形使锥柄固定。接口扭矩的传递能力取决于夹紧力的大小。

T型空心锥柄的夹紧力推荐值参见附录B。

4.4 手动夹紧用孔

带手动夹紧用孔的设计是标准的；

不带手动夹紧用孔的设计是任选的。

5 标记

符合本部分的非旋转类空心锥柄应标记：

a) “空心锥柄”；

b) 本部分标准编号，如：GB/T 19449.3；

c) “HSK”；

d) 型式：T（用于非旋转类工具）；

e) 规格，单位为毫米。

示例：规格为50 mm的带法兰接触面的非旋转类（T型）空心柄（HSK）的标记为：

空心锥柄　GB/T 19449.3-HSK-T 50

附 录 A
（规范性附录）
根部沟槽详图

根部沟槽（见图 1）的详图见图 A.1，尺寸按表 A.1。

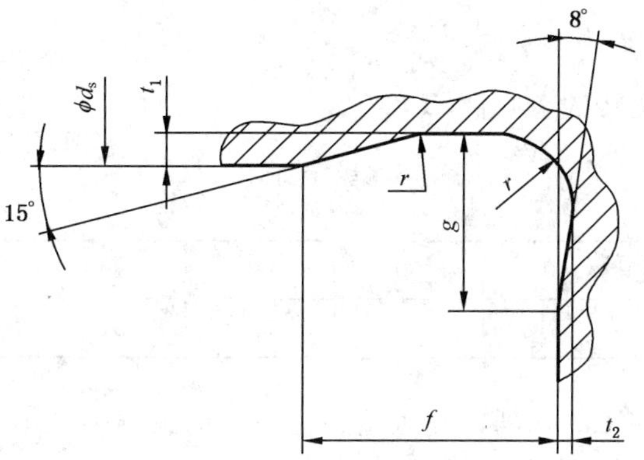

说明：
d_s——柄部直径。

图 A.1

表 A.1

单位为毫米

r	t_1 $^{+0.10}_{0}$	f	g ≈	t_2 $^{+0.05}_{0}$
0.2	0.1	1	0.9	0.1
0.4	0.2	2	1.1	0.1
0.6	0.2	2	1.4	0.1
1	0.2	2.5	1.8	0.1
1.6	0.3	4	3.1	0.2

符合本部分的沟槽作如下标记：

a) “沟槽”；

b) 圆弧半径 r，毫米；

c) 深度 t_1，毫米。

示例：圆弧半径 r =0.6mm，深度 t_1=0.2mm 的沟槽的标记为：

沟槽 0.6×0.2

附 录 B
（资料性附录）
应 用 建 议

B.1 夹紧力

建议的夹紧力见表 B.1。

这种夹紧力仅适用于非旋转的空心柄(T 型)。

表 B.1

规 格/mm	32	40	50	63	80	100	125	160
夹紧力/kN	5	8	14	24	37	55	86	150

当切削负载低时(如:精加工的切削力和进给力),较小的夹紧力就够了,相反,当遇到高的切削负载时(如:重型加工的切削力和进给力)就需要较大的夹紧力。

B.2 弯曲力矩和刚性的信息

制造厂应提供有关允许的弯曲力矩和刚性的信息。

B.3 材料和热处理信息

考虑到强度、硬度、硬化层深度(如果不经过淬火)、韧性和耐磨性的要求,空心锥柄应进行热处理。

参 考 文 献

[1] ISO 12164-4，Hollow taper interface with flange contact surface—Part 4：Dimensions of receivers for stationary tools

ICS 25.100.01
J 41

中华人民共和国国家标准

GB/T 19449.4—2013/ISO 12164-4:2008

带有法兰接触面的空心圆锥接口 第4部分:用于非旋转类工具安装孔的尺寸

Hollow taper interface with flange contact surface—
Part 4:Dimensions of receivers for stationary tools

(ISO 12164-4:2008,IDT)

2013-12-31 发布 2014-10-01 实施

中华人民共和国国家质量监督检验检疫总局
中国国家标准化管理委员会 发布

前　言

GB/T 19449《带有法兰接触面的空心圆锥接口》分为四个部分：

——第1部分：柄部　尺寸；

——第2部分：安装孔　尺寸；

——第3部分：用于非旋转类工具　柄的尺寸；

——第4部分：用于非旋转类工具　安装孔的尺寸。

本部分是GB/T 19449的第4部分。

本部分按照GB/T 1.1—2009给出的规则起草。

本部分使用翻译法等同采用ISO 12164-4:2008《带有法兰接触面的空心圆锥接口　第4部分：用于非旋转类工具　安装孔的尺寸》(英文版)。

与本部分中规范性引用的国际文件有一致性对应关系的我国文件如下：

——GB/T 1182—2008　产品几何技术规范(GPS)　几何公差　形状、方向、位置和跳动公差标注(ISO 1101:2004,IDT)

——GB/T 1804—2000　一般公差　未注公差的线性和角度尺寸公差(eqv ISO 2768-1:1989)

——GB/T 15754—1995　技术制图　圆锥的尺寸和公差注法(eqv ISO 3040:1990)

本部分由中国机械工业联合会提出。

本部分由全国刀具标准化技术委员会(SAC/TC 91)归口。

本部分起草单位：成都工具研究所有限公司。

本部分主要起草人：沈士昌、樊瑾。

带有法兰接触面的空心圆锥接口 第4部分:用于非旋转类工具安装孔的尺寸

1 范围

GB/T 19449 的本部分规定了适用于机床(如:车床、车铣床)的带有法兰接触面的空心工具柄安装孔的尺寸。与之配套的空心工具柄的尺寸在 GB/T 19449 的第3部分规定。

本部分规定的T型安装孔,用于自动换刀和手动夹紧。手动夹紧是通过安装孔上孔和柄上的孔来实现。

扭矩的传递是通过锥柄尾端的键以及摩擦来完成。

2 规范性引用文件

下列文件对于本文件的应用是必不可少的。凡是注日期的引用文件,仅注日期的版本适用于本文件。凡是不注日期的引用文件,其最新版本(包括所有的修改单)适用于本文件。

ISO 1101 产品几何技术规范(GPS) 几何公差 形状、方向、位置和跳动公差标注(Geometrical Product Specifications(GPS)—Geometrical tolerancing—Tolerances of form, orientation, location and run-out)

ISO 2768-1 一般公差 未注公差的线性和角度尺寸公差(General tolerances—Part 1: Tolerances for linear and angular dimensions without individual tolerance indications)

ISO 3040 技术制图 圆锥的尺寸和公差注法(Technical drawings—Dimensioning and tolerancing—Cones)

3 尺寸

3.1 一般规定

带有法兰接触面的非旋转空心工具安装孔(T型)的尺寸按图1、表1、附录A的规定,图1中没有规定的细节可适当地选取。

形状、位置和圆跳动公差的标注按 ISO 1101 的规定,圆锥的公差的标注按 ISO 3040 的规定,未注公差按 ISO 2768-1 中的"m"级规定。

3.2 T型空心锥柄的安装孔

T型空心锥柄安装孔的尺寸按图1、表1的规定。

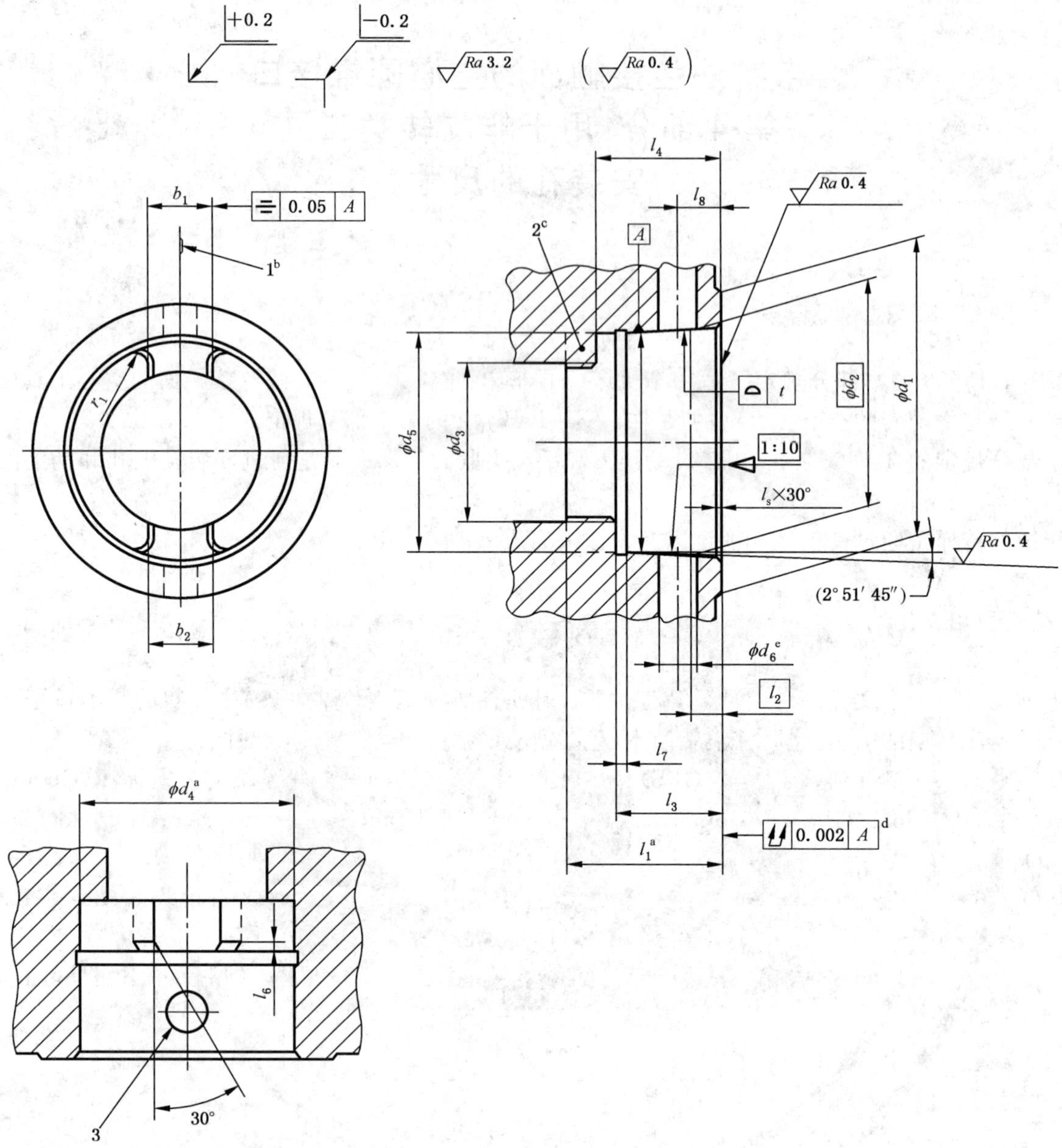

说明：

1——切削刃；

2——键；

3——手动夹紧孔。

a 当键选择嵌入工艺时，锥孔允许超出总长 l_1；

b 右旋单刃切削刃的位置；

c 键选择整体或嵌入；

d 不允许凸；

e 内侧边缘最小倒角 0.5×45°。

图 1 安装孔的尺寸

表 1 尺寸

单位为毫米

规格		32	40	50	63	80	100	125	160
b_1	±0.05	6.8	7.8	10.3	12.3	15.8	19.78	24.78	29.78
b_2	尺寸	6.92	7.92	10.41	12.41	15.91	19.89	24.89	29.89
	公差	$^{0}_{-0.025}$				$^{0}_{-0.03}$			
d_1	最小	32	40	50	63	80	100	125	160
d_2		23.998	29.998	37.998	47.998	59.997	74.997	94.996	119.995
d_3[a]		17	21	26	34	42	53	67	85
d_4[b]	$^{+0.1}_{0}$	23.28	29.06	36.85	46.53	58.1	72.6	92.05	116.1
d_5	$^{+0.2}_{0}$	23.8	29.6	37.5	47.2	58.8	73.4	93	118
d_6		孔径由制造商确定							
l_1[b]	$^{+0.2}_{0}$	16.5	20.5	25.5	33	41	51	64	81
l_2		3.2	4	5	6.3	8	10	12.5	16
l_3	$^{+0.2}_{0}$	11.4	14.4	17.9	22.4	28.4	35.4	44.4	57.4
l_4	$^{+0.2}_{0}$	13.4	16.9	20.9	26.4	32.4	40.4	51.4	64.4
l_5		0.8	0.8	1	1	1.5	1.5	2	2
l_6	$^{+0.1}_{0}$	1	1	1.5	1.5	2	2	2.5	2.5
l_7	±0.1	2	2	2	2.5	3	3	4	4
l_8	±0.1	5	6	7.5	9	12	15	—	—
r_1[c]	$^{0}_{-0.05}$	1.5	2	2.5	3	4	5	6	8
t		0.001 5	0.001 5	0.002	0.002	0.002 5	0.003	0.003 5	0.003 5

[a] 取决于夹紧系统；

[b] 见图 1 注[a]；

[c] r_1 正切于 b_1 或 b_2 和 d_4。

4 手动夹紧孔的设计

不带手动夹紧孔的设计为标准的；

带手动夹紧孔的设计为任选的。

标记

符合本部分的空心锥柄安装孔应作如下标记：

a) “空心锥柄安装孔”；

b) 本部分的标准编号，如：GB/T 19449.4；

c) “HSK”;

d) 型式：T,用于非旋转类工具；

e) 规格，单位为毫米。

示例：规格为 50 mm 的带法兰接触面的非旋转类(T)空心锥柄(HSK)的安装孔标记为：

空心锥柄安装孔 GB/T 19449.4-HSK-T 50

附 录 A
（资料性附录）
应 用 建 议

A.1 夹紧系统

夹紧系统应由安装孔或机床主轴的制造厂给出，系统应提供足够的夹紧力确保锥柄的法兰端面与安装孔端面的接触，并通过弹性变形固定锥柄。接口扭矩传递的能力取决于夹紧力的大小。

A.2 夹紧力

建议的夹紧力见表 A.1。

这种夹紧力仅适用于非旋转的空心柄（T 型）。

表 A.1

规　格/mm	32	40	50	63	80	100	125	160
夹紧力/kN	5	8	14	24	37	55	86	150

当切削负载低时（如：精加工的切削力和进给力），较小的夹紧力就够了，相反，当遇到高的切削负载时（如：重型加工的切削力和进给力）就需要较大的夹紧力。

A.3 速度和扭矩的信息

制造商应提供有关允许速度和扭矩传递能力的信息。

参 考 文 献

[1] ISO 12164-3, Hollow taper interface with flange contact surface—Part 3: Dimensions of shanks for stationary tools

ICS 33.100
L 06

中华人民共和国国家标准

GB/T 19484.1—2013
代替 GB 19484.1—2004

800 MHz/2 GHz cdma2000 数字蜂窝移动通信系统的电磁兼容性要求和测量方法 第1部分：用户设备及其辅助设备

Requirements and measurement methods of electromagnetic compatibility for 800 MHz/2 GHz cdma2000 digital cellular mobile telecommunications system—Part 1: User equipment and ancillary equipment

2013-11-12 发布　　2014-02-01 实施

中华人民共和国国家质量监督检验检疫总局
中国国家标准化管理委员会　发布

前　言

GB/T 19484 包括两部分：

——第 1 部分：用户设备及其辅助设备；

——第 2 部分：基站及其辅助设备。

本部分为第 1 部分。

本部分按照 GB/T 1.1—2009 给出的规则起草。

本部分代替 GB 19484.1—2004《800 MHz CDMA 数字蜂窝移动通信系统电磁兼容性要求和测量方法　第 1 部分：移动台及其辅助设备》。

本部分与 GB 19484.1—2004 相比，主要变化如下：

——修改了天线端口的传导杂散骚扰测试方法和限值，限值与 YD/T 1483—2006 保持一致；

——辅助设备的机箱端口(辐射杂散)最高频率范围由 1 GHz 修改为 6 GHz，增加了 1 GHz 以上的限值；

——电快速瞬变脉冲群抗扰度 AC 电源输入端口的试验电平的开路电压由 2 kV 改为 1 kV；

——修改了交流电源端口的电压暂降和短时中断抗扰度测试的试验等级：持续时间为 10 ms 的供电电压下降等级由 30%改为 0%，持续时间为 100 ms(修改为 20 ms)的供电电压下降等级由 60%改为 0%，持续时间为 5 000 ms 的供电电压下降等级由 95%改为 0%，增加了持续时间为 100 ms 且供电电压下降等级为 70%的试验等级；

——增加了直流电源端口的电压暂降和短时中断抗扰度测试的测试方法和性能判据。

本部分由中华人民共和国工业和信息化部提出。

本部分由中国通信标准化协会归口。

本部分起草单位：工业和信息化部电信研究院、中兴通讯股份有限公司、华为技术有限公司。

本部分主要起草人：冉志强、周镒、刘宝殿、张睿、郭琳、曲鹏飞、吴琼、谢玉明、张兴海。

800 MHz/2 GHz cdma2000 数字蜂窝移动通信系统的电磁兼容性要求和测量方法 第1部分:用户设备及其辅助设备

1 范围

GB/T 19484 的本部分规定了 800 MHz 和 2 GHz cdma2000 数字蜂窝移动通信系统的用户设备(UE)及其辅助设备的电磁兼容性要求,包括测量方法、限值、性能判据等。

本部分适用于发送和接收语音和/或数据的 CDMA、CDMA1X、cdma2000 和 cdma2000 HRPD 用户端设备,包括便携和车载使用的用户设备,以及由交流电源供电且在固定位置使用的用户设备等。

2 规范性引用文件

下列文件对于本文件的应用是必不可少的。凡是注日期的引用文件,仅注日期的版本适用于本文件。凡是不注日期的引用文件,其最新版本(包括所有的修改单)适用于本文件。

GB/T 6113.104—2008 无线电骚扰和抗扰度测量设备和测量方法规范 第 1-4 部分:无线电骚扰和抗扰度测量设备 辅助设备 辐射骚扰

GB 9254—2008 信息技术设备的无线电骚扰限值和测量方法

GB 17625.1—2012 电磁兼容 限值 谐波电流发射限值(设备每相输入电流≤16A)

GB 17625.2—2007 电磁兼容 限值 对额定电流≤16A 且无条件接入的设备在公用低压供电系统中产生的电压变化、电压波动和闪烁的限制

GB/T 17626.2—2006 电磁兼容 试验和测量技术 静电放电抗扰度试验

GB/T 17626.3—2006 电磁兼容 试验和测量技术 射频电磁场辐射抗扰度试验

GB/T 17626.4—2008 电磁兼容 试验和测量技术 电快速瞬变脉冲群抗扰度试验

GB/T 17626.5—2008 电磁兼容 试验和测量技术 浪涌(冲击)抗扰度试验

GB/T 17626.6—2008 电磁兼容 试验和测量技术 射频场感应的传导骚扰抗扰度

GB/T 17626.8—2006 电磁兼容 试验和测量技术 工频磁场抗扰度试验

GB/T 17626.29—2006 电磁兼容 试验和测量技术 直流电源输入端口电压暂降、短时中断和电压变化的抗扰度试验

GB/T 21437.2—2008 道路车辆 由传导和耦合引起的电骚扰 第 2 部分:沿电源线的电瞬态传导

GB/T 22451—2008 无线通信设备电磁兼容性通用要求

YD/T 1483—2006 无线电设备杂散发射技术要求和测量方法

YD/T 1484—2011 用户设备空间射频辐射功率和接收机性能测量方法

IEC 61000-4-11 电磁兼容性(EMC)—第 4-11 部分:试验和测量技术 电压下降、短路和电压偏差抗扰试验[Electromagnetic compatibility(EMC)—part 4: testing and measuring techniques—section 11: voltage dips, short interruptions and voltage variations immunity tests]

3 术语、定义和缩略语

3.1 术语和定义

下列术语和定义适用于本文件。

3.1.1

数据应用辅助设备 data application ancillary

在用户设备和服务器之间提供数据接入业务收发的辅助设备。

3.1.2

前向 CDMA 信道 forward CDMA channel

基站到用户设备的通信信道。

3.1.3

反向 CDMA 信道 reverse CDMA channel

用户设备到基站的通信信道。

3.1.4

一体化天线设备 Integral Antenna Equipment

该类无线通信设备的天线设计为不使用额外连接器与无线通信设备相连且天线是设备的一部分。

注：一体化天线对于设备可以是内置的或外置的。对于这类设备，天线端口和机箱端口是等同的。

3.1.5

非一体化天线设备 Non-integral Antenna Equipment

该类无线通信设备使用连接器或波导法兰盘直接与天线相连，或通过馈入器或波导与天线相连。

注：对于这类设备，天线端口和机箱端口是分离的。

3.1.6

空闲模式 idle mode

UE 收信机或收发信机的一种非工作模式。

注：在这种模式下，用户设备(UE)已加电，可提供服务，并能对建立呼叫的要求做出响应。

3.1.7

误帧率 Frame Error Rate

前向业务信道的帧差错率。

3.1.8

业务模式 traffic mode

UE 已加电且与 BS 已建立业务链路的一种工作模式。

3.1.9

误包率 Packet Error Rate

前向业务信道的数据包差错率。

3.1.10

抛负载 load dump

交流发电机正产生充电电流时，充电电池与交流发电机断开，而此时仍然有其他的负载与交流发电电路相连。

3.1.11

杂散骚扰 spurious emissions

除载频和与正常调制相关的边带以外离散频率上的骚扰。可分为传导和辐射两种。

3.2 缩略语

下列缩略语适用于本文件。

AC： 交流(Alternating Current)
AMN： 人工电源网络(Artificial Mains Network)
ARFCN： 绝对射频信道号(Absolute Radio Frequency Channel Number)
BS： 基站(Base Station)
BPF： 带通滤波器(Band-pass Filter)
BW： 带宽(Bandwidth)
CDMA： 码分多址(Code Division Multiple Access)
CF： 中心频率(Center Frequency)
DC： 直流(Direct Current)
EMC： 电磁兼容性(Electro Magnetic Compatibility)
ERP： 耳参考点(Ear Reference Point)
EUT： 被测设备(Equipment Under Test)
FER： 误帧率(Frame Error Rate)
HRPD： 高速率数据包(High Rate Packet Data)
ISN： 阻抗稳定网络(Impedance Stabilization Network)
MRP： 嘴参考点(Mouth Reference Point)
PER： 误包率(Packet Error Rate)
RF： 射频(Radio Frequency)
SPL： 声压级(Sound Pressure Level)
SS： 系统模拟器(System Simulator)
UE： 用户设备(User Equipment)
UTRA： 通用陆地无线接入(Universal Terrestrial Radio Access)

4 试验条件

4.1 通用条件

EUT应在正常试验环境下进行试验。试验条件应记录在报告中。

当EUT具有可分离的天线时，除非在本部分中另有规定，应按正常使用时的方式装上天线进行测试。

试验布置应尽可能的接近正常或典型的实际运行状态。

如果EUT是系统的一部分或同辅助设备相连，那么在试验时，EUT应连上最小典型配置的辅助设备，并且与辅助设备相连的端口应被激活。

在试验中工作模式和配置应准确记录在试验报告中。

如果设备有大量的端口，就应挑选足够数量的端口以确保能模拟实际情况且不同类型的端口都能被试验。

测试前，UE应处于最大功率发射状态下，并确认其最大总辐射功率值，测试方法参照YD/T 1484，测试结果记录在试验报告中。

4.2 试验布置

在全速率发射条件下，EUT与合适的基站模拟器建立通信连接。基站模拟器应在测试环境外。

移动和手持无线电终端的抗扰度试验需要在以下两种模式下分别进行测试：

——业务模式；

——空闲模式。

当 EUT 建立业务模式时，需要运用环回服务选件建立连接，并满足以下条件：

——EUT 以最大功率发射；

——禁止"变速率数据发射"；

——EUT 处于最大数据速率传输。

EUT 在空闲模式下需要满足以下条件：

——EUT 接收机设置为 CDMA 单一模式；

——测试系统应模拟一个基站，并且在一个载频中建立起寻呼信道(或者是快速寻呼信道或前向公共控制信道)和广播控制信道。UE 已经同步，并且能对基站的寻呼信号做出响应。UE 不应发起呼叫，重新注册或者发送信息。

应有足够措施保证抗扰 RF 信号不会施加到测量设备上。

4.2.1 发信机输入端试验布置

通过内部或外部信号源产生的适当的正常调制信号进入发信机输入端。外部信号源应位于试验环境之外。

SS 应保证 EUT 连续发射。

4.2.2 发信机输出端试验布置

SS 应置于试验环境之外。

如果 EUT 含有外置的 50 Ω 射频天线端口，实际使用中，此端口通常情况下通过同轴电缆连接，在测试过程中，建立通信连接的有用信号应通过同轴电缆从此端口馈出。

如果 EUT 含有外置的 50Ω 射频天线端口，实际使用中，此端口通常不与同轴电缆连接，或者如果 EUT 不含外置的 50Ω 射频天线端口(如一体化天线设备)，那么在测试过程中建立通信连接的有用信号应通过测试环境内的天线馈出。

测量时应避免骚扰信号对测量设备的影响。

4.2.3 收信机输入端试验布置

SS 应置于试验环境之外。

提供通信链路的有用 RF 输入信号频率通过设置正确的 UTRA ARFCN 来选择，除非本标准的其他部分有特殊规定，测试时应选择工作频段的中心频率所对应的 UTRA ARFCN。

如果 EUT 含有外置的 50 Ω 射频天线端口，此端口通常情况下通过同轴电缆连接，建立通信连接的有用信号应通过同轴电缆从此端口馈入。

如果 EUT 含有外置的 50 Ω 射频天线端口，而此端口通常不与同轴电缆连接，或者如果 EUT 不含外置的 50 Ω 射频天线端口(如一体化天线设备)，那么建立通信连接的有用信号应通过测试环境内的天线馈入。

测量时应避免骚扰信号对测量设备的影响。

在抗扰度试验中，提供通信链路的有用 RF 输入信号电平应高于 EUT 的参考灵敏度电平 40 dB。输入信号电平应记录在试验报告中。

在骚扰测量中，有用 RF 输入信号电平应不超过参考灵敏度电平 15 dB。输入信号电平应记录在试验报告中。

4.2.4 收信机输出端试验布置

对于设备的语音功能，接收机的音频输出应通过一非导电的声学管连接至位于测试环境外的音频失真分析仪或其他类似测量仪表。对于不能采用非导电的声学管的情况，可以采用其他的方法将接收机的输出连接至音频失真分析仪或其他类似测量仪表，并应记录在测试报告中。

对于设备的非语音功能，接收机的输出信号应通过非导电的方法连接至位于测试环境外的测试设备。如果接收机有接收机输出连接器或端口，那么应像 EUT 的正常操作那样连接上线缆，连接至位于测试环境外的测试设备。

应采取措施尽可能的减小耦合对试验结果产生的影响。

4.3 免测频段

免测频段是指不进行辐射抗扰度试验的频段。

辅助设备没有免测频段。

4.3.1 发信机免测频段

发信机免测频段为当前射频发射载频的中心频率±信道带宽的 2.5 倍。

4.3.2 收信机免测频段

收信机和收/发信机的接收部分的免测频段的低端频率是收信机接收频段的低端频率减去 85 MHz。

收信机和收/发信机的接收部分的免测频段的高端频率是收信机接收频段的高端频率加上 85 MHz。

4.4 收信机的窄带响应

收信机和收/发信机在离散频率试验过程中产生的窄带响应通过以下方法来判定。

在抗扰度试验时，必须监视其信号指标是否符合第 6 章的要求。窄带响应和宽带现象都可能引起信号指标的超差。在此情况下，需作进一步判断。

因此，应当增加收信机信道带宽的频率值到最临近的信道进行测试；同样，减少相同的频率值再进行测试。

如果收信机与第 6 章所述性能判据一致，则为窄带响应。

如果收信机仍然不符合第 6 章中的性能判据，那么有可能是由另一个窄带响应而引起的。在此情况下，将测试频点偏置到第二相邻的两个信道，重复测试。如果仍然不符合，则为宽带现象。设备有 EMC 问题，在本测试项目中失败。

窄带响应应当忽略。

4.5 连续骚扰测量条件和布置

测量应在 EUT 正常工作时产生最大骚扰的模式下进行。

应使所检测到的辐射连续骚扰达到最大，例如通过移动 EUT 的电缆等。

如图 1 所示，进行辐射连续骚扰测量时，通过 SS 建立通信连接，使 EUT 的发射功率最大，通过 EMC 测试系统对 EUT 的辐射连续骚扰信号进行测量。

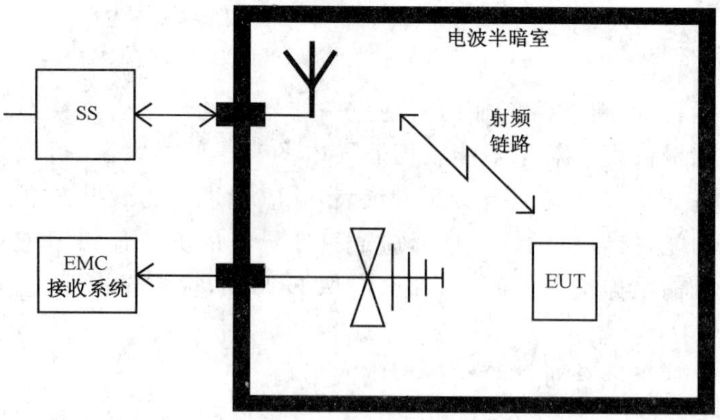

图 1 辐射连续骚扰测量布置图

4.6 抗扰度试验条件和布置

抗扰度试验应在两种操作模式下进行：

a) 业务模式；

b) 空闲模式。

对于语音模式下的抗扰度试验，测试系统的整个语音下行和上行链路均需在试验前进行校准，校准步骤参见 4.6.1.1。

语音模式下的抗扰度试验应在没有任何外部调制输入信号的情况下进行。

对于数据传输模式下的抗扰度试验，需要在有合适的外部调制输入信号的情况下进行，以此监视数据传输模式下的性能。数据传输模式下的性能评估参见第 6 章。

4.6.1 模拟语音或音频信号传输模式下的试验布置

4.6.1.1 音频校准

EUT 应处于正常的工作状态，将 EUT 的音量设置为厂家规定的正常音频电平。如果没有规定，应将 EUT 音量设置为中间值。

在测试之前，应校准下行链路和上行链路的语音输出信号的参考电平，如图 2 所示。对于下行链路，语音输出信号的参考电平等效于在 ERP 处 1 kHz 时的 0 dBPa；对于上行链路，语音输出信号的参考电平则等效于在 MRP 处 1 kHz 时的 −5 dBPa。

校准过程中，语音处理器通常可能使用噪声和回声抵消算法，这种算法试图消除或削弱稳态音频信号，如 1kHz 的校准信号。在校准过程中应该禁用这些算法，这可能需要特殊的测试软件。如果不能禁用这些算法，音频分析仪应使用最大保持的检波方式测量参考电平，从而可以在噪声和回声抵消算法生效前测出参考电平。

对于免提中使用了外部扩音器的设备。外部扩音器的声压通常会比用户设备听筒的声压高，从而可以克服周围的高噪声电平。应增加下行参考电压以补偿上述差别。另一种方案是在测量过程中根据厂商的规范调整扩音器和测试麦克风之间的距离。通常上行参考电平不需要进行调整。在不可能完成上述校准的情况下（如带有耳机的 PC 卡）厂商应对 MRP 和麦克风之间的距离加以规定。

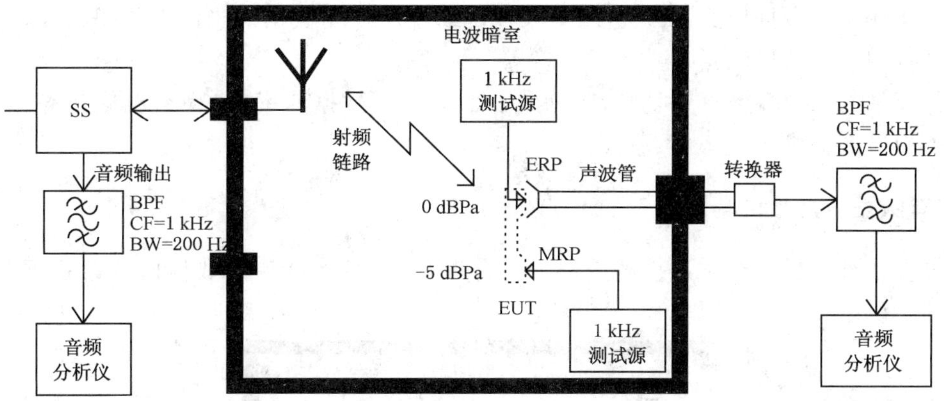

注：上行链路校准时，EUT 在图示位置；下行链路校准时，无 EUT。

图 2 音频校准布置图

4.6.1.2 语音电平的测量

如图 3 所示，监视 EUT 的语音输出电平时，应该将 EUT 配置为语音应用，如果噪声和回声消除算法未被禁用，应使用音频分析仪的最大峰值保持检波方式测量语音输出电平。

EUT 下行链路的语音信道输出信号在 ERP 处的电平应通过测量 SPL 来评估，当使用外部扩音器时，声学耦合器应该被安装在校准时使用的扩音器上。

EUT 上行语音信道输出的译码后的信号电平应在 SS 的模拟输出口测量。抗扰度试验中应使 EUT 的麦克风拾取的外来背景噪声达到最小。

注：如果 EUT 不含有模拟语音电路，则不用语音信号电平对它进行评估。

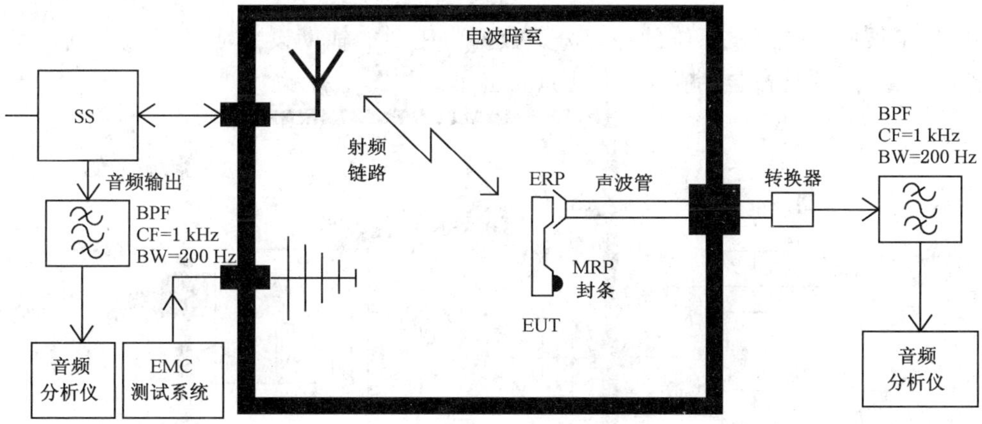

图 3 音频测量布置图

4.6.2 数据传输模式下的试验布置

对 EUT 来说，在注入 RF 抗扰度信号以前，需要对数据传输进行校准，这个校准可以通过评估误帧率(FER)/误包率(PER)或者用户端误码率来进行。

误帧率/误包率的推导按照以下方法进行：

需要在上行链路和下行链路进行已知模式数据的传输，在每一个频率步长进行评估，通过将接收的信号与发出的信号进行比较得到 FER。

试验中运用的数据模式需要足够长以得到有效的结果，还需要和相应信道的比特率相等。

用来评估错误率的数据模式可以是FER/PER,或者用户端数据。当测量FER/PER不合适时,厂商可以决定进行用户端数据测量。

用来进行评估的用户端数据评估特性(格式、大小、典型数据速率、典型错误修正等)以及必要的测量设备需要由制造商提供。

4.6.3 不带有数据应用功能辅助设备的EUT

数据监视设备被看做是测试系统的一部分。合理布置测试系统,使数据监视设备不受电磁场辐射的干扰。如图4所示。

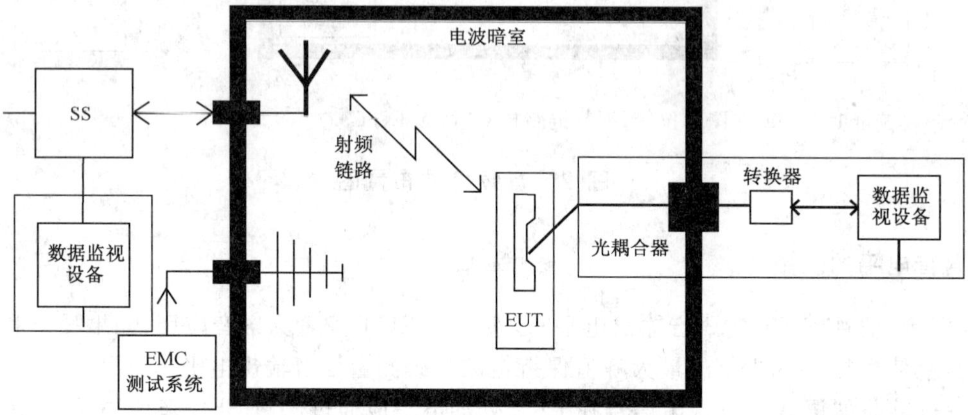

图4 不带有数据应用功能辅助设备的EUT的测量布置图

4.6.4 带有数据应用功能辅助设备的EUT

数据监视设备被看作是测试系统的一部分。数据应用功能辅助设备应被看做数据传输(上行链路或下行链路)的一部分,并且被包括在EUT测量布置中。如图5所示。

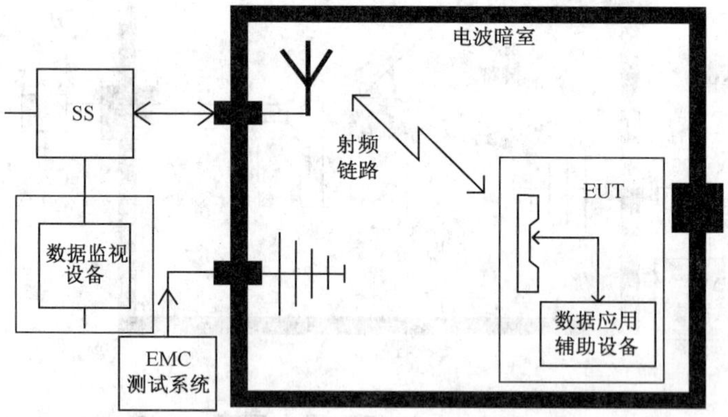

图5 带有数据应用功能辅助设备的EUT的测量布置图

5 性能评估方法

5.1 总则

见GB/T 22451—2008的5.1。GB/T 22451—2008的5.1中描述的收信机解调器之前的中频滤波器的带宽不适用于本部分的无线电设备。

5.2 可以建立连续通信连接的 EUT

见 GB/T 22451—2008 的 5.2。

5.3 不能建立连续通信连接的 EUT

见 GB/T 22451—2008 的 5.3。

5.4 评估辅助设备适用的方法

见 GB/T 22451—2008 的 5.4。

应对辅助设备连接 UE 的情况进行测试，以确保辅助设备和 UE 联合使用时的情况能够符合本部分的相关章节要求。

5.5 EUT 的分类

见 GB/T 22451—2008 的 5.5。

6 性能判据

6.1 总则

EUT 应符合以下 6.2 和 6.3 中规定的最小性能判据。

通信连接的保持，应通过指示器来评估，该指示器可以是 SS 或 EUT 的一部分。

对辅助设备的抗扰度试验而言，如果没有单独的通过/不通过准则，那么就必须将其同发信机、收信机或收/发信机连接到一起判定辅助设备的通过/不通过。

使用车辆电源供电的 UE，还应满足本部分对车载 UE 的规定。

使用交流电源供电的 UE，还应满足本部分对固定台的规定。

6.2 性能判据 A(持续现象)

试验时，应建立并保持通信连接。

对于数字信号传输模式，按下面性能判据进行：

在 9.6 kbps 数据传输速率下，FER 在 95%置信水平下不超过 0.5%；

在反向速率为 307.2 kbps(2 时隙/包)情况下，PER 在 95%的置信水平下不超过 0.5%；

对于语音信号传输模式，对 EUT，当通过一个 CF 为 1 kHz，BW 为 200 Hz 的音频 BPF 测量时，上行和下行语音输出电平应至少比记录的参考电平低 35 dB。

试验后，EUT 应正常工作，没有用户控制功能的丧失或存储数据的丢失，且保持通信连接。除了在通信过程中确认上述性能，还应进行空闲模式下的试验，试验过程中发信机不应出现误操作。

如果 EUT 是一个单纯的发信机，试验还应在空闲模式下进行，EUT 在试验过程中不应出现误操作。

6.3 性能判据 B(瞬态现象)

试验时，应建立并保持通信连接。

试验后，EUT 应能正常工作，无用户可察觉的通信质量的降低，无用户控制功能的丧失或存储数据的丢失，并且保持通信连接。

除了在通信过程中确认上述性能，还应进行空闲模式下的试验，发信机不应出现误操作。

如果 EUT 是一个单纯的发信机，试验应在空闲模式下进行，EUT 在试验过程中不应出现误操作。

6.4 性能判据C(间断现象)

测试中,性能可以允许降级,功能可以丧失;EUT发信机在空闲状态时不应产生无意识的发射。

测试后,功能可以由操作者恢复,恢复后,性能没有降级,EUT能正常运行。

7 适用性

7.1 骚扰测量

骚扰测量项目见表1。

表1 骚扰测量项目

测量项目	适用端口	UE及其辅助设备			参考本部分的章条
		固定	车载	便携	
传导杂散发射	天线连接器端口	适用	适用	适用	8.1
辐射杂散发射	机箱端口	适用	适用	适用	8.2
连续骚扰	辅助设备的机箱端口	适用	适用	适用	8.3
	电信端口	适用	适用	适用	8.4
	DC电源输入/输出端口	适用	适用	不适用	8.5
	AC电源输入/输出端口	适用	不适用	不适用	8.6
谐波电流	AC电源输入端口	适用	不适用	不适用	8.7
电压波动和闪烁	AC电源输入端口	适用	不适用	不适用	8.8
瞬态传导骚扰(车载环境)	DC电源输入/输出端口	不适用	适用	不适用	8.9

7.2 抗扰度试验

抗扰度试验见表2。

表2 抗扰度试验项目

试验项目	适用端口	UE及其辅助设备			参考本部分的章条
		固定	车载	便携	
静电放电	机箱端口	适用	适用	适用	9.1
辐射骚扰	机箱端口	适用	适用	适用	9.2
电快速瞬变脉冲群	信号/电信/控制端口、DC和AC电源输入端口	适用	不适用	不适用	9.3
浪涌(冲击)	信号/电信/控制端口、DC和AC电源输入端口	适用	不适用	不适用	9.4
RF场感应的传导骚扰	信号/电信/控制端口,DC和AC电源输入端口	适用	适用	不适用	9.5

表 2（续）

试验项目	适用端口	UE 及其辅助设备			参考本部分的章条
		固定	车载	便携	
工频磁场抗扰度	机箱端口	适用	适用	适用	9.6
电压变化、电压暂降和短时中断	DC 和 AC 电源输入端口	适用	不适用	不适用	9.7
瞬变与浪涌（车载环境）	DC 电源输入端口	不适用	适用	不适用	9.8

8 骚扰测量方法和限值

8.1 天线端口（传导杂散）

8.1.1 测量方法

测量方法应符合 YD/T 1483—2006 中相关内容。

一体化天线端口不需要进行天线端口（传导杂散）试验。

EUT 的工作频段应排除在测量范围外。EUT 应当全功率发射，同天线端口相连的测量设备的阻抗应为 50 Ω。

测量上限频率为最高工作频率的 10 次谐波，但不高于 40 GHz。

测量带宽如表 3 所示。测量限值如表 4 所示。

表 3 测量带宽表

频率范围	限值（峰值）
9 kHz～150 kHz	1 kHz
150 kHz～30 MHz	10 kHz
30 MHz～1 GHz	100 kHz
≥1 GHz	1 MHz
注：视频带宽应当至少为分辨率带宽的 3 倍。	

8.1.2 限值

限值如表 4 所示。

表 4 传导杂散限值

频率范围	限值（峰值）
9 kHz～1 000 MHz	−36 dBm
>1 000 MHz	−30 dBm
注：在相应频段应遵照国家无线电管理部门的相关规定。	

8.2 机箱端口(辐射杂散)

8.2.1 测量方法

测量方法应符合 YD/T 1483—2006 中相关内容。

为了避免近场干扰,辐射杂散的测量距离建议≥3 m。

测试场地应使用全电波暗室,场地性能指标满足 GB/T 6113.104—2008 的要求。

EUT 使用正常的供电电压,使 EUT 能够正常工作。

EUT 放置在非导电的支架上,供电应通过射频滤波器后再与 EUT 相连,以免电源和电缆影响测量结果。

如果 EUT 为非一体化天线,则天线输出端口应端接 50 Ω 匹配负载。

EUT 应当全功率发射。

机箱的辐射杂散在机箱端口处测量无线信号的峰值输出功率电平,辐射相应信息的有用信号排除在本测量之外。

测量过程中应防止有用信号过载对测量设备的影响。

测量上限频率为最高工作频率的 10 次谐波,但不超过 40 GHz。

带宽的选择如表 4 所示。

8.2.2 限值

8.2.2.1 业务模式

限值如表 5 所示。

表 5 机箱端口的杂散辐射限值

频率范围	限值(峰值)
30 MHz～1 GHz	−36 dBm
>1 GHz	−30 dBm

8.2.2.2 空闲模式

限值如表 6 所示。

表 6 机箱端口的杂散辐射限值

频率范围	限值(峰值)
30 MHz～1 GHz	−57 dBm
>1 GHz	−47 dBm

8.3 辅助设备的机箱端口

8.3.1 通用条件

测量应在 EUT 正常工作时产生最大骚扰的模式下进行。

应使所测量到的辐射连续骚扰达到最大,例如通过移动 EUT 的电缆等。

8.3.2 测量方法

当辅助设备和EUT一起测量时，发信机/收发信机工作频率2.5倍信道带宽的辐射发射应被忽略，但应记录在测试报告中。在测试过程中应排除收发信机杂散发射带来的影响。

测量应在辅助设备的典型配置下进行。

测量按GB 9254—2008进行。

8.3.3 限值

1 GHz以下限值如表7所示（10 m测量距离）。

表7 1 GHz以下辐射骚扰限值

频率范围 MHz	准峰值限值 dB(μV/m)
30～230	30
230～1000	37
注1：在过渡频率处（230 MHz）应采用较低的限值。 注2：当出现环境干扰时，可以采取附加措施。	

1 GHz以上限值如表8所示（3 m测量距离）。

表8 1 GHz以上辐射骚扰限值

频率范围 GHz	平均值限值 dB(μV/m)	峰值限值 dB(μV/m)
1～3	50	70
3～6	54	74
注：在过渡频率处（3 GHz）处应采用较低的限值。		

频率上限的选择原则如下：

EUT的最高内部源指在EUT内部产生或使用的最高频率，或EUT工作或调谐的频率。

如果EUT内部源的最高频率低于108 MHz，则测量只进行到1 GHz。

如果EUT内部源的最高频率在108 MHz～500 MHz之间，则测量只进行到2 GHz。

如果EUT内部源的最高频率在500 MHz～1 GHz之间，则测量只进行到5 GHz。

如果EUT内部源的最高频率高于1 GHz，则测量将进行到最高频率的5倍或6 GHz，取两者中的小者。

8.4 电信端口

8.4.1 测量方法

测量按GB 9254—2008进行。

8.4.2 限值

限值如表 9 所示。

表 9 电信端口传导连续骚扰限值

频率范围 MHz	电压限值 dBμV		电流限值 dBμA	
	准峰值	平均值	准峰值	平均值
0.15 ～ 0.5	84 ～ 74	74 ～ 64	40 ～ 30	30 ～ 20
0.5 ～ 30	74	64	30	20

注 1：在 0.15 MHz～0.5 MHz 内，限值随频率的对数呈线性减小。

注 2：电流限值是在阻抗为 150 Ω 的端口上加 ISN 测得的。变换因子为 20 lg150＝ 44 dB。

8.5 DC 电源输入/输出端口

8.5.1 测量方法

本测量项目适用于 DC 电缆超过 3 m 的 EUT。

如果 EUT 的 DC 电缆不足 3 m，且是专用的 AC 电源到 DC 电源的连接缆，测量就只在 8.6 中所规定的 AC 输入端口上进行。

当采用准峰值检波测量，结果满足平均值限值时，认为设备符合两种限值的要求，不必再进行平均值检波测量。

直流输出端口应通过 AMN 与提取电源额定电流的负载相连。

测量接收机依次同每一个 AMN 的测量端口相连，记录传导连续骚扰电平。未被测量的 AMN 的测量端口应终接 50Ω 负载。AMN 的参考接地点应用尽量短的导体与参考接地平板相连。

测量接收机应符合 GB/T 6113.104—2008 中的要求。

8.5.2 限值

限值如表 10 所示。

表 10 DC 电源端口传导连续骚扰限值

频率范围 MHz	限值 dBμV	
	准峰值	平均值
0.15 ～ 0.5	66 ～ 56	56 ～ 46
0.5 ～ 5	56	46
5 ～ 30	60	50

注 1：在过渡频率处(0.50 MHz 和 5 MHz)应采用较低的限值。

注 2：在 0.15 MHz ～ 0.50 MHz 频率范围内，限值随频率的对数呈线性减小。

8.6 AC 电源输入/输出端口

8.6.1 测量方法

测量按 GB 9254—2008 进行，AMN 与交流电源相连。

8.6.2 限值

EUT 的传导骚扰限值，如表 11 所示。

表 11 AC 电源端口传导骚扰限值

频率范围 MHz	限值 dBμV	
	准峰值	平均值
0.15 ～0.50	66～56	56～46
0.50 ～ 5	56	46
5～30	60	50

注 1：在过渡频率处(0.50 MHz 和 5 MHz)应采用较低的限值。

注 2：在 0.15 MHz ～ 0.50 MHz 频率范围内，限值随频率的对数呈线性减小。

8.7 谐波电流(AC 电源输入端口)

8.7.1 测量方法

测量按 GB 17625.1—2012 进行。

8.7.2 限值

采用 GB 17625.1—2012 中 A 类设备限值。

8.8 电压波动和闪烁(AC 电源输入端口)

8.8.1 测量方法

测量按 GB 17625.2—2006 进行。

8.8.2 限值

采用 GB 17625.2—2006 中相应的限值。

8.9 瞬态传导骚扰(DC 电源输入/输出端口)

8.9.1 测量方法

测试按 GB/T 21437.2—2008 进行。

8.9.2 限值

EUT 的瞬态传导骚扰限值，如表 12 所示。

表 12　DC 电源端口瞬态传导骚扰

脉冲极性	限值/V	
	12V 系统	24V 系统
正极	+75	+150
负极	−100	−450

9　抗扰度试验方法和等级

9.1　静电放电抗扰度试验

9.1.1　试验方法和等级

试验按 GB/T 17626.2—2006 进行。应符合下列要求：

a)　对于接触放电，EUT 应能通过±2 kV 和±4 kV 的试验等级；

b)　对于空气放电，EUT 应能通过±2 kV、±4 kV 和±8 kV 的试验等级。

9.1.2　性能判据

6.3 的性能判据 B 适用于本条款。

9.2　辐射骚扰抗扰度试验

9.2.1　试验方法和等级

试验按 GB/T 17626.3—2006 进行，但要满足下列要求：

a)　试验应在 80 MHz～2.7 GHz 频率范围内进行；

b)　试验等级如表 13 所示，骚扰源经过 1 kHz 的音频信号进行 80% 的幅度调制；

表 13　辐射骚扰抗扰度试验等级

频率范围 MHz	试验等级 V/m
80～2 700	3

c)　80 MHz～1 GHz 频段内频率扫描步长不大于前一频率的 1%；1 GHz～2.7 GHz 频段内频率扫描步长不大于前一频率的 0.5%。

如果收信机或作为收发信机一部分的收信机在离散频率点的响应是窄带响应，那么此响应忽略。试验频率应记录在测试报告中。

9.2.2　性能判据

6.2 的性能判据 A 适用于本条款。

9.3　电快速瞬变脉冲群抗扰度试验

9.3.1　试验方法和等级

固定台及其辅助设备的信号/通信/控制端口和 DC 电源端口连接电缆超过 3 m 时应进行本试验项目。

试验按 GB/T 17626.4—2008 进行，对具有长于 3 m 的电缆或与 AC 电源相连的发信机、收信机、收发信机及其辅助设备，要满足下列要求。

a) 信号/通信/控制端口的试验电平为开路电压 0.5 kV；

b) DC 电源输入端口的试验电平为开路电压 1 kV；

c) AC 电源输入端口的试验电平为开路电压 1 kV。

9.3.2 性能判据

6.3 的性能判据 B 适用于本条款。

9.4 浪涌(冲击)抗扰度试验

9.4.1 试验方法和等级

试验按 GB/T 17626.5—2008 进行。同时应满足下列要求：

a) 对于 AC 电源端口试验电平应为 2 kV(线对地)、1 kV(线对线)。

b) 对于直接与室外电缆连接的电信端口，试验电平应为 1 kV(线对地)，但如果 EUT 是电信中心设备试验电平应为 0.5 kV(线对地)；对于与室内电缆相连并且连接电缆长度大于 10 m 的电信端口，试验电平应为 0.5 kV(线对地)。

c) 对于 DC 电源线上的试验电平应为 1 kV(线对地)、0.5 kV(线对线)。

d) 试验脉冲波形为 1.2/50 μs。

9.4.2 性能判据

6.3 的性能判据 B 适用于本条款。

9.5 射频场感应的传导骚扰抗扰度试验

9.5.1 试验方法和等级

本测试项目适用于固定、车载及其辅助设备的交流电源输入/输出端口，如果它们的信号/电信/控制端口和/DC 电源端口的连接电缆超过 3 m，也应进行本试验项目。

试验按 GB/T 17626.6—2008 进行，且应满足下列要求：

a) 测试优先选择 CDN 直接注入法，如果直接注入法不适用则采用钳注入法(电磁钳或电流钳)；

b) 试验信号由 1 kHz 的音频信号进行 80% 的幅度调制；

c) 在 150 kHz ～ 80 MHz 频率范围，频率增加的步长不超过前一频率的 1%；

d) 试验电平为 3 V rms；

9.5.2 性能判据

6.2 的性能判据 A 适用于本条款。

9.6 工频磁场抗扰度试验

9.6.1 试验方法和等级

本试验项目适用于带有对磁场敏感装置的 EUT。试验方法见 GB/T 17626.8—2008。试验等级为 3 A/m。

9.6.2 性能判据

6.2 的性能判据 A 适用于本条款。

9.7 电压暂降、短时中断和电压变化抗扰度试验

9.7.1 试验方法

9.7.1.1 交流电源试验方法和等级

试验方法见 IEC 61000-4-11。试验等级应为:

a) 供电电压下降到 0%,持续时间 10 ms;

b) 供电电压下降到 0%,持续时间 20 ms;

c) 供电电压下降到 70%,持续时间 500 ms;

d) 供电电压下降到 0%,持续时间 5 000 ms。

9.7.1.2 直流电源试验方法和等级

试验方法见 GB/T 17626.29—2006。如果 EUT 有后备电源或双路电源,那么应在后备电源或双路电源工作的情况下进行试验。试验等级见 9.7.2.2。

9.7.2 性能判据

9.7.2.1 交流电源性能判据

对于电压降低到 0%,持续时间为 10 ms 和 20 ms 的电压暂降和电压降低到 70%、持续时间为 500 ms的电压暂降,以及在 EUT 装配有后备电池或与后备电池相连的情况下进行电压降低到 0%、持续时间为 5 000 ms 的电压中断试验,应符合以下性能判据:

对于 UE 及其辅助设备,6.2 和/或 6.4 的性能判据适用。

如果 EUT 仅由 AC 电源供电(不使用后备电池),进行电压降低到 0%、持续时间为 5 000 ms 的电压中断试验时,应符合以下性能判据:

a) 通信链路不需要保持,而且通信链路可以重建,不稳定的用户数据(如,暂存数据)可以丢失;

b) 对通信连接中断或用户数据丢失的情形,应在测试报告中作记录。

9.7.2.2 直流电源性能判据

直流电源性能判据见表 14、表 15、表 16。

表 14 电压暂降试验等级和性能判据

试验项目	试验等级 % U_T	持续时间/s	性能判据
电压暂降	70	0.01	A
		1	A
			A
	40	0.01	A
		1	A
			A

注:如果 EUT 在后备电源或双路电源工作时进行测试,那么采用性能判据 A,否则采用性能判据 C。

表 15　电压短时中断试验等级和性能判据

试验项目	试验条件	试验等级 % U_T	持续时间/s	性能判据
电压短时中断	高阻抗（试验发生器输出阻抗）	0	0.001	A
			5	A
				A
	低阻抗（试验发生器输出阻抗）	0	0.001	A
			5	A
				A
注：如果 EUT 在后备电源或双路电源工作时进行测试，那么采用性能判据 A，否则采用性能判据 C。				

表 16　电压变化试验等级和性能判据

试验项目	试验等级 % U_T	持续时间/s	性能判据
电压变化	80	0.1	A
		10	A
	120	0.1	A
		10	A

9.8　瞬变和浪涌抗扰度试验(车载环境)

9.8.1　试验方法和等级

试验应对车载环境下的 UE 及其辅助设备的 DC 电源输入端口进行。

试验按 GB/T 21437.2—2008 进行。试验等级如表 17、表 18 所示。

表 17　12V 车载 UE 试验等级

试验脉冲	试验等级 V	脉冲数或试验时间	重复时间	
			最小	最大
1	−75	10 个脉冲	0.5 s	5 s
2a	+37	10 个脉冲	0.2 s	5 s
2b	+10	10 个脉冲	0.5 s	5 s
3a	−112	20 min	90 ms	100 ms
3b	+75	20 min	90 ms	100 ms
4	−6	10 个脉冲	(注 1)	(注 1)
5(注 2)	+65	1 个脉冲	(注 1)	(注 1)

注 1：如果做多个脉冲则最小的重复时间为 1 min。

注 2：测试等级根据抛负载在发动机额定速率下的位置。如果使用中心抛负载保护，则使用脉冲 5 b；否则使用脉冲 5 a。

表 18 24V 车载 UE 试验等级

试验脉冲	试验等级 V	脉冲数或 试验时间	重复时间	
			最小	最大
1	−450	10 个脉冲	0.5 s	5 s
2a	+37	10 个脉冲	0.2 s	5 s
2b	+20	10 个脉冲	0.5 s	5 s
3a	−150	20 min	90 ms	100 ms
3b	+150	20 min	90 ms	100 ms
4	−12	10 个脉冲	(注 1)	(注 1)
5(注 2)	+123	1 个脉冲	(注 1)	(注 1)

注 1：如果做多个脉冲则最小的重复时间为 1 min。

注 2：测试等级根据抛负载在发动机额定速率下的位置。如果使用中心抛负载保护，则使用脉冲 5 b；否则使用脉冲 5 a。

9.8.2 性能判据

对脉冲 3 a 和 3 b，6.2 的性能判据 A 适用于本条款。

对脉冲 1、2 a、2 b、4 和 5，6.3 的性能判据 B 适用于本条款。在试验过程中，通信链路不需维持，但在试验后可重新建立。

ICS 71.040.50
G 04

中华人民共和国国家标准

GB/T 19501—2013
代替 GB/T 19501—2004

微束分析　电子背散射衍射分析方法通则

Microbeam analysis—General guide for electron backscatter diffraction analysis

2013-07-19 发布　　　　2014-03-01 实施

中华人民共和国国家质量监督检验检疫总局
中国国家标准化管理委员会　发布

前　言

本标准按照 GB/T 1.1—2009 给出的规则起草。

本标准代替 GB/T 19501—2004《电子背散射衍射分析方法通则》。

本标准与 GB/T 19501—2004 相比，主要内容变化如下：

——增加了规范性引用文件(见第 2 章)；

——增加或修改了部分术语，删除晶粒夹角(见第 3 章)；

——增加了分析步骤内容(见第 4 章)；

——增加分析结果发布补充内容(见第 5 章)；

——增加了附录 A(资料性附录)；

——修改了测量条件(见第 4 章)；

——删除了原标准中试样的制备；

——删除了原标准中分析步骤；

——删除了原标准中测量误差。

本标准由全国微束分析标准化技术委员会(SAC/TC 38)提出并归口。

本标准起草单位：宝钢集团中央研究院。

本标准主要起草人：姚雷、田青超、郑芳、顾佳卿、陈家光。

本标准所代替标准的历次版本发布情况为：

——GB/T 19501—2004。

微束分析　电子背散射衍射分析方法通则

1　范围

本标准规定了电子背散射衍射分析方法。

本标准适用于安装了电子背散射衍射附件的扫描电镜和电子探针进行物相识别、晶体取向、显微组构以及晶界特性等方面的分析。

2　规范性引用文件

下列文件对于本文件的应用是必不可少的。凡是注日期的引用文件，仅注日期的版本适用于本文件。凡是不注日期的引用文件，其最新版本(包括所有的修改单)适用于本文件。

GB/T 15074　电子探针定量分析方法通则

GB/T 27025　检测和校准实验室能力的通用要求

ISO 24173　微束分析　电子背散射衍射取向测定方法通则(Microbeam analysis—Guidelines for orientation measurement using electron backscatter diffraction)

3　术语和定义

下列术语和定义适用于本文件。

3.1

电子背散射衍射　electron backscatter diffraction；EBSD

当入射电子束照射到高倾斜的晶体样品时，其背散射电子与原子面发生的衍射。

3.2

电子背散射花样　electron backscatter pattern；EBSP

由电子背散射衍射产生的具有准线性特征的、并被探测器截获的图案，即菊池带，可将其显示在荧光屏或照相胶片上。

3.3

花样中心　pattern centre；PC

荧光屏平面上的一点，其垂线过电子束轰击样品点。

3.4

试样与荧光屏的距离　specimen-to-screen distance；SSD

花样中心与试样表面电子束轰击点之间的距离。

注：如果试样与荧光屏之间的距离变小，那么 EBSP 将会向花样中心方向缩小，会观察到更多的菊池带。

3.5

Hough 变换　Hough transform

能自动探测图像内特殊形状特征的一种图像处理的数学技术。

注：在 EBSD 中，线性 Hough 变换用于识别菊池带在 EBSP 中的位置及取向，使得花样指数可以标定。每个菊池带在 Hough 空间中被转化为最大值而被识别。这种 Hough 变换本质上是 Radon 变换的一种特例。一般情况下，Hough 变换用于二进制图像，Radon 变换用于灰度图像。

3.6

EBSD 空间分辨率　EBSD spatial resolution

不同晶粒(被明显的晶界分开)内两个测量点之间的最小距离,EBSD 系统能正确标定出这两个点上产生的不同 EBSP。

3.7

步长　step size

在 EBSP 采集过程中,试样上相邻两个单独的电子束测量点之间的距离。

3.8

取向噪音　orientation noise

在理想单晶内某一区域内,经反复测量取向所获得的取向分布。

注 1:该区域必须足够小,电子束漂移时不会导致检测到的取向发生变化。

注 2:这种分布是 EBSD 技术中角分辨率的统计特性的反映。

3.9

伪对称　pseudosymmetry

由于某些晶体取向的 EBSP 之间存在内在相似性,因此某个 EBSP 可能对应几种不确定的标定结果。

注 1:这种问题主要出现在一些矿物样品,如石英和橄榄石,有时也会出现在某些金属相中。

注 2:一般可以通过减小样品与荧光屏之间的距离来获取更多的菊池带,使伪对称的影响降低到最小。

3.10

显微织构　microtexture

在显微结构中,空间位置相互关联的多晶体中各晶粒的取向分布。

3.11

晶体学取向　crystallographic orientation

相对于样品坐标系的晶体坐标系的位向(例如立方晶系的[100],[010],[001])。

注:对样品坐标系可以用 X、Y、Z 表示;对于轧制材料,通常用 RD、TD、ND 表示(RD-轧向、TD-横向、ND-法向)。

3.12

取向差　misorientation

两种晶体坐标系位向的差,通常用一个角/轴对来表示。

注 1:取向差是指使一个晶体与另一个晶体相一致所需要的旋转。它可以用一个旋转矩阵,一套欧拉角,一个角/轴对或者 Rodriguez 矢量表示。最常使用的是一个角/轴对,但是一般只用最小的角来描述。

注 2:EBSD 软件计算样品表面基于 EBSP 的特殊点的晶体取向。该软件能够计算任意两点之间的取向差(在取向图中相邻或者不相邻的两点)。

3.13

取向图　orientation map;OM

面扫描逐点测量晶体取向,所得到的取向数据分布图。

注:也称为晶体取向图(COM)、自动晶体取向图或者取向显微图像。

3.14

EBSD 晶界　EBSD grain boundary

在 EBSD 取向图上以大于某一最小取向差来区分相邻近区域的线。当该取向差为 15 度及以上时为大角晶界,其他为小角晶界。

3.15

重位点阵　coincidence site lattice;CSL

两个互相穿插的平移点阵相对作平移、旋转等操作,当到达某一位置时这两部分点阵中的一些阵点会重合，这些重合位置的阵点本身构成三维空间格子的超点阵，称为重位点阵。经常用∑值来表示重合位置的特点，它是 CSL 单胞的体积与晶体点阵单胞体积之比：

$$\sum = \frac{\text{CSL 单胞体积}}{\text{晶体点阵单胞体积}} \quad \cdots\cdots(1)$$

3.16

EBSD 晶粒　EBSD grain

具有相似取向的区域，如相邻测量点之间的取向差大于设定临界值则认为是不同区域。

3.17

相识别　phase identification

通过测量的 EBSP 特征与可能相的模拟计算的 EBSP 进行比较，对样品中未知相进行的晶体学识别。

注：这是个自动过程，EBSD 软件自动搜索已选定的晶体相数据库，并决定与所获得的 EBSP 最匹配的相，该过程称为相识别。另一方面，它还可以是手动过程，如对称性，带宽，高阶劳厄区（HOLZ）线等的 EBSP 特征均可用于相识别过程。通常情况下，结合能谱法（EDX）或波谱法（WDX）获得的化学成分信息可以减少可能相的数量，能提高处理速度和结果的可信度。

4　试验方法

4.1　原理

入射电子束进入试样，由于弹性和非弹性散射，使之在入射点附近发散，成为一点源。在表层几十纳米范围内，非弹性散射引起能量损失一般只有几十电子伏特，这与几万电子伏特能量相比是一个小量。因此，电子的波长可以认为基本不变。这些背散射电子，随后入射到一定的晶面，满足布拉格衍射条件时，便产生布拉格衍射。

背散射电子产额随入射电子与试样表面夹角减小而增大，将试样高角度倾斜，可以使电子背散射衍射强度增大。图 1 是电子束在一组晶面上衍射并形成一对菊池带的示意图，发散的电子束在这些平面的三维空间上发生布拉格衍射，产生两个辐射圆锥，当荧光屏置于圆锥交截处，截取一对平行线，每一线对即菊池线，代表晶体中一组平面，线对间距反比于晶面间距，所有不同晶面产生菊池衍射构成一张电子背散射衍射谱（EBSP），菊池线交叉处代表一个结晶学方向。

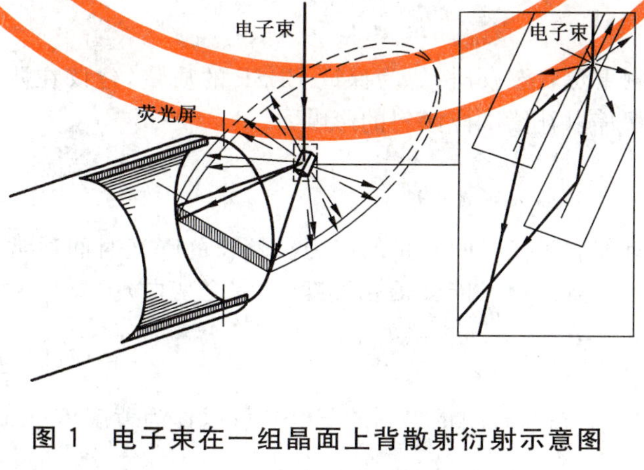

图 1　电子束在一组晶面上背散射衍射示意图

EBSP 所包含的晶体学参数特征信息可用于作未知相的识别。对于已知相，花样的取向与晶体的取向直接对应，获得每一个晶体取向后，可得到晶体间的取向关系，用于研究相界、界面开裂或界面反应等[1-4]。晶格内存在应变会造成衍射花样中菊池带模糊，因此从衍射花样质量可定性评估应变量。

4.2 仪器和辅助设备

4.2.1 配备 EBSD 附件的扫描电镜或电子探针等。

4.2.2 镀膜仪。

4.2.3 磨片机和抛光机。

4.2.4 离子溅射仪或离子抛光仪。

4.2.5 超声波清洗仪。

4.2.6 电解抛光仪。

4.3 标准物质的选择

通常选择立方晶系的单晶体作为标定标准物质，以产生高质量的 EBSD 花样，推荐 Ge、Si 或 Ni 单晶体，并预先确认这些标准物质平行于测试面和倾斜轴的晶面方向。这些已知晶面和方向的精度决定了 EBSD 系统绝对取向的测量精度，因此，这些面和方向的精度应该在 0.5°之内。

4.4 试样的制备

EBSD 分析的是试样表面几十纳米范围内的晶体，因此所选取的部位(如晶粒尺寸，变形状态)应具有该分析区域显微结构的代表性。为了防止不规范制样影响 EBSD 数据，应确保制备出无附加变形、无污染、平整的试样表面。试样制备参见附录 A。

4.5 测量条件

4.5.1 加速电压的选择

一般采用加速电压为 15 kV～25 kV，随着加速电压增加菊池线对间距减小，图像清晰度增强，试样表面状态对衍射花样质量的影响减轻。若试样导电性差，则应选择较低的加速电压(5 kV～10 kV)。

4.5.2 束流的选择

根据试样的特性及 EBSP 的质量，一般选择 1 nA～5 nA 束流。当束流降低时，图像分辨率提高，荷电和污染问题减少，但 EBSP 信号相应减弱，可以通过适当延长测量时间补偿。对导电性差的样品采用，采用较小的束流。

4.5.3 束斑直径选择

通常以最小束斑直径(聚焦状态)分析。为保证 EBSP 的质量，建议在测试过程中保证电子束聚焦在试样表面，并采用动态聚焦以补偿试样倾斜的影响。

4.5.4 曝光时间选择

大部分 CCD 相机具有控制曝光时间总量的能力。较长的曝光时间通常会得到高信噪比的 EBSP，如果曝光时间过长，图像中心点区域可能会曝光过度(即完全变白)。

4.5.5 背底采集

电子束在多晶体材料表面扫描时测量得到的 EBSP 可以作为背底信息。一般推荐采用低倍快速扫描方式来获得背底信息。

4.5.6 标定

EBSD 系统标定是确定试样测试点和 EBSD 探头之间的几何关系，即确定荧光屏上花样中心(PC)

的坐标位置以及试样至荧光屏的距离(SDD)。EBSD系统几何标定要求试样有固定的倾斜角,荧光屏或者相机有固定的装配位置,并选定扫描电镜/电子探针的工作距离,通常在10 mm～25 mm范围内选择。采用标准物质对EBSD系统进行几何标定。系统参数的任何变化都将影响花样指数标定的结果,因此必须反复校验,直至获得一个更精确的平均结果。

4.6 分析步骤

4.6.1 试样测试前的准备:试样测试前应在光学显微镜下观察,确定试样的位向及待测区域并作标记。

4.6.2 检查仪器的稳定性:开机半小时后,按GB/T 15074中的要求校验仪器的稳定性。

4.6.3 按照4.5设定仪器分析条件。

4.6.4 装入试样,使试样坐标系与电镜坐标系重合。倾转试样(一般倾斜角度为70°),若使用倾斜试样台,可省略此步骤。改变工作距离至已经标定的位置,根据试样的晶体结构合理选择相应的参数。

4.6.5 用二次电子像或EBSD前置背散射电子图像观察试样,确定分析区域。

4.6.6 采集背底(通常使用较低的放大倍数和快速扫描模式),并进行扣除背底操作。

4.6.7 收集分析区域典型的EBSP,并判断其是否有伪对称性,检查花样标定是否正确,对校准参数进行优化。

4.6.8 根据实验要求,可采取点、线及面的分析方法。

注:线或面分析采取如下步骤:定义采集区域和步长,对于多晶体材料EBSD扫描所采用的步长一般不超过EBSD晶粒平均直径的1/5,最好不超过1/10,以保证在扫描图像上晶界清晰可见和所获得的晶体取向信息准确可靠。

4.6.9 收集EBSP,计算机数据自动处理、存储和输出。

注:对于需要精确测量试样的取向、复杂相结构的识别等操作,推荐将标准物质与待测试样按照同样的倾斜角度安装在一起,并采用相同的加速电压、工作距离、倾斜角和探测器距离来进一步校正,参见4.5.6。

5 分析结果发布

按GB/T 27025及ISO 24173有关规定执行。分析结果中还应包含如下内容:

a) 试样制备方法和分析的区域。

b) 扫描电镜/电子探针和EBSD操作条件,如电子枪类型、加速电压、工作距离、束流(如果可以获得)、试样倾斜角度、扫描类型(电子束扫描/试样台扫描)、步长和放大倍数(或图像宽度)。

c) 至少含一幅原始数据图(未经任何数据处理)。

附　录　A
（资料性附录）
EBSD试样制备

A.1　前言

由于背散射衍射电子来自于试样表面几十纳米范围，试样制备引起的表面缺陷，例如表面形变、表面污染、氧化或者反应产物覆盖层，都会影响电子背散射衍射信号，从而导致EBSP质量下降或者出现假象。为了避免这些影响，对于大多数块状试样，需要精心制备才能保证获得真实的EBSP。对于脆性材料可直接利用其平整解理断面，晶体薄膜也无需特别的制备过程。不同材料都应根据其特性，选择合适的制备方法。

A.2　切割

大块试样进行切割时，应该保留和记录试样坐标系的位向。对于轧制板材，必须记录其轧向、横向和法向。

使用砂轮机切割要尽量避免试样切割面产生过热或者引起严重的变形，特别是试样快要切断时，残留区域最容易引起高温损伤。这些损伤层可能深入到材料内部，导致在随后的研磨和抛光过程中不能去除。

A.3　镶嵌

小块试样通常需要镶嵌，应采用导电性良好、在真空中稳定的材料镶嵌EBSD试样，以使试样的研磨和抛光在一种稳定的介质支撑下进行。这种介质可以是冷固性树脂，也可以是热镶嵌混合物。

A.4　研磨

切割后用砂纸研磨，在研磨过程要注意选择合适的砂纸，每一道次要将前一道次残留的加工形变层完全去除。

建议在每一步研磨后，用光学显微镜检查研磨表面，保证来自前一阶段（不管是切割还是研磨阶段）造成的损伤全部去除，为下一步的抛光做准备（见图A.1）。

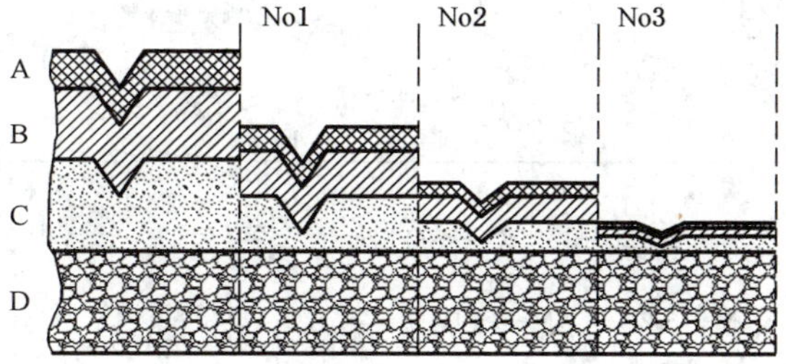

说明：

A——严重形变层；

B——形变大的层；

C——形变微小层；

D——原始组织层。

图 A.1　砂纸研磨表面形变层消除过程示意图

A.5　抛光

为了减小形变层影响，EBSD 试样制备可以采用机械抛光＋化学抛光、机械抛光＋电解抛光，还可以采用机械抛光与化学浸蚀交替进行。对于许多金属试样来讲，金刚石抛光粉或抛光膏均适用于抛光初期阶段。通常采用金刚石抛光剂抛光到 1 μm 或者 0.25 μm 的颗粒尺寸，随后再用 0.05 μm 的硅乳胶溶液进行抛光。硅乳胶在抛光过程中易在表面形成沉积膜，可在抛光的最后几秒种内通过向抛光盘喷水，清洗试样表面来去除沉积膜。有时，采用 0.5%～1%（体积分数）的盐酸或 1%（体积分数）硝酸酒精溶液能进一步清洗试样表面的残留硅乳胶溶液。硅乳胶溶液对大多数有材料都能产生较好的抛光效果，尤其是对于较难制备的复相组织材料具有特别好的效果，如热轧板表面氧化层、陶瓷和地质材料。

A.6　浸蚀

一般情况下，可通过轻微浸蚀来去除表面应变层。试样表面经轻微浸蚀后花样质量会显著提高，如低碳钢采用机械抛光与 4%（体积分数）硝酸酒精浸蚀交替进行两次即可去除形变层，能获得比较好的花样质量，但过渡浸蚀也可能导致第二相优先浸蚀或者晶界过分浸蚀从而影响分析。一般金相着色的腐蚀剂，在试样表面会形成不同厚度氧化层，因此这类腐蚀剂通常不适用于 EBSD 试样制备。

A.7　电解抛光

电解抛光是制备单相金属材料试样非常有效的方法。抛光前试样表面要清除油迹及其他污染物。通过对电解液成分、电压、电流密度、温度和时间等方面的控制，能够溶解金属试样表面的变形层。典型的电解抛光曲线见图 A.2，选择 *CD* 段有利于电解抛光，几种常用金属电解抛光参数见表 A.1。经电解抛光的试样表面不能用棉花擦拭，否则在 EBSP 质量图上会呈现擦伤的暗条纹。电解抛光参数选择不当，表面出现氧化色时，会影响 EBSP 质量，严重时无法测出 EBSP。

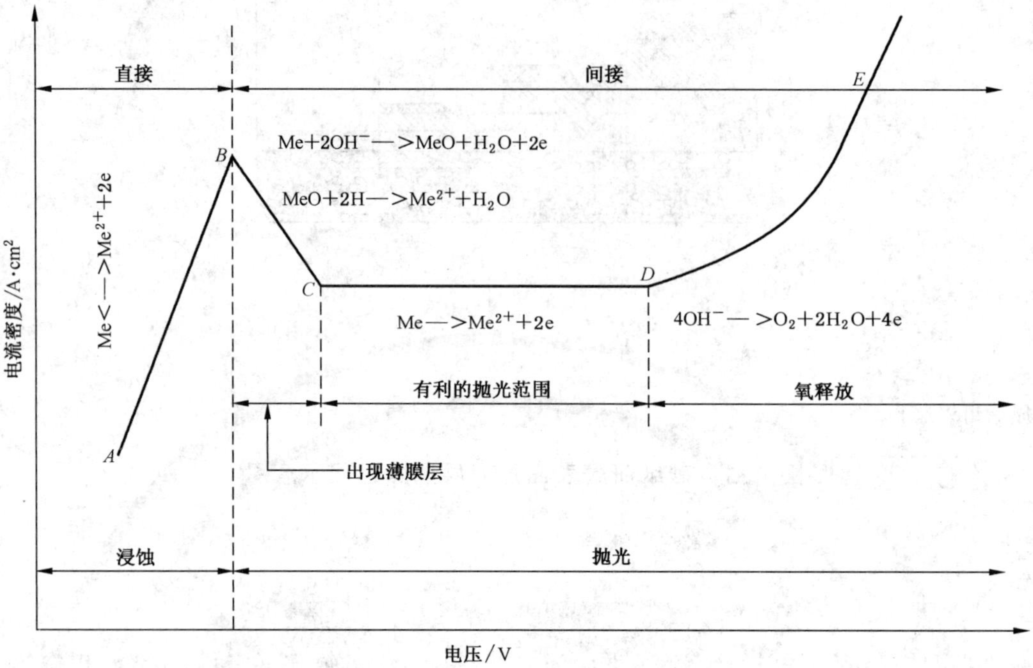

图 A.2　典型的电解抛光曲线

表 A.1　几种常用金属电解抛光参数

金属材料名称	电解液成分	抛光规范				备注
		电流密度 $A·cm^{-2}$	直流电压 V	温度 ℃	时间	
碳钢、不锈钢	高氯酸 54 mL 酒精 750 mL 水 146 mL	0.3～1.3	8～20	室温	20 s～60 s	
铜及铜合金	硝酸 100 mL 甲醇 200 mL	0.75～1.5	40～50	20～30	60 s	
镁合金	AC-2		20	室温	60 s	镁合金专用抛光液
镁铝合金	磷酸 400 mL 酒精 380 mL 水 250	0.35	50～60	42～45	4 min～ 6 min	
钛及钛合金	A3		35～45	18～20	20 s～30 s	钛合金专用抛光液

A.8　离子溅射

离子溅射减薄可以去除金属或非金属材料研磨抛光中形成的加工形变层。离子溅射仪用 Ar 离子束作轰击试样表面，所得试样表面无磨料污染、无划痕、损伤小，适用于难抛光的软材料，例如 Cu、Al、

Au、焊料及聚合物等;也适用于难加工的硬材料如陶瓷、玻璃等,以及软、硬组合的多层材料断面制备。

聚焦离子束(FIB)技术是将微分析与微加工相结合的新技术,双束 FIB 仪器具有把离子束和电子束聚焦到试样表面同一区域的能力,可以实现在真空下的原位试样制备与分析。因此,FIB 适用于那些极活泼的或者易氧化的、采用普通方法不易制备的试样制备。

要注意离子蚀刻、溅射形成的非晶化表面及离子注入对 EBSD 分析结果的影响。

A.9 非导电试样制备

对于非导电试样,由于荷电效应引起电子束的漂移,很难进行 EBSD 测试,可以通过喷镀薄的导电膜来防止电荷积累。如选择碳导电膜,镀厚度为 2 nm～20 nm;如果采用高原子序数的材料(如金、金-钯、钨)制备导电镀层,那么只需要非常薄(大约 1 nm)的镀层厚度。也可将试样加工成尺寸小于 2 mm×2 mm 的小块,并降低入射电子加速电压,以降低荷电效应。

低真空扫描电镜(或环境扫描电镜)可直接分析没有喷镀导电膜的非导电材料,试样表面也不会有电荷聚集现象。

参 考 文 献

[1] Randle V, Electron Backscatter Diffraction, Guide Book Series, Published by Oxford Instruments, Microanalysis Group, 1994.

[2] K. Z. Baba-Kishi and D. J. Dingley, Application of Backscatter Kikuchi Diffraction in the Scanning Electron Microscope, 1989, J. Appl. Cryst. , Vol. 22, 189-200.

[3] 杨平.电子背散射衍射技术及其应用.北京:冶金工业出版社,2007.

[4] 陈家光,李忠.电子背散射衍射在材料科学研究中的应用.理化检验(物理分册),2000, Vol. 36(2), 71-74.

ICS 29.140.99
K 74

中华人民共和国国家标准

GB 19510.210—2013/IEC 61347-2-10:2009
代替 GB 19510.11—2004

灯的控制装置　第2-10部分：高频冷启动管形放电灯（霓虹灯）用电子换流器和变频器的特殊要求

Lamp controlgear—Part 2-10: Particular requirements for electronic invertors and convertors for high-frequency operation of cold start tubular discharge lamps(neon tubes)

(IEC 61347-2-10:2009,IDT)

2013-12-31 发布　　2015-07-01 实施

中华人民共和国国家质量监督检验检疫总局
中国国家标准化管理委员会　发布

前　言

本部分的全部技术内容为强制性。

GB 19510《灯的控制装置》分为14个部分：

——第1部分：一般要求和安全要求；

——第2部分：启动装置(辉光启动器除外)的特殊要求；

——第3部分：钨丝灯用直流/交流电子降压转换器的特殊要求；

——第4部分：荧光灯用交流电子镇流器的特殊要求；

——第5部分：普通照明用直流电子镇流器的特殊要求；

——第6部分：公共交通运输工具照明用直流电子镇流器的特殊要求；

——第7部分：航空器照明用直流电子镇流器的特殊要求；

——第8部分：应急照明用直流电子镇流器的特殊要求；

——第9部分：荧光灯用镇流器的特殊要求；

——第10部分：放电灯(荧光灯除外)用镇流器的特殊要求；

——第2-10部分：高频冷启动管形放电灯(霓虹灯)用电子换流器和变频器的特殊要求；

——第12部分：与灯具联用的杂类电子线路的特殊要求；

——第13部分：放电灯(荧光灯除外)用直流或交流电子镇流器的特殊要求；

——第14部分：LED模块用直流或交流电子控制装置的特殊要求。

本部分为GB 19510的第2-10部分。

本部分应与GB 19510.1一起使用，它是在对GB 19510.1的相应条款进行补充或修改之后制定而成的。

本部分按照GB/T 1.1—2009和GB/T 20000.2—2009给出的规则起草。

本部分代替GB 19510.11—2004《灯的控制装置　第11部分：高频冷启动管形放电灯(霓虹灯)用电子换流器和变频器的特殊要求》，与GB 19510.11—2004相比主要差异如下：

——修改了原定义的表述，增加了“注：对于正弦波形式，是有效值或峰值除以2的均方根。对于其他波形，是有效值或是通过数学计算由峰值导出的有效值”(见3.2，2004年版的“3.2”)；

——增加“注：开路保护器可通过检测到输出电压的增加或其他适合的方法来动作”(见3.6)；

——3.8标题“输出线路”修改为“输出高压线路”(见3.8，2004年版3.8)；

——增加“IEC 60598-1表10.2适用于独立式换流器或变频器”(见第12章)；

——依据IEC 61347-2-10:2008，修改本部分的第9章的标题“接地装置”为“保护接地装置”(见第9章)；

——附录B修改为“IEC 61347-1中附录B的要求不适用。”(见附录B，2004年版附录B)；

——增加了“或”[见I.3.1.1中a)和I.3.3.1中b)]；

——修改附录I中“接地故障电流”为“对地漏电电流”(见I.3.3)。

本部分使用翻译法等同采用IEC 61347-2-10:2009《灯的控制装置　第2-10部分：高频冷启动管形放电灯(霓虹灯)用电子换流器和变频器的特殊要求》；

与本部分中规范性引用的国际文件有一致性对应关系的我国文件如下：

——GB 19510.1—2009　灯的控制装置　第1部分：一般要求和安全要求(IEC 61347-1:2007，IDT)。

本部分由中国轻工业联合会提出。

本部分由全国照明电器标准化技术委员会(CSBTS/TC 224)归口。

本部分的起草单位:中国质量认证中心、杭州宇中高虹照明电器有限公司、杭州元光德实业有限公司、北京电光源研究所。

本部分起草人:李维泉、段彦芳、解志军、骆海鸥、徐建光、赵秀荣、江姗。

本部分于2004年首次发布,本版是第一次修订。

引　言

本部分和构成 IEC 61347-2-1～IEC 61347-2-13 的各个部分在引用 IEC 61347-1 的任一条款时规定了该条款的适用范围和各项试验的实施顺序，还规定了必要的补充要求。IEC 61347-2-1～IEC 61347-2-13 的各个部分是各自独立的，相互之间互不参照。

如果本部分通过“按照 IEC 61347-1 的第某条要求”这一句子来引用 IEC 61347-1 的某一条款要求，则这句话的意思就是按照该条款的全部要求，但其中明显不适用于 IEC 61347-2-1～IEC 61347-2-13 所述特定类型的灯的控制装置的内容除外。

灯的控制装置　第 2-10 部分:高频冷启动管形放电灯(霓虹灯)用电子换流器和变频器的特殊要求

1　范围

GB 19510 的本部分规定了高频工作的管形冷阴极放电灯用电子换流器和变频器的特殊要求,这种换流器和变频器用于信号设备和发光放电管装置,并可直接连接在 50 Hz 或 60 Hz 1 000 V 以下的交流或 1 000 V 直流的电源电压上工作,其输出电压为 1 000 V~10 000 V。

注 1:在日本,输出电压可以是 15 000 V。

以下规定了两类换流器和变频器,A 类和 B 类的要求:

——A 类换流器或变频器:在频率范围为 20 kHz~50 kHz 之内,(终端之间)的输出电压(峰值)不超过 5 000 V,最大输出电流为 35 mA(有效值)和 50 mA(峰值)的条件下工作的换流器或变频器,电源电压不超过 50 Hz 或 60 Hz 250 V 或直流电压 250 V。

注 2:由于对电流和频率范围有所限制,A 类换流器或变频器的输出电流可视为不会造成电击危险。

注 3:在日本,输出电压可达 15 000 V。

——B 类换流器或变频器:指对地无负载输出电压不超过 5 000 V,终端之间的无负载输出电压不超过 10 000 V,在 10 kHz~100 kHz 频率范围之内以及在 200 mA(有效值)和 400 mA(峰值)最大输出电流下工作的换流器或变频器。

注 4:B 类换流器或变频器的输出线路需要辅助保护。

注 5:在日本,B 类换流器或变频器的电流不应超过 50 mA,次级绕组不应接地。

为了检验换流器或变频器的安全性,应检验它们的性能。但是,由于目前没有霓虹灯的特性标准,本部分便规定了基准负载,以确保可重复的试验结果。

绕组的最大额定工作温度 t_w 不适用于本部分。

2　规范性引用文件

下列文件对于本文件的应用是必不可少的。凡是注日期的引用文件,仅注日期的版本适用于本文件。凡是不注日期的引用文件,其最新版本(包括所有的修改单)适用于本文件。

本部分采用 IEC 61347-1 第 2 章所给出的规范性引用文件以及下述规范性引用文件。

IEC 61347-1　灯的控制装置　第 1 部分　一般要求和安全要求(Lamp controlgear—Part 1: General and safety requirements)

ISO 3864:1984　安全颜色和安全标志(Safety colurs and safety signs)

3　术语和定义

IEC 61347-1 第 3 章(3.14、3.16、3.17 定义除外)界定的以及下列术语和定义适用于本文件。

3.1

管形冷阴极放电灯(霓虹灯)　tubular cold cathode discharge lamp(neon tube)

阴极上可能涂有电子发射材料,并且在启动过程中不需要外部加热即可通过场致发射而发射电子的放电管。这种灯内填充有惰性气体(或几种惰性气体的混合物),可能还充有汞蒸气。灯内可涂有荧光材料涂层。

3.2

无负载额定输出电压　no-load rated output voltage

U_0

输出无负载,并在连接换流器或变换器到额定频率和额定电源电压的情况下,输出端子之间或内部连接引线输出终端之间的最大输出电压。

注:对于正弦波形式,是有效值或峰值除以2的均方根。对于其他波形,是有效值或是通过数学计算由峰值导出的有效值。

3.3

换流器　invertor

能将直流电转变成交流电的电能转换器。

3.4

变频器　convert

能将一种频率的交流电源转换成另一种频率的交流电源的电子转换装置。

3.5

对地漏电流保护器　earth-leakage protective device

在高压输出线路上的任一部件与地之间产生对地故障漏电流时,能将换流器或变频器的输出电源切断的装置。

3.6

开路保护器　open-circuit protective device

在灯负载停止工作时或高压输出线路被中断时能将换流器或变频器的输出电源切断的装置。

注:开路保护器可通过检测到输出电压的增加或其他适合的方法来动作。

3.7

上限断路电压　upper shut-down limit

能使开路保护器工作的换流器或变频器输出电压。

3.8

输出高压线路　output high-voltage circuit

线路中由下述部件组成的那一部分:

a)　换流器或变频器的输出端与放电灯管之间的导线;

b)　放电灯管;

c)　放电灯管之间的连接引线。

该输出线路不包括换流器或变频器的任何内部元件或接线。

4　一般要求

按照IEC 61347-1第4章的要求。

5　试验说明

按照IEC 61347-1第5章的要求。

6 分类

按照 IEC 61347-1 第 6 章的要求及下述要求：

换流器和变频器应按照其无负载输出电压、额定工作频率和输出电流范围进行分类，如下所示：

a) A 类换流器或变频器；

b) B 类换流器或变频器。

B 类换流器或变频器可以有一个以上输出端，在这种情况下，每个输出端应符合上述规定。

7 标志

7.1 标志内容

高频工作的冷启动管形放电灯用电子换流器和变频器应按照 IEC 61347-1 中 7.2 要求，清晰耐久地标有下述标志：

——IEC 61347-1 中 7.1 的 a)、b)、c)、d)、e)和 f)款的内容，以及

——按照 IEC 60417 和 ISO 3864:1984 的图 1 的要求，在独立式电子换流器和变频器上标出高压警告说明，例如用“高压”字样和一个箭头符号表示。

此标志应标在换流器或变频器的外壳上，以便能被清晰看到。

注：不必对整体式换流器或变频器单独作标志，因为它们的标志就是相应的符号标准或灯具标准的内容。

——适用的 A 类或 B 类符号。

7.2 补充标志

除上述强制性标志之外，还应将下述适用的内容标在换流器或变频器上，或出现在制造商的产品目录或类似说明书中：

——IEC 61347-1 中 7.1 的 h)、k)、m)、n)和 o)款的内容，以及

——如果电子换流器或变频器是由一个以上独立部件构成的，则输出部件上应标出其他相关部件（例如直流电源或电容器）的必要参数；

——换流器或变频器所适用的灯的范围和数量，直径和长度；

——如果换流器或变频器未装有整体式引线，应给出所推荐使用引线类型（末端）的详细说明以及引线最大长度；

——关于适用的安装表面类型和推荐安装方法的说明；

——关于适用的接地方法（包括连接到换流器或变频器输出绕组）的说明；

——换流器或变频器内的保护线路的说明；

——下述标称电参数：

1) 无负载输出电压，该标志采用下述方式：

◆ 如果输出端未与接地端连接，标志为：“…kV”（例如：4 kV）；

◆ 如果有一个输出端与接地端连接，则标志为：“接地-…kV”（例如：接地-4 kV）；

◆ 如果输出绕组的中间点为接地端，则标志为：“…-接地-…kV”（例如：3-接地-3 kV）；

注：在日本不采用此标志形式。

对于 A 类换流器或变频器，该值为峰值；

对于 B 类换流器或变频器，该值为有效值或是峰值的 0.5 倍，采用较大的值。

2) 带额定负载时的输出电流；

3) 输出频率。

换流器或变频器的每一独立的输出线路上应标有上述1)和2)款中适用的标志。

8 接线端子

按照IEC 61347-1第8章的要求以及下述要求：

装有引出线的换流器或变频器应按照IEC 60598-1的相应要求。

9 保护接地装置

按照IEC 61347-1第9章的要求以及下述要求：

对于B类换流器或变频器，接地端应连接在输出线路的某一个部件上，但下述情况除外：

——接地端通过能检测出对地漏电流的装置再连接在输出线路的一个部件上；或

——输出线路的任何部件与接地端没有任何直接连接，该输出线路的各部件能通过内部线路达到地电位。

合格性通过目视进行检验。

注：在日本，不采用本条要求。

10 防止意外接触带电部件的措施

按照IEC 61347-1第10章的要求以及下述要求。

10.1 在最恶劣的断路情况发生之后，换流器或变频器的输出线路的终端之间的剩余电量不应超过45 μC。

合格性通过测量进行检验。

10.2 如果换流器或变频器的输出线路的部件没有接地，或者没有通过其内部线路形成接地，则输入线路与输出线路之间的绝缘隔板应由双重绝缘或加强绝缘构成。（参见第12章要求，试验电压）

合格性通过第12章所述试验（试验电压）进行检验。

11 防潮与绝缘

按照IEC 61347-1第11章的要求以及下述要求：

对于A类换流器或变频器，输出端和置于换流器或变频器外壳表面任一处的面积不小于100 cm^2的金属箔之间的电容不应超过50 pF。试验期间，变频器不应工作。

12 介电强度

按照IEC 61347-1第12章的要求以及下述要求：

试验电压：

换流器和变频器的试验电压规定如下：

——当输出线路连接在外部金属部件上时，输入端的试验电压为额定输入电压的两倍加1 000 V；

——当输入线路连接在外部金属部件上时，输出端的试验电压为无负载额定输出电压的两倍。

注：在日本，采用1.5倍试验电压。

IEC 60598-1表10.2适用于独立式换流器或变频器。

13 绕组的耐热试验

换流器或变频器及其支架在正常状态或异常状态下不应有过高的温度，否则会损害其安全性。

合格性通过第14、15和16章所规定的试验进行检验。

14 正常状态

14.1 将换流器或变频器按照制造商的说明和IEC 61347-1中图H.1所示要求以其正常工作位置进行安装。然后，在IEC 61347-1的附录F所规定的防对流风试验箱内进行试验。

14.2 用规定的负载电阻 R_1 代替灯负载并接通标称电源电压，使换流器或变频器工作。

——对于能提供近似稳定的输出电流的换流器或变频器，电源电压应保持在标称值直到温度达到稳定状态。

——对于不能提供近似稳定的输出电流的换流器或变频器，应调节电源电压，直至使输出电流达到换流器或变频器的标志所规定的标称值。然后，保持该输出电流，直至温度达到稳定状态。

14.3 如果换流器或变频器有一个以上的输出端，应将适宜的负载电阻(R_1)连接在每一对输出端上。

14.4 试验期间，相关部件上的温度应不超过IEC 60598-1中表12.1和表12.2所规定的值。

15 异常状态

15.1 将换流器或变频器置于15.2所规定的试验条件下，并按照制造商的说明(如有规定，包括散热片和隔板)将电压调至额定电源电压的90%～110%之间的最不利的电压，使换流器或变频器工作1 h。试验应在IEC 61347-1的附录F所规定的无对流风试验箱中进行。

15.2 试验应在下述几种情况下进行，采用最不利的情况。试验之间的时间间隔应不超过15 min。

a) 顺序实施第1)～第3)种状态。

b) 同时实施第2)和第3)种状态。

1) 将输出线路短路。

如果有一个以上的输出线路，应同时将全部输出线路短路。

注1：如果换流器或变频器装有在输出线路短路的情况下能将输出电源切断的装置，则该试验可省去。

2) 将异常负载电阻 R_2 跨接在输出端上。如果换流器或变频器具有一个以上的输出端，应将异常电阻 R_2 同时连接在每一对输出端上。

3) 将换流器或变频器安装在一个厚度为1 mm的金属板上，金属板所用材料由制造商规定。如果制造商没有规定，应采用钢或铝材的(选用能提供最不利状态者)。

注2：此外，可考虑其他材料。

15.3 在15.2所规定的试验期间以及试验结束时，换流器或变频器上不允许产生损害其安全性的故障。

独立式换流器或变频器的外表面上任一处的温度应不超过90℃，此外，输出电流和电压应不超过第23章所规定的值。

16 故障条件

按照IEC 61347-1第14章的要求以及下述要求：

16.1 在下述状态下，输出电流不应超过制造商所规定的标称值的1.5倍：

a） 将输出端短路，或者在换流器或变频器装有短路保护器的情况下，将输出端连接上附录I所述电阻 R_3；

b） 将具有阻抗可忽略不计的对地电阻施加在一个或全部两个输出端上。

注： 如果接地端与输出线路的任一部件没有连接，或者如果按照第19章要求，换流器或变频器装有一个在输出端与接地端发生短路的情况下能将输出电源切断的装置，则不必进行第16.1b)款所述试验。

17 结构

按照IEC 61347-1第15章的要求以及下述要求：

17.1 Ⅱ类结构的独立式换流器或变频器应只装有绝缘材料外壳。

合格性通过目视进行检验。

17.2 换流器或变频器的输出端与放电灯管之间的引线应是换流器或变频器制造商所规定的那种类型，并应满足下述要求：

a） 适合于在高频下工作；

b） 适合于在换流器或变频器的输出电压下工作。

18 爬电距离和电气间隙

按照IEC 61347-1第16章的要求以及下述要求。

18.1 不论换流器或变频器是安装在干燥环境中还是潮湿环境中，其输出线路的爬电距离和电气间隙不应小于下述各值(单位：mm)：

——最小爬电距离：$d=12+6U_0$

——最小电气间隙：$c=9+4.5U_0$

公式中，U_0 是换流器或变频器向线路提供的无负载额定输出电压，单位kV。

18.2 绝缘距离应与所采用的绝缘材料和工作电压[超过50 V(有效值)，或71 V(峰值)或直流]相一致，并符合下述要求：

——补充绝缘的最小厚度为0.4 mm；

——加强绝缘的最小厚度为0.4 mm，但此时加强绝缘不承受在标称工作温度下可能导致绝缘材料变形或老化的机械应力。

注： 在有机械应力的情况下，该厚度应增加。

合格性通过测量以及所规定的介电强度试验进行检验。

19 保护线路

B类换流器和变频器的保护线路应按照19.1、19.2和19.3的要求。

19.1 B类换流器或变频器应装有接地漏电保护器，以便在输出线路发生对地漏电的情况下将输出电源切断。该保护器应按照19.5的要求。

19.2 如果换流器或变频器装有开路保护器，这种保护器在输出线路发生中断或灯发生故障的情况下应能将输出电源切断。该保护器应按照19.6的要求。

19.3 在由于对地漏电故障或线路断开而使换流器或变频器中的保护器开始工作以后，保护器应保持工作状态直至电源也被切断。当电源再次被接通时，用来切断输出电源的保护器应自动复位。如果在保护器复位时仍存在接地漏电或开路故障，保护器应按照19.5.3和19.6.3的要求工作。

注： 为确保任一保护器不会连续复位，需要对线路进行特殊布局。

19.4 合格性按照19.5和19.6所述相关试验进行检验。

19.5 对地漏电保护

如果换流器或变频器装有对地漏电保护器，该保护器应按照19.5.1～19.5.3的要求。

19.5.1 对地漏电流

对地漏电流应按照附录I的要求进行测量。

19.5.2 意外接触

在高压线路与接地发生意外接触的情况下，对地漏电保护器应能将换流器或变频器的输出电源切断。

19.5.3 对地漏电保护器

对地漏电保护器应符合下述要求：

a) 如果能切断输出电源的传感部件和/或保护开关安装在换流器或变频器的外壳之内，则这种部件在制造商规定的温度范围内应能正常工作。

b) 如果能切断输出电源的传感部件或保护装置未安装在换流器或变频器的外壳之内，则这种部件在温度为－25 ℃～＋65 ℃的范围内应能正常工作。

c) 保护器的额定工作电流应低于它所保护的换流器或变频器的额定输出电流，且应不超过25 mA。

注：在对地漏电故障期间，通过传感线路的实际电流是由故障线路的阻抗和产生故障的换流器或变频器的输出特性来确定的，而不是取决于保护器的工作电流。

d) 在额定故障电流下保护器到开始工作的时间应不超过200 ms。

19.6 开路保护

如果保护器装有开路保护器，其性能应按照19.6.1～19.6.3的要求。

19.6.1 开路电压

应按照附录I的要求进行测量。

19.6.2 断路上限

在超过断路上限的情况下，开路保护器应能切断换流器或变频器的输出电源。故障状态的检验应采用连接在输出线路上的传感器或其他适用的装置进行。

19.6.3 开路保护器

开路保护器应符合下述要求：

a) 如果能切断输出电源的传感部件和/或保护开关是安装在换流器或变频器的外壳之内的，则这种部件在制造商规定的温度范围之内应能正常工作。

b) 如果能切断输出电源的传感部件和/或保护器未安装在换流器或变频器之内，则这种部件在温度为－25 ℃～＋65 ℃的范围内应能正常工作。

c) 如果换流器或变频器在I.3.1所述开路状态下被接通，则保护器应在5 s之内启动工作。

d) 如果当换流器或变频器被接通时发生开路现象，保护器应在200 ms之内启动工作。如果将电源断开，再接通，开路状态仍然继续存在，则保护器应在5 s之内启动工作。

注：为确保任一保护器不会连续复位，需要对线路进行特殊布局。

20 螺钉、载流部件及连接件

按照IEC 61347-1第17章的要求。

21 耐热、防火及耐漏电起痕

按照IEC 61347-1第18章的要求。

22 耐腐蚀

按照 IEC 61347-1 第 19 章的要求。

23 无负载额定输出电压和额定输出电流

23.1 无负载额定输出电压

A 类换流器或变频器的终端之间以及它们与接地之间的无负载额定输出电压应不超过 5 000 V（峰值）。

B 类换流器或变频器与接地之间的无负载额定输出电压应不超过 5 000 V，其终端之间的无负载额定电压应不超过 10 000 V。

23.2 额定输出电流

A 类换流器或变频器的额定输出电流应不超过 35 mA（有效值）或 50 mA（峰值），取其中数值较高者。测量应按照附录 I 的要求进行。

B 类换流器或变频器的额定输出电流应不超过 200 mA（有效值）或 400 mA（峰值），取其中数值较高者。测量应按照附录 I 的要求进行。

23.3 合格性

合格性通过测量进行检验。

附　录　A
（规范性附录）
确定导电部件是否是可能引起电击的带电部件的试验

按照 IEC 61347-1 中附录 A 的要求。

附　录　B
（规范性附录）
热保护式灯的控制装置的特殊要求

IEC 61347-1 中附录 B 的要求不适用。

附　录　C
（规范性附录）
带热保护器的灯的电子控制装置的特殊要求

按照 IEC 61347-1 中附录 C 的要求。

附　录　D
（规范性附录）
热保护式灯的控制装置的加热试验要求

按照 IEC 61347-1 中附录 D 的要求。

附 录 E
（规范性附录）
不同于 4 500 的常数 S 在 t_w（绕组温度）试验中的应用

不按照 IEC 61347-1 中附录 E 的要求。

附　录　F
（规范性附录）
防对流风试验箱

按照 IEC 61347-1 中附录 F 的要求。

附　录　G
（规范性附录）
脉冲电压值的推导说明

不按照 IEC 61347-1 中附录 G 的要求。

附　录　H
（规范性附录）
试　　验

按照 IEC 61347-1 中附录 H 的要求。

附 录 I
（规范性附录）
霓虹灯用电子换流器和变频器的输出线路的电压和电流的测量方法

I.1 一般要求

I.1.1 为进行本试验，制造商应提供下述等效的具有低自感量和电容量的负载电阻：

——负载电阻 R_1：设计要求能提供换流器或变频器的额定输出电流的电阻；

——负载电阻 R_2：设计要求能提供换流器或变频器在其断路上限和断路下限之内的最大输出功率的电阻；

——负载电阻 R_3：设计要求能提供换流器或变频器在所宣称的最小灯负载下的输出电流的电阻；

——负载电阻 R_4：设计要求能提供换流器或变频器在所宣称的最大灯负载下的输出电流的电阻。

换流器或变频器的制造商应公布换流器或变频器在标称电源电压频率下工作时普通样品上的这些电阻值，制造商还应规定能达到必需的低自感量和电容量的这种电阻的结构。

对于具有一个以上输出端的换流器或变频器，如果设计要求输出端向不同的负载供电，则应对每个输出端单独规定出负载电阻的值。

注 1：在所使用的换流器或变频器的输出值与地电位相平衡时，建议将每个电阻规定为两个串联连接的半电阻。这样能使电流的测量在地电位条件下进行。

注 2：由于用户可能在制造商规定的范围之外使换流器或变频器与灯负载一起工作，电阻 R_2 可在电阻 R_3 和 R_4 所限定的范围之外提供一工作点。

注 3：在某些情况下，一个以上的电阻可具有与某一特殊的换流器或变频器上的电阻相同的数值。

注 4：由于由不同的制造商生产的换流器具有不同的特性，但具有相同的电流和电压额定值，电阻的参数大体上要专用于特定的换流器。

I.1.2 输出电压或电流应按照本附录所述方式进行精确测量。

注：由于换流器或变频器的输出值的范围很大，并且输出电压和电流的波形可包括脉冲，从而也含有较高频成分，所以需要一套精确的测量方法。

I.1.3 如果换流器或变频器的线路能使输出波形成为调幅式的，则应采取下述措施：

a) 电压的测量应在峰值调制期间进行；

b) 在调制期间的整个周期内测量电流时应取平均值。

I.1.4 为满足脉冲和高频谐波，测量仪器应具备下述特性之一：

a) 最大时间常数为 250 ns；或

b) 最小脉冲调制率为每秒 10 兆信号瞬时值。

如果输出频率超过 50 kHz，时间常数和脉冲调制率应符合下述要求：

——时间常数 $<1/(f\times80)$s；

——脉冲调制率 $>f\times200$ 信号瞬时值每秒。

其中，f 是换流器或变频器的最大输出频率，单位为 Hz。

换流器或变频器的制造商应规定输出电压和电流的测量条件，还应规定所有相关的参数，包括工作条件、安装位置以及引线的配置。

I.1.5 如果试验条件能导致换流器或变频器内的保护线路工作，则应在该保护线路开始工作之前的短暂期间内测量电压和电流。

I.2 测试设备

I.2.1 为保证正确记录下全部瞬时波形，包括峰值和有效值，应使用数字化示波器或等效设备进行测量。如果要对具有两个独立的输出端的换流器或变频器进行测量，示波器应具备两个输入插孔，以便同时记录下两个输出电压或电流。

示波器应具备与 I.1.4 规定相一致的脉冲调制率。

I.2.2 示波器的电压探头应具有下述特性：

a) 输入电容不大于 4 pF；

b) 电压量程应超过待测换流器或变频器的输出电压；

c) 时间常数与 I.1.4 规定相一致。

I.2.3 示波器的电流探头应具有下述特性：

a) 上限频率响应与 I.1.4 规定相一致；

b) 下限频率响应足以适应换流器或变频器的基波频率，并且没有明显的误差。

I.2.4 在已定振幅之内经过脉冲调制的波形的峰-峰幅度应超过七位(在示波器上表现为典型的半程偏转)，应使用软件对经过脉冲调制的波形进行处理后推导出有效值。

I.2.5 R_1、R_2、R_3 和 R_4 四个电阻负载应具有下述特性：

a) 从 10 ℃至其最大工作温度(包括该温度)这一温度范围内测得的电阻值(的误差)应保持在其标称值的±2%范围之内。

b) 由于自感而引起的串联无功阻抗应小于电阻负载的标称值的 2%。

c) 由于自身电容而引起的并联无功阻抗不低于电阻负载标称值的 50 倍。

I.3 测量

I.3.1 无负载输出电压的测量

I.3.1.1 将换流器或变频器的两个输出端同时负载上长度相同的高压电缆，用来模拟 I.3.1.2 所要求的对地电容。电缆的类型应为下述之一：

a) 由换流器或变频器的制造商规定的类型；或

b) 没有全部铠装或金属网屏，并具有与换流器或变频器的输出电压相适应的绝缘性能的电缆。

为确保对地电容的一致性，将电缆放置在一接地的金属板上，再将另一接地的金属板放置在该电缆上面。应注意确保在任一电缆导体与接地之间不发生电压击穿。

I.3.1.2 用改变电缆长度的方法调节输出端与接地之间的电容，直至使换流器或变频器的无负载输出电压达到最大值。电缆的长度应采用下述方法之一进行调整：

a) 如果换流器或变频器的制造商没有规定电缆的最大长度，则应以适当的幅度增加电缆的长度，直至增加到能使无负载输出电压达到最大值的长度。

b) 如果换流器或变频器的制造商规定了电缆的最大长度，应以适当的幅度缩短电缆的长度，直至缩短到能使无负载输出电压达到最大值的长度。

注：最大无负载输出电压不必与最大电容一起产生。

I.3.1.3 如果换流器或变频器具有一个以上的输出端，每一对输出端上应负载上 I.3.1.1 和 I.3.1.2 所述不同长度的电缆。

注：检验机构与制造商应对所使用的电缆的类型取得一致意见。

I.3.2 输出电流的测量

I.3.2.1 流入适宜的负载电阻的电流应使用 I.2.3 所规定的电流探头或等效装置进行测量。这种探头或等效装置所使用的电压应尽可能接近地电位，以便降低电容负载效应。

注 1：对于能使输出值平衡至接近地电位的换流器或变频器，建议将电流探头施加在等效负载电阻的中点，以便能在地电位条件下测量电流。

注 2：应注意，即使在处于对地低电压情况下，寄生电容也能降低电流读数。应确保尽可能减少这种电容。

I.3.3 对地漏电电流的测量

I.3.3.1 对地漏电电流应采用下述装置之一进行测量：

a) I.2.3 所规定的电流探头；或

b) 适宜的无感电阻，该电阻连接在故障线路上，并且其一端要处于地电位；或

c) 等效装置。

I.3.3.2 用适宜的无感电阻将对地漏电电流依次引入每一个输出端。对该电阻的值，每次以少量并相等的幅度将其降低，每次以不超过 5%的幅度升高漏电电流，直至换流器或变频器的对地漏电保护器开始工作。最后一次测得的电流加上最后的电流增量变化应被视为对地漏电电流断路电平。

I.3.3.3 在进行 I.3.3.2 所述测量时，应将换流器或变频器的输出端依次连接在负载电阻 R_1，R_3 和 R_4 上。在全负载状态下，对地漏电电流断路电平应按照第 19 章的要求。

ICS 13.220.10
C 84

中华人民共和国国家标准

GB 19572—2013
代替 GB 19572—2004

低压二氧化碳灭火系统及部件

Low pressure carbon dioxide extinguishing system and components

2013-09-18 发布 2014-08-01 实施

中华人民共和国国家质量监督检验检疫总局
中国国家标准化管理委员会 发布

前　言

本标准的第6章和第8章内容为强制性的，其余内容为推荐性的。

本标准按照GB/T 1.1—2009给出的规则起草。

本标准代替GB 19572—2004《低压二氧化碳灭火系统及部件》。

本标准与GB 19572—2004相比主要变化如下：

——增加了“规范性引用文件”的有关内容(见第2章)；

——修改了“术语和定义”的有关内容(见第3章，2004版的第3章)；

——增加了“分类”(见第4章)；

——增加了“型号编制”(见第5章)；

——修改了“系统”的有关内容(见6.1，2004版的4.12)；

——修改了灭火剂贮存容器压力的有关内容(见6.2.2.2，2004版的4.1.1.2)；

——修改了超压泄放装置的有关内容(见6.2.4，2004版的4.1.3)；

——增加了“安全泄放膜片”(见6.2.4.3)；

——修改了“压力传感器”的有关内容(见6.2.5.3，2004版的4.1.4.3)；

——修改了“灭火剂量显示装置”的有关内容(见6.2.6，2004版的4.1.5)；

——修改了“制冷系统”的有关内容(见6.2.7，2004版的4.1.6)；

——增加了“驱动装置”(见6.3)；

——修改了总控阀、选择阀“操作性能”的有关内容(见6.4.11、6.5.11，2004版的4.3.10、4.4.10)；

——修改了“单向阀”的有关内容(见6.6，2004版的4.5)；

——修改了“喷嘴”的有关内容(见6.7，2004版的4.7)；

——修改了“控制器”的有关内容(见6.9，2004版的4.10)；

——删除了“驱动气体贮存容器”(见2004版的4.2)；

——删除了“驱动器”(见2004版的4.6)；

——删除了“管路超压泄放阀”(见2004版的4.8)；

——增加了“超压泄放装置动作试验”试验方法(见7.5)；

——增加了“喷嘴性能试验”试验方法(见7.14)；

——修改了“保温绝热效果试验”的试验方法(见7.23，2004版的5.25)；

——修改了“检验规则”(见第8章，2004版的第8章)。

本标准由中华人民共和国公安部提出。

本标准由全国消防标准化技术委员会固定灭火系统分技术委员会(SAC/TC 113/SC 2)归口。

本标准主要起草单位：公安部天津消防研究所。

本标准参加起草单位：西安核设备有限公司、四川威特龙消防设备有限公司。

本标准主要起草人：董海斌、刘连喜、杨震铭、高云升、盛彦锋、卢政强、马建琴、赵青松、党玲、徐洪勋。

本标准所代替标准的历次版本发布情况为：

——GB 19572—2004。

低压二氧化碳灭火系统及部件

1 范围

本标准规定了低压二氧化碳灭火系统及部件的术语和定义、分类、型号编制、要求、试验方法、检验规则、标志、标签及使用说明书等。

本标准适用于二氧化碳灭火剂以低压形式贮存的二氧化碳灭火系统。

2 规范性引用文件

下列文件对于本文件的应用是必不可少的。凡是注日期的引用文件，仅注日期的版本适用于本文件。凡是不注日期的引用文件，其最新版本(包括所有的修改单)适用于本文件。

GB 150(所有部分) 压力容器

GB 4396 二氧化碳灭火剂

GB/T 9969 工业产品使用说明书 总则

GB 16669—2010 二氧化碳灭火系统及部件通用技术条件

GB 25972—2010 气体灭火系统及部件

GA 61—2010 固定灭火系统驱动、控制装置通用技术条件

TSG R0004 固定式压力容器安全技术监察规程

3 术语和定义

下列术语和定义适用于本文件。

3.1

低压二氧化碳灭火系统 low pressure carbon dioxide extinguishing system

二氧化碳灭火剂在－20 ℃～－18 ℃条件下贮存的灭火系统。

3.2

灭火剂贮存装置 extinguishing agent storage device

由灭火剂贮存容器、检修阀、充装阀、平衡阀、超压泄放装置、压力控制显示装置、灭火剂量显示装置、制冷系统等组成的灭火剂的贮存装置。

3.3

总控阀 master control valve

灭火剂贮存容器上用于封存灭火剂，控制灭火剂释放，并可自动启闭的阀门。

3.4

充装阀 filling valve

与灭火剂贮存容器相连，用于充装二氧化碳灭火剂的阀门。

3.5

检修阀 maintenance valve

能截止被检修部件与灭火剂贮存容器相通的阀门。

3.6

平衡阀　balance valve

与灭火剂贮存容器相连，用于充装二氧化碳灭火剂时气、液相平衡的阀门。

3.7

超压泄放装置　over pressure relief device

安装在灭火剂贮存容器或封闭管路上，用于排除容器或管路中由于异常情况所造成的超压，确保其在允许压力下安全运行的装置，包括安全阀及安全泄放膜片等。

3.8

整定压力　set pressure

安全阀在运行条件下开始开启的预定压力，是在阀门进口处测量的表压力。在该压力下，在规定的运行条件下由介质压力产生的使阀门开启的力同使阀瓣保持在阀座上的力相互平衡。

3.9

回座压力　re-seating pressure

安全阀排放后阀瓣重新与阀座接触，即开启高度变为零时的阀进口静压力。

3.10

CS 开关　CS pressure switch

用于控制制冷机组自动启动和停止的压力开关。

3.11

AS 开关　AS pressure switch

用于灭火剂贮存容器内高压和低压报警的压力开关。

3.12

CPG 压力表　CPG pressure gauge

用于控制制冷机组自动启动和停止的压力表。

3.13

APG 压力表　APG pressure gauge

用于灭火剂贮存容器内高压和低压报警的压力表。

3.14

DPG 压力表　DPG pressure gauge

用于显示灭火剂贮存容器内压力的压力表。

3.15

工作压力　operating pressure

在正常工作情况下，容器内顶部可能达到的最高压力。

3.16

设计压力　design pressure

设定的容器内顶部的最高压力，与相应的设计温度一起作为设计载荷条件，其值不低于工作压力。

3.17

装量系数　loading factor

灭火剂贮存容器中液态二氧化碳的体积与该容器容积之比。

4　分类

4.1　按灭火剂贮存容器的结构型式可分为：

a)　立式(以代号 L 表示)；

b) 卧式(以代号 W 表示)。

4.2 按灭火剂贮存容器的保温绝热措施可分为:

a) 真空绝热型(以代号 K 表示);

b) 填充发泡物绝热型(以代号 P 表示);

c) 其他绝热型(以代号 Q 表示)。

5 型号编制

型号编制方法如下:

QMED X-X/X-X

- X ——自定义
- X ——灭火剂贮存容器保温绝热措施代号(见 4.2)
- X ——灭火剂贮存容器结构形式代号(见 4.1)
- X ——灭火剂贮存容器,单位为立方米(m^3)
- QMED ——低压二氧化碳灭火系统

示例 1:QMED 3.2-W/K 表示灭火剂贮存容器容积 3.2 m^3、真空绝热型、贮存容器为卧式结构的低压二氧化碳灭火系统。

示例 2:QMED 5.4-L/P 表示灭火剂贮存容器容积 5.4 m^3、聚氨酯发泡塑料绝热型、贮存容器为立式结构的低压二氧化碳灭火系统。

6 要求

6.1 系统

6.1.1 系统构成

系统应至少由贮存装置、总控阀、驱动装置、喷嘴、超压泄放装置、信号反馈装置、控制器等部件构成。

6.1.2 工作温度范围

系统应能在−23 ℃~50 ℃的温度范围内正常工作。

6.1.3 外观

6.1.3.1 系统中的部件应进行防腐处理,防腐涂层应均匀、美观、完整,不应有气孔、灰渣、疤痕、碰伤等缺陷。

6.1.3.2 应在系统明显部位设置铭牌,铭牌标志的内容应符合 9.1.1 的要求。

6.1.3.3 灭火剂贮存容器的外表面明显处应标有灭火剂名称,字迹应明显、清晰可见。

6.1.3.4 每个选择阀上应有永久的标志,标志内容符合 9.1.2 的要求。

6.1.3.5 部件的安装布置应合理,不应影响维修、检查和使用操作。

6.1.4 密封性能

系统所有部件安装完毕后,应按 7.3.4 规定的方法对其进行气密性试验,在 2.2 MPa 压力下,应无泄漏，静置 24 h，应无压降。

6.1.5 **灭火剂贮存容器容积要求**

二氧化碳灭火剂贮存容器容积不应大于 20 m^3。

6.1.6 **灭火剂要求**

二氧化碳灭火剂应符合 GB 4396 的要求。

6.1.7 **灭火剂装量系数要求**

贮存容器二氧化碳灭火剂的装量系数不应大于 0.95。

6.1.8 **泄漏报警要求**

系统应具有灭火剂泄漏检测功能，当灭火剂贮存容器中充装的二氧化碳损失量达到其初始充装量的 10%时，应能发出声光报警信号。

6.1.9 **压力显示要求**

系统上应设有能够显示灭火剂贮存装置内部压力的压力表。

6.1.10 **超压泄放要求**

6.1.10.1 贮存装置应至少装设两个安全阀，安全阀的选用和设置应符合 GB 150 的要求。
6.1.10.2 安全阀应垂直安装，且与贮存装置内的气相空间相通。
6.1.10.3 贮存装置与安全阀之间的连接管和管件的通孔，其截面积不应小于安全阀的进口截面积。
6.1.10.4 系统中的封闭管段之间应设置超压泄放装置。

6.1.11 **运行动作要求**

6.1.11.1 系统应具有自动启动、手动启动和机械应急启动功能。机械应急启动应有防止误动作的有效措施，并用文字及图形符号标明操作的方法和步骤。
6.1.11.2 系统应具有延时启动功能，延时时间可在 0 s～30 s 范围内可调。
6.1.11.3 系统启动时，选择阀应在总控阀动作之前或同时打开。
6.1.11.4 系统在自动启动、手动启动和机械应急启动三种形式下进行联动释放试验，各部件及系统的运行应正常，启动动作应准确、可靠，无任何故障，各部件不应出现松动、变形、破裂和损坏。

6.2 **贮存装置**

6.2.1 **工作温度范围**

贮存装置上连接总控阀的检修阀应能在－56.6 ℃～50 ℃范围内正常工作。

贮存装置上的其他部件应能在－23 ℃～50 ℃范围内正常工作。

6.2.2 **灭火剂贮存容器**

6.2.2.1 **基本要求**

灭火剂贮存容器的设计、制造和验收应符合 GB 150 和 TSG R0004 的规定。

6.2.2.2 **设计压力**

灭火剂贮存容器设计压力不应小于 2.5 MPa。

6.2.2.3 标志

灭火剂贮存容器的标志应符合9.1.1的规定。

6.2.3 充装阀、平衡阀、检修阀

充装阀、平衡阀、检修阀的性能按照总控阀的相关要求执行，且应符合6.4.3～6.4.6、6.4.10、6.4.11.2和9.1.2的规定。检修阀局部阻力损失应符合6.4.9的要求，且应具有开启状态的指示标志和锁住机构。

6.2.4 超压泄放装置

6.2.4.1 一般要求

灭火剂贮存容器上应采用安全阀作为超压泄放装置。

6.2.4.2 安全阀

6.2.4.2.1 公称工作压力

安全阀的公称工作压力不应小于2.5 MPa。

6.2.4.2.2 整定压力

按7.5.1规定的方法进行试验，安全阀的整定压力为2.38 MPa，偏差为±0.12 MPa。

6.2.4.2.3 回座压力

按7.5.1规定的方法进行试验，安全阀的回座压力不应小于2.15 MPa。

6.2.4.2.4 强度要求

按7.2规定的方法进行试验，试验压力为1.5倍公称工作压力，保压5 min，阀体不应有变形和渗漏现象。

6.2.4.2.5 密封要求

按7.3.2规定的方法进行试验，试验压力为0.9倍整定压力，保压5 min，阀门出口处应无气泡泄漏。

6.2.4.2.6 工作可靠性要求

安全阀在20 ℃±5 ℃温度下进行100次动作试验，试验压力为安全阀的开启压力，试验时阀门动作应灵活、准确、可靠，不应出现任何故障和结构损坏，试验结束后，再进行气密性试验和整定压力试验，结果应符合6.2.4.2.5和6.2.4.2.2的要求。

6.2.4.2.7 耐盐雾腐蚀性能

按7.7规定的方法进行试验，安全阀各部位不应有明显的腐蚀损坏。试验结束后，再进行气密性试验和整定压力试验，结果应符合6.2.4.2.5和6.2.4.2.2的要求。

6.2.4.2.8 标志

安全阀的标志应符合9.1.2的要求。

6.2.4.3 安全泄放膜片

6.2.4.3.1 泄放动作压力

安全泄放膜片泄放动作压力设定值应由设计确定,泄放动作压力范围为设定值×(1±5%)。

6.2.4.3.2 耐盐雾腐蚀性能

按7.7规定的方法进行试验,试验结束后进行泄放动作压力试验,结果应符合6.2.4.3.1的要求。

6.2.5 压力控制显示装置

6.2.5.1 压力开关

6.2.5.1.1 公称工作压力

压力开关的公称工作压力不应小于2.5 MPa。

6.2.5.1.2 动作压力要求

CS开关的动作压力应分别为2.10 MPa±0.05 MPa和1.95 MPa±0.05 MPa。
AS开关的动作压力应分别为2.20 MPa±0.05 MPa和1.80 MPa±0.05 MPa。

6.2.5.1.3 强度要求

按7.2规定的方法进行液压强度试验,试验压力为1.5倍公称工作压力,保压5 min,压力开关不应有渗漏、变形及破裂等损坏。

6.2.5.1.4 密封要求

按7.3.3规定的方法进行气密性试验,试验压力为1.1倍公称工作压力,保压5 min,其连接密封部位不应有气泡泄漏。

6.2.5.1.5 工作可靠性要求

在20 ℃±5 ℃温度下,CS开关应进行5 000次动作试验,AS开关应进行100次动作试验,试验压力为压力开关的动作压力,试验期间压力开关常开(常闭)触点应能可靠的闭合(断开),且不应出现任何故障和结构损坏。试验结束后,再进行气密性试验和动作压力试验,结果应符合6.2.5.1.4和6.2.5.1.2的要求。

6.2.5.1.6 极限温度下动作可靠性

压力开关在−23 ℃和50 ℃温度下各进行10次动作试验,试验压力为压力开关的动作压力,试验期间压力开关常开(常闭)触点应能可靠的闭合(断开),压力开关不应出现任何故障和结构损坏,压力开关动作压力应符合6.2.5.1.2要求。

6.2.5.1.7 耐盐雾腐蚀性能

按7.7规定的方法进行盐雾腐蚀试验,压力开关各部位不应有明显的腐蚀损坏。试验结束后,再进行气密性试验和常温下的可靠性试验,结果应符合6.2.5.1.4和6.2.5.1.5要求。

6.2.5.1.8 耐电压性能

正常大气条件下,压力开关的所有触点(接地点除外)和外壳间应能耐受历时60 s、频率为50 Hz的交流电压试验，试验过程中，不应出现表面飞弧、扫掠放电、电晕或击穿现象。试验电压按表1规定进行。

表1 耐电压性能试验电压

单位为伏特

压力开关额定工作电压	试验电压(有效值)
≤50	500
>50	1 500

6.2.5.1.9 绝缘电阻

正常大气条件下，压力开关的所有触点(接地点除外)和外壳间的绝缘电阻及每对常开触点间绝缘电阻不应小于20 MΩ。

6.2.5.1.10 触点接触电阻

正常大气条件下，压力开关触点的接触电阻不应大于0.1 Ω。

6.2.5.1.11 标志

压力开关的标志应符合9.1.2的要求。

6.2.5.2 压力表

6.2.5.2.1 量程和精度

压力表的测量范围上限应为上限报警压力的1.5～2.0倍，精度不应低于1.6级，表盘直径不应小于100 mm。

6.2.5.2.2 耐高低温要求

在上限报警压力的负荷下，压力表应能承受最高和最低工作温度循环的变化而不产生泄漏。

6.2.5.2.3 耐盐雾腐蚀性能

按7.7规定的方法进行盐雾腐蚀试验，压力表表面不应产生影响性能的损坏，压力表内不应有湿气。

6.2.5.2.4 CPG、APG压力表的动作要求、工作可靠性要求和电气性能要求

CPG、APG压力表的动作要求、工作可靠性要求和电气性能按照压力开关相关要求执行，并应符合6.2.5.1.2、6.2.5.1.5、6.2.5.1.8～6.2.5.1.10的规定。

6.2.5.2.5 DPG压力表指针偏转平稳性

按7.19规定的方法进行试验，测量过程中，压力表指针不应有跳动和停滞现象。

6.2.5.2.6 DPG压力表超负荷要求

按7.20规定的方法进行试验，压力表承受1.1倍上限报警值的负荷，保持3 h，灭火剂贮存压力，制冷机启动、停止压力，高、低压报警压力与相应设定值的示值误差不应超过±1.6%。

6.2.5.2.7 标志

压力表的标志应符合 9.1.2 的要求。

6.2.5.3 压力传感器

6.2.5.3.1 外观

压力传感器外观应无明显的瑕疵，划痕，接头螺纹应无毛刺、锈蚀和损伤，焊接处应牢固，接插件应接触可靠。

6.2.5.3.2 标志

压力传感器的标志应清晰，内容应符合 9.1.2 的要求。在压力传感器相应位置还应标出：

a) 电源输入线、输出线及极性的标志；

b) 差压传感器的高压端和低压端接嘴标志。

6.2.5.3.3 量程和精度

压力传感器的测量上限应为被测压力上限的 1.5～2.0 倍，精度不应低于 1.0%。

6.2.6 灭火剂量显示装置

6.2.6.1 液位计

6.2.6.1.1 公称工作压力

液位计的公称工作压力不应小于 2.5 MPa。

6.2.6.1.2 精度

液位计应能直接或间接的显示容器内的实际液位，液位计精度不应低于 1.0%。

6.2.6.1.3 标志

液位计的标志应符合 9.1.2 的要求。

6.2.6.2 称重装置

6.2.6.2.1 精度

称重装置应能直接显示容器内的灭火剂实际质量，其称重精度不应大于 1.5‰。

6.2.6.2.2 标志

称重装置的标志应符合 9.1.2 的要求。

6.2.7 制冷系统

6.2.7.1 一般要求

灭火剂贮存容器容积大于 5.0 m^3 的灭火系统应设有备用制冷机组，主备机组应能自动交替工作。制冷机所使用的制冷剂应为国家允许使用的产品。

6.2.7.2 电源适应能力

按7.21.1的方法进行试验，当电源电压为额定值的90%和110%时，制冷机组应能启动和正常工作。

6.2.7.3 绝缘电阻

制冷机组带电部位和可能接地的非带电部位之间的绝缘电阻不应小于1 MΩ。

6.2.7.4 耐电压要求

制冷系统的电源端子及其他有绝缘要求的带电端子与机壳之间，应承受1 500 V交流电压历时1 min的耐电压试验，试验期间不应出现击穿、表面飞弧、扫掠放电及电晕现象。

6.2.7.5 接地电阻

按7.21.2的方法进行试验，接地电阻不应大于0.1 Ω。

6.2.7.6 高温运行和制冷能力要求

按7.22的方法进行试验，制冷系统在通电状态下，置于50 ℃温度下48 h，试验期间应能保证容器内的压力不大于2.15 MPa，制冷系统应无运行故障。

6.2.7.7 标志

制冷系统的标志应符合9.1.2的要求。

6.2.8 贮存装置保温要求

6.2.8.1 绝热层外层保护

灭火剂贮存容器外应加绝热层，绝热层的材料应采用国家允许使用的材料制作。绝热层外应由具有一定强度和耐腐蚀性的材料保护。

6.2.8.2 保温绝热效果

保温绝热层应保证制冷机停机后，按7.25规定的方法进行试验，在50 ℃温度下，保持24 h，其二氧化碳的损失量应符合公式(1)要求且贮存容器内压力不应高于安全阀的整定压力上限：

$$Q_L \leqslant \theta\sqrt{1\,000\alpha V} \quad \cdots\cdots(1)$$

式中：

Q_L ——二氧化碳灭火剂的损失量，单位为千克(kg)；

α ——贮存容器二氧化碳灭火剂的装量系数，α 为0.95；

V ——贮存容器容积，单位为立方米(m^3)；

θ ——修正系数，取0.85 $kg \cdot m^{-3/2}$。

6.2.9 报警装置的设置

6.2.9.1 高、低压力报警装置

贮存装置上应设高、低压力声光报警装置，高压报警压力为2.2 MPa±0.05 MPa，低压报警压力为1.8 MPa±0.05 MPa。

光报警信号应为红色，在一般环境光线下，距3 m处应清晰可见。

声报警信号在额定工作电压下，距离 1 m 远处的声压级不应低于 65 dB(A)。

6.2.9.2 高、低液位报警装置

贮存装置上应设高、低液位声光报警装置。

光报警信号应为红色，在一般环境光线下，距 3 m 处应清晰可见。

声报警信号在额定工作电压下，距离 1 m 远处的声压级不应低于 65 dB(A)。

6.3 驱动装置

驱动装置应符合 GA 61 的要求。

6.4 总控阀

6.4.1 工作温度范围

总控阀应能在 −56.6 ℃～50 ℃范围内正常工作。

6.4.2 材料

总控阀阀体及其内部机械零件应采用耐受 6.4.1 规定温度的金属材料制造。

弹性密封垫、密封剂及相关部件应采用长期与灭火剂接触而不损坏或影响密封性能的材料制造。

6.4.3 公称工作压力

总控阀的公称工作压力不应小于 2.5 MPa。

6.4.4 强度要求

按 7.2 规定的方法进行液压强度试验，试验压力为 1.5 倍公称工作压力，保压 5 min，阀体及其附件应无变形和渗漏现象。

6.4.5 密封要求

按 7.3.1 规定的方法进行气密性试验，试验压力为 1.1 倍公称工作压力，当总控阀处于关闭状态时，保压 5 min，应无气泡泄漏；当总控阀处于开启状态时，保压 5 min，应无气泡泄漏。

6.4.6 超压要求

按 7.4 规定的方法进行超压试验，试验压力为 3 倍公称工作压力，总控阀及其附件应无破裂。

6.4.7 工作可靠性要求

总控阀在 −18 ℃±2 ℃温度下进行 100 次动作试验，试验压力为 2.07 MPa，试验时总控阀动作应灵活、准确、可靠，不应出现任何故障和结构损坏，试验结束后，再进行气密性试验，结果应符合 6.4.5 的要求。

6.4.8 极限温度下动作可靠性

总控阀在 −56.6 ℃和 50 ℃温度下各进行 10 次动作试验，试验压力为 2.07 MPa，试验时总控阀动作应灵活、准确、可靠，不应出现任何故障和结构损坏，试验结束后，再进行气密性试验，结果应符合 6.4.5 的要求。

6.4.9 总控阀局部阻力损失——等效长度表示法

介质流经总控阀及其连接管接头时产生的局部阻力损失由设计上与其相连接的管道的等效长度表示。

按7.10规定的方法测得的总控阀等效长度值与生产单位公布值相比，其差值不应大于公布值的±10%。

6.4.10 耐盐雾腐蚀性能

按7.7规定的方法进行盐雾腐蚀试验，总控阀各部位不应有明显的腐蚀损坏。试验结束后，再进行气密性试验和一次工作可靠性试验，结果应符合6.4.5和6.4.7的要求。

6.4.11 操作性能

6.4.11.1 总控阀应能自动开启和关闭。其开启和关闭时间均不应大于5 s。

6.4.11.2 总控阀应能手动开启和关闭，其手动操作力不应大于150 N；旋转方向启闭的阀门，手动旋转机构转动角度不应大于5 040°；直线方向启闭的阀门其手动操作位移不应超过300 mm。

6.4.12 阀位指示和开关方向

球阀或蝶阀结构的总控阀应有阀位指示标志，指示标志应清晰、易见。利用手轮开启的阀门，在手轮上应标有开关方向。

6.4.13 标志

总控阀的标志应符合9.1.2的要求。

6.5 选择阀

6.5.1 工作温度范围

选择阀应能在−56.6 ℃～50 ℃范围内正常工作。

6.5.2 材料

选择阀阀体及其内部机械零件应采用耐受6.5.1规定温度的金属材料制造。

弹性密封垫、密封剂及相关部件应采用长期与灭火剂接触而不损坏或影响密封性能的材料制造。

6.5.3 公称工作压力

选择阀的公称工作压力不应小于2.5 MPa。

6.5.4 强度要求

按7.2规定的方法进行液压强度试验，试验压力为1.5倍公称工作压力，保压5 min，阀体应无变形和渗漏现象。

6.5.5 密封要求

按7.3.1规定的方法进行气密性试验，试验压力为1.1倍公称工作压力，保压5 min，当选择阀处于关闭状态时，应无气泡泄漏；当选择阀处于开启状态时，各连接密封部位的泄漏气泡数不应超过(0.6×公称通径)个/min。

6.5.6 工作可靠性要求

选择阀在 20 ℃±5 ℃温度下进行 100 次动作试验，试验压力为 2.07 MPa，试验时选择阀动作应灵活、准确、可靠，不应有任何故障和结构损坏，试验结束后，再进行气密性试验，结果应符合 6.5.5 要求。

6.5.7 极限温度下动作可靠性

选择阀在－56.6 ℃和 50 ℃温度下各进行 10 次动作试验，试验压力为 2.07 MPa，试验时选择阀动作应灵活、准确、可靠，不应出现任何故障和结构损坏，试验结束后，再进行气密性试验，结果应符合 6.5.5 要求。

6.5.8 选择阀局部阻力损失——等效长度表示法

介质流经选择阀及其连接管接头时，产生的局部阻力损失由设计上与其相连接的管道的等效长度表示。

按 7.10 规定的方法测得的选择阀等效长度值与生产单位给公布值相比，其差值不应超过公布值的 ±10%。

6.5.9 耐盐雾腐蚀性能

按 7.7 规定的方法进行盐雾腐蚀试验，选择阀各部位不应有明显的腐蚀损坏。该试验结束后，再进行气密性试验和一次工作可靠性试验，结果应符合 6.5.5 和 6.5.6 要求。

6.5.10 操作性能

6.5.10.1 选择阀应能自动开启和关闭。其开启和关闭时间均不应大于 5 s。

6.5.10.2 选择阀应能手动开启和关闭，其手动操作力不应大于 150 N；旋转方向启闭的阀门，手动旋转机构转动角度不应大于 5 040°；直线方向启闭的阀门其手动操作位移不应超过 300 mm。

6.5.11 阀位指示

球阀或蝶阀结构的选择阀应有阀位指示标志，指示标志应清晰、易见。

6.5.12 标志

选择阀的标志应符合 9.1.2 的要求。

6.6 单向阀

6.6.1 工作温度范围

单向阀应能在－23 ℃～50 ℃范围内正常工作。

6.6.2 公称工作压力

单向阀公称工作压力由设计确定。

6.6.3 其他要求

单向阀的性能要求应符合 GB 25972—2010 中 5.8.1、5.8.4～5.8.8 和 5.8.10.1 的要求。

6.7 喷嘴

6.7.1 全淹没喷嘴的喷射特性

全淹没喷嘴喷射特性应符合 GB 16669—2010 中 5.6.9 的要求。

6.7.2 局部应用喷嘴的喷射特性

局部应用喷嘴喷射特性应符合 GB 16669—2010 中 5.6.10 的要求。

6.7.3 其他性能

喷嘴其他性能应符合 GB 16669—2010 中 5.6.1～5.6.7 和 5.6.8.1 的要求。

6.8 信号反馈装置

6.8.1 工作温度范围

信号反馈装置应能在－23 ℃～50 ℃范围内正常工作。

6.8.2 公称工作压力

信号反馈装置的公称工作压力不应小于 2.5 MPa。

6.8.3 动作压力

信号反馈装置的动作压力设定值不应大于 1.0 MPa。信号反馈装置的动作压力偏差不应大于设定值的 10％。

信号反馈装置应具有自锁功能，动作后只能人工进行复位。

6.8.4 其他性能

信号反馈装置的其他性能按照 AS 开关相关要求执行，并应符合 6.2.5.1.3～6.2.5.1.10 的规定。

6.8.5 标志

信号反馈装置的标志应符合 9.1.2 的要求。

6.9 控制器

6.9.1 工作温度范围

安装于贮存装置上的控制器应能在－23 ℃～50 ℃范围内正常工作。

安装于室内的控制器应能在 0 ℃～50 ℃范围内正常工作。

6.9.2 基本功能

控制器至少应具有以下功能：

a） 控制功能：

控制器应有自动、手动控制系统释放功能，自动/手动转换功能，紧急停止释放功能，手动优先功能，延时释放功能，释放时间控制功能，主/备电自动切换功能，制冷机手动强制启动功能以及本机自检功能等。

b） 显示功能：

控制器应有自动、手动状态，紧急停止状态，灭火剂释放，释放延时，主、备电工作状态，制冷机启停，高、低压力报警，高、低液位报警，故障报警，总控阀开启、关闭状态和自检等显示功能。

c） 声报警功能：

控制器应有火灾报警，火灾预报警，故障报警，高、低压力报警，高、低液位报警，灭火剂释放报警等声信号报警功能。

6.9.3 其他性能

控制器的电源、耐气候环境要求、耐机械环境要求、抗电干扰要求、耐电压要求、绝缘电阻的性能应符合 GA 61—2010 中 6.2～6.7 的要求。

6.9.4 标志

控制器的标志应符合 9.1.2 的要求。

6.10 分流管

6.10.1 工作温度范围

分流管应能在－56.6 ℃～50 ℃范围内正常工作。

6.10.2 公称工作压力

分流管公称工作压力不应小于 2.5 MPa。

6.10.3 强度要求

按 7.2 规定的方法进行液压强度试验，试验压力为 1.5 倍公称工作压力，保压 5 min，分流管不应有渗漏、变形、破裂等损坏。

6.10.4 密封要求

按 7.3.3 规定的方法进行气密性试验，试验压力为 1.1 倍公称工作压力，保压 5 min，分流管不应有气泡泄漏。

7 试验方法

7.1 系统检查

7.1.1 系统构成检查

目测检查系统构成部件。

7.1.2 工作温度范围

检查系统铭牌和产品使用说明书给出的系统及各部件的工作温度范围。

7.1.3 外观标志

目测检查系统外观及标志。

7.1.4 灭火剂贮存容器容积

检查灭火剂贮存容器监检证书和铭牌上标出的容积，或用注水法测出实际容积。

7.1.5 灭火剂检查

生产厂灌装前应查验预灌装灭火剂的批次出厂检验报告。

型式检验时应从容器内抽取规定数量的二氧化碳灭火剂按照 GB 4396 规定进行检验。

7.1.6 灭火剂装量系数测量

通过适当的方法测量实际灌装二氧化碳灭火剂的质量，计算液态二氧化碳灭火剂的体积和装量系数。

7.1.7 泄漏报警功能

模拟系统灭火剂泄漏，当灭火剂贮存容器中充装的二氧化碳损失量达到其初始充装量的10%时，观察能否发出声光报警信号。

7.1.8 压力显示检查

目测系统是否设有能够显示灭火剂贮存装置内部压力的压力表，示值精度是否满足要求。

7.1.9 超压泄放检查

目测检查系统安全阀的设置位置、数量，并检查贮存装置与安全阀间连接管和管件的通孔与安全阀进口面积是否满足要求。

7.1.10 系统运行动作试验

将各部件按系统连接图的要求组装成一功能试验系统。检查机械应急启动是否有防止误动作的措施，是否用文字及图形符号标明操作的方法和步骤。

在自动、手动和机械应急三种启动方式下，分别进行运行动作试验，每次试验系统的喷射时间不小于20 s，试验期间观察系统的延时启动时间、动作程序、部件的动作情况、连接部位泄漏情况等。

7.2 液压强度试验

液压强度试验装置用液压源应具备稳压功能，升压速率应不大于0.5 MPa/s。

将被检样品进口与液压供给系统相联(阀门应处于开启状态)，排除样品腔内空气后，封闭所有出口，升压至试验压力，在规定的保压时间内检查样品。

7.3 气密性试验

7.3.1 总控阀、选择阀、充装阀、平衡阀、检修阀气密性试验

检查各部件的公称工作压力、材料是否与图纸标示的一致。阀门处于关闭状态时入口与压缩空气或氮气气源相连接，并浸入水中(放置在水中的深度不小于0.3 m)，逐渐充压至规定的试验压力，保压期间检查阀门有无气泡泄漏。

阀门处于开启状态时，入口与压缩空气或氮气气源相连接，封闭阀的所有出口，逐渐充压至试验压力，达到试验压力后检查阀门有无气泡泄漏。

7.3.2 安全阀密封性试验

在进行密封试验前应先证实整定压力。在降低进口压力后装上出口盲板。

按图1所示，除漏气引出管外，安全阀的其他部分应同外界处于完全封闭状态。漏气引出管的内径为6 mm，出口端应平行于水面并低于水面13 mm。应采取适当的措施以便当发生阀门意外开启时释放阀体中的压力。

将进口压力升高到密封试验压力，保压时间5 min，观察阀门出口有无气泡泄漏。

7.3.3 压力开关、信号反馈装置、分流管密封性试验

将试件的入口与压缩空气或氮气气源相连接，封闭部件出口并浸入水中（放置在水中的深度不小于0.3 m），加压至试验压力，保压期间检查有无气泡泄漏。

7.3.4 系统气密性试验

系统上的所有部件安装完毕后与气压供给系统相联，封闭所有出口，向容器内充入压缩空气或氮气至试验压力值，达到试验压力后关闭气源，静置24 h后检查系统的压降。

7.4 总控阀、充装阀、平衡阀、检修阀超压试验

试验装置与7.2相同。将阀门入口与液压供给系统相连接，充压排净阀体内空气后，封闭所有出口，继续缓慢升压至试验压力，保压5 min后泄压，检查阀门阀体有无破裂。

7.5 动作压力试验

7.5.1 安全阀整定压力和回座压力测定

按图1所示，将被试阀门直接或通过适当的连接附件与贮存装置的气相口连接，贮存装置内径应至少为被试部件进口口径的10倍。升高阀进口压力，当压力达到预期整定压力的90%以后，升压速率应不超过0.01 MPa/s，或为任何一个对精确读取压力所必要的更低速率。观察并记录安全阀的整定压力。

继续升高装置进口压力直到安全阀达到并保持在排放状态，然后逐步降低进口压力直到阀门关闭。记录安全阀的回座压力，重复上述试验三次，记录测量值。

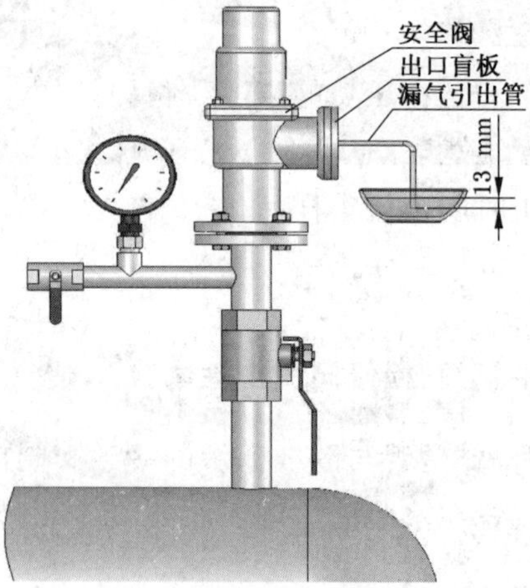

图1 安全阀整定压力回座压力测试装置

7.5.2 安全膜片动作压力测试

安全膜片装置动作试验用设备与7.2液压强度试验设备相同，其中压力测量仪表应有瞬时记录功能，如选用压力表应带有停针机构。将被检样品进口与试验装置相联，排除连接管路和样品内腔的空气后，封闭样品的所有出口。以不大于0.5 MPa/s的速率缓慢升压至安全泄压装置动作。记录此时压力，重复上述试验三次，记录测量值。

7.5.3 压力开关、信号反馈装置动作压力测定

将压力开关、信号反馈装置按其正常工作位置安装在试验设备上，压力开关、信号反馈装置的进口与气压供给系统相连，缓慢加压，直至压力开关、信号反馈装置动作，记录下此刻精密压力表的读数，连续反复五次，其平均值即为动作压力。

压力开关、信号反馈装置的动作，触点的闭合可用欧姆表或触点外接声光显示来观察。

7.6 单向阀性能试验

单向阀性能试验应按 GB 25972—2010 中相关条款进行。

7.7 盐雾腐蚀试验

试验在喷雾式盐雾腐蚀箱中进行。试验用盐水溶液质量浓度为 20%，密度 1.126 g/cm^3～1.157 g/cm^3。

将样品清除油渍，封堵阀类部件的进出口，以防止试验盐雾进入内腔。按正常使用位置悬挂在试验箱工作室中间部位。工作室温度控制在 35 ℃±2 ℃。从被测样品上滴下的溶液不能循环使用。在工作室内至少应从两处收集盐雾，以调节试验过程中的喷雾速率和试验用盐水溶液的浓度，每 80 cm^2 的收集面积，连续收集 16 h，每小时应收集 1.0 mL～2.0 mL 盐溶液，其质量浓度应为 19%～21%。

试验周期 10 d，连续喷雾。试验结束后，将样品用清水清洗并置于温度 20 ℃±5 ℃、相对湿度不超过 70%的环境中自然干燥 7 d，检查样品的腐蚀情况并记录。

7.8 工作可靠性试验

7.8.1 总控阀、选择阀工作可靠性试验

将阀门的入口与供气系统相连，阀出口连接一长 0.5 m±0.1 m，直径与阀公称直径相同的管道以及一个等效孔径不小于 3 mm 的喷嘴。

在－18 ℃±2 ℃(总控阀)或 20 ℃±5 ℃(选择阀)温度下，按下列顺序进行 100 次循环动作试验：

a) 阀门入口充压至 2.07 MPa，保压时间不小于 5 s；

b) 用阀驱动器打开阀门；

c) 压力下降至 0.5 MPa 以下；

d) 关闭阀门，再次充压。

7.8.2 压力开关、信号反馈装置、安全阀工作可靠性试验

将被试样品与试验装置连接，通过试验装置向被试样品充压至其动作，然后泄压至样品复位，在 20 ℃±5 ℃温度下，进行 6.2.5.1.5 或 6.2.4.2.6 所规定次数的循环动作试验，检查并记录试验结果。

7.8.3 CPG 压力表工作可靠性试验

将 CPG 压力表与试验装置连接，通过试验装置向压力表充压至其控制输出的触点闭合，然后泄压至触点断开，在 20 ℃±5 ℃温度下，进行 5 000 次循环动作试验，检查并记录试验结果。

7.9 极限温度下动作可靠性试验

7.9.1 总控阀、选择阀极限温度下动作可靠性试验

将阀门的入口与供气系统相连，阀出口连接一长 0.5 m±0.1 m、直径与阀公称直径相同的管道以及一个等效孔径为 3 mm 的喷嘴。

在－56.6 ℃±2 ℃和 50 ℃±2 ℃温度下，按下列顺序各进行 10 次循环动作试验：

a) 阀门入口充压至 2.07 MPa，保压时间不小于 5 s；

b) 用阀驱动器打开阀门；

c) 压力下降至 0.5 MPa 以下；

d) 关闭阀门，再次充压。

7.9.2 压力开关、信号反馈装置极限温度下动作可靠性试验

压力开关与试验装置连接，通过试验装置向压力开关充压至其动作，然后泄压至压力开关复位，在－23 ℃和 50 ℃温度下，分别进行 10 次循环动作试验，检查并记录试验结果。

7.10 阀门等效长度测定

等效长度试验装置在图 2 试验装置上进行，压差测量采用压差计或压力传感器，试验介质为清水，水温应不小于 5 ℃。

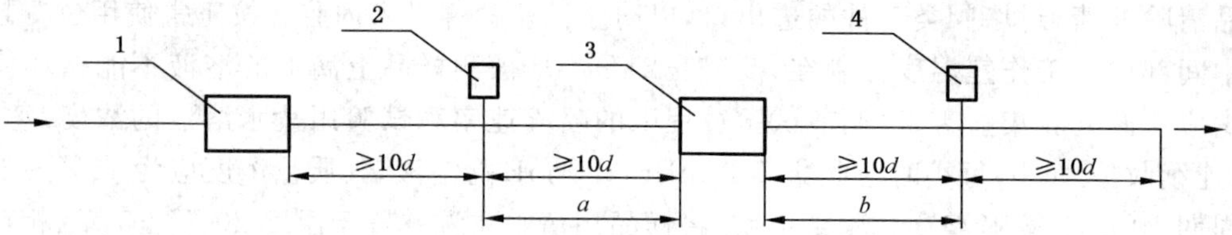

说明：

1 ——流量计；

2,4 ——差压测量点；

3 ——被测样品；

d ——管道内径；

a,b ——差压测量点距被测样品的距离。

图 2 阀门等效长度测试图

试验管路中应建立雷诺数至少 1×10^5 的流态，可通过调整水流速实现。

雷诺数 Re 由公式(2)计算得出：

$$Re=d\cdot u\cdot\rho/\mu \qquad (2)$$

式中：

d ——管道的实际内径，单位为米(m)；

u ——管道中水的流速，单位为米每秒(m/s)；

ρ ——水的密度，单位为千克每立方米(kg/m³)；

μ ——水的动力黏度，单位为帕秒(Pa·s)。

调节进水口压力使流速满足雷诺数 Re 要求，开启排气阀排除容器腔内空气，流速稳定后，测取水流量 Q、压差 p、管道内径 d 等参数，按公式(3)和公式(4)计算等效长度 L。

$$L=L_X-(a+b) \qquad (3)$$

式中：

L ——样品的等效长度，单位为米(m)；

L_X ——样品和试验管道的等效长度，单位为米(m)；

a ——测压点距样品距离，单位为米(m)；

b ——测压点距样品距离，单位为米(m)。

$$L_X=\frac{p\times c^{1.85}\times(d\times10^3)^{4.87}}{6.05\times10^{10}\times Q^{1.85}} \qquad (4)$$

式中：

p——压差值，单位为帕(Pa)；

c——测量管路粗糙度系数，镀锌管取 120；

d——管道的实际内径，单位为米(m)；

Q——水流量，单位为升每分(L/min)。

7.11 总控阀、选择阀操作性能试验

将被测阀门进口用氮气或压缩空气充至 2.5 MPa，并将手动操作机构与适当的测力装置连接，操作被测阀门使其打开并记录观察到的最大力，观察并记录最大操作位移。记录阀位指示和开关方向。

7.12 总控阀启闭时间、阀位指示与开关方向检查

将总控阀进口与供气系统相连，将驱动装置安装到总控阀上，阀门进口加压至 2.07 MPa，用所具有的驱动方式打开总控阀，用秒表计时，测量从启动驱动装置至总控阀完全打开的时间，然后用所具有的驱动方式关闭总控阀，用秒表计时，测量从启动驱动装置至总控阀完全关闭的时间。

7.13 单向阀性能试验

单向阀性能试验按 GB 25972—2010 中的相关条款进行试验。

7.14 喷嘴性能试验

7.14.1 全淹没喷嘴喷射特性

按 GB 16669—2010 中 6.20.2～6.20.4 规定的方法进行试验。灭火系统参数设置如下：

a) 管路布置应保证喷嘴处压力为 1.0 MPa±0.1 MPa；

b) 灭火剂喷放量根据实际试验空间以 35%的浓度计算，当试验空间有泄漏，灭火剂量应做适当修正；

c) 灭火剂喷放时间：50 s～60 s。

7.14.2 局部应用型喷嘴的喷射特性

按 GB 16669—2010 中 6.21 和 6.22 规定的方法进行试验。

7.14.3 其他性能试验

喷嘴其他性能试验按 GB 16669—2010 规定的相关条款进行试验。

7.15 耐电压试验

试验设备应满足下列要求：

a) 试验电源：电压 0 V～1 500 V(有效值)连续可调，频率 50 Hz；

b) 升(降)压速率：100 V/s～500 V/s；

c) 计时：60 s±5 s。

试验时，通过耐压试验装置，以 100 V/s～500 V/s 的升压速率，分别对规定的部位施加 50 Hz、1 500 V(额定电压大于 50 V 时)，或 50 Hz、500 V(额定电压小于等于 50 V 时)的试验电压。持续时间 60 s±5 s，观察并记录试验中所发生的现象。

7.16 绝缘电阻测定

试验设备应满足下列要求：

a) 试验电压:500 Vd.c.±50 Vd.c.;

b) 测量范围:0 MΩ～500 MΩ;

c) 最小分度:0.1 MΩ;

d) 记时:60 s±5 s。

试验时,通过绝缘电阻试验装置,分别对试样的部位施加 500 V±50 V 直流电压,持续 60 s±5 s 后,测量其绝缘电阻值。试验时,应保证接触点有可靠的接触,引线间的绝缘电阻应足够大,以保证读数正确。

7.17 触点接触电阻测定

可用数字毫欧表,直接测量压力开关的接触电阻,也可用测压力开关触点间电压降的方法,换算出触点的接触电阻,同时用两种方法测量时,则选取数值较大者做为测试结果,测试结果取连续测量五次的平均值。

7.18 压力表高低温试验

压力表与气压供给系统连接,使压力表承受上限报警压力的气压,在－23 ℃和 50 ℃的环境温度下,各放置 24 h,检查并记录试验结果。

7.19 DPG 压力表指针偏转平稳性检验

向压力表加压至测量上限,在整个加压过程中观察压力表指针偏转的平稳性。

7.20 DPG 压力表超负荷试验

压力表均匀升压到测量上限的 1.1 倍,并保持 3 h,卸去负荷后将压力表放置 1 h,进行测量工作压力点示值误差。

7.21 制冷系统性能试验

7.21.1 电源适应能力试验

将制冷系统的电源与调压器相接,通过调压器向制冷系统提供额定工作电压的 90%和 110%,50 Hz 的试验电压,使制冷系统在这两种情况下各运行 1 h,然后再分别做三次启动试验,每次时间间隔为 2 min,观察制冷系统的启动和运行状况。

7.21.2 接地电阻

可用接地电阻测试仪,直接测量接地电阻,也可用测电压降的方法,换算出接地电阻,同时用两种方法测量时,则选取数值较大者做为测试结果。测试结果取连续测量五次的平均值。

7.22 高温运行和制冷能力试验

将制冷系统连同贮存装置放置在 50 ℃±2 ℃环境温度下,通以额定工作电压,以制冷机第一次启动时开始计时,在此温度下保持 48 h,检查并记录试验结果。

7.23 绝热层外层保护检查

检查灭火剂贮存容器外绝热层样品及图纸。

7.24 高、低压力报警装置检查

使贮存装置内压力升高,直至高压报警,记录报警压力并测量报警声压级。手动启动制冷机使贮存

装置内压力降低直至低压报警,记录报警压力并测量报警声压级。

7.25 保温绝热效果试验

试验前,样品状态要求:

a) 制冷系统停机;

b) 贮存装置内灭火剂装量系数不应大于 0.95;

c) 贮存装置内压力为 2.1 MPa。

灭火剂损失量可按如下两种方法中的一种进行试验,仲裁检验时应以方法 a)为判定依据:

a) 分别称重试验前和试验后贮存装置的质量,两次称重质量之差即为灭火剂损失量;

b) 在安全阀出口处连接一收集容器,收集容器应具有良好的密封性能,收集容器容积不应小于 4 m^3。分别称重试验前和试验后收集容器的质量,两次称重质量之差即为灭火剂损失量。

7.26 控制器试验

7.26.1 基本功能检查

按产品使用说明书对控制器进行操作,检查并记录试验结果。

7.26.2 其他性能试验

控制器电源试验、耐气候环境试验、耐机械环境试验、抗电干扰试验按 GA 61 规定的方法进行试验。

8 检验规则

8.1 检验分类

8.1.1 型式检验

8.1.1.1 产品型式检验项目应按表 2 的规定进行。

8.1.1.2 有下列情况之一时,应进行型式检验:

a) 新产品试制定型时;

b) 正式投产后,如产品结构、材料、工艺有重大改变,可能影响产品的性能时;

c) 产品停产一年以上,恢复生产时;

d) 产品强制性准入制度有要求时;

e) 发生重大质量事故时;

f) 质量监督机构依法提出要求时。

8.1.2 出厂检验

产品出厂检验项目应按表 2 的规定进行。

8.2 试验程序

按附录 A～附录 U 的规定。

8.3 抽样方法

部件采用一次随机抽样,系统由随机抽取的部件样品组装构成。样品数量按附录 A～附录 U 的规定。

8.4 判定规则

8.4.1 型式检验

型式检验项目全部合格或出现1项B类项目不合格，该系统为合格。

出现下列情况之一时则判该系统为不合格：

——出现A类不合格；

——出现B类不合格数大于等于2。

8.4.2 出厂检验

系统及部件出厂检验项目全部合格，该系统为合格；否则为不合格。

部件出厂检验项目全部合格，该部件为合格。若有A类项目不合格，则该部件为不合格。若有B类项目不合格，允许返工并加倍抽样检验，仍有不合格时，即判该批部件为不合格。

9 标志、标签和使用说明书

9.1 标志和标签

9.1.1 系统的标志和标签至少应包含下列内容：型号规格、装量系数、工作温度范围、制造单位商标或厂名、依据标准、产品编号、制造日期、系统操作的简要说明。

9.1.2 部件的标志和标签至少应包含表3规定的内容。

9.2 使用说明书

使用说明书应按GB/T 9969编写，并至少包括下列内容：

a) 系统简介(包括工作原理)；

b) 系统主要性能参数；

c) 系统示意图；

d) 系统操作程序；

e) 部件的名称、型号规格、主要性能参数、安装使用及维护说明、注意事项；

f) 系统安装说明；

g) 二氧化碳灭火剂灌装方法；

h) 定期维护说明；

i) 售后服务；

j) 制造单位名称、详细地址、邮编和电话。

表2 型式检验项目、出厂检验项目及不合格类别

部件名称	标准条款	检验项目	型式检验项目	出厂检验项目		不合格类别	
				全检	抽检	A类	B类
系统	6.1.1	系统构成	★	★	—	★	—
	6.1.2	工作温度范围	★	—	★	—	★
	6.1.3	外观	★	★	—	—	★
	6.1.4	密封性能	★	★	—	★	—

表 2（续）

部件名称		标准条款	检验项目	型式检验项目	出厂检验项目		不合格类别	
					全检	抽检	A类	B类
系统		6.1.5	灭火剂贮存容器容积要求	★	★	—	★	—
		6.1.6	灭火剂要求	★	—	★	★	—
		6.1.7	灭火剂装量系数要求	★	—	★	★	—
		6.1.8	泄漏报警要求	★	—	★	★	—
		6.1.9	压力显示要求	★	—	★	★	—
		6.1.10	超压泄放要求	★	★	—	★	—
		6.1.11	运行动作要求	★	—	★	★	—
贮存装置	灭火剂贮存容器	6.2.2.1	基本要求	★	—	★	★	—
		6.2.2.2	设计压力	★	★	—	★	—
		6.2.2.3	标志	★	★	—	—	★
	充装阀、平衡阀、检修阀	6.2.3	检验项目、不合格类别与总控阀相关项目相同					
	安全阀	6.2.4.2.1	公称工作压力	★	★	—	—	★
		6.2.4.2.2	整定压力	★	★	—	★	—
		6.2.4.2.3	回座压力	★	★	—	★	—
		6.2.4.2.4	强度要求	★	—	★	★	—
		6.2.4.2.5	密封要求	★	★	—	★	—
		6.2.4.2.6	工作可靠性要求	★	★	—	★	—
		6.2.4.2.7	耐盐雾腐蚀性能	★	—	—	—	★
		6.2.4.2.8	标志	★	★	—	—	★
	安全泄放膜片	6.2.4.3.1	泄放动作压力	★	★	—	★	—
		6.2.4.3.2	耐盐雾腐蚀性能	★	—	—	—	★
	压力开关	6.2.5.1.1	公称工作压力	★	★	—	★	—
		6.2.5.1.2	动作压力要求	★	★	—	★	—
		6.2.5.1.3	强度要求	★	—	★	★	—
		6.2.5.1.4	密封要求	★	★	—	★	—
		6.2.5.1.5	工作可靠性要求	★	—	★	★	—
		6.2.5.1.6	极限温度下动作可靠性	★	—	★	—	★
		6.2.5.1.7	耐盐雾腐蚀性能	★	—	—	—	★
		6.2.5.1.8	耐电压性能	★	—	★	—	★
		6.2.5.1.9	绝缘电阻	★	—	★	—	★
		6.2.5.1.10	触点接触电阻	★	—	★	—	★
		6.2.5.1.11	标志	★	★	—	—	★

表 2(续)

部件名称		标准条款	检验项目	型式检验项目	出厂检验项目		不合格类别	
					全检	抽检	A类	B类
贮存装置	压力表	6.2.5.2.1	量程和精度	★	—	★	—	★
		6.2.5.2.2	耐高低温要求	★	—	—	—	★
		6.2.5.2.3	耐盐雾腐蚀性能	★	—	—	—	★
		6.2.5.2.4	动作要求(CPG)	★	★	—	★	—
		6.2.5.2.4	工作可靠性要求(CPG)	★	—	★	★	—
		6.2.5.2.4	电气性能要求(CPG)	★	—	★	—	★
		6.2.5.2.5	指针偏转平稳性(DPG)	★	—	★	—	★
		6.2.5.2.6	超负荷要求(DPG)	★	—	—	—	★
		6.2.5.2.7	标志	★	★	—	—	★
	压力传感器	6.2.5.3.1	外观	★	★	—	—	★
		6.2.5.3.2	标志	★	★	—	—	★
		6.2.5.3.3	量程和精度	★	—	★	—	★
	液位计	6.2.6.1.1	公称工作压力	★	—	★	—	★
		6.2.6.1.2	精度	★	—	★	—	★
		6.2.6.1.3	标志	★	★	—	—	★
	称重装置	6.2.6.2.1	精度	★	—	★	—	★
		6.2.6.2.2	标志	★	★	—	—	★
	制冷系统	6.2.7.1	一般要求	★	★	—	—	★
		6.2.7.2	电源适应能力	★	—	★	—	★
		6.2.7.3	绝缘电阻	★	★	—	—	★
		6.2.7.4	耐电压要求	★	—	★	—	★
		6.2.7.5	接地电阻	★	★	—	—	★
		6.2.7.6	高温运行和制冷能力要求	★	—	—	★	—
		6.2.7.7	标志	★	★	—	—	★
	贮存装置	6.2.8.1	绝热层外层保护	★	★	—	—	★
	保温要求	6.2.8.2	保温绝热效果	★	—	★	★	—
	报警装置的设置	6.2.9.1	高低压力报警装置	★	★	—	—	★
		6.2.9.2	高低液位报警装置	★	★	—	—	★
驱动装置		6.3	符合 GA 61—2010 的规定					
总控阀		6.4.1	工作温度范围	★	—	★	—	★
		6.4.2	材料	★	—	★	—	★
		6.4.3	公称工作压力	★	—	★	★	—

表 2（续）

部件名称	标准条款	检验项目	型式检验项目	出厂检验项目		不合格类别	
				全检	抽检	A类	B类
总控阀	6.4.4	强度要求	★	★	—	★	—
	6.4.5	密封要求	★	★	—	★	—
	6.4.6	超压要求	★	—	—	—	★
	6.4.7	工作可靠性要求	★	—	★	★	—
	6.4.8	极限温度下动作可靠性要求	★	—	★	—	★
	6.4.9	总控阀局部阻力损失	★	—	★	—	★
	6.4.10	耐盐雾腐蚀性能	★	—	—	—	★
	6.4.11	操作性能	★	—	★	—	★
	6.4.12	阀位指示和开关方向	★	★	—	★	—
	6.4.13	标志	★	★	—	—	★
选择阀	6.5.1	工作温度范围	★	—	★	—	★
	6.5.2	材料	★	—	★	—	★
	6.5.3	公称工作压力	★	—	★	★	—
	6.5.4	强度要求	★	★	—	★	—
	6.5.5	密封要求	★	★	—	★	—
	6.5.6	工作可靠性要求	★	★	—	—	★
	6.5.7	极限温度下动作可靠性	★	—	★	★	—
	6.5.8	选择阀局部阻力损失	★	—	★	—	★
	6.5.9	耐盐雾腐蚀性能	★	—	★	—	★
	6.5.10	操作性能	★	—	—	—	★
	6.5.11	阀位指示	★	—	★	—	★
	6.5.12	标志	★	★	—	—	★
单向阀	6.6.1	工作温度范围	★	—	★	—	★
	6.6.2	公称工作压力	★	—	★	★	—
	6.6.3	其他要求	符合 GB 25972—2010 的规定				
喷嘴	6.7.1	全淹没喷嘴的喷射特性	★	—	★	★	—
	6.7.2	局部应用型喷嘴的喷射特性	★	—	★	★	—
	6.7.3	其他性能	符合 GB 16669—2010 的规定				
信号反馈装置	6.8.1	工作温度范围	★	—	★	—	★
	6.8.2	公称工作压力	★	—	★	★	—
	6.8.3	动作压力要求	★	★	—	★	—
	6.8.4	其他性能	同 AS 开关				
	6.8.5	标志	★	★	—	—	★

表 2（续）

部件名称	标准条款	检验项目	型式检验项目	出厂检验项目		不合格类别	
				全检	抽检	A类	B类
控制器	6.9.1	工作温度范围	★	—	★	—	★
	6.9.2	基本功能	★	★	—	—	★
	6.9.3	其他性能	符合 GA 61—2010 的规定				
	6.9.4	标志	★	★	—	—	★
分流管	6.10.1	工作温度范围	★	—	★	—	★
	6.10.2	公称工作压力	★	—	★	★	—
	6.10.3	强度要求	★	★	—	★	—
	6.10.4	密封要求	★	★	—	—	★
注：“★”表示进行检验；“—”表示不进行检验。							

表 3　标志和标签内容

部件名称	标志内容	标签内容
灭火剂 贮存容器	容器名称、类别、设计压力、最大工作压力、试验压力、设计温度、容积、产品标准号、制造单位商标或厂名、许可证号、监检标记、制造编号、生产日期	容器名称、型号规格、类别、设计压力、设计温度、容积、产品标准号、制造单位商标或厂名、许可证号、制造编号、生产日期
总控阀 选择阀	型号规格、公称工作压力、制造单位商标或厂名	名称、型号规格、公称工作压力、制造单位商标或厂名、出厂编号、生产日期
单向阀	型号规格、介质流向、制造单位商标或厂名	名称、型号规格、公称工作压力、开启压力、制造单位商标或厂名、出厂编号、生产日期
喷嘴	型号规格、喷嘴代号、制造单位商标或厂名	名称、型号规格、喷嘴代号、制造单位商标或厂名、出厂编号、生产日期
安全阀	型号规格、阀体材料、介质流向标示、公称工作压力、整定压力、适用介质和温度、阀门流道直径、制造单位商标或厂名	名称、型号规格、公称工作压力、整定压力、额定排量系数、适用介质和温度、阀门流道直径、制造单位商标或厂名、出厂编号、生产日期
充装阀 平衡阀 检修阀	型号规格、公称工作压力、开关方向、制造单位商标或厂名	名称、型号规格、公称工作压力、开关方向、制造单位商标或厂名、出厂编号、生产日期
压力开关	型号规格、公称工作压力、动作压力、触点容量、制造单位商标或厂名	名称、型号规格、公称工作压力、动作压力、触点容量、制造单位商标或厂名、出厂编号、生产日期
DPG 压力表	型号规格、精度、制造单位商标或厂名	名称、型号规格、精度、适用介质、制造单位商标或厂名、出厂编号、生产日期

表 3（续）

部件名称	标志内容	标签内容
CPG 压力表	型号规格、精度、触点容量、制造单位商标或厂名	名称、型号规格、精度、适用介质、触点容量、制造单位商标或厂名、出厂编号、生产日期
APG 压力表	型号规格、精度、触点容量、制造单位商标或厂名	名称、型号规格、精度、适用介质、触点容量、制造单位商标或厂名、出厂编号、生产日期
液位计	型号规格、精度、制造单位商标或厂名	名称、型号规格、精度、适用介质、制造单位商标或厂名、出厂编号、生产日期
制冷系统	型号规格、功率、工作电压、制冷剂类型、制造单位商标或厂名	名称、型号规格、功率、工作电压、制冷剂类型、制造单位商标或厂名、出厂编号、生产日期
控制器	型号规格、制造单位商标或厂名	名称、型号规格、工作电压、电流、制造单位商标或厂名、出厂编号、生产日期
压力传感器	型号规格、精度、量程、工作电压、制造单位商标或厂名	名称、型号规格、精度、量程、适用介质、工作电压、制造单位商标或厂名、出厂编号、生产日期
称重装置	型号规格、精度、制造单位商标或厂名	名称、型号规格、精度、制造单位商标或厂名、出厂编号、生产日期
信号反馈装置	型号规格、动作压力、触点容量、制造单位商标或厂名	名称、型号规格、动作压力、触点容量、制造单位商标或厂名、生产日期

附 录 A
（规范性附录）
系统试验程序及样品数量

A.1 试验程序说明

A.1.1 试验序号

试验程序如下：

1） 系统构成(6.1.1)；
2） 工作温度范围(6.1.2)；
3） 外观(6.1.3)；
4） 密封性能(6.1.4)；
5） 灭火剂贮存容器容积要求(6.1.5)；
6） 灭火剂要求(6.1.6)；
7） 灭火剂装量系数要求(6.1.7)；
8） 泄漏报警要求(6.1.8)；
9） 压力显示要求(6.1.9)；
10） 超压泄放要求(6.1.10)；
11） 运行动作要求(6.1.11)。

A.1.2 说明

上述试验编号在图 A.1 中用方框中的数字表示，圆圈中的数字为试验所需的样品数。

A.2 试验程序图

试验程序图如图 A.1 所示。

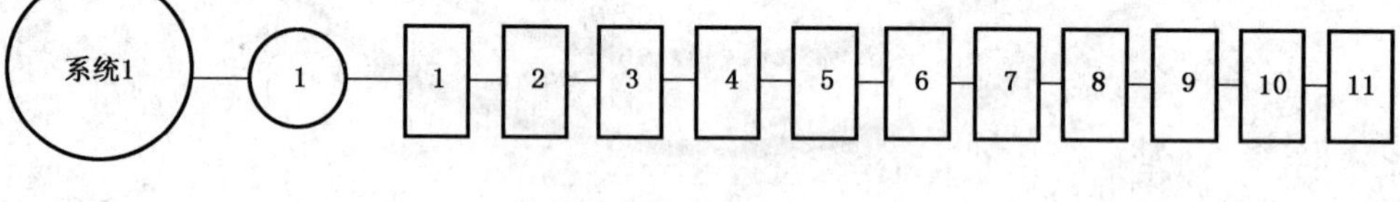

图 A.1 系统试验程序图

附　录　B
（规范性附录）
灭火剂贮存容器试验程序及取样数量

B.1　试验程序说明

B.1.1　试验序号

试验程序如下：

1）　基本要求(6.2.2.1)；

2）　设计压力(6.2.2.2)；

3）　标志(6.2.2.3)。

B.1.2　说明

上述试验序号在图 B.1 中用方框中的数字表示，圆圈中的数字为试验所需的试件数。

B.2　试验程序图

试验程序图如图 B.1 所示。

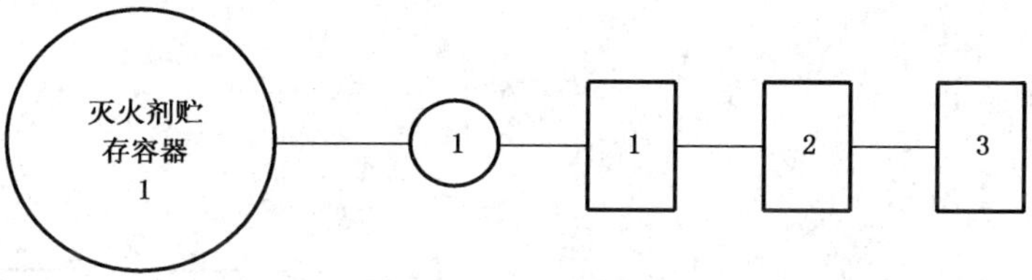

图 B.1　灭火剂贮存容器试验程序图

附 录 C
(规范性附录)
充装阀、平衡阀、检修阀试验程序及取样数量

C.1 试验程序说明

C.1.1 试验序号

试验程序如下：
1) 公称工作压力(6.2.3)；
2) 强度要求(6.2.3)；
3) 密封要求(6.2.3)；
4) 超压要求(6.2.3)；
5) 工作可靠性要求(6.2.3)；
6) 耐盐雾腐蚀要求(6.2.3)；
7) 标志(6.2.3)。

C.1.2 说明

上述试验序号在图 C.1 中用方框中的数字表示，圆圈中的数字为试验所需的试件数。

C.2 试验程序图

试验程序图如图 C.1 所示。

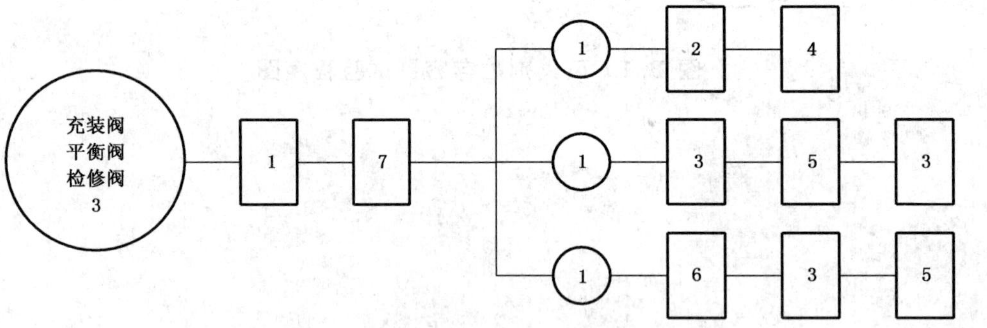

图 C.1 充装阀、平衡阀、检修阀试验程序图

附 录 D
（规范性附录）
安全阀试验程序及取样数量

D.1 试验程序说明

D.1.1 试验序号

试验程序如下：

1） 公称工作压力(6.2.4.2.1)；
2） 整定压力(6.2.4.2.2)；
3） 回座压力(6.2.4.2.3)；
4） 强度要求(6.2.4.2.4)；
5） 密封要求(6.2.4.2.5)；
6） 工作可靠性要求(6.2.4.2.6)；
7） 耐盐雾腐蚀性能(6.2.4.2.7)；
8） 标志(6.2.4.2.8)。

D.1.2 说明

上述试验序号在图D.1中用方框中的数字表示，圆圈中的数字为试验所需的试件数。

D.2 试验程序图

试验程序图如图D.1所示。

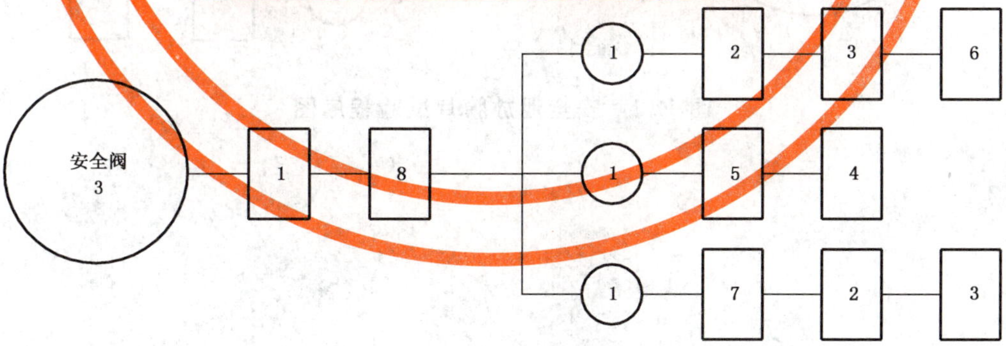

图D.1 安全阀试验程序图

附 录 E
（规范性附录）
安全泄放膜片试验程序及取样数量

E.1 试验程序说明

E.1.1 试验序号

试验程序如下：

1） 泄放动作压力(6.2.4.3.1)；

2） 耐盐雾腐蚀性能(6.2.4.3.2)。

E.1.2 说明

上述试验序号在图 E.1 中用方框中的数字表示，圆圈中的数字为试验所需的试件数。

E.2 试验程序图

试验程序图如图 E.1 所示。

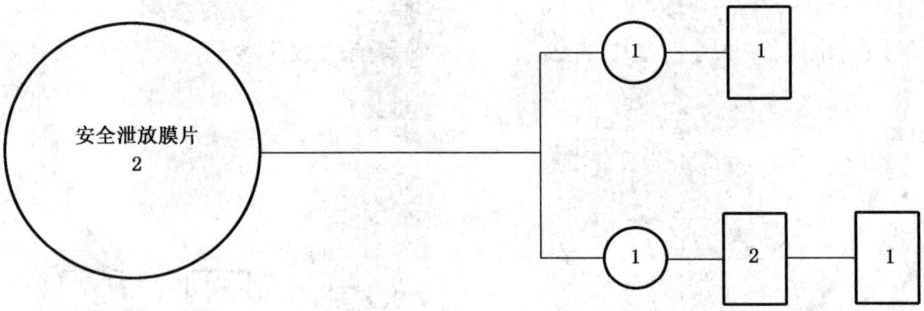

图 E.1 安全泄放膜片试验程序图

附　录　F
（规范性附录）
压力开关试验程序及取样数量

F.1　试验程序说明

F.1.1　试验序号

试验程序如下：

1）　公称工作压力(6.2.5.1.1)；
2）　动作压力要求(6.2.5.1.2)；
3）　强度要求(6.2.5.1.3)；
4）　密封要求(6.2.5.1.4)；
5）　工作可靠性要求(6.2.5.1.5)；
6）　极限温度下动作可靠性(6.2.5.1.6)；
7）　耐盐雾腐蚀性能(6.2.5.1.7)；
8）　耐电压性能(6.2.5.1.8)；
9）　绝缘电阻(6.2.5.1.9)；
10）　触点接触电阻(6.2.5.1.10)；
11）　标志(6.2.5.1.11)。

F.1.2　说明

上述试验序号在图F.1中用方框中的数字表示，圆圈中的数字为试验所需的试件数。

F.2　试验程序图

试验程序图如图F.1所示。

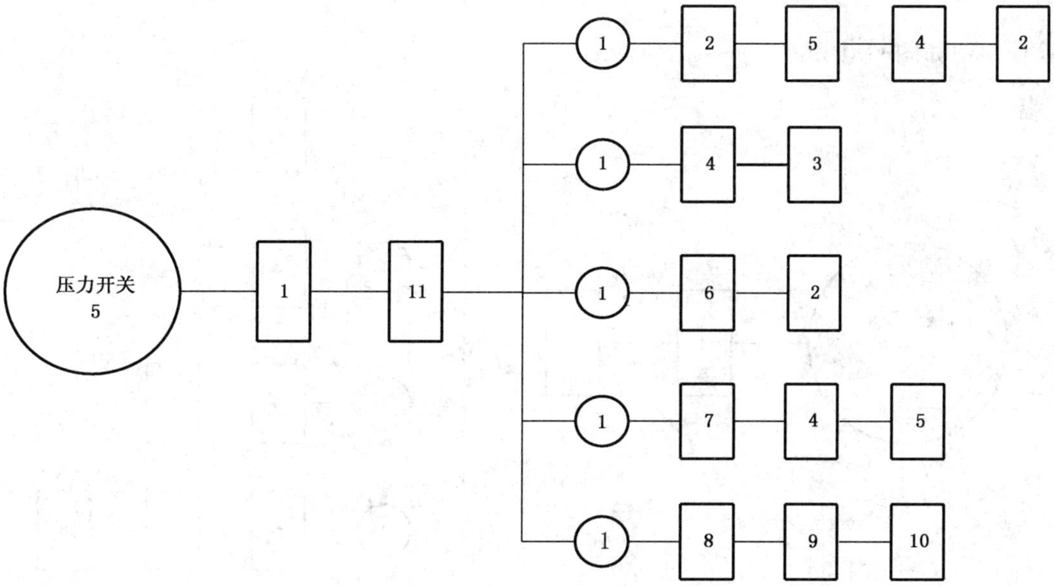

图F.1　压力开关试验程序图

附 录 G
（规范性附录）
压力表试验程序及取样数量

G.1 试验程序说明

G.1.1 试验序号

试验程序如下：

1） 量程和精度(6.2.5.2.1)；
2） 耐高低温要求(6.2.5.2.2)；
3） 耐盐雾腐蚀性能(6.2.5.2.3)；
4） CPG、APG 压力表动作压力要求(6.2.5.2.4)；
5） CPG、APG 压力表工作可靠性要求(6.2.5.2.4)；
6） CPG、APG 压力表耐电压性能(6.2.5.2.4)；
7） CPG、APG 压力表绝缘电阻(6.2.5.2.4)；
8） CPG、APG 压力表触点接触电阻(6.2.5.2.4)；
9） DPG 压力表指针偏转平稳性(6.2.5.2.5)；
10） DPG 压力表超负荷要求(6.2.5.2.6)；
11） 标志(6.2.5.2.7)。

G.1.2 说明

上述试验序号在图 G.1 中用方框中的数字表示，圆圈中的数字为试验所需的试件数。

G.2 试验程序图

试验程序图如图 G.1 所示。

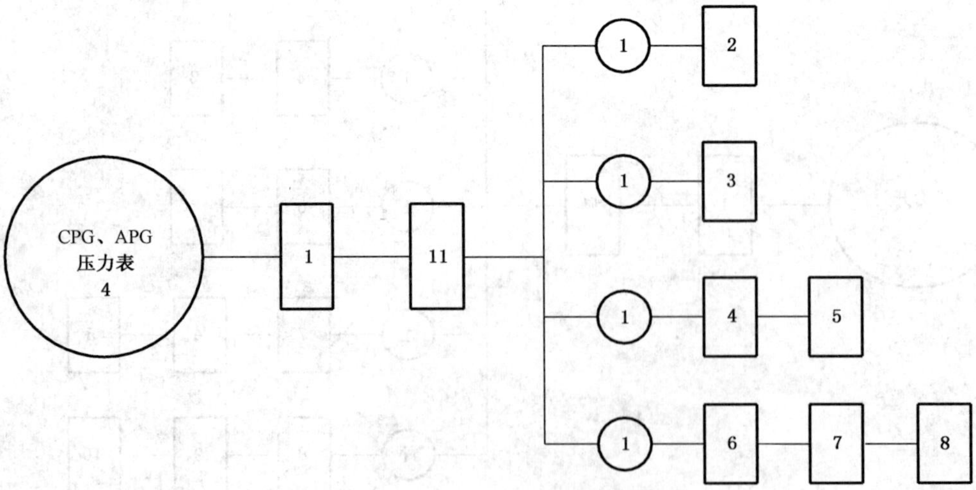

图 G.1 压力表试验程序图

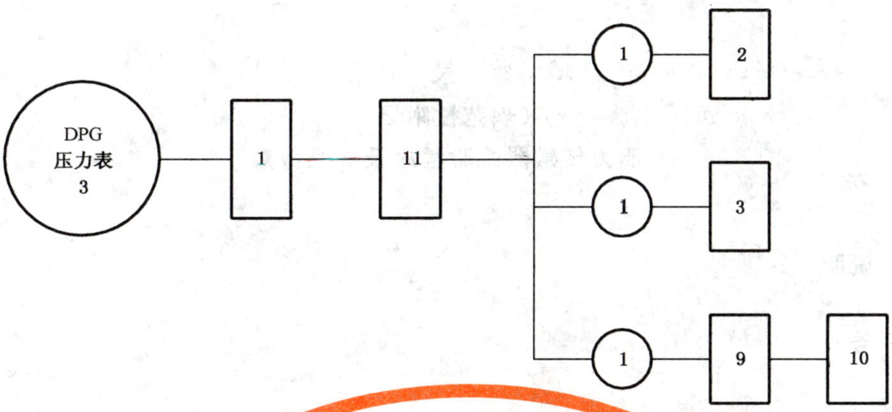

图 G.1（续）

附　录　H
（规范性附录）
压力传感器试验程序及样品数量

H.1　试验程序说明

H.1.1　试验序号

试验程序如下：

1）　外观(6.2.5.3.1)；

2）　标志(6.2.5.3.2)；

3）　量程和精度(6.2.5.3.3)。

H.1.2　说明

上述试验序号在图 H.1 中用方框中的数字表示，圆圈中的数字为试验所需的样品数。

H.2　试验程序图

试验程序图如图 H.1 所示。

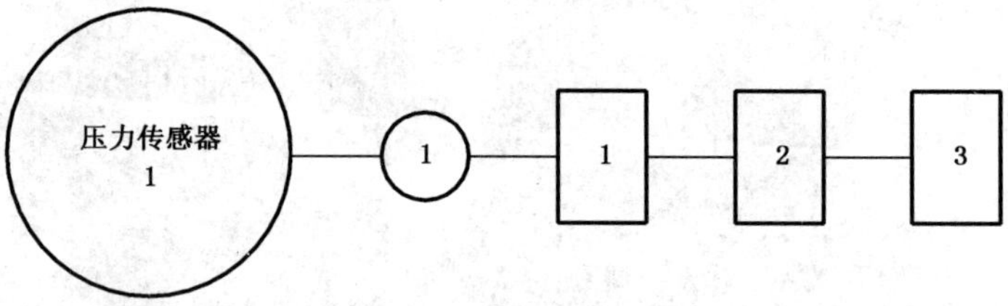

图 H.1　压力传感器试验程序图

附 录 I
（规范性附录）
液位计试验程序及样品数量

I.1 试验程序说明

I.1.1 试验序号

试验程序如下：

1） 公称工作压力(6.2.6.1.1)；

2） 精度(6.2.6.1.2)；

3） 标志(6.2.6.1.3)。

I.1.2 说明

上述试验序号在图 I.1 中用方框中的数字表示，圆圈中的数字为试验所需的样品数。

I.2 试验程序图

试验程序图如图 I.1 所示。

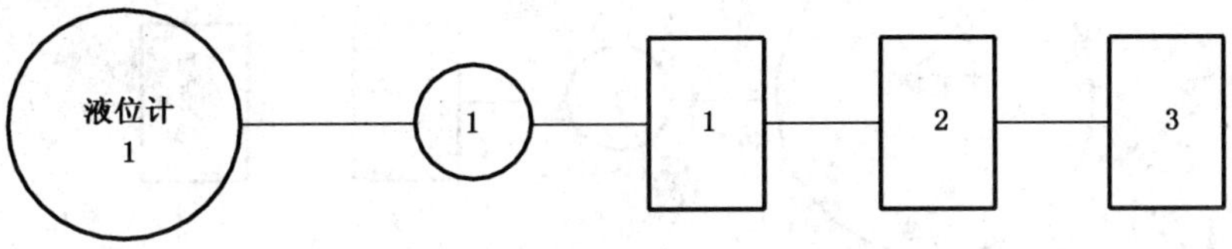

图 I.1 液位计试验程序图

附 录 J
（规范性附录）
称重装置试验程序及样品数量

J.1 试验程序说明

J.1.1 试验序号

试验程序如下：

1） 精度(6.2.6.2.1)；

2） 标志(6.2.6.2.2)。

J.1.2 说明

上述试验序号在图J.1中用方框中的数字表示，圆圈中的数字为试验所需的样品数。

J.2 试验程序图

试验程序图如图J.1所示。

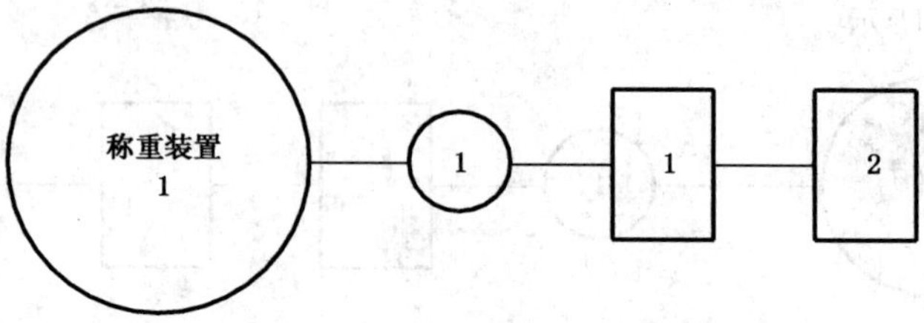

图 J.1 称重装置试验程序图

附 录 K
（规范性附录）
制冷系统试验程序及样品数量

K.1 试验程序说明

K.1.1 试验序号

试验程序如下：

1） 一般要求(6.2.7.1)；
2） 电源适应能力(6.2.7.2)；
3） 绝缘电阻(6.2.7.3)；
4） 耐电压要求(6.2.7.4)；
5） 接地电阻(6.2.7.5)；
6） 高温运行和制冷能力要求(6.2.7.6)；
7） 标志(6.2.7.7)。

K.1.2 说明

上述试验序号在图 K.1 中用方框中的数字表示，圆圈中的数字为试验所需的样品数。

K.2 试验程序图

试验程序图如图 K.1 所示。

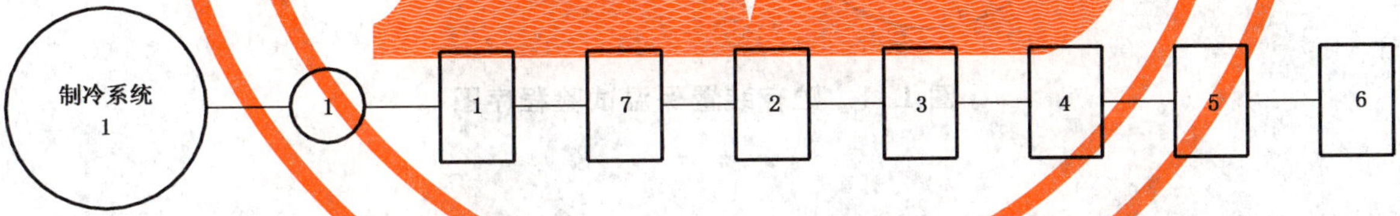

图 K.1 制冷系统试验程序图

附 录 L
（规范性附录）
贮存装置保温试验程序及样品数量

L.1 试验程序说明

L.1.1 试验序号

试验程序如下：

1） 绝热层外层保护(6.2.8.1)；

2） 保温绝热效果(6.2.8.2)。

L.1.2 说明

上述试验编号在图 L.1 中用方框中的数字表示，圆圈中的数字为试验所需的样品数。

L.2 试验程序图

试验程序图如图 L.1 所示。

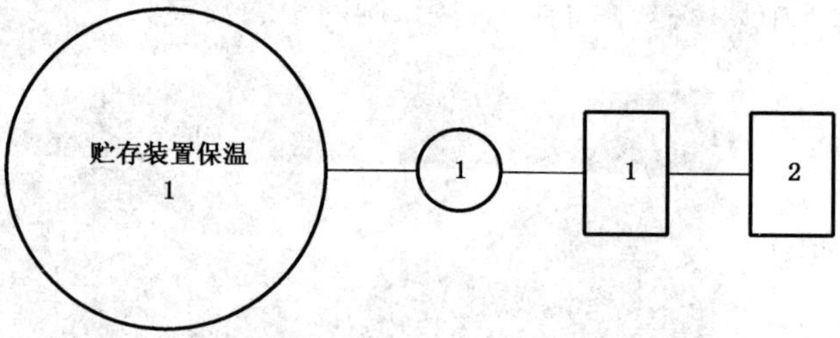

图 L.1 贮存装置保温试验程序图

附 录 M
（规范性附录）
报警装置的设置试验程序及样品数量

M.1 试验程序说明

M.1.1 试验序号

试验程序如下：

1） 高、低压力报警装置(6.2.9.1)；

2） 高、低液位报警装置(6.2.9.2)。

M.1.2 说明

上述试验编号在图 M.1 中用方框中的数字表示，圆圈中的数字为试验所需的样品数。

M.2 试验程序图

试验程序图如图 M.1 所示。

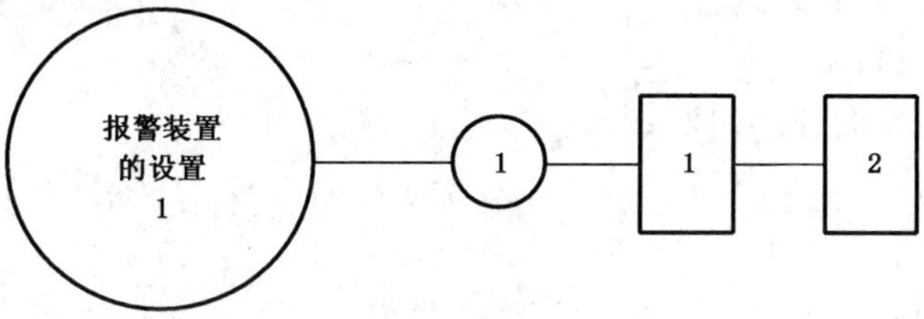

图 M.1 报警装置的设置试验程序图

附　录　N
（规范性附录）
总控阀试验程序及样品数量

N.1　试验程序说明

N.1.1　试验序号

试验程序如下：

1）　工作温度范围(6.4.1)；
2）　材料(6.4.2)；
3）　公称工作压力(6.4.3)；
4）　强度要求(6.4.4)；
5）　密封要求(6.4.5)；
6）　超压要求(6.4.6)；
7）　工作可靠性要求(6.4.7)；
8）　极限温度下动作可靠性(6.4.8)；
9）　总控阀局部阻力损失——等效长度表示法(6.4.9)；
10）　耐盐雾腐蚀要求(6.4.10)；
11）　操作性能(6.4.11)；
12）　阀位指示和开关方向(6.4.12)；
13）　标志(6.4.13)。

N.1.2　说明

上述试验序号在图N.1中用方框中的数字表示，圆圈中的数字为试验所需的样品数。

N.2　试验程序图

试验程序图如图N.1所示。

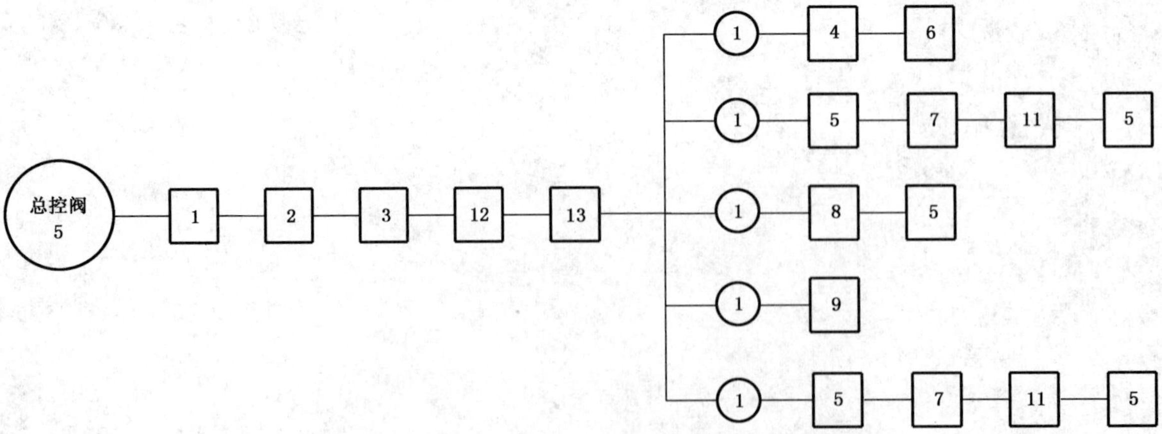

图N.1　总控阀试验程序图

附　录　P
（规范性附录）
选择阀试验程序及样品数量

P.1　试验程序说明

P.1.1　试验序号

试验程序如下：

1）　工作温度范围(6.5.1)；
2）　材料(6.5.2)；
3）　公称工作压力(6.5.3)；
4）　强度要求(6.5.4)；
5）　密封要求(6.5.5)；
6）　工作可靠性要求(6.5.6)；
7）　极限温度下动作可靠性(6.5.7)；
8）　选择阀局部阻力损失——等效长度表示法(6.5.8)；
9）　耐盐雾腐蚀要求(6.5.9)；
10）　操作性能(6.5.10)；
11）　阀位指示(6.5.11)；
12）　标志(6.5.12)。

P.1.2　说明

上述试验序号在图 P.1 中用方框中的数字表示，圆圈中的数字为试验所需的样品数。

P.2　试验程序图

试验程序图如图 P.1 所示。

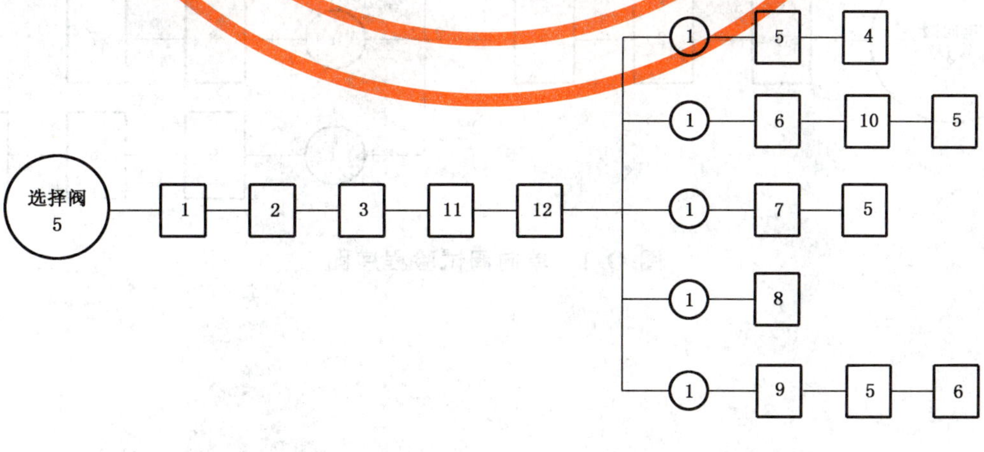

图 P.1　选择阀试验程序图

附　录　Q
（规范性附录）
单向阀试验程序及样品数量

Q.1　试验程序说明

Q.1.1　试验序号

试验程序如下：

1)　工作温度范围(6.6.1)；
2)　公称工作压力(6.6.2)；
3)　标志(6.6.3)；
4)　强度要求(6.6.3)；
5)　正向密封要求(6.6.3)；
6)　反向密封要求(6.6.3)；
7)　工作可靠性要求(6.6.3)；
8)　开启压力要求(6.6.3)；
9)　耐盐雾腐蚀性能(6.6.3)。

Q.1.2　说明

上述试验编号在图Q.1中用方框中的数字表示，圆圈中的数字为试验所需的样品数。

Q.2　试验程序图

试验程序图如图Q.1所示。

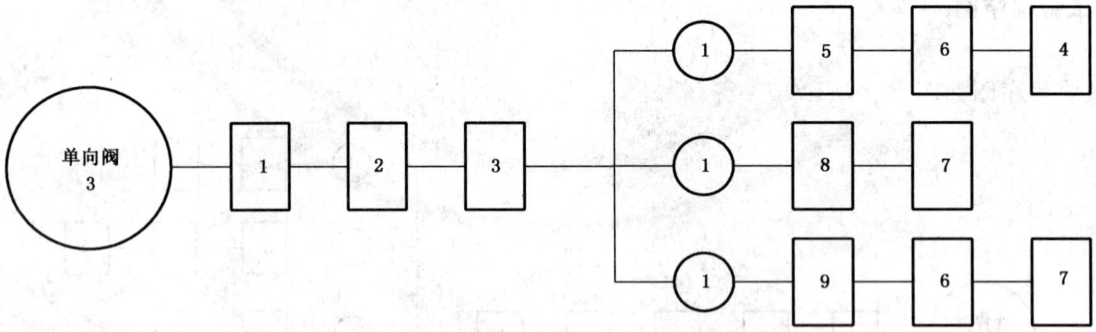

图Q.1　单向阀试验程序图

附　录　R
（规范性附录）
喷嘴试验程序及样品数量

R.1　试验程序说明

R.1.1　试验序号

试验程序如下：

1)　全淹没喷嘴喷射特性(6.7.1)；
2)　局部应用喷嘴喷射特性(6.7.2)；
3)　标志(6.7.3)；
4)　结构、尺寸(6.7.3)；
5)　材料(6.7.3)；
6)　流量特性(6.7.3)；
7)　耐热和耐压要求(6.7.3)；
8)　耐热和耐冷击要求(6.7.3)；
9)　耐冲击性能(6.7.3)；
10)　耐盐雾腐蚀性能(6.7.3)。

R.1.2　说明

上述试验编号在图 R.1 中用方框中的数字表示，圆圈中的数字为试验所需的样品数。

R.2　试验程序图

试验程序图如图 R.1 所示。

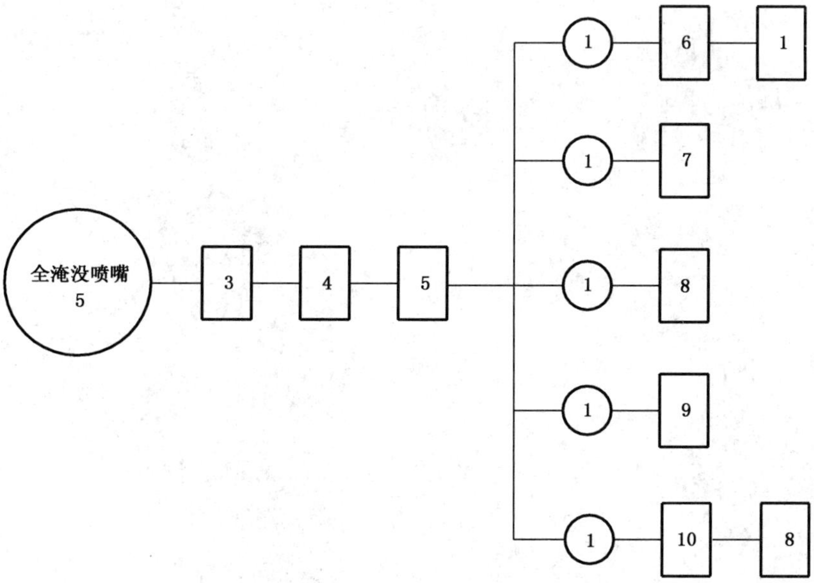

图 R.1　喷嘴试验程序图

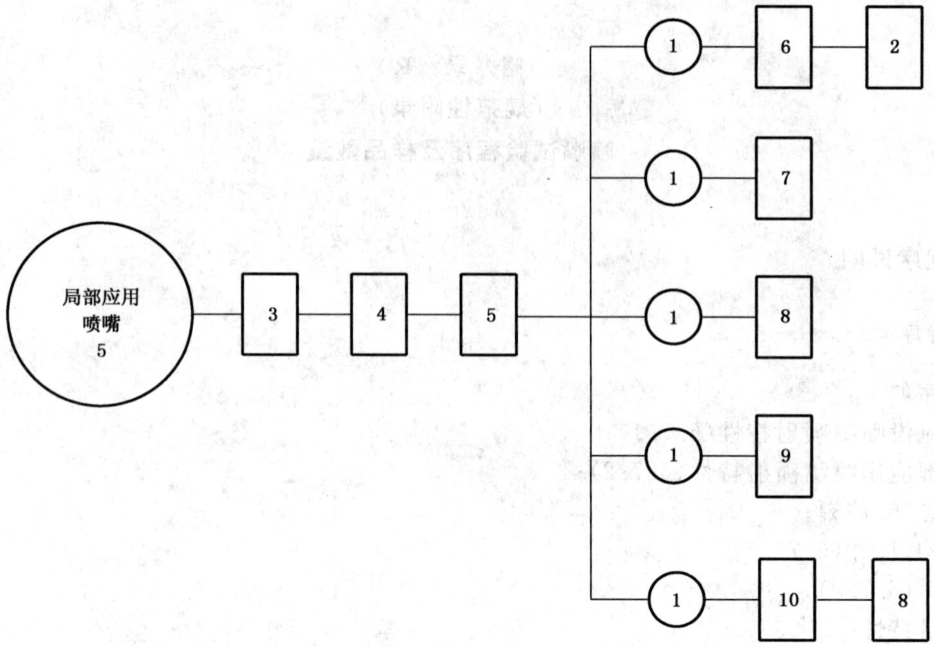

图 R.1（续）

附 录 S
（规范性附录）
信号反馈装置试验程序及样品数量

S.1 试验程序说明

S.1.1 试验序号

试验程序如下：

1） 工作温度范围(6.8.1)；
2） 公称工作压力(6.8.2)；
3） 动作压力(6.8.3)；
4） 强度要求(6.8.4)；
5） 密封要求(6.8.4)；
6） 工作可靠性要求(6.8.4)；
7） 极限温度下动作可靠性(6.8.4)；
8） 耐盐雾腐蚀性能(6.8.4)；
9） 耐电压性能(6.8.4)；
10） 绝缘电阻(6.8.4)；
11） 触点接触电阻(6.8.4)；
12） 标志(6.8.5)。

S.1.2 说明

上述试验编号在图 S.1 中用方框中的数字表示，圆圈中的数字为试验所需的样品数。

S.2 试验程序图

试验程序图如图 S.1 所示。

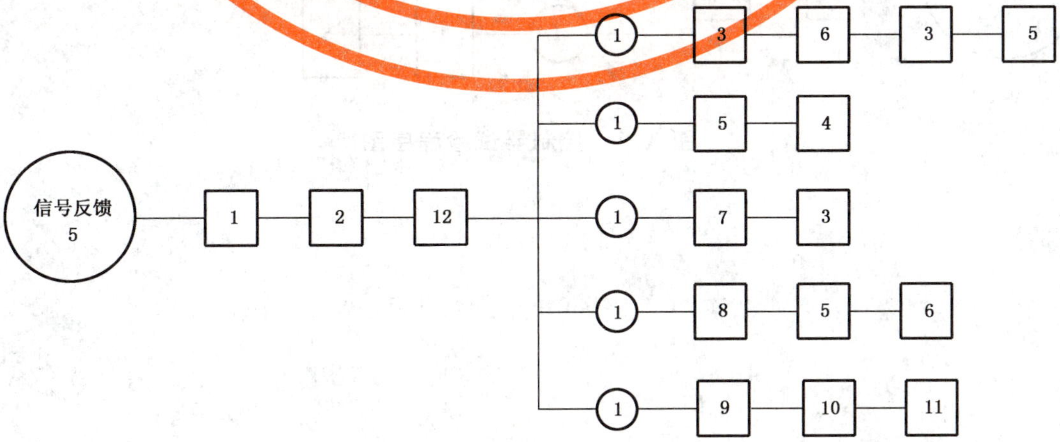

图 S.1 信号反馈装置试验程序图

附 录 T
（规范性附录）
控制器试验程序及样品数量

T.1 试验程序说明

T.1.1 试验序号

试验程序如下：

1） 工作温度范围(6.9.1)；
2） 基本功能(6.9.2)；
3） 控制器电源(6.9.3)；
4） 耐气候环境要求(6.9.3)；
5） 耐机械环境要求(6.9.3)；
6） 抗电干扰要求(6.9.3)；
7） 耐电压要求(6.9.3)；
8） 绝缘电阻(6.9.3)；
9） 标志(6.9.4)。

T.1.2 说明

上述试验编号在图 T.1 中用方框中的数字表示，圆圈中的数字为试验所需的样品数。

T.2 试验程序图

试验程序图如图 T.1 所示。

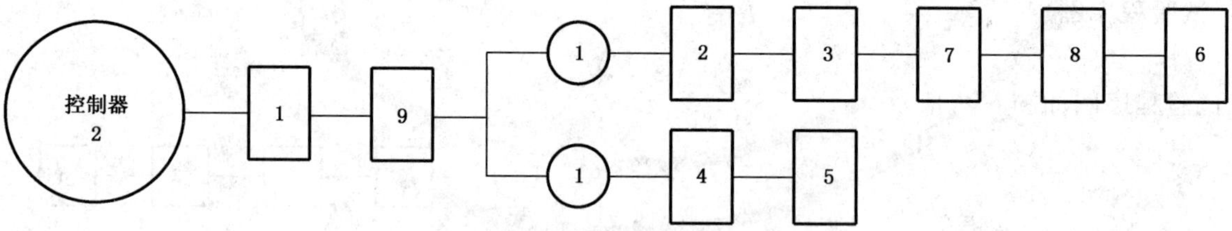

图 T.1 控制器试验程序图

附　录　U
（规范性附录）
分流管试验程序及样品数量

U.1　试验程序说明

U.1.1　试验序号

试验程序如下：

1)　工作温度范围(6.10.1)；
2)　公称工作压力(6.10.2)；
3)　强度要求(6.10.3)；
4)　密封要求(6.10.4)。

U.1.2　说明

上述试验编号在图 U.1 中用方框中的数字表示，圆圈中的数字为试验所需的样品数。

U.2　试验程序图

试验程序图如图 U.1 所示。

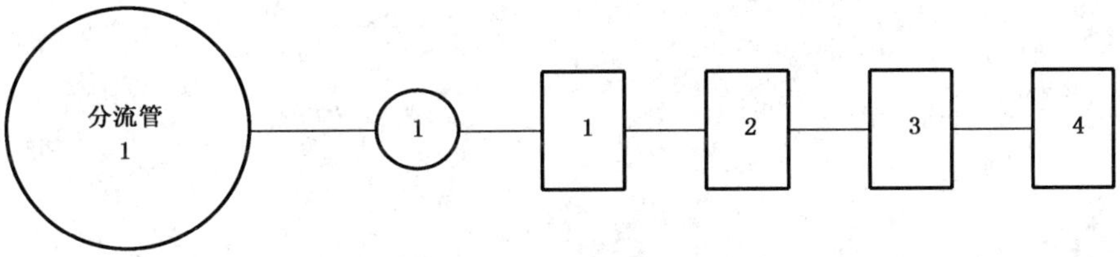

图 U.1　分流管试验程序图

ICS 71.100.01;87.060.10
G 55

中华人民共和国国家标准

GB 19601—2013
代替 GB 19601—2004

染料产品中23种有害芳香胺的限量及测定

Limit and determination of 23 harmful aromatic amines in dye products

2013-09-06 发布　　2014-10-01 实施

中华人民共和国国家质量监督检验检疫总局
中国国家标准化管理委员会　发布

前　言

本标准的全部技术内容为强制性。

本标准按照GB/T 1.1—2009给出的规则起草。

本标准代替GB 19601－2004《染料产品中23种有害芳香胺的限量及测定》，与GB 19601－2004相比，除编辑性修改外主要技术变化如下：

——删除了气相色谱分析方法(2004年版的4.4.3.2)；

——定量方法由外标法修改为内标法(见5.5.3,2004年版的4.4.4.2)；

——删除了样品前处理方法中的柱提取法(2004年版的4.4.1)；

——修改了样品前处理方法(见5.5.1,2004年版的4.4.1)；

——合并定性与定量部分到分析步骤中(见5.5.2,2004年版的4.4.3)；

——删除了附录A中的保留时间(2004年版的附录A)；

——删除了回收率表(2004年版的表2)。

本标准由中国石油和化学工业联合会提出。

本标准由全国染料标准化技术委员会(SAC/TC 134)归口。

本标准起草单位：沈阳化工研究院有限公司、徐州开达精细化工有限公司、大连理工大学精细化工国家重点实验室、江苏亚邦染料股份有限公司、北京服装学院、泰州市产品质量监督检验所、国家染料质量监督检验中心。

本标准主要起草人：季浩、朴克壮、傅萍、彭孝军、郑君良、沈日炯、姬兰琴、周永凯、李兴根。

本标准所代替标准的历次版本发布情况为：

——GB 19601—2004。

染料产品中23种有害芳香胺的限量及测定

警告：使用本标准的人员应有正规实验室工作的实践经验。本标准并未指出所有可能的安全问题。使用者有责任采取适当的安全和健康措施，并保证符合国家有关法规规定的条件。

1 范围

本标准规定了染料产品中有害芳香胺(见附录A)的容许限值、测定方法 。

本标准适用于各类剂型的商品染料、染料制品、染料中间体和纺织印染助剂。

2 规范性引用文件

下列文件对于本文件的应用是必不可少的。凡是注日期的引用文件，仅注日期的版本适用于本文件。凡是不注日期的引用文件，其最新版本(包括所有的修改单)适用于本文件。

GB/T 6682—2008 分析实验室用水规格和试验方法(ISO 3696:1987,MOD)

GB/T 8170—2008 数值修约规则与极限数值的表示和判定

3 要求

染料等产品中的各项有害芳香胺(见附录A)的含量应≤150mg(芳香胺)/kg(产品)，其中染料制品中的液状染料、涂料色浆等的有害芳香胺的限量应按其含固量进行折算。

4 原理

染料样品在柠檬酸盐缓冲溶液(pH=6.0)介质中用连二亚硫酸钠还原分解，用有机溶剂直接萃取裂解溶液中的芳香胺，浓缩后，用气相色谱-质谱联用仪进行检测。

5 实验方法

5.1 一般规定

除非另有规定，仅使用确认为分析纯的试剂和GB/T 6682—2008中规定的三级水。检验结果的判定按GB/T 8170—2008中的4.3.3修约值比较法进行。

5.2 试剂和材料

5.2.1 芳香胺标准品：已知含量的23种有害芳香胺(见附录A)。

5.2.2 内标物标准品：已知含量的内标物(见附录B)。

5.2.3 三氯甲烷。

5.2.4 冰乙酸。

5.2.5 柠檬酸盐缓冲溶液：0.06 mol/L水溶液，pH=6(取12.526 g柠檬酸和6.320 g氢氧化钠，溶于水中,定容至 1 000 mL)。

5.2.6　连二亚硫酸钠溶液:200 g/L 水溶液,用时取固体连二亚硫酸钠($Na_2S_2O_4$ 含量≥85%)溶于水中制备。

5.2.7　无水碳酸钠溶液:200 g/L。

5.2.8　容量瓶:10 mL、25 mL。

5.2.9　刻度移液管:1 mL、5 mL。

5.2.10　分液漏斗:60 mL。

5.2.11　磨口具塞锥形瓶:100 mL。

5.2.12　微量注射器:10μL。

5.2.13　磨口圆底烧瓶:125 mL 。

5.3　仪器和设备

5.3.1　天平:精度 0.000 02 g。

5.3.2　气相色谱-质谱联用仪(GC/MS)。

5.3.3　恒温水浴:温度范围为室温～100 ℃。

5.3.4　旋转蒸发仪。

5.4　标准溶液的配制

5.4.1　单一标准溶液的配制

分别称取附录 A 和附录 B 所列的标准物质和内标物质各 0.01 g(准确至 0.000 02 g),用三氯甲烷溶解并定容至 10 mL 容量瓶中,配制成单一标准溶液。单一标准溶液需放置在冰箱冷冻室中保存,有效期为一年。

5.4.2　内标液的配制

吸取 5.4.1 中内标物单一标准溶液(附录 B 中物质)各 1.0 mL 至 25 mL 容量瓶中,用三氯甲烷稀释至刻度。此溶液为内标液。

5.4.3　混合标准溶液的配制

吸取 5.4.1 中芳香胺单一标准溶液(附录 A 中物质)各 1.0 mL 至 25 mL 容量瓶中,用三氯甲烷稀释至刻度。此溶液为混合标准溶液母液。

测定样品时,使用刻度吸管吸取 0.1 mL～5.0 mL 的母液至 10 mL 容量瓶,再加入 1.0 mL 内标液,用三氯甲烷定容至刻度。配制成与样品中目标化合物浓度相近的混合标准溶液。

5.5　分析步骤

5.5.1　样品的前处理

称取 0.2 g(准确至 0.000 2 g)试样,置于 100 mL 的带磨口的锥形瓶中,加入 24 mL 柠檬酸盐缓冲溶液,加入 1.0 mL 内标液,盖上塞子,将锥形瓶放入 70 ℃±2 ℃的水浴锅内预热约 15 min ,不时地摇动,使试样尽量完全溶解。此时配制连二亚硫酸钠溶液。预热后,取出锥形瓶,在每个瓶中加入 6.0 mL 连二亚硫酸钠溶液,立即盖上瓶塞,摇匀。将锥形瓶再次放入 70 ℃±2 ℃水浴锅内保持 30 min,并不时摇动使其充分还原。还原后取出锥形瓶,用冷水使其快速降至室温,用无水碳酸钠溶液调 pH 值为 8～9(约加入 5 mL)。在分液漏斗中用三氯甲烷萃取 3 次,每次使用三氯甲烷 20 mL。在第一次萃取液中加入 2～4 滴冰醋酸酸化。三次萃取液合并于 125 mL 的磨口平底烧瓶中,在旋转蒸发仪上浓缩至体积约为 1 mL。用吸管将浓缩后的液体吸入 10 mL 容量瓶中，用三氯甲烷反复冲洗烧瓶，洗液并入容量瓶中，用三氯甲烷定容至刻度，此溶液为样品溶液。

非水溶性染料在试样处理前可以加入 3 mL～5 mL 丙酮，使其均匀分散在缓冲溶液中，然后按照本方法进行处理。

5.5.2 色谱分析

5.5.2.1 气相色谱-质谱操作条件

由于测试结果取决于所使用的仪器，因此不可能给出色谱分析的普遍参数。采用下列参数(见表 2)已被证明对测试是合适的。

表 1 气相色谱-质谱仪器操作条件

控制参数	操作条件		
	升温速度/(℃/ min)	温度/℃	保持时间/min
柱温		80	3
	5	180	8
	15	250	0
	3	280	10
色谱柱[a]	毛细管柱		
进样口温度/℃	300		
载气	氦气(99.999%)		
流量/(mL/min)	1.0		
进样体积/μL	1.0		
进样方式	无分流进样		
离子源温度/℃	230		
四极杆温度/℃	150		
[a] 50%苯基甲基聚硅氧烷固定相的毛细管柱，如：DB-17MS，30 m×0.25 mm×0.25 μm 或相当者。			

5.5.2.2 操作

根据试样中被测物含量的情况，选取浓度相近的混合标准溶液进行测定。按上述色谱分析条件分别取 1.0 μL 试样溶液和标准溶液进样测定，所得的气相色谱-质谱总离子流图参见附录 C，通过特征离子峰进行目标化合物的定性(必要时可采用其他分析方法进行目标化合物的确认)，使用峰面积内标法进行定量。

5.5.3 结果计算

试样中有害芳香胺的含量以质量分数计 w_i，数值用 mg/kg 表示，按式(1)计算：

$$w_i = \frac{r_i m_s}{r_s m_i} \qquad \cdots\cdots(1)$$

式中：

r_i ——样品溶液中有害芳香胺与内标物的响应值之比；

m_s——混合标准溶液中标样的质量数值，单位为微克(μg)；

r_s——混合标准溶液中有害芳香胺与内标物响应值之比；

m_i——试样溶液中试样的质量数值，单位为克(g)。

计算结果表示到整数位。

5.5.4 谱图

使用本方法测定的有害芳香胺气相色谱-质谱总离子流图参见附录C。

6 最小定量限、回收率和精密度

6.1 最小定量限

本方法的最小定量限为20 mg/kg，低于此限度时检测结果为未检出。

6.2 回收率

采用标准加入法，将1 mL的标准混合溶液加入到0.2 g经本方法测定确定不含有有害芳香胺的染料产品中，按第5章操作，测得的有害芳香胺回收率应在70%～130%之间。

6.3 精密度

在同一实验室，由同一操作者使用相同设备，按相同的测试方法，并在短时间内对同一被测对象相互独立进行的测试获得的两次独立测试结果的绝对差值不大于这两个测定值的算术平均值的30%。

7 试验报告

试验报告至少应给出以下内容：

a) 试样描述；

b) 使用的标准；

c) 试验结果；

d) 偏离标准的差异；

e) 试验日期。

附 录 A
(规范性附录)
有害芳香胺目录

表 A.1 有害芳香胺名称及相关信息

序号	芳香胺名称	化学文摘编号	毒 性	定量离子
1	4-氨基联苯(4-Aminodiphenyl)	92-67-1	MAK Ⅲ A1	169
2	联苯胺(Benzidine)	92-87-5	MAK Ⅲ A1	184
3	4-氯邻甲苯胺(4-Chloro-2-toluidine)	95-69-2	MAK Ⅲ A1	141
4	2-萘胺(2-Naphthylamine)	91-59-8	MAK Ⅲ A1	143
5	对氯苯胺(*p*-Chloroaniline)	106-47-8	MAK Ⅲ A2	127
6	2,4-二氨基苯甲醚(2,4-Diaminoanisole)	615-05-4	MAK Ⅲ A2	123
7	4,4′-二氨基二苯甲烷(4,4′-Diaminodiphenylmethane)	101-77-9	MAK Ⅲ A2	198
8	3,3′-二氯联苯胺(3,3′-Dichlorobenzidine)	91-94-1	MAK Ⅲ A2	252
9	3,3′-二甲氧基联苯胺(3,3′-Dimethoxybenzidine)	119-90-4	MAK Ⅲ A2	244
10	3,3′-二甲基联苯胺(3,3′-Dimethylbenzidine)	119-93-7	MAK Ⅲ A2	212
11	3,3′-二甲基-4,4′-二氨基二苯甲烷 (3,3′-Dimethyl-4,4′-Diaminodiphenylmethane)	838-88-0	MAK Ⅲ A2	231
12	2-甲氧基-5-甲基苯胺(p-Cresidine)	120-71-8	MAK Ⅲ A2	122
13	3,3′-二氯-4,4′-二氨基二苯甲烷 (4,4′-Methylene-bis(2-chloroaniline)	101-14-4	MAK Ⅲ A2	226
14	4,4′-二氨基二苯醚(4,4′-Oxydianiline)	101-80-4	MAK Ⅲ A2	200
15	4,4′-二氨基二苯硫醚(4,4′-Thiodianiline)	139-65-1	MAK Ⅲ A2	216
16	邻甲苯胺(*o*-Toluidine)	95-53-4	MAK Ⅲ A2	107
17	2,4-二氨基甲苯(2,4-Toluylenediamine)	95-80-7	MAK Ⅲ A2	122
18	2,4,5-三甲基苯胺(2,4,5-Trimethylaniline)	137-17-7	MAK Ⅲ A2	120
19	2-氨基-4-硝基甲苯(2-Amino-4-nitrotoluene)	99-55-8	MAK Ⅲ A2	—
20	邻氨基偶氮甲苯(*o*-Aminoazotoluene)	97-56-3	MAK Ⅲ A2	—
21	邻甲氧基苯胺(邻氨基苯甲醚)(*o*-Anisidine)	90-04-0	MAK Ⅲ A2	108
22	2,4-二甲基苯胺(2,4-Xylidine)	95-68-1	MAK Ⅲ A2	121
23	2,6-二甲基苯胺(2,6-Xylidine)	87-62-7	MAK Ⅲ A2	121

注 1:2-氨基-4-硝基甲苯经本方法处理后分解为 2,4-二氨基甲苯,邻氨基偶氮甲苯分解为邻甲苯胺和 2,5-二氨基甲苯。

注 2:可根据不同的仪器设备和样品基质情况,选择适宜的定量离子。

附　录　B
（规范性附录）
内标物信息

表 B.1　内标物名称及相关信息

序号	名称	化学文摘编号	定量离子
1	萘(Naphthalene)	91-20-3	128
2	蒽(Anthracene)	120-12-7	178
注：2-萘胺之前(包括 2-萘胺)出的峰以萘作为内标物;2-萘胺之后出的峰以蒽作为内标物。			

附 录 C
（资料性附录）
谱图

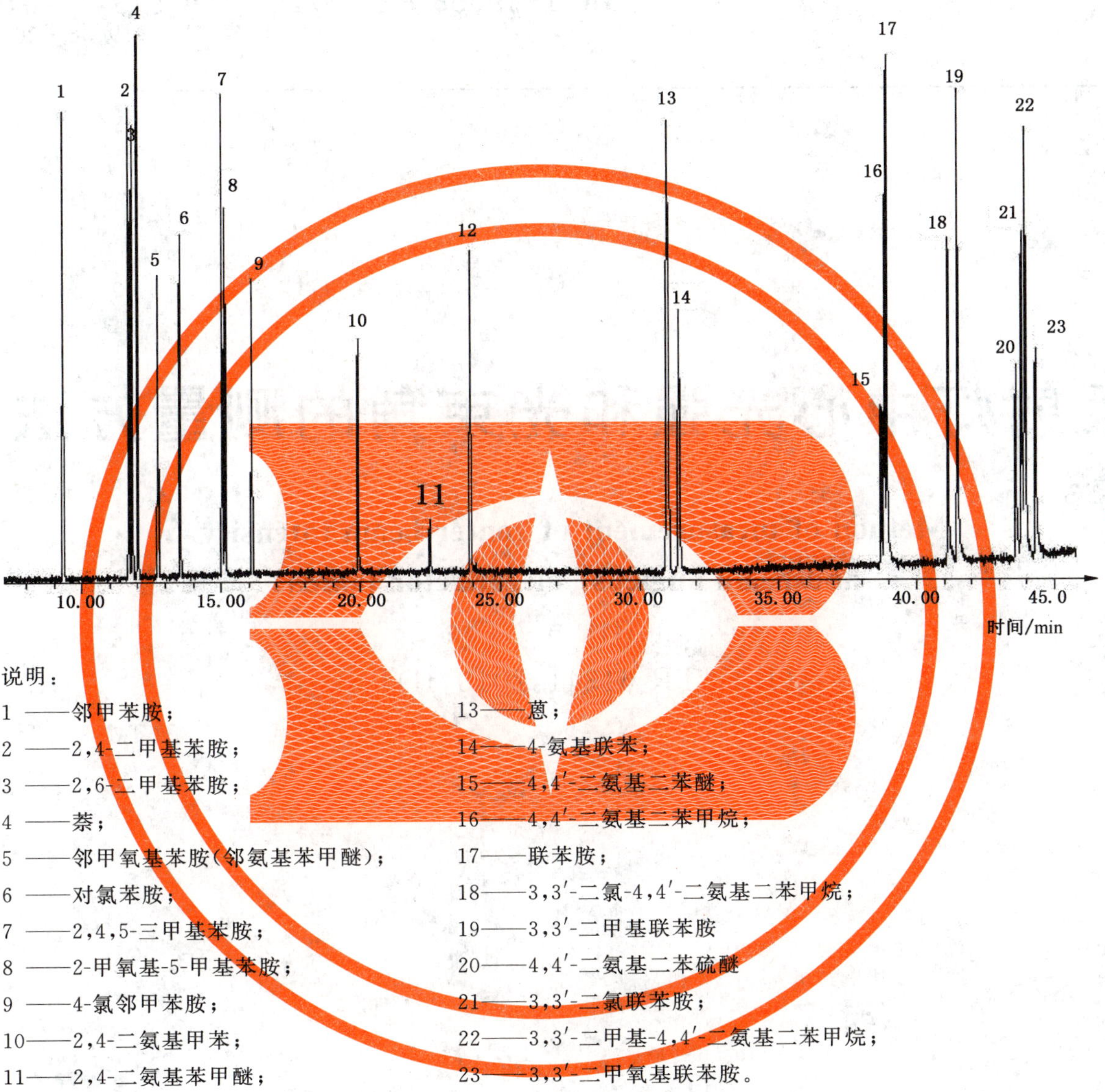

说明：

1 ——邻甲苯胺；
2 ——2,4-二甲基苯胺；
3 ——2,6-二甲基苯胺；
4 ——萘；
5 ——邻甲氧基苯胺(邻氨基苯甲醚)；
6 ——对氯苯胺；
7 ——2,4,5-三甲基苯胺；
8 ——2-甲氧基-5-甲基苯胺；
9 ——4-氯邻甲苯胺；
10——2,4-二氨基甲苯；
11——2,4-二氨基苯甲醚；
12——2-萘胺；
13——蒽；
14——4-氨基联苯；
15——4,4′-二氨基二苯醚；
16——4,4′-二氨基二苯甲烷；
17——联苯胺；
18——3,3′-二氯-4,4′-二氨基二苯甲烷；
19——3,3′-二甲基联苯胺
20——4,4′-二氨基二苯硫醚
21——3,3′-二氯联苯胺；
22——3,3′-二甲基-4,4′-二氨基二苯甲烷；
23——3,3′-二甲氧基联苯胺。

图 C.1 有害芳香胺气相色谱-质谱总离子流图

ICS 29.140.20
K 70

中华人民共和国国家标准

GB/T 19658—2013/IEC/TR 61341:2010
代替 GB/T 19658—2005

反射灯中心光强和光束角的测量方法

Method of measurement of center beam intensity and beam angle(s) of reflector lamps

(IEC/TR 61341:2010,IDT)

2013-12-31 发布　　2014-12-01 实施

中华人民共和国国家质量监督检验检疫总局
中国国家标准化管理委员会　发布

前　言

本标准按照 GB/T 1.1—2009 和 GB/T 20000.2—2009 给出的规则起草。

本标准代替 GB/T 19658—2005《反射灯中心光强和光束角的测量方法》，与 GB/T 19658—2005 相比主要技术变化如下：

——适用范围中增加了以 LED 为光源的反射灯(见第 1 章)。

——增加了关于光束轴线、几何/机械轴线、峰值强度和中心光强关系的图示说明(见 2.1 图 1)。

——增加了关于 LED 射灯测试条件的说明(见第 4 章)。

——针对测试步骤，增加了对不规则光束型灯的说明及测量点的举例(见 6.3)。

——增加了对中心光强小于峰值强度的 50％的灯及测试结果记录的说明(见第 7 章)。

本标准使用翻译法等同采用 IEC/TR 61341:2010《反射灯中心光强和光束角的测量方法》。

本标准由中国轻工业联合会提出。

本标准由全国照明电器标准化技术委员会(SAC/TC 224)归口。

本标准起草单位：国家电光源质量监督检验中心(北京)、浙江生辉照明有限公司、杭州奥普卫厨科技有限公司、杭州远方光电信息有限公司、杭州中为光电技术股份有限公司、德清县新城照明器材有限公司、惠州雷士光电科技有限公司、北京电光源研究所。

本标准主要起草人：华树明、张伟、沈锦祥、傅康、潘建根、张九六、易青、熊飞、赵秀荣、江姗、段彦芳。

本标准于 2005 年首次发布，本次为第一次修订。

引　言

灯的光输出特性通常用光通量表示，对于反射灯，其光输出特性用中心光强和光束角来表示。

本标准旨在对反射灯的这两个基本特性的测试和解释方面提供指导，以便使所测试的数据具有可比性。

本标准中采用的方法有助于按光束角对灯进行分类，但不能用于对个别灯的评估。

有关其他的情况，可参阅CIE第43号技术报告中关于投光灯具的光度特性的说明。

反射灯中心光强和光束角的测量方法

1 范围

本标准规定了反射灯的中心光强和相应光束角的定义和测量方法。

本标准适用于普通照明用白炽灯、卤钨灯、气体放电灯以及以LED为光源的反射灯，但不适用于特殊用途的灯，例如投光灯。

本标准仅涉及灯的设计试验。

2 术语和定义

下列术语和定义适用于本文件。

2.1

光束轴线　optical beam axis

系指其周围的光强度分布大体呈对称状态的轴线。

注1：光束轴线不一定与通过灯头的灯轴线或垂直于反光器(例如边沿)基准面的灯轴线相同，见图1。

注2：假定目视确定对称状态时，误差很小(可忽略)。

图1　光束轴线、几何/机械轴线、峰值强度和中心光强的关系

2.2

峰值强度　peak intensity

I_p

发光强度的最大值，该最大值不一定处于光束轴线上。

注：峰值强度用坎德拉表示。

2.3

中心光强　center beam intensity

I_c

在光束轴线上测得的发光强度值。

注：中心光强用坎德拉表示。

2.4

光束角　beam angle

在通过光束轴线的平面上的两条虚构直线之间的夹角，这两条直线分别通过灯的正面中心和发光强度为中心光强50%的点。

3 光束的基本类型

按照在一垂直于光束轴线的平面上所显示的光束图形，可将光束分为以下几种类型：

——对称光束型：即环形光束，对于这种光束，在任意互相垂直的两个平面内进行测量即可。

——非对称光束型：例如卵形或椭圆形光束，这类光束要求在通过投射光束图形的主轴和副轴（相互垂直）的两个平面内进行测量。

——不规则光束型：这类光束具有一个以上的峰值光强点，要求在若干个平面内进行测量。

4 一般测量条件

对于白炽灯和卤钨灯，在进行测量之前，应使这类灯在其额定电压下老炼大约 1 h。进行测量时所使用的电源电压应等于灯的额定电压，并且应保持在±0.5%范围内。如果灯上标有电压范围，试验电压应为该电压范围的平均值。在测量期间，灯不应绕灯轴旋转。

对于气体放电灯，在进行测量之前，应使灯在正常工作状态下老炼 100 h。在测量期间，应在额定输入电压和频率下使用适宜的基准镇流器。气体放电灯的燃点位置应保持不变。

对于 LED 射灯，测量应在 25 ℃环境温度和额定电气工作条件（电压或电流）下进行。处于热平衡时电气工作条件应保持在±0.5%范围内。如果温度会对 LED 射灯的发光强度产生影响，那么在测量过程中，灯的燃点位置不应变化。

5 试验装置

将灯安装在合适的试验装置中。例如，光具座或变角光度计。

灯的安装位置要与光电探测器保持合适的距离。也就是说，该距离应不小于符合平方反比定律的最小距离。即再增大该距离时，光束强度不再发生变化。

光电探测器的光谱特性应按照 CIE 明视觉光谱光视效率曲线进行校正。光电探测器测量的照度值与测试距离的平方乘积，即为发光强度。

光电探测器相对于灯的位置能够改变，以便在灯的照明范围内进行测量。测量过程中，灯与光电探测器之间的距离最好保持固定不变，光电探测器的法线应通过灯正面的中心。这种试验装置基于分布光度计测试光强分布的测量方法。如果测试距离不能保持固定不变，则应进行适当的修正。

注 1：在测量仪器中要使光束轴线精确对准是没有必要的，在某些情况下也不可能达到这种要求。

注 2：尽管这里对测试系统细节作了具体的说明，但不排除技术的变化。如果测试结果出现不一致，则应以本标准中的试验方法为准。

6 测试步骤

6.1 将光束投射到一无光泽的屏幕上，观察光束的形状，确定其属于哪种基本的光束类型。

6.2 对于对称光束型或非对称光束型的灯，而且

——在其光束强度分布中只有一个峰值的情况下；或者

——在其光束强度分布中存在一个以上的峰值，但它们之间的角度小于 10°：

这种灯的中心光强等于峰值强度。

峰值强度的测量位置通过目视加以确定，其数值通过移动灯或光电探测器的位置，同时观察光电探测器的读数加以确定，记为中心光强（I_c）。

在每一平面上(互相垂直的两个平面中)通过使灯绕其枢轴转动或转动光电探测器,从读数为中心光强的 1/2(I_c/2)的那一点转动到光束轴线另一边的对应点来确定光束角。对于非对称光束型的灯,在进行测量之前,一般需要使灯绕其轴线转动,使测量平面与光束图形的主轴和副轴重合。

6.3 对于发光强度分布存在一个以上峰值的不规则光束型的灯,如果

——两个峰值之间的角度为 10°或 10°以上;并且

——峰值至少比它们之间的最低强度值高 10%,则应采用下述步骤:

测量发光强度分布(见图 2),同时

a) 确定峰值强度 I_p 点的位置;

b) 确定分布曲线上强度为 I_p/2 的位置;

c) 将这两点之间的角度二等分;

d) 确定位于中点的强度值,记为中心光强 I_c;

e) 确定分布曲线上强度为 I_c/2 的位置;

f) 根据曲线上强度为 I_c/2 的两个位置来确定光束角。

测量至少应在 6 个等间隔的平面上进行(或者,如果绘制等光强分布图,则应在照明范围内至少测量 60 个点。)

示例:在中心光束一侧至少 6 个间隔 30°的平面和至少 13 个间隔 15°的点可进行(至少)60 次测量。在本例中,测量点的总数为:每个平面 13 个点×6 个平面－5 个点＝73 个点。所减掉的 5 个点是与中点相同的测量点。

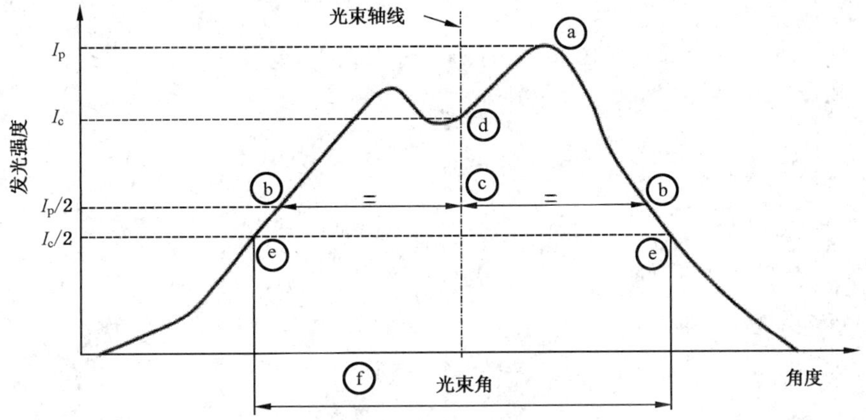

图 2 发光强度分布的测量

7 中心光强和光束角的技术要求

中心光强值应与其光束角一起进行记录。如果中心光强小于峰值强度的 50%,那么应记录光强分布,见图 3。

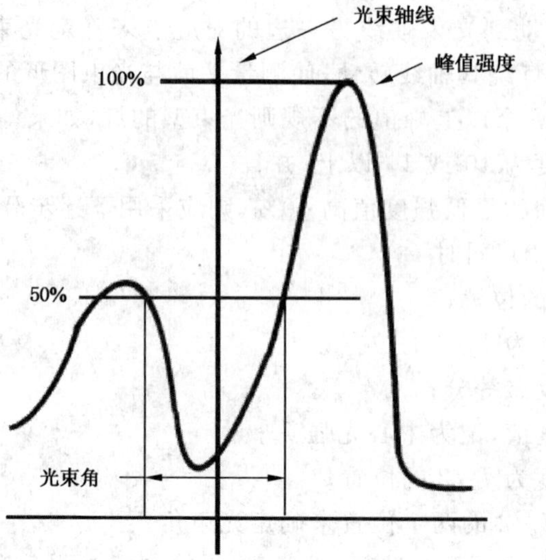

图 3 中心光强小于峰值强度的 50%的示例

对于对称光束型，光束角取不同平面上的平均值；对于非对称光束型，分别记录不同平面上的光束角值。

参 考 文 献

[1] CIE 43 投光灯具光度测试

ICS 21.100.20
J 11

中华人民共和国国家标准

GB/T 19673.1—2013/ISO 13012-1:2009
代替 GB/T 19673—2005

滚动轴承 套筒型直线球轴承附件 第1部分:1、3系列外形尺寸和公差

Rolling bearings—Accessories for sleeve type linear ball bearings—Part 1:Boundary dimensions and tolerances for series 1 and 3

(ISO 13012-1:2009,IDT)

2013-09-18 发布 2014-06-01 实施

中华人民共和国国家质量监督检验检疫总局
中国国家标准化管理委员会 发布

前　言

GB/T 19673《滚动轴承　套筒型直线球轴承附件》分为两个部分：

——第1部分：1、3系列外形尺寸和公差；

——第2部分：5系列外形尺寸和公差。

本部分为GB/T 19673的第1部分。

本部分按照GB/T 1.1—2009给出的规则起草。

本部分代替GB/T 19673—2005《直线运动滚动支承　套筒型循环球直线运动轴承　附件》，与GB/T 19673—2005相比，主要技术变化如下：

——修改了“标准名称”(见封面和首页，2005年版的封面和首页)；

——修改了部分规范性引用文件(见第2章，2005年版的第2章)；

——增加了术语和定义(见第3章)；

——修改了部分符号(见第4章，2005年版的第4章)；

——增加了部分图注或脚注(见图1、图2、图4、图5、图7)；

——修改了部分图形(见图5、图7，2005年版的图5、图7)；

——增加了部分附件的尺寸(见表1、表8、表10)。

本部分使用翻译法等同采用ISO 13012-1:2009《滚动轴承　套筒型直线球轴承附件　第1部分：1、3系列外形尺寸和公差》。

与本部分中规范性引用的国际文件有一致性对应关系的我国文件如下：

——GB/T 131—2006　产品几何技术规范(GPS)技术产品文件中表面结构的表示法(ISO 1302:2002，IDT)

——GB/T 1800.2—2009　产品几何技术规范(GPS)极限与配合　第2部分：标准公差等级和孔、轴极限偏差表(ISO 286-2:1988，MOD)

——GB/T 4199—2003　滚动轴承　公差　定义(ISO 1132-1:2000，MOD)

——GB/T 5617—2005　钢的感应淬火或火焰淬火后有效硬化层深度的测定(ISO 3754:1976，NEQ)

——GB/T 6930—2002　滚动轴承　词汇(ISO 5593:1997，IDT)

——GB/T 7811—2007　滚动轴承　参数符号(ISO 15241:2001，IDT)

——GB/T 29719—2013　滚动轴承　直线运动滚动支承　词汇(ISO 24393:2008，MOD)

本部分还做了下列编辑性修改：

——删除了国际标准的前言。

本部分由中国机械工业联合会提出。

本部分由全国滚动轴承标准化技术委员会(SAC/TC 98)归口。

本部分起草单位：洛阳轴研科技股份有限公司、洛阳轴承研究所有限公司、河南科技大学。

本部分主要起草人：马素青、宋玉聪、李迎春、陈天驹。

本部分所代替标准的历次版本发布情况为：

——GB/T 19673—2005。

滚动轴承　套筒型直线球轴承附件 第1部分:1、3系列外形尺寸和公差

1　范围

GB/T 19673的本部分规定了符合GB/T 16940的套筒型直线球轴承用附件的外形尺寸、其他相关尺寸以及公差。

GB/T 19673的本部分适用于:

座——

用于1系列套筒型直线球轴承的封闭无凸缘座和可调整无凸缘座;

用于3系列套筒型直线球轴承的封闭凸缘座和可调整凸缘座;

用于3系列套筒型直线球轴承的开口凸缘座;

用于3系列套筒型直线球轴承的封闭无凸缘座和可调整无凸缘座;

用于3系列套筒型直线球轴承的开口无凸缘座和开口可调整无凸缘座。

轴支承导轨——

用于3系列套筒型直线球轴承的标准中心高轴支承导轨;

用于3系列套筒型直线球轴承的低中心高轴支承导轨。

轴支承块——

用于1和3系列套筒型直线球轴承的有凸缘的轴支承块;

用于1和3系列套筒型直线球轴承的无凸缘的轴支承块。

轴——

用于1和3系列套筒型直线球轴承的实心轴和空心轴。

2　规范性引用文件

下列文件对于本文件的应用是必不可少的。凡是注日期的引用文件,仅注日期的版本适用于本文件。凡是不注日期的引用文件,其最新版本(包括所有的修改单)适用于本文件。

GB/T 16940—2012　滚动轴承　套筒型直线球轴承　外形尺寸和公差(ISO 10285:2007,IDT)

ISO 286-2　ISO极限与配合制　第2部分:标准公差等级和孔、轴极限偏差表(ISO system of limits and fits—Part 2:Tables of standard tolerance grades and limit deviations for holes and shafts)

ISO 1132-1　滚动轴承　公差　第1部分:术语和定义(Rolling bearings—Tolerances—Part 1:Terms and definitions)

ISO 1302　产品几何技术规范(GPS)　技术产品文件中表面结构的表示法(Geometrical Product Specifications (GPS)—Indication of surface texture in technical product documentation)

ISO 3754　钢火焰淬火或感应淬火后有效硬化层深度的测定(Steel—Determination of effective depth of hardening after flame or induction hardening)

ISO 5593　滚动轴承　词汇(Rolling bearings—Vocabulary)

ISO 15241　滚动轴承　参数符号(Rolling bearings—Symbols for quantities)

ISO 24393　滚动轴承　直线运动滚动支承　词汇(Rolling bearings—Linear motion rolling bearings—Vocabulary)

3 术语和定义

ISO 1132-1、ISO 5593、GB/T 16940 和 ISO 24393 界定的以及下列术语和定义适用于本文件。

3.1

无凸缘座 flangeless housing

端面上有将其连接到平行于轴承轴线的支承面的螺栓孔或螺纹孔的〈套筒型直线球轴承〉轴承座。

3.2

凸缘座 flanged housing

带有凸台的安装面上有将其连接到平行于轴承轴线的支承面的螺栓孔或螺纹孔的〈套筒型直线球轴承〉轴承座。

3.3

封闭座 closed housing

座孔是连续的〈套筒型直线球轴承〉轴承座。

3.4

可调整座 adjustable housing

座孔上有一便于机械调整轴承座孔直径的轴向狭缝的〈套筒型直线球轴承〉轴承座。

3.5

开口座 open housing

沿轴向截去一部分以提供轴和轴支承导轨之间间隙的〈套筒型直线球轴承〉轴承座。

3.6

开口可调整座 open adjustable housing

具有开口和可调整套筒型直线球轴承座特征的〈套筒型直线球轴承〉轴承座。

3.7

轴支承导轨 shaft support rail

可对轴提供连续支承的轴向基架。

注：轴支承导轨与开口套筒型直线球轴承配套使用。

3.8

轴支承块 shaft support block

对轴提供支承的物块。

注：轴支承块通常支承在轴的端部，与闭式、可调整或开口套筒型直线球轴承配套使用。

3.9

轴 shaft

直线球轴承沿其往复移动的基本圆柱体。

4 符号

ISO 15241 给出的以及下列符号适用于本文件。

除另有规定外，图 1～图 10 中所示符号(公差符号除外)及表 1～表 11 中所示数值均表示公称尺寸。

注：图 1～图 10 给出的仅是示意图，未显示出所有结构细节。

4.1 1系列套筒型直线球轴承用封闭无凸缘座和可调整无凸缘座

见图1和表1。
A:宽度(总宽)
D_a:座孔直径
F_w:套筒型直线球轴承球组内径(参考尺寸)
G:连接孔的螺纹代号
H:安装面到座孔中心线的距离
H_1:高度(总高)
J:安装螺栓孔之间中心距(长度)
L:轴承座长度
N:螺栓孔直径

4.2 3系列套筒型直线球轴承用封闭凸缘座和可调整凸缘座

见图2和表2。
A:宽度(总宽)
A_1:座孔宽度
D_a:座孔直径
F_w:套筒型直线球轴承球组内径(参考尺寸)
G:连接孔的螺纹代号
H:安装面到座孔中心线的距离
H_1:凸缘高度
H_2:高度(总高)
J:螺栓孔之间中心距(长度)
J_1:螺栓孔之间中心距(宽度)
L:轴承座长度
N:螺栓孔直径

4.3 3系列套筒型直线球轴承用开口凸缘座

见图3和表3。
A:宽度(总宽)
A_1:座孔宽度
D_a:座孔直径
E:扇形开口宽度(直径 D_a 处)
F_w:套筒型直线球轴承球组内径(参考尺寸)
H:安装面到座孔中心线的距离
H_1:凸缘高度
H_2:高度(总高)
J:螺栓孔之间中心距(长度)
J_1:螺栓孔之间中心距(宽度)
L:轴承座长度
N:螺栓孔直径
α:扇形开口角

4.4 3系列套筒型直线球轴承用封闭无凸缘座和可调整无凸缘座

见图4和表4。

A:宽度(总宽)

D_a:座孔直径

F_w:套筒型直线球轴承球组内径(参考尺寸)

G:连接孔的螺纹代号

H:安装面到座孔中心线的距离

H_1:高度(总高)

J:螺栓孔之间中心距(长度)

J_1:螺栓孔之间中心距(宽度)

L:轴承座长度

L_1:端面到座孔中心线的距离

N:螺栓孔直径

4.5 3系列套筒型直线球轴承用开口无凸缘座和开口可调整无凸缘座

见图5和表5。

A:宽度(总宽)

D_a:座孔直径

E:扇形开口宽度(直径D_a处)

F_w:套筒型直线球轴承球组内径(参考尺寸)

G:连接孔的螺纹代号

H:安装面到座孔中心线的距离

H_1:高度(总高)

J:螺栓孔之间中心距(长度)

J_1:螺栓孔之间中心距(宽度)

L:轴承座长度

L_1:端面到座孔中心线的距离

N:螺栓孔直径

α:扇形开口角

4.6 3系列套筒型直线球轴承用标准中心高轴支承导轨

见图6和表6。

A:宽度(总宽)

d:轴的外径(参考尺寸)

H:安装面到轴中心线的距离

H_1:凸缘高度

J:螺栓孔之间中心距(长度)

J_1:螺栓孔之间中心距(宽度)

M:轴的支承宽度

N:螺栓孔直径

N_1:螺栓孔直径(连接轴)

4.7 3系列套筒型直线球轴承用低中心高轴支承导轨

见图7和表7。

A:宽度(总宽)

d:轴的外径(参考尺寸)

H:安装面到轴中心线的距离

H_1:凸缘高度

H_2:安装面到连接螺栓顶端的距离

J:螺栓孔之间中心距(长度)

J_1:螺栓孔之间中心距(宽度)

M:轴的支承宽度

N:螺栓孔直径

N_1:螺栓孔直径(连接轴)

β:轴的支承角

4.8 1和3系列套筒型直线球轴承用有凸缘的轴支承块

见图8和表8。

A:宽度(总宽)

D_a:座孔直径

H:安装面到座孔中心线的距离

H_1:凸缘高度

H_2:高度(总高)

J:螺栓孔之间中心距(长度)

L:底座长度

N:螺栓孔直径

4.9 1和3系列套筒型直线球轴承用无凸缘的轴支承块

见图9和表9。

A:宽度(总宽)

D_a:座孔直径

G:连接孔螺纹代号

H:安装面到座孔中心线的距离

H_1:高度(总高)

J:螺栓孔之间中心距

L:底座长度

N:螺栓孔直径

4.10 1和3系列套筒型直线球轴承用实心轴和空心轴

见图10和表10。

d:轴的外径

d_s:轴单一外径

L:轴的长度

L_s:轴的实际长度

t:轴的直线度

V_{dmp}:轴的平均外径变动量

V_{dsp}:单一平面轴外径变动量

Δ_{ds}:轴的单一外径偏差

Δ_{Ls}:轴的实际长度偏差

5 轴承座

5.1 通则

为了便于套筒型直线球轴承的设计和安装,应对轴承座进行专门设计。GB/T 19673 的本部分包括了符合 GB/T 16940—2012 规定的 1 和 3 系列套筒型直线球轴承用轴承座的外形尺寸和其他相关尺寸。

表 1～表 5 规定的轴承座及相应的套筒型直线球轴承应由同一制造厂提供。这是由于轴承在轴承座中的固定是由制造厂规定的,而 GB/T 19673 的本部分未对其作出规定。

5.2 用于 1 系列套筒型直线球轴承的轴承座

GB/T 19673 的本部分包括了用于 1 系列套筒型直线球轴承的以下结构轴承座:

——封闭无凸缘座和可调整无凸缘座(表 1)。

5.3 用于 3 系列套筒型直线球轴承的轴承座

GB/T 19673 的本部分包括了用于 3 系列套筒型直线球轴承的以下结构轴承座:

——封闭凸缘座和可调整凸缘座(表 2);

——开口凸缘座(表 3);

——封闭无凸缘座和可调整无凸缘座(表 4);

——开口无凸缘座和开口可调整无凸缘座(表 5)。

6 轴支承导轨

GB/T 19673 的本部分包括了用于套筒型直线球轴承的以下结构轴支承导轨:

——用于 3 系列套筒型直线球轴承的标准中心高的轴支承导轨(表 6);

——用于 3 系列套筒型直线球轴承的低中心高的轴支承导轨(表 7)。

7 轴支承块

GB/T 19673 的本部分包括了用于套筒型直线球轴承的以下结构轴支承块:

——用于 1 和 3 系列套筒型直线球轴承的有凸缘的轴支承块(表 8);

——用于 1 和 3 系列套筒型直线球轴承的无凸缘的轴支承块(表 9)。

8 轴

8.1 材料

GB/T 19673 的本部分所涵盖的轴是指经过淬硬和磨削的精密空心和实心钢制轴。这些轴采用高质量的优质碳素钢或铬钢制造,且经过表面淬硬或整体淬硬处理。

8.2 热处理

8.2.1 表面淬硬轴

对轴的圆柱面进行热处理,以达到基本均匀的有效硬化层深度,并且表面硬度不低于653 HV (58 HRC)。有效硬化层深度按ISO 3754确定。有效硬化层深度是指从轴的外表面到硬度大约为规定的最小表面硬度80 %处的距离,轴的端面可以不淬硬。

8.2.2 整体淬硬轴

对整个轴进行热处理,以便在整个工作长度上获得不低于653 HV(58 HRC)的表面硬度。

8.3 几何公差

8.3.1 公差等级

经过淬火及磨削的精密实心轴和空心轴按直径公差分为h6和h7两个公差等级,以便与各系列套筒型直线球轴承和轴承座匹配。

8.3.2 几何形状

每一公差等级的轴,其几何形状通过以下参数进行控制:

a) 圆度:单一平面轴外径变动量;

b) 圆柱度(锥度、凹度、凸度):轴的平均外径变动量;

c) 直线度(每米)。

两个等级的公差规定在表10中。在图10和表10中对直线度的测量方法进行了说明和规定。

8.3.3 轴的长度公差

轴的长度公差规定在表11中。

8.3.4 倒角

轴的端部应有倒角以便于装入套筒型直线球轴承。机制轴端的倒角尺寸通常在径向较小而在轴向较大。倒角轴向尺寸规定在表10中。用于密封套筒型直线球轴承的轴,其倒角应小于30°。

8.3.5 表面粗糙度

钢制轴圆柱表面的表面粗糙度根据ISO 1302规定在表10中。

9 外形尺寸和公差

9.1 轴承座

轴承座的外形尺寸和公差规定在表1~表5中。

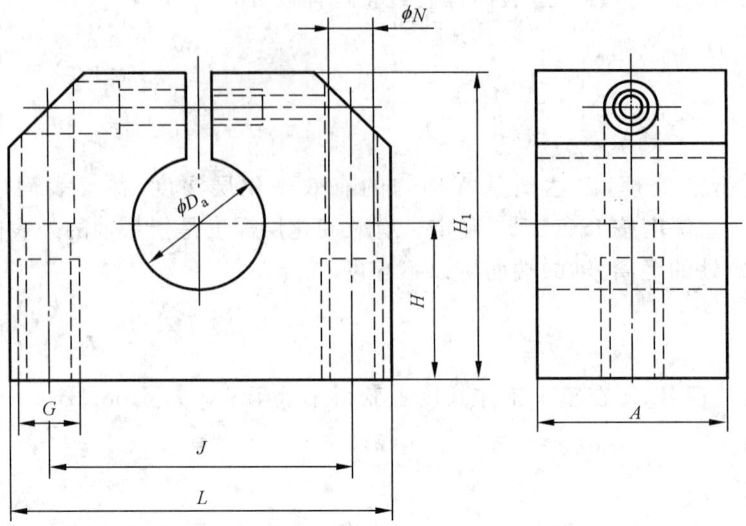

注：本图所示的仅是可调整轴承座。

图 1 用于 1 系列套筒型直线球轴承的封闭无凸缘座和可调整无凸缘座

表 1 用于 1 系列套筒型直线球轴承的封闭无凸缘座和可调整无凸缘座

尺寸单位为毫米

F_w 参考尺寸	D_a K7[a] 或 H7[b]	H[c] ±0.02	H_1 max	L max	A max	J	N	G
3	7	10	18	26	11	16	2.7	M3
4	8	11	20	27	13	17	2.7	M3
5	10	12	22	28	16	18	2.7	M3
6	12	14	26	32	20	22	3.4	M4
8	15	15	29	35	25	25	3.4	M4
10	17	16	32	39	27	27	4.3	M5
14	21	18	39	46	29	34	4.3	M5
12	19	17	34	41	29	29	4.3	M5
16	24	19	39	46	31	34	4.3	M5
20	28	23	46	54	31	40	5.3	M6
25	35	27	55	63	41	48	6.6	M8
30	40	30	61	68	51	53	6.6	M8
40	52	39	77	88	61	69	8.4	M10
50	62	47	93	104	71	82	10.5	M12
60	75	57	113	122	86	100	10.5	M12

[a] 用于闭式套筒型直线球轴承的铝制轴承座的座孔直径公差（见 ISO 286-2）。

[b] 用于可调整套筒型直线球轴承的钢制或铝制轴承座和用于闭式套筒型直线球轴承的钢制轴承座的座孔直径公差（见 ISO 286-2）。

[c] 应根据座孔的公称直径测量尺寸 H。对于可调整轴承座，D_a 的公差适用于轴承座开口前。

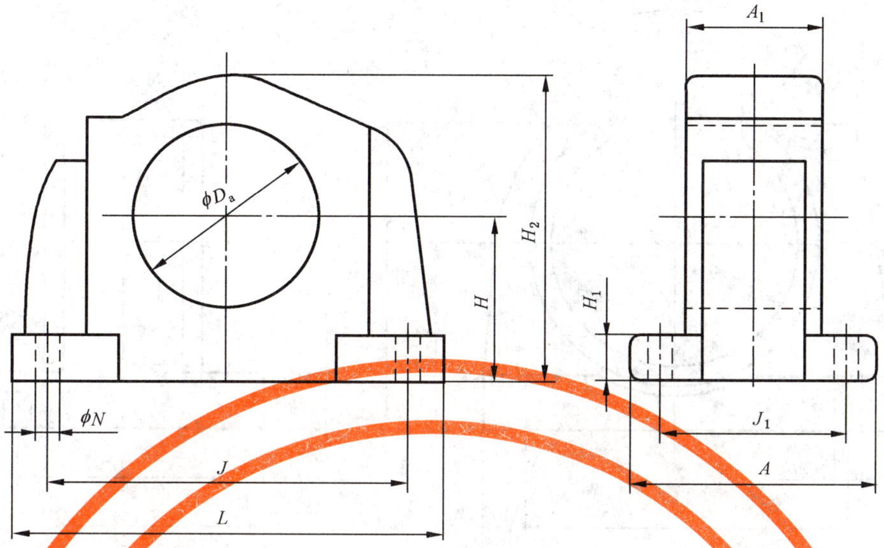

注：本图所示的仅是封闭轴承座。

图 2　用于 3 系列套筒型直线球轴承的封闭凸缘座和可调整凸缘座

表 2　用于 3 系列套筒型直线球轴承的封闭凸缘座和可调整凸缘座

尺寸单位为毫米

F_w 参考尺寸	D_a H7[a]	H[b] ±0.02	H_1 max	H_2 max	L max	A max	A_1 max	A_1 min	J	J_1	N
5	12	11	4	22	33	25	12.1	11.7	24	16	3.4
6	13	12	5	24	34	26	12.1	11.7	25	18	3.4
8	16	15	6	29	46	29	14.1	13.7	25	20	3.4
10	19	17	6	30	50	30	20.1	19.7	34	21	4.5
12	22	18	7	36	54	33	20.1	19.7	32	23	4.5
16	26	22	8	43	58	36	22.1	21.7	40	26	4.5
20	32	25	9	51	72	43	28.1	27.7	45	32	4.5
25	40	30	10	62	82	56	40.1	39.6	60	40	5.5
30	47	35	11	72	90	62	48.1	47.5	68	45	6.6
35	52	40	12	80	96	68	45.1	44.5	76	50	6.6
40	62	45	13	92	110	80	56.1	55.5	86	58	9
50	75	50	15	107	137	72	72.1	71.5	108	50	9
60	90	60	18	131	162	94	95.1	94.5	132	65	11
80	120	80	23	176	207	124	125.1	124.5	170	90	13.5
100	150	100	30	210	250	135	135.1	134.5	210	100	17.5

[a] 座孔直径公差(见 ISO 286-2)。

[b] 应根据座孔的公称直径测量尺寸 H。对于可调整轴承座，D_a 的公差适用于轴承座开口前。

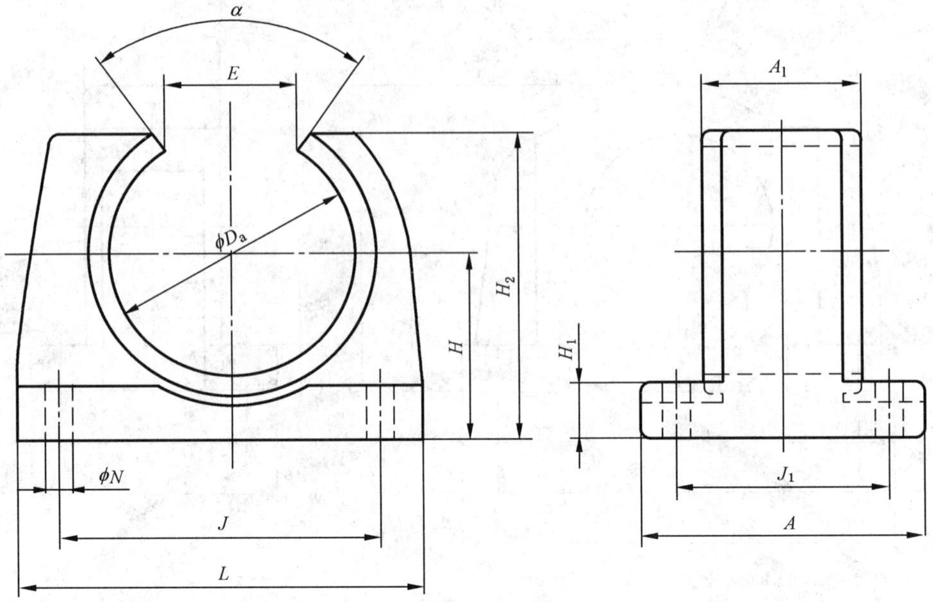

图 3　用于 3 系列套筒型直线球轴承的开口凸缘座

表 3　用于 3 系列套筒型直线球轴承的开口凸缘座

尺寸单位为毫米，角度单位为度

F_w 参考尺寸	D_a[a] JS7[b]	H[c] ±0.02	H_1 max	H_2 max	L max	A max	A_1 max	A_1 min	J	J_1	N	α min	E min
10	19	17	6	27	50	30	20.1	19.7	32	21	4.5	65	11
12	22	18	7	29	54	33	20.1	19.7	32	23	4.5	65	12
16	26	22	8	36	58	36	22.1	21.7	40	26	4.5	50	13.5
20	32	25	9	43	72	43	28.1	27.7	45	32	4.5	50	14.5
25	40	30	10	52.5	82	56	40.1	39.6	60	40	5.5	50	17.5
30	47	35	11	61.5	90	62	48.1	47.5	68	45	6.6	50	20
35	52	40	12	69	96	68	45.1	44.5	76	50	6.6	50	22
40	62	45	13	78.5	110	80	56.1	55.5	86	58	9	50	26
50	75	50	15	89.5	137	72	72.1	71.5	108	50	9	50	32
60	90	60	18	106.5	162	94	95.1	94.5	132	65	11	50	39
80	120	80	23	141.5	207	124	125.1	124.5	170	90	13.5	50	53
100	150	100	30	177	250	135	135.1	134.5	210	100	17.5	50	66

[a] 只有将轴承座固定于平面上时，才能对直径 D_a 进行测量。

[b] 座孔直径公差(见 ISO 286-2)。

[c] 应根据座孔的公称直径测量尺寸 H。

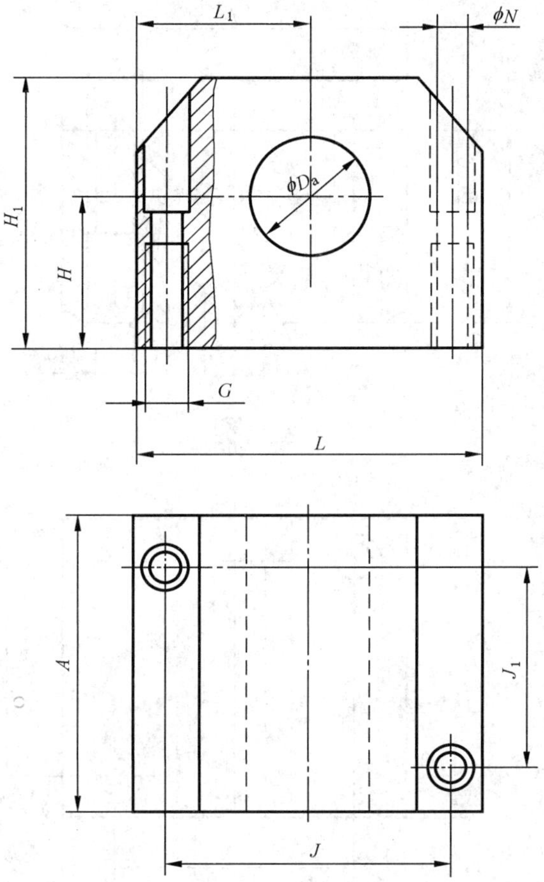

注 1：也可设置四个连接孔。

注 2：本图所示的仅是封闭轴承座。

图 4　用于 3 系列套筒型直线球轴承的封闭无凸缘座和可调整无凸缘座

表 4　用于 3 系列套筒型直线球轴承的封闭无凸缘座和可调整无凸缘座

尺寸单位为毫米

F_w 参考尺寸	D_a[a] H7[b]	H[c] ±0.02	H_1 max	L max	L_1 ±0.02	A max	J	J_1	N	G
10	19	16	32	40	20	37	29	20	403	M5
12	22	18	36	43	21.5	40	32	23	403	M5
16	26	22	43	53	26.5	44	40	26	503	M6
20	32	25	51	60	30	56	45	32	606	M8
25	40	30	62	78	39	69	60	40	804	M10
30	47	35	72	87	43.5	81	68	45	804	M10
40	62	45	92	108	54	93	86	58	10.5	M12
50	75	50	107	132	66	115	108	50	13.5	M16

[a] 对于可调整轴承座，只有将轴承座固定于平面上时，才能对直径 D_a 进行测量。

[b] 座孔直径公差(见 ISO 286-2)。

[c] 应根据座孔的公称直径测量尺寸 H。对于可调整轴承座，D_a 的公差适用于轴承座开口前。

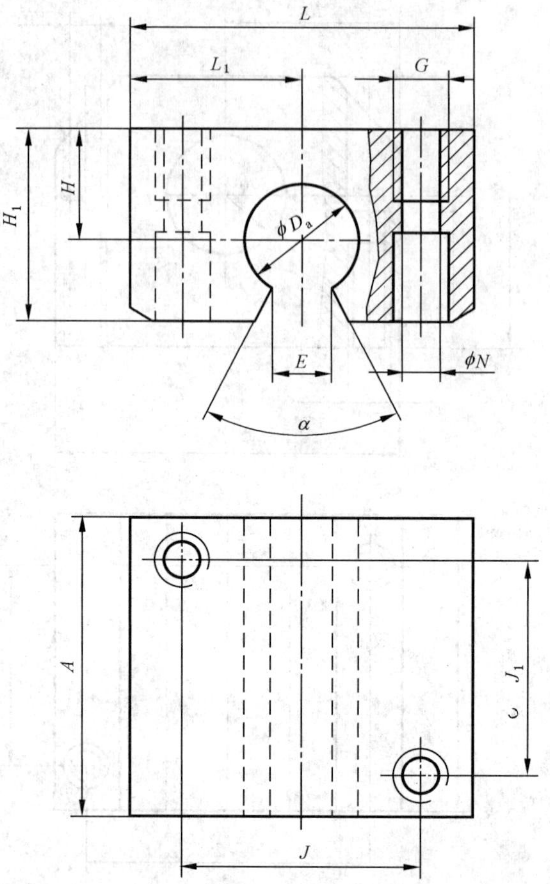

注 1：也可设置四个连接孔。

注 2：本图所示的仅是开口轴承座。

图 5　用于 3 系列套筒型直线球轴承的开口无凸缘座和开口可调整无凸缘座

表 5　用于 3 系列套筒型直线球轴承的开口无凸缘座和开口可调整无凸缘座

尺寸单位为毫米，角度单位为度

F_w 参考尺寸	D_a[a] JS7[b]	H[c] ±0.02	H_1 max	L max	L_1 ±0.02	A max	J	J_1	N	G	α min	E min
12	22	18	29	43	21.5	40	32	23	4.3	M5	65	12
16	26	22	36	53	26.5	44	40	26	5.3	M6	50	13.5
20	32	25	43	60	30	56	45	32	6.6	M8	50	14.5
25	40	30	52.5	78	39	69	60	40	8.4	M10	50	17.5
30	47	35	61.5	87	43.5	81	68	45	8.4	M10	50	20
40	62	45	78.5	108	54	93	86	58	10.5	M12	50	26
50	75	50	89.5	132	66	115	108	50	13.5	M16	50	32

[a] 只有将轴承座固定于平面上时，才能对直径 D_a 进行测量。

[b] 座孔直径公差（见 ISO 286-2）。

[c] 应根据座孔的公称直径测量尺寸 H。

9.2 轴支承导轨

轴支承导轨的外形尺寸规定在表6和表7中。

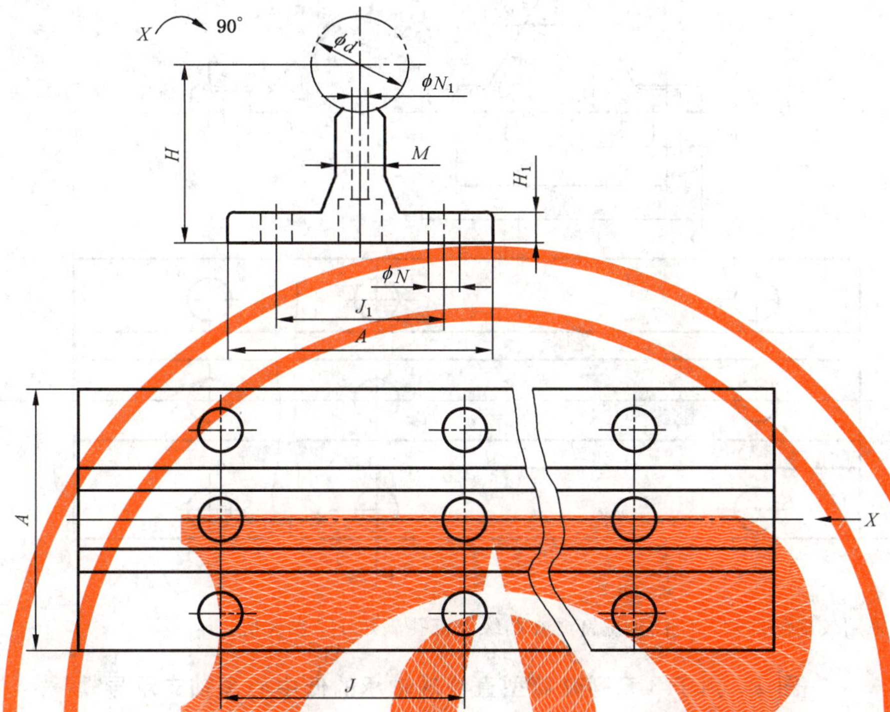

图6 用于3系列套筒型直线球轴承的标准中心高轴支承导轨

表6 用于3系列套筒型直线球轴承的标准中心高轴支承导轨

尺寸单位为毫米

d 参考尺寸	*H*[a] ±0.02	J_1	*J*	*N*	N_1	*A*	H_1	*M*
10	25	27	75	3.4	4.5	40	5	8
12	28	29	75	4.5	4.5	43	5	9
16	30	33	100	5.5	5.5	48	5	10
20	38	37	100	6.6	6.6	56	6	11
25	42	42	120	6.6	9	60	6	14
30	53	51	150	9	11	74	8	14
35	55	53	200	9	11	76	8	16
40	60	55	200	9	11	78	8	18
50	75	63	200	11	13.5	90	10	22
60	80	72	300	11	15.5	100	12	30
80	100	92	300	13.5	17.5	125	14	42
100	120	112	300	17.5	22	160	16	55

[a] 应在安装状态下，根据轴的公称直径测量尺寸 *H*。

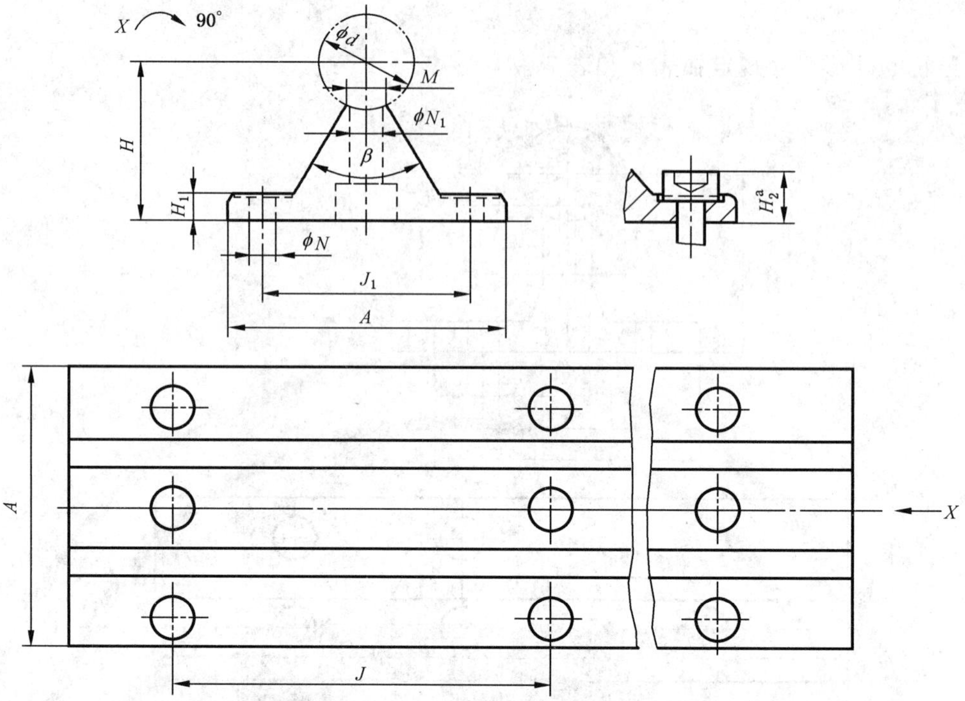

a 可以选择采用较扁的内六角圆柱头螺钉或在凸缘上沉孔满足 H_2 最大值。

图 7　用于 3 系列套筒型直线球轴承的低中心高轴支承导轨

表 7　用于 3 系列套筒型直线球轴承的低中心高轴支承导轨

尺寸单位为毫米,角度单位为度

d 参考尺寸	H^a ±0.02	A max	H_1 ±0.5	H_2 max	J_1	J	M max	N	N_1	β max
10	20	35	4	8	25	75	4.7	4.5	4.5	50
12	22	40	5	10	29	75	5.8	4.5	4.5	50
16	26	45	5	11	33	100	7	5.5	5.5	50
20	32	52	6	13	37	100	8.3	6.6	6.6	50
25	36	57	6	13	42	120	10.8	6.6	9	50
30	42	69	7	15	51	150	11	9	11	50
35	46	69	8	16	51	200	13	9	11	50
40	50	73	8	16	55	200	15	9	11	50
50	60	84	9	20	63	200	19	11	13.5	46
60	68	94	10	21	72	300	25	11	15.5	46
80	86	116	12	24	92	300	34	13.5	17.5	46
100	110	146	15	31	126	300	45	17.5	22	46
a 应在安装状态下,根据轴的公称直径测量尺寸 H。										

9.3　轴支承块

轴支承块的外形尺寸规定在表 8 和表 9 中。

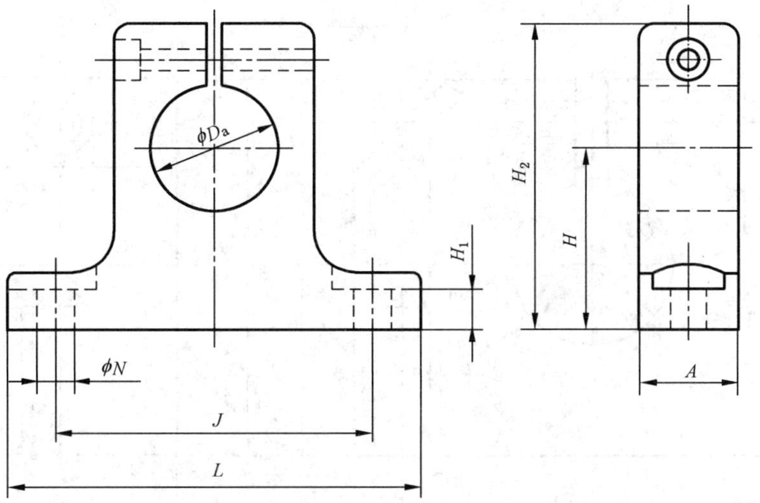

图 8　用于 1 和 3 系列套筒型直线球轴承的有凸缘的轴支承块

表 8　用于 1 和 3 系列套筒型直线球轴承的有凸缘的轴支承块

尺寸单位为毫米

D_a H8[a]	H[b] ±0.02	A max	J	N	L max	H_1 max	H_2 max
5	13	9	20	3.4	32	5	24
6	14	11	23	4.5	32	5.5	27.5
8	15	11	25	4.5	46	5.5	28
10	17	11	28	4.5	50	5.5	30.5
12	20	13	32	5.5	54	5.5	36
14	22	15	36	5.5	56	6	39
16	25	17	40	5.5	58	6.5	43
20	30	21	45	5.5	72	8	51
25	35	29	60	6.6	82	9	61
30	40	31	68	9	90	10	71
35	45	32	74	9	100	12	82
40	50	37	86	11	110	12	91
50	60	50	108	11	137	14	106
60	75	63	132	13.5	162	15	131
80	100	86	170	17.5	207	22	176
100	125	80	200	22	250	30	200

[a] 座孔直径公差(见 ISO 286-2),公差适用于支承块开口前。

[b] 应根据座孔的公称直径测量尺寸 H。

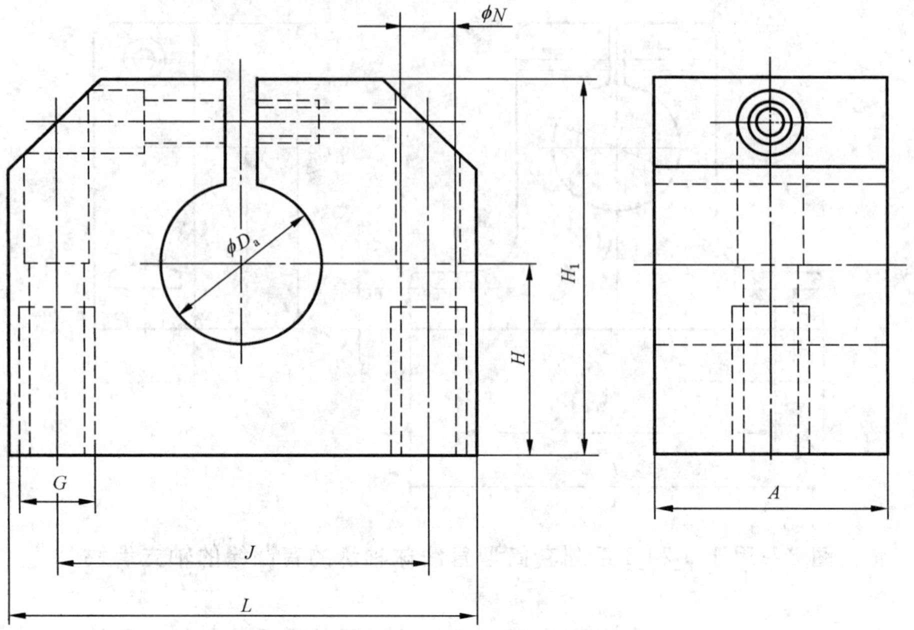

图9　用于1和3系列套筒型直线球轴承的无凸缘的轴支承块

表9　用于1和3系列套筒型直线球轴承的无凸缘的轴支承块

尺寸单位为毫米

D_a H8[a]	L max	A max	H[b] ±0.02	H_1 max	J	N	G
10	40	21	18	32	27	5.3	M6
12	43	21	20	36	30	5.3	M6
16	53	25	25	43	38	6.6	M8
20	60	31	30	52	42	8.4	M10
25	78	39	35	62	56	10.5	M12
30	87	41	40	71	64	10.5	M12
40	108	49	50	90	82	13.5	M16
50	132	59	60	106	100	17.5	M20

[a] 座孔直径公差(见 ISO 286-2),公差适用于支承块开口前。

[b] 应根据座孔的公称直径测量尺寸 H。

9.4　轴

轴的外形尺寸和公差规定在表10和表11中。

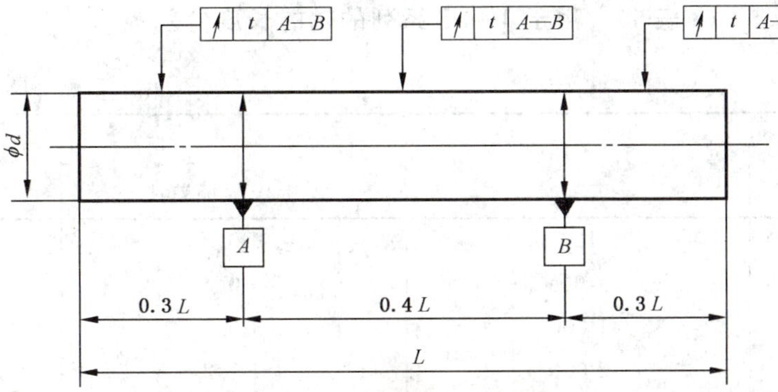

图 10　用于 1 和 3 系列套筒型直线球轴承的实心轴和空心轴

表 10　用于 1 和 3 系列套筒型直线球轴承的实心轴和空心轴

d	Δ_{ds}				V_{dsp}		V_{dmp}		t	表面粗糙度	有效硬化层深度[b]	倒角轴向尺寸
	h6 级		h7 级		h6 级	h7 级	h6 级	h7 级	直线度[a]	Ra		
mm	μm	μm	μm	μm	μm	μm	μm	μm	μm/m	μm	mm	mm
	上极限偏差	下极限偏差	上极限偏差	下极限偏差	max	max	max	max	max	max	min	min
3	0	−6	0	−10	3	4	4	6	150	0.32	0.4	0.8
4	0	−8	0	−12	4	5	5	8	150	0.32	0.4	0.8
5	0	−8	0	−12	4	5	5	8	150	0.32	0.4	1
6	0	−8	0	−12	4	5	5	8	150	0.32	0.4	1
8	0	−9	0	−15	4	6	6	9	120	0.32	0.4	1
10	0	−9	0	−15	4	6	6	9	120	0.32	0.4	1
12	0	−11	0	−18	5	8	8	11	100	0.32	0.6	1.5
14	0	−11	0	−18	5	8	8	11	120	0.32	0.6	1.5
16	0	−11	0	−18	5	8	8	11	100	0.32	0.6	1.5
20	0	−13	0	−21	6	9	9	13	100	0.32	0.9	1.5
25	0	−13	0	−21	6	9	9	13	100	0.32	0.9	1.5
30	0	−13	0	−21	6	9	9	13	100	0.32	0.9	1.5
35	0	−16	0	−25	7	11	11	16	100	0.32	1.5	2.5
40	0	−16	0	−25	7	11	11	16	100	0.32	1.5	2.5
50	0	−16	0	−25	7	11	11	16	100	0.32	1.5	2.5
60	0	−19	0	−30	8	13	13	19	100	0.32	2.2	2.5
80	0	−19	0	−30	8	13	13	19	100	0.32	2.2	2.5
100	0	−22	0	−35	10	15	15	22	100	0.32	3.2	3.5

注：这些轴仅适合与符合 GB/T 16940—2012 的 1 和 3 系列套筒型直线球轴承联合使用。

[a] 直线度的测量按图 10 所示。测量时，应在距支承点与轴伸出端等距的点进行测量。轴按图示支承并旋转 360° 时，其示值(TIR)不应超过以上所列直线度公差。按这种测量方法给出的 TIR 值是轴实际直线度公差值的 2 倍。

[b] 适用于表面硬化轴。

表 11　用于 1 和 3 系列的轴的长度公差

尺寸和公差值单位为毫米

L		Δ_{Ls}	
>	≤	上极限偏差	下极限偏差
30	120	+0.3	−0.3
120	400	+0.5	−0.5
400	1 000	+0.8	−0.8
1 000	2 000	+1.2	−1.2
2 000	4 000	+2	−2
4 000	8 000	+3	−3

ICS 21.100.20
J 11

中华人民共和国国家标准

GB/T 19673.2—2013/ISO 13012-2:2009

滚动轴承　套筒型直线球轴承附件 第2部分:5系列外形尺寸和公差

Rolling bearings—Accessories for sleeve type linear ball bearings—
Part 2:Boundary dimensions and tolerances for series 5

(ISO 13012-2:2009,IDT)

2013-09-18 发布　　2014-06-01 实施

中华人民共和国国家质量监督检验检疫总局
中国国家标准化管理委员会　发布

前　言

GB/T 19673《滚动轴承　套筒型直线球轴承附件》分为两个部分：

——第1部分：1、3系列外形尺寸和公差(GB/T 19673.1)；

——第2部分：5系列外形尺寸和公差。

本部分为GB/T 19673的第2部分。

本部分按照GB/T 1.1—2009给出的规则起草。

本部分使用翻译法等同采用ISO 13012-2:2009《滚动轴承　套筒型直线球轴承附件　第2部分：5系列外形尺寸和公差》。

与本部分中规范性引用的国际文件有一致性对应关系的我国文件如下：

——GB/T 131—2006　产品几何技术规范(GPS)技术产品文件中表面结构的表示法(ISO 1302:2002,IDT)

——GB/T 1800.2—2009　产品几何技术规范(GPS)　极限与配合　第2部分：标准公差等级和孔、轴极限偏差表(ISO 286-2:1988,MOD)

——GB/T 4199—2003　滚动轴承　公差　定义(ISO 1132-1:2000,MOD)

——GB/T 5617—2005　钢的感应淬火或火焰淬火后有效硬化层深度的测定(ISO 3754:1976,NEQ)

——GB/T 6930—2002　滚动轴承　词汇(ISO 5593:1997,IDT)

——GB/T 7811—2007　滚动轴承　参数符号(ISO 15241:2001,IDT)

——GB/T 29719—2013　滚动轴承　直线运动滚动支承　词汇(ISO 24393:2008,MOD)

本部分还做了下列编辑性修改：

——删除了国际标准的前言。

本部分由中国机械工业联合会提出。

本部分由全国滚动轴承标准化技术委员会(SAC/TC 98)归口。

本部分起草单位：洛阳轴研科技股份有限公司、洛阳轴承研究所有限公司、河南科技大学。

本部分主要起草人：马素青、宋玉聪、陈天驹、李迎春。

引　言

通过对轴承座、轴、轴支承块和轴支承导轨的正确选用，可以使套筒型直线球轴承的使用更加便利。以上这些轴承附件有助于套筒型直线球轴承在使用中达到所要求的平稳、精确，并作低摩擦的直线运动且不出现震颤或爬行。

由制造厂和用户之间协商确定对轴承座的类型、轴以及轴支承件进行正确的选择。

GB/T 19673 的本部分与 GB/T 16940 配套使用。

滚动轴承　套筒型直线球轴承附件　第2部分:5系列外形尺寸和公差

1　范围

GB/T 19673的本部分规定了符合GB/T 16940的套筒型直线球轴承用附件的外形尺寸、其他相关尺寸以及公差。

GB/T 19673的本部分适用于:

座——

用于5系列套筒型直线球轴承的封闭无凸缘座和可调整无凸缘座;

用于5系列套筒型直线球轴承的开口无凸缘座和开口可调整无凸缘座。

轴支承导轨——

用于5系列套筒型直线球轴承的标准中心高轴支承导轨。

轴支承块——

用于5系列套筒型直线球轴承的有凸缘的轴支承块。

轴——

用于5系列套筒型直线球轴承的实心轴和空心轴。

2　规范性引用文件

下列文件对于本文件的应用是必不可少的。凡是注日期的引用文件,仅注日期的版本适用于本文件。凡是不注日期的引用文件,其最新版本(包括所有的修改单)适用于本文件。

GB/T 16940—2012　滚动轴承　套筒型直线球轴承　外形尺寸和公差(ISO 10285:2007,IDT)

GB/T 19673.1—2013　滚动轴承　套筒型直线球轴承附件　第1部分:1、3系列外形尺寸和公差(ISO 13012-1:2009,IDT)

ISO 286-2　ISO极限与配合制　第2部分:标准公差等级和孔、轴极限偏差表(ISO system of limits and fits—Part 2: Tables of standard tolerance grades and limit deviations for holes and shafts)

ISO 1132-1　滚动轴承　公差　第1部分:术语和定义(Rolling bearings—Tolerances—Part 1: Terms and definitions)

ISO 1302　产品几何技术规范(GPS)　技术产品文件中表面结构的表示法(Geometrical Product Specifications (GPS)—Indication of surface texture in technical product documentation)

ISO 3754　钢火焰淬火或感应淬火后有效硬化层深度的测定(Steel—Determination of effective depth of hardening after flame or induction hardening)

ISO 5593　滚动轴承　词汇(Rolling bearings—Vocabulary)

ISO 15241　滚动轴承　参数符号(Rolling bearings—Symbols for quantities)

ISO 24393　滚动轴承　直线运动滚动支承　词汇(Rolling bearings—Linear motion rolling bearings—Vocabulary)

3　术语和定义

ISO 1132-1、ISO 5593、GB/T 16940和ISO 24393界定的以及下列术语和定义适用于本文件。

3.1

无凸缘座　flangeless housing

端面上有将其连接到平行于轴承轴线的支承面的螺栓孔或螺纹孔的<套筒型直线球轴承>轴承座。

[GB/T 19673.1—2013]

3.2

封闭座　closed housing

座孔是连续的<套筒型直线球轴承>轴承座。

[GB/T 19673.1—2013]

3.3

可调整座　adjustable housing

座孔上有一便于机械调整轴承座孔直径的轴向狭缝的<套筒型直线球轴承>轴承座。

[GB/T 19673.1—2013]

3.4

开口座　open housing

沿轴向截去一部分以提供轴和轴支承导轨之间间隙的<套筒型直线球轴承>轴承座。

[GB/T 19673.1—2013]

3.5

开口可调整座　open adjustable housing

具有开口和可调整套筒型直线球轴承座特征的<套筒型直线球轴承>轴承座。

[GB/T 19673.1—2013]

3.6

轴支承导轨　shaft support rail

可对轴提供连续支承的轴向基架。

注：轴支承导轨与开口套筒型直线球轴承配套使用。

[GB/T 19673.1—2013]

3.7

轴支承块　shaft support block

对轴提供支承的物块。

注：轴支承块通常支承在轴的端部，与闭式、可调整或开口套筒型直线球轴承配套使用。

[GB/T 19673.1—2013]

3.8

轴　shaft

直线球轴承沿其往复移动的基本圆柱体。

[GB/T 19673.1—2013]

4　符号

ISO 15241 给出的以及下列符号适用于本文件。

除另有规定外，图 1～图 5 中所示符号(公差符号除外)及表 1～表 6 中所示数值均表示公称尺寸。

注：图 1～图 5 给出的仅是示意图，未显示出所有结构细节。

4.1　5 系列套筒型直线球轴承用封闭无凸缘座和可调整无凸缘座

见图 1 和表 1。

A:宽度(总宽)

D_a:座孔直径

F_w:套筒型直线球轴承球组内径(参考尺寸)

G:连接孔的螺纹代号

H:安装面到座孔中心线的距离

H_1:高度(总高)

J:螺栓孔之间中心距(长度)

J_1:螺栓孔之间中心距(宽度)

L:轴承座长度

L_1:端面到座孔中心线的距离

N:螺栓孔直径

4.2 5系列套筒型直线球轴承用开口无凸缘座和开口可调整无凸缘座

见图2和表2。

A:宽度(总宽)

D_a:座孔直径

E:扇形开口宽度(直径 D_a 处)

F_w:套筒型直线球轴承球组内径(参考尺寸)

G:连接孔的螺纹代号

H:安装面到座孔中心线的距离

H_1:高度(总高)

J:螺栓孔之间中心距(长度)

J_1:螺栓孔之间中心距(宽度)

L:轴承座长度

L_1:端面到座孔中心线的距离

α:扇形开口角

4.3 5系列套筒型直线球轴承用标准中心高轴支承导轨

见图3和表3。

A:宽度(总宽)

d:轴的外径(参考尺寸)

H:安装面到轴中心线的距离

H_1:凸缘高度

J:螺栓孔之间中心距(长度)

J_1:螺栓孔之间中心距(宽度)

M:轴的支承宽度

N:螺栓孔直径

N_1:螺栓孔直径(连接轴)

β:轴的支承角

4.4 5系列套筒型直线球轴承用有凸缘的轴支承块

见图4和表4。

A:宽度(总宽)

D_a:座孔直径

H:安装面到座孔中心线的距离

H_1:凸缘高度

H_2:高度(总高)

J:螺栓孔之间中心距(长度)

L:底座长度

N:螺栓孔直径

4.5 5系列套筒型直线球轴承用实心轴和空心轴

见图5和表5。

d:轴的外径

d_s:轴单一外径

L:轴的长度

L_s:轴的实际长度

t:轴的直线度

V_{dmp}:轴的平均外径变动量

V_{dsp}:单一平面轴外径变动量

Δ_{ds}:轴的单一外径偏差

Δ_{Ls}:轴的实际长度偏差

5 轴承座

5.1 通则

为了便于套筒型直线球轴承的设计和安装,应对轴承座进行专门设计。本部分包括了符合GB/T 16940—2012规定的5系列套筒型直线球轴承用轴承座的外形尺寸和其他相关尺寸。

表1和表2规定的轴承座及相配的套筒型直线球轴承应由同一制造厂提供。这是由于轴承在轴承座中的固定是由制造厂规定的,而GB/T 19673的本部分未对其作出规定。

5.2 用于5系列套筒型直线球轴承的轴承座

本部分包括了用于5系列套筒型直线球轴承的以下结构轴承座:

——用于5系列套筒型直线球轴承的封闭无凸缘座和可调整无凸缘座(表1);

——用于5系列套筒型直线球轴承的开口无凸缘座和开口调整无凸缘座(表2)。

6 轴支承导轨

本部分包括了用于套筒型直线球轴承的以下结构轴支承导轨:

——用于5系列套筒型直线球轴承标准中心高轴支承导轨(表3)。

7 轴支承块

本部分包括了用于套筒型直线球轴承的以下结构轴支承块:

——用于5系列套筒型直线球轴承的有凸缘的轴支承块(表4)。

8 轴

8.1 材料

本部分所涵盖的轴是指经过淬硬和磨削的精密空心和实心钢制轴。这些轴采用高质量的优质碳素钢或铬钢制造，且经过表面淬硬或整体淬硬处理。

8.2 热处理

8.2.1 表面淬硬轴

对轴的圆柱面进行热处理，以达到基本均匀的有效硬化层深度，并且表面硬度不低于 653HV (58HRC)。有效硬化层深度按 ISO 3754 确定。有效硬化层深度是指从轴的外表面到硬度大约为规定的最小表面硬度 80 %处的距离，轴的端面可以不淬硬。

8.2.2 整体淬硬轴

对整个轴进行热处理，以便在整个工作长度上获得不低于 653 HV(58HRC)的表面硬度。

8.3 几何公差

8.3.1 公差等级

经过淬火及磨削的精密实心和空心轴按直径公差分为一个公差等级，以便与 5 系列的套筒型直线球轴承和 5 系列的轴承座相匹配。

8.3.2 几何形状

每一公差等级的轴，其几何形状通过以下参数进行控制：

a) 圆度：单一平面轴外径变动量；

b) 圆柱度(锥度、凹度、凸度)：轴的平均外径变动量；

c) 直线度(每米)。

该等级公差规定在表 5 中。在图 5 和表 5 中对直线度的测量方法进行了说明和规定。

8.3.3 轴的长度公差

轴的长度公差规定在表 6 中。

8.3.4 倒角

轴的端部应有倒角以便于装入套筒型直线球轴承。机制轴端的倒角尺寸通常在径向较小而在轴向较大。倒角轴向尺寸规定在表 5 中。用于密封套筒型直线球轴承的轴，其倒角应小于 30°。

8.3.5 表面粗糙度

钢制轴圆柱面的表面粗糙度根据 ISO 1302 规定在表 5 中。

9 外形尺寸和公差

9.1 轴承座

轴承座的外形尺寸和公差规定在表 1 和表 2 中。

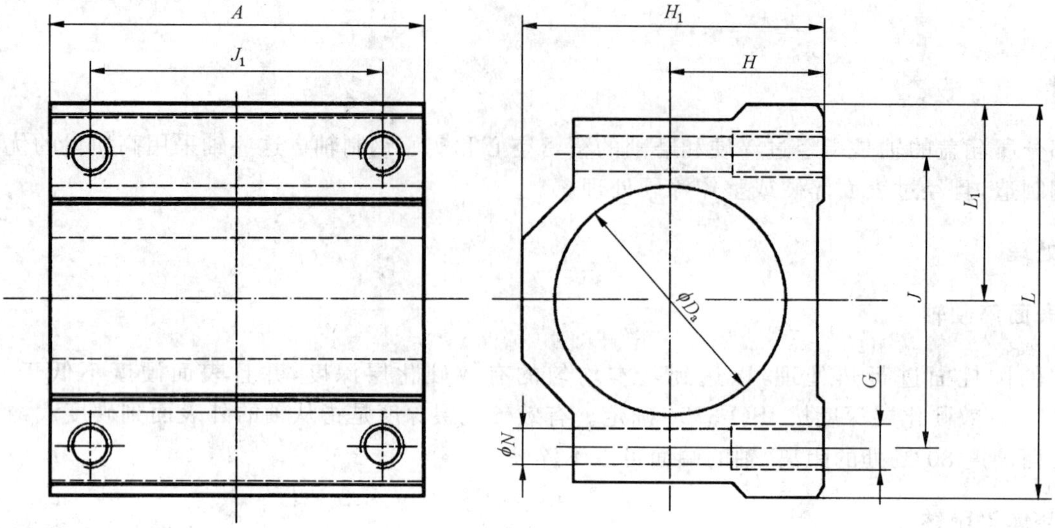

注：本图所示的仅是封闭轴承座。

图 1 用于 5 系列套筒型直线球轴承的封闭无凸缘座和可调整无凸缘座

表 1 用于 5 系列套筒型直线球轴承的封闭无凸缘座和可调整无凸缘座

尺寸单位为毫米

F_w 参考尺寸	D_a H7 [a]	H[b] ±0.02	H_1 max	L max	L_1 ±0.02	J	1型 A max	1型 J_1	2型 A max	2型 J_1	N	G
6	12	9	18.5	30	15	20	25	15	48	36	3.4	M4
8	15	11	22.5	34	17	24	30	18	58	42	3.4	M4
10	19	13	26.5	40	20	28	35	21	68	46	4.3	M5
12	21	15	29	42	21	30.5	36	26	70	50	4.3	M5
13	23	15	30.5	44	22	33	39	26	75	50	4.3	M5
16	28	19	39	50	25	36	44	34	85	60	4.3	M5
20	32	21	42	54	27	40	50	40	96	70	5.2	M6
25	40	26	52	76	38	54	67	50	130	100	7	M8
30	45	30	60	78	39	58	72	58	140	110	7	M8
35	52	34	68.5	90	45	70	80	60	155	120	7	M8
40	60	40	78.5	102	51	80	90	60	175	140	8.7	M10
50	80	52	102.5	122	61	100	110	80	215	160	8.7	M10
60	90	58	114.5	132	66	108	122	90	240	180	10.7	M12

注：1 型轴承座适于与一套直线球轴承联合使用，2 型轴承座适于与两套直线球轴承联合使用。

[a] 座孔直径公差（见 ISO 286-2）。

[b] 应根据座孔的公称直径测量尺寸 H。对于可调整轴承座，D_a 的公差适用于轴承座开口前。

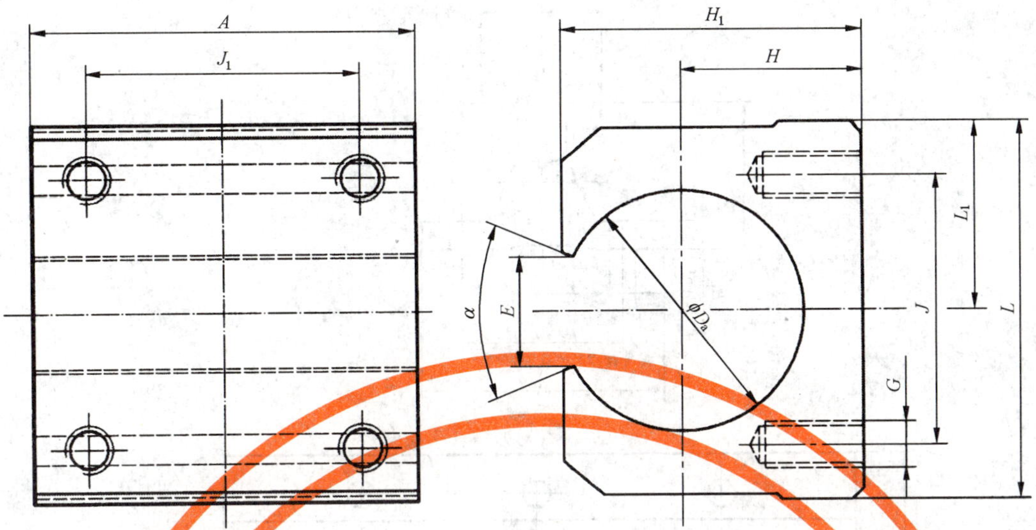

注：本图所示的仅是开口轴承座。

图 2　用于 5 系列套筒型直线球轴承的开口无凸缘座和开口可调整无凸缘座

表 2　用于 5 系列套筒型直线球轴承的开口无凸缘座和开口可调整无凸缘座

尺寸单位为毫米

F_w 参考尺寸	D_a[a] JS7[b]	H[c] ±0.02	H_1 max	L	L_1 ±0.02	A max	J	J_1	G	α min	E min
13	23	17	28	40	20	39	28	26	M5	80	14.8
16	28	20	34	45	22.5	45	32	30	M5	80	17.7
20	32	23	39	48	24	50	35	35	M6	60	16
25	40	28	48	60	30	65	40	40	M6	50	16.9
30	45	33	56	70	35	70	50	50	M8	50	19
35	52	37	63	80	40	80	55	55	M8	50	22
40	60	42	72	90	45	90	65	65	M10	50	25.4
50	80	53	92	120	60	110	94	80	M10	50	33.8

[a] 只有将轴承座固定于平面上时，才能对直径 D_a 进行测量。

[b] 座孔直径公差(见 ISO 286-2)。

[c] 应根据座孔的公称直径测量尺寸 H。

9.2　轴支承导轨

轴支承导轨的外形尺寸规定在表 3 中。

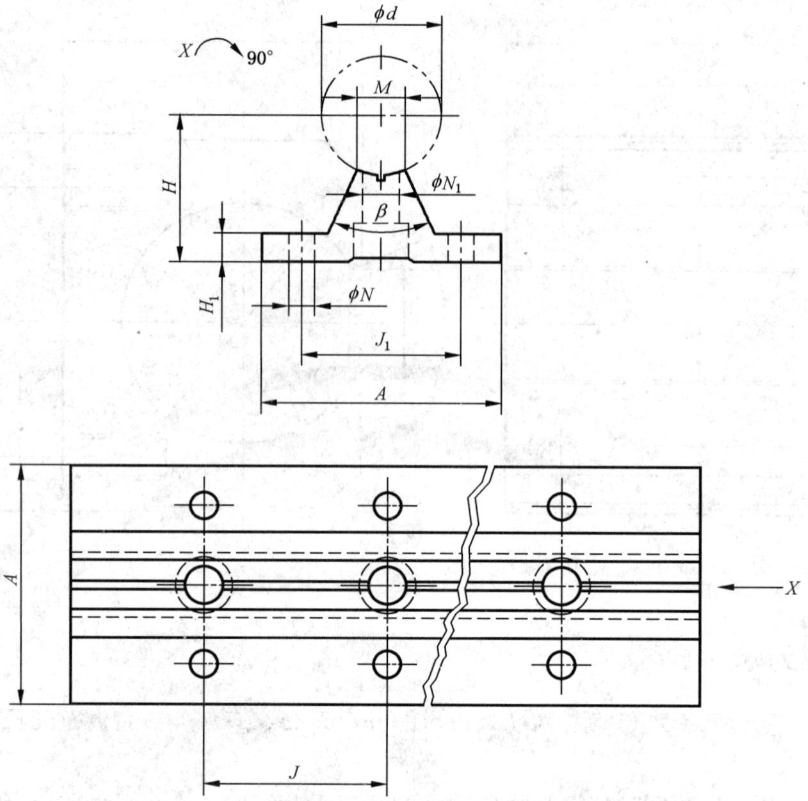

图 3 用于 5 系列套筒型直线球轴承的标准中心高轴支承导轨

表 3 用于 5 系列套筒型直线球轴承的标准中心高轴支承导轨

尺寸单位为毫米

d 参考尺寸	H[a] ±0.02	A max	H_1 ±0.5	J_1	J	M max	N	N_1	β max
10	18	32	4	22	100	4.7	4.5	4.5	80
13	21	34	4.5	25	100	6.5	4.5	4.5	80
16	25	40	5	30	100	8	5.5	5.5	80
20	27	45	5	30	100	8.5	5.5	6.6	50
25	32	55	6	35	120	10.6	6.6	6.6	50
30	37	60	7	40	150	12.7	6.6	9	50
35	43	65	8	45	200	14.8	9	9	50
40	48	75	9	55	300	16.9	9	9	50
50	62	95	11	70	300	20	11	11	50
[a] 应在安装状态下，根据轴的公称直径测量尺寸 H。									

9.3 轴支承块

轴支承块的外形尺寸规定在表 4 中。

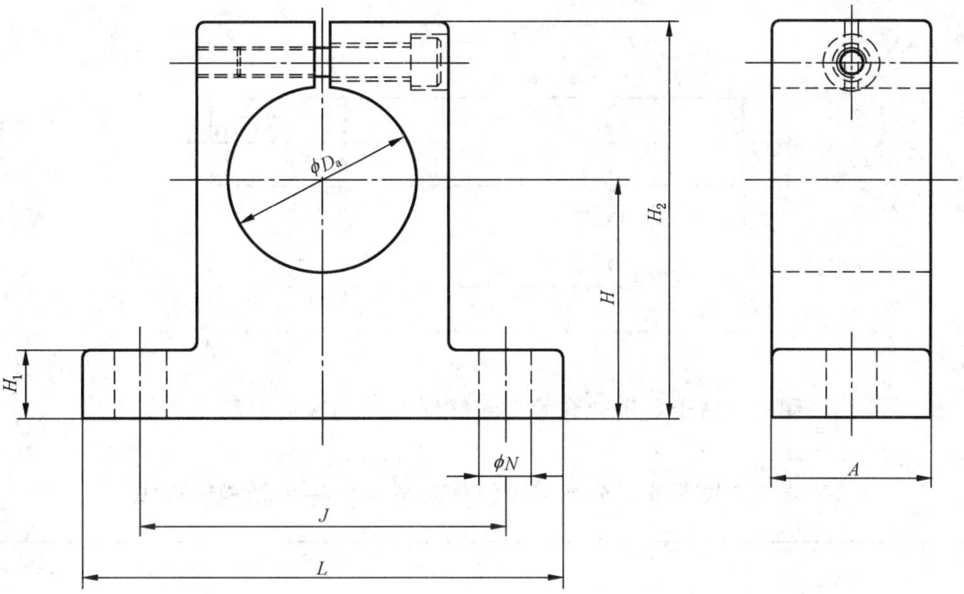

图 4 用于 5 系列套筒型直线球轴承的有凸缘的轴支承块

表 4 用于 5 系列套筒型直线球轴承的有凸缘的轴支承块

尺寸单位为毫米

D_a H8 [a]	H [b] ±0.02	A max	J	N	L max	H_1 max	H_2 max
10	20	14.5	32	5.5	42.5	6.5	33
12	23	14.5	32	5.5	42.5	6.5	38
13	23	14.5	32	5.5	42.5	6.5	38
16	27	16.5	38	5.5	48.5	8.8	44.5
20	31	20.5	45	6.6	60.5	10.5	51.5
25	35	24.5	56	6.6	70.5	12.5	60.5
30	42	28.5	64	9	84.5	12.5	70.5
35	50	33	74	11	100	15.5	87
40	60	37	90	11	120	18	104
50	70	40	100	13.5	140	20	122
60	80	46	120	13.5	165	21	140

[a] 座孔直径公差(见 ISO 286-2),公差适用于支承块开口前。

[b] 应根据座孔的公称直径测量尺寸 H。

9.4 轴

轴的外形尺寸和公差规定在表 5 和表 6 中。

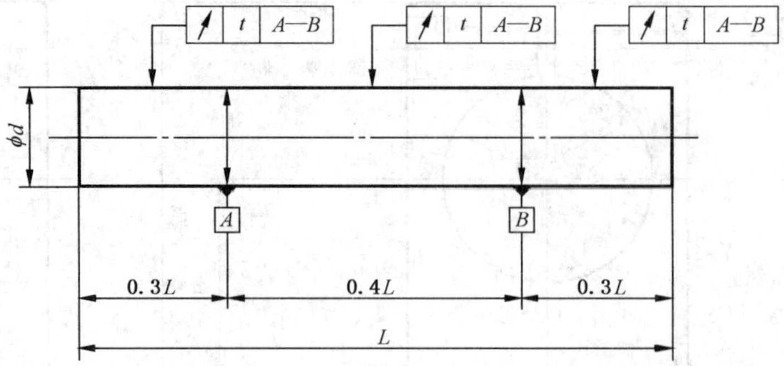

图 5　用于 5 系列套筒型直线球轴承的实心轴和空心轴

表 5　用于 5 系列套筒型直线球轴承的实心轴和空心轴

d mm	Δ_{ds} μm		V_{dsp} μm max	V_{dmp} μm max	t 直线度[a] μm/m max	表面粗糙度 Ra μm max	有效硬化层深度[b] mm min	倒角轴向尺寸 mm min
	上极限偏差	下极限偏差						
3	—8	—14	3	4	150	0.32	0.4	0.8
4	—8	—16	4	5	150	0.32	0.4	0.8
5	—8	—16	4	5	150	0.32	0.4	1
6	—9	—17	4	5	150	0.32	0.4	1
8	—9	—18	4	6	120	0.32	0.4	1
10	—9	—18	4	6	120	0.32	0.4	1
12	—9	—20	5	8	100	0.32	0.6	1.5
13	—9	—20	5	8	100	0.32	0.6	1.5
16	—9	—20	5	8	100	0.32	0.6	1.5
20	—10	—23	6	9	100	0.32	0.9	1.5
25	—10	—23	6	9	100	0.32	0.9	1.5
30	—10	—23	6	9	100	0.32	0.9	1.5
35	—12	—28	7	11	100	0.32	1.5	2.5
40	—12	—28	7	11	100	0.32	1.5	2.5
50	—12	—28	7	11	100	0.32	1.5	2.5
60	—15	—34	8	13	100	0.32	2.2	2.5
80	—15	—34	8	13	100	0.32	2.2	2.5
100	—20	—42	10	15	100	0.32	3.2	3.5

注：这些轴仅适合与符合 GB/T 16940—2012 的 5 系列套筒型直线球轴承联合使用。

[a] 直线度的测量按图 5 所示。测量时，应在距支承点与轴伸出端等距的点进行测量。轴按图示支承并旋转 360°时，其示值(TIR)不应超过以上所列直线度公差。按这种测量方法给出的 TIR 值是轴实际直线度公差值的 2 倍。

[b] 适用于表面硬化轴。

表 6　用于 5 系列的轴的长度公差

尺寸和公差值单位为毫米

L		Δ_{Ls}	
>	≤	上极限偏差	下极限偏差
30	120	+0.3	−0.3
120	400	+0.5	−0.5
400	1 000	+0.8	−0.8
1 000	2 000	+1.2	−1.2
2 000	4 000	+2	−2
4 000	8 000	+3	−3

ICS 03.080.01
A 20

中华人民共和国国家标准

GB/T 19680—2013
代替 GB/T 19680—2005

物流企业分类与评估指标

Classification and evaluation index for logistics enterprise

2013-12-31 发布　　　　2014-07-01 实施

中华人民共和国国家质量监督检验检疫总局
中国国家标准化管理委员会　发布

前言

本标准按照 GB/T 1.1—2009 给出的规则起草。

本标准代替 GB/T 19680—2005《物流企业分类与评估指标》。

本标准与 GB/T 19680—2005 相比,主要变化如下:

——修改了标准的适用范围(见第 1 章);

——修改了部分关键术语的定义,如"物流企业""物流服务""综合物流服务"(见 3.1,3.2,3.3);删除了"物流信息管理";

——修改了"运输型物流企业""仓储型物流企业""综合服务型物流企业"应符合要求的条款(见 5.1,5.2,5.3);

——修改了等级评估原则(见 6.1);增加了评估实施(见 6.2);

——修改了运输型物流企业的"年货运营业收入""人员素质""业务人员""网络系统""货物跟踪"的指标名称;修改了"年物流营业收入""营业时间""资产总额""管理制度""质量管理""运营网点""业务辐射面""人员管理"等指标的指标值及要求,修改了指标注释中对"年物流营业收入""运营网点"的注释;增加了"物流服务方案与实施"指标及要求,增加了注 7 对"基层物流业务人员"的注释(见表 1);

——修改了仓储型物流企业的"年仓储营业收入""货物跟踪""人员素质""业务人员""网络系统""货物跟踪"的指标名称;修改了"年物流营业收入""营业时间""资产总额""自有/租用货运车辆""配送客户点""管理制度""质量管理""人员管理"等指标的指标值及要求;修改了指标注释中,对"年物流营业收入""租用货运车辆"的注释;增加了"物流服务方案与实施"指标及要求,增加了注 7 对"基层物流业务人员"的注释(见表 2);

——修改了综合服务型物流企业的"年综合物流营业收入""人员素质""业务人员""网络系统""货物跟踪"的指标名称;修改了"年物流营业收入""营业时间""资产总额""自有/租用货运车辆""运营网点""管理制度""质量管理""人员管理"等指标的指标值及要求;修改了指标注释中,对"年物流营业收入/元""运营网点""租用货运车辆""租用仓储面积"的注释;增加了注 7 对"基层物流业务人员"的注释(见表 3)。

本标准由全国物流标准化技术委员会(SAC/TC 269)提出并归口。

本标准起草单位:中国物流与采购联合会、西安交通大学、华中科技大学、中海物流(深圳)有限公司。

本标准主要起草人:韩立新、冯耕中、李红梅、杨国栋、权威。

本标准的历次版本发布情况为:

——GB/T 19680—2005。

物流企业分类与评估指标

1 范围

本标准规定了物流企业的分类原则、物流企业类型与评估指标。

本标准适用于物流企业的界定、分类与评估，也适用于物流企业的规范与管理。

2 规范性引用文件

下列文件对于本文件的应用是必不可少的。凡是注日期的引用文件，仅注日期的版本适用于本文件。凡是不注日期的引用文件，其最新版本(包括所有的修改单)适用于本文件。

GB/T 18354—2006 物流术语

3 术语和定义

GB/T 18354—2006 界定的及下列术语和定义适用于本文件。

3.1

物流企业 logistics enterprise

从事物流基本功能范围内的物流业务设计及系统运作，具有与自身业务相适应的信息管理系统，实行独立核算、独立承担民事责任的经济组织。

[GB/T 18354—2006，定义 2.16]

3.2

物流服务 logistics service

为满足客户需求所实施的一系列物流活动过程及其产生的结果。

[GB/T 18354—2006，定义 2.7]

3.3

综合物流服务 integrated logistics service

为客户制定系统化物流功能解决方案，并组织实施的物流服务。

4 分类原则

分类原则如下：

a) 应是符合 3.1 定义的企业；

b) 相近业务应合并为同一类型；

c) 应以企业的物流主营业务收入为主要依据。

5 物流企业的类型

5.1 运输型物流企业

运输型物流企业应同时符合以下要求：

a） 以从事运输业务为主，具备一定规模；

b） 可为客户提供运输服务及其他增值服务；

c） 自有一定数量的运输工具和设备；

d） 具备信息服务功能，应用信息系统可对运输货物进行状态查询、监控。

5.2 仓储型物流企业

仓储型物流企业应同时符合以下要求：

a） 以从事仓储业务为主，具备一定规模；

b） 可为客户提供分拨、配送、流通加工等服务，以及其他增值服务；

c） 自有一定规模的仓储设施、设备，自有或租用必要的货物运输工具；

d） 具备信息服务功能，应用信息系统可对仓储货物进行状态查询、监控。

5.3 综合型物流企业

综合型物流企业应同时符合以下要求：

a） 从事多种物流服务业务，可以为客户提供运输、仓储、货运代理、配送、流通加工、信息服务等多种物流服务，具备一定规模；

b） 可为客户制定系统化的物流解决方案；可为客户提供综合物流服务及其他增值服务；

c） 自有或租用必要的运输工具、仓储设施及相关设备；

d） 具有一定市场覆盖面的货物集散、分拨、配送网络；

e） 具备信息服务功能，应用信息系统可对物流服务全过程进行状态查询、监控。

6 物流企业评估指标

6.1 等级评估原则

能够全面、系统反映物流企业的服务能力，对于具备一定服务水平的三种类型的物流企业，按照不同评估指标分为 AAAAA、AAAA、AAA、AA、A 五个等级。AAAAA 级最高，依次降低。

6.2 评估实施

物流企业评估工作可由全国性物流行业组织设立评估机构组织实施，实施时可根据本标准制定实施细则。

6.3 评估指标

6.3.1 运输型物流企业

运输型物流企业评估指标见表 1。

表 1　运输型物流企业评估指标

评估指标		级别				
		AAAAA 级	AAAA 级	AAA 级	AA 级	A 级
经营状况	1.年物流营业收入/元*	16.5 亿以上	3 亿以上	6 000 万以上	1 000 万以上	300 万以上
	2.营业时间*	5 年以上	3 年以上		2 年以上	
资产	3.资产总额/元*	11 亿以上	2 亿以上	4 000 万以上	800 万以上	300 万以上
	4.资产负债率*	不高于 70%				
设施设备	5.自有货运车辆/辆* (或总载重量/t)*	1 500 以上 (7 500 以上)	400 以上 (2 000 以上)	150 以上 (750 以上)	80 以上 (400 以上)	30 以上 (150 以上)
	6.运营网点/个	50 以上	30 以上	15 以上	10 以上	5 以上
管理及服务	7.管理制度*	有健全的经营、作业、财务、统计、安全、技术等机构和相应的管理制度				
	8.质量管理	通过国家或行业相关认证			具有规范的质量管理体系	
	9.业务辐射面*	跨省区以上			—	
	10.物流服务方案与实施	提供物流系统规划、资源整合、方案设计、业务流程重组、供应链优化、物流信息化等方面服务			提供整合物流资源、方案设计等方面的咨询服务	
	11.客户投诉率 (或客户满意度)	≤0.05% (≥98%)	≤0.1% (≥95%)		≤0.5% (≥90%)	
人员管理	12.中高层管理人员*	80%以上具有大专及以上学历,或全国性行业组织物流师认证	60%以上具有大专及以上学历,或全国性行业组织物流师认证		30%以上具有大专及以上学历,或全国性行业组织物流师认证	
	13.基层物流业务人员	60%以上具有中等及以上学历或物流职业资格	50%以上具有中等及以上学历或物流职业资格		30%以上具有中等及以上学历或物流职业资格	
信息化水平	14.信息系统*	物流经营业务全部信息化管理			物流经营业务部分信息化管理	
	15.电子单证管理	90%以上	70%以上		50%以上	
	16.货物物流状态跟踪*	90%以上	70%以上		50%以上	
	17.客户查询*	建立自动查询和人工查询系统			建立人工查询系统	

注 1：标注*的指标为企业达到评估等级的必备指标项目,其他为参考指标项目。

注 2：物流营业收入指企业通过物流业务活动所取得的收入总额,包括提供运输、仓储、装卸、搬运、包装、流通加工、配送、信息等基本服务及其他相关增值服务所取得的业务收入。

注 3：运营网点是指在企业市场覆盖范围内,可以承接并完成企业基本业务的分支机构和联盟伙伴。

注 4：客户投诉率是指在年度周期内客户对不满意业务的投诉总量与企业业务总量的比率。

注 5：客户满意度是指在年度周期内企业对客户满意情况的调查统计。

注 6：基层物流业务人员是指从事物流业务执行活动的企业成员。

6.3.2　仓储型物流企业

仓储型物流企业评估指标见表 2。

表 2　仓储型物流企业评估指标

评估指标		级别				
		AAAAA 级	AAAA 级	AAA 级	AA 级	A 级
经营状况	1.年物流营业收入/元*	7.2 亿以上	1.2 亿以上	2 500 万以上	500 万以上	200 万以上
	2.营业时间*	5 年以上	3 年以上		2 年以上	
资产	3.资产总额/元*	11 亿以上	2 亿以上	4 000 万以上	800 万以上	200 万以上
	4.资产负债率*	不高于 70%				
设施设备	5.自有仓储面积/m^2*	20 万以上	8 万以上	3 万以上	1 万以上	4 000 以上
	6.自有/租用货运车辆/辆(或总载重量/t)*	500 以上(2 500 以上)	200 以上(1 000 以上)	100 以上(500 以上)	50 以上(250 以上)	30 以上(150 以上)
	7.配送客户点/个	200 以上	150 以上	100 以上	50 以上	30 以上
管理及服务	8.管理制度*	有健全的经营、作业、财务、统计、安全、技术等机构和相应的管理制度				
	9.质量管理	通过国家或行业相关认证			具有规范的质量管理体系	
	10.物流服务方案与实施	提供物流系统规划、资源整合、方案设计、业务流程重组、供应链优化、物流信息化等方面服务			提供整合物流资源、方案设计等方面的咨询服务	
	11.客户投诉率(或客户满意度)	≤0.05%(≥98%)	≤0.1%(≥95%)		≤0.5%(≥90%)	
人员管理	12.中高层管理人员*	80%以上具有大专及以上学历或全国性行业组织物流师认证	60%以上具有大专及以上学历或全国性行业组织物流师认证		30%以上具有大专及以上学历或全国性行业组织物流师认证	
	13.基层物流业务人员	60%以上具有中等及以上学历或物流职业资格	50%以上具有中等及以上学历或物流职业资格		30%以上具有中等及以上学历或物流职业资格	
信息化水平	14.信息系统*	物流经营业务全部信息化管理			物流经营业务部分信息化管理	
	15.电子单证管理*	100%以上	70%以上		50%以上	
	16.货物物流状态跟踪	90%以上	70%以上		50%以上	
	17.客户查询*	建立自动查询和人工查询系统			建立人工查询系统	

注 1：标注* 的指标为企业达到评估等级的必备指标项目，其他为参考指标项目。

注 2：物流营业收入指企业通过物流业务活动所取得的收入总额，包括提供运输、仓储、装卸、搬运、包装、流通加工、配送、信息等基本服务及其他相关增值服务所取得的业务收入。

注 3：客户投诉率是指在年度周期内客户对不满意业务的投诉总量与企业业务总量的比率。

注 4：客户满意度是指在年度周期内企业对客户满意情况的调查统计。

注 5：配送客户点是指企业当前的、提供一定时期内配送服务的、具有一定业务规模的、客户所属的固定网点。

注 6：租用货运车辆是指企业通过合同等方式可进行调配、利用的货运车辆。

注 7：基层物流业务人员是指从事物流业务执行活动的企业成员。

6.3.3　综合型物流企业

综合型物流企业评估指标见表 3。

表 3 综合型物流企业评估指标

评估指标		级别				
		AAAAA 级	AAAA 级	AAA 级	AA 级	A 级
经营状况	1.年物流营业收入/元*	16.5 亿以上	2 亿以上	4 000 万以上	800 万以上	300 万以上
	2.营业时间*	5 年以上	3 年以上		2 年以上	
资产	3.资产总额/元*	5.5 亿以上	1 亿以上	2 000 万以上	600 万以上	200 万以上
	4.资产负债率*	不高于 75%				
设施设备	5.自有/租用仓储面积/m^2	10 万以上	3 万以上	1 万以上	3 000 以上	1 000 以上
	6.自有/租用货运车辆/辆（或总载重量/t）*	1 500 以上（7 500 以上）	500 以上（2 500 以上）	300 以上（1 500 以上）	200 以上（1 000 以上）	100 以上（500 以上）
	7.运营网点/个*	50 以上	30 以上	20 以上	10 以上	5 以上
管理及服务	8.管理制度*	有健全的经营、作业、财务、统计、安全、技术等机构和相应的管理制度				
	9.质量管理	通过国家或行业相关认证			具有规范的质量管理体系	
	10.业务辐射面*	跨省区以上			—	
	11.物流服务方案与实施*	提供物流系统规划、资源整合、方案设计、业务流程重组、供应链优化、物流信息化等方面服务			提供整合物流资源、方案设计等方面的咨询服务	
	12.客户投诉率（或客户满意度）	≤0.05%（≥99%）	≤0.1%（≥95%）		≤0.5%（≥90%）	
人员要求	13.中高层管理人员*	80%以上具有大专及以上学历或全国性行业组织物流师认证	70%以上具有大专及以上学历或全国性行业组织物流师认证		50%以上具有大专及以上学历或全国性行业组织物流师认证	
	14.基层物流业务人员	60%以上具有中等及以上学历或物流职业资格	50%以上具有中等及以上学历或物流职业资格		40%以上具有中等及以上学历或物流职业资格	
信息化水平	15.信息系统*	物流经营业务全部信息化管理			物流经营业务部分信息化管理	
	16.电子单证管理*	100%	80%以上		60%以上	
	17.货物物流状态跟踪*	100%以上	80%以上		60%以上	
	18.客户查询*	建立自动查询和人工查询系统			建立人工查询系统	

注 1：标注*的指标为企业达到评估等级的必备指标项目，其他为参考指标项目。

注 2：物流营业收入指企业通过物流业务活动所取得的收入总额，包括提供运输、仓储、装卸、搬运、包装、流通加工、配送、信息等基本服务及其他相关增值服务所取得的业务收入。

注 3：运营网点是指在企业市场覆盖范围内，可以承接并完成企业基本业务的分支机构和联盟伙伴。

注 4：客户投诉率是指在年度周期内客户对不满意业务的投诉总量与企业业务总量的比率。

注 5：客户满意度是指在年度周期内企业对客户满意情况的调查统计。

注 6：租用货运车辆是指企业通过合同等方式可进行调配、利用的货运车辆。

注 7：租用仓储面积是指企业通过合同等方式可进行调配、利用的仓储总面积。

注 8：基层物流业务人员是指从事物流业务执行活动的企业成员。

ICS 65.060.80
B 95

中华人民共和国国家标准

GB 19726.1—2013/ISO 11681-1:2011
代替 GB 19726.1—2008

林业机械　便携式油锯安全要求和试验
第1部分:林用油锯

Machinery for forestry—Portable chain-saw safety requirements and testing—
Part 1:Chain-saws for forest service

(ISO 11681-1:2011,IDT)

2013-12-31 发布　　2015-01-01 实施

中华人民共和国国家质量监督检验检疫总局
中国国家标准化管理委员会　发布

前　言

GB 19726 的本部分的第 4 章为强制性的，其余为推荐性的。

GB 19726《林业机械　便携式油锯安全要求和试验》分为两个部分：

——第 1 部分：林用油锯；

——第 2 部分：修枝油锯。

本部分为 GB 19726 的第 1 部分。

本部分按照 GB/T 1.1—2009 给出的规则起草。

本部分代替 GB 19726.1—2008《林业机械　便携式油锯　安全要求和试验　第 1 部分：林用油锯》。与 GB 19726.1—2008 相比，主要技术变化如下：

——修改了标准的名称，由原来的“林业机械　便携式油锯　安全要求和试验　第 1 部分：林用油锯”改为“林业机械 便携式油锯安全要求和试验 第 1 部分：林用油锯”，对应的英文名称由“Machinery for forestry—Portable chain-saws —Safety requirements and testing—Part 1：Chain-saws for normal forest work”修改为“Machinery for forestry—Portable chain-saw safety requirements and testing—Part 1：Chain-saws for forest service”；

——修改了第 1 章范围的内容；

——修改了第 2 章中的部分规范性引用文件；

——将第 4 章的“严重危害一览表”修改整合为本部分的附录 A(资料性附录)“严重危害一览表”(见附录 A,2008 年版的第 4 章)；

——修改了后手把护手器的长度要求及图 2 的内容(见 4.3.2.1,2008 年版的 5.3.2.1)；

——删除了“平衡”中“并在使用说明书中应给出适用的导板长度范围”的要求(见 4.4.1,2008 年版的 5.4.1)；

——在“锯链制动器”中增加了“且其运动方向应远离操作者”的内容要求(见 4.5.1,2008 年版的5.5.1)；

——增加了“止链销应是可更换的”的要求和检验方法(见 4.6,2008 年版的 5.6)；

——增加了“发动机起动装置”的要求和检验方法(见 4.10)；

——删除了“发动机停机开关”中“开关使用方法和用途的标志应清晰耐久(见 6.3)”的内容(2008 版的 5.11.1)；

——将“油门扳机”中的“非期望性运动”改为“操作”，并修改了其内容(见 4.12.2,2008 年版的 5.10.2)；

——修改了“油门锁”启动要求，增加了对“手把握持部位”定义和“释放油门锁的力”的要求，并增加了对应的检验方法(见 4.12.3,2008 年版的 5.10.3)；

——增加了“驱动链轮防护罩”的要求和检验的内容(见 4.13)；

——修改了“离合器”的检验方法(见 4.14.2,2008 年版的 5.13.2)；

——“高压带电部件的防护”中增加了“林用油锯应配备停机开关，且应将其安装在低电压回路中”的要求和检验方法(见 4.15,2008 年版的 5.12)；

——修改了“高温部件的防护”中对“需要进行防护的部位”的规定，增加了“可接触部位以及防护罩和防护板表面温度要求”，并对应给出了表面温度的测量方法(见 4.16,2008 年版的 5.15)；

——增加了“油箱及燃油管道”的强度要求及其试验方法(见 4.17)；

——删除了“振动”中“给出减少振动影响的建议”的内容(2008 年版的 5.20.2)；

——修改了振动的测量要求(见 4.21.2,2008 年版的 5.20.3);

——删除了“噪声”中“给出减少噪声影响的建议”的内容(2008 年版的 5.21.2);

——修改了噪声的测量要求(见 4.22.2,2008 年版的 5.21.3);

——增加了“电磁兼容”的要求和检验方法的内容(见 4.23);

——删除了“化油器的调整”内容(2008 年版的 5.14);

——“技术参数”中的 f)中增加了“发动机怠速范围”“当量耳旁噪声及声明值的不确定度”“A 计权声功率级及声明值的不确定度”“每个手把的当量振动加速度总和值及声明值的不确定度”等技术参数要求,删除了“装有切割部件时推荐的最大空载转速”“推荐的怠速转速”“最大功率时的燃油消耗率(函索即寄)”“在操作者位置的 A-计权声功率级和 A-计权声压级”及“手把振动值”等技术参数要求(见 5.1.2,2008 年版的 6.1);

——将“使用说明书”中的“操作手册”改为“其他信息”,并修改了其内容(见 5.1.3,2008 年版的 6.2);

——修改了“标志”的内容,并增加了对标签进行试验的要求(见 5.2,2008 年版的 6.3);

——修改了“警告”的内容(见 5.3,2008 年版的 6.4);

——增加了“标签试验”的内容(见 5.4);

——删除了“附录 A(资料性附录)图示”(2008 年版的附录 A);

——修改了“参考文献”的内容。

本部分使用翻译法等同采用 ISO 11681-1:2011《林业机械　便携式油锯安全要求和试验　第 1 部分:林用油锯》。

与本部分中规范性引用国际文件有一致性对应关系的我国文件如下:

——GB/T 5390—2013　林业及园林机械　以内燃机为动力的便携式手持操作机械噪声测定规范　工程法(2 级精度)(ISO 22868:2011, IDT);

——GB/T 5395—2008　林业机械　便携式动力机械振动测定规范　手把振动(ISO 22867:2004, MOD);

——GB/T 16855.2—2007　机械安全　控制系统有关安全部件　第 2 部分:确认(ISO 13849-2:2003, IDT);

——GB/T 19387—2012　便携式油锯　锯链制动器性能测试方法(ISO 6535:2008 ,IDT);

——GB/T 20456—2012　林业机械　便携式油锯　被动式锯链制动器性能要求及测试方法(ISO 13772:2009,IDT);

——LY/T 1166—2011　林业机械　便携式油锯护手器　机械强度(ISO 6534:2007,IDT);

——LY/T 1167—2003　油锯　前护手器　尺寸和空隙(ISO 6533:2001,IDT);

——LY/T 1346—2011　林业机械　便携式油锯　平衡和最大握持力矩的测定(ISO 8334:2007, IDT);

——LY/T 1347—1999　林业机械　油锯　手把强度的测定(idt ISO 7915:1991);

——LY/T 1348—2007　林业机械　便携式油锯　手把最小空隙和尺寸(ISO 7914:2002,IDT);

——LY/T 1578—2000　便携式链锯　止链销　尺寸和机械强度(eqv ISO 10726:1992);

——LY/T 1593—2001　便携式油锯　发动机性能和燃油消耗(neq ISO 7293:1997)。

本部分由国家林业局提出。

本部分由全国林业机械标准化技术委员会(SAC/TC 61)归口。

本部分负责起草单位:浙江利欧股份有限公司、浙江宇森百联工具有限公司。

本部分参加起草单位:浙江中坚科技股份有限公司、江苏林海动力机械集团公司、国家林业局哈尔滨林业机械研究所。

本部分主要起草人:杨锋、唐恩常、杨海岳、孙朋山、李勇红、刘永根、王振东、李应珍。

林业机械 便携式油锯安全要求和试验 第1部分:林用油锯

1 范围

GB 19726 的本部分规定了以内燃机为动力的便携式林用油锯(以下简称林用油锯)的设计和结构方面的安全要求和试验方法。本部分适用于仅由一个操作者来使用的手持式林用油锯(本部分涉及的林用油锯为已经阅读并且理解使用说明书中的安全要求、同时使用了正确的个人保护装置的操作者所使用的林用油锯。该林用油锯只能用右手操作后手把、左手操作前手把)。本部分给出了消除或减少使用林用油锯时所产生的各种危害的方法,规定了由生产厂家提供的有关安全操作方面的资料要求。

本部分给出了与林用油锯相关的正常使用时以及合理的、可预见的误用时的所有严重危害,但不包括发动机排量在 80 cm^3 以上的林用油锯由反弹或平衡产生的危害。

注:附录 A 中列出了严重危害一览表。

本部分仅适用于在其颁布实施后生产的林用油锯。

2 规范性引用文件

下列文件对于本文件的应用是必不可少的。凡是注日期的引用文件,仅注日期的版本适用于本文件。凡是不注日期的引用文件,其最新版本(包括所有的修改单)适用于本文件。

GB 3883.1—2008 手持式电动工具的安全 第一部分:通用要求(IEC 60745-1:2006,IDT)

GB/T 16855.1—2008 机械安全 控制系统有关安全部件 第1部分:设计通则(ISO 13849-1:2006,IDT)

GB/T 18960—2012 林业机械 便携式油锯 词汇(ISO 6531:2008,IDT)

GB/T 21398—2008 农林机械 电磁兼容性 试验方法和验收规则(ISO 14982:1998,IDT)

GB 23821—2009 机械安全 防止上下肢触及危险区的安全距离(ISO 13857:2008,IDT)

ISO 6533 油锯 前护手器 尺寸和空隙 (Forestry machinery—Portable chain-saw front hand-guard—Dimensions and clearances)

ISO 6534 林业机械 便携式油锯护手器 机械强度(Forestry machinery—Portable chain-saw hand guards—Mechanical strength)

ISO 6535 便携式油锯 锯链制动器性能(Portable chain-saws—Chain brake performance)

ISO 7293 林业机械 便携式油锯 发动机性能和燃油消耗(Forestry machinery—Portable chain-saws—Engine performance and fuel consumption)

ISO 7914 林业机械 便携式油锯 手把最小空隙和尺寸(Forestry machinery—Portable chain-saws—Minimum handle clearance and sizes)

ISO 7915 林业机械 便携式油锯 手把强度的测定(Forestry machinery—Portable chain-saws—Determination of handle strength)

ISO 8334 林业机械 便携式油锯 平衡和最大握持力矩的测定(Forestry machinery—Portable chain-saws—Determination of balance and maximum holding moment)

ISO 9518 林业机械 便携式油锯 反弹试验(Forestry machinery—Portable chain-saws—Kick-back test)

ISO 10726 便携式链锯 止链销 尺寸和机械强度(Portable chain-saws—Chain catcher—Dimensions and mechanical strength)

ISO 12100:2010 机械安全 设计通则 风险评估和降低风险(Safety of machinery—General principles for design—Risk assessment and risk reduction)

ISO 13772 林业机械 便携式油锯 被动式锯链制动器性能要求及测试方法(Forestry machinery—Portable chain-saws—Non-manually actuated chain brake performance)

ISO 13849-2 机械安全 控制系统有关安全部件 第2部分:确认(Safety of machinery—Safety-related parts of control systems—Part 2: Validation)

ISO 22867 林业机械 以内燃机为动力的便携手持式机械振动测定规范 手把振动(Forestry and gardening machinery—Vibration test code for portable hand-held machines with internal combustion engine—Vibration at the handles)

ISO 22868 林业及园林机械 以内燃机为动力的便携式手持操作机械噪声测定规范 工程法(2级精度)(Forestry and gardening machinery—Noise test code for portable hand-held machines with internal combustion engine—Engineering method (Grade 2 accuracy))

3 术语和定义

GB/T 18960—2012 和 ISO 12100:2010 界定的术语和定义适用于本文件。

注:图1给出了适用于本部分的林用油锯示例。

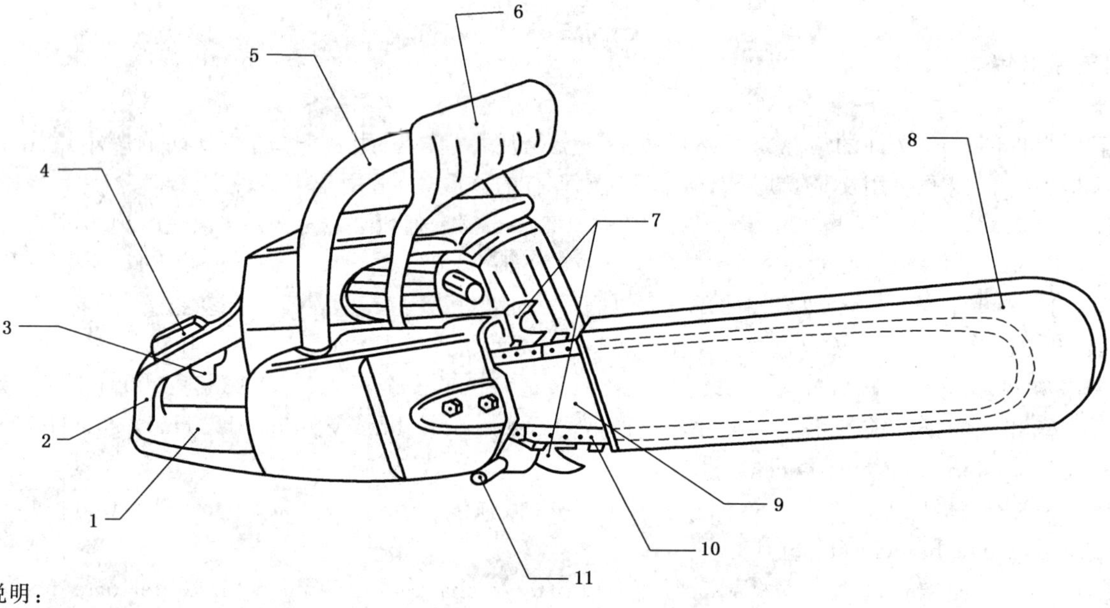

说明:

1——后护手器;

2——后手把;

3——油门扳机;

4——油门扳机锁定装置;

5——前手把;

6——前护手器;

7——插木齿;

8——导板罩;

9——导板;

10——锯链;

11——止链销。

图1 林用油锯示例

4 安全要求和/或保护措施

4.1 总则

林用油锯应符合本章的安全要求和/或防护措施。另外，对于本部分中未提及的相关的非严重危害，设计时应按 ISO 12100:2010 中的规定执行。

安全使用林用油锯取决于与使用个人防护设备(如：手套、防滑靴及腿部、眼睛、耳朵和头部的防护用品等)相关的安全环境，以及安全工作程序(见 5.1)。

除非本部分中另行规定，否则安全距离应满足 GB 23821—2009 中 4.2.4.1 与 4.2.4.3 的要求。

4.2 手把

4.2.1 要求

林用油锯应具有供双手分别握持的两个手把，其结构设计应满足如下要求：

——确保操作者戴上防护手套时能完全握住手把；

——手把的形状和表面能确保握持的可靠性；

——手把的尺寸和间隙应符合 ISO 7914 的规定(见 4.12.1)。

手把的强度应符合 ISO 7915 的要求。

林用油锯如有手把减振系统，结构上应确保在减振系统失效的情况下操作者能通过控制停机装置使发动机停止运转(见 4.11)。

4.2.2 检验

通过测量检验尺寸；按 ISO 7915 中的测试规定，检验强度要求；通过检查设计结构和功能性测试来检验在减振系统损坏失效的情况下能否使林用油锯停机。

4.3 手的防护

4.3.1 前手把的防护

4.3.1.1 要求

在靠近前手把的地方应安装前护手器，防止操作者的手与锯链接触而受伤。

前护手器的尺寸和机械强度应分别符合 ISO 6533 和 ISO 6534 的规定。

4.3.1.2 检验

通过测量检验尺寸；按照 ISO 6534 中的测试规定，检验强度要求。

4.3.2 后手把的防护

4.3.2.1 要求

在后手把底部的右侧应设有后护手器，防止意外断链时，操作者的手被锯链伤害。在设计机器部件时，后护手器应满足下列要求：

a) 后护手器的宽度：距手把右边缘导板所在一侧不小于 30 mm(见图 2)；

b) 后护手器长度：

   1) 自后手把握持空间前端面起向后不小于 100 mm(见图 2)，或；

   2) 自油门扳机后部起并紧靠手把至少能并排放置 3 个直径为 25 mm 的圆柱体。

二者中选其使护手器长度值较大者。

也可用机器上的部件在结构上来满足这一要求。

后护手器的机械强度应符合 ISO 6534 的规定。

单位为毫米

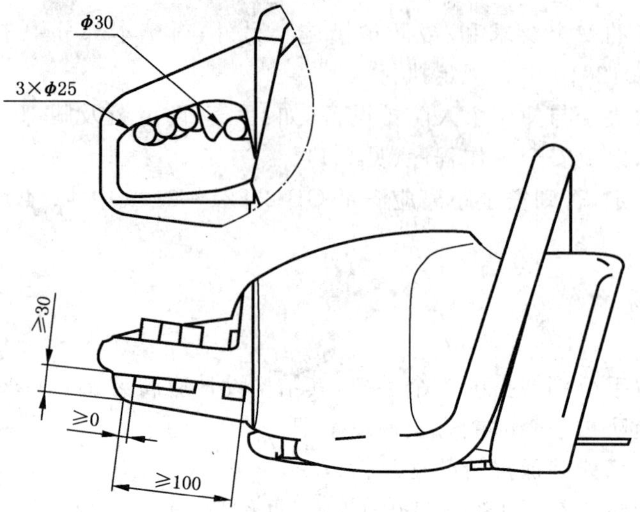

图 2 后手把防护的最小尺寸

4.3.2.2 检验

通过测量检验尺寸;按照 ISO 6534 中的测试规定,检验强度要求。

4.4 平衡

4.4.1 要求

发动机排量≤80 cm^3 的林用油锯应纵向平衡,且其导板中心线与水平面的最大夹角不超过 30°。

最短和最长的导板都应满足此要求。

注:本条要求不适用于发动机排量在 80 cm^3 以上的林用油锯。

4.4.2 检验

按照 ISO 8334 中规定的功能性测试,检验纵向平衡夹角。

4.5 反弹的防护

4.5.1 锯链制动器

4.5.1.1 要求

林用油锯应安装借助前护手器即能起动的锯链制动器。锯链制动器释放力应在 20 N～60 N 之间,且其运动方向应远离操作者。

平均制动时间应不大于 0.12 s,最大制动时间应不大于 0.15 s。

4.5.1.2 检验

按照 ISO 6535 中规定的测试,检验锯链制动器的释放力和制动时间。

4.5.2 被动式锯链制动器

4.5.2.1 要求

林用油锯应配置被动式锯链制动系统，当发生反弹时，使锯链制动器起作用。该系统应满足ISO 13772中林用油锯的有关要求。

4.5.2.2 检验

按照 ISO 13772 的规定进行功能性测试，检验被动式锯链制动系统。

4.5.3 反弹角和锯链制动角

4.5.3.1 要求

对于内燃机排量不大于 80 cm^3 的林用油锯，按照使用说明书中规定的导板和锯链配置林用油锯，逐一测试并计算反弹角和锯链制动角，二者值中较小者应不超过 45°。

注：本条要求不适用于发动机排量在 80 cm^3 以上的林用油锯。

4.5.3.2 检验

按照 ISO 9518 规定进行功能性测试，检验并计算出反弹角和锯链制动角。

4.6 止链销

4.6.1 要求

林用油锯应安装有止链销，其尺寸和强度应符合 ISO 10726 的规定，止链销应是可更换的。

4.6.2 检验

通过测量检验尺寸。按照 ISO 10726 的规定进行测试，检验强度要求。通过观察检验止链销的可更换性。

4.7 插木齿

4.7.1 要求

林用油锯应配置插木齿（见图 1）或具有可安装插木齿的结构。

4.7.2 检验

通过观察，检验是否安装了插木齿，或是否有安装插木齿的结构。

4.8 排屑

4.8.1 要求

林用油锯的排屑结构应满足当林用油锯处于立位（横向切割）工况时，其木屑的排出方向指向林用油锯底平面的下方。

4.8.2 检验

进行横向切割操作时，通过观察检验木屑的排出方向。

4.9 导板罩

4.9.1 要求

林用油锯应配置导板罩(见图 1),其设计应满足在运输和贮存期间能始终罩在导板上。

4.9.2 检验

从任一方向握持林用油锯,通过观察检验导板罩是否能始终罩在导板上。

4.10 发动机起动装置

4.10.1 要求

起动装置应是自带电池的电启动器,或为永久安装在机器上的手拉起动器。

安装手拉起动器的林用油锯,应配备自动回绳装置。

对电启动器,应需两个或两个以上的独立的、不同的操作方能使其动作。

4.10.2 检验

通过观察和功能性测试来检验发动机起动装置。

4.11 发动机停机开关

4.11.1 要求

林用油锯应配置使发动机不借助持续的人力而能迅速停止运转的停机开关。此停机开关应安装在操作者戴防护手套且双手握持林用油锯时,右手可控制位置处。

开关的颜色与背景应对比鲜明。

4.11.2 检验

通过操作机器来检验发动机停机开关的功能。通过观察来检验控制机构的位置及其颜色。

4.12 油门控制

4.12.1 尺寸

4.12.1.1 要求

油门扳机的位置应确保戴防护手套握持林用油锯后手把时能勾动和松开扳机,其尺寸应满足ISO 7914的要求,详见 4.2.1。

4.12.1.2 检验

通过测量检验油门扳机的位置及尺寸。

4.12.2 操作

4.12.2.1 要求

林用油锯应安装有油门扳机。当油门扳机松开时,应能自动复位到怠速状态。依靠油门扳机锁定装置的自动锁定,油门扳机应能保持在怠速状态。

注:当油门锁用于辅助起动时,勾动及释放油门扳机前,油门锁将保持发动机转速高于怠速(见 4.12.3)。

发动机起动过程结束以后，只有在油门扳机锁定装置解除锁定状态后，勾动油门扳机才能使发动机转速升高到锯链开始运动的状态。

当操作者释放油门锁，且发动机回到怠速状态后，就视为发动机的起动过程结束。

为了减少切割部件的意外运动，油门控制结构的设计应保证对后手把加力时，且油门扳机锁定装置接合时，发动机的转速不会升高到离合器接合、锯链开始运动的状态。

4.12.2.2 检验

通过操作机器来检验油门扳机和油门扳机锁定装置的功能。以向油门扳机最不利的方向对林用油锯的后手把施加相当于林用油锯重量(不包括锯切部件且燃油箱和润滑油箱不加油时)的三倍力，来检验油门控制机构的设计。

4.12.3 油门锁

4.12.3.1 要求

如果有用于辅助起动的油门锁，且其啮合会导致起动过程中锯链的运动，则该油门锁的锁定功能应靠手动设定，且当勾动油门扳机时应能自动解除锁定状态。油门的锁定装置应该安装在手把握持部位以外，且至少需要两个独立的动作才能启动油门锁。

手把握持部位定义为距油门扳机后部向前 25 mm 至距油门扳机后部向后 75 mm 的范围，见图 3。

施加在油门扳机上用于释放油门锁的力应不超过 25 N。

单位为毫米

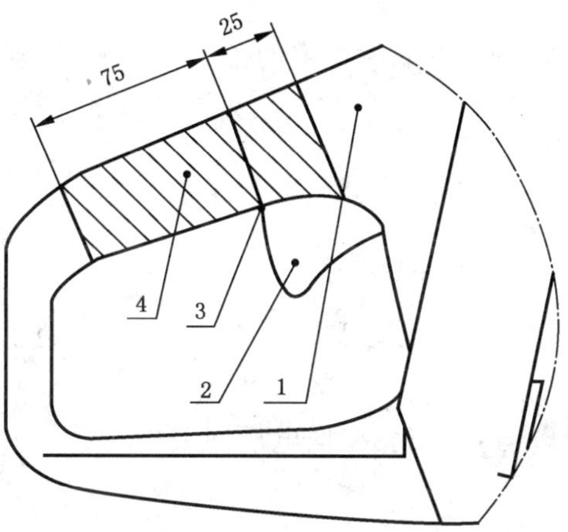

说明：

1——后手把；

2——油门扳机；

3——后手把与油门扳机的交点；

4——握持部位。

图 3 握持部位

4.12.3.2 检验

操作机器，通过观察和测量来检验油门锁的功能。在油门扳机后部向前 5 mm ± 1 mm 处测量沿扳机的运动方向(垂直于扳机旋转半径)在 1 s 内释放油门锁的力。

4.13 驱动链轮防护罩

4.13.1 要求

当驱动链轮防护罩的功能仅限于防止操作者与驱动链轮意外接触时，其应为固定式防护罩(可用工具拆卸)，或具有互锁功能的活动防护罩(可拆卸，无需工具)。

固定式防护罩应仅在使用工具时才能移动或打开，且当防护罩被移除后，其固定系统应仍依附在防护罩或机器上。

有互锁功能的活动防护罩的安全控制系统应符合 GB/T 16855.1—2008 中第 1 类的要求。

4.13.2 检验

通过观察来检验固定防护罩的设计。

通过观察、功能性测试及按 ISO 13849-2 中规定的原则来检查有互锁功能的活动防护罩上的互锁功能。

4.14 离合器

4.14.1 要求

林用油锯应安装离合器，离合器的性能应保证当发动机以任何低于使用说明书中所标明怠速转速的 1.25 倍的速度运转时，锯链不运转。

4.14.2 检验

将发动机的转速从怠速升至使用说明书中规定的最大怠速转速的 1.25 倍时，通过观察检验离合器是否满足要求。

4.15 高压带电部件的防护

4.15.1 要求

电路中各高电压部件，包括火花塞帽在内，都应合理布置、绝缘良好或进行防护，避免操作者与之接触时发生事故。

林用油锯应配备停机开关，且应将其安装在低电压回路中。

4.15.2 检验

通过观察和使用 GB 3883.1—2008 中图 1 所示的标准指形规来检查高压带电部件的固定和绝缘。

通过观察来检验停机开关。

4.16 高温部件的防护

4.16.1 要求

汽缸和直接连接在汽缸上的零件或消声器都应加以防护，以确保操作者在正常操作机器时不致意外接触上述部件。需加以防护的部位包括：

——位于距图 4 中前手把的 ISO 6533 中定义的参考点 X_0 向左侧延伸 100 mm 区间内的部位的距离小于 120 mm 的零件；

——位于距图 5 中前手把的 ISO 7914 中定义的参考点 X_1 向上延伸 100 mm 区间内的部位的距离小于 80 mm 的零件；

——可以被位于以图 6 中前手把的 ISO 6533 中定义的参考点 X_0 向左延伸 100 mm 区间的顶部任

意点为起点的长度为 120 mm 直线段触及的消声器。

除消声器安装在林用油锯前面的情形外，安装于其他位置的消声器应具有防护罩，以保证操作者所能接触到的面积不超过 10 cm^2。

按上述定义所述的可接触部位以及防止与高温表面接触的防护罩或防护板，若为金属表面，则其温度应不超过 80 ℃，若为塑料表面，其温度不应超过 94 ℃。

注：更多信息见 ISO 13732-1:2006 中附录 E。

单位为毫米

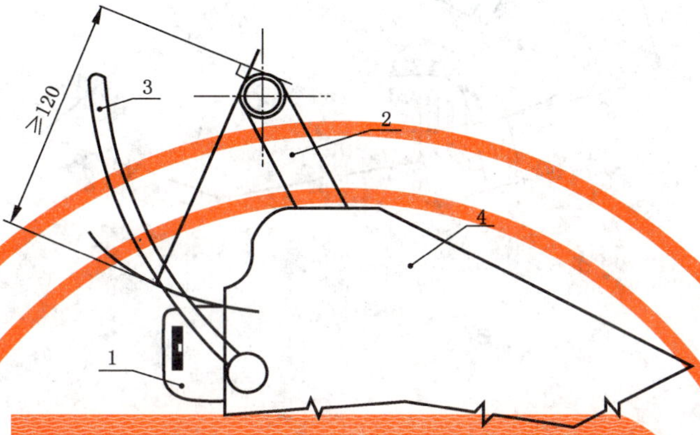

说明：

1——消声器；

2——前手把；

3——前护手器；

4——发动机罩。

图 4 前手把与未加防护的高温部件之间的最小距离

单位为毫米

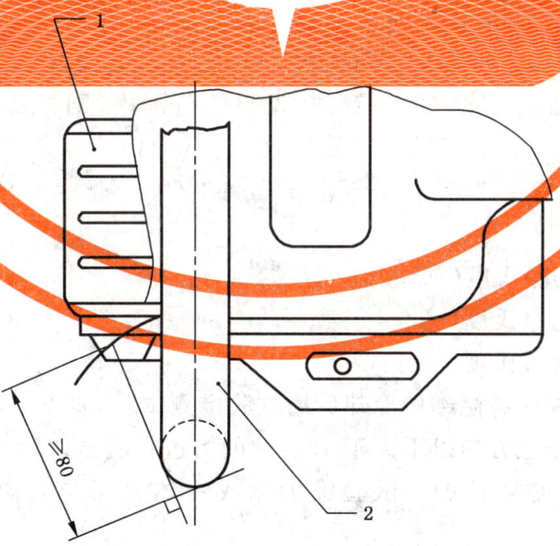

说明：

1——消声器；

2——前手把。

图 5 前手把与未加防护的高温部件之间的侧向最小距离(俯视)

单位为毫米

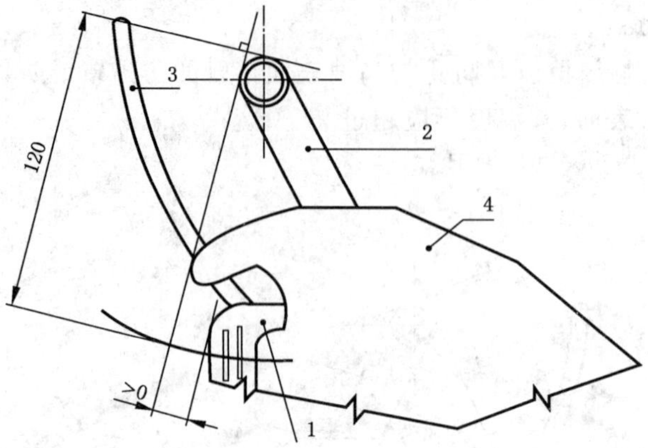

说明：

1——消声器；

2——前手把；

3——前护手器；

4——发动机罩。

图 6 高温部件的防护

4.16.2 检验

汽缸和消声器的防护罩应通过测量检验其是否符合规定的距离。除消声器安装在林用油锯前面的情形外，对安装于其他位置的消声器的防护罩，应通过测量其可触及面积来验证是否符合要求。

温度测量应在不受日光辐射且风速不大于 3 m/s 的环境下进行。发动机以 5 s 怠速、5 s 高速空转转速循环运转，直到机器表面温度稳定为止。

识别出高温表面或区域，用精度为±2 ℃的温度测量仪器测定温度。

若试验时的环境温度不在标定温度 20 ℃ ± 3 ℃的范围内，则按式(1)对试验记录的温度进行修正：

$$T_C = T_O - T_A + 20\ ℃ \qquad (1)$$

式中：

T_C——修正温度，单位为摄氏度(℃)；

T_O——实测温度，单位为摄氏度(℃)；

T_A——环境温度，单位为摄氏度(℃)。

测量可能接触的区域允许在高温部件冷却后用试验锥测试，不要求一定在高温部件热状态下测试。

将图 7 所示的试验锥向任意方向以不大于 10^{0}_{-1} N 的力进行测试。移动试验锥，确定试验锥尖端和锥体表面与高温表面或区域是否接触。试验锥尖端或锥体表面与高温表面的接触面积应不大于 10 cm^2。

单位为毫米

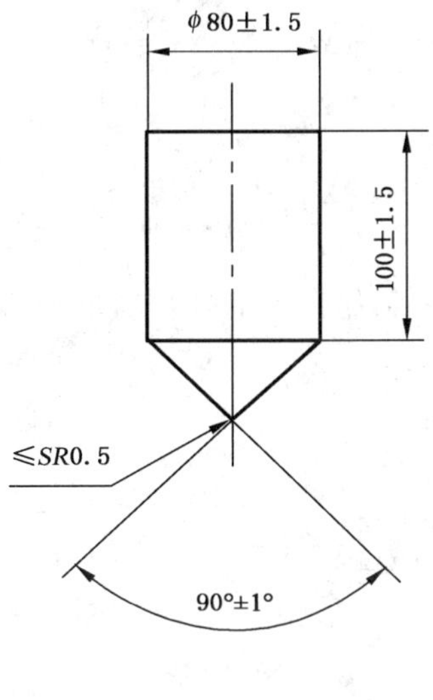

图7 试验锥

4.17 燃油和机油系统

4.17.1 要求

燃油箱盖应有连接链。

燃油箱注油口直径应不小于 20 mm,机油箱注油口直径应不小于 19 mm。各油箱开口或油箱盖应有清晰的标识,以标示其功能。若仅对油箱盖做了标识,则不同用途的油箱盖应不能互换。

燃油箱的结构设计应确保林用油锯在正常工作温度下、各工作位置及搬运时,均没有漏油现象。

油箱注油口周围不应有妨碍加油的其他部件。应能使用漏斗加油。

油箱及燃油管应可靠地连接在林用油锯上,且进行 4.17.2.2 中规定的林用油锯整体与地面的冲击试验后,油箱及燃油管道不应有目视可见的泄漏。

4.17.2 检验

4.17.2.1 通则

通过观察和测量来检验燃油箱盖连接链、开口尺寸和是否能使用漏斗加油。任意方向旋转林用油锯,检查燃油箱盖和机油箱盖的密封性。燃油箱通气系统的渗油不视为漏油。

4.17.2.2 坠落试验

在−25 ℃ ± 2 ℃的环境条件下,林用油锯应通过自由坠落的方式与混凝土表面冲击 2 次,一次安装最长的导板,一次安装最短的导板,其长度按使用说明书的规定。若使用说明书中仅规定了一种导板规格,则安装该导板进行两次冲击。

坠落试验前,安装选定的导板和锯链,并将燃油箱和润滑油箱均装半箱由体积比为 50%的乙二醇和 50%的水组成的混合物,然后将林用油锯放置在指定的试验温度环境下至少 6 h。

在从试验温度环境中取出后的 60 s 内,应将林用油锯坠落至混凝土表面。林用油锯坠落前,将林用油锯前手把上系上绳子,并将其悬挂,使导板平面与地面垂直,且使前手把的悬挂点距混凝土表面的距离为 775 mm ± 5 mm 。

分别按 GB/T 18960—2012 中图 A.1 规定的 b)～g)方位手持林用油锯各 30 s ± 2 s,目视检查油箱是否有泄漏。

在对第二个导板试验前,应将油锯在－25 ℃ ± 2 ℃ 的环境中重新放置至少 1 h。

4.18 废气排放

4.18.1 要求

发动机废气排放方向应远离处于正常工作位置的操作者的面部。

4.18.2 检验

通过观察来检验排气口位置与方向。

4.19 锯链润滑

4.19.1 要求

锯切部件应采用自动润滑方式。林用油锯若装有手动注油泵,其安装位置应保证在正常锯切工位时操作者右手能对其操作。

4.19.2 检验

通过操作机器检验锯链润滑系统的功能。若装有手动注油泵,通过观察检验其位置。

4.20 锯链张紧

4.20.1 要求

林用油锯应配置调节锯链张紧程度的装置。

4.20.2 检验

通过观察和功能性测试检验调节装置的性能。

4.21 振动

4.21.1 借助设计与防护措施以减少振动

减振是设计过程中主要考虑的因素,因此应该着重从振动产生的源头上加以考虑,对每个手把上的实际振动加速度总和值的分析是成功实施减振措施的基础。振动主要来源于发动机、锯切系统、不平衡的运动件、链轮的撞击、轴承和其他机械装置以及在操作者、机器和被锯切的材料之间的相互作用而产生的力。

除在根源上减少振动外,还应适当地采用如隔振器和减振材料等技术措施使手把与振动源隔离。

注 1:CR 1030-1 给出了关于被广泛认可的技术规则和方法,还提供了减少油锯手臂振动的设计导则。

注 2:ISO/TR 22521 给出了关于振动级对比数据的有用信息。

4.21.2 振动测量

按 ISO 22867 的规定进行振动的测量和当量振动加速度总和值的计算。

4.22 噪声

4.22.1 借助设计与防护措施减少噪声

降噪是设计过程中主要考虑的因素，因此应该着重从噪声产生的源头上加以考虑，对实际噪声发射值的分析是成功实施降噪措施的基础。噪声主要来源于发动机的进气、排气和冷却系统及林用油锯的锯切系统和振动表面。

ISO/TR 11688-1 给出了设计低噪声机器所采取的技术规则和通用技术要求。

应特别注意林用油锯的声学设计。

注：ISO/TR 11688-2 给出了关于机器中产生噪声的机械装置的有用信息，ISO 14163 给出了通过消声器控制噪声的导则，ISO 11691 和 ISO 11820 包含了关于消声器测试的要求。ISO/TR 22520 给出了关于便携手持式林业机械声压级对比数据的信息。详见参考文献。

4.22.2 噪声测量

按 ISO 22868 的规定进行耳旁噪声和 A 计权声功率级的测量和计算。

4.23 电磁兼容

4.23.1 要求

机器控制系统使用的所有电子元器件均应满足 GB/T 21398—2008 中 6.3 及 6.6 有关机器电磁兼容的接受准则。

4.23.2 检验

按 GB/T 21398—2008 中的试验要求检验机器的电磁兼容。

5 使用信息

5.1 使用说明书

5.1.1 通则

提供给使用者的使用说明书中应包括本章的内容以及 ISO 12100:2010 中 6.4 的内容。

5.1.2 技术参数

每一种型号的林用油锯均应在使用说明书中提供以下技术资料：

a) 质量

不包括导板和锯链，油箱未加油时的林用油锯质量（单位：kg）。

b) 容积

1) 燃油箱容积（单位：cm^3）；

2) 锯链润滑油油箱容积（单位：cm^3）。

c) 锯切长度

有效锯切长度（单位：cm ）。

d) 锯链

1) 最高链速：发动机最大功率点转速的 1.33 倍或发动机最高转速时锯链的速度，两者取较小值（单位：m/s）；

2） 规定的节距(单位：mm 或 in)；

3） 规定的锯链规格(传动链片厚度)(单位：mm 或 in)；

4） 锯链和导板的型号。

e） 驱动链轮

规定的齿数和节距。

f） 发动机

1） 发动机排量(单位:cm^3)；

2） 发动机最大功率(见 ISO 7293) (单位:kW)；

3） 发动机怠速范围 (单位:min^{-1})；

4） 当量耳旁噪声及声明值的不确定度,按 ISO 22868 的规定测定 (单位:dB)；

5） A 计权声功率级及声明值的不确定度,按 ISO 22868 的规定测定(必要时)(单位:dB)；

6） 每个手把的当量振动加速度总和值及声明值的不确定度,按 ISO 22867 的规定测定(单位：m/s^2)。

销售资料给出的林用油锯的信息不应与使用说明书中有关安全和健康的内容相矛盾。销售资料对机器性能的描述中有关振动值和噪声值的说明应与使用说明书一致。

5.1.3 其他信息

使用说明书应按 ISO 12100:2010 中 6.4.5 的要求,对操作者正确安全使用与维护保养林用油锯的各方面规定、要求及注意事项等加以说明,包括个人防护装备(PPE)的类型和使用的工作服,以及正式使用林用油锯前需进行的手动操作基本常识培训。

应广泛使用照片和图表。

在使用说明书封面应着重说明使用油锯前通读本手册的重要性。

使用说明书的术语按 ISO 6531 编写。

使用说明书至少应包含如下内容：

a） 林用油锯的运输、搬运和存放,如：

1） 在运输和存放时要安装上导板罩；

2） 存储之前要清理和维护；

3） 搬运时应紧固好机器各部件,以防漏油、损伤机器等。

b） 林用油锯的试运转,包括：

1） 装配说明、初调和检查,及锯链和导板的安装方法；

2） 锯链与导板组合的清单及采用非准许的组合可能导致的后果；

3） 锯链张紧和锉磨方法,包括手套的使用；

4） 定期维护、准备工作和日常维护程序的说明以及不当维护可能导致的后果；

5） 发动机停机时方可调节导板和锯链,包括锯链制动系统的定期检查；

6） 离合器定期的功能检查(怠速时锯链不运动)以及怠速的正确调整方法的相关信息；

7） 加注燃油和润滑油的注意事项,特别是防火注意事项。

c） 林用油锯机身,包括：

1） 主要部件的描述、识别和称谓,包括林用油锯安全装置以及对其功能的解释说明；

2） 安全标志和符号的解释说明；

3） 插木齿的安装；

4） 锯链和导板的更换规定说明；

5） 耳旁噪声声明值及 A 计权声功率级声明值,包括其可能引起的危害的警告以及将其危害降到最低的措施。倍频带分析报告函索即寄,以确保正确地选择听力防护装置；

6） 振动当量值，包括其可能引起的危害的警告及将其危害降到最低的措施（包括得白手病风险的说明及自我预防措施）。

d） 林用油锯的使用，包括：

1） 提醒操作者国家法规严禁使用林用油锯的场所和有关事项；

2） 使用前需进行日常检查以及机器坠落后或遭受其他冲击后对重大缺陷的识别；

3） 关于起动程序的说明，包括起动应在锯链制动器制动后进行，以及如何链制动的说明；

4） 操作说明和进行正常锯切作业以及需要进行适当的培训的说明，包括被禁止的操作方式以及警告不应在疲劳、生病、饮酒或服用嗜睡药的情况下进行操作；

5） 对眼部（护目镜或眼镜）、头部、手、四肢等部位的个人防护装置的选择的说明，包括需使用防滑靴的说明；

6） 关于暴露在噪声中时护耳的选择和使用的说明，包括推荐的持续操作机器的时间限定（必要时）；

7） 关于接触振动时得白手病的风险以及防护手套的使用说明，包括推荐的持续操作机器的时间限定（必要时）；

8） 定期测试链制动性能的说明；

9） 进行常规作业时，使用油锯可能遇到的危险以及如何避免，例如：锯链堵塞；

10） 对“窜动”、“反弹”、锯切结束时跌坠现象的解释以及如何处理的说明；

11） 对废气、润滑油雾和锯屑排出的警告；

12） 应右手握持后手把、左手握持前手把的说明；

13） 正确使用插木齿的相关说明，例如：伐木及修枝时利用插木齿的优势；

e） 维护说明，包括：

1） 使用者维修和更换零件的说明，以及保持设备处于良好工作状态的必要性；

2） 对操作者的健康和安全有影响的零配件的规格，特别是锯链和导板；

3） 用户维护和检查故障用的分解图或图表；

4） 刃磨锯链的程序，特别强调如果没有遵守规定可能导致的反弹影响；

5） 提供充分的信息，提醒使用者在机器的寿命期内维护安全装置，说明不恰当的维护、使用不符合要求的部件、拆除或改动安全装置可能产生的后果。

5.2 标志

所有的林用油锯都应有标志，标志至少包括以下内容：

——生产厂家或授权代表（必要时）的名称和完整的地址。若生产厂家（或者授权代表）的名称中含有其所在地地名，则地址可以简化，但在任何情况下，铭牌上的地址都应能够使用户联络到生产厂家；

——系列号或型号；

——机器名称；

——生产日期，例如：生产过程完成的日期；

——批号（如果有的话）。

注：机器的名称允许用产品的代号表示，可以是数字和/或字母的组合，外加系列号或型号。

另外，机器还应标有以下说明：

——参照 ISO 3767-5 给出发动机停机、链制动、润滑油控制开关、阻风门开关、起动注油泵开关及手把加热开关（若有）的识别标志及其操作方法；

——化油器和油门调节的标识；

——燃油箱盖、机油箱盖的标识。

如果使用了符号，那么在使用说明书中应给予解释。除铸造、雕刻或冲压方式形成的符号外，使用的图示符号应与背景对比鲜明，雕刻符号的凸起高度不小于 0.3 mm。符号所表示的说明和信息在500 mm以外的距离目视应清晰可见。

标志应设置在醒目位置且能耐受各种使用条件，如温度、湿度、汽油、机油、摩擦和各种气候的影响。

如果机器上使用了标签，则应对标签按 5.4.2 的规定进行试验，将试验后的试样与未进行试验的试样进行对比，目测试验后的标签应无明显的压痕、缺口、断裂、粉化、膨胀、剥落、起泡、脱落、大的刮痕、裂纹和/或印刷体严重褪色。

还应对标签进行 5.4.3 的试验，试验后从试样边缘至未粘附处的距离最大应不超过 1 mm，粘附性能应不小于 0.09 w，单位为牛顿(N)，其中 w 为试样的宽度，单位为毫米(mm)。

5.3 警告

所有的油锯都应使用文字或图示提示需要使用头部、眼部和耳部防护（详见 ISO 17080:2005 的图 A.3.4 及 A.3.5 中给出的标识示例），并给出以下警告信息：

“警告：详见使用说明书！”

可用图示方式代替上面的文字说明，见 ISO 11684:1995 的图 9 示例。

如果使用了图示符号，那么在使用说明书中应给予解释。

警告标识应清晰并设置在油锯上醒目位置且能耐受各种使用条件，如温度、湿度、汽油、机油、摩擦和各种气候的影响。

除铸造、雕刻或冲压方式形成的符号外，使用的图示符号应与背景对比鲜明，雕刻符号的凸起高度不小于 0.3 mm。符号所表示的说明和信息在 500 mm 以外的距离目测应清晰可见。

若机器上使用了标签，则应对标签按 5.4.2 的规定进行试验，将试验后的试样与未进行试验的试样进行对比，目测试验后的标签，应无明显的压痕、缺口、断裂、粉化、膨胀、剥落、起泡、脱落、大的刮痕、裂纹和/或印刷体严重褪色。

还应对标签进行 5.4.3 的试验，试验后从试样边缘至未粘附处的距离最大应不超过 1 mm，粘附性能应不小于 0.09 w，单位为牛顿(N)，其中 w 为试样的宽度，单位为毫米(mm)。

5.4 标签试验

5.4.1 试样和对照样本的准备

5.4.1.1 通则

为 5.4.2 和 5.4.3 中的每个试验准备新试样。为所有需要进行目视检查的试验准备新的对照样本。

5.4.1.2 测试面板

测试面板的平面其表面和材质应与标签所粘贴的平面相同。

采用适合的溶剂对试验面板进行仔细清洗，去除其上的所有粘合剂、脂、油和水，并至少干燥 2 h。

5.4.1.3 试样

每个试验的试样和对照样本数不少于 3 个。

试样/对照样本应尽量为完整的标签，除非试验装置不允许对整个标签进行试验，或者标签的图形内容对试验结果没有任何影响。试样的最小尺寸为宽 13 mm，长 25 mm。

进行耐擦拭试验（见 5.4.2）前应将保护层完全去除；进行附着力试验（见 5.4.3）前应去除保护层至少 15 mm，但余下长度应保证其能连接在拉力机上。试样应均匀贴在试验面板上。用涂有比试样至少宽 2 mm 的橡胶涂层且直径为 30 mm～60 mm 的钢制滚轴，以 50 N 的力、约 200 mm/s 的滚动速度，滚压贴好的试样共5次。

试样在试验面板上贴好后，在试验前将其置于温度为23 ℃ ± 5 ℃、相对湿度为50%±20% 的环境中进行不少于24 h的环境适应。

5.4.2 耐擦拭试验

将三个试样按5.4.1的要求安装在试验面板上，然后将其浸没在试验液体中300 s ± 3 s。

将试样从试验液体中取出后，用在试验液体中浸泡过的原色棉布，以10 N的力、每秒一个循环的速度擦拭试样30 s ± 3 s。擦拭完成后，用肉眼观察试验后的试样。

试验液体为：

a) 水；

b) 体积比为1∶1的异辛烷与甲苯的混合液。

5.4.3 附着力试验

将三个试样按5.4.1的要求安装在试验面板上，然后将其浸没在试验液体(体积比为1∶1的异辛烷与甲苯的混合液)中30 min ± 1 min。

将试样从试验液体中取出后，观察并测量从试样边缘开始至未粘附处距离。

将试验面板连接到一个支架上，并将覆盖有保护层的试样的自由端与拉力机连接。施加90°向上的、速度为60 mm/min ± 6 mm/min的拉力于试验面板上。测量拉力时需满足拉力测量距离至少为15 mm。计算和记录拉力的平均值，单位为牛顿(N)。若因为试样的撕裂，试验距离未能达到15 mm，则应将两个待试验的试样两层贴在一起进行试验。

附 录 A
(资料性附录)
严重危害一览表

表 A.1 详细说明了本部分中设备使用所涉及的并经过确认的严重危险、危险情况及严重危害事件,针对这些危害,要求设计者及生产厂家采取措施消除或减少这些危险带来的伤害。

表 A.1 与林用油锯有关的严重危害一览表

序号	危害		本部分中对应条款
	危险源	潜在的伤害	
1	机械危险		
	锯链的旋转	四肢的切割或切断	4.3,4.5,4.6,4.9,4.14
	运动的传动装置	四肢的缠绕或切断	4.13
	设备的抛出物	抛出物的冲击导致的伤害	4.8
	锯链的破碎	切割部件上抛出物导致的伤害	4.3,4.6,4.19,4.20,5.1
	电机控制系统的操作或控制失误,导致的切割部件离合器的意外启动、意外过载/超速运行	四肢的剪切、切割、切断或缠绕	4.2,4.10,4.11,4.12,4.14,4.23,5.1,5.2
2	电危险		
	电力系统的火线部分(直接接触)或故障状况下的高压部件(间接接触)	身体遭受电击所引起的伤害	4.15
3	热危险		
	高温发动机零部件以及由热源辐射产生的高温零部件	意外接触所导致的烧伤或烫伤	4.16
4	噪声危险		
	发动机,传动装置,切割系统以及固定零部件的共振	不适,部分听力损伤,耳聋,失去平衡,失去知觉	4.22,5.1,5.3
5	振动危险		
	发动机,手把	不适,神经、骨关节及血管疾病	4.21,5.1,5.3
6	材料/物质危险		
	发动机排放的废气,汽油	吸入有害气体导致的呼吸道损伤,接触有害液体导致的皮肤损伤	4.18,5.1
7	人机工程危险		
	控制装置,手把等的设计及其安装位置	不适,疲劳,运动器官的损伤,失去控制	4.2,4.4,4.5,4.7,4.10,4.11,4.12,4.22,5.1,5.3

表 A.1（续）

序号	危害		本部分中对应条款
	危险源	潜在的伤害	
8	综合危险		
	不利于健康的姿势和极度或重复用力以及手动控制装置安装位置的不当设计；包括忽视人体手臂解剖学、相关的手把设计、机械平衡以及减振器的使用	不适，疲劳，运动器官的损伤，失去控制	4.2，4.4，4.5，4.7，4.10，4.11，4.12，5.1，5.3
	高温发动机零部件/电路短路以及油箱渗漏/汽油泄露	与火焰接触导致的烧伤或烫伤	4.16，4.17，5.1

参 考 文 献

[1] ISO 3767-5 Tractors, machinery for agriculture and forestry, powered lawn and garden equipment—Symbols for operator controls and other displays—Part 5: Symbols for manual portable forestry machinery.

[2] ISO 11684:1995 Tractors, machinery for agriculture and forestry, powered lawn and garden equipment—Safety signs and hazard pictorials—General principles.

[3] ISO 11691 Acoustics—Measurement of insertion loss of ducted silencers without flow—Laboratory survey method.

[4] ISO 11820 Acoustics—Measurements on silencers in situ.

[5] ISO 13732-1:2006 Ergonomics of the thermal environment—Methods for the assessment of human responses to contact with surfaces—Part 1: Hot surfaces.

[6] ISO 14163 Acoustics—Guidelines for noise control by silencers.

[7] ISO 17080:2005 Manually portable agricultural and forestry machines and powered lawn and garden equipment—Design principles for single-panel product safety labels.

[8] ISO/TR 11688-1 Acoustics—Recommended practice for the design of low-noise machinery and equipment—Part 1: Planning.

[9] ISO/TR 11688-2 Acoustics—Recommended practice for the design of low-noise machinery and equipment—Part 2: Introduction to the physics of low-noise design.

[10] ISO/TR 22520 Portable hand-held forestry machines—A-weighted emission sound pressure levels at the operator's station—Comparative data in 2002.

[11] ISO/TR 22521 Portable hand-held forestry machines—Vibrations at the handles—Comparative data in 2002.

[12] CR 1030-1 Hand-arm vibration—Guidelines for vibration hazards reduction—Part 1: Engineering methods by design of machinery.

ICS 65.060.80
B 95

中华人民共和国国家标准

GB 19726.2—2013/ISO 11681-2:2011
代替 GB 20889—2006

林业机械　便携式油锯安全要求和试验 第2部分:修枝油锯

Machinery for forestry—Portable chain-saw safety requirements and testing—Part 2:Chain-saws for tree service

(ISO 11681-2:2011,IDT)

2013-12-31 发布　　2015-01-01 实施

中华人民共和国国家质量监督检验检疫总局
中国国家标准化管理委员会　发布

前　言

GB 19726 的本部分的第 4 章为强制性的，其余为推荐性的。

GB 19726《林业机械 便携式油锯安全要求和试验》分为两个部分：

——第 1 部分：林用油锯；

——第 2 部分：修枝油锯。

本部分为 GB 19726 的第 2 部分。

本部分按照 GB/T 1.1—2009 给出的规则起草。

本部分代替 GB 20889—2006《林业机械　修枝油锯　安全要求和试验》，与 GB 20889—2006 相比，主要技术变化如下：

——修改了标准的名称，由原来的"林业机械　修枝油锯　安全要求和试验"改为"林业机械　便携式油锯安全要求和试验　第 2 部分：修枝油锯"，并对应修改了标准的英文名称；

——第 1 章的变化如下：

增加了"操作者右手握持后手把、左手握持前手把"的内容要求；

将"本标准未提出关于减少噪声和振动的技术措施，是因为减少噪声和振动危害的不同方法与生产厂家通过各种专业数据或专门机构采纳的技术有关"及"本标准未涉及修枝油锯对环境方面的危害"改为"本部分给出了与机器相关的正常使用时以及合理的、可预见的误用时的所有严重危害"；

——修改了第 2 章中的部分规范性引用文件(见第 2 章，2006 年版的第 2 章)；

——删除了"3.1 修枝油锯"及"3.3 隔振系统"的内容(2006 年版的第 3 章)；

——将附录 A"各种危害一览表"的内容修改整合为本标准的附录 B(资料性附录)"严重危害一览表"(见附录 B，2006 年版的第 4 章)；

——将表 1 的内容拆分并融入到本部分第 4 章"安全要求和/或保护措施"的相应条款中，并修改了标准的结构(见第 4 章，2006 年版的第 5 章)；

——将最大握持力矩由"7 N·m"修改为"6 N·m"(见 4.4.1，2006 年版的 4.3)；

——在"锯链制动器"中增加了"且其运动方向应远离操作者"的内容要求(见 4.5.1，2006 年版的4.4.2)；

——增加了"被动式锯链制动器"的要求和试验方法(见 4.5.2)；

——修改了"反弹角和锯链制动角"的角度要求(见 4.5.3)；

——增加了"止链销应是可更换的"的要求(见 4.6)；

——增加了"发动机起动装置"的要求和检验方法(见 4.10)；

——删除了"发动机停机开关"中"开关使用方法和用途的标志应清晰耐久(见 6.3)"的内容(2006 年版的 4.12)；

——将"4.11 油门扳机"改为"油门控制"，并修改了其内容(见 4.12，2006 年版的 4.11)；

——增加了"油门锁"中对"手把握持部位"定义和释放油门锁的力的要求，并增加了对应的检验方法(见 4.12.3，2006 年版的 4.11)；

——增加了"驱动链轮防护罩"的要求和检验的内容(见 4.13)；

——修改了"离合器"的检验方法(见 4.14.2，2006 年版的 4.15)；

——修改了"高温部件的防护"中对"需要进行防护的部位"的规定，增加了"可接触部位以及防护罩和防护板表面温度要求"，并对应给出了表面温度的测量方法(见 4.16，2006 年版的 4.16)；

——增加了“油箱及燃油管道”的强度要求及其试验方法(见4.17);

——将4.21“挂接点”的内容变为“挂接装置”,并将承载力由“三倍修枝油锯整机的质量”变为“六倍修枝油锯整机的重量”(见4.21,2006年版的4.21);

——修改了对“振动”的要求及测量要求(见4.22,2006年版的4.10);

——修改了对“噪声”的要求及测量要求(见4.23,2006年版的4.9);

——增加了“电磁兼容”的要求和检验方法的内容(见4.24);

——删除了“化油器的调整”内容(2006年版的5.14);

——修改了“使用说明书”中的“技术参数”的内容(见5.1.2,2006年版的6.2);

——将“使用说明书”中的“操作手册”改为“其他信息”,并修改了其内容(见5.1.3,2006年版的6.3);

——修改了“标志”的内容,并增加了标签的试验要求(见5.2,2006年版的6.4);

——增加了“警告”的内容(见5.3);

——增加了“标签试验”的内容(见5.4);

——删除了附录B、C、D、F(2006年版的附录B、C、D、F);

——将附录A改为附录B,并修改了其内容(见附录B,2006年版的附录A);

——将附录E改为附录A,并修改了其内容(见附录A,2006年版的附录E);

——增加了“参考文献”的内容。

本部分使用翻译法等同采用ISO 11681-2:2011《林业机械　便携式油锯　安全要求和试验　第2部分:修枝油锯》。

与本部分中规范性引用国际文件有一致性对应关系的我国文件如下:

——GB/T 5390—2013　林业及园林机械　以内燃机为动力的便携式手持操作机械噪声测定规范　工程法(2级精度)(ISO 22868:2011,IDT);

——GB/T 5395—2008　林业机械　便携式动力机械振动测定规范　手把振动(ISO 22867:2004,MOD);

——GB/T 16855.2—2007　机械安全　控制系统有关安全部件　第2部分:确认(ISO 13849-2:2003,IDT);

——GB/T 19387—2012　便携式油锯　锯链制动器性能测试方法(ISO 6535:2008,IDT);

——GB/T 20456—2012　林业机械　便携式油锯　被动式锯链制动器性能要求及测试方法(ISO 13772:2009,IDT);

——LY/T 1166—2011　林业机械　便携式油锯护手器　机械强度(ISO 6534:2007,IDT);

——LY/T 1167—2003　油锯　前护手器　尺寸和空隙(ISO 6533:2001,IDT);

——LY/T 1346—2011　林业机械　便携式油锯　平衡和最大握持力矩的测定(ISO 8334:2007,IDT);

——LY/T 1347—1999　林业机械　油锯　手把强度的测定(idt ISO 7915:1991);

——LY/T 1578—2000　便携式链锯　止链销　尺寸和机械强度(eqv ISO 10726:1992);

——LY/T 1593—2001　便携式油锯　发动机性能和燃油消耗(neq ISO 7293:1997)。

本部分由国家林业局提出。

本部分由全国林业机械标准化技术委员会(SAC/TC 61)归口。

本部分负责起草单位:浙利欧股份有限公司、浙江三锋实业股份有限公司。

本部分参加起草单位:浙江宇森百联工具有限公司、浙江中马园林机器有限公司、山东华盛中天机械集团有限公司、国家林业局哈尔滨林业机械研究所。

本部分主要起草人:杨锋、周林、唐恩常、张步明、吴永东、郭丽、王细继、蒋志、王振东、李应珍。

林业机械 便携式油锯安全要求和试验 第2部分:修枝油锯

1 范围

GB 19726 的本部分规定了以内燃机为动力的便携式修枝油锯(以下简称修枝油锯)(见图1)在设计和结构方面的安全要求和试验方法。本部分适用于经过培训的操作者右手握持后手把、左手握持前手把修整树冠用,且在不带有锯链和导板、油箱为空时的净质量不大于 4.3 kg 的修枝油锯。本部分涉及的修枝油锯适用于已经阅读并且理解使用说明书中的安全要求、同时使用了正确的个人保护装置(PPE)的操作者使用。本标准叙述了消除或减少使用修枝油锯所产生的各种危害的方法,规定了由生产厂家提供的有关安全操作方面的资料要求。

本部分给出了与修枝油锯相关的,正常使用时以及合理的、可预见的误用时的所有严重危害。

注:附录B中列出了严重危害一览表。

本部分适用于在其颁布实施后所生产的修枝油锯。

2 规范性引用文件

下列文件对于本文件的应用是必不可少的。凡是注日期的引用文件,仅注日期的版本适用于本文件。凡是不注日期的引用文件,其最新版本(包括所有的修改单)适用于本文件。

GB 3883.1—2008 手持式电动工具的安全 第一部分:通用要求(IEC 60745-1:2006,IDT)

GB/T 16855.1—2008 机械安全 控制系统有关安全部件 第1部分:设计通则(ISO 13849-1:2006,IDT)

GB/T 18960—2012 林业机械 便携式油锯 词汇(ISO 6531:2008,IDT)

GB/T 21398—2008 农林机械 电磁兼容性 试验方法和验收规则(ISO 14982:1998,IDT)

GB 23821—2009 机械安全 防止上下肢触及危险区的安全距离(ISO 13857:2008,IDT)

LY/T 1348—2007 林业机械 便携式油锯 手把最小空隙和尺寸(ISO 7914:2002,IDT)

ISO 6533 油锯 前护手器 尺寸和空隙 (Forestry machinery—Portable chain-saw front hand-guard—Dimensions and clearances)

ISO 6534 林业机械 便携式油锯护手器 机械强度(Forestry machinery—Portable chain-saw hand guards—Mechanical strength)

ISO 6535 便携式油锯 锯链制动器性能(Portable chain-saws—Chain brake performance)

ISO 7293 林业机械 便携式油锯 发动机性能和燃油消耗(Forestry machinery—Portable chain-saws—Engine performance and fuel consumption)

ISO 7915 林业机械 便携式油锯 手把强度的测定(Forestry machinery—Portable chain-saws—Determination of handle strength)

ISO 8334 林业机械 便携式油锯 平衡和最大握持力矩的测定(Forestry machinery—Portable chain-saws—Determination of balance and maximum holding moment)

ISO 9518 林业机械 便携式油锯 反弹试验(Forestry machinery—Portable chain-saws—Kick-back test)

ISO 10726 便携式链锯 止链销 尺寸和机械强度(Portable chain-saws—Chain catcher—Dimensions and mechanical strength)

ISO 12100:2010 机械安全 设计通则 风险评估和降低风险(Safety of machinery—General principles for design—Risk assessment and risk reduction)

ISO 13772 林业机械 便携式油锯 被动式锯链制动器性能要求及测试方法(Forestry machinery—Portable chain-saws—Non-manually actuated chain brake performance)

ISO 13849-2 机械安全 控制系统有关安全部件 第2部分:确认(Safety of machinery—Safety-related parts of control systems—Part 2: Validation)

ISO 22867 林业机械 以内燃机为动力的便携手持式机械振动测定规范 手把振动(Forestry and gardening machinery—Vibration test code for portable hand-held machines with internal combustion engine—Vibration at the handles)

ISO 22868 林业及园林机械 以内燃机为动力的便携式手持操作机械噪声测定规范 工程法(2级精度)(Forestry and gardening machinery—Noise test code for portable hand-held machines with internal combustion engine—Engineering method (Grade 2 accuracy))

3 术语和定义

GB/T 18960—2012 和 ISO 12100:2010 界定的以及下列术语和定义适用于本文件。

注:图1给出了适用于本部分的油锯示例。

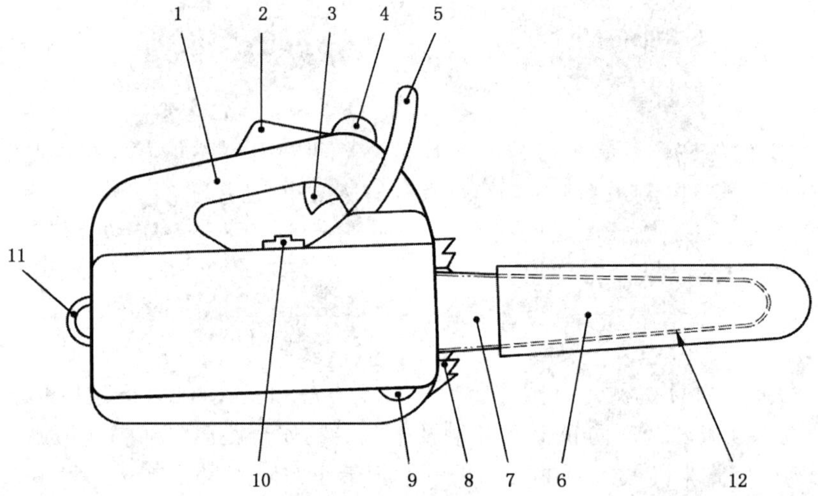

说明:

1——后手把;

2——油门扳机锁定装置;

3——油门扳机;

4——前手把;

5——前护手器;

6——导板罩;

7——导板;

8——插木齿;

9——止链销;

10——停机开关;

11——挂接点;

12——锯链。

图1 修枝油锯示例

3.1

经过培训的操作者　trained operator

了解和熟知以下要求的人：

——熟知符合本部分要求的修枝油锯使用方法和进行修剪作业时可能发生的危害；

——知道如何采取预防措施来减少危害的发生，包括穿戴个人防护装备等。

4　安全要求和/或保护措施

4.1　总则

修枝油锯应符合本章的安全要求和/或防护措施。另外，对于本部分中未提及的相关的非严重危害，设计机器时应按 ISO 12100:2010 中的规定执行。

安全使用修枝油锯取决于与使用个人防护设备(如：手套、防滑靴及腿部、眼睛、耳朵和头部的防护用品等)相关的安全环境，以及安全工作程序(见 5.1)。

除非本部分中另行规定，否则安全距离应满足 GB 23821—2009 中 4.2.4.1 与 4.2.4.3 的要求。

4.2　手把

4.2.1　要求

修枝油锯应具有供双手分别握持的两个手把，其结构设计上应满足如下要求：

——确保操作者戴上防护手套时能完全握住手把；

——手把的形状和表面能确保握持的可靠性；

——手把的尺寸符合 LY/T 1348—2007 中关于修枝油锯的规定(也见 4.12.1)。

两个手把的结构强度应符合 ISO 7915 的要求。

修枝油锯如有手把减振系统，结构上应确保在减振系统失效的情况下操作者能通过控制停机装置使发动机停止运转(见 4.11)。

4.2.2　检验

通过测量检验尺寸。按 ISO 7915 的规定检验强度。通过检查设计结构和功能性测试来检验在减振系统失效的情况下能否使修枝油锯停机。

4.3　手的防护

4.3.1　前手把的防护

4.3.1.1　要求

在靠近前手把的地方应安装前护手器(见图 1)，防止操作者的手与锯链接触而受伤。

前护手器的尺寸和机械强度应分别符合 ISO 6533 和 ISO 6534 的规定。

4.3.1.2　检验

通过测量检验尺寸。按 ISO 6534 的规定检验强度。

4.3.2　后手把的防护

4.3.2.1　要求

在后手把底部的右侧应设有后护手器，防止意外断链时，操作者的手被锯链伤害。在设计机器部件时，后护手器应满足下列要求：

a) 后护手器的宽度：距手把右边缘导板所在一侧不小于 30 mm(见图 2)，且；

b) 后护手器长度：自后手把握持空间前端面起向后不小于 100 mm(见图 2)。

也可用机器上的部件在结构上来满足这一要求。

后护手器的机械强度应符合 ISO 6534 的规定。

单位为毫米

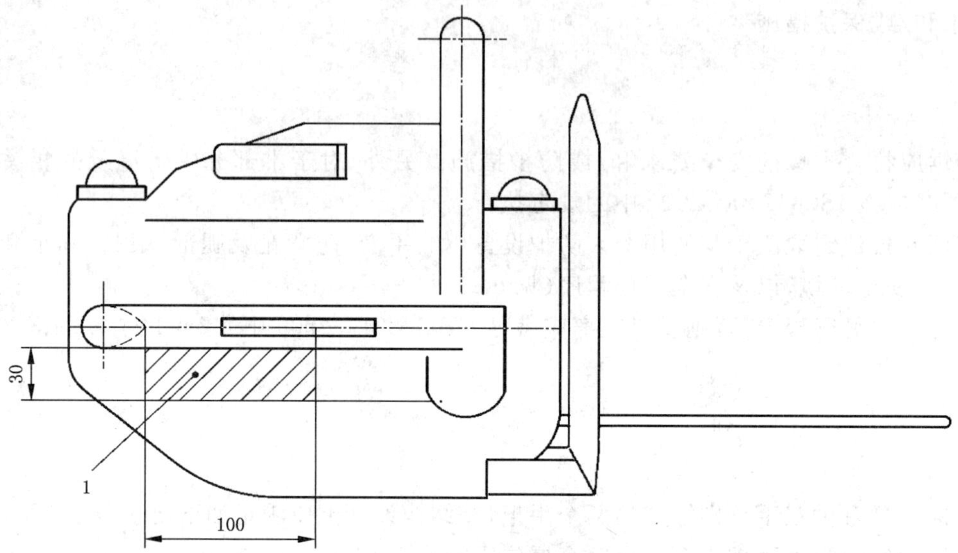

说明：

1——后护手器起保护作用的最小区域。

图 2 后手把防护的最小尺寸

4.3.2.2 检验

通过测量检验尺寸。按照 ISO 6534 的规定检验强度。

4.4 平衡

4.4.1 要求

修枝油锯应保持纵向平衡，其导板的中心线与水平面之间的最大夹角不应超过 ±25°，同时也应保持横向平衡，其导板平面与铅垂面之间的最大夹角不应超过 ±10°。

最大握持力矩不应超过 6 N·m。

最短和最长的导板都应满足这些限制。

4.4.2 检验

按照 ISO 8334 规定的功能性测试，检验纵向平衡夹角与横向平衡夹角以及握持力矩。

4.5 反弹的防护

4.5.1 锯链制动器

4.5.1.1 要求

修枝油锯应安装锯链制动器，借助前护手器应能起动锯链制动器。锯链制动器释放力应在 20 N～

50 N之间,且其运动方向应远离操作者。

平均制动时间应不大于0.12 s,最大制动时间应不大于0.15 s。

4.5.1.2 检验

按ISO 6535的规定检验锯链制动器的释放力和制动时间。

4.5.2 被动式锯链制动器

4.5.2.1 要求

修枝油锯也应配置被动式锯链制动系统,当发生反弹时,使锯链制动器起作用。该系统性能应符合ISO 13772中关于修枝油锯的规定。

4.5.2.2 检验

按ISO 13772的规定检验被动式锯链制动系统的性能。

4.5.3 反弹角和锯链制动角

4.5.3.1 要求

按照使用说明书中规定的导板和锯链配置修枝油锯,逐一测试并计算反弹角和锯链制动角,二者值中较小者应不超过25°。

4.5.3.2 检验

按ISO 9518的规定进行功能性试验,检验并计算反弹角和锯链制动角。

4.6 止链销

4.6.1 要求

修枝油锯应安装止链销,其尺寸和强度应符合ISO 10726的规定。止链销应是可更换的。

4.6.2 检验

通过测量检验尺寸。按ISO 10726的规定检验强度。通过观察检验止链销的可更换性。

4.7 插木齿

4.7.1 要求

修枝油锯上应有可安装插木齿的结构(见图1)。

4.7.2 检验

通过观察,检验修枝油锯是否有可安装插木齿的结构。

4.8 排屑

4.8.1 要求

修枝油锯的排屑结构应满足当修枝油锯处于立位(横向锯切)工况时,其木屑的排出方向指向修枝油锯底平面的下方。

4.8.2 检验

进行横向切割操作时，通过观察检验木屑的排出方向。

4.9 导板罩

4.9.1 要求

修枝油锯应配置导板罩(见图1)，其设计应满足在运输和贮存期间能始终罩在导板上。

4.9.2 检验

握持修枝油锯处于任一方向，观察检验导板罩是否能始终罩在导板上。

4.10 发动机起动装置

4.10.1 要求

起动装置应是自带电池的电起动器，或为永久安装在修枝油锯上的手拉起动器。

安装手拉起动器的修枝油锯，应配备自动回绳装置。

对电起动器，应需两个或两个以上的单独的、不同的操作方能使其动作。

4.10.2 检验

通过观察和功能性测试来检验发动机起动装置。

4.11 发动机停机开关

4.11.1 要求

修枝油锯应配置使发动机不借助持续的人力而能迅速停止运转的停机开关。此停机开关应安装在无论操作者是否戴防护手套都可对其控制的位置处，即单手握持修枝油锯时，另一只手可控制停机开关；双手握持修枝油锯时，右手可控制停机开关。开关的颜色与背景应对比鲜明。

4.11.2 检验

通过操作修枝油锯来检验发动机停机开关的功能。通过观察来检验控制机构的位置及其颜色。

4.12 油门控制

4.12.1 尺寸

4.12.1.1 要求

油门扳机的位置应确保操作者戴防护手套握持修枝油锯后手把时能勾动和松开扳机。其尺寸应符合 LY/T 1348—2007 的规定，也见 4.2.1。

4.12.1.2 检验

通过测量检验油门扳机的位置及尺寸。

4.12.2 操作

4.12.2.1 要求

修枝油锯应安装有油门扳机。油门扳机松开时，应能自动复位到怠速状态。依靠油门扳机锁定装置的自动锁定，油门扳机应能保持在怠速状态。

注：当油门锁用于辅助起动时，勾动及释放油门扳机前，油门锁将保持发动机转速高于怠速(见 4.12.3)。

发动机起动过程结束以后，只有在油门扳机锁定装置解除锁定状态后，勾动油门扳机才能使发动机转速升高到锯链开始运动的状态。

当操作者释放油门锁，且发动机回到怠速状态后，就视为发动机的起动过程结束。

为了减少切割部件的意外运动，油门控制结构的设计应保证对后手把加力时，且油门扳机锁定装置接合时，发动机的转速不会升高到离合器接合、锯链开始运动的状态。

4.12.2.2 检验

通过操作修枝油锯来检验油门扳机和油门扳机锁定装置的功能。以向油门扳机最不利的方向对修枝油锯的后手把施加相当于修枝油锯重量(不包括锯切部件且燃油箱和润滑油箱不加油时)的三倍力，来检验油门控制机构的设计。

4.12.3 油门锁

4.12.3.1 要求

如果有用于辅助起动的油门锁、且其啮合会导致起动过程中锯链的运动，则该油门锁的锁定功能应靠手动设定，且当勾动油门扳机时应能自动解除锁定状态。油门的锁定装置应该安装在手把握持部位以外，且至少需要两个单独的动作才能启动油门锁。

手把握持部位定义为距油门扳机后部向前 25 mm 至距油门扳机后部向后 75 mm 的范围。

施加在油门扳机上用于释放油门锁的力应不超过 25 N。

4.12.3.2 检验

操作修枝油锯，通过观察和测量来检验油门锁的功能。在油门扳机后部向前 5 mm ± 1 mm 处测量沿扳机的运动方向(垂直于扳机旋转半径)在 1 s 内释放油门锁的力。

4.13 驱动链轮防护罩

4.13.1 要求

当驱动链轮防护罩的功能仅限于防止操作者与驱动链轮意外接触时，它应为固定式防护罩(可用工具拆卸)，或具有互锁功能的活动防护罩(可拆卸，无需工具)。

固定式防护罩应仅在使用工具时才能移动或打开，且当防护罩被移除后，其固定系统应仍依附在防护罩或机器上。

有互锁功能的活动防护罩的安全控制系统应符合 GB/T 16855.1—2008 中第 1 类的要求。

4.13.2 检验

通过观察来检验固定防护罩的设计。

通过观察、功能性测试及按 ISO 13849-2 中规定的原则来检验有互锁功能的活动防护罩上的互锁功能。

4.14 离合器

4.14.1 要求

修枝油锯应安装离合器，离合器的性能应保证当发动机以任何低于使用说明书中所标明怠速转速的1.25倍的速度运转时，锯链不运转。

4.14.2 检验

将发动机的转速从怠速升至使用说明书中规定的最大怠速转速的1.25倍时，通过观察检验离合器是否符合要求。

4.15 高压带电部件的防护

4.15.1 要求

电路中各高电压部件，包括火花塞帽在内，都应合理布置、绝缘良好或进行防护，避免操作者与之接触时发生事故。

修枝油锯应配备停机开关，且应将其安装在低电压回路中。

4.15.2 检验

通过观察和使用GB 3883.1—2008中图1所示的标准指形规来检查高压带电部件的固定和绝缘。通过观察来检验停机开关。

4.16 高温部件的防护

4.16.1 要求

除了导板和锯链，高温部件应加以防护，确保操作者正常操作修枝油锯时不致意外接触高温部分。用图3所示的试验锥探入高温区，其所能接触到的高温部件操作者都有可能接触到。试验锥尖端或锥体表面与高温表面的接触面积应不大于10 cm^2。

按上述定义所述的可接触部位以及防止与高温表面接触的防护罩或防护板，若为金属表面，则其温度不应超过80 ℃，若是塑料表面，其温度不应超过94 ℃。

注：更多信息见ISO 13732-1:2006中附录E。

4.16.2 检验

通过下述方法测量高温表面的可接触面积来检验防护罩的性能。

温度测量应在不受日光辐射且风速不大于3 m/s的环境下进行。发动机以5 s怠速、5 s高速空转转速循环运转，直到机器表面温度稳定为止。

识别出高温表面或区域，用精度为±2 ℃的温度测量仪器测定温度。

若试验时的环境温度不在标称温度20 ℃ ± 3 ℃的范围内，则按式(1)对试验记录的温度进行修正：

$$T_C = T_O - T_A + 20\ ℃ \quad \cdots\cdots\cdots\cdots (1)$$

式中：

T_C——修正温度，单位为摄氏度(℃)；

T_O——实测温度，单位为摄氏度(℃)；

T_A——环境温度，单位为摄氏度(℃)。

测量可能接触的区域允许在高温部件冷却后用试验锥测试，不要求一定在高温部件热状态下测试。

将图3所示的试验锥向任意方向以不大于10^{0}_{-1} N的力进行测试。移动试验锥，确定试验锥尖端和锥体表面与高温表面或区域是否接触。

单位为毫米

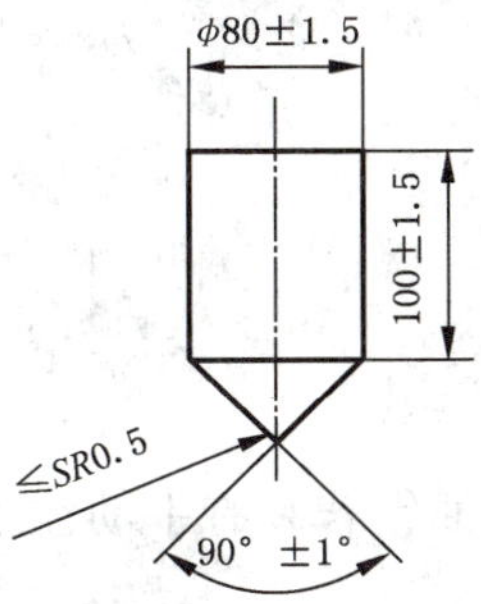

图 3 试验锥

4.17 燃油和机油系统

4.17.1 要求

燃油箱盖应有连接链。

燃油箱注油口直径应不小于 20 mm,机油箱注油口直径应不小于 19 mm。各油箱开口或油箱盖应有清晰的标识,以标示其功能。若仅对油箱盖做了标志,则不同用途的油箱盖应不能互换。

燃油箱的结构设计应确保修枝油锯在正常工作温度下、各工作位置及搬运时,均没有漏油现象。

注油口周围不应有妨碍加油的其他部件。应能使用漏斗加油。

油箱及燃油管应可靠地连接在修枝油锯上,且进行 4.17.2.2 中规定的修枝油锯整体与地面的冲击试验后,油箱及燃油管道不应有目视可见的泄漏。

4.17.2 检验

4.17.2.1 通则

通过观察和测量来检验燃油箱盖连接链、开口尺寸和是否能使用漏斗加油。任意方向旋转修枝油锯,检查燃油箱盖和机油箱盖的密封性。燃油箱通气系统的渗油不视为是漏油。

4.17.2.2 坠落试验

在 −25 ℃ ± 2 ℃ 的环境条件下,修枝油锯安装使用说明书中规定的最长的导板,通过自由坠落的方式与混凝土表面冲击 1 次。

坠落试验前,安装选定的导板和锯链,并将燃油箱和润滑油箱均装半箱由体积比为 40%的乙二醇和 60%的水组成的混合物,然后将修枝油锯放置在指定的试验温度环境下至少 6 h。

应在从试验温度环境中取出后的 60 s 内将修枝油锯坠落至混凝土表面。修枝油锯坠落前,将修枝油锯前手把系上绳子,并将其悬挂,使导板平面与地面垂直,且使前手把的悬挂点距混凝土表面的距离为 775 mm ± 5 mm 。

分别按 GB/T 18960—2012 图 A.1 规定的 b)~g)方位手持修枝油锯各 30 s ± 2 s,目视检查油箱是否有泄漏。

4.18 废气排放

4.18.1 要求

发动机废气排放方向应远离处于正常工作位置的操作者的面部。

4.18.2 检验

通过观察来检验排气口的位置与方向。

4.19 锯链润滑

4.19.1 要求

锯切部件应采用自动润滑方式。修枝油锯若装有手动注油泵，其安装位置应保证在正常锯切工位时操作者右手能对其操作。

4.19.2 检验

通过操作机器检验锯链润滑系统的功能。若装有手动注油泵，通过观察检验其位置。

4.20 锯链张紧

4.20.1 要求

修枝油锯应具有调节锯链张紧程度的装置。

4.20.2 检验

通过观察和功能性测试检验调节装置的性能。

4.21 挂接装置

4.21.1 要求

在修枝油锯的挂接点处应设有挂接环用以连接绳索或工具带。该挂接环的孔眼直径应不小于10 mm，其挂接环应能承载六倍修枝油锯整机(即油箱装满油、装最长的导板和锯链)的重量。

挂接装置的位置应能保证将修枝油锯悬吊起来后导板向下。

4.21.2 检验

通过观察和测量检验挂接装置。

4.22 振动

4.22.1 借助设计与防护措施减少振动

减振是设计过程中主要考虑的因素，因此应该着重从振动产生的源头上加以考虑，对每个手把上的实际振动加速度总和值的分析是成功实施减振措施的基础。振动主要来源于发动机、锯切装置、不平衡的运动件、链轮的撞击、轴承和其他机械装置以及在操作者、机器和被锯切的材料之间的相互作用而产生的力。

除在根源上减少振动外，还应适当的采用如隔振器和减振材料等技术措施使手把与振动源隔离。

注 1：CR 1030-1 给出了关于被广泛认可的技术规则和方法，还提供了减少手臂振动的机器的设计导则。

注 2：ISO/TR 22521 给出了关于振动级对比数据的有用信息。

4.22.2 检验

按 ISO 22867 的规定进行振动的测量和当量振动加速度总和值的计算。

4.23 噪声

4.23.1 借助设计与防护措施减少噪声

降噪是设计过程中主要考虑的因素,因此应该着重从噪声产生的源头上加以考虑,对实际噪声发射值的分析是成功实施降噪措施的基础。噪声主要来源于发动机的进气、排气和冷却系统及修枝油锯的锯切系统和振动表面。

ISO/TR 11688-1 给出了设计低噪声机器所采取的技术规则和通用技术要求。

应特别注意修枝油锯的声学设计。

注:ISO/TR 11688-2 给出了关于机器中产生噪声的机械装置的有用信息;ISO 14163 给出了通过消声器控制噪声的导则;ISO 11691 和 ISO 11820 包含了关于消声器测试的要求;ISO/TR 22520 给出了关于便携手持式林业机械声压级对比数据的信息。详见参考文献。

4.23.2 检验

按 ISO 22868 的规定进行耳旁噪声和 A 计权声功率级的测量和计算。

4.24 电磁兼容

4.24.1 要求

机器控制系统使用的所有电子元器件均应满足 GB/T 21398—2008 中 6.3 及 6.6 有关机器电磁兼容的可接受准则。

4.24.2 检验

按 GB/T 21398—2008 中的试验要求检验机器的电磁兼容。

5 使用信息

5.1 使用说明书

5.1.1 通则

提供给使用者的使用说明书中应包括本章的内容以及 ISO 12100:2010 中 6.4 的内容。

5.1.2 技术参数

每台机器应随机提供以下技术资料:

a) 质量

不包括导板和锯链,油箱未加油时的修枝油锯质量(单位:kg)。

b) 容积

1) 燃油箱容积 (单位:cm^3);

2) 锯链润滑油油箱容积(单位:cm^3)。

c) 锯切长度

有效锯切长度(单位:cm)

d) 锯链

1) 最高链速 发动机最大功率点转速的 1.33 倍或发动机最高转速时锯链的速度,两者取较小值 (单位:m/s);

2） 规定的节距（单位：mm 或 in)；

3） 规定的锯链规格(传动链片厚度)（单位：mm 或 in）；

4） 锯链和导板的型号。

e） 驱动链轮

规定的齿数和节距。

f） 发动机

1） 发动机排量（单位：cm^3）；

2） 发动机最大功率(见 ISO 7293)（单位：kW）；

3） 发动机怠速范围（单位：min^{-1}）；

4） 当量耳旁噪声及声明值的不确定度，按 ISO 22868 的规定测定（单位：dB)；

5） A 计权声功率级及声明值的不确定度，ISO 22868 的规定测定(必要时)（单位：dB)；

6） 每个手把的当量振动加速度总和值及声明值的不确定度，按 ISO 22867 的规定测定（单位：m/s^2）。

销售资料给出的林用油锯的信息不应与使用说明书中有关安全和健康的内容相矛盾。销售资料对机器性能的描述中有关振动值和噪声值的说明应与使用说明书一致。

5.1.3 其他信息

使用说明书应按 ISO 12100:2010 中 6.4.5 的要求，对操作者正确安全使用与维护保养修枝油锯的各方面规定、要求及注意事项等加以说明，包括个人防护装备(PPE)的类型和使用的工作服，以及正式使用油锯前需进行的手动操作基本常识培训。

使用说明书中应广泛使用照片和图表。

在使用说明书封面应着重说明通读本说明书的重要性。

在使用说明书中应给予以下警告：修枝油锯是为修枝而专门设计的特种油锯。应指出修枝油锯只可以由经过培训并配备经特别设计的安全工作系统的操作者使用，还应强调指出修枝油锯仅仅在这些限定的条件下用作修枝，当用作其他用途时，修枝油锯应同一般油锯一样用双手操作。

注：附录 A 给出了修枝油锯必要的使用指导信息，包括安全工作系统。

所有文件中使用的术语应符合 ISO 6531 的规定。

使用说明书应包含如下内容：

a） 修枝油锯的运输、搬运和存放，包括：

1） 在运输和存放时要安装上导板罩；

2） 存储之前要清理和维护；

3） 搬运时应紧固好机器各部件，以防漏油、损伤机器等。

b） 修枝油锯的试运转，包括：

1） 装配说明、初调和检查，及锯链和导板的安装方法；

2） 锯链与导板组合的清单及采用非准许的组合可能导致的后果；

3） 锯链张紧和锉磨方法，包括手套的使用；

4） 定期维护、准备工作和日常维护程序的说明以及不当维护可能导致的后果；

5） 发动机停机时方可调节导板和锯链，包括锯链制动系统的定期检查；

6） 离合器定期的功能检查(怠速时锯链不运动)以及怠速的正确调整方法的相关信息；

7） 加注燃油和润滑油的注意事项，特别是防火注意事项。

c） 修枝油锯机身，包括：

1） 主要部件的描述、识别和称谓，包括修枝油锯安全装置以及对其功能的解释说明；

2） 安全标志和符号的解释说明；

3) 插木齿的安装;

4) 锯链和导板的更换规定说明;

5) 耳旁噪声声明值及A计权声功率级声明值,包括其可能引起的危害的警告以及将其危害降到最低的措施。倍频带分析报告函索即寄,以确保正确地选择听力防护装置;

6) 振动当量值,包括其可能引起的危害的警告及将其危害降到最低的措施(包括得白手病风险的说明及自我预防措施)。

d) 修枝油锯的使用,包括:

1) 提醒操作者国家法规严禁使用修枝油锯的场所和有关事项;

2) 使用前需进行日常检查以及机器坠落后或遭受其他冲击后对重大缺陷的识别;

3) 关于起动程序的说明,包括起动应在锯链制动器制动后进行,以及如何链制动的说明;

4) 操作指南和正常锯切以及需要进行适当的培训的说明,包括被禁止的操作方式以及警告不应在疲劳、生病、饮酒或服用嗜睡药的情况下进行操作;

5) 选择适合爬树的眼部(护目镜或眼镜)、头部、手、四肢等部位的个人防护装置的说明,包括需使用防滑靴的说明;

6) 关于暴露在噪声中时护耳的选择和使用的说明,包括推荐的持续操作机器的时间限定(必要时);

7) 关于接触振动时得白手病的风险以及防护手套的使用说明,包括推荐的持续操作机器的时间限定(必要时);

8) 定期测试链制动性能的说明;

9) 进行常规作业时,使用修枝油锯可能遇到的危险以及如何避免,例如,锯链堵塞;

10) 对"窜动"、"反弹"、锯切结束时坠落现象的解释以及如何处理的说明;

11) 对废气、润滑油雾和锯屑排出的警告;

12) 关于双手握持修枝油锯时,应右手握持后手把,左手握持前手把的说明;

13) 对如何使用修枝油锯的描述,包括操作者应进行安全攀爬技术训练和使用所推荐的安全装置的重要性的说明,如安全带、绳索、环索、两端带环的绳索,以及其他高空作业防坠落系统(见附录A中的示例)。

e) 维护说明,包括:

1) 使用者维修和更换零件的说明,以及保持设备处于良好工作状态的必要性;

2) 对操作者的健康和安全有影响的零配件的规格,特别是锯链和导板;

3) 用户维护和检查故障用的图解或图表;

4) 刃磨锯链的程序,特别强调如果没有遵守规定可能导致的反弹影响;

5) 提供充分的信息,提醒使用者在机器的寿命期内维护安全装置,说明不恰当的维护、使用不符合要求的部件、拆除或改动安全装置可能产生的后果。

5.2 标志

所有的油锯都应有标志,标志应至少包括下列内容:

——生产厂家或授权代表(必要时)的名称和完整的地址。若生产厂家(或者授权代表)的名称中含有其所在地地名,则地址可以简化,但在任何情况下,铭牌上的地址都应能够使用户联络到生产厂家;

——系列号或型号;

——机器的名称;

——生产日期,即生产过程完成的日期;

——批号(如果有的话)。

注：机器的名称允许用产品的代号表示，可以是数字和/或字母的组合，外加系列号或型号。

另外，机器还应标有以下说明：

——参照 ISO 3767-5 给出发动机停机、链制动、润滑油控制开关、阻风门开关、起动注油泵开关及手把加热开关(若有)的识别标志及其操作方法；

——化油器和油门调节的标识；

——燃油箱盖、机油箱盖的标识。

如果使用了符号，那么在使用说明书中应给予解释。除铸造、雕刻或冲压方式形成的符号外，使用的图示符号应与背景对比鲜明，雕刻符号的凸起高度不小于 0.3 mm。符号所表示的说明和信息在 500 mm以外的距离目视应清晰可见。

标志应设置在醒目位置且能耐受各种使用条件，如温度、湿度、汽油、机油、摩擦和各种气候的影响。

如果机器上使用了标签，则应对标签按 5.4.2 的规定进行试验，将试验后的试样与未进行试验的试样进行对比，目测试验后的标签应无明显的压痕、缺口、断裂、粉化、膨胀、剥落、起泡、脱落、大的刮痕、裂纹和/或印刷体严重褪色。

还应对标签进行 5.4.3 的试验，试验后从试样边缘至未粘附处距离最大应不超过 1 mm，粘附性能应不小于 0.09 w，单位为牛顿(N)，其中 w 为试样的宽度，单位为毫米(mm)。

5.3 警告

所有的油锯都应使用文字或图示给出以下信息：

——需对头部、手、四肢、脚部、眼部、耳部进行防护(详见 ISO 17080:2005 的图 A.3.4 及 A.3.5 中给出的标识示例)；

——需穿戴防护服(例如:双脚、腿部、手部和前肢)；

——警告信息：

"警告:该油锯仅适用于经过训练的操作者修枝作业使用，详见使用说明书!"

也见 5.4.4。

如果使用了图示符号，那么在使用说明书中应给予解释。

警告标识应清晰并设置在油锯上醒目位置且能耐受各种使用条件，如温度、湿度、汽油、机油、摩擦和各种气候的影响。

除铸造、雕刻或冲压方式形成的符号外，使用的图示符号应与背景对比鲜明，雕刻符号的凸起高度不小于 0.3 mm。符号所表示的说明和信息在 500 mm 以外的距离目视应清晰可见。

若机器上使用了标签，则应对标签按 5.4.2 的规定进行试验，将试验后的试样与未进行试验的试样进行对比，目测试验后的标签，应无明显的压痕、缺口、断裂、粉化、膨胀、剥落、起泡、脱落、大的刮痕、裂纹和/或印刷体严重褪色。

还应对标签进行 5.4.3 的试验，试验后从试样边缘至未粘附距离最大应不超过 1 mm，粘附性能应不小于 0.09 w，单位为牛顿(N)，其中 w 为试样的宽度，单位为毫米(mm)。

5.4 标签试验

5.4.1 试样和对照样本的准备

5.4.1.1 通则

为 5.4.2 和 5.4.3 中的每个试验准备新试样。为所有需要进行目视检查的试验准备新的对照样本。

5.4.1.2 测试面板

测试面板的平面其表面和材质应与标签所粘贴的平面相同。

采用适合的溶剂对试验面板进行仔细清洗，去除其上的所有粘合剂、脂、油和水，并至少干燥 2 h。

5.4.1.3 试样

每个试验的试样和对照样本数不少于 3 个。

试样/对照样本应尽量为完整的标签，除非试验装置不允许对整个标签进行试验，或者标签的图形内容对试验结果没有任何影响。试样的最小尺寸为宽 13 mm，长 25 mm。

进行耐擦拭试验(见 5.4.2)前应将保护层完全去除；进行附着力试验(见 5.4.3)前应去除保护层至少 15 mm，但余下长度应保证其能连接在拉力机上。试样应均匀贴在试验面板上。用涂有比试样至少宽 2 mm 的橡胶涂层且直径为 30 mm～60 mm 的钢制滚轴，以 50 N 的力、约 200 mm/s 的滚动速度，滚压贴好的试样共 5 次。

试样在试验面板上贴好后，在试验前将其置于温度为 23 ℃ ± 5 ℃、相对湿度为 50%±20% 的环境中进行不少于 24 h 的环境适应。

5.4.2 耐擦拭试验

将三个试样按 5.4.1 的要求安装在试验面板上，然后将其浸没在试验液体中 300 s ± 3 s。

将试样从试验液体中取出后，用在试验液体中浸泡过的原色棉布，以 10 N 的力、每秒一个循环的速度擦拭试样 30 s ± 3 s。擦拭完成后，用肉眼观察试验后的试样。

试验液体为：

a) 水；

b) 体积比为 1∶1 的异辛烷与甲苯的混合液。

5.4.3 附着力试验

将三个试样按 5.4.1 的要求安装在试验面板上，然后将其浸没在试验液体(为体积比 1∶1 的异辛烷与甲苯的混合液)中 30 min ± 1 min。

将试样从试验液体中取出后，观察并测量从试样边缘开始至未粘附处的距离。

将试验面板连接到一个支架上，并将覆盖有保护层的试样的自由端与拉力机连接。施加 90°向上的、速度为 60 mm/min ± 6 mm/min 的拉力于试验面板上。测量拉力时需满足拉力测量距离至少为 15 mm。计算和记录拉力的平均值，单位为牛顿(N)。若因为试样的撕裂，试验距离未能达到 15 mm，则应将两个待试验的试样两层贴在一起进行试验。

5.4.4 关于销售网点的信息

应提供给修枝油锯销售网点有关可视信息或标识等，例如：吊牌和/或外箱贴纸，以便潜在的购买者了解机器。至少应使用当地语言给出该信息：

"警告：该油锯仅适用于经过训练的操作者修枝作业使用，详见使用说明书！"

附 录 A
（规范性附录）
在绳索和安全带吊挂下使用修枝油锯的工作要求

A.1 概述

本附录所述的工作要求其目的是当工作在绳索和安全带高空吊挂状态下时，减少来自修枝油锯的危害。然而，这仅是基本的守则和练习说明，并不能取代正式的实际训练。本附录中给出的守则只是典型工作要求的示例。

注：如有更严格的国家法规或其他规定，则按更严格的执行。

具体有以下几方面要求：

a） 借助于绳索和安全带吊挂在高处使用修枝油锯作业的一般建议；

b） 借助于绳索和安全带吊挂在高处使用修枝油锯作业的准备工作；

c） 如何使用修枝油锯打枝和锯截树冠，包括双手使用修枝油锯时的安全站位、修枝油锯的起动、锯切、单手操作机器的限制及如何取出被夹卡住的修枝油锯。

本附录未涉及控制被锯切下的树枝和树干的技术，也未涉及5.1中所覆盖的部分。

A.2 一般要求

修枝油锯的操作者不应单独在绳索和安全带高空吊挂状态下工作，需要有一名专门经过处置突发事件或采取应急措施训练的工人来配合工作。

操作者应经过一般的安全攀爬树木和选择工作方位技术的训练，并适当配备诸如安全带、绳索、环索、两端带环的绳索和其他能使操作者与机器都处于安全可靠的工作姿态的装备。

A.3 修枝油锯使用前的准备工作

首先由地面上的工人检查机器、加油、起动和预热，然后停机将机器递给树上的操作者。

修枝油锯应配有便于吊挂在操作者安全带上的扣环（见图A.1）。

a） 确保系在修枝油锯后边挂接点上的环索是牢固结实的；

b） 提供合适的两端带环的绳索使修枝油锯间接（如：经过环索）或直接（如：修枝油锯上的挂接点）挂接在操作者身上的安全带上；

c） 向上递给操作者修枝油锯时，确保机器已经安全可靠的栓系好；

d） 将修枝油锯和向上拉升的绳索分开前，确保机器和安全带的挂接是安全可靠的。

图 A.1　修枝油锯挂接在安全带上的示例

操作者在树上移动时,修枝油锯直接挂在安全带上可减少机器被损害的危险,此时修枝油锯应处于停机状态。

修枝油锯只能挂接在安全带上推荐的挂接点上,挂接点可以是操作者身前、身后的中间点或身体侧边。尽可能将修枝油锯挂接在身后中间的部位,使操作者看清攀爬的路线和用后背来承受机器的重量,见图 A.2。

将修枝油锯由一个挂接点移到另一个挂接点时,操作者应确保机器已安全可靠地挂接在新的位置后,方能松开先前的挂接点。

图 A.2　修枝油锯挂接在安全带背部中间挂接点的示例

A.4　在树上使用修枝油锯

通过对修枝作业时发生的事故分析,表明事故基本是由于不正确的单手使用修枝油锯引起的。多数事故都是操作者没有选择一个可供双手操作机器的安全工作位置。以下几方面会增加受伤害的

危险:

a) 修枝油锯反弹时没有握稳机器;

b) 当修枝油锯接触到攀爬路线和操作者身体(特别是左手和手臂)时,对机器的控制不够;

c) 由于不安全可靠的工作位置和姿势,失去对修枝油锯的控制,导致其(操作油锯时意外的运动)和人接触。

A.4.1 确定双手操作修枝油锯时的安全工作位置

双手操作修枝油锯的一般原则是,操作者应首先瞄准确认一个安全可靠的工作位置,在这个位置上操作者可以在下述高度使用机器:

a) 齐臂高度锯切水平部分枝干;

b) 齐腰高度锯切垂直部分枝干。

当操作者工作在靠近垂直树干、产生的侧向力较小的位置时,应选择一个好的立足点以获得一个安全可靠的工作位置。操作者移动离开树干时,应采取措施消除或抵消所增加的侧向力。如经过辅助支撑点改变主绳索的方向或使用可调节的绳索连接安全带和辅助支撑点等(见图 A.3)

在工作位置处可借用环索做成临时的马镫来获得稳固的立足点(见图 A.4)。

图 A.3 经过辅助支撑点改变主绳索方向的示例

图 A.4 用环索做临时马镫的示例

A.4.2 在树上起动修枝油锯

在树上起动修枝油锯时，操作者应：

a) 起动前使用锯链制动器；

b) 起动时，修枝油锯被握持在身体的左侧或右侧：

  1) 在身体左侧时，左手握住机器的前手把并使其离开操作者身体，同时用右手拉起动绳；

  2) 在身体右侧时，右手握住机器的前手把或后手把并使其离开操作者身体，同时用左手拉起动绳。

在将运转的修枝油锯挂到绳环上之前，锯链制动器应是一直啮合的。

开始某些关键性的锯切工作前，操作者应检查油箱内是否有足够的燃油。

A.4.3 单手操作修枝油锯

操作者不应在不稳固的工作位置单手使用修枝油锯或向用手锯那样锯切枝干顶部小直径的枝桠。

只有在下列情况下，才允许单手使用修枝油锯：

a) 操作者无法获得可供双手使用油锯的工作位置；

b) 操作者需要用另一只手来辅助支撑其作业姿势；

c) 为锯切距操作者身边较远的枝桠，需要以合适的角度将油锯伸到最远的限度时。

下列情形，不允许操作者单手使用修枝油锯：

——用导板头部的反弹区域锯切；

——握持正被锯切的枝干；

——试图抓握即将掉落的枝干。

A.4.4 被夹卡住的修枝油锯取出

如果锯切时锯被夹卡住，操作者应：

a) 关闭机器，将其安全可靠地系在被锯切的枝干内侧(如：向着主干的一侧)或单独的绳索上；

b) 视需要，向上抬起枝干将锯拽出；

c) 如果需要，使用手锯或另一台修枝油锯在距被夹卡住的油锯至少 30 cm 的地方锯切枝干来取出被夹卡的锯。

为防止被夹卡住的修枝油锯随枝干掉落而使情况进一步恶化，无论使用手锯或修枝油锯来取出被夹卡的锯，锯切的部位都应在外侧(指向枝干头部那一侧)。

附 录 B
（资料性附录）
严重危害一览表

表 B.1 详细说明了本部分中设备使用所涉及的并经过确认的严重危险、危险情况及严重危害事件，针对这些危害，要求设计者及生产厂家采取措施消除或减少这些危险带来的伤害。

表 B.1 与修枝油锯有关的严重危害一览表

序号	危害		本部分中对应条款
	危险源	潜在的伤害	
1	机械危险		
	锯链的旋转	对四肢的切割或切断	4.3,4.5,4.6,4.9,4.14
	运动的传动装置	对上肢的缠绕或切断	4.13
	油锯的抛出物	抛出物的冲击导致的伤害	4.8
	锯链的破碎	切割部件上抛出物导致的伤害	4.3,4.6,4.19,4.20,5.1
	电机控制系统的操作或控制失误，导致的切割部件离合器的意外启动、意外过载/超速运行	四肢的剪切、切割、切断或缠绕	4.2,4.10,4.11,4.12,4.14,4.23,5.1,5.2
2	电危险		
	电力系统的火线部分(直接接触)或故障状况下的高压部件(间接接触)	身体遭受电击所引起的伤害	4.15
3	热危险		
	高温发动机零部件以及由热源辐射产生的高温零部件	意外接触所导致的烧伤或烫伤	4.16
4	噪声危险		
	发动机，传动装置，切割系统以及固定零部件的共振	不适，部分听力损伤，耳聋，失去平衡，失去知觉	4.23,5.1,5.3
5	振动危险		
	发动机，手把	不适，神经、骨关节及血管疾病	4.22,5.1,5.3
6	材料/物质危险		
	发动机排放的废气，汽油	吸入有害气体导致的呼吸道损伤，接触有害液体导致的皮肤损伤	4.18,5.1
7	人机工程危险		
	控制装置，手把等的设计及其安装位置	不适，疲劳，运动器官的损伤，失去控制	4.2,4.4,4.7,4.10,4.11,4.12,5.1

表 B.1（续）

序号	危害		本部分中对应条款
	危险源	潜在的伤害	
8	综合危险		
	不利于健康的姿势和极度或重复用力以及手动控制装置安装位置的不当设计；包括忽视人体手臂解剖学、相关的手把设计、机械平衡以及减震器的使用	不适，疲劳，运动器官的损伤，失去控制	4.2，4.4，4.5，4.7，4.10，4.11，4.12，4.22，5.1，5.3，附录 A
	高温发动机零部件/电路短路以及油箱渗漏/汽油泄露	与火焰接触导致的烧伤或烫伤	4.16，4.17，5.1

参 考 文 献

[1] ISO 3767-5 Tractors, machinery for agriculture and forestry, powered lawn and garden equipment—Symbols for operator controls and other displays—Part 5: Symbols for manual portable forestry machinery.

[2] ISO 11684:1995 Tractors, machinery for agriculture and forestry, powered lawn and garden equipment—Safety signs and hazard pictorials—General principles.

[3] ISO 11691 Acoustics—Measurement of insertion loss of ducted silencers without flow—Laboratory survey method.

[4] ISO 11820 Acoustics—Measurements on silencers in situ.

[5] ISO 13732-1:2006 Ergonomics of the thermal environment—Methods for the assessment of human responses to contact with surfaces—Part 1: Hot surfaces.

[6] ISO 14163 Acoustics—Guidelines for noise control by silencers.

[7] ISO 17080:2005 Manually portable agricultural and forestry machines and powered lawn and garden equipment—Design principles for single—panel product safety labels.

[8] ISO/TR 11688-1 Acoustics—Recommended practice for the design of low-noise machinery and equipment—Part 1: Planning.

[9] ISO/TR 11688-2 Acoustics—Recommended practice for the design of low-noise machinery and equipment—Part 2: Introduction to the physics of low-noise design.

[10] ISO/TR 22520 Portable hand-held forestry machines—A—weighted emission sound pressure levels at the operator's station—Comparative data in 2002.

[11] ISO/TR 22521 Portable hand-held forestry machines—Vibration emission values at the handles—Comparative data in 2002.

[12] CR 1030-1 Hand-arm vibration—Guidelines for vibration hazards reduction—Part 1: Engineering methods by design of machinery.

ICS 43.080.01
T 47

中华人民共和国国家标准

GB/T 19753—2013
代替 GB/T 19753—2005

轻型混合动力电动汽车能量消耗量试验方法

Test methods for energy consumption of light-duty hybrid electric vehicles

2013-12-31 发布　　2014-06-01 实施

中华人民共和国国家质量监督检验检疫总局
中国国家标准化管理委员会　发布

前　言

本标准按照 GB/T 1.1—2009 给出的规则起草。

本标准代替 GB/T 19753—2005《轻型混合动力电动汽车能量消耗量试验方法》。与 GB/T 19753—2005 相比，除编辑性修改外主要技术变化如下：

——标准第 4 章的分类方式与 GB/T 19596 规定冲突，因此改变第 4 章的名称。

——试验车辆需按制造厂的规范进行走合，并且在试验前的 7 天内应至少行驶 300 km。修订为“试验前的 7 天内建议至少行驶 300 km”(见 6.1，2005 年版的 6.1)。

——“车速稳定在 50 km/h，直到混合动力电动汽车的发动机起动；”中增加速度公差 ±2 km/h。以下各条出现同样问题的均进行相同的修订(见 7.1.2.1，2005 年版的 7.1.1.1)。

——将原标准中燃料消耗 $c_{1/2}$(L)改为 $c_{1/2}$(1/100 km)(见 7.1.2.3.5、7.1.3.2.4、7.1.4.1 和7.2.3.3.5，2005 年版的 7.1.1.3.4、7.1.2.2.4、7.2.2.3.5.1 和 7.2.3.2.4)。

——增加新试验方法，作为可外接充电式混合动力电动汽车试验方法的可选项。新的试验方法包括运行 N 个循环，直到储能装置达到最低荷电状态。这种试验方法可以更好地体现部分新型混合动力控制策略的能耗[见 7.2.3.3.4a)和 7.2.3.3.4b)]。

——为使可外接充电的混合动力电动汽车的能耗更直观，要求其能耗应以燃料消耗量和电能消耗量两部分综合表示，不能只以其中一种进行表示，以免造成混淆(见 7.1.4.3 和 7.2.5.3)。

——增加其他燃料的计算标准，指明其他燃料的计算与同期执行的国家标准一致(见 7.4)。

——将预处理循环更改为两个完整循环。同时要求在预处理循环中测量燃料和电能消耗量，并在要求三个试验循环内，车辆储能装置的电能变化应小于燃料消耗量的 5%。否则试验无效(见 2005 年版的 7.3.1.1 和 7.3.1.2)。

——删除了 $Q>0$(电池放电)，$Q<0$(电池充电)(见 2005 年版的 7.3.2.4)。

——增加了 OVC 续驶里程的测量(见附录 B)。

本标准参照联合国欧洲经济委员会(ECE)2009 年 11 月 9 日提出的 ECE R101.修订 2-修改 2-附录 8 中“关于混合动力电动汽车能量消耗量试验方法”方面的部分技术内容。

本标准由中华人民共和国工业和信息化部提出。

本标准由全国汽车标准化技术委员会(SAC/TC 114)归口。

本标准起草单位：中国汽车技术研究中心、重庆长安新能源汽车有限公司、东风电动车辆股份有限公司、奇瑞汽车股份有限公司、中国第一汽车集团公司技术中心、深圳市比亚迪汽车有限公司、上海捷能汽车技术有限公司、万向电动车有限公司、泛亚汽车技术中心有限公司。

本标准主要起草人：戴春蓓、付铁强、何云堂、苏岭、杨孝纶、方运舟、金启前、王超、李斌、张伟、郭海涛、范嘉睿、张英男。

轻型混合动力电动汽车能量消耗量试验方法

1 范围

本标准规定了装用点燃式发动机或装用压燃式发动机的轻型混合动力电动汽车能量消耗量的试验方法。

本标准适用于装用点燃式发动机或压燃式发动机的、最大总质量不超过3.5 t的M_1类、M_2类和N_1类混合动力电动汽车。

2 规范性引用文件

下列文件对于本文件的应用是必不可少的。凡是注日期的引用文件,仅注日期的版本适用于本文件。凡是不注日期的引用文件,其最新版本(包括所有的修改单)适用于本文件。

GB 18352.3—2005 轻型汽车污染物排放限值及测量方法(中国Ⅲ、Ⅳ阶段)

GB/T 19233—2008 轻型汽车燃料消耗量试验方法

GB/T 19596 电动汽车术语

3 术语和定义

GB/T 19596界定的以及下列术语和定义适用于本文件。

4 按充电方式进行的混合动力电动汽车分类

本标准中按照储能装置是否需要外接充电、车辆是否具有行驶模式手动选择功能,如表1所示将混合动力电动汽车按充电方式分为4类。

表1 按充电方式的混合动力电动汽车分类

储能装置外接充电功能	可外接充电(OVC)[a]		不可外接充电(NOVC)	
行驶模式手动选择功能	无	有	无	有
对应的混合动力电动汽车车型	可外接充电、无行驶模式手动选择功能	可外接充电、有行驶模式手动选择功能	不可外接充电、无行驶模式手动选择功能	不可外接充电、有行驶模式手动选择功能
行驶模式手动选择功能	无	有	无	有

[a] 仅当制造厂在其生产说明书中或以其他明确的方式推荐或要求定期进行车外充电时,混合动力电动汽车方可认为是"可外接充电"的。仅用来不定期的储能装置电量调节而非用作常规的车外能量补充,即使有车外充电能力,也不认为是"可外接充电"的车型。

5 试验设备、仪器

5.1 所用底盘测功机、排气取样系统、排气分析设备及其测试精度应符合 GB 18352.3 相关规定。

5.2 底盘测功机的调整按照 GB 18352.3—2005 附录 C 中附件 CB、CC 及 CD 的规定进行，直到满足标准要求。

5.3 其他相关参数的单位、准确度及分辨率见表 2。

表 2 相关测量参数的单位、准确度及分辨率

参数	单位	准确度	分辨率
时间	s	±0.1	0.1
距离	m	±0.1%	1
温度	℃	±1	1
速度	km/h	±1%	0.2
质量	kg	±0.5%	1
电流	A	±0.5%	0.1
电压	V	±0.5%	1

6 车辆状态要求

6.1 试验车辆应按制造厂的规范进行走合，并且在试验前的 7 天内建议至少行驶 300 km。

6.2 车辆轮胎压力应调整到制造厂规定的压力值。

6.3 车辆加载应符合 GB 18352.3 的有关规定。

7 试验方法、试验程序及试验结果处理

7.1 可外接充电、无行驶模式手动选择功能的混合动力电动汽车

7.1.1 通则

可外接充电、无行驶模式手动选择功能的混合动力电动汽车试验应分别在以下条件进行：

——条件 A：储能装置处于充电终止的最高荷电状态；

——条件 B：储能装置处于运行放电结束的最低荷电状态。

7.1.2 条件 A

7.1.2.1 储能装置放电

储能装置通过车辆行驶进行放电。车辆按下述要求在试验跑道或底盘测功机上行驶，直到满足放电终止条件：

——车速稳定在 50 km/h±2 km/h，直到混合动力电动汽车的发动机自行起动；

——如果不起动发动机车辆不能达到 50 km/h±2 km/h 稳定车速，应降低到保证车辆能够稳定行驶的合适车速，并且在规定的时间/距离(检测机构和制造厂之间确定)内发动机不起动；

——按照制造厂建议。

应将发动机在自行起动后 10 s 内停机。

7.1.2.2 车辆处理

7.1.2.2.1 对于装用压燃式发动机的混合动力电动汽车应采用 GB 18352.3—2005 中附录 C 的附件 CA 规定的 2 部循环，连续运行 3 个循环，进行预处理。

7.1.2.2.2 对于装用点燃式发动机的混合动力电动汽车应采用 GB 18352.3—2005 中附录 C 的附件 CA 规定的 1 个 1 部和 2 个 2 部循环，进行预处理。

7.1.2.2.3 在试验前，车辆应于 20 ℃～30 ℃的温度条件下在室内保温，浸车期间，按照附录 A 的规定，完成对储能装置的完全充电。在试验前，车辆应于 20 ℃～30 ℃的温度条件下在室内放置至少 6 h，直到发动机的润滑油和冷却液温度与室温的差在±2 ℃范围内。

7.1.2.3 试验程序

7.1.2.3.1 车辆正常起动，按照 GB 18352.3—2005 附录 C 的规定开始试验。

7.1.2.3.2 取样按照 GB 18352.3—2005 附录 C 的规定进行。

7.1.2.3.3 车辆按照 GB 18352.3—2005 附录 C 的规定运行，如果制造厂对挡位变换有特殊的文件规定，GB 18352.3—2005 附录 C 中附件 CA 对这些车的换挡点的要求不适用。可按照 GB 18352.3—2005 附录 C 中 C.2.3 的规定，并结合制造厂的产品使用手册和变速器操作说明进行操作。

7.1.2.3.4 下面两种试验方法可选，由生产企业向检测机构提供混合动力车辆的工作原理，并提出选择的试验方法，由检测机构认可后实施：

a) 车辆起动前或起动的同时开始取样，并在市郊循环的最后一个怠速段结束后停止取样。

b) 车辆起动前或起动的同时开始取样，并连续重复一定数量的循环。在储能设备达到最低荷电状态时的第一个市郊循环最后的怠速结束后停止取样。最低荷电状态由下面的程序确定：

——电量平衡值 Q(Ah)要在每一个循环中都进行测量，使用附录 C 规定的程序，并确定储能装置的最低荷电状态。

——储能装置的最低荷电状态是在进行 N 个循环后，如果第 $N+1$ 个循环的放电量小于额定存储值(即电池充满时的储存能力，由制造厂提供)3%时，认为达到储能装置的最低荷电状态。在制造厂的要求下，可以增加试验循环，并且它们的结果应计入到结果的计算中。并应证明每个增加的循环中电量平衡放电值都小于前一个循环。

——在每个循环之间可以允许 10 min 的热浸时间，动力系统在此期间应关闭。

7.1.2.3.5 测量结果

7.1.2.3.6 按照 GB/T 19233—2008 的计算方法，利用测得的 CO_2、CO 和 HC 排放量，以碳平衡法计算燃料消耗 c_1(L/100 km)。

7.1.2.3.6.1 按照 7.1.2.3.4a)规定的方法进行试验的结果就是一次试验的结果。

7.1.2.3.6.2 按照 7.1.2.3.4b)规定的方法进行试验的结果是各个试验结果的和，再求平均值。

$$c_1 = \frac{1}{N}\sum_{1}^{N} c_i \qquad \cdots\cdots(1)$$

式中：

c_1——燃料消耗量结果，单位是升每百千米(L/100 km)；

c_i——N 个循环的总结果，单位是升每百千米(L/100 km)；

N——试验进行的总循环数，不包括达到最低荷电状态的循环。

7.1.2.3.7 试验结束后 30 min 内，按照附录 A 的规定对储能装置进行充电。测量并记录从电网获得的电能 e_1(Wh)，e_1 即为条件 A 下车辆的电能消耗。

7.1.3 条件B

7.1.3.1 车辆处理

7.1.3.1.1 按照7.1.2.1的规定对储能装置进行放电。如果制造厂要求，在放电之前可按照7.1.2.2.1或7.1.2.2.2对车辆进行处理。

7.1.3.1.2 在试验前，车辆应于20 ℃～30 ℃的温度条件下在室内放置至少6 h，直到发动机的润滑油和冷却液温度与室温的差在±2 ℃范围内。

7.1.3.2 试验程序

7.1.3.2.1 车辆正常起动，按照GB 18352.3—2005附录C的规定开始试验。

7.1.3.2.2 取样按照GB 18352.3—2005附录C的规定进行。

7.1.3.2.3 车辆按照GB 18352.3—2005附录C的规定运行，如果制造厂对挡位变换有特殊的文件规定，GB 18352.3—2005附录C中附件CA对这些车的换挡点的要求不适用。可按照GB 18352.3—2005附录C中C.2.3的规定，并结合制造厂的产品使用手册和变速器操作说明进行操作。

7.1.3.2.4 按照GB/T 19233—2008的计算方法，利用测得的CO_2、CO和HC排放量，以碳平衡法计算燃料消耗c_2(L/100 km)。

7.1.3.2.5 试验结束后30 min内，按照附录A的规定对储能装置进行充电。测量并记录从电网获得的电能e_2(Wh)。

7.1.3.2.6 按照7.1.2.1的规定对储能装置进行放电。

7.1.3.2.7 按照附录A的规定对储能装置进行充电。测量并记录从电网获得的电能e_3(Wh)。

7.1.3.2.8 条件B下，车辆的电能消耗为$e_4=e_2-e_3$(Wh)。

7.1.4 试验结果

7.1.4.1 燃料消耗量的加权平均值

7.1.4.1.1 按照7.1.2.3.4a)进行试验的燃料消耗量的加权平均值

$$C=\frac{(D_e\times c_1+D_{av}\times c_2)}{D_e+D_{av}} \qquad \cdots\cdots(2)$$

式中：

C ——燃料消耗量，单位为升每百千米(L/100 km)；

c_1 ——条件A试验中所得燃油消耗量，单位为升每百千米(L/100 km)；

c_2 ——条件B试验中所得燃油消耗量，单位为升每百千米(L/100 km)；

D_e ——按照附录B规定的试验规程，所测得的纯电动续驶里程，单位为千米(km)；

D_{av}——25 km(假设的储能装置两次充电之间的平均行驶里程)。

7.1.4.1.2 按照7.1.2.3.4b)进行试验的燃料消耗量的加权平均值

$$C=\frac{(D_{ovc}\times c_1+D_{av}\times c_2)}{D_{ovc}+D_{av}} \qquad \cdots\cdots(3)$$

式中：

D_{ovc}——按照附录B规定的试验规程，所测得的OVC续驶里程，单位为千米(km)。

7.1.4.2 电能消耗量加权平均值

7.1.4.2.1 按照7.1.2.3.4a)进行试验的电能消耗量的加权平均值

$$E=\frac{(D_e\times E_1+D_{av}\times E_4)}{D_e+D_{av}} \qquad \cdots\cdots(4)$$

式中：

E ——电能消耗量，单位为瓦时每千米(Wh/km)；

E_1 ——条件 A 试验所得电能消耗量，$E_1=e_1/D_{test1}$，单位为瓦时每千米(Wh/km)；

E_4 ——条件 B 试验所得电能消耗量，$E_4=e_4/D_{test2}$，单位为瓦时每千米(Wh/km)；

D_{test1} ——条件 A 试验中车辆实际行驶的距离，单位为千米(km)；

D_{test2} ——条件 B 试验中车辆实际行驶的距离，单位为千米(km)。

7.1.4.2.2 按照 7.1.2.3.4b)进行试验的燃料消耗量的加权平均值

$$E=\frac{(D_{ovc}\times E_1+D_{av}\times E_4)}{D_{ovc}+D_{av}} \qquad \cdots\cdots(5)$$

7.1.4.3 可外接充电、无行驶模式手动选择功能的混合动力电动汽车能耗试验结果应包括燃料消耗量和电能消耗量两部分。综合能耗应由上述两部分组成，不应只以燃料消耗量或电能消耗量来表示。

7.2 可外接充电、有行驶模式手动选择功能的混合动力电动汽车

7.2.1 通则

可外接充电、有行驶模式手动选择功能的混合动力电动汽车试验应分别在以下条件进行：

——条件 A：储能装置处于充电终止的最高荷电状态；

——条件 B：储能装置处于运行放电结束的最低荷电状态。

7.2.2 行驶模式的确定

按表 3 确定行驶模式。

表 3 行驶模式确定

荷电状态	行驶模式			
	—纯电动 —混合动力	—发动机 —混合动力	—纯电动 —发动机 —混合动力	—混合动力模式 n[a] —混合动力模式 m[a]
条件 A	混合动力	混合动力	混合动力	最大电力消耗模式[b]
条件 B	混合动力	发动机	发动机	最大燃料消耗模式[c]

[a] 例如：运动型、经济型、市区运行、市郊行驶模式……

[b] 最大电力消耗模式：所有可选择的混合动力手动选择模式中，电能消耗量最高的行驶模式。由制造厂提供信息，并与检测部门达成共识。

[c] 最大燃料消耗模式：所有可选择的混合动力手动选择模式中，燃料消耗量最高的行驶模式。由制造厂提供信息，并与检测部门达成共识。

7.2.3 条件 A

如果按照附录 B 规定的测试方法所测得的车辆纯电动行驶里程大于一个完整的循环，在制造厂与检测机构达成共识后，按 GB 18352.3—2005 附录 C 的规定进行试验时，其电能消耗测量可以以纯电动行驶模式进行。在这种情况下，c_1 的值为 0。

如果按照附录 B 规定的测试方法所测得的车辆纯电动行驶里程不大于一个完整的循环，在按 GB 18352.3—2005 附录 C 的规定进行能量消耗量试验时，应根据表 3 选择最大电力消耗的混合模式作为行驶模式。

7.2.3.1 储能装置放电

如果车辆有纯电动模式选择功能，行驶模式开关置于纯电动位置，车辆以纯电动 30 min 最高车速的 70%±5% 的稳定车速在试验跑道上行驶或在底盘测功机上运行，对储能装置放电。满足下列条件之一，放电过程停止：

——车辆不能以 30 min 最高车速的 65% 行驶时；

——由标准车载仪器指示驾驶员停车；

——行驶 100 km 后。

如果车辆没有纯电动模式选择功能，车辆按下述要求在试验跑道或底盘测功机上行驶，直到满足放电终止条件：

——车速稳定在 50 km/h±2 km/h，直到混合动力电动汽车的发动机自行起动；

——如果不起动发动机车辆不能达到 50 km/h±2 km/h 稳定车速，应降低到保证车辆能够稳定行驶的合适车速，并且在规定的时间/距离（检测机构和制造厂之间确定）内发动机不起动；

——按照制造厂建议。

应将发动机在自行起动后 10 s 内停机。

7.2.3.2 车辆处理

7.2.3.2.1 对于装用压燃式发动机的混合动力电动汽车应采用 GB 18352.3—2005 中附录 C 的附件 CA 规定的 2 部循环，连续运行 3 个循环，进行预处理。

7.2.3.2.2 对于装用点燃式发动机的混合动力电动汽车应采用 GB 18352.3—2005 中附录 C 的附件 CA 规定的 1 个 1 部和 2 个 2 部循环，进行预处理。

7.2.3.2.3 在试验前，车辆应于 20 ℃～30 ℃的温度条件下在室内保温，浸车期间，按照附录 A 的规定，完成对储能装置的完全充电。在试验前，车辆应于 20 ℃～30 ℃的温度条件下在室内放置至少 6 h，直到发动机的润滑油和冷却液温度与室温的差在±2 ℃范围内。

7.2.3.3 试验程序

7.2.3.3.1 车辆正常起动，按照 GB 18352.3—2005 附录 C 的规定开始试验。

7.2.3.3.2 取样按照 GB 18352.3—2005 附录 C 的规定进行。

7.2.3.3.3 车辆按照 GB 18352.3—2005 附录 C 的规定运行，如果制造厂对挡位变换有特殊的文件规定，GB 18352.3—2005 附录 C 中附件 CA 对这些车的换挡点的要求不适用。可按照 GB 18352.3—2005 附录 C 中 C.2.3 的规定，并结合制造厂的产品使用手册和变速器操作说明进行操作。

7.2.3.3.4 下面两种试验方法可选，由生产企业向检测机构提供混合动力车辆的工作原理，并提出选择的试验方法，由检测机构认可后实施：

a) 车辆起动前或起动的同时开始取样，并在市郊循环的最后一个怠速段结束后停止取样。

b) 车辆起动前或起动的同时开始取样，并连续重复一定数量的循环。在储能设备达到最低荷电状态时的第一个市郊循环最后的怠速结束后停止取样。最低荷电状态由下面的程序确定：

——电量平衡值 Q(Ah) 要在每一个循环中都进行测量，使用附录 C 规定的程序，并确定储能装置的最低荷电状态。

——储能装置的最低荷电状态是在进行 N 个循环后，如果第 $N+1$ 个循环的放电量小于额定存储值（即电池充满时的储存能力，由制造厂提供）3% 时，认为达到储能装置的最低荷电状态。在制造厂的要求下，可以增加试验循环，并且它们的结果应计入到结果的计算中。并应证明每个增加的循环中电量平衡放电值都小于前一个循环。

——在每个循环之间可以允许 10 min 的热浸时间，动力系统在此期间应关闭。

7.2.3.3.5 试验结果

7.2.3.3.5.1 按照 GB/T 19233—2008 的计算方法，利用测得的 CO_2、CO 和 HC 排放量，以碳平衡法计算燃料消耗 c_1(L/100 km)。

7.2.3.3.5.2 按照 7.2.3.3.4a)规定的方法进行试验的结果就是一次试验的结果。

7.2.3.3.5.3 按照 7.2.3.3.4b)规定的方法进行试验的结果是各个试验结果的和，再求平均值。

$$c_1 = \frac{1}{N}\sum_{1}^{N} c_i \quad \cdots\cdots(6)$$

式中：

c_1——燃料消耗量结果，单位是升每百千米(L/100 km)；

c_i——N 个循环的总结果，单位是升每百千米(L/100 km)；

N——试验进行的总循环数，不包括达到最低荷电状态的循环。

7.2.3.3.6 试验结束后 30 min 内，按照附录 A 的规定对储能装置进行充电。测量并记录从电网获得的电能 e_1(Wh)，e_1 即为条件 A 下车辆的电能消耗。

7.2.4 条件 B

7.2.4.1 车辆处理

按照 7.2.3.1 的规定对储能装置进行放电。如果制造厂要求，在放电之前可按照 7.2.3.2.1 或 7.2.3.2.2 对车辆进行处理。

在试验前，车辆应于 20 ℃～30 ℃的温度条件下在室内放置至少 6 h，直到发动机的润滑油和冷却液温度与室温的差在±2 ℃范围内。

7.2.4.2 试验程序

7.2.4.2.1 车辆正常起动，按照 GB 18352.3—2005 附录 C 的规定开始试验。

7.2.4.2.2 取样按 GB 18352.3—2005 附录 C 的规定进行。

7.2.4.2.3 车辆按照 GB 18352.3—2005 附录 C 的规定运行，如果制造厂对挡位变换有特殊的文件规定，GB 18352.3—2005 附录 C 中附件 CA 对这些车的换挡点的要求不适用。可按照 GB 18352.3—2005 附录 C 中 C.2.3 的规定，并结合制造厂的产品使用手册和变速器操作说明进行操作。

7.2.4.2.4 按照 GB/T 19233—2008 的计算方法，利用测得的 CO_2，CO 和 HC 排放量，以碳平衡法计算燃料消耗 c_2(L/100 km)。

7.2.4.2.5 试验结束后 30 min 内，按照附录 A 的规定对储能装置进行充电。测量并记录从电网获得的电能 e_2(Wh)。

7.2.4.2.6 按照 7.2.3.1 的规定对储能装置进行放电。

7.2.4.2.7 按照附录 A 的规定对储能装置进行充电。测量并记录从电网获得的电能 e_3(Wh)。

7.2.4.2.8 条件 B 下，车辆的电能消耗为 $e_4 = e_2 - e_3$(Wh)。

7.2.5 试验结果

7.2.5.1 燃料消耗量的加权平均值

7.2.5.1.1 按照 7.2.3.3.4a)进行试验的燃料消耗量的加权平均值

$$C = \frac{D_e \times c_1 + D_{av} \times c_2}{D_e + D_{av}} \quad \cdots\cdots(7)$$

式中：

C ——燃油消耗量，单位为升每百千米(L/100 km)；

c_1 ——条件A试验所得燃油消耗量,单位为升每百千米(L/100 km);

c_2 ——条件B试验所得燃油消耗量,单位为升每百千米(L/100 km);

D_e ——按照附录B规定的试验规程,所测得的纯电动续驶里程,单位为千米(km);

D_{av} ——25 km(假设的储能装置两次充电之间的平均行驶里程)。

7.2.5.1.2 按照7.2.3.3.4b)进行试验的燃料消耗量的加权平均值

$$C=\frac{D_{ovc}\times c_1+D_{av}\times c_2}{D_{ovc}+D_{av}} \quad\cdots\cdots(8)$$

式中:

D_{ovc}——按照附录B规定的试验规程,所测得的OVC续驶里程,单位为千米(km)。

7.2.5.2 电能消耗量加权平均值

7.2.5.2.1 按照7.2.3.3.4a)进行试验的电能消耗量的加权平均值

$$E=\frac{D_e\times E_1+D_{av}\times E_4}{D_e+D_{av}} \quad\cdots\cdots(9)$$

式中:

E ——电能消耗量,单位为瓦时每千米(Wh/km);

E_1 ——条件A试验所得电能消耗量,$E_1=e_1/D_{test1}$,单位为瓦时每千米(Wh/km);

E_4 ——条件B试验所得电能消耗量,$E_4=e_4/D_{test2}$,单位为瓦时每千米(Wh/km);

D_{test1}——条件A试验中车辆实际行驶的距离,单位为千米(km);

D_{test2}——条件B试验中车辆实际行驶的距离,单位为千米(km)。

7.2.5.2.2 按照7.2.3.3.4b)进行试验的燃料消耗量的加权平均值

$$E=\frac{D_{ovc}\times E_1+D_{av}\times E_4}{D_{ovc}+D_{av}} \quad\cdots\cdots(10)$$

7.2.5.3 综合能耗

可外接充电、有行驶模式手动选择功能的混合动力电动汽车能耗试验结果应包括燃料消耗量和电能消耗量两部分。综合能耗应由上述两部分组成,不能只以燃料消耗量或电能消耗量来表示。

7.3 不可外接充电的混合动力电动汽车

7.3.1 通则

如果车辆有行驶模式手动选择功能,试验时应选择车辆的缺省行驶模式,制造厂提供相关信息,并由检测部门进行确认。

7.3.2 车辆处理

7.3.2.1 车辆应至少进行两个连续的完整的,按照GB 18352.3—2005中附录C的附件CA规定的运行循环(1个1部和1个2部),进行预处理。同时按照7.3.3.3、7.3.3.4及7.3.3.5测量CO_2排放量和电量平衡值,并计算燃料消耗量和电能平衡值ΔE_{batt}(MJ)。

7.3.2.2 在试验前,车辆应于20 ℃～30 ℃的温度条件下在室内放置至少6 h,直到发动机的润滑油和冷却液温度与室温的差在±2 ℃范围内。

7.3.3 试验程序

7.3.3.1 车辆按照 GB 18352.3—2005 附录 C 的规定进行试验。

7.3.3.2 如果制造厂对挡位变换有特殊的文件规定，GB 18352.3—2005 附录 C 中附件 CA 对这些车的换挡点的要求不适用。可按照 GB 18352.3—2005 附录 C 中 C.2.3 的规定，并结合制造厂的产品使用手册和变速器操作说明进行操作。

7.3.3.3 按照 GB/T 19233—2008 的计算方法，利用测得的 CO_2、CO 和 HC 排放量，以碳平衡法计算燃料消耗量 C(L/100 km)。

7.3.3.4 如果储能装置为化学蓄电池(或电量特性类似的储能系统，如飞轮电池)，需测量试验过程中的电量平衡值 Q(Ah)，并计算所对应的电能平衡值 ΔE_{batt}(MJ)，$\Delta E_{\text{batt}}=0.003\,6\times$电量平衡值 Q(Ah)×电池的额定电压(V)。电量平衡值 Q 的测量方法见附录 C。

7.3.3.5 如果储能装置为超级电容器，需测量试验起始电压 V_{initial}(V)和终了电压 V_{final}(V)，并计算试验过程的电能平衡值 $\Delta E_{\text{storage}}$(MJ)，$\Delta E_{\text{storage}}=0.003\,6\times\left[\frac{1}{2}\times C(V_{\text{final}}^2-V_{\text{initial}}^2)\right]$，$C$ 为额定电容(F)。

7.3.4 试验结果

7.3.4.1 试验结果修正

本试验测量所得燃料消耗量 C(L/100 km)，需要用储能装置的电能平衡值 $\Delta E_{\text{storage}}$ 结合制造厂提供的燃料消耗量修正系数 K_{fuel} 进行计算修正。修正后的燃料消耗量 C_0(L/100 km)对应于电能平衡点($\Delta E_{\text{storage}}=0$)。

7.3.4.2 燃料消耗量修正系数 K_{fuel} 的计算

7.3.4.2.1 储能装置为化学蓄电池

燃料消耗量修正系数 K_{fuel} 由制造厂在完成 n 次测量后，按如下所述进行确定，检测机构应对厂家所提供燃料消耗量修正系数 K_{fuel} 的有效性进行确认。n 次试验中至少包括一个 $Q_i>0$ 和至少一个 $Q_i<0$ 的测量。

燃料经济性修正系数 K_{fuel} 计算如下：

$$K_{\text{fuel}}=\frac{(n\times\sum Q_i c_i-\sum Q_i\times\sum c_i)}{n\times\sum Q_i^2-(\sum Q_i)^2}\quad[(\text{L}/100\ \text{km})/\text{Ah}]\qquad\cdots\cdots(11)$$

式中：

c_i ——制造厂第 i 次试验测得的燃料消耗量，单位为升每百千米(L/100 km)；

Q_i ——制造厂第 i 次试验的电量平衡值，单位为安时(Ah)；

n ——数据个数，不少于 6 次。

燃料经济性修正系数圆整到 4 位有效数字(如：0.××××或××.××)

7.3.4.2.2 储能装置为超级电容器

基本要求和 7.3.4.2.1 类似。

燃料经济性修正系数 K_{fuel} 的计算如下：

$$K_{\text{fuel}}=\frac{(n\times\sum\Delta E_{\text{storage}i}c_i-\sum\Delta E_{\text{storage}i}\times\sum c_i)}{n\times\sum\Delta E_{\text{storage}i}^2-(\sum\Delta E_{\text{storage}i})^2}\quad[(\text{L}/100\ \text{km})/\text{Wh}]\qquad\cdots\cdots(12)$$

式中：

$\Delta E_{\text{storage}i}$——制造厂第 i 次试验的电能平衡值，单位为兆焦(MJ)。

7.3.4.3 燃料消耗量结果的计算

7.3.4.3.1 如果在一个试验循环中，$|\Delta E_{\text{batt}}|$或$|\Delta E_{\text{storage}}|$小于消耗燃料能量的1%时，试验结果不需要修正。其中，ΔE_{batt}，$\Delta E_{\text{storage}}$的计算见7.3.3.4和7.3.3.5，消耗燃料能量(NIT)=燃料消耗(L)×比重(kg/L)×低热值(MJ/kg)。

此时的燃油消耗量C_0的计算方法：

$$C_0 = C \qquad (13)$$

式中：

C——试验测得的燃料消耗量，单位为升每百千米(L/100 km)。

7.3.4.3.2 如果在一个试验循环中，$|\Delta E_{\text{batt}}|$或$|\Delta E_{\text{storage}}|$大于消耗燃料能量的1%且小于5%时：

7.3.4.3.2.1 储能装置为化学蓄电池

燃料消耗量C_0计算方法如下：

$$C_0 = C - K_{\text{fuel}} \times Q \quad (\text{L/100 km}) \qquad (14)$$

式中：

C——试验测得的燃料消耗量，单位为升每百千米(L/100 km)；

Q——试验测得的电量平衡值，单位为安时(Ah)。

7.3.4.3.2.2 储能装置为超级电容器

燃料消耗量C_0计算方法如下：

$$C_0 = C - K_{\text{fuel}} \times \Delta E_{\text{storage}} \quad (\text{L/100 km}) \qquad (15)$$

式中：

C——试验测得的燃料消耗量，单位为升每百千米(L/100 km)；

$\Delta E_{\text{storage}}$——试验测得的电能平衡值，单位为兆焦(MJ)。

7.3.4.4 试验结果的有效性

如果在预处理和试验循环中，车辆的储能装置在每一个循环都处于放电状态，且$|\Delta E_{\text{batt}}|$或$|\Delta E_{\text{storage}}|$大于消耗燃料能量的5%时，试验无效。生产厂应调整车辆状态，使$|\Delta E_{\text{batt}}|$或$|\Delta E_{\text{storage}}|$小于消耗燃料能量的5%，方能开始正式试验。

7.4 其他

对于燃用其他燃料(例如甲醇等)的车辆，其燃料消耗量的计算参照现行的国家标准或有关规定。

8 说明

8.1 如果车辆在完成处理之后、进入试验之前需要移动，应保证没有起动车辆，且能量再生系统未起作用。

8.2 本标准规定的能量消耗量试验方法并不局限于GB 18352.3—2005附录C中附件CA规定的行驶工况，如果需要按某一行驶工况进行的能量消耗量试验，应探讨本标准规定的测功机设置、车辆处理和试验程序的适应性，如该行驶工况有明确规定(行驶循环、换挡处理等)，原则上考虑采用。能量消耗量计算和结果处理按本标准规定的方法执行。

附 录 A
（规范性附录）
储能装置外接充电规程

A.1 储能装置充电

应按下述要求进行充电：

a) 如果安装了车载充电器，使用车载充电器充电。

b) 否则按制造厂推荐的外部充电器，采用制造厂推荐的充电模式进行充电。

——应为常规使用充电，不包括所有自动或人工进行的特殊充电程序，例如均衡充电或维修充电等；

——充电环境温度：20 ℃～30 ℃。

A.2 充电结束条件

满足车辆制造厂规定的充满截止条件时，则结束储能装置的外接充电。

若仪器一直提示储能装置尚未充满，则最长充电时间为：

$$t_{max}(\mathrm{h})=3\times 储能装置标称储能量(\mathrm{Wh})/电网供电功率(\mathrm{W})$$

附　录　B
（规范性附录）
混合动力电动汽车纯电动及OVC续驶里程的测量方法

B.1　纯电动及OVC续驶里程的测量

本方法适用于可外接充电混合动力电动汽车的纯电动及OVC续驶里程的测量。

B.2　测量参数、单位和准确度

测量参数的单位和准确度要求见表B.1。

表B.1　测量参数单位和准确度要求

测量参数	单位	准确度	分辨率
时间	s	±0.1	0.1
距离	m	±0.1%	1
温度	℃	±1	1
速度	km/h	±1%	0.2
质量	kg	±0.5%	1

B.3　试验条件

B.3.1　车辆条件

车辆轮胎压力应调整到制造厂规定的压力值。

机械运动部件使用的润滑油的黏度应满足车辆生产厂的技术要求。

除非试验要求或车辆在白天使用时正常工作需要，车辆上照明、发光设备和其他辅助设备应关闭。

除用于牵引用途的储能系统外，其他所有的能量储存系统（电、液、气等）应按制造厂的规定充到最大容量。

如果储能装置温度高于环境温度，试验人员应按照制造厂推荐的规程，将储能装置温度保持在正常工作范围内。制造厂的工作人员应在场，并保证储能装置热管理系统正常工作（既没有失效，也没有降低功能）。

试验车辆在试验前的7天内建议至少行驶300 km。

B.3.2　环境条件

在室外进行试验，环境温度应为5 ℃～32 ℃。

在室内进行试验，环境温度应为20 ℃～30 ℃。

B.4 操作模式

试验方法包括下列步骤：

a) 储能装置的初始充电；

b) 进行循环行驶、测量纯电动及 OVC 续驶里程。

如果在各步骤之间车辆需要移动，应保证没有起动车辆，且能量再生系统未起作用。

B.5 储能装置的初始充电

储能装置的初始充电是车辆接收后对储能装置的第一次充电。如果连续进行几个组合的试验和测量，第一次进行的充电应是"储能装置的初始充电"。

B.6 储能装置放电

B.6.1 可外接充电、无行驶模式手动选择功能的混合动力电动汽车

可外接充电、无行驶模式手动选择功能的混合动力电动汽车储能装置通过车辆行驶进行放电。车辆按下述要求在试验跑道或底盘测功机上行驶，直到满足放电终止条件：

——车速稳定在 50 km/h±2 km/h，直到混合动力电动汽车的发动机自行起动；

——如果不起动发动机车辆不能达到 50 km/h±2 km/h 稳定车速，应降低到保证车辆能够稳定行驶的合适车速，并且在规定的时间/距离（检测机构和制造厂之间确定）内发动机不起动；

——按照制造厂建议。

应将发动机在自行起动 10 s 内停机。

B.6.2 可外接充电、有行驶模式手动选择功能的混合动力电动汽车

如果车辆有纯电动模式选择开关，则切换到纯电动模式，车辆以纯电动 30 min 最高车速的 70%±5%的稳定车速在试验道路或底盘测功机上运行，进行放电。

达到下述状态之一时，放电停止：

——车辆不能以纯电动 30 min 最高车速的 65%行驶时；

——由标准车载仪器提示驾驶员停车指示；

——行驶 100 km 后。

如果车辆没有纯电动模式选择开关，应选择合适的行驶模式通过在试验道路上或底盘测功机上行驶车辆来完成放电，直到满足放电终止条件：

——车速稳定在 50 km/h±2 km/h，直到混合动力电动汽车的发动机自行起动；

——如果不起动发动机车辆不能达到 50 km/h±2 km/h 稳定车速，应降低到保证车辆能够稳定行驶的合适车速，并且在规定的时间/距离（检测机构和制造厂之间确定）内发动机不起动；

——按照制造厂建议。

应将发动机在自动起动后 10 s 内停机。

B.7 储能装置充电

对于可外接充电的混合动力电动汽车，储能装置应按照附录 A 规定的充电程序进行充电，满足充

电结束条件时，储能装置达到最大荷电状态。

B.8 进行循环行驶、测量纯电动续驶里程

试验循环和挡位操作按照 GB 18352.3—2005 附录 C 中附件 CA 的规定。如果制造厂对挡位变换有特殊的文件规定，GB 18352.3—2005 附录 C 中附件 CA 的规定不适用。可按照 GB 18352.3—2005 附录 C 中 C.2.3 的规定，并结合制造厂的产品使用手册和变速器操作说明进行操作。

B.8.1 底盘测功机的调整

底盘测功机的调整按照 GB 18352.3—2005 附录 C 中附件 CB、附件 CC、附件 CD 的规定进行，直到满足标准要求。建议采用多点设定法进行底盘测功机的模拟道路行驶阻力设定。

在调整好的底盘测功机上进行试验，直到达到试验结束的条件。

B.8.2 试验结束条件

B.8.2.1 当车速达不到 50 km/h±2 km/h 目标曲线，或车载仪器提示驾驶员停车，或当发动机起动时，则达到试验结束条件。需释放加速踏板，不踩刹车，车辆减速到 5 km/h，然后才制动停车。

B.8.2.2 车速超过 50 km/h 时，当车辆达不到要求的加速度或试验循环规定的车速时，加速踏板应保持完全踏下直到重新达到标准曲线要求。

B.8.2.3 如果出现试验结束条件之一时，按 B.8.2.1 的要求，结束试验。

出于对人员的考虑，试验期间可以有 3 次停车，总时间不超过 15 min。

结束时，测量的行驶里程 D_e 即为混合动力电动汽车的纯电动续驶里程(单位为 km)，结果应圆整到整数。

B.9 进行循环行驶、测量 OVC 续驶里程

试验循环和挡位操作按照 GB 18352.3—2005 附录 C 中附件 CA 的规定。如果制造厂对挡位变换有特殊的文件规定，GB 18352.3—2005 附录 C 中附件 CA 的规定不适用。可按照 GB 18352.3—2005 附录 C 中 C.2.3 的规定，并结合制造厂的产品使用手册和变速器操作说明进行操作。

B.9.1 底盘测功机的调整

底盘测功机的调整按照 GB 18352.3—2005 附录 C 中附件 CB、附件 CC、附件 CD 的规定进行，直到满足标准要求。建议采用多点设定法进行底盘测功机的模拟道路行驶阻力设定。

在调整好的底盘测功机上进行试验，并连续重复一定数量的循环，直到达到试验结束的条件。

B.9.2 试验结束条件

B.9.2.1 当车辆达到储能装置的最低荷电状态时，试验结束。

B.9.2.2 电量平衡值 Q(Ah)要在每一个循环中都进行测量，使用附录 C 规定的程序，并确定储能装置的最低荷电状态。

B.9.2.3 储能装置的最低荷电状态是在进行 N 个循环后，如果第 $N+1$ 个循环的放电量小于最高荷电状态(即电池充满时的储存能力，由制造厂提供，单位为 Ah)3%时，认为达到电池的最低荷电状态。在制造厂的要求下，可以增加试验循环，并应证明每个增加的循环中电量平衡放电值都小于前一个循环。

B.9.2.4 在每个循环之间可以允许10 min的热浸时间，动力系统在此期间应关闭。

结束时，测量的行驶里程 D_{ovc} 即为混合动力电动汽车的OVC续驶里程（单位为km），结果应圆整到整数。

附 录 C
（规范性附录）
电量平衡值测试方法

C.1 概述

本附录的目的是确定不可外接充电的混合动力电动汽车进行燃料消耗量试验时储能装置电量平衡值的测量方法和使用仪器。

制造厂应使用本附录所述的方法，来确定修正系数 K_{fuel}。

检测机构使用本附录所述的方法，来测量电量平衡值 Q。

C.2 测量设备和仪器

使用电流传感器（卡钳型或封闭式）测量储能装置母线电流。电流传感器的准确度至少为最大测量值的 0.5%或最大量程的 0.1%，OEM 的诊断测试装置不能用作本试验目的。

电流传感器应安装在储能装置的一条直接输出线上，为了使用外部设备测量母线电流，制造厂应当在车上提供适当的、安全的、可接近的连接点。如果不可行，制造厂应帮助测试机构获得按照上述方式要求的将电流传感器连接到储能装置输出线上的方法。

电流传感器的输出应当以最低 20 Hz 的频率采样。测量的电流要随时间积分，得出 Q 的测量值（单位为 Ah）。

应测量电流传感器附近的温度，并采用与电流采样频率相同的采样频率测量，用来对电流传感器进行温度补偿。

C.3 测试规程

储能装置电流的测量与试验同时开始，在车辆完成循环行驶后，立即结束。

对于第一部、第二部循环分别记录 Q 值。

附 录 D
（规范性附录）
可外接充电车辆能量消耗试验储能装置荷电状态曲线图

图 D.1 和图 D.2 中两条曲线分别为两种可能出现的不同充、放电状态。

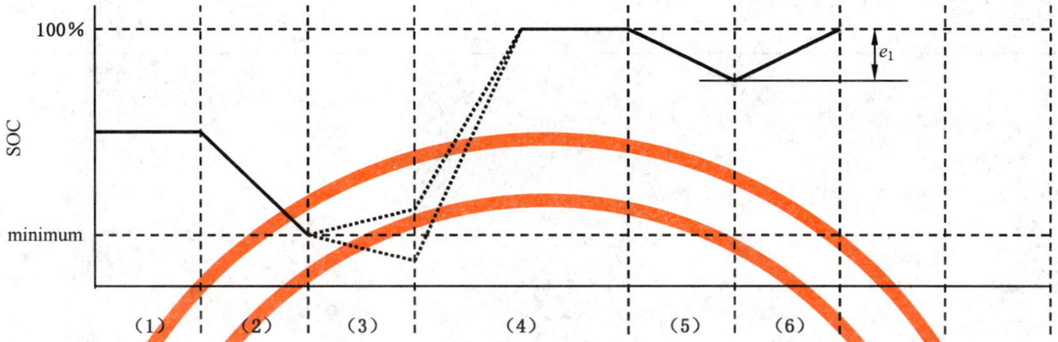

说明：
(1)——储能装置的初始荷电状态；
(2)——放电；
(3)——车辆处理；
(4)——浸车并进行充电；
(5)——进行试验；
(6)——充电。

图 D.1 条件 A 试验过程

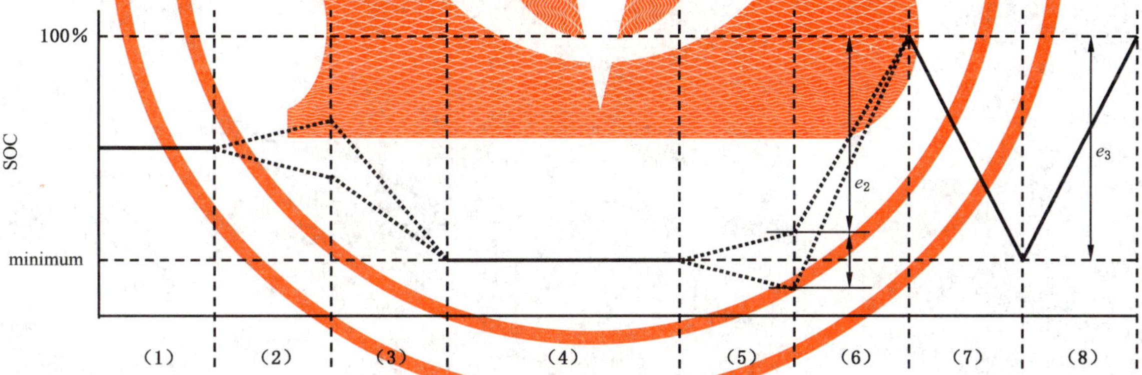

说明：
(1)——储能装置的初始荷电状态；
(2)——车辆处理；
(3)——进行放电；
(4)——浸车；
(5)——进行试验；
(6)——充电；
(7)——放电；
(8)——充电。

图 D.2 条件 B 试验过程

ICS 67.220.10
X 66

中华人民共和国国家标准

GB/T 19777—2013
代替 GB 19777—2005

地理标志产品　山西老陈醋

Product of geographical indication—Shanxi extra aged vinegar

2013-12-31 发布　　2014-10-01 实施

中华人民共和国国家质量监督检验检疫总局
中国国家标准化管理委员会　发布

前 言

本标准按照 GB/T 1.1—2009 给出的规则起草。

本标准根据 GB/T 17924—2008《地理标志产品标准通用要求》及中华人民共和国国家质量监督检验检疫总局颁布的 2005 年第 78 号令《地理标志产品保护规定》制定。

本标准代替 GB 19777—2005《原产地域产品　山西老陈醋》，与 GB 19777—2005 相比，除编辑性修改外主要技术变化如下：

——将标准名称由《原产地域产品　山西老陈醋》改为《地理标志产品　山西老陈醋》；

——将标准属性由强制性国家标准改为推荐性国家标准；

——增加了部分规范性引用文件(见第 2 章，2005 年版的第 2 章)；

——增加了部分原辅料的质量要求(见 5.1.1、5.1.2，2005 年版的 5.1.1)；

——修改了生产用水的规定范围(见 5.1.3，2005 年版的 5.1.2)；

——删除了食品添加剂的要求(见 5.1.5，2005 年版的 5.1.4、5.1.6)；

——补充了对生产加工过程卫生的要求(见 5.3)；

——重新描述了主要工艺流程(见 5.4.1，2005 年版的 5.3.1)；

——完善了感官特性中香气、滋味和体态特性的描述，尤其体态中注意到 GB 2719《食醋卫生标准》4.2 中"无沉淀"的要求，因具有独特工艺的山西老陈醋成品中沉淀物是由乳酸钙、残余淀粉、蛋白质等人体有益物质构成，因此本标准感官指标规定"允许有少量沉淀"，这一规定的特殊性与适用于所有食醋 GB 2719 的普遍性无实质性矛盾(见 5.5.2，2005 年版的 5.4)；

——在理化指标中，取消规格(见 5.5.3，2005 年版的 5.5)；

——增加了特征指标川芎嗪(四甲基吡嗪)、总黄酮(见 5.5.1)；

——增加了理化指标氨基酸态氮、pH、食盐的要求(见 5.5.3，2005 年版的 5.5)；

——修改了净含量的要求(见 5.5.5，2005 年版的 5.7)；

——修改了感官特性检验方法(见 6.1，2005 年版的 6.1)；

——增加了川芎嗪(四甲基吡嗪)的检测方法(见附录 B)；

——增加了总黄酮的检测方法(见附录 C)；

——增加了氨基酸态氮的检测方法(见 6.2.5)；

——增加了 pH 的检测方法(见 6.2.9)；

——增加了食盐的检测方法(见 6.2.10)；

——修改了抽样方法，补充了抽样方式和数量的方法(见 7.2，2005 年版的 7.2)；

——补充了出厂检验项目(见 7.3.2，2005 年版的 7.3.2)；

——修改了出厂检验判定规则和复检要求(见 7.5.1，2005 年版的 7.5.2)；

——修改了型式检验判定规则和复检要求(见 7.5.2，2005 年版的 7.5.2)；

——补充了标志的规定(见 8.1，2005 年版的 8.1)。

本标准的附录 A、附录 B、附录 C、附录 D、附录 E 为规范性附录。

本标准由全国原产地域产品标准化工作组(SAC/WG 4)归口。

本标准起草单位：山西老陈醋地理标志保护办公室、山西省醋产业协会、山西省食品工业研究所、山西老陈醋集团有限公司、山西水塔老陈醋股份有限公司、山西紫林食品有限公司、山西金醋生物科技有限公司。

本标准主要起草人:郑淑芳、曹文杰、刘晓刚、岳子泉、王永亮、何于飞、阎振恒、赵静、王振刚。

本标准所代替标准的历次版本发布情况为:

——GB 19777—2005。

地理标志产品　山西老陈醋

1　范围

本标准规定了地理标志产品山西老陈醋的术语和定义、保护范围、要求、试验方法、检验规则及标志、包装、运输和贮存。

本标准适用于经国家质量监督检验检疫部门根据《地理标志产品保护规定》批准保护的山西老陈醋。

2　规范性引用文件

下列文件对于本文件的应用是必不可少的。凡是注日期的引用文件，仅注日期的版本适用于本文件。凡是不注日期的引用文件，其最新版本（包括所有的修改单）适用于本文件。

GB/T 191　包装储运图示标志

GB/T 601　化学试剂　标准滴定溶液的制备

GB 2715　粮食卫生标准

GB 2719　食醋卫生标准

GB 5461　食用盐

GB 5749　生活饮用水卫生标准

GB/T 6682　分析实验室用水规格和试验方法

GB/T 7652　八角

GB 7718　食品安全国家标准　预包装食品标签通则

GB/T 8231　高粱

GB 8954　食醋厂卫生规范

GB/T 10460　豌豆

GB/T 11760　裸大麦

GB/T 13662　黄酒

GB 18186　酿造酱油

GB 18187　酿造食醋

SB/T 10040　花椒

JJF 1070　定量包装商品净含量计量检验规则

国家质量监督检验检疫总局令[2005]第75号　定量包装商品计量监督管理办法

3　术语和定义

GB 18187界定的以及下列术语和定义适用于本文件。

3.1

山西老陈醋　Shanxi extra aged vinegar

产自本标准第4章规定范围内的一种风味独特的酿造食醋，以高粱、麸皮为主要原料，以稻壳和谷壳为辅料，以大麦、豌豆为原料制作的大曲作为糖化发酵剂，经酒精发酵后采用固态醋酸发酵，再经熏醅、陈酿等工艺酿制而成。

4 地理标志产品保护范围

山西老陈醋地理标志产品保护范围限于国家质量监督检验检疫主管部门批准划定的位于山西省中部，处于北纬37°16″～38°02″，东经112°18″～113°10″之间的区域，即山西省太原市盆地的太原市清徐县、杏花岭区、万柏林区、小店区、迎泽区、晋源区、尖草坪区、晋中市榆次区、太谷县、祁县，保护范围图见附录A。

5 要求

5.1 原辅料

5.1.1 原料

高粱应符合GB/T 8231的要求，麸皮应符合GB 2715的规定，主要来自忻定盆地和太原盆地及周边地区，不得使用玉米等其他粮食或代用粮食。

5.1.2 辅料

5.1.2.1 食用裸大麦应符合GB/T 11760、豌豆应符合GB/T 10460的要求，主要来自忻定盆地和太原盆地及周边地区。所用谷壳、稻壳应清洁，不得有霉变、结块现象，并经除杂和清蒸处理，符合相应的国家标准和有关规定。

5.1.2.2 食用盐应符合GB 5461的要求。

5.1.2.3 花椒应符合SB/T 10040、八角应符合GB/T 7652的要求，其他香辛料应符合相应的国家标准和有关规定。

5.1.3 生产用水

取自山西老陈醋地理标志产品保护区域内的水，应符合GB 5749的要求。

5.1.4 大曲

山西老陈醋生产所用大曲是以大麦、豌豆为主要原料，按传统工艺制成，贮存期为3～6个月。

5.2 酿造环境

为第4章规定保护范围内，气候特征为：四季分明，冬季寒冷干燥，春季多风干燥，夏季炎热多雨，秋季短暂凉爽，炎热气短，空气流动性大，湿度偏低，光照充足，降水集中。

5.3 生产加工过程卫生要求

应符合GB 8954的规定。

5.4 传统工艺

5.4.1 主要工艺流程

水 → 粉碎；大曲 → 蒸料；麸皮、谷糠 → 酒精发酵；接种 → 高温固态醋酸发酵

高粱→粉碎→蒸料→酒精发酵→高温固态醋酸发酵→熏醅→淋醋→陈酿→勾调→成品

5.4.2 主要工艺特点

山西老陈醋以高粱、麸皮为主要原料，以大曲为糖化发酵剂，经酒精发酵、高温固态醋酸发酵、熏醅、淋醋，入缸或池伏晒、捞冰陈酿，陈酿期12个月以上。

5.5 质量要求

5.5.1 特征指标

5.5.1.1 川芎嗪(四甲基吡嗪)含量应不低于30 mg/L。

5.5.1.2 总黄酮含量应不低于60 mg/100 g。

5.5.2 感官特性

感官特性应符合表1规定。

表1 感官特性

项目	特性
色泽	深褐色或红棕色，有光泽
香气	以熏香为主体的特殊芳香、酯香、陈香复合，和谐，香气持久，空杯留香
滋味	食而绵酸，口感醇厚，滋味柔和，酸甜适口，味鲜，余香绵长
体态	体态均一，较浓稠，澄清，允许有少量沉淀

5.5.3 理化指标

理化指标应符合表2规定。

表2 理化指标

项目		指标
总酸(以乙酸计)/(g/100 mL)	≥	6.00
不挥发酸(以乳酸计)/(g/100 mL)	≥	2.00
氨基酸态氮(以氮计)/(g/100 mL)	≥	0.20
还原糖(以葡萄糖计)/(g/100 mL)	≥	2.00
可溶性无盐固形物/(g/100 mL)	≥	9.00
总酯(以乙酸乙酯计)/(g/100 mL)	≥	2.50
pH		3.60～3.90
食盐/(g/100 mL)	≤	2.50

5.5.4 卫生指标

应符合 GB 2719 的规定。

5.5.5 净含量

应符合《定量包装商品计量监督管理办法》的要求。

6 试验方法

6.1 感官特性

6.1.1 色泽、体态

将样品摇匀静置后，取 20 mL 放于比色管中，在白色背景下观察其色泽和体态。

6.1.2 香气

用量筒取样品 50 mL 放于 150 mL 锥形瓶中，将瓶轻轻摇动，嗅其气味。

6.1.3 滋味

用刻度吸管定量，吸取样品 0.5 mL 滴入口内，反复吮咂，鉴别其滋味优劣及后味。第二次品尝时，须用清水嗽口后进行。

6.2 理化指标

6.2.1 川芎嗪(四甲基吡嗪)

按附录 B 规定的方法测定。

6.2.2 总黄酮

按附录 C 规定的方法测定。

6.2.3 总酸

按 GB 18187 中规定的方法测定。

6.2.4 不挥发酸

按 GB 18187 中规定的方法测定。

6.2.5 氨基酸态氮

按 GB 18186 中规定的方法测定。

6.2.6 还原糖

按附录 D 规定的方法测定。

6.2.7 可溶性无盐固形物

按 GB 18187 中规定的方法测定。

6.2.8 总酯

按附录E规定的方法测定。

6.2.9 pH

按GB/T 13662中6.5规定的方法测定。

6.2.10 食盐

按GB 18187规定的方法测定。

6.3 卫生指标

按GB 2719的规定执行。

6.4 净含量

按JJF 1070规定的方法测定。

7 检验规则

7.1 组批

同一天、同一班次灌装生产的同一品种、相同规格的产品为一批。

7.2 抽样方式和数量

7.2.1 抽样方式

从成品库同批产品的不同部位随机抽取样品。

7.2.2 抽样数量

每批产品的抽样基数不得少于200个最小独立包装，抽样数量为12个独立包装(总量不少于2 000 mL)。将所抽样品分成两份，一份用于检验，一份留样备用。

7.3 出厂检验

7.3.1 产品需经生产企业检验合格并签署质量合格证后方可出厂。

7.3.2 出厂检验项目包括净含量，标签，感官特性，理化指标中的总酸、不挥发酸、氨基酸态氮、还原糖、可溶性无盐固形物、总酯、pH、食盐和卫生指标中的游离矿酸、大肠菌群、菌落总数。

7.4 型式检验

7.4.1 型式检验应每半年进行一次，或有下列情况之一时进行检验：

a) 生产地址、生产设备、生产工艺或原辅料有较大改变，可能影响产品质量时；

b) 新产品投产或老产品转厂生产时；

c) 产品停产3个月以上，恢复生产时；

d) 出厂检验结果与上次型式检验结果有较大差异时；

e) 国家食品安全监管部门提出型式检验要求时。

7.4.2 型式检验项目包括本标准质量要求中规定的全部项目。

7.5 判定规则

7.5.1 出厂检验

7.5.1.1 出厂检验项目全部符合本标准，判为合格品。

7.5.1.2 出厂检验项目中有一项指标不符合本标准，可以加倍抽样复检，复检后如仍不符合本标准，判为不合格品。

7.5.1.3 卫生指标中的微生物指标和游离矿酸指标如不合格则不得复检。

7.5.2 型式检验

7.5.2.1 型式检验项目全部符合本标准，判为合格品。

7.5.2.2 型式检验项目有一项不符合本标准，可以加倍抽样复检，复检后如仍不符合本标准，判为不合格品。

7.5.2.3 卫生指标中的微生物指标和游离矿酸指标如不合格则不得复检。

8 标志、包装、运输和贮存

8.1 标志

8.1.1 标签内容应符合 GB 7718、GB 18187 的要求。标签上应标注产品实际总酸。

8.1.2 标签上应标注符合本标准规定的产品名称，并按规定使用地理标志产品专用标志。不符合本标准规定要求，或未取得山西老陈醋地理标志产品保护注册登记的产品，不得使用本标准规定的山西老陈醋产品名称。

8.1.3 外包装应标注“易碎物品”、“怕晒”、“怕雨”标志并符合 GB/T 191 的规定。

8.2 包装

包装材料应符合相应国家标准和有关规定。

8.3 运输

产品运输应注意防晒、防淋雨，严禁与不洁或有毒有害物品混运。

8.4 贮存

产品应贮存在阴凉干燥的食品专用库内，严禁与不洁或有毒有害物品混贮，产品离墙离地。

附　录　A
（规范性附录）
山西老陈醋地理标志产品保护范围图

山西老陈醋地理标志产品保护范围见图 A.1。

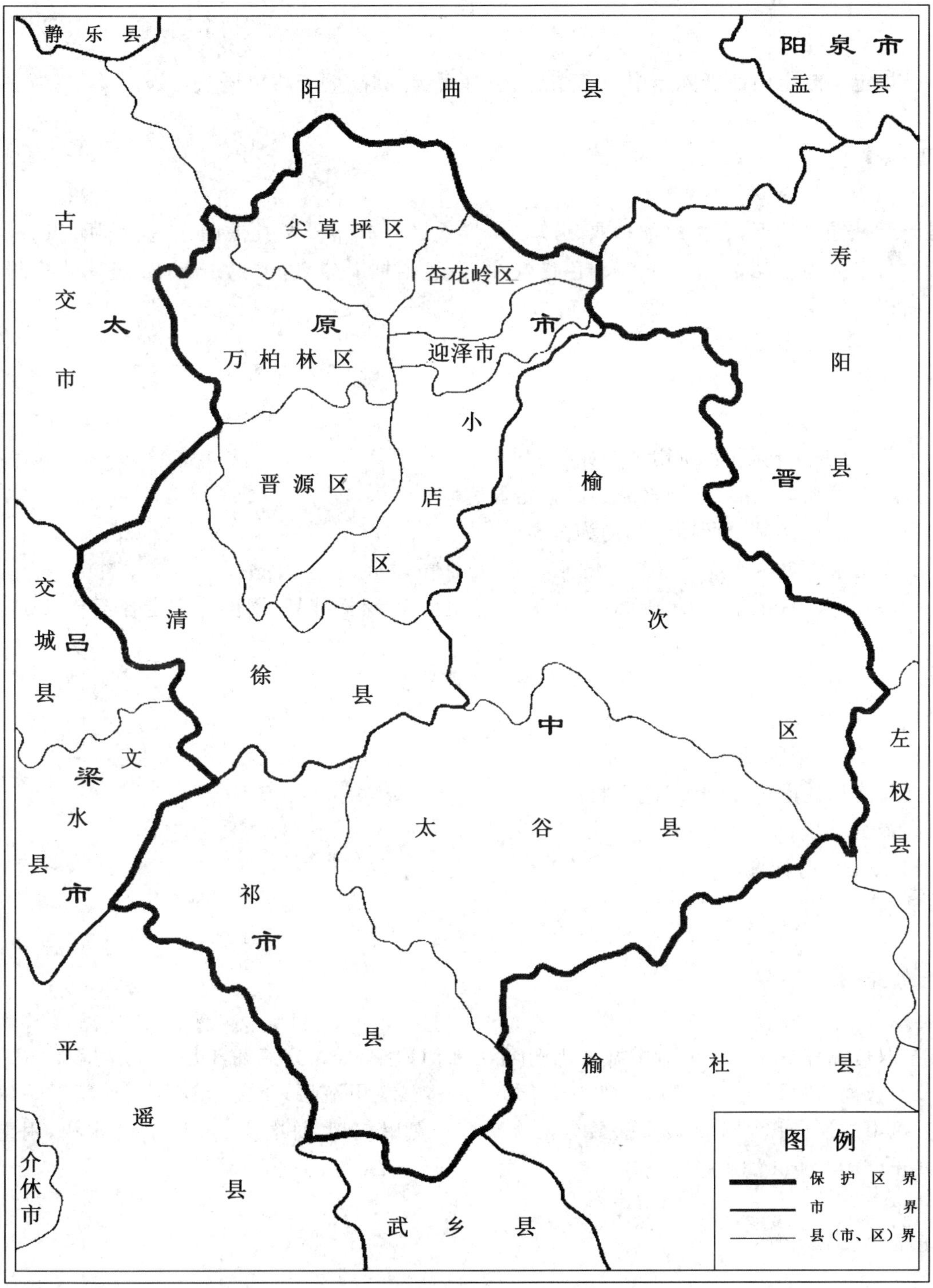

图 A.1　山西老陈醋地理标志产品保护范围图

附 录 B
（规范性附录）
川芎嗪（四甲基吡嗪）的检测方法

B.1 范围

本附录规定了测定山西老陈醋中川芎嗪（四甲基吡嗪）的高效液相色谱法。

B.2 原理

醋样调至碱性条件下，有机溶剂萃取、分离后，样液经 0.45 μm 微孔滤膜过滤，采用 ODS-C_{18}柱，以磷酸二氢铵与甲醇为流动相，用高效液相色谱仪在 C_{18}色谱柱上分离，于 279 nm 处经紫外检测器检测，用外标峰面积法定量。

B.3 试剂

检测川芎嗪（四甲基吡嗪）所用试剂如下：

a) 盐酸川芎嗪标准品，中国食品药品检定研究院；

b) 甲醇：色谱纯，其余所用试剂均为分析纯；

c) 试验用水为重蒸水或同等纯度的水，经 0.45 μm 滤膜真空抽滤；

d) 盐酸川芎嗪标准溶液：精确称取 50.0 mg 盐酸川芎嗪标准品，用重蒸水定容至 50 mL。

B.4 仪器

检测川芎嗪（四甲基吡嗪）的仪器如下：

a) 高效液相色谱仪，配紫外检测器；

b) 高速离心机；

c) 125.0 mL 分液漏斗；

d) 玻璃离心管。

B.5 样品处理

准确量取待测样品 10.00 mL，用氢氧化钠溶液调 pH＞8.0，入分液漏斗加三氯甲烷 5 mL，混匀萃取，静止分层或离心机以 4 000 r/min 离心 15 min，转移三氯甲烷层；重复上述加入三氯甲烷以后的操作，合并三氯甲烷层。以 0.2 mol/L 盐酸分两次萃取三氯甲烷相，每次 4.5 mL，合并水相，用重蒸水定容至10.00 mL，0.45 μm 滤膜过滤备用。

B.6 色谱条件

检测川芎嗪（四甲基吡嗪）的色谱条件如下：

a) 色谱柱：Shim-pack CLC-ODS C_{18}柱（0.15 m×ϕ6.0 mm）；

b) 流动相:0.2 mmol/L 磷酸二氢铵∶色谱甲醇=6∶4;

c) 流速:0.8 mL/min;

d) 柱温:室温(20 ℃);

e) 进样量:10 μL;

f) 紫外检测口检测波长:λ=279 nm。

B.7 标准曲线的绘制

精密吸取盐酸川芎嗪标准溶液 0.05 mL、0.10 mL、0.25 mL、0.50 mL、1.00 mL,用重蒸水定容至 10 mL(相当于每毫升含盐酸川芎嗪 5.0 μg、10.0 μg、25.0 μg、50.0 μg、100.0 μg);分别进样 10 μL,于 279 nm 处测量峰面积,每个浓度重复进样 2~3 次,取平均值,以质量浓度为横坐标,峰面积平均值为纵坐标,绘制标准曲线。

B.8 试样测定

在与绘制标准曲线相同的色谱条件下,取处理好试样 10 μL 进入色谱仪,根据曲线,求出样品中川芎嗪(四甲基吡嗪)的含量。

B.9 结果计算

见式(B.1)。

$$X = \frac{c \times V_2 \times 1\,000}{V_1 \times 1\,000} \qquad \text{(B.1)}$$

式中:

X ——样品中川芎嗪(四甲基吡嗪)的含量,单位为毫克每升(mg/L);

c ——由标准曲线求得样液中川芎嗪(四甲基吡嗪)质量浓度,单位为微克每毫升(μg/mL);

V_1——分析所取试样体积,单位为毫升(mL);

V_2——试样最后定容体积,单位为毫升(mL)。

计算结果保留小数点后两位数字。

B.10 精密度

在重复条件下,获得的两次独立测定结果的绝对差不得超过算术平均值的 10%。

附 录 C
（规范性附录）
总黄酮的检测方法

C.1 方法摘要

在中性或碱性及亚硝酸钠存在的条件下，黄酮类化合物与铝盐生成螯合物，加氢氧化钠溶液后显红色，与芸香苷(芦丁、芸香叶苷)标准系列比较定量。

C.2 试剂

本试验方法中，所用试剂除特殊注明外，均为分析纯；所用水应符合 GB/T 6682 中三级水的规格。

C.2.1 乙醇溶液：体积分数为 60%。

C.2.2 氢氧化钠溶液：10 g/L，称取 10.0 g 氢氧化钠，用水溶解后定容至 1 L。

C.2.3 亚硝酸钠溶液：50 g/L，称取 5.0 g 亚硝酸钠，用水溶解后定容至 100 mL。

C.2.4 硝酸铝溶液：100 g/L，称取 10.0 g 硝酸铝，用水溶解后定容至 100 mL。

C.2.5 氢氧化钠溶液：200 g/L，称取 20.0 g 氢氧化钠，用水溶解后定容至 100 mL。

C.2.6 芦丁标准贮备溶液：2.00 mg/mL，称取 0.200 0 g(精确至 0.000 2 g)经 120 ℃减压干燥到恒重的无水芦丁(芸香苷、芸香叶苷，已知质量分数大于 95%)，置于 100 mL 容量瓶中，用乙醇溶液(C.2.1)溶解并定容至刻度，摇匀。

C.2.7 芦丁标准使用溶液：0.20 mg/mL，吸取 10.00 mL 芦丁标准贮备溶液(C.2.6)于 100 mL 容量瓶中，用水定容至刻度。临用现配。

C.3 仪器与设备

实验室常规仪器、设备见下列各项：

a) 分光光度计；

b) 具塞比色管：25 mL；

c) 分析天平：感量 0.1 mg。

C.4 分析步骤

C.4.1 试液的制备

称取经混匀试样 5.00g 于 100 mL 烧杯中，以氢氧化钠溶液(C.2.2)调至中性，再多加 2 滴，移入 100 mL 容量瓶中，用水定容至刻度，摇匀，备用。

C.4.2 工作曲线的制备

吸取 0.00 mL、0.50 mL、1.00 mL、2.00 mL、3.00 mL、4.00 mL 芦丁标准使用溶液(C.2.7)，相当于 0.00 mg、0.10 mg、0.20 mg、0.40 mg、0.60 mg、0.80 mg 无水芦丁，分别置于 25 mL 具塞比色管中，补水至约 10 mL，加 1.0 mL 亚硝酸钠溶液(C.2.3)，混匀，放置 6 min；加 1.0 mL 硝酸铝溶液(C.2.4)，混匀，

放置 6 min;加 4.0 mL 氢氧化钠溶液(C.2.5),再加水至刻度,混匀,放置 15 min。用 1 cm 比色皿,以试剂空白调节零点,在波长 510 nm 处测定吸光度。以吸光度为纵坐标,芦丁的质量为横坐标,绘制工作曲线或计算回归方程。

C.4.3 测定

吸取 2.00 mL 样品溶液(C.4.1)两份,分别置于 25 mL 具塞比色管中,补水至约 10 mL,以下步骤按 C.4.2 操作,其中一份不加硝酸铝溶液,做样品空白;以试剂空白调节零点,在波长 510 nm 处测吸光度,测得样品吸光度减去样品空白吸光度,以工作曲线上查出或用回归方程计算出样品溶液中总黄酮的质量 m_1。

C.5 结果计算

样品中总黄酮含量(以芦丁计)按式(C.1)计算:

$$X = \frac{m_1 \times 100}{m \times \frac{2}{100}} = \frac{m_1 \times 10\,000}{m \times 2} \qquad \text{(C.1)}$$

式中:

X ——样品中总黄酮(以芦丁计)的含量,单位为毫克每 100 克(mg/100 g);

m_1——由工作曲线查出(或用回归方程计算出)试液中总黄酮(以芦丁计)的质量,单位为毫克(mg);

m ——样品的质量,单位为克(g)。

计算结果保留小数点后两位数字。

C.6 精密度

在重复条件下,获得的两次独立测定结果的绝对差不得超过算术平均值的 10%。

附 录 D
（规范性附录）
还原糖的检测方法

D.1 范围

本附录规定了山西老陈醋中还原糖的测定方法。

D.2 原理

在碱性溶液中，还原糖能将高价铜还原为低价铜，根据其被还原的数量，可求得还原糖的含量。

D.3 仪器

检测还原糖的仪器如下：

a) 滴定管：25 mL；
b) 锥形瓶：250 mL；
c) 吸量管：5.0 mL、2.0 mL；
d) 电炉：300 W～500 W。

D.4 试剂

检测还原糖的试剂如下：

a) 菲林氏甲液：称取硫酸铜（$CuSO_4 \cdot 5H_2O$）15 g 及次甲基蓝 0.05 g 溶解于 1 000 mL 蒸馏水中；
b) 菲林氏乙液：称取酒石酸钾钠 50 g，氢氧化钠 54 g 及亚铁氰化钾 4 g 溶解于 1 000 mL 蒸馏水中；
c) 葡萄糖标准溶液：准确称取在 100 ℃烘至恒重的无水葡萄糖 1.000 0 g，放于 100 mL 烧杯中，用蒸馏水溶解后倒入 1 000 mL 容量瓶中，用蒸馏水反复冲洗烧杯，洗液一并倒入容量瓶，加浓盐酸 5 mL，用蒸馏水稀释至刻度。此溶液每毫升相当于 1.000 0 mg 葡萄糖。

D.5 操作

D.5.1 空白滴定

取菲林氏甲、乙液各 5.0 mL 于 250 mL 锥形瓶中，加入 10 mL 蒸馏水，用滴定管加入约 9 mL 葡萄糖标准溶液，摇匀后加热（电炉应预热 15 min 后使用），使其在 2 min 内沸腾，沸腾 30 s 后，以每 2 s 一滴的速度匀速滴入葡萄糖标准溶液，至蓝紫色消失即为终点，溶液沸腾后葡萄糖标准溶液的耗用量应控制在 0.5 mL～1.0 mL 之内，否则重做。记录沸腾前后共耗用葡萄糖标准溶液的体积。

D.5.2 预备滴定

取菲林氏甲、乙液各 5.0 mL 于 250 mL 锥形瓶中，加入 10.0 mL 蒸馏水，加入体积浓度 5%的样品稀释液 2.0 mL，摇匀后加热，沸腾 30 s 后，以每 2 s 一滴的速度匀速滴入葡萄糖标准溶液，至蓝紫色消失即为终点，记录沸腾前后共耗用葡萄糖标准溶液的体积。

D.5.3 正式滴定

取菲林氏甲、乙液各 5.0 mL 于 250 mL 锥形瓶中，加入 10.0 mL 蒸馏水，加入体积浓度 5%样品稀释液 2.0 mL，再用滴定管加入比预滴定耗用量少约 1 mL 的葡萄糖标准溶液，摇匀后加热，沸腾 30 s 后，以每 2 s 一滴的速度匀速滴入葡萄糖标准溶液，至蓝紫色消失即为终点，溶液沸腾后，葡萄糖标准溶液的耗用量应控制在 0.5 mL～1.0 mL 之内，否则重做，记录沸腾前后共耗用葡萄糖标准溶液的体积。

D.6 计算

见式(D.1)。

$$X=\frac{(V_1-V_2)\times\rho}{2.0\times\frac{5}{100}\times 1\ 000}\times 100 \quad\cdots\cdots(\text{D.1})$$

式中：

X ——样品中还原糖的含量，单位为克每 100 毫升(g/100 mL)；

V_1——标定菲林氏甲、乙液耗用葡萄糖标准溶液的体积，单位为毫升(mL)；

V_2——测定样液耗用葡萄糖标准溶液的体积，单位为毫升(mL)；

ρ ——葡萄糖标准溶液的质量浓度，单位为毫克每毫升(mg/mL)。

计算结果保留小数点后两位数字。

D.7 结果允许误差

同一样品两次测定值之差不得超过 0.05 g/100 mL。

附 录 E
（规范性附录）
总酯的检测方法

E.1 范围

本附录规定了山西老陈醋中总酯的测定方法。

E.2 原理

先用碱中和山西老陈醋中的酸，再加入一定量的碱使酯皂化，过量的碱再用酸进行反滴定。

E.3 仪器

检测总酯的仪器如下：

a） 酸度计或 pH 计(附磁力搅拌器)，精度±0.01 pH；

b） 全玻璃回流装置；

c） 水浴锅；

d） 酸式滴定管。

E.4 试剂

检测总酯的试剂如下：

a） 0.100 0 mol/L 氢氧化钠标准溶液，按 GB/T 601 规定的方法配制和标定；

b） 0.100 0 mol/L 硫酸标准溶液，按 GB/T 601 规定的方法配制和标定。

E.5 分析步骤

E.5.1 试样制备

按 6.2.3 测定总酸含量的样品处理规定，吸取 20.0 mL 样品稀释液，置于 250 mL 具塞锥形瓶中，准确加入测定总酸含量时消耗氢氧化钠标准溶液的毫升数(切勿过量)，然后再准确加入 0.100 0 mol/L(记录 c_1)氢氧化钠标准溶液 20.0 mL(记录 V_1)，摇匀，装上冷凝管，沸水浴回流皂化 0.5 h，取下，冷却至室温，将试样移入 250 mL 烧杯中，用 20.0 mL 蒸馏水冲洗锥形瓶，洗液并入烧杯中。

E.5.2 仪器的准备

安装好酸度计或 pH 计，接通电源，待稳定后，用 pH=9.18(25 ℃)的缓冲液校正仪器。

E.5.3 滴定

向试样杯中放一枚转子，将其置于磁力搅拌器上，插入电极，开启搅拌，按下 pH 读数开关，用 0.100 0 mol/L(记录 c_2)硫酸标准溶液滴定至 pH 达到 8.2 即为终点，记录消耗硫酸标准溶液毫升数 V_2。

E.6 计算

见式(E.1)。

$$X=\frac{(c_1\times V_1-c_2\times V_2)\times 0.088}{20.0\times\frac{10}{100}}\times 100 \qquad \text{(E.1)}$$

式中：

X ——样品中总酯的含量，单位为克每100毫升(g/100 mL)；

c_1 ——氢氧化钠标准溶液的浓度，单位为摩尔每升(mol/L)；

c_2 ——硫酸标准溶液的浓度，单位为摩尔每升(mol/L)；

V_1 ——测定时消耗氢氧化钠标准溶液的体积，单位为毫升(mL)；

V_2 ——测定时消耗硫酸标准溶液的体积，单位为毫升(mL)；

0.088——与1.00 mL氢氧化钠标准溶液[c(NaOH)=1.000 mol/L]相当的以克表示的乙酸乙酯的质量。

计算结果保留小数点后两位数字。

E.7 精密度

在重复条件下，获得的两次独立测定结果的绝对差不得超过算术平均值的10%。

ICS 77.150.30
H 62

中华人民共和国国家标准

GB/T 19850—2013
代替 GB/T 19850—2005

导电用无缝铜管

The seamless copper tubes for electrical purposes

2013-12-17 发布　　2014-09-01 实施

中华人民共和国国家质量监督检验检疫总局
中国国家标准化管理委员会　发布

前 言

本标准按照 GB/T 1.1—2009 给出的规则起草。

本标准代替 GB/T 19850—2005《导电用无缝圆形铜管》。本标准与 GB/T 19850—2005 相比，主要技术内容变化如下：

——标准名称由“导电用无缝圆形铜管”修订为“导电用无缝铜管”；
——增加了 TU0、TU1、TUAg0.1 牌号；
——增加了矩(方)形铜管及相应规定；
——圆形直管外径上限由 159 mm 增加到 178 mm；壁厚上限由 25 mm 减小到 10 mm；长度下限由 1 500 mm 减小至 900 mm，上限由 7 500 mm 增加到 8 500 mm；
——取消了化学成分中“杂质元素供方可不作分析，但应保证”；
——取消了圆形管外径与壁厚的普通级允许偏差；
——提高了管材长度允许偏差的精度；
——将未退火拉制圆形管的圆度由“不大于公称外径的 1.5%”修订为按径厚比分档给出偏差；
——将“管材直度、切斜度符合 GB/T 16866 的规定”修订为未退火拉制圆形管的直度按公称外径和长度尺寸分档给出偏差；提高了圆形管切斜度指标；
——力学性能中增加了布氏或维氏硬度的选作规定；
——增加了氢脆试验的选作规定；
——调整了管材水压试验压力的计算公式；
——管材气压试验和水压试验的取样数量由 20% 提高到逐根抽取；
——附录 A 电阻系数与导电率的换算表中增加了体积电阻系数与质量电阻系数、电导率之间的换算。

本标准参照采用美国 ASTM B188—2010《导电无缝铜管》标准。

本标准由全国有色金属标准化技术委员会(SAC/TC 243)归口。

本标准负责起草单位：上海飞轮有色新材料股份有限公司、江苏包罗铜材集团股份有限公司。

本标准参加起草单位：江苏仓环铜业股份有限公司、无锡隆达金属材料有限公司、山东中佳新材料有限公司。

本标准主要起草人：郭莉、周洪雷、张益、李新奎、浦益龙、赵钦海、袁频频、王秀琴、谷玉东、翁祥金、彭永聪。

本标准所代替标准的历次版本发布情况为：

——GB/T 19850—2005。

导电用无缝铜管

1 范围

本标准规定了导电用无缝铜管(以下简称管材)的要求、试验方法、检验规则、标志、包装、运输、贮存、质量证明书及合同(或订货单)内容。

本标准适用于电炉、电机、输变电等设备用导电圆形、矩(方)形无缝铜管。

2 规范性引用文件

下列文件对于本文件的应用是必不可少的。凡是注日期的引用文件,仅注日期的版本适用于本文件。凡是不注日期的引用文件,其最新版本(包括所有的修改单)适用于本文件。

GB/T 228.1—2010 金属材料 拉伸试验 第1部分:室温试验方法(ISO 6892-1:2009,MOD)

GB/T 241 金属管 液压试验方法

GB/T 244 金属管 弯曲试验方法(ISO 8491:1998,IDT)

GB/T 351 金属材料电阻系数测量方法

GB/T 2828.1 计数抽样检验程序 第1部分:按接收质量限(AQL)检索的逐批检验抽样计划

GB/T 5121(所有部分) 铜及铜合金化学分析方法

GB/T 5231 加工铜及铜合金牌号和化学成分

GB/T 5248 铜及铜合金无缝管涡流探伤方法

GB/T 8888 重有色金属加工产品的包装、标志、运输和贮存

GB/T 23606 铜氢脆检验方法

GB/T 26303.1 铜及铜合金加工材外形尺寸检测方法 第1部分:管材

YS/T 482 铜及铜合金分析方法 光电发射光谱法

YS/T 483 铜及铜合金分析方法 X射线荧光光谱法(波长色散型)

3 要求

3.1 产品分类

3.1.1 牌号、状态、规格

管材的牌号、状态和规格应符合表1的规定。

表 1 牌号、状态和规格

<table>
<tr><th rowspan="3">牌号</th><th rowspan="3">代号</th><th rowspan="3">状态</th><th colspan="5">规格/ mm</th></tr>
<tr><th colspan="2">圆形</th><th colspan="2">矩(方)形</th><th rowspan="2">长度</th></tr>
<tr><th>外径</th><th>壁厚</th><th>对边距</th><th>壁厚</th></tr>
<tr><td rowspan="4">TU0
TU1
TU2
TU3
TUAg0.1
TAg0.1
T 1
T2
TP1</td><td rowspan="4">T10130
T10150
T10180
C10200
T10530
T11210
T10900
T11050
C12000</td><td rowspan="4">软化退火(O60)
轻拉(H55)
硬态拉拔(H80)</td><td colspan="5">直管</td></tr>
<tr><td>5～178</td><td>0.5～10.0</td><td>10～150</td><td>0.5～10.0</td><td>900～8 500</td></tr>
<tr><td colspan="5">盘管</td></tr>
<tr><td>5～22</td><td>0.5～6.0</td><td>10～35</td><td>0.5～5.0</td><td>>8 500</td></tr>
<tr><td colspan="8">注:需方如有其他牌号、状态、规格产品要求时,由供需双方协定。</td></tr>
</table>

3.1.2 标记示例

产品标记按产品名称、标准编号、牌号、状态、规格的顺序表示。标记示例如下:

示例 1:用 TAg0.1 制造的、软化退火(O60)状态,外径为 60 mm,壁厚为 5.0 mm,长度为 5 800 mm 的圆形管材标记为:

导电铜管 GB/T 19850-TAg0.1 O60-ϕ60×5.0×5 800

示例 2:用 T1 制造的、软化退火(O60)状态,外径为 22 mm,壁厚为 2.0 mm,长度为 15 000 mm 的圆形盘管材标记为:

导电铜管 GB/T 19850-T1 O60-ϕ22×2.0×15 000

示例 3:用 TU2 制造的、轻拉(H55)状态,长边为 36 mm,短边为 24 mm,壁厚为 1.2 mm,长度为 8 500 mm 的矩形管材标记为:

导电铜管 GB/T 19850-TU2 H55-36×24×1.2×8 500

示例 4:用 T2 制造的、硬态拉拔(H80)状态,边长为 120 mm,壁厚为 8.0 mm,长度为 3 500 mm 的方形管材标记为:

导电铜管 GB/T 19850-T2 H80-120×120×8.0×3 500

3.2 化学成分

管材的化学成分应符合 GB/T 5231 中相应牌号的规定。

3.3 外形尺寸及其允许偏差

3.3.1 圆形管材外径及其允许偏差应符合表 2 的规定。

表 2 圆形管材外径及其允许偏差

单位为毫米

外径	平均外径允许偏差,不大于
5～15	±0.05
>15～25	±0.06
>25～50	±0.08

表 2（续）　　单位为毫米

外径	平均外径允许偏差，不大于
＞50～75	±0.10
＞75～100	±0.12
＞100～125	±0.15
＞125～150	±0.18
＞150～178	±0.20
注：当外径允许偏差要求为全正或全负时，允许偏差为表中对应数值的 2 倍。	

3.3.2　矩（方）形管材的对边距及其允许偏差应符合表 3 的规定。

表 3　矩（方）形管材的对边距及其允许偏差　　单位为毫米

对边距 a 或 b	允许偏差，不大于	示意图
10～15	±0.10	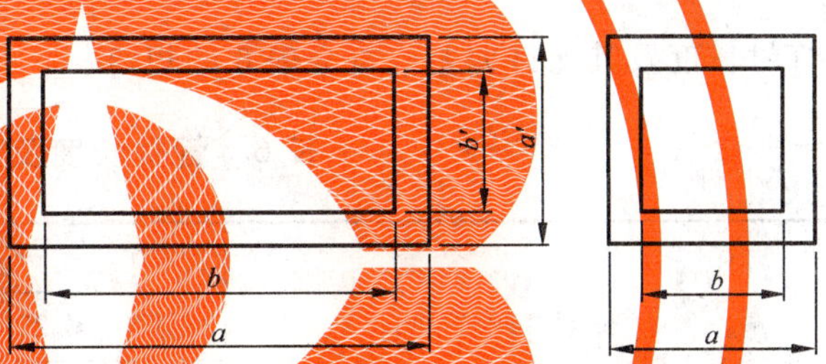
＞15～25	±0.13	
＞25～50	±0.15	
＞50～76	±0.18	
＞76～100	±0.20	
＞100～125	±0.23	
＞125～150	±0.25	

注 1：当对边距允许偏差要求为全正或全负时，允许偏差为表中对应数值的 2 倍。

注 2：公称尺寸 a 对应的偏差也适用于 a'，公称尺寸 b 对应的偏差也适用于 b'。

3.3.3　圆形管材壁厚及其允许偏差应符合表 4 的规定。

表 4　圆形管材壁厚及其允许偏差　　单位为毫米

壁厚	外径				
	5～15	＞15～25	＞25～50	＞50～100	＞100～178
	壁厚允许偏差				
0.5～0.9	±0.07	±0.07	±0.08	±0.10	—
＞0.9～1.5	±0.08	±0.09	±0.09	±0.13	±0.18
＞1.5～2.0	±0.09	±0.10	±0.10	±0.15	±0.20
＞2.0～3.0	±0.10	±0.13	±0.13	±0.18	±0.23
＞3.0～4.5	±0.13	±0.15	±0.15	±0.20	±0.25
＞4.5～5.6	±0.18	±0.19	±0.20	±0.25	±0.30
＞5.6～7.2	—	±0.23	±0.25	±0.30	±0.36
＞7.2～10.0	—	±0.30	±5%[a]	±5%[a]	±6%[a]

[a] 壁厚的百分数，精确到 0.01。

3.3.4 矩(方)形管材壁厚及其允许偏差应符合表5的规定。

表5 矩(方)形管材壁厚及其允许偏差

单位为毫米

壁厚	对边距				
	10～15	>15～25	>25～50	>50～100	>100～150
	壁厚允许偏差				
0.5～0.9	±0.09	±0.09	±0.10	±0.15	—
>0.9～1.5	±0.10	±0.11	±0.12	±0.18	±0.23
>1.5～2.0	±0.13	±0.15	±0.18	±0.20	±0.25
>2.0～3.0	±0.18	±0.20	±0.23	±0.25	±0.30
>3.0～4.5	±0.23	±0.25	±0.28	±0.30	±0.36
>4.5～5.6	±0.28	±0.30	±0.33	±0.38	±0.43
>5.6～7.2	—	±0.38	±0.41	±0.46	±0.51
>7.2～10.0	—	供需双方协商			

3.3.5 管材长度及其允许偏差应符合表6的规定。

表6 管材长度及其允许偏差

单位为毫米

长度		外径或对边距		
		≤25	>25～100	>100～178
		允许偏差		
直管	900～3 000	+5	+8	+10
	>3 000～4 500	+6	+10	+12
	>4 500～5 800	+8	+12	+15
	>5 800～8 500	+10	+15	+20
盘管	≥8 500	±1.5%[a]	—	—
注：其他长度及允许偏差由供需双方协商。				
[a] 长度的百分数。				

3.3.6 矩(方)形管材的内、外角如图1所示，允许角半径应不超过表7的规定。

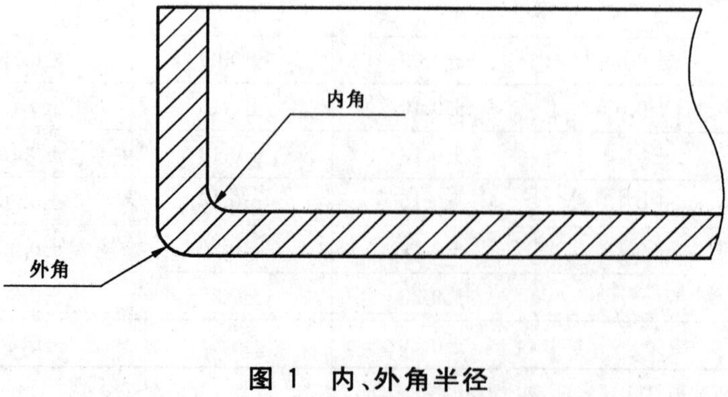

图1 内、外角半径

表 7　矩(方)形管材允许角半径

单位为毫米

壁厚	最大半径	
	外角	内角
≤1.5	1.2	0.8
>1.5～3.0	1.6	1.0
>3.0～6.0	2.5	1.3
>6.0～10.0	供需双方协商	

3.3.7　形状偏差

3.3.7.1　圆度

轻拉或硬态拉拔圆形管材的圆度应符合表 8 的规定。

表 8　轻拉或硬态拉拔圆形管材的圆度

壁厚与外径之比	圆度/mm，不大于
0.01～0.03	外径的 1.5%
>0.03～0.05	外径的 1.0%
>0.05～0.10	外径的 0.8%或 0.05(取较大值)
>0.10	外径的 0.7%或 0.05(取较大值)

3.3.7.2　直度

轻拉或硬态拉拔矩(方)形管材的直度，在全长任意 2 000 mm 上测得的最大弧深应不大于 13 mm；外径不大于 90 mm 的轻拉或硬态拉拔圆形管材直度应符合表 9 的规定。外径大于 90 mm 的轻拉或硬态拉拔圆形管材直度由供需双方协商。

表 9　轻拉或硬态拉拔圆形管材的直度

单位为毫米

长度	全长不大于
≤2 000	5
>2 000～2 500	8
>2 500～3 000	13
注：长度超过 3 000 mm 的管材，在全长任意 3 000 mm 管段上测得的最大弧深不超过 13 mm。	

3.3.7.3　扭拧度

长度不大于 4 500 mm 的拉拔硬态矩(方)形管材的扭拧度应符合表 10 规定。

表 10 矩(方)形管材的扭拧度

单位为毫米

对边距	允许最大扭拧度 h	
	每米长度	总长度 L
10～18	1.0	1.0×L/1 000
>18～30	1.5	1.5×L/1 000
>30～50	2.0	2.0×L/1 000
>50～80	3.0	3.0×L/1 000
>80～120	4.5	4.5×L/1 000
>120～150	供需双方协商	

3.3.8 切斜度

管材的端部应锯切平整,在不使管材长度超出允许偏差的条件下,其切斜度应符合表 11 的规定。

表 11 管材的切斜度

单位为毫米

外径或对边距	切斜度,不大于	
	圆形	矩(方)形
≤16	0.25	0.40
>16	外径的 1.6%	对边距的 2.5%

3.4 力学性能

管材的室温纵向力学性能应符合表 12 的规定。需方要求时,可选择进行布氏硬度或维氏硬度试验,当选择进行硬度试验时,拉伸试验结果仅供参考。

表 12 管材的力学性能

状态	尺寸范围/mm	抗拉强度 R_m/MPa	断后伸长率 A/%	硬度	
				HB	HV
退火(O60)	全部	200～255	≥40	—	—
轻拉(H55)	壁厚≤5.0	250～300	—	60～90	65～95
	壁厚>5.0	240～290	≥15	—	—
硬态拉拔(H80)	壁厚≤5.0	290～360	—	85～105	90～110
	壁厚>5.0	270～320	≥6	—	—

3.5 电性能

管材在 20 ℃的室温条件下,电性能应符合表 13 的规定。

表 13 管材的电性能

状态	尺寸范围/mm	20 ℃导电率/% IACS(不小于)			
		TU0	TU1、TU2、TU3 T1、TUAg0.1、TAg0.1	T2	TP1
退火(O60)	全部	101.0	100.0	98.0	90.0
拉拔(H55)	壁厚≤5.0	98.3	97.0	96.0	88.0
	壁厚>5.0	98.8	98.0	97.0	89.0
硬态拉拔(H80)	壁厚≤5.0	97.5	97.0	95.0	87.0
	壁厚>5.0	98.0	98.0	96.0	88.0

3.6 弯曲试验

需方要求时，外径小于 100 mm、壁厚小于 5.0 mm 的圆形管材应按表 14 规定的弯芯半径进行弯曲试验，退火态的圆形管材弯曲 180°，轻拉和硬态拉拔态的圆形管材弯曲 90°。试验后，管材不应有目视可见的裂纹或裂口。

表 14 弯曲试验的弯芯半径

单位为毫米

外径	弯芯半径
13	114
19	127
25	165
32	203
38	235
50	273
64	305
76	375
89	432
100	464

注 1：其他外径圆形管材弯曲试验的弯芯半径由供需双方参照表中数据协商；

注 2：弯曲前可在管材内填充沙子、松香或其他材料。

3.7 氢脆试验

需方要求时，TU0、TU1、TU2、TU3、TUAg0.1、TP1 牌号的管材应进行氢脆试验。试验采用闭合弯曲，闭合弯曲试样的外侧面不应出现裂纹。

3.8 非破坏性试验

需方要求时，应在 3.8.1～3.8.3 三种检验中任选一种进行非破坏性试验。水压试验的最大试验压力不超过 6 MPa。

3.8.1 涡流探伤

管材进行涡流探伤检验时，人工标准缺陷(钻孔直径)应符合 GB/T 5248 的规定。

3.8.2 气压试验

管材进行气压试验时，应无气泡出现，亦不应出现永久变形。

3.8.3 水压试验

管材进行水压试验时，试验压力由式(1)求出，在此试验压力下，持续 10 s，管材应无渗漏和永久变形。

$$p = 2St/(D - 0.8t) \quad \cdots\cdots(1)$$

式中：

p ——试验压力，单位为兆帕(MPa)；

t ——管材壁厚，单位为毫米(mm)；

D ——管材外径或对边距，单位为毫米(mm)；

S ——材料允许应力，S=40 MPa。

3.9 表面质量

管材的内外表面应光滑、清洁，不应有分层、针孔、起皮、气泡、夹杂等影响使用的缺陷。

4 试验方法

4.1 化学成分分析方法

管材化学成分的分析方法按 GB/T 5121、YS/T 482、YS/T 483 的规定进行，仲裁时按 GB/T 5121 的规定进行。

4.2 外形尺寸测量方法

管材外形尺寸的测量方法按 GB/T 26303.1 的规定进行。

4.3 力学性能试验方法

管材的纵向室温拉伸试验方法按 GB/T 228.1—2010 的规定进行。管材拉伸试样按表 15 选取。

表 15 管材拉伸试样选取

外径或对边矩/mm	GB/T 228.1—2010 中的附录	GB/T 228.1—2010 中的表	GB/T 228.1—2010 中的试样编号
<30	E	E.2	S7
30~50	E	E.1 或 E.2	S1 或 S7
>50~70	E	E.1	S2
>70~100	E	E.1	S3、S4
>100~178	E	E.1	S5

4.4 电性能的仲裁试验方法

管材电阻系数的仲裁试验方法按 GB/T 351 的规定进行，电阻系数对应的导电率见附录 A。

4.5 弯曲试验方法

管材弯曲试验按 GB/T 244 的规定进行。外径大于 65 mm 圆形管材的试验方法由供需双方协商。

4.6 氢脆试验方法

管材氢脆仲裁试验方法按 GB/T 23606 的规定进行。

4.7 非破坏性检验方法

4.7.1 管材的涡流探伤试验方法按 GB/T 5248 的规定进行。

4.7.2 管材进行气压试验时，空气压力为 0.5 MPa，管材完全浸人水中至少 5 s。

4.7.3 管材的水压试验方法按 GB/T 241 的规定进行。

4.8 表面质量检查方法

管材的表面质量应用目视进行检查。

5 检验规则

5.1 检查与验收

5.1.1 管材应由供方技术监督部门进行检验，保证产品质量符合本标准及合同(或订货单)的规定，并填写质量证明书。

5.1.2 需方对收到的产品按本标准及合同(或订货单)的规定进行复验，复验结果与本标准及合同(或订货单)的规定不符时，应以书面形式向供方提出，由供需双方协商解决。属于表面质量及尺寸偏差的异议，应在收到产品之日起一个月内提出；其他质量异议，应在收到产品三个月内提出。如需仲裁，仲裁取样应由供需双方共同进行。

5.2 组批

管材应成批提交验收，每批应由同一牌号、状态和规格组成。每批重量应不大于 2 000 kg。

5.3 检验项目

每批管材应进行化学成分、外形尺寸允许偏差、力学性能(不包括硬度)、电性能和表面质量的检验。如有要求时，还应进行硬度试验、弯曲试验、氢脆试验和非破坏性试验。

5.4 取样

管材取样应符合表 16 的规定。

表 16 取样

检验项目	取样规定	要求章节号	试验方法的章节号
化学成分	1 个试样/炉或锭(供方);1 个试样/批(需方)	3.2	4.1
外形尺寸允许偏差[a]	按 GB/T 2828.1 中一般检验水平Ⅱ规定取样	3.3	4.2
力学性能	任选 2 根/批,1 个试样/根	3.4	4.3
电性能	任选 2 根/批,1 个试样/根	3.5	4.4
弯曲试验	任选 2 根/批,1 个试样/根	3.6	4.5
氢脆试验	任选 2 根/批,1 个试样/根	3.7	4.6
涡流探伤	逐根检验	3.8.1	4.7.1
气压试验	逐根检验	3.8.2	4.7.2
水压试验	逐根检验	3.8.3	4.7.3
表面质量[a]	按 GB/T 2828.1 中一般检验水平Ⅱ规定取样	3.9	4.8
[a] 接收质量限 AQL=2.5。			

5.5 检验结果的判定

5.5.1 化学成分不合格时,判该批管材不合格。

5.5.2 管材的外形尺寸偏差和表面质量不合格时,判该根不合格。每批中不合格件数超出接收质量限时判整批不合格,或由供方逐根检验,合格者交货。

5.5.3 管材涡流探伤、水压试验和气压试验不合格时,判该根不合格。

5.5.4 当力学性能、电性能、弯曲试验、氢脆试验的试验结果中有试样不合格时,应从该批管材(包括原检验不合格的那根产品或该不合格试样代表的那根产品)中取双倍数量的试样进行重复试验,重复试验结果全部合格,则判整批产品合格。若重复试验结果仍有试样不合格,则判该批管材不合格,或由供方逐根检验,合格者交货。

6 标志、包装、运输、贮存和质量证明书

管材的标志、包装、运输、贮存和质量证明书应符合 GB/T 8888 的规定。

7 合同(或订货单)内容

订购本标准所列产品的合同(或订货单)内应包括下列内容:

a) 产品名称;

b) 牌号;

c) 状态;

d) 规格;

e) 硬度试验(有要求时);

f) 弯曲试验(有要求时);

g) 氢脆试验(有要求时);

h) 非破坏性试验(有要求时);

i) 重量或支(卷)数;

j) 本标准编号;

k) 其他要求。

附　录　A
（资料性附录）
体积电阻率（电阻系数）与导电率的换算

A.1　体积电阻率（电阻系数）与国际退火铜标准导电率的关系

按国际退火铜标准规定，20 ℃时，电阻系数为 0.017 241 Ω·mm²/m，相当于导电率 100% IACS。

A.2　体积电阻率（电阻系数）与导电率的换算

导电率（20 ℃）＝（0.017 241/ρ_{20}）×100% IACS

式中：ρ_{20}——体积电阻率（电阻系数）（20 ℃时），单位为欧平方毫米每米（Ω·mm²/m）。

A.3　体积电阻系率（电阻系数）、质量电阻率、导电率、电导率数值对照

体积电阻系率（电阻系数）、质量电阻率、导电率、电导率典型数值对照见表 A.1。

表 A.1　体积电阻率、质量电阻率、导电率、电导率典型数值对照

体积电阻率（电阻系数）Ω·mm²/m	质量电阻率 Ω·g/m²	导电率 %IACS	电导率 MS/m	体积电阻率（电阻系数）Ω·mm²/m	质量电阻率 Ω·g/m²	导电率 %IACS	电导率 MS/m
0.017 070	0.151 8	101.0	58.9	0.019 704	0.175 2	87.5	50.8
0.017 241	0.153 3	100.0	58.0	0.019 817	0.176 2	87.0	50.5
0.017 415	0.154 8	99.0	57.4	0.019 932	0.177 2	86.5	50.2
0.017 593	0.156 4	98.0	56.8	0.020 048	0.178 3	86.0	49.9
0.017 774	0.158 0	97.0	56.3	0.020 165	0.179 3	85.5	49.6
0.017 866	0.158 9	96.5	56.0	0.020 283	0.180 3	85.0	49.3
0.017 959	0.159 7	96.0	55.7	0.020 404	0.181 4	84.5	49.0
0.018 053	0.160 5	95.5	55.4	0.020 525	0.182 5	84.0	48.7
0.018 148	0.161 4	95.0	55.1	0.020 648	0.183 6	83.5	48.4
0.018 244	0.162 2	94.5	54.8	0.020 772	0.184 7	83.0	48.1
0.018 341	0.163 1	94.0	54.5	0.020 898	0.185 8	82.5	47.9
0.018 440	0.164 0	93.5	54.2	0.021 026	0.187 0	82.0	47.6
0.018 539	0.164 8	93.0	53.9	0.021 155	0.188 1	81.5	47.3
0.018 639	0.165 7	92.5	53.7	0.021 285	0.189 3	81.0	47.0
0.018 740	0.166 6	92.0	53.4	0.021 417	0.190 4	80.5	46.7
0.018 843	0.167 5	91.5	53.1	0.021 551	0.191 6	80.0	46.4
0.018 946	0.168 5	91.0	52.8	0.021 687	0.192 8	79.5	46.1
0.019 051	0.169 4	90.5	52.5	0.021 824	0.194 1	79.0	45.8
0.019 157	0.170 3	90.0	52.2	0.021 963	0.195 3	78.5	45.5
0.019 264	0.171 3	89.5	51.9	0.022 104	0.196 5	78.0	45.2
0.019 372	0.172 2	89.0	51.6	0.022 246	0.197 8	77.5	45.0
0.019 481	0.173 2	88.5	51.3	0.022 391	0.199 1	77.0	44.7
0.019 592	0.174 2	88.0	51.0	0.022 537	0.200 4	76.5	44.4

表 A.1（续）

体积电阻率（电阻系数）Ω·mm²/m	质量电阻率 Ω·g/m²	导电率 %IACS	电导率 MS/m	体积电阻率（电阻系数）Ω·mm²/m	质量电阻率 Ω·g/m²	导电率 %IACS	电导率 MS/m
0.022 686	0.201 7	76.0	44.1	0.023 618	0.210 0	73.0	42.3
0.022 836	0.203 0	75.5	43.8	0.023 946	0.212 9	72.0	41.8
0.022 988	0.204 4	75.0	43.5	0.024 283	0.215 9	71.0	41.2
0.023 299	0.207 2	74.0	42.9	0.024 630	0.219 0	70.0	40.6

ICS 37.020
N 32

GB

中华人民共和国国家标准

GB/T 19864.1—2013
代替 GB/T 19864.1—2005

体视显微镜
第1部分：普及型体视显微镜

Stereomicroscopes—Part 1: Stereomicroscopes for general use

(ISO 11884-1:2006, Optics and photonics—Minimum requirements for stereomicroscopes—Part 1: Stereomicroscopes for general use, NEQ)

2013-12-17 发布　　2014-07-15 实施

中华人民共和国国家质量监督检验检疫总局
中国国家标准化管理委员会　发布

前　言

GB/T 19864《体视显微镜》分为两个部分：

——第1部分：普及型体视显微镜；

——第2部分：高性能体视显微镜。

本部分为GB/T 19864的第1部分。

本部分按照GB/T 1.1—2009给出的规则起草。

本部分代替GB/T 19864.1—2005《体视显微镜　第1部分：普及型体视显微镜》。本部分与GB/T 19864.1—2005相比主要变化如下：

——第1章增加了适用范围；

——原标准中4.1.4名称改为：物面中心的像在左右视场中心的偏差；

——原标准中4.1.5名称改为：左右光学系统出射光束方向偏差；

——删除“物镜倍数可变换的体视显微镜，在变换不同倍数的物镜后，原视场中心物点的像在像面内的偏移量对连续变倍型体视显微镜的要求”；

——物镜视场中心的分辨力提高至应不小于2 000 NA线对/mm；

——电气安全性能中的耐压试验增加了采用直流试验的要求和方法。

本部分与ISO 11884-1:2006《光学和光子学　体视显微镜的最低要求　第1部分：一般用途体视显微镜》为非等效。本部分与ISO 11884-1:2006的主要差异如下：

——增加了仪器的基本参数；

——按习惯将“光学和机械性能”要求的表格式改为条文式叙述；

——在“光学和机械性能”部分增加了有关成像清晰、机构传动、照明、清洁等基本要求；

——增加对仪器外观的要求；

——环境试验只规定了在运输包装条件下的对环境适应性要求。

本部分由中国机械工业联合会提出。

本部分由全国光学和光子学标准化技术委员会(SAC/TC 103)归口。

本部分起草单位：上海理工大学、梧州奥卡光学仪器有限公司、宁波市教学仪器有限公司、南京东利来光电实业有限公司、宁波舜宇仪器有限公司、宁波华光精密仪器有限公司、宁波永新光学股份有限公司、南京江南永新光学有限公司、宁波湛京光学仪器有限公司、麦克奥迪实业集团有限公司、广州粤显光学仪器有限责任公司、贵阳新天光电科技有限公司、重庆光电仪器有限公司。

本部分主要起草人：黄卫佳、章慧贤、张景华、王国瑞、杨广烈、胡森虎、徐利明、李晞、曾丽珠、鲍鹏飞、肖倩、李弥高、胡清、夏硕。

本部分代替标准的历次版本发布情况为：

——GB/T 19864.1—2005。

体视显微镜
第1部分:普及型体视显微镜

1 范围

GB/T 19864 的本部分规定了普及型体视显微镜(以下简称显微镜)的基本参数、要求、试验方法、检验规则、标志、包装和运输、贮存。

本部分适用于非连续变倍体视显微镜。

本部分不适用于连续变倍体视显微镜和手术显微镜。

2 规范性引用文件

下列文件对于本文件的应用是必不可少的。凡是注日期的引用文件,仅注日期的版本适用于本文件。凡是不注日期的引用文件,其最新版本(包括所有的修改单)适用于本文件。

GB/T 2828.1 计数抽样检验程序 第1部分:按接收质量限(AQL)检索的逐批检验抽样计划

GB/T 2829 周期检验计数抽样程序及表(适用于对过程稳定性的检验)

GB 4793.1—2007 测量、控制和实验室用电气设备的安全要求 第1部分:通用要求

GB/T 9246 显微镜 目镜

GB/T 13384 机电产品包装通用技术条件

GB/T 19863 体视显微镜试验方法

GB/T 22056 显微镜 物镜和目镜的标志

GB/T 25480 仪器仪表运输、贮存基本环境条件及试验方法

3 基本参数

3.1 显微镜的基本参数应符合表1规定。

表 1

序号	项 目	基本参数
1	目镜和目镜筒的连接尺寸[a]/mm	$\phi 30(30.5)\frac{F8}{h8}$;$\phi 23.2\frac{F8}{h8}$;$\phi 34\frac{F8}{h8}$
2	目镜放大率	根据 GB/T 9246 规定选择
3	双目瞳距调节范围/mm	最小瞳距不大于55,最大瞳距不小于75
4	目镜视度调节范围(屈光度)	−5～+5
[a] 按显微镜机型大小选择其中一个尺寸。		

4 要求

4.1 光学和机械性能

4.1.1 显微镜成像应清晰。清晰范围：上下方向不小于视场直径的60%，左右方向不小于视场直径的50%。

4.1.2 显微镜总放大率误差应不超出±10%。

4.1.3 显微镜左右光学系统的放大率差应不大于2%。

4.1.4 物面中心的像在左右视场中心的偏差：

——上下方向：不大于0.2 mm；

——左右方向：不大于0.4 mm。

4.1.5 左右光学系统出射光束方向偏差不超过表2的规定。

表2

观察系统两目镜筒轴线方向	上下方向	左右方向
平行	15′	会聚：30′ 发散：60′
不平行	15′	—
注：在瞳距为65 mm条件下测量。		

4.1.6 显微镜左右光学系统像面方位差应不大于2°。

4.1.7 物镜倍数可变换的体视显微镜，在变换不同倍数的物镜后，原视场中心物点的像在像面内的偏移量：

——有级变换型体视显微镜≤1.2 mm；

——物镜卸换型体视显微镜≤2.5 mm。

4.1.8 显微镜左右光学系统各倍物镜应齐焦，从高倍至低倍不需调焦，应仍能看清物体轮廓。

4.1.9 物镜视场中心的分辨力应不小于2 000 NA线对/mm。

4.1.10 显微镜左右光学系统聚焦差应小于$1.5D_F$，其中景深D_F由公式(1)给出：

$$D_F=\frac{\lambda}{2NA^2}+\frac{1}{7M_{总}\cdot NA} \qquad (1)$$

式中：

λ ——波长，单位为毫米(mm)；

NA ——数值孔径；

$M_{总}$ ——总视放大率。

4.1.11 视度在零位置时，左右光学系统出瞳高度差应不大于1.5 mm。

4.1.12 显微镜调焦机构应稳定，不应由于本身重量或附加装置的重量而有自行下降现象。

4.1.13 显微镜各可运动部分的移动或转动应平稳舒适、定位明显，没有滞涩和急跳现象。

4.1.14 照明装置应保证在视场范围内照明均匀。

4.1.15 显微镜光学系统内部应清洁，视场内不应有显著的和影响观察的疵病。

4.2 电气安全性能

4.2.1 带有电气设备的显微镜在试验电压升至如表3所示的规定值时保持5 s,无击穿和飞弧现象(交流、直流试验是任选的试验方法,设备能通过二者之一即可。例如,一般情况选择交流试验;为了避免容性电流,选择直流试验)。

表3

采用交流试验时		采用直流试验时	
工作电压 U/V	试验电压(交流)/V	工作电压 U/V	试验电压(直流)/V
$100<U\leqslant150$	1 000	$100<U\leqslant150$	1 250
$150<U\leqslant300$	1 500	$150<U\leqslant300$	2 150

4.2.2 显微镜在常温常湿条件下的泄漏电流不应大于1 mA。

4.2.3 带有电源输入插口的显微镜,在插口中的保护接地点与保护接地的所有可触及金属部件之间的阻抗不超过0.1 Ω。

带有不可拆卸电源软电线的显微镜,网电源插头中的保护接地脚和已保护接地的所有可触及金属部件之间的阻抗不超过0.2 Ω。

4.3 显微镜外观质量

4.3.1 电镀表面不应有脱皮、斑点和色泽不均匀等现象。

4.3.2 漆面色泽应均匀,不应有脱漆、损伤痕迹及有碍美观的疵病。

4.3.3 零件表面不应有毛刺,外部零件锐边应倒棱,相互接合处应齐整。

4.3.4 显微镜上的标记、印字、刻字、刻线应清晰明显。

4.4 运输贮存环境试验

显微镜在运输包装条件下的环境模拟试验应按GB/T 25480的规定。其中选用:高温+55 ℃,低温−40 ℃,交变湿热试验相对湿度95%,自由跌落4次,跌落高度按包装件质量选定。

5 试验方法

5.1 光学和机械性能试验

按GB/T 19863对4.1要求进行试验。

5.2 电气安全性能

5.2.1 耐压试验

5.2.1.1 试验工具

泄漏电流耐压测试仪一台,其测试电压AC/DC范围为0 kV ~3kV,漏电流测试范围为0.5 mA~20 mA,试验变压器容量为500 VA。

5.2.1.2 试验程序

在确认电压表指示为"0",且测试红灯不亮的情况下,将测试仪的"高压输出端"的测试线与被测显微镜电源的LIVE(火线)端和NEUTRAL(零线)端连接;将测试仪"测试端"的测试线与被测显微镜电源GND(地线)端连接,如图1所示。然后按下"启动"按钮,顺时针缓慢旋动"电压调节"旋钮在5 s或5 s以内逐渐升至表3所规定的相应电压值,保持5 s(也可用定时开关),再将"电压调节"旋钮逆时针方向旋至"0"位置并按下"复位"按钮,切断输出电压。

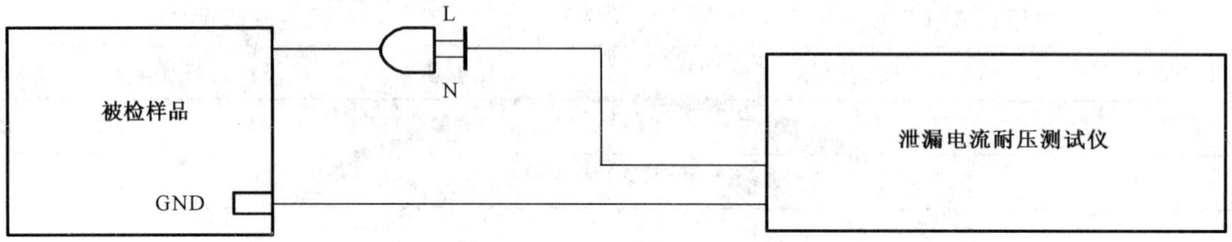

图1 耐压试验示意图

5.2.2 泄漏电流试验

5.2.2.1 试验工具

泄漏电流耐压测试仪一台,其测试电压范围为110 VAC～260 VAC,漏电流测试范围为0 mA～5 mA,测量总阻为1.5 kΩ,试验变压器容量为500 VA。

5.2.2.2 试验程序

按下"测量预置"开关至"预置"状态,将"测量总阻"置于1.5 kΩ档,弹起"测量预置"开关至"测量"状态(通常此项已被设置)。然后确认电压表指示为"0",且测试红灯不亮的情况下,把被测显微镜的电源开关打开,将电源线插头插入仪器面板上的"泄漏电流测试"插座,如图2所示。按下"启动"按钮,顺时针缓慢旋动"电压调节"旋钮至输入电压为最高额定电压的110%的条件下,保持1 min(也可用定时开关),读电流表数值。

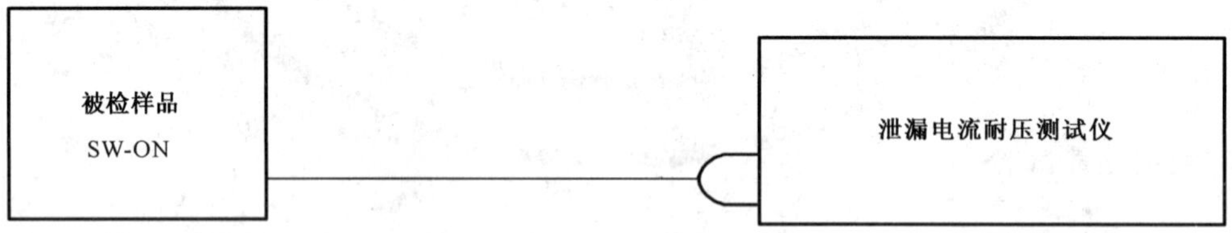

图2 泄漏电流试验示意图

5.2.3 接地阻抗试验

5.2.3.1 试验工具

交流接地电阻测试仪一台,其低电阻测试范围为0 Ω～0.6 Ω,测试电流范围为5 A～30 A。

5.2.3.2 试验程序

将“电压输出”端的两根测试线分别接至被测显微镜电源的GND端与显微镜所有裸露的金属之间，将测试电流调至25 A，如图3所示。按下“启动”按钮2 s，观察电流表读数。

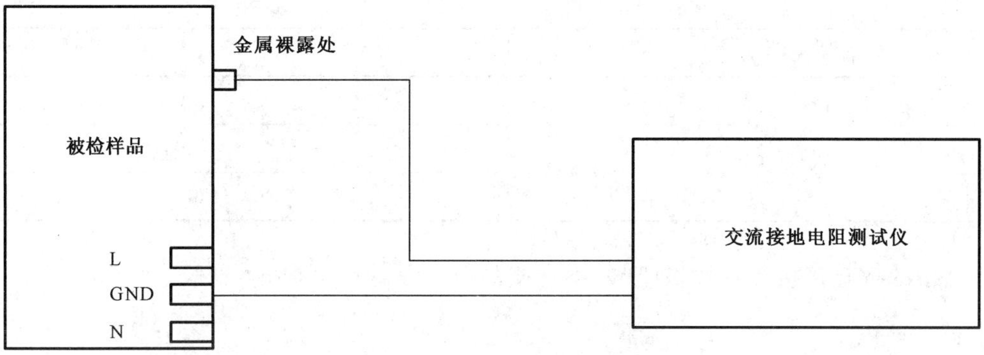

图3 接地阻抗试验示意图

5.3 显微镜外观质量

正常视力或经过适当矫正视力的眼睛，在观察距离为250 mm处对仪器外观进行目视检验。

5.4 运输贮存环境试验

按GB/T 25480的规定进行试验。

6 检验规则

6.1 检验分类

产品的检验分为出厂检验和型式检验。

6.2 检验项目分类

检验项目中，除4.2电气安全不允许出现不合格外，其余项目的不合格分类见表4。

表4

不合格类别	项　　目
A	4.1.1
B	4.1.4、4.1.7、4.1.8、4.1.9、4.1.10、4.1.12、4.1.13、4.1.15
C	4.1.2、4.1.3、4.1.5、4.1.6、4.1.11、4.1.14、4.3

6.3 出厂检验

6.3.1 出厂检验的样本大小根据GB/T 2828.1的一般检验水平Ⅰ、正常检验一次抽样方案确定，通常从正常检验开始，根据检验结果随时执行GB/T 2828.1规定的转移规则。

6.3.2 出厂检验的检验样品应在供货方提交的检验批中随机抽取。

6.3.3 出厂检验不包括4.4内容。

6.3.4 提交检验的批中除4.2不允许出现不合格外，对A类不合格品、B类不合格品，C类不合格品的接收质量限AQL见表5。

表5

不合格品类别	AQL
A	2.5
B	4.0
C	6.5

6.3.5 抽检合格的批直接接受，但所发现的不合格品应予剔除或更换。

6.4 型式检验

6.4.1 型式检验应对标准中规定的全部技术要求进行检验，型式检验的样品应从检验合格的产品批中随机抽取。

6.4.2 型式检验的抽样采用GB/T 2829中一次抽样方案，各类不合格以项目计，除4.2不允许不合格外，各类不合格的判别水平DL，不合格质量水平RQL和抽样方案应符合表6的规定。

表6

不合格类别	RQL	抽样方案 $n\|(Ac,Re)$	DL
A	80	4|(1,2)	Ⅱ
B	100	4|(2,3)	Ⅱ
C	150	4|(5,6)	Ⅰ

6.4.3 型式检验的受试样品在按要求进行环境条件试验后，各项技术要求仍应符合标准的规定。

6.4.4 型式检验的周期一般为一年，在两次型式检验的周期内，发生下列情况之一时，也应进行型式检验：

a) 产品的结构、材料、工艺有较大的改变、可能影响产品性能时；

b) 出厂检验结果与上次型式检验结果有较大的差异时；

c) 产品停产一年以上再恢复生产时。

7 标志、包装运输及贮存

7.1 标志

7.1.1 显微镜目镜的标志应符合GB/T 22056的规定。

7.1.2 显微镜电气安全要求的标志应符合GB 4793.1—2007的规定。

7.1.3 显微镜产品至少应有下列标识：

a) 制造厂厂名或注册商标；

b) 产品型号或产品名称；

c) 产品编号(由六位以上数字组成，前两位应是制造年份)。

7.2 包装

产品包装应符合 GB/T 13384 的有关规定。

7.3 运输

显微镜用任何有遮蔽的运输工具运送。

7.4 贮存

显微镜应贮存在有遮蔽的场所,周围无酸性气体、碱、有机溶剂及其他有害物质。

ICS 37.020
N 32

中华人民共和国国家标准

GB/T 19864.2—2013
代替 GB/T 19864.2—2005

体视显微镜 第2部分：高性能体视显微镜

Stereomicroscopes—Part 2：High performance microscopes

(ISO 11884-2：2007，Optics and photonics—
Minimum requirements for stereomicroscopes—
Part 2：High performance microscopes，NEQ)

2013-12-17 发布 2014-07-15 实施

中华人民共和国国家质量监督检验检疫总局
中国国家标准化管理委员会 发布

前　言

GB/T 19864《体视显微镜》分为两个部分：

——第1部分：普及型体视显微镜；

——第2部分：高性能体视显微镜。

本部分为GB/T 19864的第2部分。

本部分按照GB/T 1.1—2009给出的规则起草。

本部分代替GB/T 19864.2—2005《体视显微镜　第2部分：高性能体视显微镜》，本部分与GB/T 19864.2—2005相比主要变化如下：

——第1章增加了适用范围；

——删除$\phi 23.2\dfrac{F8}{h8}$目镜和目镜筒的连接尺寸；

——原标准中4.1.4标题改为：物面中心的像在左右视场中心的偏差；

——原标准中4.1.5标题改为：左右光学系统出射光束方向偏差，并将其要求提高至左右会聚为10′，左右发散为45′；

——物镜视场中心的分辨力提高至应不小于2 500 NA线对/mm；

——电气安全性能中的耐压试验增加了采用直流试验的要求和方法。

本部分与ISO 11884-2:2007《光学和光子学　体视显微镜的最低要求　第2部分：高性能体现显微镜》的一致性程度为非等效。本部分与ISO 11884-2:2007的主要差异如下：

——增加了仪器的基本参数；

——按习惯将"光学和机械性能"要求的表格式改为条文式叙述；

——在"光学和机械性能"部分增加了有关成像清晰、机构传动、照明、清洁等基本要求；

——增加对仪器外观的要求；

——环境试验只规定了在运输包装条件下的对环境适应性要求。

本部分由中国机械工业联合会提出。

本部分由全国光学和光子学标准化技术委员会(SAC/TC 103)归口。

本部分起草单位：上海理工大学、梧州奥卡光学仪器有限公司、宁波市教学仪器有限公司、南京东利来光电实业有限公司、宁波舜宇仪器有限公司、宁波华光精密仪器有限公司、宁波永新光学股份有限公司、南京江南永新光学有限公司、宁波湛京光学仪器有限公司、麦克奥迪实业集团有限公司、广州粤显光学仪器有限责任公司、贵阳新天光电科技有限公司、重庆光电仪器有限公司。

本部分主要起草人：黄卫佳、章慧贤、张景华、王国瑞、杨广烈、胡森虎、徐利明、李晞、曾丽珠、鲍鹏飞、肖倩、李弥高、胡清、夏硕。

本部分所代替标准的历次版本发布情况为：

——GB/T 19864.2—2005。

体视显微镜
第2部分：高性能体视显微镜

1 范围

GB/T 19864 的本部分规定了高性能体视显微镜(以下简称显微镜)的基本参数、要求、试验方法、检验规则、标志、包装和运输、贮存。

本部分适用于连续变倍体视显微镜。

本部分不适用于手术显微镜。

2 规范性引用文件

下列文件对于本文件的应用是必不可少的。凡是注日期的引用文件，仅注日期的版本适用于本文件。凡是不注日期的引用文件，其最新版本(包括所有的修改单)适用于本文件。

GB/T 2828.1 计数抽样检验程序 第1部分：按接收质量限(AQL)检索的逐批检验抽样计划

GB/T 2829 周期检验计数抽样程序及表(适用于对过程稳定性的检验)

GB 4793.1—2007 测量、控制和实验室用电气设备的安全要求 第1部分：通用要求

GB/T 9246 显微镜 目镜

GB/T 13384 机电产品包装通用技术条件

GB/T 19863 体视显微镜试验方法

GB/T 22056 显微镜 物镜和目镜的标志

GB/T 25480 仪器仪表运输、贮存基本环境条件及试验方法

3 基本参数

显微镜的基本参数应符合表1规定。

表1

序号	项目	基本参数
1	目镜和目镜筒的连接尺寸[a]/mm	$\phi 30(30.5)\frac{F8}{h8}$；$\phi 34\frac{F8}{h8}$
2	目镜放大率	根据 GB/T 9246 规定选择
3	双目瞳距调节范围/mm	最小瞳距不大于55，最大瞳距不小于75
4	目镜视度调节范围(屈光度)	−5～+5
[a] 按显微镜机型大小选择其中一个尺寸。		

4 要求

4.1 光学和机械性能

4.1.1 显微镜成像应清晰。

清晰范围：上下方向不小于视场直径的70%，左右方向不小于视场直径的60%。

色差：像轮廓边缘无可觉察的垂轴色差。

4.1.2 显微镜总放大率误差应不超出±7.5%。

4.1.3 显微镜左右光学系统的放大率差应不大于1.5%。

4.1.4 物面中心的像在左右视场中心的偏差：

——上下方向：不大于0.2 mm

——左右方向：不大于0.4 mm

4.1.5 左右光学系统出射光束方向偏差不超过表2的规定。

表2

观察系统两目镜筒轴线方向	上下方向	左右方向
平行	15′	会聚：10′ 发散：45′
不平行	15′	—
注：在瞳距为65 mm条件下测量。		

4.1.6 显微镜左右光学系统像面方位差应不大于2°。

4.1.7 显微镜变倍时原视场中心物点的像在像面内的偏移量应不大于0.4 mm。

4.1.8 显微镜左右光学系统各倍物镜应齐焦，从高倍至低倍不需调焦，应仍能看清物体轮廓。

4.1.9 显微镜物镜视场中心的分辨力应不小于2 500 NA线对/mm。

4.1.10 显微镜左右光学系统聚焦差应小于1.5 D_F，其中景深 D_F 由公式(1)给出：

$$D_F = \frac{\lambda}{2NA^2} + \frac{1}{7M_{总} \cdot NA} \quad \cdots\cdots(1)$$

式中：

λ ——波长，单位为毫米(mm)；

NA——数值孔径；

$M_{总}$——总视放大率。

4.1.11 视度在零位置时，左右光学系统出瞳高度差应不大于1.5 mm。

4.1.12 视度在零位置时，屈光度零位标注误差应不超出±0.25屈光度。

4.1.13 显微镜调焦机构应稳定，不应由于本身重量或附加装置的重量而有自行下降现象。

4.1.14 显微镜各可运动部分的移动或转动应平稳舒适、定位明显，没有滞涩和急跳现象。

4.1.15 照明装置应保证在视场范围内照明均匀。

4.1.16 显微镜光学系统内部应清洁，视场内不应有显著的和影响观察的疵病。

4.2 电气安全性能

4.2.1 带有电气设备的显微镜在试验电压升至如表3所示的规定值时保持5 s，无击穿和飞弧现象(交流、直流试验是任选的试验方法，设备能通过二者之一即可。例如，一般情况选择交流试验；为了避免容性电流，选择直流试验）。

表 3

采用交流试验时		采用直流试验时	
工作电压 U/V	试验电压(交流)/V	工作电压 U/V	试验电压(直流)/V
$100<U\leqslant150$	1 000	$100<U\leqslant150$	1 250
$150<U\leqslant300$	1 500	$150<U\leqslant300$	2 150

4.2.2 显微镜在常温常湿条件下的泄漏电流不应大于 1 mA。

4.2.3 带有电源输入插口的显微镜，在插口中的保护接地点与保护接地的所有可触及金属部件之间的阻抗不超过 0.1 Ω。

带有不可拆卸电源软电线的设备，网电源插头中的保护接地脚和已保护接地的所有可触及金属部件之间的阻抗不超过 0.2 Ω。

4.3 仪器外观

4.3.1 电镀表面不应有脱皮、斑点和色泽不均匀等现象。

4.3.2 漆面色泽应均匀，不应有脱漆、损伤痕迹及有碍美观的疵病。

4.3.3 零件表面不应有毛刺，外部零件锐边应倒棱，相互接合处应齐整。

4.3.4 显微镜上的标记、印字、刻字、刻线应清晰明显。

4.4 运输环境条件

微镜在运输包装条件下的环境模拟试验应按 GB/T 25480 的规定。其中选用：高温＋55 ℃，低温－40 ℃，交变湿热试验相对湿度 95%，自由跌落 4 次，跌落高度按包装件质量选定。

5 试验方法

5.1 光学和机械性能试验

按 GB/T 19863 对 4.1 要求进行试验。

5.2 电气安全性能

5.2.1 耐压试验

5.2.1.1 试验工具

泄漏电流耐压测试仪一台，其测试电压 AC/DC 范围为 0 kV～3 kV，漏电流测试范围为 0.5 mA～20 mA，试验变压器容量为 500 VA。

5.2.1.2 试验程序

在确认电压表指示为“0”，且测试红灯不亮的情况下，将测试仪的“高压输出端”的测试线与被测显微镜电源的 LIVE(火线)端和 NEUTRAL(零线)端连接；将测试仪“测试端”的测试线与被测显微镜电源 GND(地线)端连接，如图 1 所示，然后按下“启动” 按钮，顺时针缓慢旋动“电压调节”旋钮在 5 s 或 5 s 以内逐渐升至表 3 所规定的相应电压值，保持 5 s(也可用定时开关)，再将“电压调节”旋钮逆时针方向旋至“0”位置并按下“复位”按钮，切断输出电压。

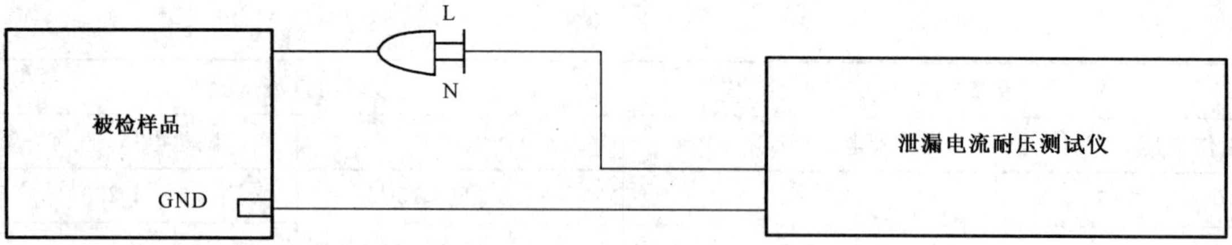

图 1　耐压试验示意图

5.2.2　泄漏电流试验

5.2.2.1　试验工具

泄漏电流耐压测试仪一台，其测试电压范围为 110 VAC～260 VAC，漏电流测试范围为 0 mA～5 mA，测量总阻为 1.5 kΩ，试验变压器容量为 500 VA。

5.2.2.2　试验程序

按下"测量预置"开关至"预置"状态，将"测量总阻"置于 1.5 kΩ 挡，弹起"测量预至"开关置"测量"状态(通常此项已被设置)。然后确认电压表指示为"0"，且测试红灯不亮的情况下，把被测显微镜的电源开关打开，将电源线插头插入仪器面板上的"泄漏电流测试"插座，如图 2 所示。按下"启动"按钮，顺时针缓慢旋动"电压调节"旋钮至输入电压为最高额定电压的 110%的条件下，保持 1 min(也可用定时开关)，读电流表数值。

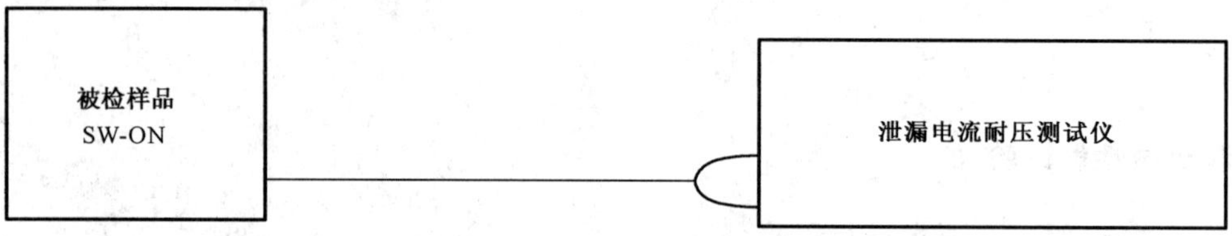

图 2　泄漏电流试验示意图

5.2.3　接地阻抗试验

5.2.3.1　试验工具

交流接地电阻测试仪一台，其低电阻测试范围为 0 Ω～0.6 Ω，测试电流范围为 5 A～30 A。

5.2.3.2　试验程序

将"电压输出"端的两根测试线分别接至被测显微镜电源的 GND 端与显微镜所有裸露的金属之间，将测试电流调至 25 A，如图 3 所示。按下"启动"按钮 2 s，观察电流表读数。

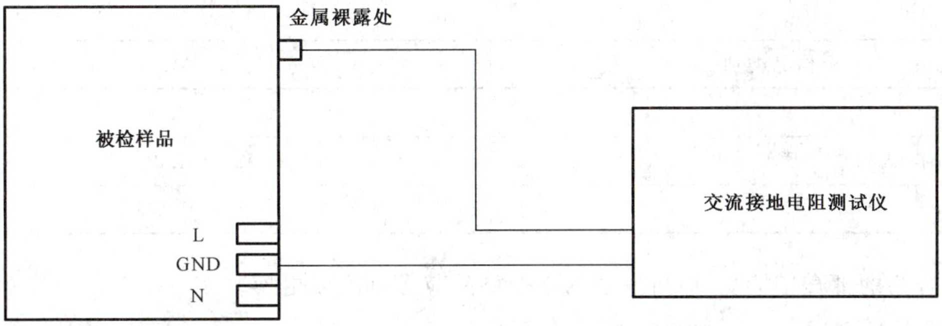

图 3　接地阻抗试验示意图

5.3　仪器外观

正常视力或经过适当矫正视力的眼睛，在观察距离为 250 mm 处对仪器外观进行目视检验。

5.4　运输环境试验

按 GB/T 25480 的规定进行试验。

6　检验规则

6.1　检验分类

产品的检验分为出厂检验和型式检验。

6.2　检验项目分类

检验项目中，除 4.2 电气安全不允许出现不合格外，其余项目的不合格分类见表 4。

表 4

不合格类别	项　目
A	4.1.1
B	4.1.4、4.1.7、4.1.8、4.1.9、4.1.10、4.1.13、4.1.14、4.1.16
C	4.1.2、4.1.3、4.1.5、4.1.6、4.1.11、4.1.12、4.1.15、4.3

6.3　出厂检验

6.3.1　出厂检验的样本大小根据 GB/T 2828.1 的一般检验水平Ⅰ、正常检验一次抽样方案确定，通常从正常检验开始，根据检验结果随时执行 GB/T 2828.1 规定的转移规则。

6.3.2　出厂检验的检验样品应在供货方提交的检验批中随机抽取。

6.3.3　出厂检验不包括 4.4 内容。

6.3.4　提交检验的批中除 4.2 不允许出现不合格外，对 A 类不合格品、B 类不合格品，C 类不合格品的接收质量限 AQL 见表 5。

表 5

不合格品类别	AQL
A	2.5
B	4.0
C	6.5

6.3.5 抽检合格的批直接接受，但所发现的不合格品应予剔除或更换。

6.4 型式检验

6.4.1 型式检验应对标准中规定的全部技术要求进行检验，型式检验的样品应从检验合格的产品批中随机抽取。

6.4.2 型式检验的抽样采用 GB/T 2829 中一次抽样方案，各类不合格以项目计，除 4.2 不允许不合格外，各类不合格的判别水平 DL，不合格质量水平 RQL 和抽样方案应符合表 6 规定。

表 6

不合格类别	RQL	抽样方案 $n\|(Ac,Re)$	DL
A	80	4|(1,2)	Ⅱ
B	100	4|(2,3)	Ⅱ
C	150	4|(5,6)	Ⅰ

6.4.3 型式检验的受试样品在按要求进行环境条件试验后，各项技术要求仍应符合标准的规定。

6.4.4 型式检验的周期一般为一年，在两次型式检验的周期内，发生下列情况之一时，也应进行型式检验：

a) 产品的结构、材料、工艺有较大的改变、可能影响产品性能时；

b) 出厂检验结果与上次型式检验结果有较大的差异时；

c) 产品停产一年以上再恢复生产时。

7 标志、包装、运输及贮存

7.1 标志

7.1.1 显微镜目镜的标志应符合 GB/T 22056 的规定。

7.1.2 显微镜电气安全要求的标志应符合 GB 4793.1—2007 的规定。

7.1.3 显微镜产品至少应有下列标识：

a) 制造厂厂名或注册商标；

b) 产品型号或产品名称；

c) 产品编号(由六位以上数字组成，前两位应是制造年份)。

7.2 包装

产品包装应符合 GB/T 13384 的有关规定。

7.3 运输

显微镜用任何有遮蔽的运输工具运送。

7.4 贮存

显微镜应贮存在有遮蔽的场所，周围无酸性气体、碱、有机溶剂及其他有害物质。

ICS 25.010
J 07

中华人民共和国国家标准

GB/T 19903.111—2013/ISO 14649-111:2010

工业自动化系统与集成　物理设备控制 计算机数值控制器用的数据模型 第111部分:铣床用刀具

Industrial automation systems and integration—Physical device control —Data model for computerized numerical controllers —Part 111:Tools for milling machines

(ISO 14649-111:2010,IDT)

2013-11-12 发布　　2014-03-15 实施

中华人民共和国国家质量监督检验检疫总局
中国国家标准化管理委员会　发布

前　言

GB/T 19903《工业自动化系统与集成　物理设备控制　计算机数值控制器用的数据模型》分为以下几个部分：

——第1部分：概述和基本原理(ISO 14649-1)；

——第10部分：通用工艺数据(ISO 14649-10)；

——第11部分：铣削用工艺数据(ISO 14649-11)；

——第12部分：车削用工艺数据(ISO 14649-12)；

——第111部分：铣床用刀具(ISO 14649-111)；

——第121部分：车床用刀具(ISO 14649-121)；

……

本部分为GB/T 19903的第111部分。

本部分按照GB/T 1.1—2009给出的规则起草。

本部分等同采用ISO 14649-111:2010《工业自动化系统与集成　物理设备控制　计算机数值控制器用的数据模型　第111部分：铣床用刀具》。

与本部分中规范性引用的国际文件有一致性对应关系的我国文件如下：

——GB/T 19903.10　工业自动化系统与集成　物理设备控制　计算机数值控制器用的数据模型　第10部分：通用工艺数据(ISO 14649-10:2004,IDT)

——GB/T 19903.11　工业自动化系统与集成　物理设备控制　计算机数值控制器用的数据模型　第11部分：铣削用工艺数据(ISO 14649-11:2004,IDT)

本部分作下列编辑修改：

在GB/T 19903.111标准文本中用"GB/T 19903的本部分"代替"ISO 14649的本部分"一词。

请注意本部分的某些内容可能涉及专利。本部分的发布机构不承担识别这些专利的责任。

本部分由中国机械工业联合会提出。

本部分由全国自动化系统与集成标准化技术委员会(SAC/TC 159)归口。

本部分起草单位：北京机床研究所、北京化工大学、大连机床集团有限责任公司、广州数控设备有限公司、南京华兴数控技术有限公司、大连大森数控技术发展中心有限公司。

本部分主要起草人：梁若琼、张莉彦、刘敏洋、黄付中、邵国安、李浙鲁、王小椿、徐宗华。

引　言

现代制造企业的生产设备常常分布在国内外,这些设备往往由不同的生产厂家提供。在加工制造过程中,需要在各工场和设备之间传输大量信息。当今,数字通信标准已解决了通过全球网络可靠地传输信息的技术问题。对于机械加工而言,通过 GB/T 16656 系列标准(STEP 标准)可以使产品数据的描述标准化,这为机械制造企业在整个加工过程中采用标准化数据提供了可能。但是,妨碍实现标准化数据的原因是企业中使用的 CNC 机床采用的数据格式。目前大多数 CNC 机床仍采用 GB/T 8870 标准规定的“G 和 M 代码”语言编程,数控程序通常是由 CAD/CAM 系统生成的。然而用 GB/T 8870 标准编程存在一些不足:首先,所用语言针对的是刀具中心轨迹对机床轴的编程,而不是对零件加工工艺过程的编程;第二,GB/T 8870 规定的程序语义在多数场合会产生歧义;第三,CNC 制造厂商往往会扩充编程语言,但这种扩充超出了 GB/T 8870 标准规定的范围,不具有互换性。

GB/T 19903 是在 CAD/CAM 系统和 CNC 机床之间的一种新的数据传输模型,用来取代 GB/T 8870 标准。它利用工步(Workingstep)面向对象的原理,通过规定加工工艺过程(而不是刀具的运动)来克服 GB/T 8870 标准存在的不足。工步相应于高层的加工特征及相关的工艺参数,CNC 系统将工步转换成轴运动和刀具操作。GB/T 19903 的一个主要优点是它利用来自 GB/T 16656 标准的数据模型。由于 GB/T 19903 标准提供了范围广泛的制造过程模型,因而,它也可以作为所有其他信息技术系统之间双向和多向数据交换的基础。

GB/T 19903 是一种面向对象的编程用的信息和语境保存方法,它代替数据变成简单的开关指令或直线和圆弧运动。由于它面向对象和特征,并描述工件的加工操作,而不是描述机床坐标的运动,因而它能在不同的机床或控制器上运行。新的数据模型如在 NC 控制器上运用,它的兼容性将省去通过后置处理器的所有数据适配工作。如果在这种控制器中采用 GB/T 8870 的 NC 程序,相应的解释程序应能并行处理不同类型的 NC 程序是很必要的。

从使用 GB/T 8870 编程到基于可移植的特征编程有一个渐进的过程。GB/T 19903 的早期使用者一定会支持手动或通过程序输入传统的“G 和 M 代码”数据,正如现代控制器既支持命令行界面又支持图形用户界面那样。随着开放式体系结构控制器的日益普及,这种做法会更加容易实现。GB/T 19903 不包括传统的编程语句。

工业自动化系统与集成 物理设备控制 计算机数值控制器用的数据模型 第111部分:铣床用刀具

1 范围

GB/T 19903的本部分规定了描述铣床和加工中心用切削刀具的数据元素。

本部分适用于和GB/T 19903.11(铣床和加工中心的工艺数据)一起来使用。这些数据元素可以用来选择某一种加工操作,但它们没有描述某一种具体刀具的完整信息。因此,留下一些可供选择的属性给控制器有更大选择刀具的自由度。

注1:假设NC系统能够从数据库中得到指定刀具的完整描述。在本部分定义的milling_machine_tool_schema作为基本刀具模式,它包括CNC系统从机床的刀架上选择刀具所需要的信息。

注2:在GB/T 8870.1中,刀具由它的标识符(如T8)来定义,没有更多的关于刀具类型和几何方面的信息。这些信息是刀具设定表格中的一部分,由NC程序提供给机床。刀具设定表给出了刀具定位(比如刀库的第八个槽)和刀具类型(比如4 mm钻头)的关系。

本部分包括在刀具设定表中的包含信息:

——刀具标识符;

——刀具类型;

——刀具几何形状;

——与应用状况有关的刀具预期寿命。

milling_machine_tool_schema不包括刀具数据库信息。刀具数据库与机床和刀具自身有关但与NC程序无关。以下刀具数据不属于本部分的范围:

——规范性刀具寿命;

——刀具在换刀机构中的定位;

——刀柄或刀具系统的相关项目;

——其他工艺用的刀具,如车削、磨削、放电加工(EDM)[1)]。

注3:重要告知,在本部分中使用的全部长度测量类型不是公差长度测量类型,因为它们是用来描述工件加工所需要的刀具尺寸,而不是机床上可用刀具的实际尺寸。实际刀具必须通过基于实际刀具尺寸和特征公差的刀具管理来选择。

2 规范性引用文件

下列文件对于本文件的应用是必不可少的。凡是注日期的引用文件,仅注日期的版本适用于本文件。凡是不注日期的引用文件,其最新版本(包括所有的修改单)适用于本文件。

ISO 3002-1 切削和磨削的基本数据 第1部分:切削刀具的切削部分的几何形状 通用术语、参考系统、刀具角度和工作角度、断屑(Basic quantities in cutting and grinding—Part 1:Geometry of the active part of cutting tools—General terms, reference systems, tool and wooking angles, chip breakers)

---

1) 这项工艺在ISO 14649其他部分描述。

ISO 10303-41 工业自动化系统与集成 产品数据模型表示与交换 第41部分:集成通用资源:产品描述与支持基础(Industrial automation systems and integration—Product data representation and exchange—Part 41:Integrated generic resource:Fundamentals of product description and support)

ISO 10303-42 工业自动化系统与集成 产品数据模型表示与交换 第41部分:集成通用资源:几何和拓扑表示(Industrial automation systems and integration—Product data representation and exchange—Part 42:Integrated generic resource:Geometric and topological representation)

ISO 14649-10 工业自动化系统与集成 物理设备控制 计算机数值控制器用的数据模型 第10部分:通用工艺数据(Industrial automation systems and integration—Physical device control—Data model for computerized numerical controllers—Part 10:General process data)

ISO 14649-11 工业自动化系统与集成 物理设备控制 计算机数值控制器用的数据模型 第11部分:铣削用工艺数据(Industrial automation systems and integration—Physical device control—Data model for computerized numerical controllers—Part 11:Process data for milling)

3 术语和定义

ISO 14649-10 和 ISO 14649-11 界定的以及下列术语和定义适用于本文件。

3.1

总体装配长度 overall assembly length

伸出长度

沿着切削刀具轴测量,从基准面到切削刀具最前点的距离。

3.2

刀具偏置长度 tool offset length

由切削部分的主功能决定的从基准面到指定点。

4 铣床和加工中心用的切削刀具

4.1 标题和引用(header and reference)

下面列出了本模式中标题和引用的实体列表。

```
SCHEMA milling_machine_tool_schema;
(* Version 14.1 of April 30, 2004
   Author: ISO TC184/SC1/WG7 *)

REFERENCE FROM measure_schema (*ISO10303-41e2*)
    (plane_angle_measure,
    length_measure);

REFERENCE FROM geometry_schema (*ISO10303-42e3*)
    (direction);

REFERENCE FROM machining_schema (*ISO14649-10*)
    (machining_tool,
    technology);
```

4.2 铣床切削刀具句法(syntax of milling machine cutting tools)

4.2.1 铣床刀具(milling machine cutting tools)

描述铣床刀具(如,铣刀、铰刀、钻头、丝锥、镗刀)作为切削刀具所需要的特定工艺信息的实体是由GB/T 19903.10—2006 定义的实体 machining_tool 的子类。

```
ENTITY milling_machine_cutting_tool
  ABSTRACT SUPERTYPE OF ( ONEOF(milling_cutting_tool, drilling_cutting_tool, tapping_cut-
  ting_tool, rotating_boring_cutting_tool, reaming_cutting_tool))
  SUBTYPE OF (machining_tool);
  its_cutting_edges:             SET [1:?] OF cutting_component;
  overall_assembly_length:       length_measure;
  effective_cutting_diameter:    length_measure;
  maximum_depth_of_cut:          length_measure;
  hand_of_cut:                   OPTIONAL hand_of_cut_type;
  coolant_through_tool:          OPTIONAL BOOLEAN;
END_ENTITY;
```

its_cutting_edges:	描述刀具切削角信息。
overall_assembly_length:	沿刀具轴方向从测量平面到刀具末端已装配的刀具的总长度;用于刀具碰撞检测。
effective_cutting_diameter:	刀具的最大切削直径。
maximum_depth_of_cut:	单刀去除的最大切削深度。
hand_of_cut:	由切削方向类型定义的刀具旋转方向。
coolant_through_tool:	布尔值,表明是否能通过刀具中心的冷却,缺省值是否。

4.2.2 切削部分的组成(cutting component)

描述整体刀具或镶嵌式刀具切削刃的材料及工艺参数的实体。

```
ENTITY cutting_component;
  tool_functional_length:        length_measure;
  its_material:                  OPTIONAL material;
  expected_tool_life:            OPTIONAL time_measure;
  its_technology:                OPTIONAL technology;
END_ENTITY;
```

tool_functional_length:	从测量平面到切削尖点的最大测量距离(刀具有效长度)。
its_material:	组成整体刀具或镶嵌式刀具切削刃的材料的识别号。例如:高速钢(HSS),硬质合金或多晶硅金刚石(PCD)
expected_tool_life:	刀具使用到发生明显影响性能参数磨损前的预期小时数。它同时取决于很多外部因素,包括工件材料、工件的精度要求及选择的加工参数(刀具寿命)。
its_technology:	定义了加工中使用的工艺参数(例如:主轴转速及保证 expected_tool_life 下的刀具进给量)

4.2.3 刀具旋转方向类型(hand of cut type)

刀具旋转方向(也称为切削方向)。对于旋转刀具,当刀具安装后切削时,刀具的旋转方向是刀具驱动末端观察决定的。这是在 ISO 3002-1:1982 中 8.2 定义的。如果刀体是顺时针旋转，刀具的旋转方向是 right-hand；如果刀体是逆时针旋转，刀具的旋转方向是 left-hand。

```
TYPE hand_of_cut_type = ENUMERATION OF(left, neutral, right);
END_TYPE;
```

4.3 铣床切削刀具目录(catalogue of milling machine cutting tools)

4.3.1 钻削刀具(drilling cutting tool)

描述用于钻孔刀具的实体。在加工中，刀具沿刀具轴方向运动。

```
ENTITY drilling_cutting_tool
  SUPERTYPE OF (ONEOF(counterbore, countersink, spade_drill, spotdrill,
  step_drill, twist_drill))
  SUBTYPE OF (milling_machine_cutting_tool);
  point_angle:                plane_angle_measure;
END_ENTITY;
```

point_angle: 定义刀尖角度；在两个切削刃之间测量的，同一切削刃绕刀具轴旋转 180°

4.3.2 NC 点钻(中心钻)(NC point drill/centredrill)

描述中心钻刀体的实体，中心钻用于在钻孔之前先预钻一个中心孔。

```
ENTITY spotdrill
  SUBTYPE OF (drilling_cutting_tool);
END_ENTITY;
```

4.3.3 扩孔钻(counterbore)

描述扩孔钻刀体的实体，扩孔钻能够将之前形成的孔扩大直径。

```
ENTITY counterbore
  SUBTYPE OF (drilling_cutting_tool);
END_ENTITY;
```

4.3.4 锪钻(countersink)

描述锪钻刀体的实体，锪钻用于在孔的开口处锪出一锥形沉头孔。

```
ENTITY countersink
  SUBTYPE OF (drilling_cutting_tool);
  effective_cutting_diameter:      OPTIONAL length_measure;
  maximum_usable_length:           length_measure;
END_ENTITY;
```

effective_cutting_diameter: 沉孔范围的最小直径。缺省值为零。

maximum_usable_length: 刀具在特定操作中与工件不干涉时允许的最大长度，它是平行于刀具轴方向测量的。

4.3.5 麻花钻(twist drill)

描述麻花钻刀体的实体,麻花钻有两个或多个切削刃,两个或多个螺旋槽,便于排屑。

```
ENTITY twist_drill
  SUPERTYPE OF (tapered_drill)
  SUBTYPE OF (drilling_cutting_tool);
END_ENTITY;
```

4.3.6 锥形麻花钻(tapered drill)

描述锥形麻花钻刀体的实体。

```
ENTITY tapered_drill
  SUBTYPE OF (twist_drill);
  taper_angle:                    plane_angle_measure;
END_ENTITY;
```

taper_angle: 两相对切削刃之间的角度

4.3.7 扁平钻(spade drill)

描述扁平钻刀体的实体。扁平钻能够加工不同底部形状的大而深的孔,典型的扁平钻由可更换的刀片或者插入在刀柄上的镶嵌式刀片总成。

```
ENTITY spade_drill
SUBTYPE OF (drilling_cutting_tool);
END_ENTITY;
```

4.3.8 阶梯钻(step drill)

描述阶梯钻刀体的实体。阶梯钻具有多个钻削直径,直径从刀尖到测量平面逐渐增大。

```
ENTITY step_drill
  SUBTYPE OF (drilling_cutting_tool);
  diameters:             LIST [1:?] of length_measure;
  step_length:           LIST [1:?] of length_measure;
END_ENTITY;
```

diameters: 钻头外径列表

step length: 每个阶梯的长度。其列表的顺序与阶梯直径列表的顺序相同。

4.3.9 铣削刀具(milling cutting tool)

这是铣削刀具类摘录的基本类型。铣削刀具是旋转切削刀具,通常具有直槽或螺旋槽,能加工各种形状,轮廓或外形,例如,槽、型腔和周边的面。

```
ENTITY milling_cutting_tool
ABSTRACT SUPERTYPE OF (ONEOF(dovetail_mill, endmill, facemill, shouldermill,side_mill, t
_slot_mill, thread_mill))
```

```
SUBTYPE OF (milling_machine_cutting_tool);
number_of_effective_teeth:        OPTIONAL INTEGER;
edge_radius:                      OPTIONAL length_measure;
END_ENTITY;
```

number_of_effective_teeth:　刀具的有效齿数(见 ISO 3002-1)

edge_radius:　刀具的刀角半径,r,如果没有指定,缺省值为零。

注:因为在数控系统中没有使用其他定制的刀角形状(倒角等),因此属性 edge_radius 是任选项。

4.3.10　面铣刀(facemill)

描述面铣刀刀体的实体,面铣刀用于加工与刀具轴垂直的大平面。

```
ENTITY facemill
  SUBTYPE OF (milling_cutting_tool);
  tool_cutting_edge_angle:        plane_angle_measure;
END_ENTITY;
```

tool_cutting_edge_angle:　刀具的圆周角(刀具倾角),相当于在 tapered_drill,tapered_endmill, tapered_tap 和 tapered_reamer 的情况下的 half-tapeangle。如果已知两种属性,这一属性可以忽略。

4.3.11　方肩铣刀(shouldermill)

描述方肩铣刀刀体的实体,肩铣刀用于加工与刀具轴垂直的大平面,同时加工出与主加工面垂直的侧面。

```
ENTITY shouldermill
  SUBTYPE OF (milling_cutting_tool);
END_ENTITY;
```

4.3.12　立铣刀(endmill)

描述立铣刀刀体的实体,圆柱形铣削刀具,能够使用端面刃和/或侧刃加工。

```
ENTITY endmill
  SUPERTYPE OF (ONEOF(ballnose_endmill, bullnose_endmill, profiled_end_mill))
  SUBTYPE OF (milling_cutting_tool);
  tool_cutting_edge_angle:        plane_angle_measure;
END_ENTITY;
```

tool_cutting_edge_angle:　刀具的圆周角,相当于在 tapered_drill,tapered_endmill, tapered_tap 和 tapered_reamer 的情况下的 alftapeangle。如果已知两种属性,这一属性可以忽略。

4.3.13　球头立铣刀(ballnose endmill)

描述球头立铣刀刀体的实体,它的切削面的前端由球面组成。

```
ENTITY ballnose_endmill
```

```
  SUBTYPE OF (endmill);
WHERE
  WR1: NOT EXISTS(SELF.edge_radius)
       OR (EXISTS(SELF.edge_radius) AND
       EXISTS(SELF.effective_cutting_diameter) AND
       (SELF.edge_radius = SELF.effective_cutting_diameter/2));
END_ENTITY;
```

WR1:　　　　　　　　　　　　　　球头立铣刀的顶部，是一个半径为刀具直径一半的球面。

4.3.14　外圆角(牛鼻)立铣刀(bullnose endmill)

描述带半径的立铣刀的实体。外圆角(牛鼻)立铣刀的球面和切削部位的前端之间是由圆截面组成的，截面半径小于刀具直径。

```
ENTITY bullnose_endmill
  SUBTYPE OF (endmill);
WHERE
WR1:EXISTS(SELF.edge_radius) AND
    EXISTS(SELF.effective_cutting_diameter) AND
    (SELF.edge_radius < SELF.effective_cutting_diameter/2);
END_ENTITY;
```

WR1:　　　　　　　　　　　　　　刀刃半径要小于刀具直径的一半。

4.3.15　轮廓立铣刀(profiled endmill)

描述成型立铣刀的实体，成型立铣刀的切削刃有固定轮廓。

```
ENTITY profiled_endmill
  SUBTYPE OF (endmill);
END_ENTITY;
```

4.3.16　T 形槽铣刀(T-slot mill)

描述 T 形槽铣刀的实体，T 形槽铣刀用来加工 T 形槽。

```
ENTITY t_slot_mill
  SUBTYPE OF (milling_cutting_tool);
  cutting_width:          length_measure;
END_ENTITY;
```

cutting_width:　　　　　　沿刀具轴测量铣刀两对面之间的长度距离(切削宽度)。

4.3.17　燕尾槽铣刀(dovetail mill)

描述燕尾槽铣刀的实体，燕尾槽铣刀用来在与刀具轴垂直的平面上加工燕尾槽。

```
ENTITY dovetail_mill
  SUBTYPE OF (milling_cutting_tool);
  included_angle:          plane_angle_measure;
```

```
END_ENTITY;
```

included_angle: 切削刃两相对面之间的夹角。

4.3.18 侧铣刀(三面刃铣刀)(side mill)

描述一种盘形铣刀的实体,在一面或两面的周边有齿。

```
ENTITY side_mill
  SUBTYPE OF (milling_cutting_tool);
  cutter_width: length_measure;
END_ENTITY;
```

cutter_width: 刀具切削刃的宽度。

4.3.19 螺纹铣刀(thread mill)

描述螺纹铣刀的实体,它的切削刃能够加工内孔和外轴上的螺纹。

```
ENTITY thread_mill
  SUBTYPE OF (milling_cutting_tool);
  thread_form_type:          STRING;
  thread_size:               length_measure;
thread_pitch:                REAL;
END_ENTITY;
```

thread_form_type: 螺纹类型;通过选择类型来决定螺纹的基本形状。
thread_size: 螺纹的公称直径。
thread_pitch: 螺纹的螺距。

4.3.20 铰刀(reaming cutting tool)

描述铰刀的实体,它是精加工内孔的多切削刃刀具,除了能降低表面粗糙度外还能提高尺寸精度。

```
ENTITY reaming_cutting_tool
  SUPERTYPE OF (ONEOF (tapered_reamer, combined_drill_and_reamer))
  SUBTYPE OF (milling_machine_cutting_tool);
  taper_length:              length_measure;
END_ENTITY;
```

taper_length: 以刀具为中心圆锥部分的长度,平行于刀具轴测量。

4.3.21 复合钻铰(combined drill and reamer)

描述钻铰复合刀具的实体,它能够一次完成钻孔和精加工孔。

```
ENTITY combined_drill_and_reamer
  SUBTYPE OF (reaming_cutting_tool);
  drill_length: length_measure;
END_ENTITY;
```

drill_length: 钻孔部分的长度。

4.3.22 **锥形铰刀**(tapered reamer)

描述带有锥形切削刃的铰刀的实体。

```
ENTITY tapered_reamer
  SUBTYPE OF (reaming_cutting_tool);
  taper_angle: plane_angle_measure;
END_ENTITY;
```

taper_angle: 切削刃相对边之间夹角。锥形部分从刀具的头部开始延伸到有容屑槽的整个长度。

4.3.23 **镗刀(rotating boring cutting tool)**

描述镗刀的实体,它用来扩大或精加工与镗刀轴同轴的内孔。

```
ENTITY rotating_boring_cutting_tool
  SUBTYPE OF (milling_machine_cutting_tool);
  retract_movement_forbidden: BOOLEAN;
END_ENTITY;
```

retract_movement_forbidden: 如果取值"是",镗刀在孔底不允许向径向抬刀;能防止镗刀碰撞,这样从孔的中心同一直径的圆周上就有两个切削点工作。

4.3.24 **丝锥(tapping cutting tool)**

描述旋转刀具的实体,它能加工给定尺寸的内螺纹。

```
ENTITY tapping_cutting_tool
  SUPERTYPE OF (combined_drill_and_tap)
  SUBTYPE OF (milling_machine_cutting_tool);
  thread_form_type:        STRING;
  thread_size:             length_measure;
  thread_pitch:            REAL;
  taper_thread_count:      REAL;
END_ENTITY;
```

thread_form_type: 螺纹类型;通过选择决定螺纹形状的基本类型(公制 metric、asi、美制粗牙 unc、美制细牙 unf、美制管螺纹 npt、锯齿形螺纹 buttress、ghost 等)类型

thread_size: 螺纹的公称直径

thread_pitch: 螺纹的螺距

taper_thread_count: 螺纹的头数

4.3.25 **复合钻攻(combined drill and tap)**

描述钻孔攻丝复合刀具的实体,它能一次完成在一个孔里钻孔和攻丝。

```
ENTITY combined_drill_and_tap
  SUBTYPE OF (tapping_cutting_tool);
  drill_length: OPTIONAL length_measure;
END_ENTITY;
```

drill_length: 钻孔部分的长度。

4.4 模式完毕

```
END_SCHEMA;
```

附 录 A
（规范性附录）
EXPRESS 列表

下面的 EXPRESS 列表是第 4 章中已经给出术语纲要的全部。缩写名称和扩充表的差异结果在扩充表中使用到。缩写名称的实体在 GB/T 19903.11—2008 附录 B 中包括。

```
SCHEMA milling_machine_tooi_schema;
(* Version 14.1 of April 30,2004
  Author:ISO TC184/SC1/WG7 *)
REFERENCE FROM measure_schema(* ISO 10303-41e2 *)
    (plane_angle_measure,
    length_measure);
REFERENCE FROM geometry_schema(* ISO 10303-42e3 *)
    (direction);
REFERENCE FROM machining_schema(* ISO 14649-10 *)
    (machining_tool,
    technology);

(* ======= milling machine cuttlng tool ==================== *)
ENTITY milling_machine_cutting_tool
  ABSTRACT SUPERTYPE OF(ONEOF(milling_cutting_tool,drilling_cutting_tool,
  tapping_cutting_tool,rotating_boring_cutting_tool,reaming_cutting_tool))
  SUBTYPE OF(machining_tool);
  its_cutting_edges:              SET[1:?]OF cutting_component;
  overall_assembly_length:        length_measure;
  effective_cutting_diameter:     length_measure;
  maximum_depth_of_cut:           length_measure;
  hand_of_cut:                    OPTIONAL hand_of_cut_type;
  coolant_through_tool:           OPTIONAL BOOLEAN;
END_ENTITY;

ENTITY cutting_component;
  tool_functional_length:         length_measure;
  its_material:                   OPTIONAL material;
  expected_tool_life:             OPTIONAL time_measure;
  its_technology:                 OPTIONAL technology;
END_ENTITY;
TYPE hand_of_cut_type = ENUMERATION OF(left,neutral,right);
END_TYPE
(* ========= drilling cutting tools ===================== *)
ENTITY drilling_cutting_tool
  SUPERTYPE OF (ONEOF(counterbore,countersink,spade_drill,spotdrill,step_drill,twist
  drill))
  SUBTYPE OF(milling_machine_cutting_tool);
  point_angle                         plane_angle_measure;
END_ENTITY;
```

```
ENTITY spotdrill
  SUBTYPE OF(drilling_cutting_tool);
END_ENTITY;

ENTITY counterbore
  SUBTYPE OF(drilling_cutting_tool);
END_ENTITY;

ENTITY countersink
  SUBTYPE OF(drilling_cutting_tool);
  minimum_cutting_diameter:                OPTIONAL length_measure;
  maximum_usable_length:                   length_measure;
END_ENTITY;

ENTITY twist_drill
  SUPERTYPE OF(tapered_drill)
  SUBTYPE OF(drilling_cutting_tool);
END_ENTITY;

ENTITY tapered_drill
  SUBTYPE OF(twist_drill);
  taper_angle:                         plane_angle_measure;
END_ENTITY;

ENTITY spade_drill
  SUBTYPE OF(drilling_cutting_tool);
END_ENTITY;

ENTITY step_drill
  SUBTYPE OF (drilling_cutting_tool);
  diameters:              LIST[1:?]of length_measure;
  step_length:            LIST[1:?]of length_measure;
END_ENTITY;

(* = = = = = = = milling cutting tools = = = = = = = = = = = = = = = = = = = = = = *)
ENTITY milling_cutting_tool
  ABSTRACT SUPERTYPE OF(ONEOF(dovetail_mill,endmill,facemill,shouldermill,side_mill,t_
  slot_mill,thread_mill))
  SUBTYPE OF(milling_machine_cutting_tool;
  number_of_effective_teeth:          OPTIONAL INTEGER;
  edge_radius:                        OPTIONAL length_measure;
END_ENTITY;

ENTITY facemill
  SUBTYPE OF(milling_cutting_tool);
  tool_cutting_edge_angle:          plane_angle_measure;
END_ENYITY;
```

```
ENTITY shouldermill
  SUBTYPE OF(milling_cutting_tool);
END_ENTITY;

ENTITY endmill
  SUPERTYPE OF(ONEOF(ballnose_endmill,bullnose_endmill,profiled_endmill))
  SUBTYPE OF(milling_cutting_tool);
  tool_cutting_edge_angle:              plane_angle_measure;
END_ENTITY;

ENTITY ballnose_endmill
  SUBTYPE OF(endmill)
WHERE
  WRI:NOT EXISTS(SELF.edge_radius)
      OR (EXISTS(SELF.edge_radius)AND
         EXISTS(SELF.effective_cutting_diameter)AND
         (SELF.edge_radius = SELF.effective_cutting_diameter/2));
END_ENTTTY;

ENTITY bullnose_endmill
  SUBTYPE OF(endmill);
WHERE
  WRI:EXISTS(SELF.edge_radius)AND
      EXISTS(SELF.effective_cutting_diameter)AND
      (SELF.edge_radius<SELF.effective_cutting_diameter/2);
END_ENTITY;

ENTITY profiled_endmill
  SUBTYPE OF(endmill);
END_ENTITY;
ENTITY t_slot_mill
  SUBTYPE OF (milling_cutting_tool);
  cutting_width:              length_measure;
END_ENTITY;

ENTITY dovetail_mill
  SUBTYPE OF(milling_cutting_tool);
  included_angle:              plane_angle_measure;
END_ENTITY;

ENTITY side_mill
  SUBTYPE OF(milling_cutting_tool);
  cutter_width:              length_measure;
END_ENTITY;

ENTITY thread_mill
  SUBTYPE OF(milling_cutting_tool);
  thread_form_type:       STRING;
```

```
  thread_size:            length_measure;
  thread_pitch:           REAL;
END_ENTITY;

(* = = = = = = = reaming cutting tools = = = = = = = = = = = = = = = = = = = = = = *)
ENTITY reaming_cutting_tool
  SUPERTYPE OF(ONEOF(tapered_reamer,combined_drill_and_reamer))
  SUBTYPE OF(milling_machine_cutting_tool);
  taper_length:                     length_measure;
END_ENTITY;

ENTITY combined_drill_and_reamer
  SUBTYPE OF(reaming_cutting_tool);
  drill_length:               length_measure;
END_ENTITY;

ENTITY tapered_reamer
  SUBTYPE OF(reaming_cutting_tool);
  taper_angle:               plane_angle_measure;
END_ENTITY;

(* = = = = = = = = = rotating boring cutting tool = = = = = = = = = = = = = = = = = *)
ENTITY rotating_boring_cutting_tool
  SUBTYPE OF(milling_machine_cutting_tool);
  retract_movement forbidden:      BOOLEAN;
END_ENTITY;

(* = = = = = = = tapping cutting tools = = = = = = = = = = = = = = = = = = = = = *)
ENTITY tapping_cutting_tool
  SUPERTYPE OF(combined_drill_and_tap)
  SUBTYPE OF(milling_machine_cutting_tool);
  thread_form_type:     STRING;
  thread_size:          length_measure;
  thread_pitch:         REAL;
  taper_thread_count:   REAL;
END_ENTITY;

TYPE thread_type = ENUMERATION OF(metric,api);
END_TYPE;

ENTITY combined_drill_and_tap
  SUBTYPE OF(tapping_cutting_tool);
  drill_length:              OPTIONAL length_measure;
END_ENTITY;

END_SCHEMA;
```

附 录 B
（资料性附录）
刀体示例

表 B.1 说明的是刀具类型和子型。

表 B.1 刀体

刀具类型	刀具子型	示例
Spotdrill(centre drill) 点钻(中心钻)		
Countersink 沉孔钻	Countersink 沉孔钻(锪钻)	
Drill 钻头	Twist_drill 麻花钻	
	Tapered_drill 锥形钻(阶梯钻)	
	Spade_drill 扁平钻(扁钻)	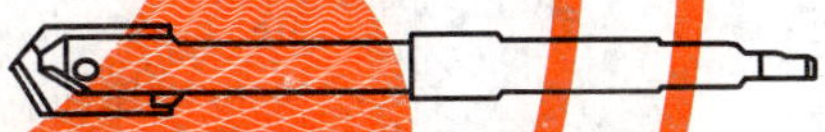
Milling cutter 铣刀	Facemill 面铣刀	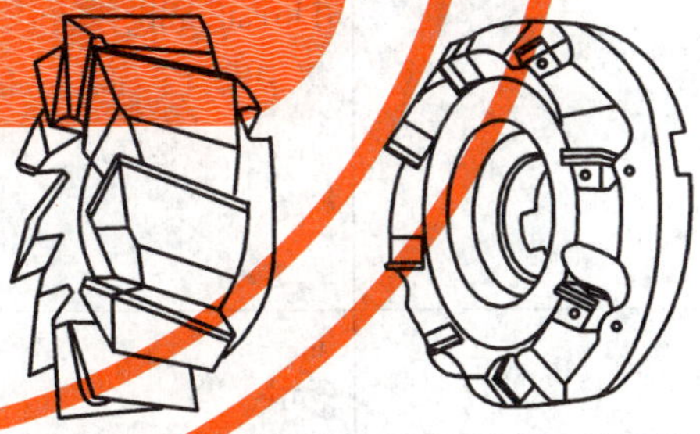
	Endmill 立铣刀	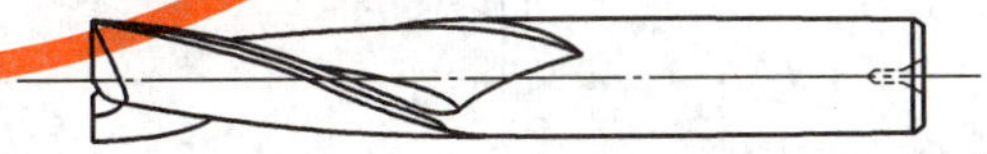
	Tapered_endmill 锥型立铣刀(锥形铣刀)	
	Ball_endmill 球头立铣刀	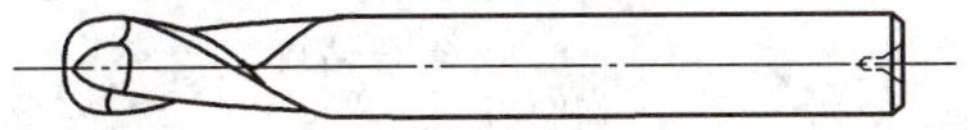
	Bullnose_endmill 外圆角(牛鼻)立铣刀 (圆形立铣刀)	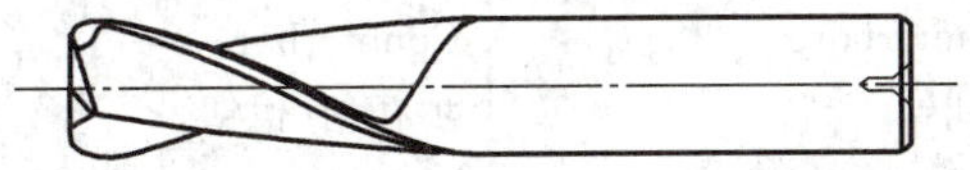

表 B.1（续）

刀具类型	刀具子型	示例
Milling cutter 铣刀	T_slot_mill T 型槽铣刀	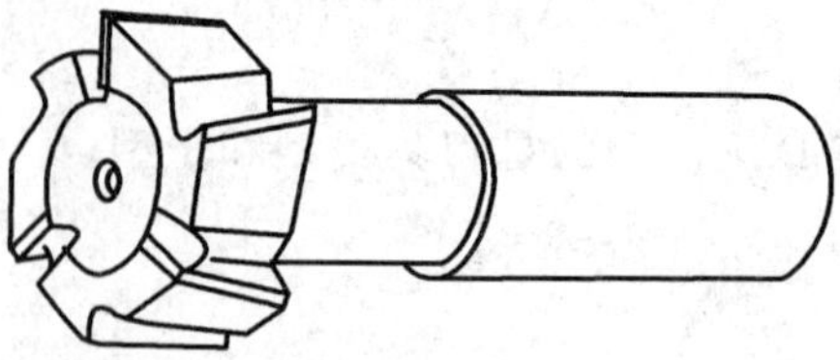
	Dovetail_mill 燕尾槽铣刀	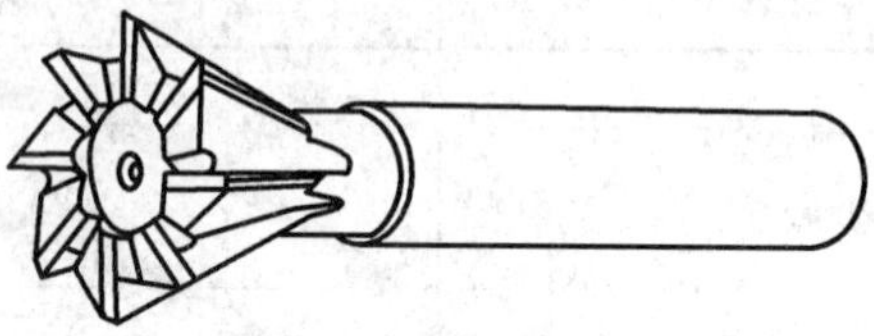
	Side_mill 侧铣刀(三面刃铣刀)	
	Thread_mill 螺纹铣刀	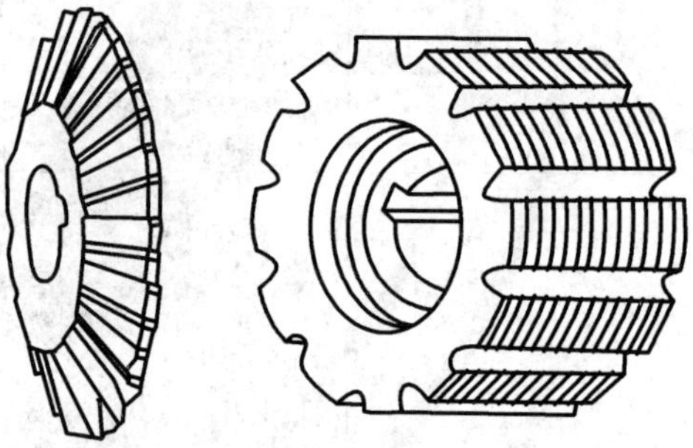
Tap 丝锥	Tap 丝锥	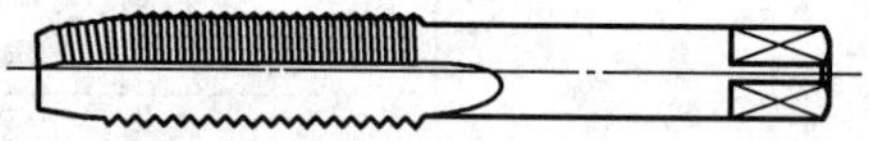
	Tapered_tap 锥型丝锥	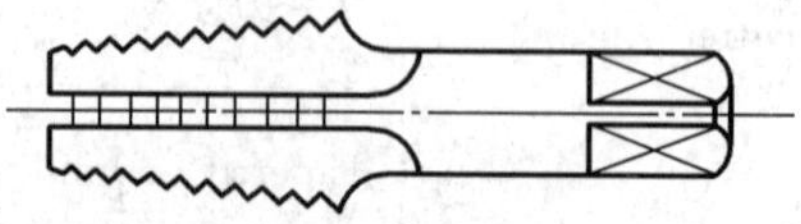
	Combined_drill_and_tap 复合钻攻	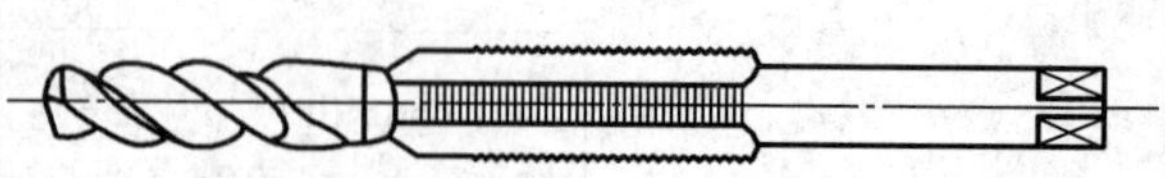
Counterbore 扩孔钻	Counterbore 扩孔钻(锪钻)	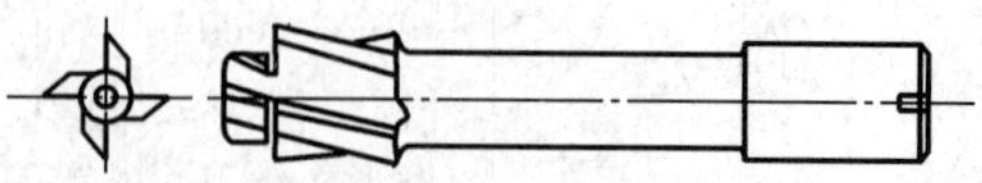

表 B.1（续）

刀具类型	刀具子型	示例
Reamer 铰刀	Reamer 铰刀	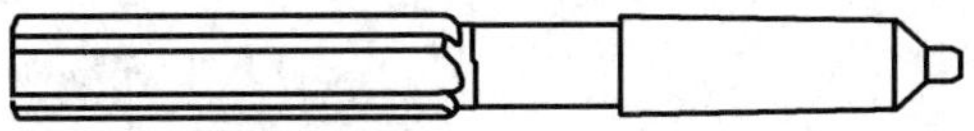
	Tapered_reamer 锥型铰刀	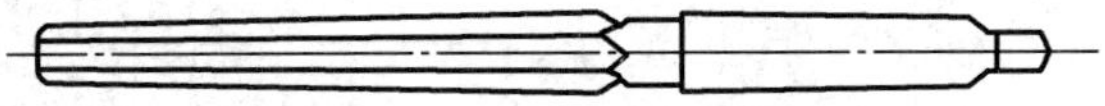
	Combined_drill_and_reamer 复合钻铰	
Boring_tool 镗刀		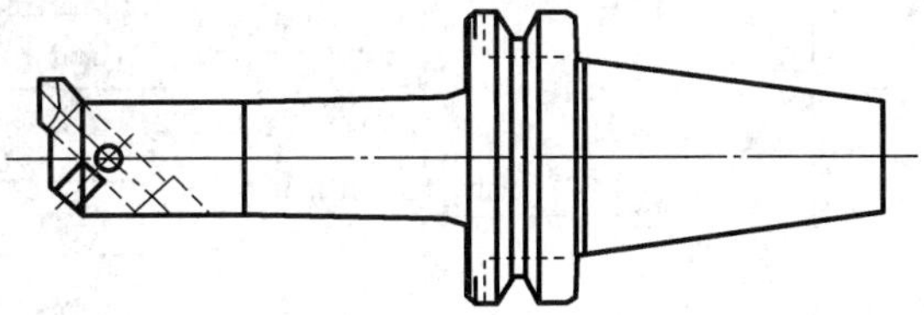

附 录 C
（资料性附录）
EXPRESS-G 图

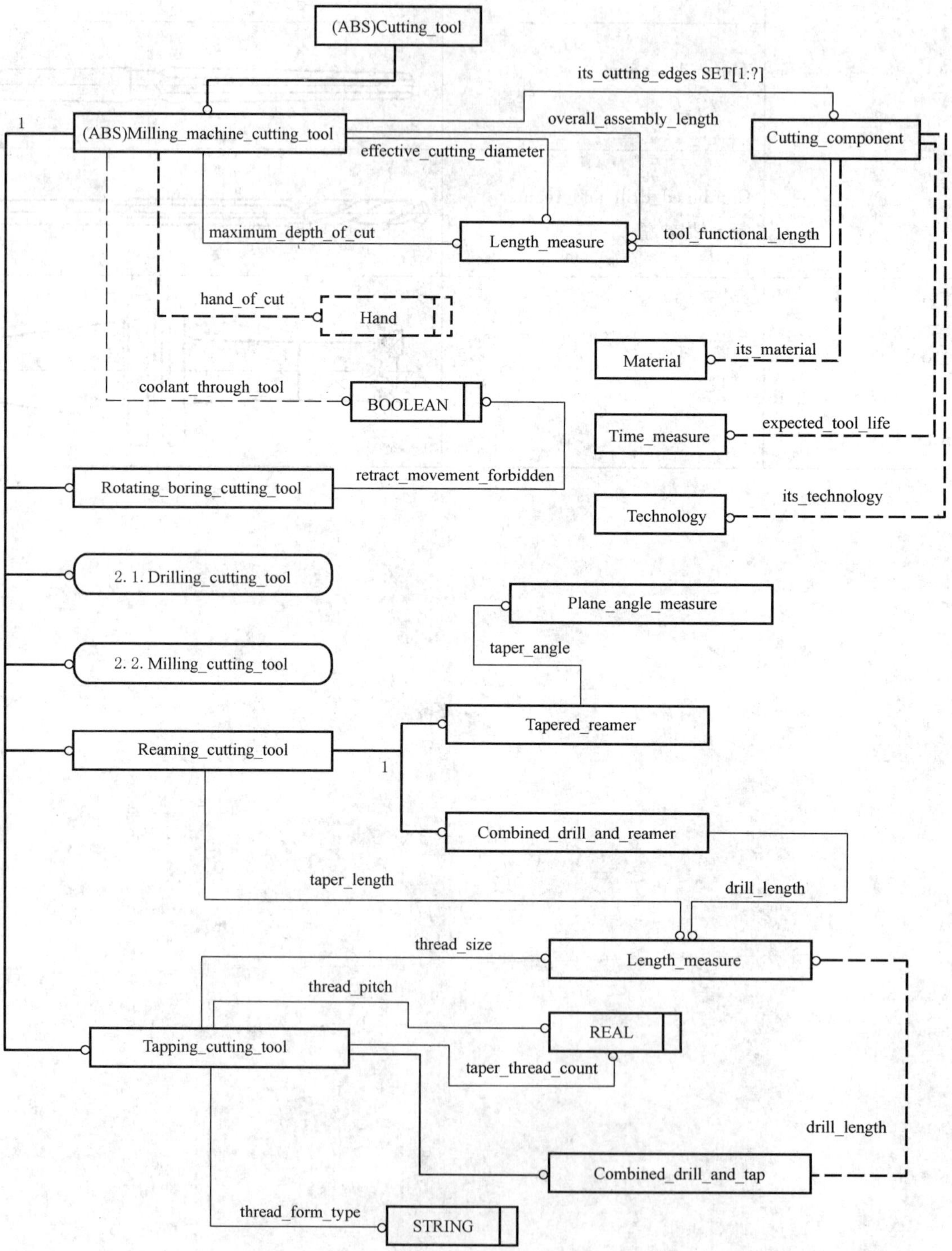

图 C.1

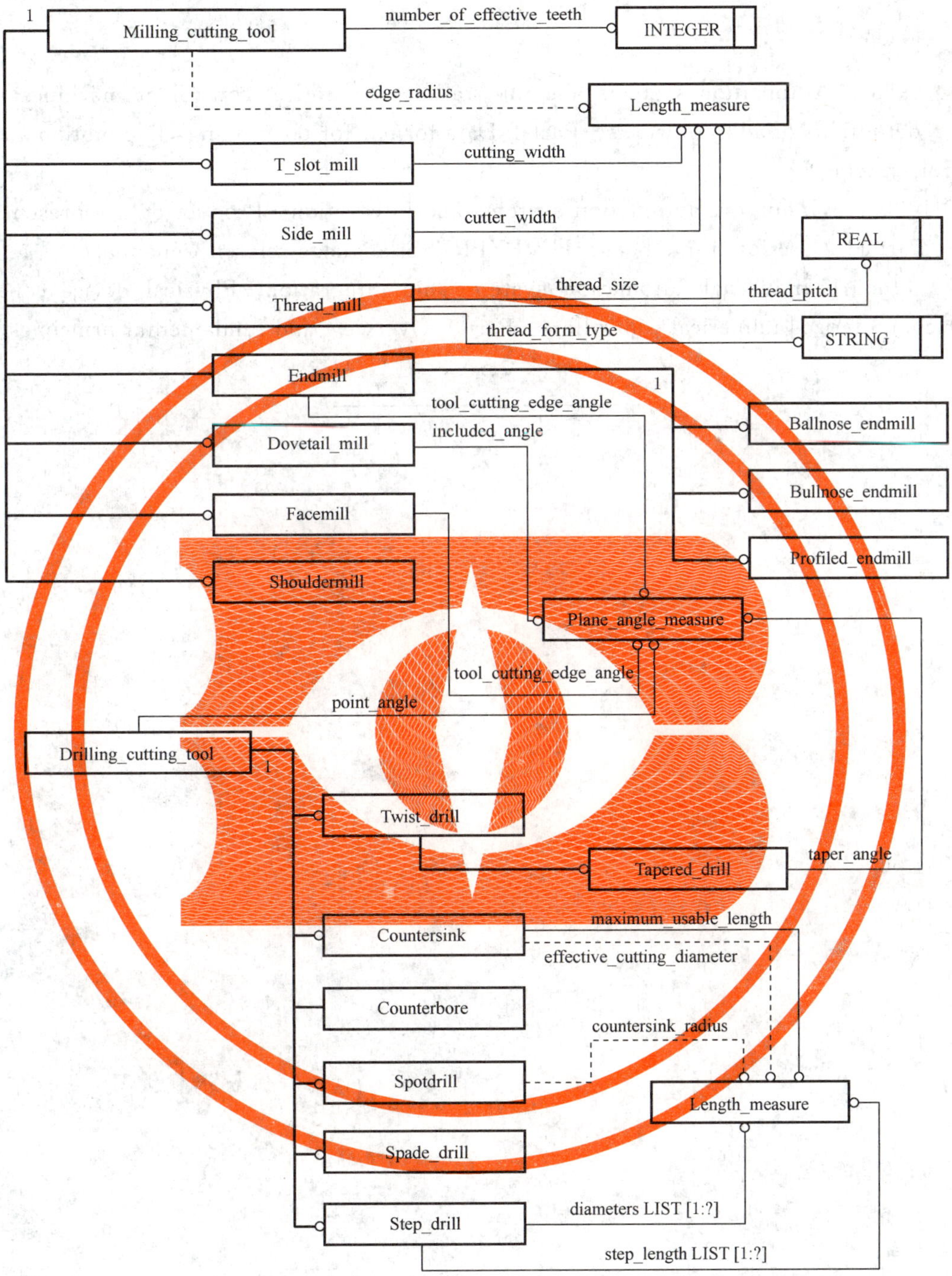
1
Milling_cutting_tool
number_of_effective_teeth
INTEGER
edge_radius
Length_measure
T_slot_mill
cutting_width
Side_mill
cutter_width
REAL
Thread_mill
thread_size
thread_pitch
thread_form_type
STRING
Endmill
1
tool_cutting_edge_angle
Ballnose_endmill
Dovetail_mill
included_angle
Bullnose_endmill
Facemill
Profiled_endmill
Shouldermill
Plane_angle_measure
tool_cutting_edge_angle
point_angle
Drilling_cutting_tool
1
Twist_drill
Tapered_drill
taper_angle
maximum_usable_length
Countersink
effective_cutting_diameter
Counterbore
countersink_radius
Spotdrill
Length_measure
Spade_drill
diameters LIST [1:?]
Step_drill
step_length LIST [1:?]

图 C.2

参 考 文 献

[1] ISO 6983-1, Automation systems and integration—Numerical control of machines—Program format and definitions of address words—Part 1:Data format for positioning ,line motion and contouring control systems
[2] ISO 10303-11, Industrial automation systems and integration—Product data representation and exchange—Part 11:Description methods: The EXPRESS language reference manual)
[3] ISO 14649-1, Industrial automation systems and integration—Physical device contro—Data model for computerized numerical controllers—Part 1:Overview and fundamental principles